水质研究方法

（第二版）

胡洪营　吴乾元　孙　艳　巫寅虎　黄晶晶等　著

科 学 出 版 社

北　京

内 容 简 介

本书旨在提供一本系统阐述水质与水征指标及其研究方法的参考书。在系统介绍水质与水征指标体系的基础上，针对常规水质指标、有机组分特征、化学污染物指标、生物污染物指标、生物毒性指标、化学稳定性指标和生物稳定性指标等，阐述了各指标的含义和意义以及典型条件下的指标取值范围、水质要求、测定方法、研究课题和典型研究案例；阐述了污水处理特性和污水膜污堵潜势评价方法；介绍了水质研究的基本思路、实验设计和数据获取、解析解读与表征方法等。

本书内容涉及面广、系统性强，数据和图表丰富翔实，学术性和实用性兼具，具有鲜明的特色，可供水环境和给水排水领域的教师、研究生以及科研和工程技术人员参考。

图书在版编目(CIP)数据

水质研究方法/胡洪营等著．—2版．—北京：科学出版社，2023.11
ISBN 978-7-03-076820-9

Ⅰ.①水… Ⅱ.①胡… Ⅲ.①水质-研究方法 Ⅳ.①X824

中国国家版本馆CIP数据核字(2023)第207569号

责任编辑：杨 震 刘 冉／责任校对：杜子昂
责任印制：徐晓晨／封面设计：铭轩堂

科学出版社 出版
北京东黄城根北街16号
邮政编码：100717
http://www.sciencep.com
涿州市般润文化传播有限公司 印刷
科学出版社发行 各地新华书店经销
*
2015年3月第 一 版 开本：720×1000 1/16
2023年11月第 二 版 印张：40 3/4
2023年11月第六次印刷 字数：820 000

定价：198.00元
(如有印装质量问题，我社负责调换)

第二版前言

本书是在《水质研究方法》(第一版)的基础上修订、编写的。《水质研究方法》(第一版)于 2015 年 3 月出版,曾数次重印。基于本书的出版,清华大学环境学院于 2016 年春季学期开始新开设了“水质研究方法”研究生课程,本书作为课程参考教材,得到学生们的好评。之后一些学校也陆续开设了该课程。

自本书出版以来,我国的水环境保护治理发生了转折性变化。2021 年 1 月,发改委等十部委联合发布了“关于推进污水资源化利用的指导意见”(发改环资〔2021〕13 号),标志着我国污水治理进入了资源化利用的新阶段。2022 年 5 月,国务院办公厅发布了“新污染物治理行动方案”(国办发〔2022〕15 号),更加突出了环境风险的防控。新修订的《生活饮用水卫生标准》(GB 5749—2022)于 2023 年 4 月 1 日正式实施,对饮用水安全提出了新要求。2022 年 11 月,国家自然科学基金委员会批准“再生水的生态利用与调控机制”重大项目立项,围绕再生水水质阈值确定理论和安全保障技术开展系统、深入研究。国家环境保护治理的新目标和新举措对水质提出了更高要求,同时也为水质研究带来了新课题。

本书在修订过程中力图适应水环境治理的新要求,反映水质研究领域的最新研究进展,主要修订点如下:

(1)增加了“水征”的基本概念、内涵及其评价指标体系和方法。

(2)部分章节增加了有待研究的课题方向,进一步突出了“研究方法”的特色。

(3)增加了微量有毒有害有机污染物控制标准、优先控制污染物筛选、新污染物、消毒抗性菌、消毒残生菌、新冠病毒与污水流行病学等内容。

(4)删除了第 29 章、第 30 章和第 31 章等有关水处理工艺研究的内容,使得本书内容更加聚焦水质研究本身。

中国疾病预防控制中心的黄承武先生花费大量精力审读了本书,并提出了许多宝贵建议。90 多岁高龄的黄承武先生对本书进行了详细审阅,对于存疑的术语及其英文翻译、知识点、化合物的分子结构式等,亲自到国家图书馆查阅原始资料,并进行仔细核对。黄承武先生科学严谨、乐于助人、淡泊名利、无私奉献的精神给作者留下了深刻的印象,也给我们上了生动的一课。在此对黄承武先生表示崇高的敬意和衷心的感谢!

本书仍由第一版编写人员修订、编写,由胡洪营策划、统稿和定稿,魏东斌、陆韻、吴光学、吴乾元、巫寅虎、陈卓、王文龙、黄南、孙艳、杜烨、卢遥、张倬玮、罗立炜、王浩彬、曹可凡、廖梓童和丁仁等撰写了部分书稿。部分新增章节的主要执笔人如下：

1.5 水征及其研究方法：胡洪营、吴乾元、吴光学、王文龙

1.6 水质水征研究方向与发展趋势：胡洪营、巫寅虎、陈卓

13.4 优先控制微量有机污染物筛选方法：魏东斌、黄南

13.5 水中微量有机污染物控制标准及其研究方法：王文龙

14.1 新污染物：王文龙

15.4 消毒副产物研究案例：吴乾元、杜烨

20.4 消毒抗性菌和消毒残生菌：巫寅虎、罗立炜

20.5 新冠病毒与污水流行病学：陆韻、陈卓、靳力

21.1 细菌浓度：陈卓、陆韻

24.2 再生水中的余氯衰减特点与预测模型：巫寅虎、张倬玮

27.9 污水处理工艺研究面临的问题与发展方向：胡洪营、巫寅虎、吴乾元

王浩彬和郝姝然参与了资料收集、数据和标准更新等工作。孙艳和王浩彬参与了本书修订的组织工作。

刀国华、薛松、王胜楠、赵雪皓、童心、倪欣业、彭露、白苑、崔琦、牙柳丁、李尚、王秋平、朱小琴、罗立炜、毛宇、徐闯、邵婉婷、许雅澜、王琦、施琦、刘俊含、王志威、张一麟、徐雨晴、尚卓远、陈晓雯、刘涵和徐红卫等审阅了本书的部分章节，并提出了宝贵的修改建议。清华大学、中山大学和中国环境科学研究院等单位的研究生在使用本书的过程中提出了诸多宝贵意见。

科学出版社的杨震、刘冉等对本书的修订、出版给予了大力支持！

在此对为本书修订做出贡献的老师和同学表示诚挚感谢！

本书旨在提供一本系统阐述水质与水征指标及其研究方法的参考书，在撰写过程中遵循系统性、学术性和实用性原则，力图系统梳理和凝练水质研究的新理念、新指标、新方法和新技术。在写作和表现方式上，本书通过丰富的图、表、数据和案例，力图提高内容的可读性和实用性，具有鲜明的特色。

本书得到国家自然科学基金重大项目“再生水的生态利用与调控机制”(No. 52293440)的支持。本书在修订过程中参考了大量资料，谨向相关作者表示感谢！由于编著者能力有限，书中难免存在疏漏之处，欢迎广大读者批评指正。

著　者

2023年5月于清华园

第一版前言

水是人类社会和经济发展的重要战略资源，是“生命之源、生产之要、生态之基”。水的质量，即水质，决定水的价值，被污染的水不但失去了利用价值，还会带来各种危害。保障水质安全是关系到人类健康、生态安全和社会经济可持续健康发展的重大课题。近年来，水质污染日益复杂，对水质安全保障不断带来新的挑战。仅关注水质标准中规定的指标并不能全面掌握和深入理解水的质量特性或污染特征，深入开展水质研究，科学、客观评价和掌握水中化学与生物组分特征及其浓度水平和转化特性，是保障水质安全和确定处理工艺的前提和基础。

本书旨在为研究人员，特别是环境科学与工程、给水排水及相关专业的研究生和科研工作者提供一本实用的、反映水质研究领域前沿和发展方向的水质研究方法指导书，而不是水质检测方法的参考书。本书试图为回答在水质研究实践中，经常遇到的以下典型问题提供解决思路和方法指导：①测定哪些指标？测定这些指标的意义是什么？②选择哪种测定方法？③如何保证和判断水质监测数据的可靠性？④如何进行数据解析和表征？⑤如何解读和挖掘水质数据的价值？⑥如何评价污水的处理特性和选择处理工艺等。

通过系统分析和梳理，本书将水质研究目的分为掌握污染物浓度水平、解析组分特征、评价水质安全和预测水质潜能四种类型，在系统总结水质指标和研究方法体系的基础上，针对常规水质指标、有机组分特征、有毒有害化学和生物污染物、水质安全性和稳定性指标，系统阐述了指标的含义和意义、典型条件下的指标取值范围和水质要求、测定方法和典型研究案例；总结了面向处理工艺选择的污水处理特性评价方法和消毒研究方法；同时注重水质“研究方法学”，包括水质研究思路、实验设计方法、数据获取方法、数据解析和解读方法以及表征方法等的介绍。

在本书编写过程中始终坚持学术性、前沿性和系统性原则，力图系统梳理和凝练水质研究的新理念、新指标、新方法和新技术等最新研究成果，特别突出“水质安全”和“水质转化特性”研究，具有显著的特色。在写作和表现方式上，通过使用大量的图、表、数据和案例，力图提高内容的可读性和实用性。

本书是作者及其研究组近20年来从事再生水安全高效利用理论与技术研究成果的结晶，也是多年来作者对水质研究思考、探索和实践的总结。本书的主要研究成果是在国家自然科学基金委员会杰出青年基金项目、重点项目和面上项目，科技部科技支撑课题和“863”课题以及“水体污染控制与治理”国家重大科技专项课题的支持下完成的。在此表示感谢！

全书由胡洪营策划并主持撰写，各章的主要撰写人员还有：第 2 章，李昂；第 3 章，孙艳；第 4 章，孙艳；第 5 章，张天元、朱树峰；第 6 章，巫寅虎；第 7 章，张天元；第 8 章，庄林岚；第 9 章，唐鑫；第 10 章，唐鑫、赵欣；第 11 章，唐鑫；第 12 章，赵欣、陶益；第 13 章，吴乾元；第 14 章，吴乾元、黄璜、孙艳；第 15 章，吴乾元、黄璜；第 16 章，吴乾元、汤芳、杜烨、杨扬；第 17 章，吴乾元；第 18 章，黄晶晶、庞宇辰、吴乾元；第 19 章，庞宇辰、黄晶晶；第 20 章，黄晶晶、黄璜；第 21 章，黄晶晶、巫寅虎；第 22 章，孙艳；第 23 章，赵欣；第 24 章，李晴；第 25 章，巫寅虎；第 26 章，杨扬、唐鑫、黄璜；第 27 章，庄林岚；第 28 章，汤芳；第 29 章，黄晶晶；第 30 章，张逢；第 31 章，庞宇辰；第 32 章，孙艳、张逢。

另外，孙艳、黄晶晶、巫寅虎、庄林岚、李晴、田贵朋和王文龙为统稿、校稿做了大量的工作；孙艳、庄林岚和巫寅虎参与了图表绘制工作；姜晓华参与了书稿格式和文字修改工作；孙艳参与了缩略词的编辑工作。同时特别感谢科学出版社编辑杨震、刘冉、刘志巧的辛勤工作，确保了本书的顺利出版。

受作者水平所限，书中难免存在不足和疏漏之处，希望读者指正。

2014 年 8 月于清华园

目　　录

第1章 绪　论

1.1 水质研究的重要性和意义

水是人类社会和经济发展的重要战略资源，是"生命之源、生产之要、生态之基"。和能源不同，水资源具有不可替代性，但具有可循环利用性。水的质量即水质是决定水的性状、性能（可利用性）和安全性的根本因素（图 1.1），水质污染会显著影响水的利用价值和用途。保障水质安全是关系到人类健康、生态安全和社会经济可持续健康发展的重大课题。深入开展水质研究，科学、客观评价和系统掌握水中的化学组分和生物组分的基本特征及其浓度水平和转化特性，是保障水质安全的前提和基础。

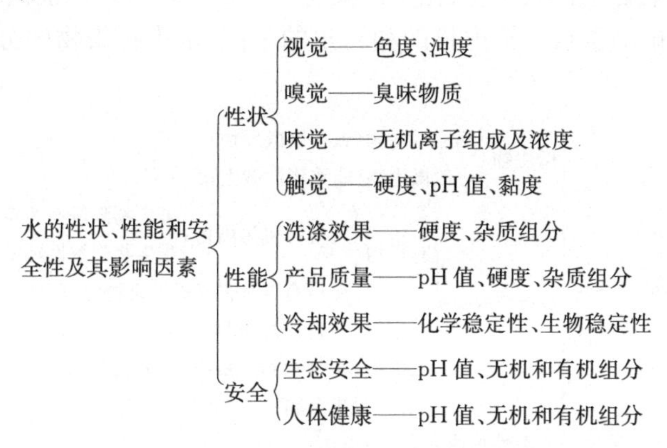

图 1.1　水的性状、性能和安全性与水质的关系示例

根据性质和属性不同，水中的化学组分可分为污染物（如重金属、有毒有害有机污染物等）、天然组分和功能组分（有益组分）等。根据不同的情景、不同的用途和不同的水质要求，这三种组分之间的属性会发生转化。本书主要关注水中的污染物及其不良效应和毒害作用。

特定条件下的水中有益组分，在条件发生变化时就会成为污染物。当饮料、粥、汤中的有机营养物质进入下水道、池塘或河流之后就变成了有机污染物，在日常生活中应避免这类事情的发生，以免造成污染。另外，有益组分或物质的浓度超过一定水平之后就成为污染物。氮、磷是植物营养物质，在水体中保持一定的浓度有利于浮游植物的生长和鱼类的繁殖，浓度过低会导致水体生产力下降，不利于生态系统的维系,但是其浓度超过一定水平之后,就会导致水体富营养化,成为污染物。

对于不同的用途,水质标准的制定原则和标准限值也不尽相同。对于某些指标,饮用水的标准不一定是最严格的标准。例如,我国的饮用水标准中,硝酸氮的标准限值是10 mg/L,但此浓度水平在湖泊中就会引起富营养化,因此在湖泊水质标准中,氮的浓度标准应比饮用水更严格。

近年来,水质污染类型日益复杂,对水质评价不断提出新要求,水质评价方法发展迅速,研究不断深入。在常规水质指标的基础上,系统梳理和凝练水质研究的新理念、新指标、新方法和新技术等研究成果,并将其推广应用到水质研究实践,对不断深化水质研究、深入认识水的“质量属性”、“水质安全性”和“水质转化特性”具有十分重要的理论意义、学术价值和实用价值。

1.2　污染物种类

水中的污染物包括微生物、化学污染物和放射性物质。热也是一种污染形式,但不是本书讨论的重点。根据目的和视角的不同,水中污染物的分类也不尽相同(图 1.2)。

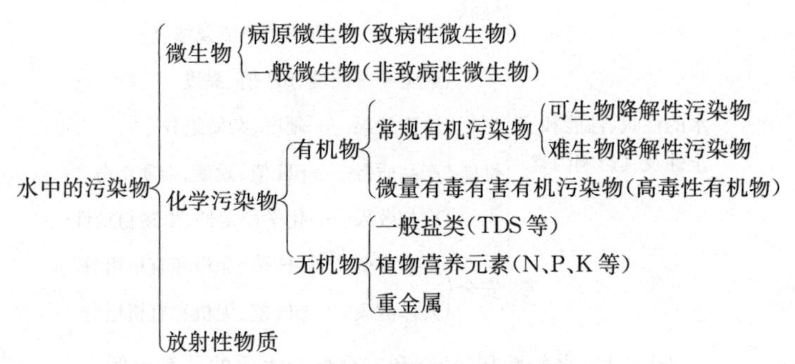

图 1.2　水中的污染物分类示例

水中的微生物,根据其是否具有致病性,可以分为致病性(包括条件致病性)微生物和非致病性微生物。水中的细菌,根据是否对抗生素具有抗性,可分为抗性菌和非抗性菌等。

水中的化学污染物,根据其分子结构,可分为无机污染物和有机污染物。有机污染物,根据其浓度和生物毒性,可分为常规有机污染物和微量有毒有害有机污染物;根据生物降解难易程度,又可分为可生物降解性污染物和难生物降解性污染物;根据能否被活性炭吸附等又可分为易吸附污染物和难吸附污染物等。总之,可以根据需要和特定的目的,对污染物进行分类。有机污染物中还包括微生物细胞、非溶解性物质等。

根据物理形态，水中的污染物可分为悬浮固体(SS)、胶体性物质和溶解性物质(图1.3)。值得注意的是，关于溶解性物质，根据定义和测定方法的不同，其覆盖范围也不同。例如，在污水处理领域，一般将通过微孔直径为0.45 μm过滤膜的物质视为溶解性物质，但是有时也会使用微孔直径为0.22 μm的过滤膜。悬浮固体中常包含微生物细胞等。

水中污染物的物理形态
- 悬浮固体(粒径在0.45 μm以上)
- 胶体性物质(粒径为1 nm～1 μm)
- 溶解性物质

图1.3　水中污染物的物理形态

1.3　水中污染物的复杂特征

水中特别是污水中的污染物具有种类多、理化性质复杂，污染物浓度分布广、赋存形态复杂，水质效应多样、产生机制复杂，组分间相互作用多样，水质转化机制复杂等特点。

1. 种类多，理化性质复杂

水中的污染物是一种混合物，具有不同理化性质的多种污染物共存是其最基本的特点，在水质研究中应特别注意这一特点。水的性状、性能和安全性是这些污染物和组分共同作用的结果，测定单一或有限的污染物往往不能掌握水质状况。

2. 污染物浓度分布广，赋存形态复杂

无论是饮用水还是污水，不同污染物的浓度水平会有显著的差异。这种差异，也是水质研究中需要特别关注的问题。特别是常量组分对微量污染物的毒理学特性、吸附特性、生物利用性和化学分解性的影响不容忽视。

图1.4为城市污水处理厂二级出水中不同污染物的浓度分布及其生态风险水平。从图中可以看出，不同的污染物或组分，其浓度在几ng/L到数千mg/L之间，分布跨度达9个数量级。溶解性总固体(TDS)的浓度最高可达数千mg/L，内分泌干扰物(EDCs)的浓度水平在ng/L量级。

图1.4所示的生态风险主要是指该污染物对水生生物的毒性效应，某些浓度低的有机污染物，其生态风险往往比浓度高的COD还要大。因此，近年来，微量有毒有害有机污染物的生态安全及其控制备受关注，成为环境领域的研究热点。在微量有毒有害污染物的毒性效应、氧化分解、吸附去除特性等研究中，应特别注意高浓度常规污染组分的影响。

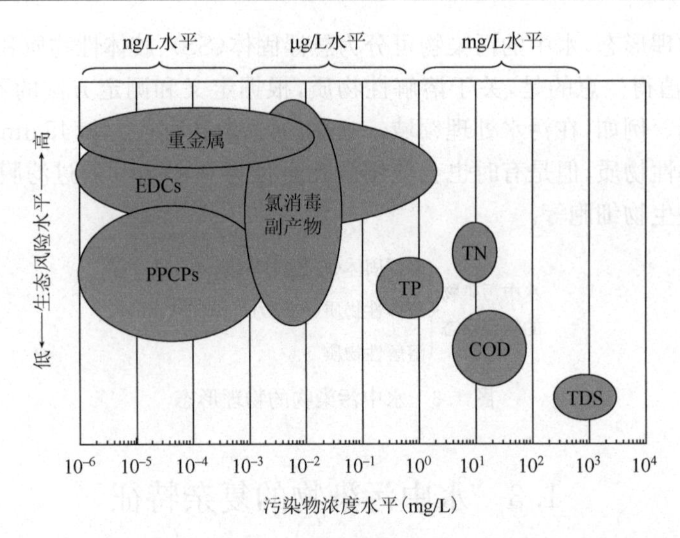

图 1.4　城市污水二级出水中污染物的浓度分布及其生态风险水平

另外,特别值得一提的是,氮磷等植物营养物质本身对水生生物的毒性效应并不高,但是这些营养物质超过一定浓度时会引起藻类的大量生长繁殖,导致水华暴发,带来生态破坏。这种情况下,其生态风险水平显著升高。水体中氮磷浓度水平的要求等见本书第 5 章和第 6 章。

图 1.5 为城市污水处理厂二级出水中典型微生物的浓度分布及其健康风险水平。从图中可以看出,二级出水中不同微生物的浓度跨度达每升 10 个数量级。细菌总数的浓度最高,达 10^7 个/L 水平,其健康风险不高,但是对水质稳定性以及浊度、色度、嗅味等感官指标的影响不容忽视。轮状病毒、肠道病毒和隐孢子虫的浓

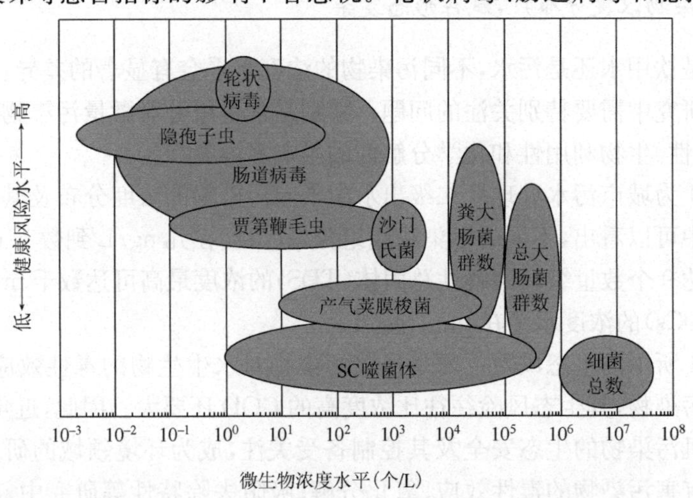

图 1.5　城市污水二级出水中微生物的浓度分布及其健康风险水平

度水平很低，但其感染性和致病性很高，属于值得高度关注的高风险病原微生物。在水质生物风险研究过程中，需要同时关注不同微生物的健康风险水平和浓度水平。

另外，污染物特别是微量污染物在水中可能以溶解态，也可能以附着态(吸附在SS上或微生物细胞中)存在；可能以自由态存在，也有可能以结合态存在。污染物的赋存形态不同，其毒理学特性和去除特性也会不同。

3. 水质效应多样，产生机制复杂

水质效应包括物理效应、化学效应、生物效应和生态效应等多种效应。这些效应都是多种污染物共同作用的结果，不同污染物间会存在拮抗作用、协同作用等复杂的相互作用现象。因此，在水质毒性研究中，生物毒性测定结果与水中某一个(类)化学指标或有限数量的污染物浓度之间往往不存在相关性。这种现象，在水和污水消毒副产物的研究中非常普遍。

水中典型消毒副产物，如三氯甲烷、卤乙酸等的浓度，与水的遗传毒性、内分泌干扰性等的测定结果之间并不存在相关性。也就是说，典型消毒副产物的减少，并不意味着生物毒性的降低。很容易理解，测定水中特定消毒副产物的浓度，难以预测水的综合生物毒性。低浓度的 NH_4^+、Br^- 和 I^- 等对消毒副产物的影响有时会很大。

4. 组分间相互作用多样，水质转化机制复杂

水中不同组分之间存在复杂的相互作用关系，这种现象在消毒、化学氧化处理和储存、输配过程中更为突出。水中不同组分之间的相互作用会影响消毒效果和消毒副产物的生成、化学氧化的效果和产物的种类以及水质稳定性。

1.4 水质指标

水质指标(water-quality index)是表征水的物理性状或水中除了水分子之外的杂质浓度的物理量。水质指标种类繁多，目前还没有统一的分类标准，在实践中往往根据实际需要和使用方便，对水质指标进行分类。水质指标的分类不是绝对的，也不是一成不变的。不同分类方法和指标之间也常存在交叉、相互覆盖现象。

1.4.1 物理指标和化学指标

物理指标主要是指水的物理性状，主要包括浊度、色度、透明度、臭味等感官指标以及温度、密度、黏度等。

化学指标是指水的化学性状和水中化学物质浓度，如 pH 值、重金属浓度、

COD、TDS 等。

1.4.2　单一成分指标和综合指标

单一成分指标是指水中某一特定成分(污染物)的浓度,如苯酚、三氯甲烷、六价铬、粪大肠杆菌等。单一成分指标是最为常用的水质指标之一。

水中的化学物质种类成千上万,微生物的种类也十分可观,目前的分析技术仅能测定其中的极少部分,在实践上不可能测定水中所有的组分。也就是说单一成分指标只能针对特定的组分或污染物,其数量会受到限制。例如,我国《城镇污水处理厂污染物排放标准》(GB 18918—2002)中,基本控制项目包括常规污染物和一部分有毒有害污染物共 19 项,选择控制项目(包括对环境有较长期影响或毒性较大的污染物)共 43 项。

我国 2022 年 3 月 15 日发布,2023 年 4 月 1 日起实施的《生活饮用水卫生标准》(GB 5749—2022)中,水质指标由第一个标准(1985 年发布,GB 5749－1985)的 35 项增加到 97 项,但仍是非常有限的数量。

综合指标是表征某一类或具有同一性质的成分的指标,如 TDS、COD、BOD、TOC、TON、总大肠菌群、总异养菌群等。水中有机污染物总数量、单一成分指标和有机物综合指标之间的关系如图 1.6 所示。

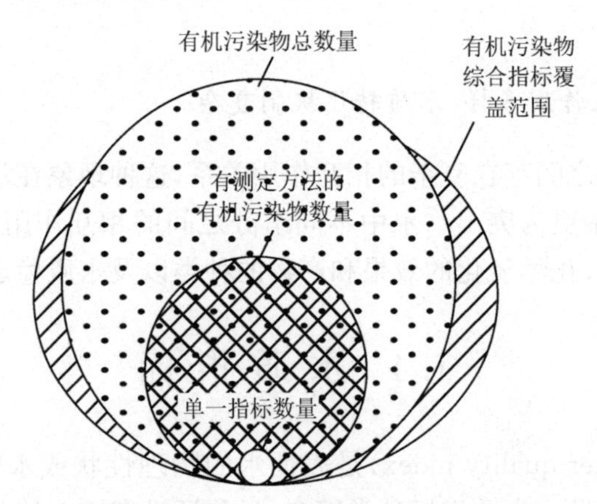

图 1.6　有机污染物数量与单一成分指标和有机物综合指标的关系

1.4.3　综合生物毒性

综合生物毒性是水中化学污染物整体表现出来的对生物的毒性效应,是评价水质安全的最直接指标。

水质安全风险是由种类多、浓度低的有毒化学物质共同产生的,难以仅根据特定化学指标来判定。与化学指标测定相比,综合生物毒性测试能够更直接表征水质安全性，但不能给出毒性组分的信息。因此，综合利用化学指标和生物综合毒性指标对饮用水、污水、再生水等进行评价具有显著的优越性(胡洪营 等，2002；2011b)。

本书第16章和第17章详细介绍了综合生物毒性研究方法和毒性因子识别方法。

1.4.4 生物(学)指标

水质生物指标可以分为微生物群落、微生物个体和微生物组分三类指标(参见本书第18章)。水中微生物群落指标包括群落结构特点和代谢特性；微生物个体指标主要包括病原指示微生物、常见病原微生物和相关新兴病原微生物及相关指标；微生物组分指标主要有叶绿素、内毒素和抗生素抗性基因等。本书第18～21章详细介绍了生物指标及其研究方法。

有时也把余氯视为生物学指标，作为控制的重点目标。余氯的存在，说明水中消毒剂的存在，可以维持持续的消毒效果，防止病原菌的复活、生长和再污染。

1.4.5 指示指标和代表指标

1. 指示指标

指示指标(indicator)是指能够反映某类或某种污染(物)的指示性指标，指示指标的浓度反映了该类或该种污染物存在的可能性和浓度水平。

有些水质指标，如水中的病原微生物，由于其已知的种类多，而且还存在未知种类，直接测定比较复杂或当前的技术水平不能直接测定。因此，对水中可能造成污染的每一种病原微生物都进行监测显然是不切实际的。

合理的办法是检查人与其他温血动物粪便中通常存在的微生物，作为评价水受粪便污染程度和水处理与消毒处理效果的指示微生物。如果这些微生物存在即意味着水体受到了粪便污染，也意味着肠道病原微生物可能存在(顾夏声等，2011)。

选择具有代表性的指示微生物作为评价水质安全的指标，既便于测试，又能有效保障水质的安全性。目前最常用的指示微生物指标主要有大肠菌群和粪大肠菌群等。

2. 代表指标

代表指标(representative index)是能反映某一类污染物浓度水平或去除性能的指标，有的学者有时也将其归类为指示指标(Drewes，2012)。如果该指标达到了一定的标准，就可以判断其同类污染物中其他污染物也能够达标或浓度低于该指标。

贾第鞭毛虫和隐孢子虫(俗称“两虫”)是近年来备受关注的病原性原生动物。在绝大多数情况下,城市污水以及不同处理单元处理出水中,贾第鞭毛虫的浓度水平远大于隐孢子虫的浓度(图 1.7),而且两者的检出浓度变化趋势非常相似(胡洪营 等,2011a)。因此,在“两虫”污染控制中,仅测定贾第鞭毛虫的浓度就可以判断“两虫”的污染程度。在这种情况下,贾第鞭毛虫可视为“两虫”的代表指标。

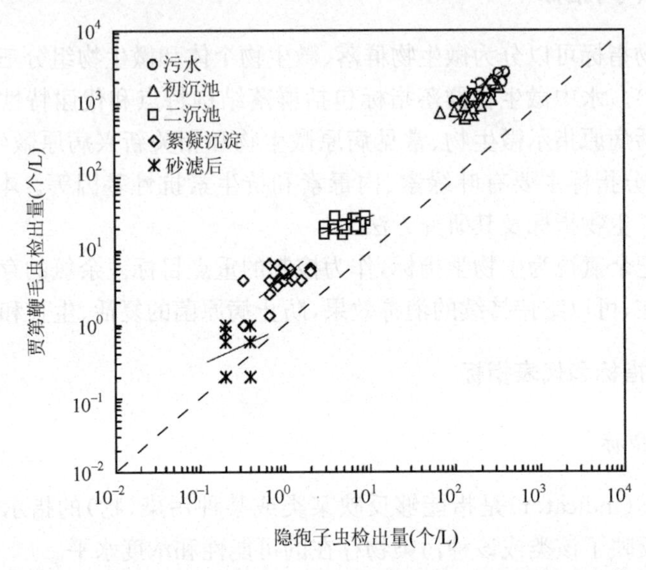

图 1.7　城市污水处理厂各工艺单元出水中隐孢子虫与贾第鞭毛虫检出量比较

对于微量有毒有害污染物,如内分泌干扰物 EDCs,由于其种类繁多,测定所有的 EDCs 需要大量人力、物力和时间。如果仅测定 EDCs 中浓度水平最高或风险最大的一种或几种物质,如雌二醇等就可以大大提高研究效率。

Drewes(2012)将代表指标定义为:“浓度在可定量检测水平,能够代表具有类似物理化学特性和生物降解特性的一类微量有机污染物,能反映该类污染物在处理工艺中的行为和转化特性的化合物。该化合物能对其同类污染物的去除效果进行保守性的评价。”根据这一定义,代表指标物质的去除率通常应低于该类污染物中的其他物质。另外,不同的处理工艺,处理原理不同,即使是同一类有机污染物,其代表指标也会发生变化。

1.4.6　替代指标

水中的微量有毒有害污染物种类多、浓度低,测定它们在污水处理过程中的变化,在实践中是不可行的。即使是测定一种代表性的物质,由于需要复杂的预处理和气相色谱、色谱质谱仪等昂贵的仪器,也难以用于处理工艺的日常管理和控制。

可行的办法是，寻找一种容易监测或可以在线监测的，且其在处理过程中的去除率或变化与拟控制污染物的去除率有稳定的相关关系的指标，这种指标称为替代指标(surrogates)。在日常工程管理过程中，监测替代指标就能方便地掌握微量有毒有害污染物浓度及其去除效果。

在污水再生处理过程中，报道较多的替代指标有 DOC、$SUVA_{254}$、UV_{254}、荧光强度、ΔUV_{254}、Δ 色度和 Δ 荧光强度等(表 1.1)。

表 1.1　污水再生处理过程中替代指标研究案例

替代指标	表征对象	文献
$SUVA_{254}$	芳香族有机物	Weishaar et al., 2003
DOC, UV_{254}	氯消毒副产物生成潜能	Chen and Westerhoff, 2010
荧光强度	同上	Hao et al., 2012
UV_{254}, 荧光强度	臭氧氧化过程中 AOC 浓度	Tang et al., 2014b
ΔUV_{254}	臭氧对抗雌激素活性的去除	Zhao et al., 2014
	氯消毒抗雌激素活性生成潜能	Tang et al., 2014a
	AOP 对痕量有机物的去除	Rosario-Ortiz et al., 2010
Δ 色度	同上	Wert et al., 2009
Δ 荧光强度	同上	Li et al., 2013

赵欣等(赵欣，2014；Zhao et al., 2014)发现，ΔUV_{254} 有望作为预测再生水臭氧氧化过程中，生物可同化有机碳(AOC)水平升高程度的替代指标。他们考察了再生水(城市污水二级出水)臭氧氧化前后，AOC 水平的变化及其与 UV_{254} 变化的关系，结果如图 1.8 所示。可以看出，在其所考察的水样中，不同水样在不同臭氧投加量下进行臭氧氧化处理后，其 AOC 的升高量与 UV_{254} 的降低量存在一定的线性相关关系。

以上结果表明，再生水中在 254 nm 具有紫外吸收的有机物质与臭氧反应的程度与水中 AOC 水平的增长幅度具有一定关系。对于再生水厂来说，再生水水样 UV_{254} 的变化值有望成为预测其在臭氧氧化过程中 AOC 水平升高程度的替代性指标。

唐鑫等(唐鑫，2014；Tang et al., 2014a；2014b)发现，UV_{254} 和荧光强度有望作为再生水氯消毒抗雌激素活性生成潜能(AEAFP)的替代指标。他们考察了五座污水处理厂二级处理出水及深度处理出水的 AEAFP 与 UV_{254} 的相关性(n=20)，结果如图 1.9 所示。AEAFP 与 UV_{254} 之间存在较为显著的线性相关性，说明 UV_{254} 具有作为 AEAFP 替代指标的潜力。容易理解，ΔUV_{254} 也可以作为AEAFP去除效果评价的替代指标。由图 1.10 可知，在再生水臭氧氧化过程中，UV_{254} 去除

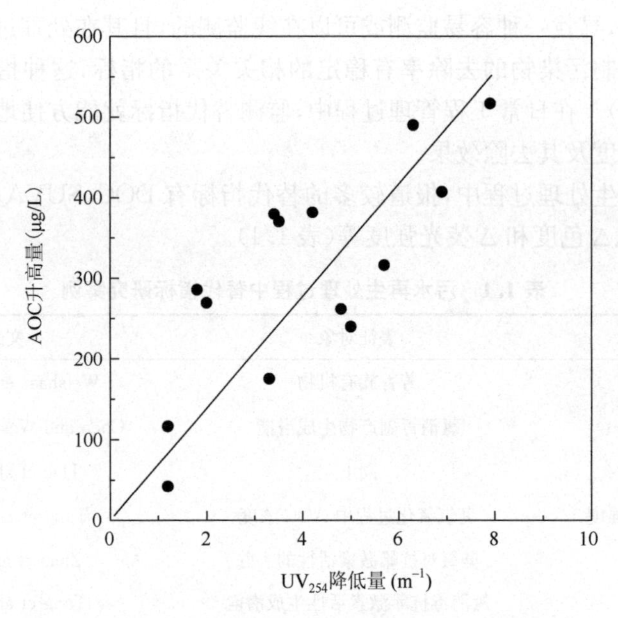

图 1.8　再生水臭氧氧化后 AOC 升高与 UV_{254} 降低的关系

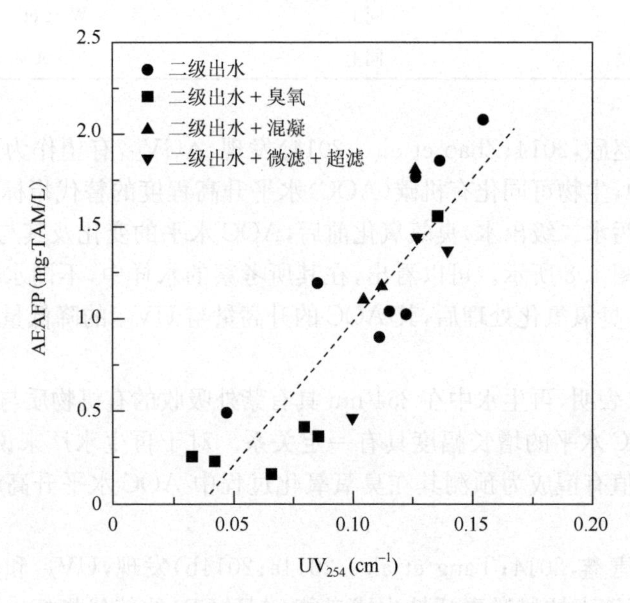

图 1.9　再生水 AEAFP 与 UV_{254} 相关性分析

率与 AEAFP 的去除率之间存在显著的关联性(Tang et al.，2013)。

进一步考察了五座污水处理厂的二级处理出水及深度处理工艺出水水样(n=20)的 AEAFP 与三维荧光 EEM 腐殖质类区域Ⅲ和Ⅴ荧光强度积分值之和[FIV

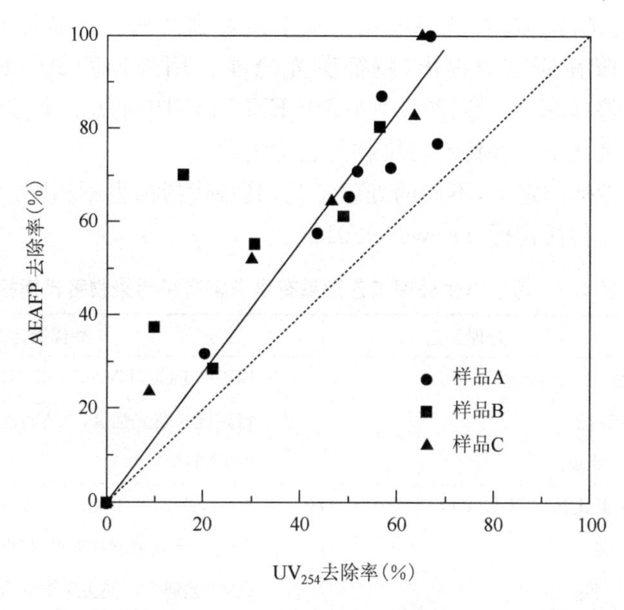

图 1.10 再生水臭氧氧化过程中 AEAFP 去除率与 UV_{254} 去除率的相关性

(Ⅲ&Ⅴ)]的相关性,结果如图 1.11 所示。与 UV_{254} 类似,AEAFP 与 FIV(Ⅲ&Ⅴ)值也存在着显著的线性相关性,说明三维荧光 EEM 腐殖质类区域Ⅲ和Ⅴ荧光强度也有望作为 AEAFP 的替代指标。

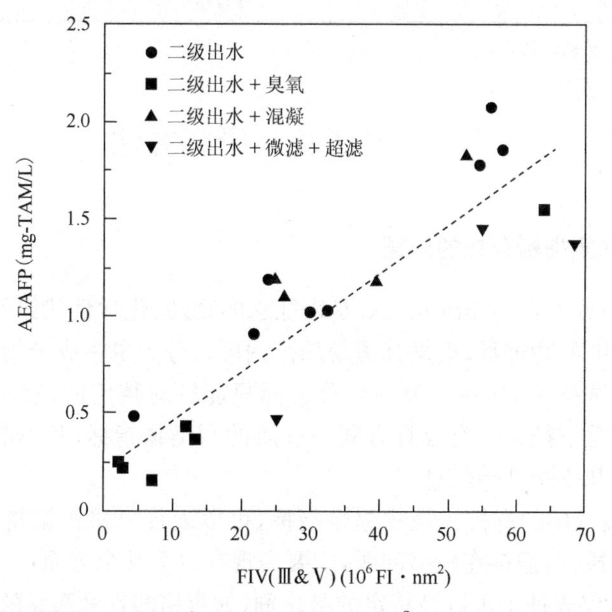

图 1.11 再生水 AEAFP 与 FIV(Ⅲ&Ⅴ)相关性分析

近年来，荧光特征越来越多地用于水中消毒副产物与污染物的评价与预测。Hao等(2012)曾在研究中提出，特征荧光峰能够用来预测氯消毒中THMs及HAAs生成潜势；Gerrity等(2012)则提出EEM谱图中的总区域荧光强度积分可用于预测臭氧氧化中一些特殊污染物的去除情况。

根据替代指标的定义，不同的处理工艺，其替代指标也不相同。表1.2给出了一些具有潜力的替代指标(Drewes，2012)。

表1.2 污水再生处理工艺微量有毒有害有机污染物替代指标

处理原理	处理工艺	替代指标
生物降解	土壤-含水层处理	BDOC，DOC，UVA，TOX，NH_4^+，NO_3^-
	河床过滤	特定波长荧光强度，SUVA，三维荧光
	膜生物反应器	TOC，UVA
化学氧化	臭氧氧化；O_3/H_2O_2；O_3/UV；UV/H_2O_2	UVA，色度，三维荧光，甲酸，乙二酸，甲醛，AOC
	氯消毒	CT值(余氯浓度和消毒时间的乘积)
	氯胺消毒	(该工艺通常不能去除微量有毒有害有机物)
紫外消毒	低压紫外消毒	(该工艺通常不能去除微量有毒有害有机物)
吸附	粉末活性炭吸附	UVA，三维荧光
	颗粒活性炭吸附	UVA，三维荧光，TOC
物理分离	反渗透过滤	电导率，硼
	纳滤	钙，锰

资料来源：Drewes，2012

1.5 水征及其研究方法

1.5.1 常规水质指标存在的问题

水质指标(water-quality index)是表征水的物理、化学性状以及水中除水分子之外的杂质浓度的物理量，根据其覆盖的范围可以分为单一成分指标和综合指标。由于受分析测试技术的限制，单一成分指标只能针对特定的、有限的若干种污染物。综合指标是表征某一类或具有同一性质的污染物指标，其不能反映污染物的具体组分构成和安全性等信息。

COD是最常用的有机污染物综合指标，可以表征有机污染物的浓度，是水质标准中的关键指标，但存在较多问题，主要表现在以下几个方面：

(1) COD仅表征了可以被特定的氧化剂(如重铬酸钾和高锰酸钾等)氧化的污染物总量，不能给出有机物污染物的种类，更不能给出这些污染物的毒害性信息。

不同的污染物，即使具有相同的COD浓度，其毒害性差异也可能会很大。COD不能表征污水的特质、本质和个性。

(2) COD是在“极端条件”下，即COD测定条件下水中的有机物被氧化分解时的需氧量，与环境实际条件下的转化特性关联性不大，不能反映污染物的处理特性。

(3) 仅仅以COD作为有机污染物排放标准指标，有时会导致认识和行为上的误区。企业为了单纯降低COD，有时可能会利用具有高环境风险的手段，提高COD去除率。例如，利用HClO氧化污水处理厂二级出水，在降低COD的同时，会显著提高处理出水的生物毒性，带来更大的环境风险；添加COD测定掩蔽剂降低COD的测量值，实质上没有达到COD去除的目的，反而导致潜在环境风险。

BOD、TN和TP等其他水质综合指标也存在COD类似的问题。

近年来，随着污水深度处理与再生利用研究和工程实践的不断深入，发现了越来越多的现有常规水质指标和工艺理论难以解释和解决的新现象、新问题。例如，污水，特别是工业污水处理工艺不达标或难以稳定达标问题普遍存在，但利用现有的水质指标难以识别其产生原因；利用化学氧化方法对COD等常规污染物进行高标准处理，并不意味着水质总是变好，有时反而会导致生物毒性升高等。

综上所述，目前的水质指标难以满足污水高标准处理需求，难以揭示污水处理过程的质变特性，急需构建面向水质复杂体系的污染物特质评价方法，以有效支撑处理工艺设计、诊断与优化。

1.5.2　水征的定义及其指标体系

在前一节阐述的背景下，“水征”的概念和指标体系被提出(胡洪营 等，2019)。水征(feature of water或water characteristics)是指水中污染物的浓度水平、组分特征、安全性和稳定性及其时空变化等，是能够支撑水质安全评价、处理特性预测、处理工艺设计和工艺诊断优化的信息集成，包括量、时间和空间三个维度。

水征的评价指标包括污染程度、组分特征、转化潜势和毒害效应四个一级指标，各一级指标下包括若干二级指标(图1.12)。

1.5.3　水征研究方法

1. 污染物浓度水平及其研究方法

测定水中典型或关键组分(污染物)，如特定污染物(如苯酚等)和特定组分(如化学需氧量COD、溶解性有机碳DOC等)的浓度水平及其随时间和空间的变化，是水质评价中最基本也是最常见的工作。例如，测定某水库或景观水体中，不同位置、不同深度以及不同季节、不同时间的溶解性总磷浓度，是掌握其富营养化水平及其变化规律的基础性工作;测定污水处理厂出水的COD浓度和大肠杆菌浓度及其时间变化,对于监控运行情况十分重要。

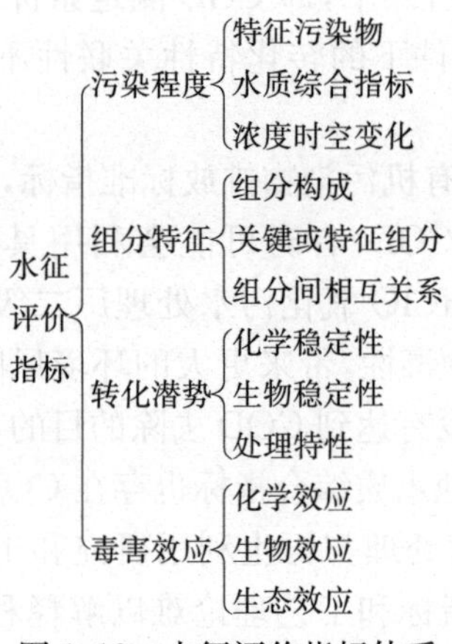

图 1.12 水征评价指标体系

在水中污染物浓度的研究中,要注意监测指标的合理性、水样的代表性、浓度的时间变化和空间变化等(详见本书第29章)。

2. 污染物组分特征及其研究方法

水中的污染物种类多,理化性质各异,从不同的角度,利用不同的指标,表征污染物组分的全貌,对识别关键组分及其浓度水平,研究不同组分间的相互作用,评价水中污染物的处理性、水质安全性和稳定性等有重要的意义。这里所说的组分特征分析,不是指对水中的单一污染物或某一类污染物进行分析,而是根据不同的物理化学性质,如分子量、酸碱性、亲疏水性、溶解性和可处理性等将污染物进行分类,测定不同组分的浓度水平。

例如,了解污水处理厂出水中不同分子量的溶解性有机物所占比例,对于预测其处理特性,特别是混凝沉淀性和活性炭吸附性是十分重要的依据。有机物的光谱特征分析,包括紫外-可见吸收光谱、红外光谱和荧光光谱等对识别污染种类,解析污染物的迁移转化规律有重要的意义(参见本书第9章)。

利用树脂分离、凝胶排阻色谱和超滤膜过滤等分离方法,根据疏亲水性、酸碱性和分子量对水中的溶解性有机组分进行分离,是有效的组分特征研究方法(参见本书第10章)。将树脂分离技术与凝胶排阻色谱分析技术组合,可进一步深入分析有机组分组成,得到有机组分的“指纹图”(参见本书第10章)。

水中有机组分的生物降解性和生物可利用性,是预期其生物处理效果、水质生物稳定性的重要指标。图1.13总结了水中溶解性有机物(DOM)的表征和研究方法。

- 水中有机组分表征与研究方法
  - 光谱特性
    - 紫外-可见光谱
    - 红外吸收光谱
    - 荧光光谱
  - 核磁共振波谱
    - 氢谱
    - 碳谱
    - 氮谱
  - 理化性质
    - 极性
    - 酸碱性
    - 分子量(含质谱特性)
    - 溶解性
  - 生物降解性和生物可利用性

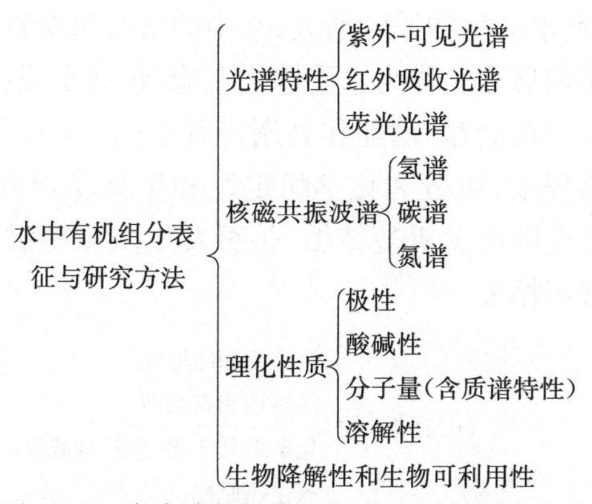

图 1.13 水中溶解性有机组分表征与研究方法

3. 水质安全性及其研究方法

水质直接影响人体健康和生态系统健全。但是,掌握了水中某些关键组分或主要污染物的浓度水平及其组分特征,往往也不能判断水质是否安全。例如,造纸污水处理出水的 COD 浓度小于 60 mg/L 时,就已达到排放标准,可以直接排放到水体,但仅依据 COD 浓度并不能回答其对水生生物是否安全、有什么样的潜在危害等问题。因此,针对不同的目的,需要对水的安全性进行全面、系统的评价。

根据目的不同,采取的水质安全评价方法也不同。例如,评价污水处理厂出水的生态安全性可利用综合生物毒性测试。

水质安全性评价方法包括已知的有毒有害污染物和关键毒性因子浓度分析法(重金属、特定有机污染物等)、综合生物毒性监测方法等(参见本书第 16 章)。毒性因子识别对甄别毒性产生的原因十分重要(参见本书第 17 章)。图 1.14 总结了水质安全性研究常用的方法。

- 水质安全性研究方法
  - 有毒有害物质浓度分析
  - 关键毒性因子浓度分析
  - 综合生物毒性测试
  - 毒性因子识别

图 1.14 常用的水质安全性研究方法

另外,从广义上讲,氮磷等植物营养物质在天然水体中会引起藻类暴发性生长,从而破坏水生态系统,也是水质安全性需要考虑的重要因素。关于藻类生长潜能,将在水质生物稳定性中介绍(参见本书第 23 章)。

4. 水质转化潜能及其研究方法

水在处理、储存、输配和利用过程中,水中的某些组分或污染物的浓度会发生变化，形态会发生转化，即水质会发生变化。例如，在自来水和再生水输配过程中，细菌会生长繁殖，导致水的生物风险增大；水中的溶解氧会逐渐衰减等。水质在上述过程中发生变化的难易程度称为水质转化潜能，包括水质稳定性和处理特性。

水质稳定性通常指在储存、输配和利用过程中，在非人为干扰的条件下，水质发生自然变化的难易程度，可分为化学稳定性和生物稳定性(图 1.15)。例如，冷却水在使用过程中是否出现无机盐结垢、是否发生微生物滋长等都与水的化学稳定性和生物稳定性密切相关。

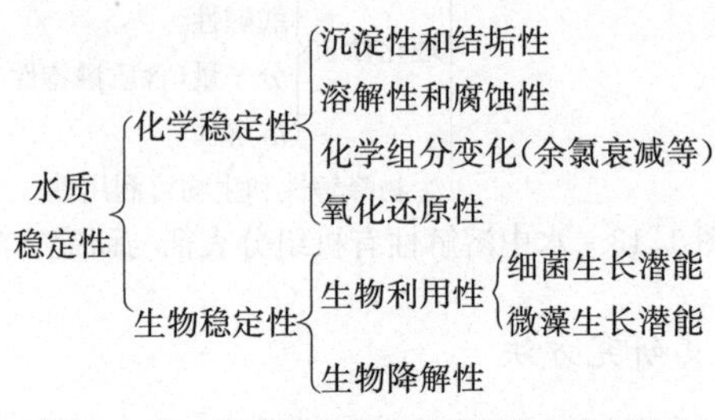

图 1.15　水质稳定性及其评价表征指标

1) 化学稳定性

化学稳定的水一般是指既不沉淀结垢又没有溶解性和腐蚀性的水。在供水领域，包括饮用水和再生水，其化学稳定性通常主要是指水经处理进入管网后或储存过程中，其自身各种组成成分之间继续发生反应的趋势和水对所接触的管道或各种附属设施的侵蚀作用(参见本书第 22 章)。

余氯可与水中的有机物、还原性无机离子、管壁上的生物膜、腐蚀产物等反应，造成余氯浓度的持续衰减，这也是化学稳定性涉及的内容。掌握配水管网中余氯的衰减规律、有效预测管网中的余氯浓度，既是重要的科学问题，又是重要的实践课题(参见本书第 24 章)。

在污水处理过程中，特别是在化学消毒过程中，水中污染组分会与氧化剂发生反应，这也可视为化学稳定性的一种体现。例如，在氯消毒过程中，氯会与水中的溶解性有机物发生反应，生成高生物毒性的消毒副产物；在臭氧高级氧化过程中，臭氧与水中的溴离子发生反应生成具有毒性的溴酸根。这种在处理过程中的组分转化现象需要引起高度重视。

2) 生物稳定性

广义上讲，水的生物稳定性是指水中的营养物质(包括有机物和无机物)所能支持微生物生长的综合能力，包括支持细菌和微藻的生长能力。水质生物稳定性高，表明水中的微生物生长所需的营养物质浓度低，微生物不容易在其中生长；反之，水质生物稳定性越低，则说明微生物在该水质条件下越容易生长。

由于水质生物稳定性的概念最早是于 20 世纪 80 年代在饮用水研究领域中提

出的，其主要关注的研究对象是水中的异养微生物（如大肠杆菌等），故从狭义上理解，水的生物稳定性往往是指水中的营养物质所能支持异养微生物（主要是异养细菌）生长的最大可能性，即水中异养细菌的最大生长潜力（参见本书第23章）。

藻类生长潜力是指某一特定水体或水样所能承载的最大藻类生物量。这一指标表征了该水体或水样中藻类生物量可能达到的最大值，对于评价水体的水华暴发风险具有重要的指导意义（参见本书第25章）。

另外，从广义上讲，水中有机污染物的生物降解性也是重要的水质稳定性评价表征指标。

3）污染物处理特性

污水在处理过程中的水质变化，反映了污水的处理难易程度，是水质转化特性研究的重要内容。因此，本书中也把污水的处理特性归纳到水质转化潜能的范畴。

（污）水中化学污染物的处理特性是指利用物理、化学和生物方法能够从水中将其去除的潜力，是选择处理技术和组合工艺的重要依据，也是水质评价的重要内容。不同的污水，其处理特性，即能够利用常规的技术和工艺对水质进行净化或转化的难易程度不同，需要建立规范、系统的方法评价污水的处理特性。

（污）水中化学污染物的处理特性研究常用的方法主要有：特征污染物识别与评价法、污染组分特征分析法、类比法、处理实验法、现有污水处理系统诊断与评价法等（参见第27章）。

1.6　水质水征研究方向与发展趋势

1.6.1　水质水征研究方向与研究步骤

水质水征的主要研究方向包括水质水征基本特点研究、污染物去除与转化研究、污染成因研究、水质水征指标及其测定方法和水质标准等（图1.16）。

水质水征研究一般可分为5个步骤，即研究目的确定、研究方案制定、研究方案实施、研究结果解析和成果发表发布。

1）研究目的确定

确定和明确研究目的，是开展水质水征研究的前提，也是制定研究方案的基本依据。研究目的的确定要深挖研究的本质，逐步深入思考三个层次的“目的”或“为什么要做”。

首先要明确，研究的目的是什么？其次要明确，“目的”的目的是什么？再次就是要思考，“目的”的“目的”的目的是什么？这样的深究和思考会逐步掌握研究真正目的或研究的本真。

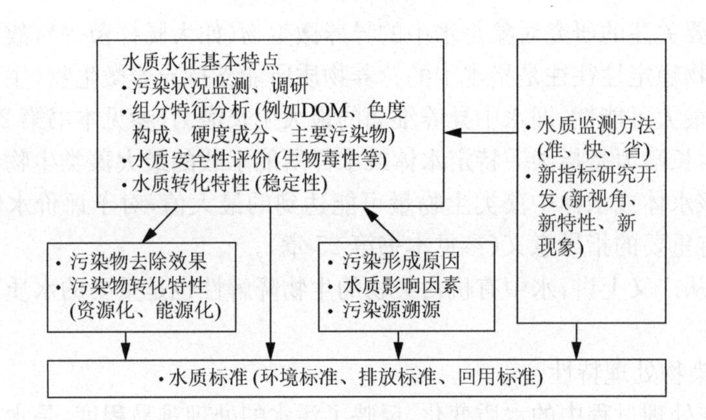

图 1.16　水质水征研究基本内容

2）研究方案制定

研究方案的制定需要回答：完成制定的研究目标，需要开展哪些研究？如何开展这些研究？例如需要明确回答以下等问题：测定哪些指标？如何测？测哪些地方(点)的？什么时候测？测多少次？持续多长时间？如何保障数据质量？

3）研究方案实施

根据制定的方案开展研究，并根据实施情况对研究方案进行优化。

4）研究结果解析

研究结果解析是挖掘数据价值，把“结果”变成“结论”和“成果”的过程。首先进行结果解析，分析获得的数据和结果说明了什么问题；之后要进行结果解读，即解释为什么会有这样的结果、现象；同时，利用表、数据图和示意图等对结果或解读进行表达和表征。结果的表达表征要做到简洁、明了、引人入胜、赏心悦目。

5）成果发表发布

以研究报告、学术期刊论文、会议交流或自媒体宣传等形式，尽早地把研究“结果、结论”变成“成果”的过程，把“苦劳”变成“功劳”的过程。

1.6.2　水质水征研究发展趋势

水质污染是全球重大环境问题之一。随着越来越多的新化学物质的生产和使用，新的污染物也将不断出现。另外，随着分析评价手段的不断发展，人们对污染物危害性的认识不断深入，现有污染物新的危害性也不断被发现，水质污染也日益复杂。同时，气候变化对水资源和水环境质量的不良影响将会进一步增加水质污染的复杂性，对水质安全保障带来的挑战也将越来越大。

在这种情况下，水质指标将越来越朝精细化、多元化方向发展，在关注常规水质指标的同时，水质安全指标(如生物毒性和生物效应、高风险病原微生物等)、指示指标、替代指标等将越来越受到重视。

新材料、仪器分析理论与技术、生物毒理学和生物毒性监测领域的研究成果在水样预处理、定性和定量分析、水质与水征评价方面的应用将越来越广泛，从而带动水质与水征研究的不断深入和发展。

水征的概念及其评价指标的提出，拓展和深化了水质研究的维度和深度，也为水处理工艺评价和诊断研究提供了新视角、新手段。深入开展水征研究，将会不断发现原来没有发现的新现象、新问题，可为评价和重新认识现有污水处理工艺和水质标准、优化现有技术和工艺组合及其运行操作，构筑科学、有效的风险管理和安全保障管理体系提供有力的支撑。这些新现象、新问题和新认识，将催生水处理新原理、新技术的研究开发和应用，从而推动水处理领域创的新发展。

参 考 文 献

顾夏声，胡洪营，文湘华，等. 2011. 水处理生物学. 第5版. 北京：中国建筑工业出版社.

国家市场监督管理总局/中国国家标准化管理委员会. 2023. 生活饮用水卫生标准. GB 5749—2022. 北京：中国标准出版社.

胡洪营，魏东斌，董春宏. 2002. 污/废水的水质安全性评价与管理. 环境保护，301(11)：37～38.

胡洪营，吴乾元，黄晶晶，等. 2011a. 再生水水质安全评价与保障原理. 北京：科学出版社.

胡洪营，吴乾元，吴光学，等 . 2019. 污水特质(水征) 评价及其在污水再生处理工艺研究中的应用 . 环境科学研究，32(5)：725～733.

胡洪营，吴乾元，杨扬，等. 2011b. 面向毒性控制的工业废水水质安全评价与管理方法. 环境工程技术学报，1(1)：46～51.

唐鑫. 2014. 再生水氯消毒抗雌激素活性生成潜势评价及控制研究. 北京：清华大学博士学位论文.

赵欣. 2014. 典型再生水处理工艺对水质生物稳定性的影响研究. 北京：清华大学博士学位论文.

中华人民共和国国家环境保护总局/国家技术监督局标准. 2003. 城镇污水处理厂污染物排放标准. GB 18918—2002. 北京：中国环境科学出版社.

Chen B Y，Westerhoff P. 2010. Predicting disinfection by-product formation potential in water. Water Research，44(13)：3755～3762.

Drewes J E. 2012. Development of Indicators and Surrogates for Chemical Contaminant Removal during Wastewater Treatment and Reclamation，Report of WERF project (WFR-03-014)，USA.

Gerrity D，Gamage S，Jones D，et al. 2012. Development of surrogate correlation models to predict trace organic contaminant oxidation and microbial inactivation during ozonation. Water Research，46(19)：6257～6272.

Hao R X，Ren H Q，Li J B，et al. 2012. Use of three-dimensional excitation and emission matrix fluorescence spectroscopy for predicting the disinfection by-product formation potential of reclaimed water. Water Research，46(17)：5765～5776.

Li W，Nanaboinac V，Zhou Q，et al. 2013. Changes of excitation/emission matrixes of wastewater caused by Fenton- and Fenton-like treatment and their associations with the generation of hydroxyl radicals，oxidation of effluent organic matter and degradation of trace-level organic pollutants. Journal of Hazardous Materials，

244～245：698～708.

Rosario-Ortiz F L，Wert E C，Snyder S A. 2010. Evaluation of UV/H_2O_2 treatment for the oxidation of pharmaceuticals in wastewater. Water Research，44(5)：1440～1448.

Tang X，Wu Q Y，Du Y，et al. 2014a. Anti-estrogenic activity formation potential assessment and precursor analysis in reclaimed water during chlorination. Water Research，48：490～497.

Tang X，Wu Q Y，Huang H，et al. 2013. Removal potential of anti-estrogenic activity in secondary effluents by coagulation. Chemosphere，93(10)：2562～2567.

Tang X，Wu Q Y，Zhao X，et al. 2014b. Transformation of anti-estrogenic-activity related dissolved organic matter in secondary effluents during ozonation. Water Research，48：605～612.

Weishaar J L，Aiken G R，Bergamaschi B A. 2003. Evaluation of specific ultraviolet absorbance as an indicator of the chemical composition and reactivity of dissolved organic carbon. Environmental Science & Technology，37(20)：4702～4708.

Wert E C，Rosario-Ortiz F L，Snyder S A. 2009. Using ultraviolet absorbance and color to assess pharmaceutical oxidation during ozonation of wastewater. Environmental Science & Technology，43(13)：4858～4863.

Zhao X，Hu H Y，Yu T，et al. 2014. Effect of different molecular weight organic components on the increase of microbial growth potential of secondary effluent by ozonation. Journal of Environmental Science，26(11)：2190～2197.

第 2 章　感官和物理性状及其研究方法

2.1　感官指标及其意义

水的感官指标是对应人的五种感觉器官而言的。眼、耳、鼻、舌、身分别对应视觉指标、听觉指标、嗅觉指标、味觉指标和触觉指标。

水的感官指标体系见图 2.1。

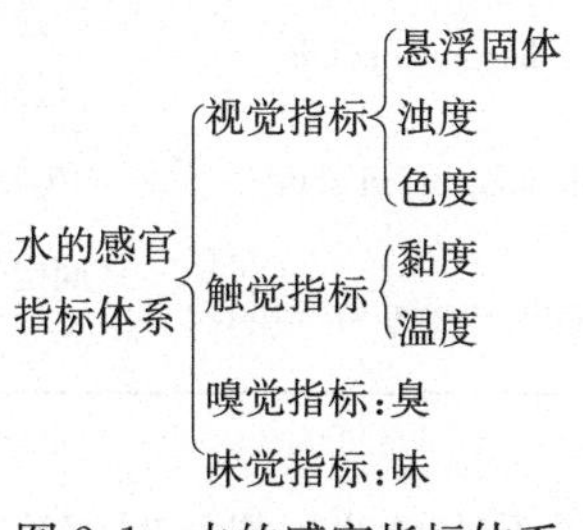

图 2.1　水的感官指标体系

水的感官性状十分重要。感官性状不良的水，会使人产生厌恶感和不安全感。例如，我国的《生活饮用水卫生标准》(GB 5749—2022)规定，饮用水的色度不应超过 15 度，也就是说，一般饮用者不应察觉水有颜色。而且饮用水也应无异常的气味和味道，呈透明状，不混浊，没有用肉眼可以看到的异物。如果饮用水出现混浊，有颜色或异常味道，就说明水被污染，应立即进行调查和处理。

感官指标大多与水的物理性状有关，本章主要讨论水的感官指标。

2.2　悬浮固体和浊度

2.2.1　悬浮固体及其意义

悬浮固体(suspended solids，SS)是指悬浮于水中不能通过过滤器的固体物质，主要包括不溶于水的淤泥、黏土、有机物、微生物等细微物质。SS 是造成水质混浊的主要原因，是衡量水污染程度的指标之一。悬浮物沉积在河床会影响水生生物的发育成长。有机悬浮物沉积后，易产生厌氧发酵，使生物需氧量增高，影响水质(《环境科学大辞典》编委会，2008)。除了 SS 本身与水质有直接关系外，SS 对重金属、有毒有害有机化学物质的吸附作用需要高度重视。SS 对消毒效果有直接的负面影响，特别是紫外线消毒和臭氧消毒。因此，要保证水和污水的消毒效果，就需要严格控制 SS 浓度。另外，黑臭水体中的“黑色”主要由 SS 等颗粒物导致。

SS 是水质研究中使用频率较高的一项固相物质指标，其他固相物质指标还包括总固体、溶解性总固体、挥发性悬浮固体和非挥发性悬浮固体等。这些指标的定义十分类似，但其表征的固相物质的种类有明显的区别。测定和使用这些指标时，要注意它们之间的区别和联系(表 2.1)。

表 2.1 水的固相物质指标

指标	英文名	其他名称	与其他指标的关系
悬浮固体	suspended solids	不可滤残渣	SS=TS−TDS
总固体	total solids	蒸发总残留物	TS=TDS+SS
溶解性总固体	total dissolved solids	总矿化度 过滤性残渣	TDS=TS−SS
挥发性悬浮固体	volatile suspended solids	生物量浓度	VSS=SS−NVSS
非挥发性悬浮固体	non-volatile suspended solids	固定悬浮固体 灰分	NVSS=SS−VSS

TS 的主要测定方法是烘干称量法。烘干时温度的选择非常重要，常用的两种烘干温度为(104±1)℃和(180±2)℃。由于烘干温度较高，在保证将水分子去除的前提下，尽量减少易分解有机物和无机盐的热损失。烘干后应迅速放入干燥器中冷却，冷却至常温后进行快速称量。

(104±1)℃烘干时，自由水全部蒸发，结晶水会保留在残留物中，有机物挥发损失很少。但该温度范围不易去除吸附水，因此恒量时间较长。

(180±2)℃烘干时，吸附水全部蒸发，有机物挥发逸失，某些结晶水可能存留在样品中，重碳酸盐均转为碳酸盐，部分碳酸盐可能分解为氧化物或碱式盐，某些氯化物和硝酸盐可能损失。

TDS 可粗略反映水中溶解性物质的含量，也可能包括胶态物质。实际上，溶解性“固体”溶解在水中，不表现为凝聚固态，所以，称其溶解性“物质”更贴切些。之所以称之为溶解性“固体”，是因为它在水蒸发烘干之后以固体的形态残留下来，其定义的内涵来源于测定方法。

VSS 是指悬浮固体(过滤后)在 600 ℃加热灼烧下的减量[与(104±1)℃条件下烘干的数据进行对比]，代表了悬浮固体的有机部分。

NVSS 是指悬浮固体灼烧后的残留部分，又称灰分，代表了悬浮固体的无机部分。

参照上述定义，还可以定义挥发性溶解固体、非挥发性溶解固体、挥发性总固体和非挥发性总固体等(图2.2)。挥发性和溶解性(有时还包括可生物降解性)都是利用水中固体某一方面的性质来对其进行分类。不同分类方法之间存在交叉重叠。

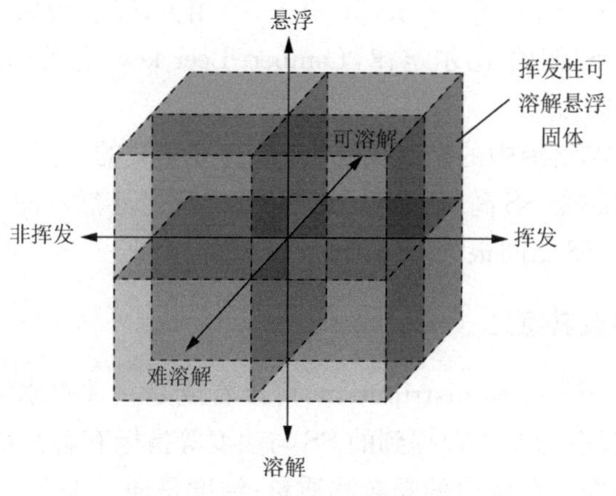

图2.2　各种固相指标的相互关系图

值得注意的是,挥发性的判断需要借助灼烧这一手段,但是严格来说,灼烧带来的质量损失并不完全代表挥发性有机物的含量。很多含有碳酸盐(重碳酸盐)的固体在高温下可分解,释放出二氧化碳而成为氧化物;一些硝酸盐和铵盐也可受热分解。相关的反应式如下:

$$2NH_4NO_3 \xrightarrow{120℃} 4H_2O\uparrow + 2N_2\uparrow + O_2\uparrow \tag{2.1}$$

$$CaCO_3 \xrightarrow{600℃} CaO + CO_2\uparrow \tag{2.2}$$

$$MgCO_3 \xrightarrow{540℃} MgO + CO_2\uparrow \tag{2.3}$$

挥发性与非挥发性并不能准确反映水样中有机物和无机物含量的实际情况。全面研究水样所含有机物的情况,还需结合总有机碳、各种有机氮化合物和化学需氧量等多项指标进行解析(详见后续章节)。

2.2.2　浊度及其意义

浊度(turbidity)是指由水中含有泥沙、黏土、有机物、无机物、浮游生物和微生物等悬浮物质所造成的光散射或吸收的程度,是对水中混浊程度的度量(国家环境保护总局和《水和废水监测分析方法》编委会,2002)。浊度的大小并不能直接表征水中污染物质的含量,但作为一种综合性、物理性、感官性的指标,浊度在水质检测和水处理工艺运行状况诊断、预警中起着重要的作用。需要指出的是,浊度低的水不一定没有被污染,但浊度高的水一定不是优质的水。

一般来说，光量子照射水体，会发生折射、反射、透射、散射和吸收等多个过程。浊度的概念是利用散射损失量来表征浊度的大小。通常用光线穿透样品后，在 90°方向上的散射光强，来表征样品的浊度。散射现象与溶液中的悬浮颗粒物、胶体粒子（丁铎尔现象，Tyndall effect）等相关；吸收现象主要和溶液中可溶分子的特定吸收峰（朗伯-比尔定律，Lambert-Beer law）有关（暂不考虑一些物质的荧光和磷光现象）。

因此，浊度是和溶液中的悬浮颗粒物 SS 直接相关的。但由于 SS 并不是均一的纯物质，所以并不是 SS 高就一定导致浊度高，反之亦然。除非限定某种特定的水样，否则浊度与 SS 之间很难有明确的相关关系。

2.2.3 粒径分布及其意义

粒径分布（particle size distribution）可以看成是一种对水溶液中颗粒物大小分布的表征。粒径分布与之前提到的 SS 与浊度等指标有着密切的关系。SS 是通过过滤，测得某种粒径范围内的颗粒物质量；浊度是通过综合测定光的散射，来推求其颗粒物含量的多少，也和颗粒物的粒径紧密相关。SS 与浊度的概念分别侧重了颗粒物的不同方面，应用的是不同的测量手段，有一定的联系，却又不完全相同，不能互相替代。

在提到 SS 和浊度的概念的时候，都不可避免地会涉及“粒径分布”。明确“粒径”的概念是确定其“分布”的基础。水中固态物质的微观形状多不规则，十分复杂，一般用等效粒径来表征其大小。等效粒径可以与等效体积关联，也可以与等效表面积关联，还可以与最大横截面积关联。最常用的是与 Stocks 沉降速率关联（即 Stocks 粒径，指在水中沉降速率与某等密度球体相同时，该球体的半径）。

在环境水质研究中，利用粒径分布可以获得更多的颗粒物信息。韩芸等（2008）利用粒径分布考察混凝对颗粒物的去除效果，发现混凝过程可以去除地表水和二级水中的大部分颗粒物，但对于粒径为 2～4 μm（地表水）和 1～3 μm（二级出水）的颗粒物，则难以去除（图 2.3）。

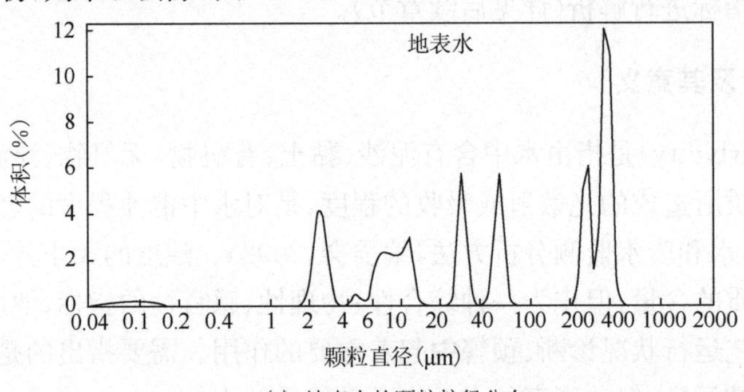

(a) 地表水的颗粒粒径分布

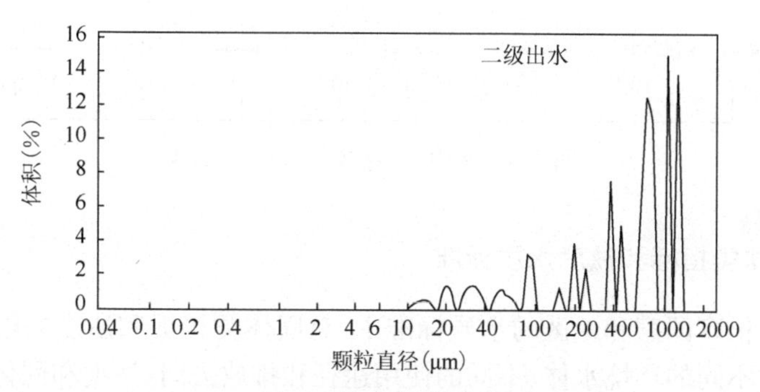

(b) 二级出水的颗粒粒径分布

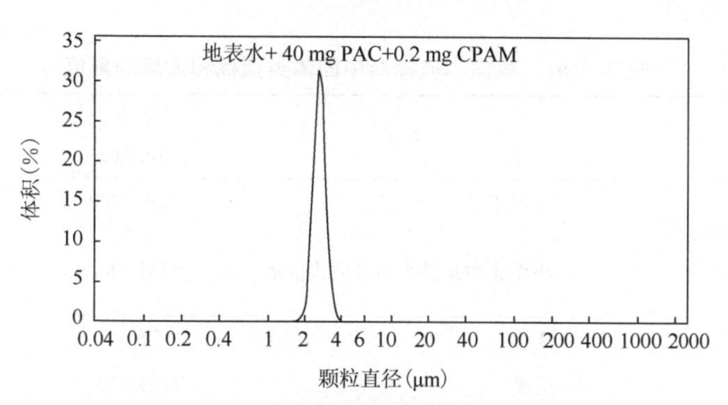

(c) 地表水混凝后的颗粒粒径分布

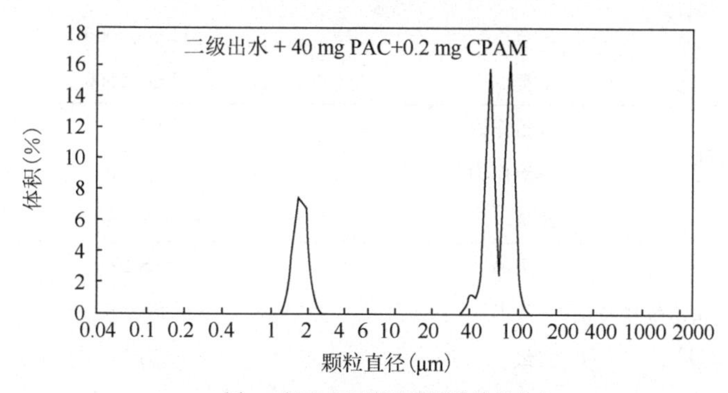

(d) 二级出水混凝后的颗粒粒径分布

图 2.3　混凝对颗粒物的去除性能

在水质研究领域，一般认为水中的分散物质的粒径分布是不连续的。用分散系的观点来看，1 nm～1 μm 的粒子在水中分散，称为胶体；＞1 μm 的粒子在水中分散，称为悬浊液；＜1 nm 的粒子在水中分散，称为溶液，如图 2.4 所示。这些具体的数值都是研究者依据需要规定的，在物理上不存在一个突变的边界条件。

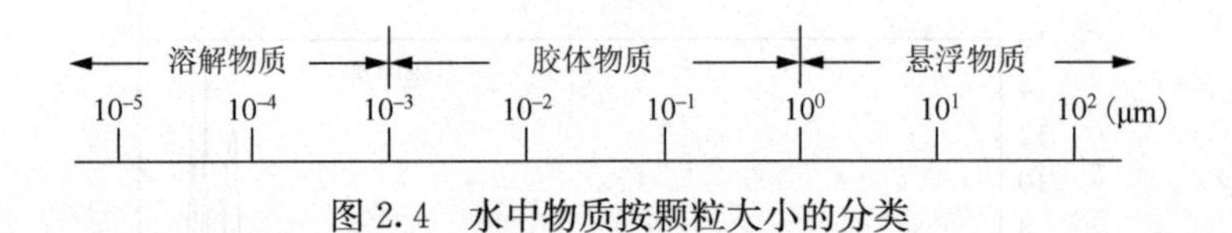

图 2.4 水中物质按颗粒大小的分类

2.2.4 固体类指标和浊度水质标准

国际上很多国家和地区的水质标准中，对固体类指标和浊度的限值都做出了规定。针对不同的环境水体、不同的使用途径和排放去向，浊度和固体类的限值也有不同(表 2.2)。

表 2.2(a) 我国水质标准中固体类指标和浊度的限值

标准	类别	限值(mg/L)	浊度限值(NTU)
生活饮用水卫生标准(GB 5749—2022)	常规指标	TDS 1000	1
	小型集中式供水和分散式供水	TDS 1000	1(3[a])
地下水质量标准(GB/T 14848—2017)	Ⅰ类	TDS 300	3
	Ⅱ类	TDS≤500	≤3
	Ⅲ类	TDS≤1000	≤3
	Ⅳ类	TDS≤2000	≤10
	Ⅴ类	TDS>2000	>10
农田灌溉水质标准(GB 5084—2021)	水田作物	SS 80	—
	旱地作物	SS 100	—
	蔬菜	SS 60[b]，SS 15[c]	—
城镇污水处理厂污染物排放标准(GB 18918—2002)	一级 A	SS 10	—
	一级 B	SS 20	—
	二级	SS 30	—
	三级	SS 50	—
城市污水再生利用 地下水回灌水质(GB/T 19772—2005)	地表回灌	TDS 1000	10
	井灌	TDS 1000	5
城市污水再生利用 工业用水水质(GB/T 19923—2005)	直流冷却水、洗涤用水	SS 30	—
	敞开式循环冷却水系统补充水、锅炉补给水、工艺与产品用水	—	5

续表

标准	类别	限值(mg/L)	浊度限值(NTU)
城市污水再生利用　绿地灌溉水质(GB/T 25499—2010)		TDS 1000	5(非限制性绿地) 10(限制性绿地)
城市污水再生利用　农田灌溉用水水质(GB 20922—2007)	纤维作物、旱地谷物、油料作物、水田谷物	TDS 1000(非盐碱地地区) TDS 2000(盐碱地地区)	—
	露地蔬菜	TDS 1000	—
城市污水再生利用　城市杂用水水质(GB/T 18920—2020)	冲厕、车辆冲洗	TDS 1000(2000)[d]	5
	城市绿化、道路清扫、消防、建筑施工	TDS 1000(2000)[d]	10
城市污水再生利用　景观环境利用水水质(GB/T 18921—2019)	河道类景观环境用水、景观湿地环境用水	—	10
	湖泊类、水景类景观环境用水	—	5

a. 因水源与净水技术受限时；b. 加工、烹调及去皮蔬菜；c. 生食类蔬菜、瓜类和草本水果；d. 括号内指标值为沿海及本地水源中溶解性固体含量较高的区域的指标

表 2.2(b)　国外水质标准中固体类指标和浊度的限值

国家/地区	标准	类别	限值(mg/L)	浊度限值(NTU)
美国	饮用水水质标准	二级饮用水标准	TDS 500	—
欧盟	饮用水水质指令		—	用户可以接受
日本	生活饮用水水质标准	管网水	—	2
		快适水	蒸发残渣 200	1

2.2.5　SS和浊度测量方法

1. SS的测量方法

SS的测量方法比较简单，包括过滤、烘干、称量三个步骤。水样经过滤后留在过滤器上的固体物质，于(104±1)℃烘干至恒重。SS包括不溶于水的各种泥沙和各种污染物、微生物以及无机物等。

滤器的材质不同，其对应的过滤类别和过滤特征也不同，如表2.3所示。应依据后续处理的要求与自身实验的目的，选择合适的滤器。常用的滤器有滤纸、滤

膜、石棉坩埚等。其中石棉坩埚通常用于过滤酸或碱浓度高的水样(奚旦立,2019)。由于滤孔大小不一致,故报告结果时要注明。

表 2.3 常见滤器的材质与应用特征

材质	适用的溶液类别	特征
尼龙	有机系	耐适当浓度的酸碱
聚四氟乙烯	有机系+水系	耐强酸强碱,耐所有溶剂,耐高温
聚偏氟乙烯	有机系	疏水,耐腐蚀
聚醚砜	水系	流速快,耐酸碱
玻璃纤维	水系	纳污量大,流速快,耐高温
聚丙烯	水系	有系列孔径,耐压性好
硝酸纤维酯	有机系+水系	对核酸、蛋白质、多糖的吸附能力强
醋酸纤维酯	有机系+水系	对蛋白质吸附比较弱,可高压灭菌

如图 2.5 所示,滤膜的特征过滤孔径为 0.22 μm 和 0.45 μm,滤纸的特征过滤孔径一般为 0.8 μm 或 1.0 μm。0.22 μm 孔径的滤膜可以过滤掉已知的最小的细菌 *Brevundimonas*(大小约为 0.3 μm)。进入色谱分离柱的样品为防止柱的阻塞,一般使用 0.45 μm 孔径的滤膜过滤掉颗粒物。而滤纸过滤多用于一般的样品水质分析前处理,或用于高浊度高悬浮物水样混凝效果的评价。

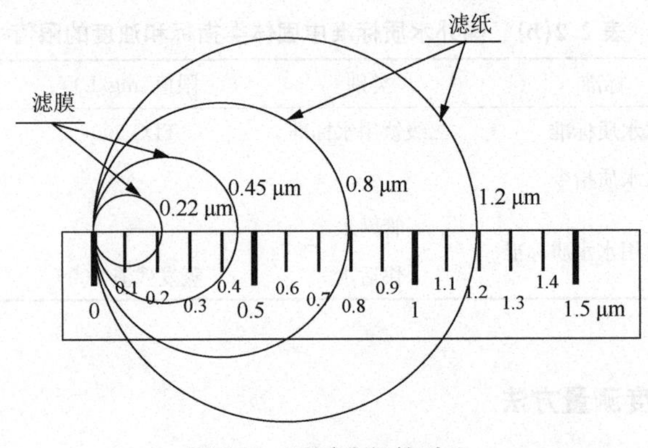

图 2.5 不同孔径的对比

2. 浊度的测量方法

浊度的单位有很多。美国环境保护局(United States Environmental Protection Agency, US EPA)推荐使用 NTU(nephelometric turbidity units)作为浊度单位;而欧洲许多国家使用国际标准化组织(International Organization for

Standardization，ISO)推荐的 FNU(formazin nephelometric units)作为浊度单位。这两种单位制的测定方法略有不同,但单位的大小可以近似认为相等(即1 NTU=1 FNU)。在水质研究中,推荐采用同一种浊度测定方法和单位,并在研究报告中进行注明。

浊度的测量方法主要有分光光度法、目视比浊法和浊度计法。我国通常采用比浊法测量,主要是与某已知浓度的标准混浊液对比。由于浊度主要是水中悬浮物造成的,而悬浮物不能在溶液中稳定存在,所以在测定浊度前要剧烈振摇水样使其均匀。

分光光度法是 FNU 单位制的来源,主要原理是:在适宜温度条件下,一定量的硫酸肼与乌洛托品反应,生成白色高分子聚合物(福尔马肼,formazin),以此作为浊度标准贮备液。将此浊度贮备液逐级稀释成系列浊度标准液,在波长 680 nm 条件下测定吸光度,并绘制关系曲线。吸取适量水样测定吸光度,在标准曲线上查得水样浊度。严格地说,分光光度法所测得的并不是散射光强,而是吸收光强。对于实际水样,这两者有很好的相关性,因此在没有专用的浊度仪的情况下,可以使用分光光度法代替。

目视比浊法的主要原理是:硅藻土(或白陶土)经过处理后,配制成标准浊度原液,并规定 1 mg 一定粒度的硅藻土(白陶土)在 1 L 水中的浊度为 1 度。将浊度标准原液逐级稀释为一系列浊度标准液(其浊度范围应参照待测水样的浊度),置于比色管中。取相同体积的待测水样置于比色管中,与标准浊度液进行目视比较,取与水样产生视觉效果相近的标准液的浊度,即为水样的浊度。若水样浊度超过 100 度,需先稀释再测定,最终结果要乘上其稀释倍数。

浊度仪是应用光的散射原理制成的,测定的是 NTU 单位制下的浊度,即与光线传播方向呈 90°的散射光强。NTU 单位制使用的标准溶液也是福尔马肼。散射光强度与水中悬浮颗粒物的大小和总数成比例,即与浊度成正比。散射浊度仪可以实现水的浊度的在线监测。

2.2.6　SS 和浊度研究案例

1. SS 和浊度相关研究方向

与 SS 和浊度相关的研究方向主要包括:①SS 的组分构成、粒径分布、形状;②SS组分对污染物综合指标,如 COD、BOD、TDP 和 TP 等的贡献;③水和污水处理工艺出水 SS 与处理效果、工艺运行状况的关系;④SS 和浊度在线监测,预警处理效果。

2. 研究案例——浊度去除与其他水质指标去除的关系

在水处理过程中，通过絮凝沉淀作用去除浊度，与此同时，相关污染物也得到去除。张彤等(2008)运用直径为4.5 μm和20 μm的微球模拟水中的隐孢子虫和贾第鞭毛虫，在实验室中考查了絮凝沉淀对微球的去除效果，并得出了剩余浊度与微球对数去除率存在指数相关的结论，结果如图2.6所示。

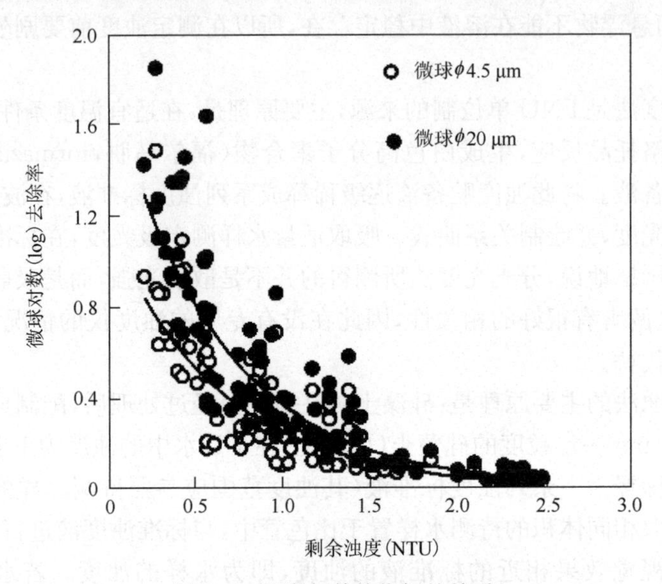

图2.6　浊度与其他指标的关系

2.3 色　度

2.3.1 色度及其意义

色度(color)，即颜色深浅的度量。水中由于存在着各种致色物质而呈现出综合的颜色。色度的大小反映了水溶液颜色的深浅，也间接地表征了显色物质的浓度。

颜色是眼睛对多种波长的光的一个综合性反射。色度是一个和“光”相关的物理性指标。水中的悬浮物和溶解性物质均可能对光造成折射、散射、反射、吸收等，自然会给水溶液带来颜色上的变化。

水中的颜色可分为真色(true color)和表色(apparent color)两种。去除水中悬浮物后(离心去除)的水色称为真色，未去除悬浮物的水色称为表色(《农业大词典》编辑委员会，1998)。在水质分析中，用到的色度指标大多是指过滤掉悬浮物之后的真色。

通常来说，在污水排放中，致色物质要比引起浊度的物质对人的身体更加有害。工业上常用偶氮类分子、大环类分子作为染料，这类物质排放入水中可引起较高的色度；电镀冶金行业使用的很多重金属离子和复杂酸盐离子，也都带有各自特殊的颜色。

2.3.2　色度水质标准

色度的大小与水中致色物质的多少呈现一定的相关性。而且，色度以及浊度还会减弱水体的透光性，影响水生生物的生长。

不同水质标准有关色度的限值见表 2.4。

表 2.4　水质标准中色度的限值

国家/地区	标准	类别	色度限值(度)
中国	生活饮用水卫生标准(GB 5749—2022)	水质常规指标	15
	地下水质量标准(GB/T 14848—2017)	Ⅰ类	≤5
		Ⅱ类	≤5
		Ⅲ类	≤15
		Ⅳ类	≤25
		Ⅴ类	＞25
	城镇污水处理厂污染物排放标准(GB 18918—2002)	一级 A/B	30
		二级	40
		三级	50
	城市污水再生利用地下水回灌水质(GB/T 19772—2005)	地表回灌	30
		井灌	15
	城市污水再生利用　工业用水水质(GB/T 19923—2005)		30
	城市污水再生利用　绿地灌溉水质(GB/T 25499—2010)		30
	城市污水再生利用　城市杂用水水质(GB/T 18920—2020)	冲厕、车辆冲洗	15
		城市绿化、道路清扫、消防、建筑施工	30
	城市污水再生利用　景观环境利用水水质(GB/T 18921—2019)		20

续表

国家/地区	标准	类别	色度限值(度)
美国	饮用水水质标准	二级饮用水标准	15
欧盟	饮用水水质指令		用户可以接受
日本	生活饮用水水质标准	管网水	5

2.3.3 色度测定方法

色度的测定方法一般分为标准比色法和稀释倍数法。同一种水样,采用不同的色度测量方法,得出的色度结果也不尽相同。对于混浊的水样,进行真色测定时,可用沉淀或离心的方法去除悬浮物,也可用直径为 0.45 μm 的水系滤膜进行过滤,但一定不能使用滤纸过滤。因为滤纸可以吸附一部分溶解于水中的致色物质(国家环境保护总局和《水和废水监测分析方法》编委会,2002)。

由于 pH 值会对色度的测定结果造成较大影响,因此在测定色度时,还要同时测定样品 pH 值。

1. 标准比色法

标准比色法是将样品稀释后与标准比色液进行对比的一种方法。标准色列通常用氯铂酸钾和氯化钴配成,规定 1 mg/L 以氯铂酸离子形式存在的铂产生的颜色为 1 度。当水体被污水或工业污水污染,色度很深或其颜色与标准色列不一致时可用文字描述(《环境科学大辞典(修订版)》编委会,2008)。图 2.7 给出了铂钴标准比色液的示意图。

图 2.7 铂钴标准比色液示意图

该方法配制的标准色列为黄色,只适用于较清洁且具有黄色色调的饮用水和天然水的测定。若水样为其他颜色,无法与标准色列进行比较,则可用适当的文字描述其颜色和色度,如淡蓝色、深褐色等。

2. 稀释倍数法

稀释倍数法(GB 11903—89)主要用于生活污水和工业污水颜色的测定。将经预处理去除悬浮物后的水样用无色水逐级稀释，当稀释到接近无色时，记录其稀释倍数，以此作为水样的色度，单位是“倍”。同时用文字描述污水颜色的种类，如棕黄色、深绿色、浅蓝色等。

铂钴比色法和稀释倍数法是两种独立使用的色度测量方法，两个结果之间一般不具有可比性。

2.3.4　色度相关研究方向

与色度相关的研究方向主要包括：①色度（真色、表色）的构成与特征；②致色物质识别与分析；③致色原因；④致色物质去除技术；⑤色度测定方法和水质标准制定方法等。

2.4　臭　和　味

2.4.1　臭和味及其意义

臭（odor）和味（taste）是两种不同的指标。“臭”主要是人体嗅觉系统通过鼻子对挥发性物质的响应而产生的感觉。“味”是由人体味觉系统通过舌头上的味蕾对溶解物质的响应而产生。臭和味是重要的水质指标。

2.4.2　臭和味评价指标

1. 臭的评价指标

臭是一个综合性的感官指标。一般采用文字来进行定性的描述。也可以采用臭强度（odor intensity）等级来进行划分（臭强度等级依然是十分粗略的检臭方法）。臭强度的划分见表 2.5。

表 2.5　臭强度等级划分

臭强度等级	强度	嗅觉反应
0	无	无任何气味
1	微弱	嗅觉敏感体质刚能觉察
2	弱	一般性体质刚能觉察
3	明显	明显觉察，不加处理，不能饮用
4	强	有明显的臭味
5	很强	有强烈的恶臭

臭的另一个经常采用的指标是臭阈值（odor threshold value），是指使用无臭

水(活性炭滤过的自来水)稀释水样,直至闻出最低可辨别臭气的浓度,依此来表征臭的阈值(国家环境保护总局和《水和废水监测分析方法》编委会,2002)。此方法与色度中的稀释倍数法类似。

$$臭阈值=\frac{A+B}{A} \tag{2.4}$$

式中,A 为水样体积(mL);B 为无臭水体积(mL)。

水中常常出现的气味被分为八类:第一类,泥土味、霉味;第二类,氯气味、臭氧味、游泳池味;第三类,草味;第四类,腐烂蔬菜味;第五类,水果味;第六类,鱼腥味;第七类,药味;第八类,肥皂、塑料、石油味。每一组气味又有详细的分类(顾平,1998)。

2. 味的评价指标

和“臭”相比,在水质研究中针对“味”研究少。水中常常出现的味道被分为四类:酸、甜、咸和苦。一般来说,只有清洁的水或已确认经口接触对人体健康无害的水样才能进行味的检验(奚旦立,2019)。

需要指出的是:臭强度、味强度和臭阈值等指标随温度的不同而变化。因此,数据检验报告中必须指明检验时的水温(一般在 20 ℃条件下检测水样味强度,在 40 ℃条件下检测臭强度和臭阈值)。

2.4.3 臭和味来源和控制

纯净的水是无臭无味的。天然水体中产生臭和味的物质,主要来自于水中动植物和微生物的繁殖、死亡和腐败,生活污水或工业污水的污染等。另外,生产饮用水时加氯消毒也会产生不愉快的臭和味。皮革、屠宰等行业的污水和一些有机污染严重的水体(流动性差、溶解氧低)会伴随产生强烈的异臭和异味。无臭无味的水虽然不能保证不含污染物,但有助于提高使用者对水质的信任程度。臭和味也是人类对水的美学评价的感官指标(奚旦立,2019)。

2.4.4 臭和味测定方法

1. 臭的测定方法

臭强度和臭阈值的检测方法不同。臭强度是直接得出,臭阈值是通过稀释后得出,类似于色度指标体系中的标准比色法和稀释倍数法的原理。这两种臭检测方法得到的结果都有很强的主观性。除了受检测员个人体质差异外,睡眠多少、是否感冒甚至心情的好坏等身体状况都会对检测结果造成一定的影响。

臭的检测由专业的臭检测员进行。由于不同检验人员的嗅觉敏感性存在差异，因此对某一水样并无绝对的臭阈值。而且，同一个检验人员在过度工作中嗅觉敏感性也会产生变化，甚至一天之内的不同时段也不一样。一般情况下，水样臭阈值检测的人数至少为 5 人，最好 10 人或更多，取几何平均值（非算数平均值）作为最终的检测结果（国家环境保护总局和《水和废水监测分析方法》编委会，2002）。

2. 味的测定方法

味的检验方法是分别取少量 20℃和煮沸冷却后的水样放入口中，尝其味道，用适当词语（酸、甜、咸、苦、涩等）描述，并参照表 2.5 的等级记录味强度（奚旦立，2019）。

2.4.5　臭味相关研究方向

与臭味相关的研究方向主要包括：①臭和味的构成与特征；②致臭（味）物质识别与分析；③致臭（味）原因；④致臭（味）物质的去除；⑤致臭（味）物质分析方法；⑥水质标准制定方法等。

2.5　温　　度

2.5.1　温度及其意义

温度（temperature）是表示物体冷热程度的物理量。物体温度的升高或降低，标志着物体内部分子热运动平均动能的增加或减少（顾翼东，1989）。

温度，在宏观上表现为人类可以感知的冷热程度，在微观上表现为大量分子无规则运动的剧烈程度（即分子平均动能的大小）。对单个分子而言，温度是没有意义的。在物理学上，温度作为基本的热力学参量，是由热力学第零定律（因为其在逻辑上，比热力学三大定律更为基本）导出的，即“分别与第三个物体达到热平衡的两个物体，它们彼此也一定互呈热平衡”（韩德刚等，2009）。

水的物理化学性质与温度密切相关。水的黏度、密度、水中溶解性气体（如氧气、二氧化碳等）的溶解度、游离氨和离子态氨的比例、难溶盐的溶解平衡、pH 值等，都会受到水温变化的影响。同时，温度会显著地影响水环境中微生物的生存状态和生物活性。长期的温度变化甚至可能改变微生物的群落结构，从而影响整个水体的水质。

在冬季北方的污水处理厂，由于水温的降低，其硝化效果下降，导致总氮去除效果变差。检测春秋季湖泊和水库的不同深度温度分层现象，可以预测并控制“翻池”现象（当表层水的温度降低到 4 ℃左右的时候，会因为密度增加而下沉，从而带动底部的湖水上翻，这种现象称为“翻池”）。海洋水温的变化检测与统计，甚至可以用于预测和验证全球气候变暖的假设。

特殊情况下,温度可以作为一种污染指标,如电厂的“温排水”。温排水中并不含很多污染物质,但排入自然水体后导致的温升可能会破坏当地的生态环境。

温度也是水质研究中较为常见和便利的控制手段。温度会影响各物质的存在状态、自由能和反应的速率常数等,从而改变反应过程和反应结果。所以温度作为控制变量或反应参数,是水质研究中的重要指标。

2.5.2 水温对水的密度的影响

虽然水也遵循一般的热胀冷缩规律,但是冰的密度比水小,水在 4 ℃的时候密度最大。不同温度对应的水的密度见图 2.8(Wikipedia)。

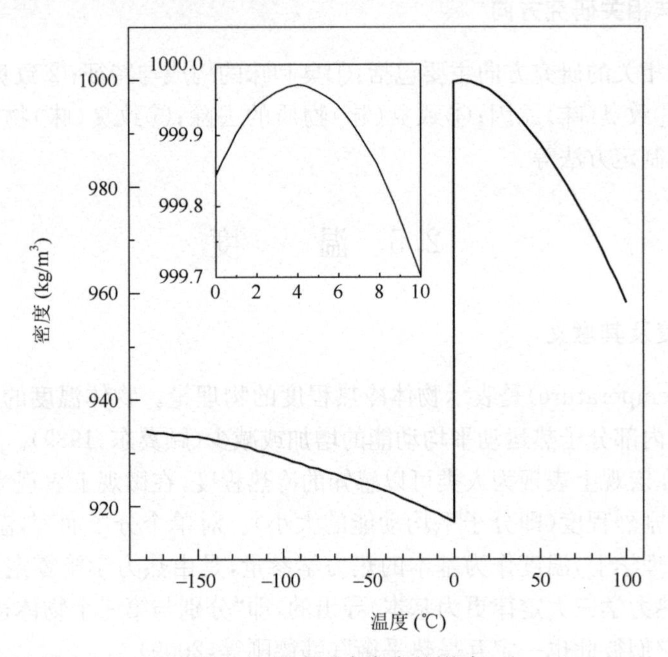

图 2.8 温度对水密度的影响

不同季节,湖泊的水温分布是不同的。温度分布的不同导致了水密度分布的不同,也是湖泊“翻池”现象的原因,如图 2.9 所示(Nyberg,2005)。

冬季,气温低于 0℃,湖泊的表层水结冰,冰水混合界面是 0℃水层。因为湖面结冰,阻碍了湖水和外界空气的热交换作用,相当于给湖泊盖了一层“棉被”,这样湖泊内层的水还会保持在 0℃以上的温度,保证了鱼类等水生生物在湖底生活的温度条件。同时,4 ℃左右的湖水因为密度最大,也会沉在湖底。所以,在冬季,湖泊水体的温度分层是随着深度的增加而升高的。

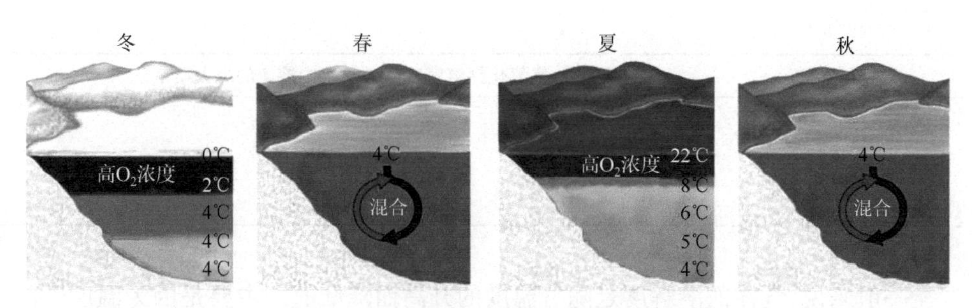

图 2.9 不同季节湖泊水的温度分层

夏季，湖泊表面水体受到太阳辐射，温度升高。随着湖水深度的增加，太阳光的穿透能力降低，导致湖水吸收的辐射剂量较小，温度较低。4 ℃左右的湖水因为密度最大，会沉在湖底。所以在夏季的时候，湖泊水体的温度分布是随着深度增加而降低的。

在秋冬之交，气温逐渐降低太阳辐射逐渐减少，湖泊表层水的温度逐渐降低，易发生“翻池”现象。冬春之交时期，湖泊表层水迅速升温，到达 4 ℃左右的时候也会下沉，发生“翻池”现象。“翻池”现象相当于对湖泊进行了一次“天然的搅拌”，上浮的水中携带了大量底泥中沉积的污染物质，会造成整个水体水质指标的严重恶化。这也是湖泊水体环境治理困难的主要原因之一。

2.5.3 水温对水中物质溶解度的影响

一般来说，水的温度越高，物质的溶解度越大。主要是因为温度升高，分子的布朗运动加剧，使得饱和溶液中的溶质分子更加趋于分散，难以形成结晶，所以增大了物质溶解度。

但是，氢氧化钙的溶解度和气体的溶解度随温度的变化是例外的。见表 2.6 (Lide and Raton，1990)。可能的解释是：一般物质溶于水是吸热过程，而氢氧化钙溶于水是放热过程。温度的升高使得氢氧化钙的溶解平衡左移，表现出溶解度降低。

表 2.6 温度对氢氧化钙溶解度的影响

温度(℃)	氢氧化钙溶解度(100 g 水中溶解的最大质量)
0	0.18 g
10	0.17 g
20	0.16 g
30	0.15 g
40	0.14 g

续表

温度(℃)	氢氧化钙溶解度(100 g 水中溶解的最大质量)
60	0.11 g
80	0.092 g
100	0.072 g

一般来说,气体的溶解度是随着温度的升高而降低的。主要是因为温度升高,气体分子的平均动能增加,更容易从水中逸出。在水处理工艺和水环境保护中,最常用到的就是氧气的溶解度。氧气的溶解度见表 2.7。

表 2.7　纯水中氧气在不同温度下的溶解度

温度(℃)	溶解度(mg/L)	温度(℃)	溶解度(mg/L)	温度(℃)	溶解度(mg/L)
0	14.46	14	10.30	28	7.82
1	14.22	15	10.08	29	7.69
2	13.82	16	9.86	30	7.56
3	13.44	17	9.66	31	7.43
4	13.09	18	9.46	32	7.30
5	12.74	19	9.27	33	7.18
6	12.42	20	9.08	34	7.07
7	12.11	21	8.90	35	6.95
8	11.81	22	8.73	36	6.84
9	11.53	23	8.57	37	6.73
10	11.26	24	8.41	38	6.63
11	11.01	25	8.25	39	6.53
12	10.77	26	8.11		
13	10.53	27	7.96		

氧气的同素异形体——臭氧,也是环境领域中常用的一种气体。臭氧自身的强氧化性和其溶解在水中后分解产生的氧化性自由基,可氧化水中的污染物质和致病微生物。臭氧多用于城市水处理的氧化工艺和消毒工艺。同样,臭氧的溶解度也与水的温度有很大的关系,如图 2.10 所示(Lide,1990)。

2.5.4　温度水质标准和限值

水的温度因水源不同而有很大差异。地下水的温度比较稳定,通常为 8～12 ℃;地表水温度随季节和气候变化加大,变化范围为 0～30 ℃;生活污水的水温

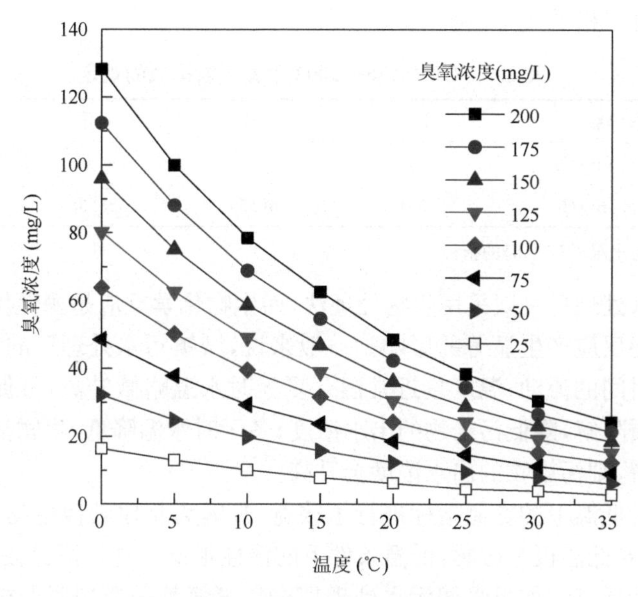

图 2.10　不同温度下臭氧的溶解度

一般为 10～15 ℃；工业污水的温度因工业类型、生产工艺不同有很大差异(奚旦立，2004)。

同其他污染指标相比，对温度这一指标进行限制的国家标准并不多，或者规定很宽泛。表 2.8 给出了不同水质标准中关于温度的规定限值。

表 2.8　水质标准中关于温度的规定

标准名称	标准编号	关于温度的规定
地表水环境质量标准	GB 3838—2002	人为造成的环境水温变化应限制在 周平均最大温升≤1 ℃ 周平均最大温降≤2 ℃ (Ⅰ～Ⅴ类水体标准相同)
农田灌溉水标准	GB 5084—2021	水温≤35 ℃
海水水质标准	GB 3097—1997	人为造成的海水温升夏季不超过当时当地 1 ℃，其他季节不超过 2 ℃(Ⅰ、Ⅱ类海水适用) 人为造成的海水温升不超过当时当地 4 ℃(Ⅲ、Ⅳ类海水适用)

与其他标准类规范不同，《城镇污水处理厂污染物排放标准》(GB 18918—2002)并未对“温度”本身做多少规定，而是对不同水温条件下，含氮化合物的排放

做出了准确且严格的规定(表 2.9)。

表 2.9　GB 18918—2002 中关于氮排放的规定

排放要求等级	ⅠA	ⅠB	Ⅱ	Ⅲ
总氮(以 N 计)mg/L	15	20	无	无
氨氮(以 N 计)mg/L	5(8)	8(15)	25(30)	无

注：括号内为水温≤12 ℃时的指标

城镇污水处理厂一般采用生物处理法，而生物化学反应是酶促反应。显然，温度可以对酶促反应产生显著的影响。一般来说，城镇污水处理厂的来水经过在地下管道中长时间的流动，温度接近常温。夏天时水温略微升高，可促进生物活动，有利于有机质降解，降低污染物的出水浓度；冬天时水温降低，生物活动减弱，不利于有机质降解，则污染物的出水浓度会升高。

该标准对低温下的氨氮指标进行了放宽，是因为相比其他生物反应的活性来说，硝化细菌对低温极其敏感，低温条件下的活性很低。这种情况在北方冬季污水处理厂中较为常见。如果强调污水处理厂全年氨氮都需要按照严格的标准达标，则势必造成投资建设费用增加，而且夏季的处理能力未能充分利用，也会造成资源浪费的情况。另外，控制污水处理厂向水体中排放 N、P 等营养元素，主要是为了防止水体的富营养化。冬季时藻类的活动水平同样会降低，所以水体富营养化的发生风险也会降低。

所以，按照温度的不同将氨氮指标区分对待，在投资、生产运营、生态环保等多方面都具有重要的意义。

2.5.5　温度测定方法

目前国际上常见的温度单位有三种：摄氏度(℃)、华氏度(℉)和热力学温度(K)。1742 年，瑞典天文学家 Celsius 把冰的正常熔点定为 0 ℃，水的正常沸点定为 100 ℃，从而建立了摄氏度的单位制。在摄氏温标建立以前的 1714 年，德国物理学家 Fahrenheit 将氯化铵、冰、水混合物的熔点定为 0 ℉，冰的正常熔点定为 32 ℉，从而建立了华氏度的单位制。华氏温标在英美等英语国家较为通用。热力学温度以绝对零度作为基准，是国际单位制的 7 个基本量之一。三种温度单位之间的对应关系如表 2.10 所示。

温度必须在现场进行测量，温度计是测量温度的主要工具。目前我国环境领域涉及的温度测定方法和国家标准各有两个。

《海洋调查规范》(GB 12763—2007)的第二部分(海水水文观测)，规定了海洋中水温的测定方法。包括温度采样仪器、采样深度、采样时间以及数据处理方法。

表 2.10　不同的温度单位及其换算关系

温标	单位	符号	固定点的温度值			与热力学温标的关系	通用情况
			绝对零度	冰点	沸点		
热力学温标	K	T	0	273.15	373.15	$T=T$	国际通用
摄氏温标	℃	t	−273.15	0	100	$t=T-273.15$	国际通用
华氏温标	℉	t_F	−495.67	32	212	$t_F=32+(T-273.15)\times 1.8$	英美通用

温度在海洋研究中的意义至关重要。由于全球的海洋连在一起，洋流运动影响着世界气候，所以海洋温度的微小异常都可能导致深刻的影响。

《水质水温的测定》(GB 13195—1991)(温度计和颠倒温度计测定法)，规定了温度测量范围，不同水深对应不同温度计的种类和测定方法。其中表层水温测定时，感温 5 min，迅速上提读数即可；深层(≥40 m)水温测定时，需使用颠倒温度计。颠倒温度计的“撞击结构”可以使温度计在测定深水温度后颠倒断开，保留深水的温度值，避免上提过程中经过表层水体而产生的干扰。颠倒温度计中的辅温表还可以矫正主温表的读数。颠倒温度计示意图如图 2.11 所示。

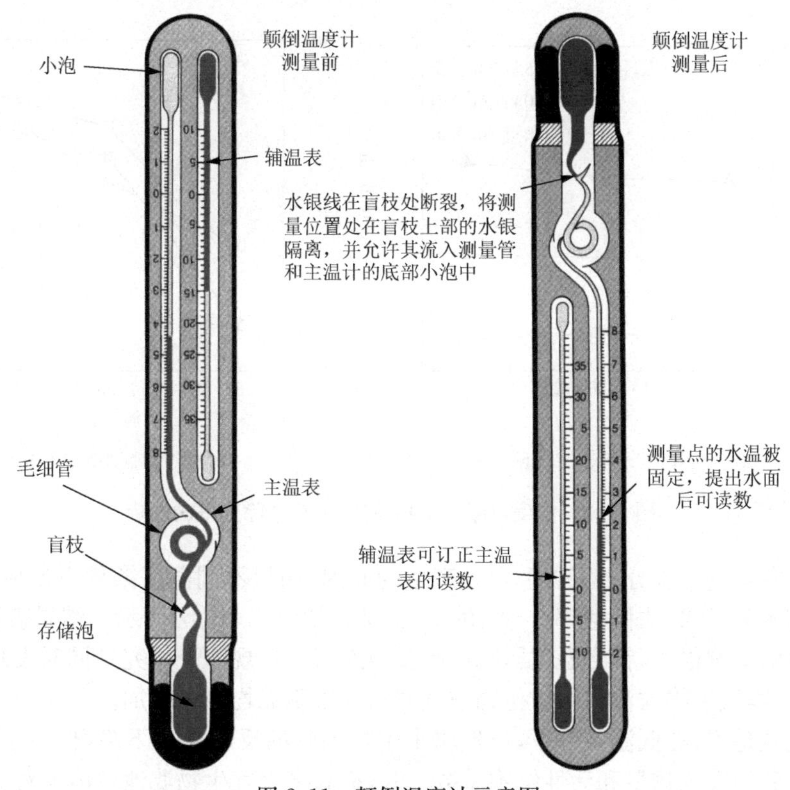

图 2.11　颠倒温度计示意图

2.5.6 温度相关研究方向与研究案例

1. 温度相关研究方向

与温度相关的研究方向主要包括：①水样（样品）保存温度；②温度对污染物形态和安全性的影响；③温度对吸附、吸收、膜过滤等处理效果的影响；④温度对反应速率的影响；⑤温度对生物生长和基质分解速率的影响等。

2. 研究案例

温度对化学反应和生物化学反应都有显著的影响，甚至可以改变内在反应机理。Hu 等(1994)研究了曝气生物滤池（好氧生物膜法）处理污水过程中，温度对 BOD 去除速率的影响（图 2.12）。图 2.12(a)为不同 BOD 负荷[0.9 kg/(m³ · d)，2.0 kg/(m³ · d)和 5.5 kg/(m³ · d)]下，单位载体表面积 BOD 去除速率（$-R_s$）随温度的变化。由图 2.12(a)可知，5～35 ℃范围内，$-R_s$ 几乎没有变化，表明好氧生物膜反应速率几乎不受温度影响。

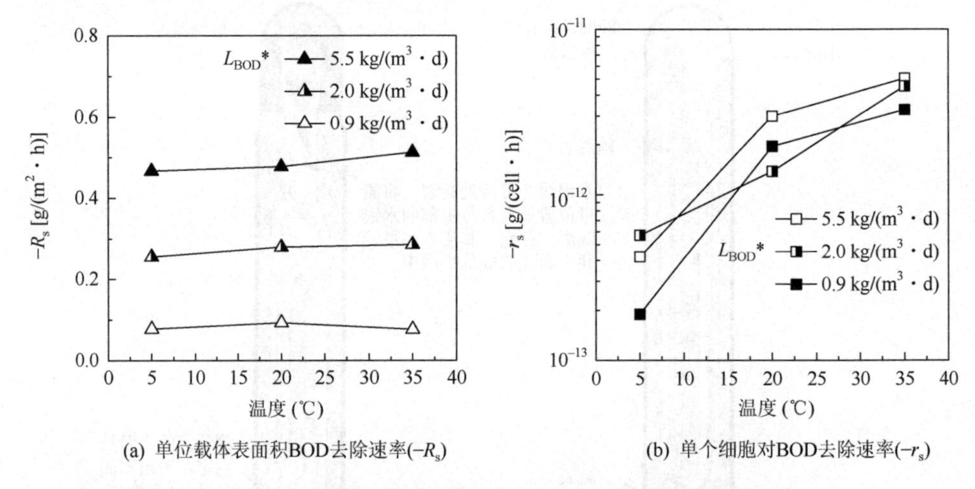

图 2.12 温度对曝气生物滤池 BOD 去除速率的影响

研究者进一步分析了以上现象产生的原因，测得不同温度条件下反应装置内单个细胞对 BOD 去除速率（$-r_s$）的变化，结果如图 2.12(b)所示。结果表明，$-r_s$ 受温度的影响很大，符合温度影响生物反应速率这一规律。研究者同时发现，低温条件下，曝气生物滤池内的微生物浓度和活性细胞数均显著增加。

也就是说，在低温条件下，虽然单个生物细胞的反应速率下降，但由于在载体表面附着的微生物量和活性细胞总数上升，提高了曝气生物滤池整体上对 BOD 的去除速率，从而表面上体现为曝气生物滤池的 BOD 去除速率基本不受温度的影响。这也是与活性污泥法相比，曝气生物滤池的优势之一。

参 考 文 献

顾平. 1998. “第五届水环境中嗅味问题国际讨论会”的介绍. 中国给水排水，14(3)：51～52.

顾翼东. 1989. 化学词典. 上海：上海辞书出版社.

国家环境保护总局，《水和废水监测分析方法》编委会. 2002. 水和废水监测分析方法. 第 4 版. 北京：中国环境科学出版社.

韩德刚，高执棣，高盘良. 2009. 物理化学. 第 2 版. 北京：高等教育出版社.

韩芸，巨姗姗，王志鹏，等. 2008. 地表水及城市污水二级处理出水中颗粒性质及其混凝特性研究. 西安建筑科技大学学报，40(4)：527～531.

《环境科学大辞典(修订版)》编委会. 1991. 环境科学大辞典. 北京：中国环境科学出版社.

《农业大词典》编辑委员会. 2008. 农业大词典. 北京：中国农业出版社.

奚旦立. 2019. 环境监测. 第 5 版. 北京：高等教育出版社.

张彤，胡洪营，宗祖胜，等. 2008. 污水再生处理絮凝工艺去除病原性原虫的机制分析. 环境科学，29(8)：2287～2290.

Hu H Y，Koichi F，Urano K. 1994. Effect of temperature on the reaction rate of bacteria inhabiting the aerobic microbial film for wastewater treatment. Journal of Fermentation and Bioengineering，78(1)：100～104.

Lide D R，Raton B. 1990. CRC Handbook of Chemistry and Physics. 70th Edition. Boca Raton：The Chemical Rubber Company Press，USA.

Nyberg D. 2005. Aquatic Ecosystems. Pearson Benjamin Cummings Press，USA.

第 3 章　无机物综合指标及其研究方法

天然水和污水中含有种类繁多的无机物，掌握水中无机物的种类、存在形式和浓度是水质研究的重要内容。水中的无机物综合指标包括酸碱指标、理化指标和氧平衡指标三类。酸碱指标包括 pH 值、酸度和碱度。理化指标包括硬度、电导率和溶解性总固体等。氧平衡指标包括溶解氧等。水中无机物综合指标体系见图 3.1。

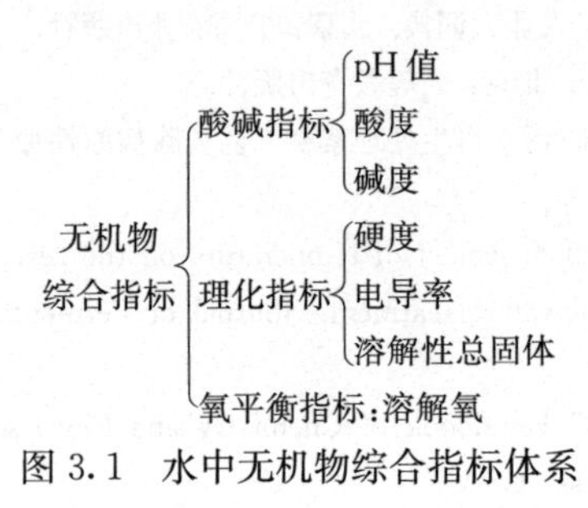

图 3.1　水中无机物综合指标体系

3.1　pH 值

3.1.1　pH 值及其意义

pH 值(pondus hydrogenii，pH)，亦称氢离子浓度指数、酸碱值，是溶液中氢离子活度的一种标度，也就是通常意义上溶液酸碱程度的衡量标准。水的 pH 值是指水中氢离子活度的负对数值，表示为：$pH=-\log_{10}a_{H^+}$。在稀溶液中，氢离子活度约等于氢离子的浓度，可以用氢离子浓度来近似计算，即：$pH=-\log_{10}[H^+]$ (Nollet and De Gelder，2013)。

H^+ 是无机离子，而某些有机物，如有机酸等，在水中也会解离出 H^+，所以 pH 值并不是严格意义上的无机物综合指标。但 H^+ 浓度(活度)是水的酸碱值的综合表现，本章将 pH 值列入无机物综合指标中介绍。

pH 值是衡量水溶液酸碱性尺度的判断指标，其取值范围在 0～14 之间。在标准温度(25 ℃)和压力(100 kPa)下，pH＝7 的水溶液(如纯水)为中性；pH＜7 时水溶液中 H^+ 的浓度大于 OH^- 的浓度，水溶液呈酸性，且 pH 值越小，水溶液酸性越强；当 pH＞7 时水溶液中 H^+ 的浓度小于 OH^- 的浓度，水溶液呈碱性，且 pH 值越大，水溶液碱性越强。

pH值可以表示水的最基本性质，凡涉及水溶液的自然现象、化学变化以及生物过程都与pH值有关。pH值对水质的变化、水生生物生长繁殖、金属腐蚀性、水处理效果以及农作物生长等均有影响，是一个重要指标。在工业、农业、医学、环保和科研领域都需要测量pH值。

3.1.2　pH值水质标准和水质要求

1. pH值水质标准

表3.1列出了一些水质标准对pH值的要求及限值。

表3.1　水质标准中pH值的要求及限值

国家/地区	标准	类别	限值
中国	生活饮用水卫生标准(GB 5749—2022)		6.5～8.5
	地表水环境质量标准(GB 3838—2002)		6～9
	地下水质量标准(GB/T 14848—2017)	Ⅰ类、Ⅱ类、Ⅲ类	6.5～8.5
		Ⅳ类	5.5～6.5，8.5～9
		Ⅴ类	＜5.5，＞9
	渔业水质标准(GB 11607—89)	淡水	6.5～8.5
		海水	7.0～8.5
	农田灌溉水质标准(GB 5084—2021)		5.5～8.5
	污水综合排放标准(GB 8978—1996)	一级、二级、三级标准	6～9
	城镇污水处理厂污染物排放标准(GB 18918—2002)	基本控制项目最高允许排放浓度(日均值)	6～9
	城市污水再生利用　工业用水水质(GB/T 19923—2005)	冷却用水(直流冷却水)	6.5～9.0
		冷却用水(敞开式循环冷却水系统补充水)	6.5～8.5
		洗涤用水	6.5～9.0
		锅炉补给水	6.5～8.5
		工艺与产品用水	6.5～8.5
美国	饮用水水质标准	二级饮用水标准	6.5～8.5
欧盟	饮用水水质指令(93/83/EC)		6.5～9.5
日本	生活饮用水水质标准	管网水	5.8～8.6
		快适水	7.5左右

2. 水系统对 pH 值的要求

饮用水 pH 值要求在 6.5～8.5 之间；某些工业用水的 pH 值应保证在 7.0～8.5 之间，避免对金属设备和管道造成腐蚀；城市污水 pH 值一般在 6.5～7.5 之间。

在水处理中，pH 值可直接影响水的混凝、消毒、软化、脱盐、腐蚀控制等过程。对于大多数污水生物处理过程，适于微生物生长的最大 pH 值范围一般在 4～9，而最佳 pH 值一般在 6.5～7.5（马勇和彭永臻，2007）。pH 值极高或极低的污水，难以用生物方法处理，通常是通过投加化学物质使 pH 值保持在微生物适宜生长的范围内（Tchobanoglous et al.，2002）。水处理过程中各处理单元对 pH 值的要求见表 3.2。

表 3.2　水处理过程中各单元对 pH 值的要求

处理单元	pH 值要求及影响
絮凝	混浊物质用铝盐絮凝时，pH 值范围大体是 6～8
脱色	对腐殖质的絮凝，pH 值最适宜的范围是 5.2～5.7
防腐	在对供水管网红水所采取的措施中，pH 值目标值是 7.5～8
除铁	用曝气法时 pH 值为 7.0 左右，为促进氧化时 pH 值为 8.5 左右
除锰	用氯时，理论上 pH>9
除重金属	很多重金属在 pH 值为 9～10 时为氢氧化物，作为碱性盐沉淀
除氰化物	用氯时 pH>8.5，氧化分解为氰酸盐，特别是氮等
生物处理	好氧处理 pH 值是 6～8，厌氧处理 pH 值是 6.5～8
氯消毒	氯在水中生成的 HClO 和 ClO^-，其比例受 pH 值控制
加温	水温上升时 CO_2 的溶解度减少，CO_3^{2-} 增加，pH 值增高

3.1.3　不同水的 pH 值水平

天然水的 pH 值常受二氧化碳-重碳酸盐-碳酸盐平衡的影响而处于 4.5～8.5 范围内，江河水多在 6～8 之间，湖水则通常在 7.2～8.5 之间。当水体受到外界的酸碱污染后，会引起 pH 值的较大变化，在 pH<6.5 或 pH>8.5 时，水中微生物生长受到一定的抑制，使得水体自净能力受到阻碍并可能腐蚀船舶和水中设施。若水体长期受到酸、碱污染将对生态平衡产生不良影响，使水生生物的种群逐渐变化，鱼类减少，甚至绝迹（Maiti，2004；Nollet and De Gelder，2013）。

一般作为饮用水水源的河水和承压地下水的 pH 值分布情况见图 3.2 和图 3.3。从图中可以看出，河水的 pH 值平均为 7.15，中间值为 7.13，概率分布较高的浓度范围在 6.50～7.75，其累积概率为 93.6％。地下水的 pH 值平均为 7.29，中间值为 7.27，概率分布较高的浓度范围在 6.50～8.25，其累积概率为 93.3％。由此可知，天然水体中 pH 值呈中性或偏碱性。

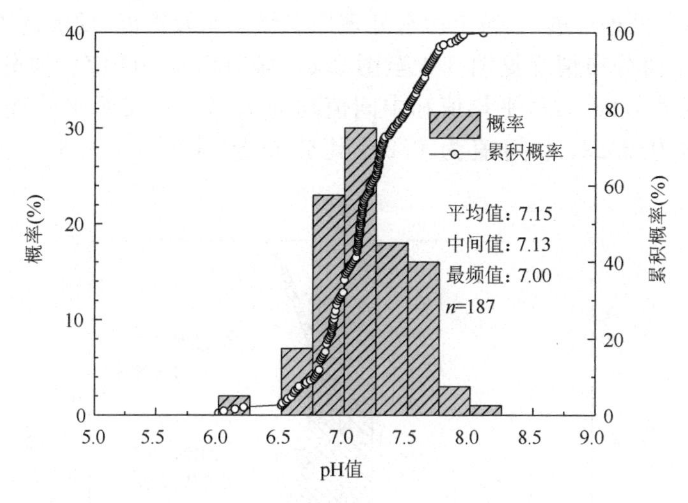

图 3.2　河水的 pH 值分布

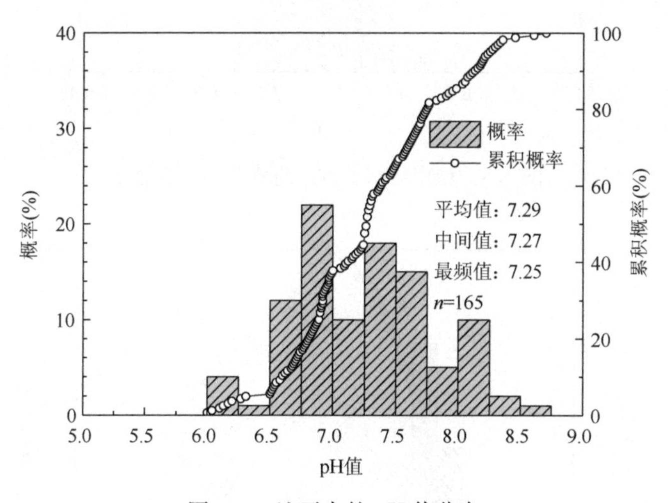

图 3.3　地下水的 pH 值分布

对于湖水，由于藻类的同化作用，CO_2 减少，故表层水的碱性增加。

海水中由于溶解大量的盐类，表层水的 pH 值呈碱性，一般为 8.0～8.4，近年来，由于污染等原因，海水酸化的现象明显，备受关注。

雨水由于大气中的 CO_2 的影响，pH 值呈弱酸性，一般为 5.6。当 pH<5.6 时称为酸雨。酸雨污染带来的危害值得关注。

温泉水的pH值可直接决定温泉是否可供人洗浴。根据pH值，温泉分为5种：酸性温泉，pH<3；弱酸性温泉，pH值为3～6；中性温泉，pH值为6～7.5；弱碱性温泉，pH值为7.5～8.5；碱性温泉，pH>8.5。

城市污水处理厂进水、城市污水处理厂二级出水及微滤-反渗透工艺出水（再生水）中pH值分布情况见图3.4至图3.6。城市污水pH值主要分布在6.5～7.7，累积概率为98.4%，平均值和中间值均为7.07。城市污水处理厂二级出水pH值平均为6.23，中间值为6.20，其分布范围在5.7～6.9的累积概率为96.6%。

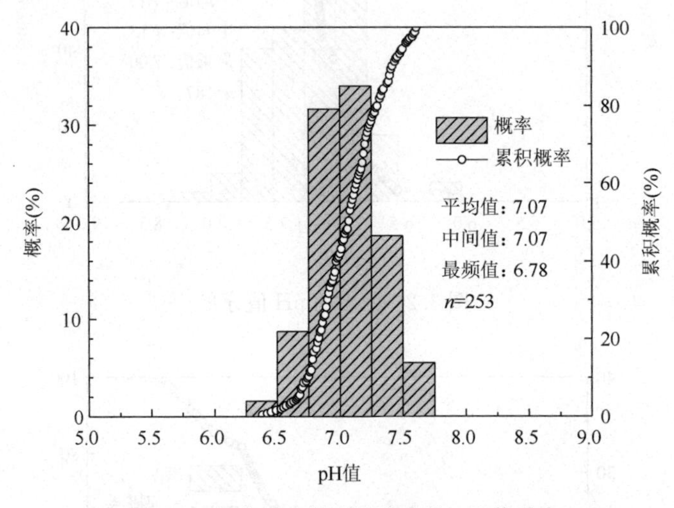

图3.4　城市污水处理厂进水的pH值分布

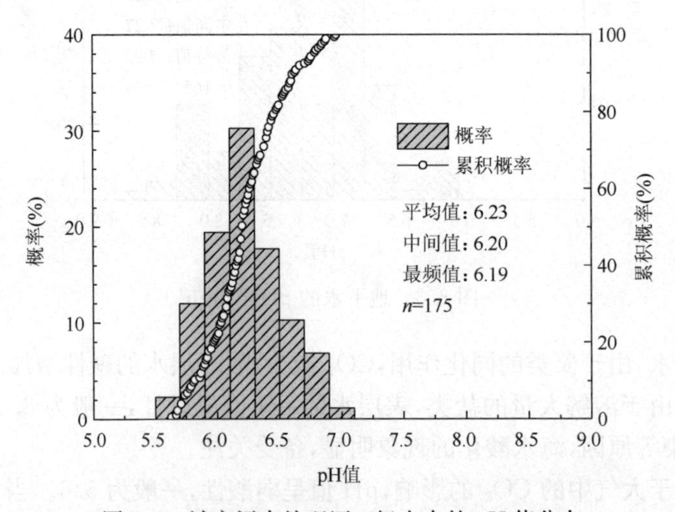

图3.5　城市污水处理厂二级出水的pH值分布

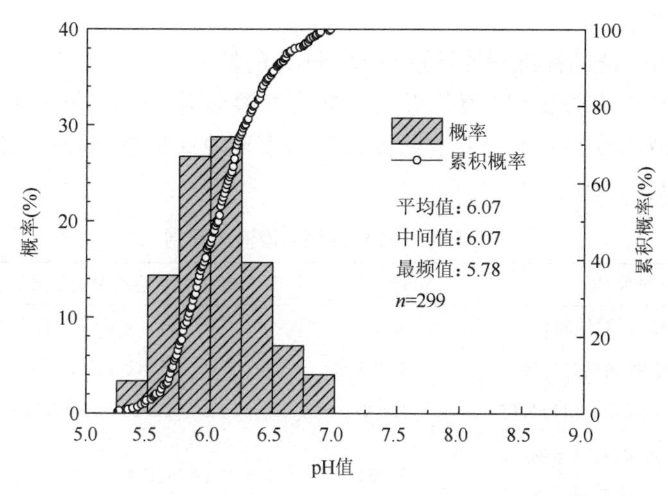

图3.6　微滤-反渗透工艺出水(再生水)的pH值分布

再生水(reclaimed water)是污水(废水)经过适当的处理，达到要求的(规定的)水质标准，在一定范围内能够再次被有益利用的水。图3.6中的再生水为北京市某污水处理厂二级出水经过微滤-反渗透双膜过滤工艺处理后的水，其pH值范围分布在5.5～7.0，平均值为6.07，中间值为6.07，当累积概率达到95%时，pH值为6.78。结果表明，城市污水、二级出水和再生水的pH值是逐级下降的，城市污水pH值主要呈中性，经过二级处理和深度处理后，其水质均呈弱酸性。

3.1.4　pH值测定方法

水的pH值测定方法通常采用玻璃电极法和比色法。玻璃电极法准确，干扰少，特别适于工业废水及生活污水等复杂水样的测定；比色法操作简单，但受水的颜色、浊度、含盐量、胶体物、游离氯及各种氧化剂或还原剂的干扰。

1. 电极法(玻璃电极或复合电极法)

1) 方法原理

玻璃电极法(电位法)是用pH计和玻璃电极或复合电极测定溶液的pH值。测定时玻璃电极为指示电极(正极)，饱和甘汞电极为参比电极(负极)，将两电极放入被测溶液中组成原电池。而复合电极是将指示电极和参比电极及电解液组装在一起，构成复合电极，因为只有一个电极，使用更便捷。

为校正温度对pH值测定的影响，pH计上设有温度补偿装置。为简化操作，已广泛使用复合pH电极，如袖珍式或笔式pH计。

2）测定要点

用已知 pH 值的标准缓冲溶液进行 pH 计的校准。

通常选择与待测液 pH 值相近的标准缓冲溶液对 pH 计进行校准。常用 pH 标准缓冲溶液的种类和配制方法见表 3.3（国家环境保护总局和《水和废水监测分析方法》编委会，2002）。

表 3.3　pH 标准缓冲溶液的配制

	标准物质	pH(25℃)	每 1000 mL 水溶液中所含试剂的质量(25℃)
基本标准	酒石酸氢钾(25℃饱和)	3.557	6.4 g $KHC_4H_4O_6$①
	0.05 mol/L 柠檬酸二氢钾	3.776	11.41 g $KH_2C_6H_5O_7$
	0.05 mol/L 邻苯二甲酸氢钾	4.008	10.12 g $KHC_8H_4O_4$
	0.025 mol/L 磷酸二氢钾＋0.025 mol/L 磷酸氢二钠	6.865	3.388 g $KH_2PO_4$②＋3.533 g $Na_2HPO_4$②③
	0.008 695 mol/L 磷酸二氢钾＋0.030 43 mol/L 磷酸氢二钠	7.413	1.179 g $KH_2PO_4$②＋4.302 g $Na_2HPO_4$②③
	0.01 mol/L 四硼酸钠	9.180	3.80 g $Na_2B_4O_7 \cdot 10H_2O$③
	0.025 mol/L 碳酸氢钠＋0.025 mol/L 碳酸钠	10.012	2.092 g $NaHCO_3$＋2.64 g Na_2CO_3
辅助标准	0.05 mol/L 二水合四草酸钾	1.679	12.61 g $KH_3C_4O_8 \cdot 2H_2O$④
	氢氧化钙(25℃饱和)	12.454	1.5 g $Ca(OH)_2$①

注：①近似溶解度；②在 100～130℃烘干 2h；③用新煮沸过并冷却的无二氧化碳水；④烘干温度不可超过 60℃

3）注意事项

（1）电极法适用于生活饮用水及其水源水中 pH 值的测定，pH 值可准确到 0.01。基本上不受色度、浊度、游离氯、氧化剂、还原剂以及高含盐量的影响。但 pH 值在 10 以上时有钠误差，可用“低钠误差”电极减少这种误差。

（2）温度影响 pH 值的测定，测定时应进行温度补偿。

（3）不可在含油脂的溶液中使用玻璃电极，可用过滤法除去油脂。

2. 标准缓冲溶液比色法

比色法基于各种酸碱指示剂在不同 pH 值的水溶液中显示不同的颜色，而每种指示剂都有一定的变色范围。向一系列已知 pH 值的缓冲溶液中加入适当的指示剂制成标准色液并将其封装在小安瓿瓶内。测定时取与缓冲溶液同样的水样，加入与标准系列相同的指示剂，然后进行比色，以确定水样的 pH 值。

标准缓冲溶液比色法适用于色度和浊度低的生活饮用水及其水源水 pH 值的

测定，pH 值可准确到 0.1。水样带有颜色、混浊或含有较多的游离余氯、氧化剂、还原剂时，测定均有干扰。如果粗略地测定水样可使用 pH 试纸。

3.1.5　pH 值相关的研究方向与研究案例

1. pH 值相关研究方向

与 pH 值相关的研究方向主要包括：①水处理过程中的 pH 值变化；②pH 值对反应（化学反应、生物反应）速率、吸附速率和处理效果的影响；③pH 值对污染物赋存形态、水质安全的影响；④pH 值对污染物毒性、生物效应等的影响等。

2. pH 值研究案例

水体富营养化问题已成为当今世界面临的最主要的水污染问题之一，水体发生富营养化时，水质会碱化。原因是在日光照射下，水体表层藻类进行光合作用要消耗大量的 CO_2，使水体中 HCO_3^-、CO_3^{2-} 被消耗，引起水体中的 OH^- 浓度增加，pH 值上升。在光照较强时，富营养化水体 pH 值可上升至 8～10，而夜间光合作用停止，大气中的 CO_2 进入水体，pH 值则逐渐恢复中性。

氮和磷已成为污水处理厂处理的重点对象。污水生物处理中氮的转化包括同化、氨化、硝化和反硝化作用。硝化和反硝化作用均受 pH 值的影响。硝化细菌对 pH 值非常敏感，亚硝酸细菌和硝酸细菌分别在 pH 值为 7.0～7.8 和 7.7～8.1 时活性最强，超出这个范围，细菌活性会急剧下降。反硝化过程中最适宜的 pH 值为 7.0～7.5，不适宜的 pH 值影响反硝化细菌的增殖和酶的活性，从而降低脱氮效果（Hu et al.，2001；Ritter，2010；马勇和彭永臻，2007）。

pH 值对生物除磷有着极其重要的影响。生物除磷的各个过程如厌氧磷释放、好氧磷吸收等都存在着各自的最佳 pH 值范围（马勇和彭永臻，2007）。

生物除磷系统的 pH 值一般控制在中性或略碱性。进水的 pH 值对反硝化聚磷菌脱氮除磷的效果也有很大影响，pH 值过高或过低都不能达到理想的脱氮除磷效果。王爱杰等（2005）通过试验得出厌氧阶段进水 pH 值为 8.0，缺氧阶段进水 pH 值为 7.2 时反硝化脱氮除磷效果最佳。

3.2　酸　　度

3.2.1　酸度及其意义

水的酸度（acidity）是水中所有能与强碱相互作用的物质的总量，包括强酸、弱酸、强酸弱碱盐等（夏淑梅 等，2012）。构成水酸度的物质主要为盐酸、硫酸和硝酸等强酸，碳酸、氢硫酸以及各种有机酸等弱酸，氯化铁、硫酸铝等强酸弱碱盐等。

多数天然水、生活污水和污染不严重的工业废水中只含弱酸，主要是碳酸，即 CO_2 是酸度的基本成分。地表水中弱酸来源于 CO_2 在水中的平衡，强酸主要来源于工业废水。含酸废水可腐蚀管道，破坏建筑物。因此，酸度是衡量水体水质变化的一项重要指标。

酸度的分类见表 3.4。

表 3.4　酸度的分类

项目	pH 值
总酸度（酚酞酸度）	酚酞终点（pH 8.3）时的酸度
强酸酸度（甲基橙酸度）	甲基橙终点（pH 3.7）时的酸度

3.2.2　酸度测定方法

测定酸度的方法有酸碱指示剂滴定法和电位滴定法。

1. 酸碱指示剂滴定法

此方法是用标准氢氧化钠溶液滴定水样至一定 pH 值，用指示剂指示滴定终点，根据其所消耗氢氧化钠溶液的量计算酸度。终点指示剂有两种：一是用酚酞作指示剂（变色 pH 值为 8.3）测得的酸度称为总酸度或酚酞酸度，包括强酸和弱酸；二是用甲基橙作指示剂（变色 pH 值约为 3.7）测得的酸度称强酸酸度或甲基橙酸度。此法适用于天然水和较清洁水样的酸度测定。

2. 电位滴定法

此方法是以玻璃电极为指示电极，甘汞电极为参比电极，与被测水样组成原电池并接入 pH 计，用氢氧化钠标准溶液滴定至 pH 计指示 3.7 和 8.3，据其相应消耗的氢氧化钠溶液量分别计算甲基橙酸度和酚酞酸度。此法适用于各种水体酸度的测定，不受水样有色、混浊的限制。但测定时应注意温度、搅拌状态、响应时间等因素的影响。

在酸度测定时，应注意以下事项：

(1) 水样应采集在聚乙烯瓶或玻璃瓶内，样品应充满并盖紧，避免因接触空气而引起水样中 CO_2 含量的改变。水样采集后应及时进行测定，否则应低温保存。

(2) 进行滴定时，水样中的一些共存成分可能会干扰测定。如水样中含有硫酸铁、铝等盐类，以酚酞为指示剂滴定时，生成的沉淀会使终点褪色。由于在高温下可加速铁和铝的水解，使滴定过程完成较快，因而可在沸腾时进行滴定，也可用

F^-将铁和铝掩蔽后再滴定。水中余氯可使甲基橙褪色，可加 1～2 滴 0.1 mol/L $Na_2S_2O_3$ 除去余氯后再滴定。

(3) 水样有色时可影响终点观察，若有色物含量高则宜改用电位滴定法测定。

与指示剂法相比，电位滴定法更准确，而且不受余氯、有色物、混浊等的干扰，还可避免个人的感官误差。

3.3　碱　　度

3.3.1　碱度及其意义

水的碱度(alkalinity)是指水中能够接受 H^+ 与强酸进行中和反应的物质总量，包括强碱、弱碱、强碱弱酸盐等。

天然水中的碱度主要由碱土金属钙和镁以及碱金属钠和钾等的碳酸氢盐组成，个别水中也可能含有强碱、硼酸盐、磷酸盐等，工业污水中则可能还含有氨、苯胺、吡啶等。天然水中大都有钙、镁的重碳酸盐或/和碳酸盐存在，因此通常都呈弱碱性(宋吉娜和李秀芳，2013)。

天然水的碱度基本上是碳酸盐、重碳酸盐及氢氧化物含量的函数，所以总碱度被当作这些成分浓度的总和。当水中含有硼酸盐、磷酸盐或硅酸盐等时，则总碱度的测定值也包含它们所起的作用。工程应用中一般使用总碱度，通常表征为相当于碳酸钙的浓度值。污水及其他复杂体系的水体中，还含有有机碱类、金属水解性盐类等，均为碱度组成部分。在这些情况下，碱度就成为一种水的综合性指标，代表能被强酸滴定物质的总和。

碱度指标常用于评价水体的缓冲能力及金属在其中的溶解性，是对水和污水处理过程控制及水质稳定和管道腐蚀控制的判断性指标。若碱度是由过量的碱金属盐类所形成，则碱度又是确定这种水是否适宜于灌溉的重要依据。

碱度的分类见表 3.5。

表 3.5　碱度的分类

项目	pH 值
酚酞碱度	酚酞终点(pH 8.3)时的碱度
总碱度(甲基橙碱度)	甲基橙终点(pH 4.4～4.5)时的碱度

3.3.2　碱度水质标准和水质要求

表 3.6 列出了水质标准对碱度的要求和限值。

表 3.6 水质标准中总碱度的限值(以 $CaCO_3$ 计)(mg/L)

国家	标准	类别	限值
中国	城市污水再生利用 工业用水水质(GB/T 19923—2005)	冷却用水(直流冷却水)	≤350
		冷却用水(敞开式循环冷却水系统补充水)	≤350
		洗涤用水	≤350
		锅炉补给水	≤350
		工艺与产品用水	≤350

3.3.3 碱度测定方法

水的碱度的测定最常用的有两种方法,即酸碱指示剂滴定法和电位滴定法。电位滴定法根据电位滴定曲线在终点时的突跃,确定特定 pH 值下的碱度,它不受水样浊度、色度的影响,适用范围较广。用指示剂判断滴定终点的方法简便快速,适用于控制性试验及例行分析。

1. 酸碱指示剂滴定法

此法适用于不含有能使指示剂褪色的氧化还原性物质的水样。

2. 电位滴定法

当水样混浊、有色时,可用电位滴定法测定。此法适用于饮用水、地表水、含盐水及生活污水和工业废水碱度的测定。

注意事项:与酸度相似,这里不再赘述。

3.4 硬 度

3.4.1 硬度及其意义

水的硬度(water hardness)是指水中钙离子和镁离子盐类的总含量。

水的硬度分为碳酸盐硬度和非碳酸盐硬度两种。

碳酸盐硬度:主要是由钙、镁的碳酸氢盐[$Ca(HCO_3)_2$、$Mg(HCO_3)_2$]所形成的硬度,还有少量的碳酸盐硬度。碳酸盐硬度经加热之后分解成沉淀物从水中除去,故亦称暂时硬度。

非碳酸盐硬度:主要是由钙镁的硫酸盐、氯化物和硝酸盐等盐类所形成的硬度。这类硬度不能用加热分解的方法除去,故也称为永久硬度,如 $CaSO_4$、$MgSO_4$、$CaCl_2$、$MgCl_2$、$Ca(NO_3)_2$、$Mg(NO_3)_2$ 等。

水的总硬度是碳酸盐硬度和非碳酸盐硬度之和,水中 Ca^{2+} 的含量称为钙硬度,水中 Mg^{2+} 的含量称为镁硬度。

水硬度的表示方法很多，各国有不同的规定，但目前较统一的是用每升水中 $CaCO_3$ 的 mg 数表示，常见的硬度表示方法及其换算关系见表 3.7。

在我国主要采用每升水中 $CaCO_3$ 的 mg 数表示硬度，单位以 $CaCO_3$ 计，mg/L。

表 3.7　各国硬度表示方法及换算关系

	美国度（以 $CaCO_3$计，gr/US gal）	英国度（以 $CaCO_3$计，gr/UK gal）	法国度（以 $CaCO_3$计，1/100,000）	德国度（以 CaO 计，1/100,000）	苏联度（以 Ca 计，mg/L）	国际通用度（以 $CaCO_3$计，mg/L）
1 美国度（1gr/US gal，以 $CaCO_3$计）	1	1.201	1.716	0.961	6.864	17.160
1 英国度（1gr/UK gal，以 $CaCO_3$计）	0.8324	1	1.429	0.7999	5.714	14.290
1 法国度（10 mg/L，以 $CaCO_3$计）	0.5828	0.700	1	0.5999	4.000	10.000
1 德国度（10 mg/L，以 CaO 计）	1.041	1.250	1.786	1	7.144	17.850
1 苏联度（1mg/L，以 Ca 计）	0.1457	0.175	0.250	0.140	1	2.500
1 国际通用度（1mg/L，以 $CaCO_3$ 计）	0.05828	0.070	0.100	0.056	0.400	1

以 $CaCO_3$ 浓度表示水的硬度大小，可将水分成不同级别，详见表 3.8。

表 3.8　根据硬度划分水的级别（以 $CaCO_3$ 计）　　（单位：mg/L）

级别	硬度
极软水	0～75
软水	75～150
中硬水	150～300
硬水	300～450
高硬水	450～700
超高硬水	700～1000
特硬水	>1000

根据碱度与硬度的定义和天然水的一般性质，可知两者间存在一定关系。通常地表水的碱度接近其硬度，地下水的碱度多低于其硬度。

3.4.2 硬度水质标准和水质要求

1. 硬度水质标准

表 3.9 列出了一些水质标准对硬度的要求和限值。

2. 水质要求

水的硬度与人体健康有密切的关系，硬度高，特别是永久硬度高的水，有苦涩味，可引起肠胃功能紊乱、腹泻，导致孕畜流产。关于硬度过低与心血管疾病的关系，虽有文献报道，但有待进一步深入研究。在日常生活中硬度高的水会消耗过多的肥皂、过多的能量，影响水壶、锅炉的使用寿命。这种水不适于工业使用，因为易形成锅垢，影响热传导；浪费燃料；易堵塞管道；严重时会引起锅炉爆炸。因此，用水的硬度有一定的规定，必要时须作软化处理。我国生活用水标准为 450 mg/L $CaCO_3$。

表 3.9 水质标准中总硬度的限值(以 $CaCO_3$ 计)　　(单位：mg/L)

国家/地区	标准	类别	限值
中国	生活饮用水卫生标准(GB 5749—2022)		450
	地下水质量标准(GB/T 14848—2017)	Ⅰ类	≤150
		Ⅱ类	≤300
		Ⅲ类	≤450
		Ⅳ类	≤650
		Ⅴ类	>650
	城市污水再生利用　工业用水水质标准(GB/T 19923—2005)	冷却用水(直流冷却水)	≤450
		冷却用水(敞开式循环冷却水系统补充水)	≤450
		洗涤用水	≤450
		锅炉补给水	≤450
		工艺与产品用水	≤450
日本	生活饮用水水质标准	管网水	300
		快适水	10～100

3.4.3 饮用水的硬度水平

北京市自来水中总硬度分布情况如图 3.7 所示。分析数据来源于张玉英等

(1996)的测试结果。以 $CaCO_3$ 浓度计,总硬度分布范围在 70～600 mg/L,平均值为 286.5 mg/L,中间值为 259.5 mg/L。总硬度分布在 232.3～285.8 mg/L 的概率最高,为 34.0%,达到我国生活用水标准(GB 5749—2022)限值 450 mg/L 时,累积概率为 92.8%,超标率为 7.2%。97 个样本分析结果表明,北京市自来水总硬度差别较大,主要原因是北京地区地质结构差异较大,且各区域地下水深浅不同。

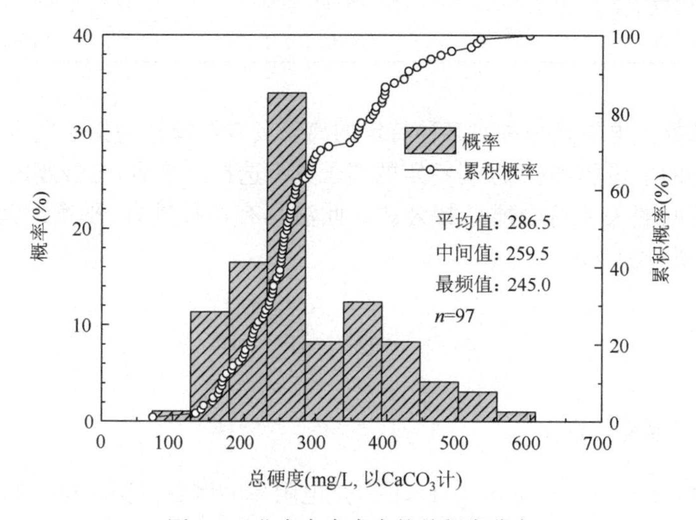

图 3.7　北京市自来水的总硬度分布

3.4.4　硬度测定方法

硬度测定方法主要有 EDTA 络合滴定法、原子吸收法、电感耦合等离子发射光谱法、离子色谱法和离子选择性电极法。

EDTA 络合滴定法简单快速,是一般最常选用的方法。其原理是用 EDTA 测定钙、镁总量,一般是在 pH=10 的氨性缓冲溶液中进行。铬黑 T(EBT)作指示剂,用 EDTA 标准溶液滴定,在计量点时 Ca^{2+} 和 Mg^{2+} 与 EBT 形成酒红色络合物,滴至计量点后游离出的指示剂使溶液呈纯蓝色。EDTA 络合滴定法不适用于含盐量高的水,测定的最低浓度为 0.05 mmol/L。

原子吸收法测定钙、镁具有简单、快速、灵敏、准确、选择性好、干扰易消除等优点。其方法原理是将试液喷入空气-乙炔火焰中,使钙、镁原子化,并选用422.7 nm 共振线的吸收定量钙和 285.2 nm 共振线的吸收定量镁。原子吸收法适用于地下水、地表水和废水中的钙、镁测定。校准溶液浓度范围见表 3.10。

电感耦合等离子发射光谱法快速、灵敏度高、干扰少,且大约可同时检测试样中 72 种元素,具有连续单元素操作、连续多元素操作的特点。

离子色谱法是液相色谱的一种,是分析离子的一种液相色谱方法。用离子色谱法测定水中硬度能有效避免有机物干扰，并且不用考虑镁离子的影响，在镁含量过低时仍可直接测定。此法具有用量少、简便、快速、准确的特点。

表 3.10 测定范围及最低检出浓度 （单位：mg/L）

元素	最低检出浓度	测定范围
钙	0.02	0.1～6.0
镁	0.002	0.01～0.6

离子选择性电极是一种对某种特定的离子具有选择性的指示电极。该类电极有一层特殊的电极膜，电极膜对特定的离子具有选择性响应，电极膜的点位与待测离子含量之间的关系符合能斯特公式。此法具有选择性好、平衡时间短、设备简单、操作方便等特点。

3.5 电 导 率

3.5.1 电导率及其意义

电导率(electrical conductivity，EC)是电阻率的倒数。国际单位制中的单位为西门子/米(S/m)，一般实际使用单位为微西门子/厘米(μS/cm)。单位换算如下：

$$1\ \mathrm{S/m} = 10\ \mathrm{mS/cm} = 10^4\ \mu\mathrm{S/cm}$$

水的电导率是衡量水质的一个很重要的常用指标，电导率大小反映了水中电解质的浓度水平。水溶液中电解质的浓度不同，溶液导电的程度也不同，当水中含无机酸、碱或盐时，电导率增加。水中的电导率与其所含离子的种类和浓度、溶液的温度和黏度等有关，电导率常用于间接推测水中离子成分的总浓度（国家环境保护总局和《水和废水监测分析方法》编委会，2002）。

电导率也可以间接反映出水中溶解性盐类的总量。在实际中，电导率的测定值可作为溶解性总固体浓度的代用测量值。对于多数天然水来说，溶解性总固体与电导率的比值基本为 0.55～0.70(mg/L)/(μS/cm)，比值随水质不同也有所差异(Tchobanoglous et al.，2002；王翠 等，2012)。

电导率还可用于计算溶液的离子强度，通常离子强度与电导率的比值为1.6×10^{-5}(mg/L)/(μS/cm)，根据该比例关系可计算出用于地下水回灌的再生水的离子强度(Tchobanoglous et al.，2002)。

纯水电导率很小，新蒸馏水电导率为 0.5～2 μS/cm，存放一段时间后，由于空气中的二氧化碳或氨的溶入，电导率可上升至 2～4 μS/cm；饮用水电导率在 5～1500 μS/cm；清洁河水电导率为 100 μS/cm；海水电导率大约为 30 000 μS/cm。电导率随温度的变化而变化，温度每升高 1 ℃，电导率增加约 2%，通常规定 25 ℃为测定电导率的标准温度。

3.5.2　电导率水质标准

表 3.11 列出了水质标准对电导率的要求和限值。

表 3.11　水质标准中电导率的限值　（单位：μS/cm）

国家/地区	标准	限值
欧盟	饮用水水质指令(93/83/EC)	2500 (20℃)

3.5.3　不同水的电导率水平

天然水的电导率多在 50～500 μS/cm，含无机盐高的水可达 10 000 μS/cm 以上。图 3.8 和图 3.9 分别为地下水(黄河流域汾河水系)和天津市开发区某水厂出水的电导率统计分析情况。分析数据来源于王翠等的测试结果(王翠 等，2012)。地下水电导率分布在 400～1500 μS/cm，平均值为 864.8 μS/cm，中间值为 818.0 μS/cm。分布在 600～700 μS/cm 的概率最高，为 20.8%，累积概率达 95%时电导率为 1377 μS/cm。自来水厂出水电导率分布在 350～900 μS/cm，其中分布在 500～650 μS/cm 之间的概率最高，为 75%，平均值为 546.8 μS/cm，中间值为 546.0 μS/cm。

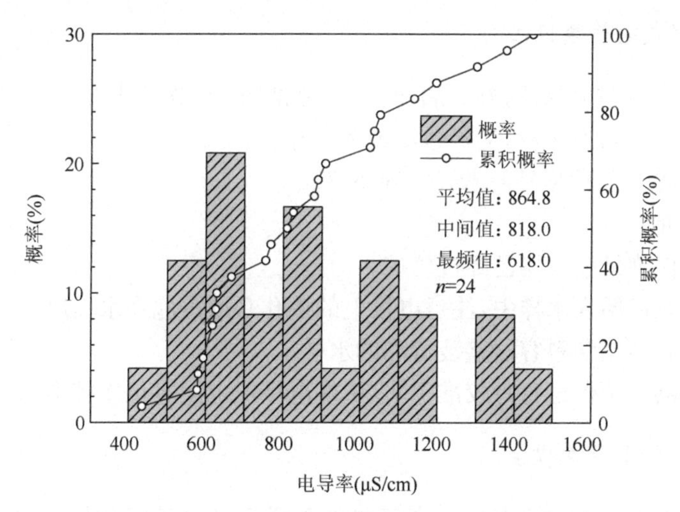

图 3.8　地下水(黄河流域汾河水系)的电导率分布

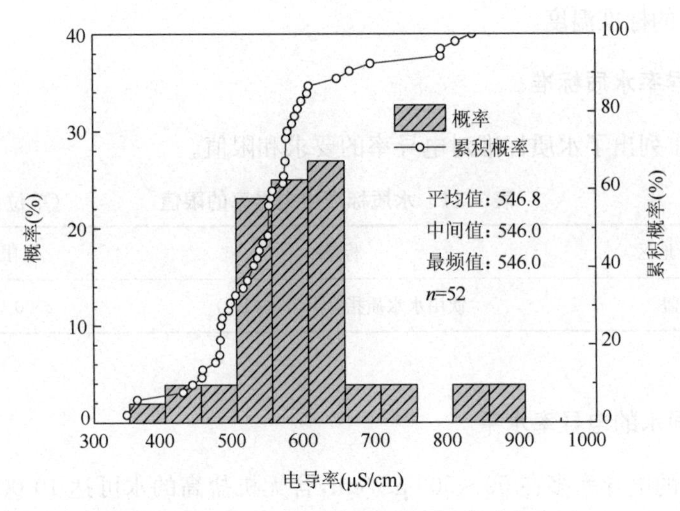

图 3.9　天津市自来水的电导率分布

3.5.4　电导率测定方法

电导率的测定方法主要是电导率仪法，电导率仪有实验室内使用的仪器和现场测试仪器两种，而现场测试仪器通常可同时测量 pH 值、溶解氧、浊度、总盐度和电导率五个参数。

1. 便携式电导率仪法

水样中含有粗大悬浮物质、油和脂等干扰测定，可先测水样，再测校准溶液，以了解干扰情况。若有干扰，应经过滤或萃取除去。

测量仪器为各种型号便携式电导率仪。

注意事项：

(1) 确保测量前仪器已经过校准。

(2) 将电极插入水样中，注意电极上的小孔必须浸泡在水面以下。

(3) 最好使用塑料容器盛装待测的水样。

(4) 仪器必须保证每月校准一次，更换电极或电池时也需校准。

2. 实验室电导率仪法

水样采集后应尽快分析。如果不能在采样后及时进行分析，样品应储存于聚乙烯瓶中，并满瓶封存，于 4 ℃冷暗处保存，在 24 h 之内完成测定。测定前应加温至 25 ℃，不得加保存剂。

水样中含有粗大悬浮物质、油和脂等干扰测定，可先测水样，再测校准溶液，以了解干扰情况。若有干扰，应经过滤或萃取除去。

注意事项：

（1）最好使用和水样电导率相近的氯化钾标准溶液测定电导池常数。

（2）如使用已知电导池常数的电导池，不需测定电导池常数，可调节好仪器直接测定，但要经常用标准氯化钾溶液校准仪器。

3.6　溶解性总固体

3.6.1　溶解性总固体及其意义

溶解性总固体(total dissolved solid，TDS)是溶解在水里的无机盐和有机物的总称。其主要成分有钙、镁、钠、钾离子和碳酸根离子、碳酸氢根离子、氯离子、硫酸根离子和硝酸根离子。一般可用电导率值大概了解溶液中的盐分，一般情况下，电导率越高，盐分越高，TDS越高，所以一般也把含盐量称为溶解性总固体。

水中的TDS来源于自然界、下水道、城市和农业污水以及工业污水。自然来源的TDS受不同地区矿石含盐量的影响差异十分巨大，可从300 mg/L到6000 mg/L。

溶解性总固体的量与饮用水的味觉直接相关。表3.12列出了不同TDS浓度与饮用水的味道之间的关系。

表3.12　饮用水中TDS浓度与味道的关系

味道	TDS (mg/L)
极好	＜300
好	300～600
一般	600～900
差	900～1200
无法饮用	＞1200

总的来说饮用水中TDS含量小于1000 mg/L时比较容易让人接受。因为过高的TDS浓度，会造成口味不佳和水管、热水器、热水壶及家用器具的使用寿命缩短，因而引发居民的反感。另外，TDS中的组分，如氯化物、硫酸盐、镁、钙和碳酸盐等会腐蚀输水管道或在管道中结垢。

3.6.2　溶解性总固体水质标准和水质要求

表3.13列出了水质标准对TDS的要求和限值。

表 3.13 水质标准中 TDS 的限值 (单位：mg/L)

国家/地区	标准	类别	限值
中国	生活饮用水卫生标准(GB 5749—2022)		1000
	地下水质量标准(GB/T 14848—2017)	Ⅰ类	≤300
		Ⅱ类	≤500
		Ⅲ类	≤1000
		Ⅳ类	≤2000
		Ⅴ类	>2000
	农田灌溉水质标准(GB 5084—2021)	非盐碱土地区	1000
		盐碱土地区	2000
	城市污水再生利用　工业用水水质标准(GB/T 19923—2005)	冷却用水(直流冷却水)	≤1000
		冷却用水(敞开式循环冷却水系统补充水)	≤1000
		洗涤用水	≤1000
		锅炉补给水	≤1000
		工艺与产品用水	≤1000
美国	饮用水水质标准	二级饮用水标准	500

我国的国家污水排放标准中，目前还没有对 TDS 做出规定。山东省地方标准《流域水污染物综合排放标准》(DB37/ 3416—2018)对 TDS 排放限值进行了规定：以再生水和循环水为主要水源的排放单位 TDS 限值为 2000 mg/L，其他排放单位 TDS 限值为 1600 mg/L。

3.6.3 不同水的溶解性总固体浓度水平

图 3.10 为天津市开发区某自来水厂出水的 TDS 统计分析情况。分布范围在 250～700 mg/L，平均值为 415.5 mg/L，中间值为 361.5 mg/L。分布在 300～350 mg/L的概率最高，为 35.4%，最大值为 658 mg/L，100%达到我国生活饮用水卫生标准(GB 5749—2022)限值 1000 mg/L。

图 3.11 中的再生水为北京市某污水处理厂二级出水经过微滤-反渗透双膜过滤工艺处理的水，其 TDS 范围分布在 5～45 mg/L，平均值为 21.0 mg/L，中间值为 20.5 mg/L，100%达到《城市污水再生利用　工业用水水质》(GB/T 19923—2005)标准。结果表明微滤-反渗透双膜过滤工艺可以有效去除水中 TDS，具有很好的脱盐效果。

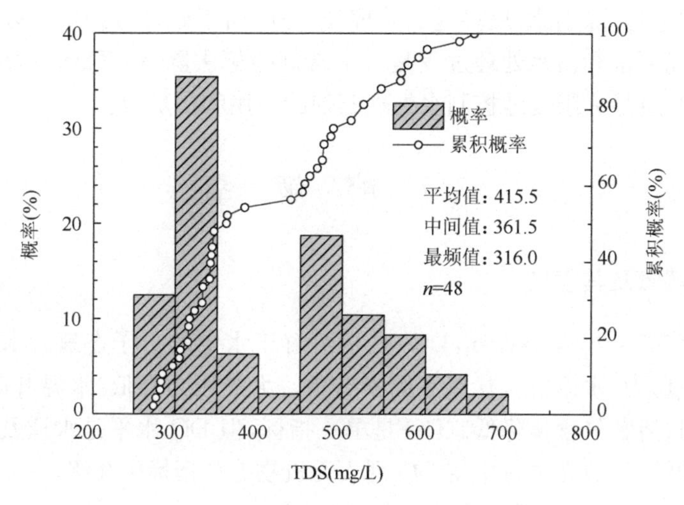

图 3.10　天津市自来水的 TDS 分布

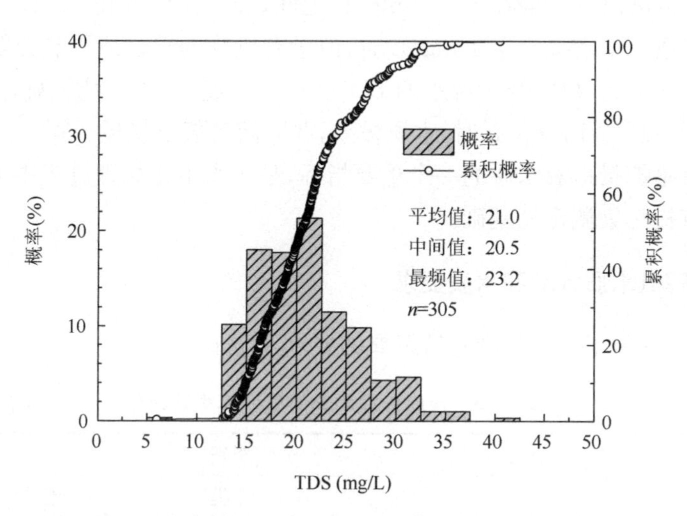

图 3.11　北京市某再生水厂微滤-反渗透工艺出水 TDS 分布

3.6.4　溶解性总固体测定方法

TDS 采用称量法进行测定，移取过滤后的一定量的水样，在指定温度下干燥至恒重。此法适用于 TDS 不低于 25 mg/L 的水样。

3.6.5　TDS 相关研究方向

与 TDS 相关的研究方向主要包括：①TDS 水平；②TDS 的构成；③TDS 的来源分析；④TDS 的去除特性及去除方法等。

值得注意是，除纳滤、反渗透等处理技术外，由于处理过程中水处理药剂的使用，一般情况下水和污水处理过程是一个常规指标去除，但 TDS 升高的过程。水处理过程中，应最大限度地控制水处理药剂的使用和添加量。

3.7 溶 解 氧

3.7.1 溶解氧及其意义

溶解氧(dissolved oxygen，DO)是指溶解于水中的分子态氧。水中溶解氧的含量与大气压力、水温及含盐量等因素有关。大气压力降低、水温升高、含盐量增加，都会导致溶解氧含量降低。DO 是单一指标，但 DO 水平是水质及环境条件的综合作用的结果，故在本章中将 DO 列入无机物综合指标中介绍。

不同温度下饱和溶解氧见表 2.7。

水源水的溶解氧一般在 5～10 mg/L 之间，如降低到 5 mg/L 以下时，作为饮用水已不合适。溶解氧小于 1 mg/L 时，由于有机物的缺氧或厌氧分解，可使水源水开始发生恶臭。又如，当水源水的 BOD 小于 3 mg/L 时，水质较好；到 7.5 mg/L 时，水质较差；超过 10 mg/L 时，水质极差，此时溶解氧已接近于零。

溶解氧是衡量地表水质的一个重要指标，是污水生化处理过程中的重要参数，同时也是有机污染测定的基础。

3.7.2 溶解氧水质标准和水质要求

表 3.14 列出了水质标准对溶解氧的要求及限值。

表 3.14 水质标准中溶解氧的要求及限值 (单位：mg/L)

国家/地区	标准	类别	限值
中国	地表水质量标准(GB 3838—2002)	Ⅰ类	≥饱和率 90%(或 7.5)
		Ⅱ类	≥6
		Ⅲ类	≥5
		Ⅳ类	≥3
		Ⅴ类	≥2

3.7.3 不同水中的溶解氧浓度水平

天然水体中，清洁地表水溶解氧接近饱和。当有大量藻类繁殖时，溶解氧可能过饱和；当水体受到有机物质、无机还原物质污染时，会使溶解氧含量降低，甚至趋于零，此时厌氧细菌繁殖活跃，水质恶化。水中溶解氧低于3～4 mg/L时，许多鱼类呼吸困难，溶解氧继续减少，则会窒息死亡。可作为饮用水源的水中溶解氧至少在5 mg/L以上。

地下水因不接触大气，其溶解氧含量一般较小，深层为零。贫营养湖通常全年时间溶解氧可以达到接近全层饱和。富营养湖在停滞期表水层溶解氧可达饱和或过饱和，而深水层则浓度较低。海水的表水层溶解氧接近饱和，由于盐类浓度高，故溶解氧比淡水低。

3.7.4　溶解氧测定方法

溶解氧的测定方法主要有碘量法及其修正法和膜电极法。

1. 碘量法的原理和注意事项

碘量法是基于溶解氧的氧化性质采用容量滴定法进行定量测定的，适用于清洁水的测定；而氧电极法是基于分子态氧通过膜的扩散速率所产生的电流来进行定量。受污染的地表水和工业废水必须用修正的碘量法或膜电极法进行测定，膜电极法更适用于现场测定。

在水样中加入硫酸锰和碱性碘化钾溶液，水中的溶解氧将二价锰氧化成四价锰，并生成氢氧化物沉淀。加酸后，沉淀溶解，四价锰又可氧化碘离子而释放出与溶解氧量相当的游离碘。以淀粉为指示剂，用硫代硫酸钠标准溶液滴定释放出的碘，可计算出溶解氧含量。反应式如下：

$$MnSO_4 + 2NaOH = Na_2SO_4 + Mn(OH)_2 \downarrow$$

$$2Mn(OH)_2 + O_2 = 2MnO(OH)_2 \downarrow \text{（棕色沉淀）}$$

$$MnO(OH)_2 + 2H_2SO_4 = Mn(SO_4)_2 + 3H_2O$$

$$Mn(SO_4)_2 + 2KI = MnSO_4 + K_2SO_4 + I_2$$

$$2Na_2S_2O_3 + I_2 = Na_2S_4O_6 + 2NaI$$

当水中含有氧化性物质、还原性物质及有机物时，会干扰测定，应预先消除并根据不同的干扰物质采用修正的碘量法。

结果计算公式为

$$DO = \frac{cV \times 8 \times 1000}{100} (mg/L)$$

式中，c为硫代硫酸钠标准溶液物质的浓度（mol/L）；V为滴定时消耗硫代硫酸钠标准溶液的体积（mL）；8表示氧的换算值（g）；100表示水样体积（mL）。

若以c=0.012 50 mol/L代入上式，则溶解氧含量在数值上等于V，即滴定中所消耗硫代硫酸钠溶液体积就相当于水样中溶解氧含量数。

需要注意的是，采样时要同时记录水温和气压。如果水样中含有大于

0.1 mg/L的游离氯，则应预先加硫代硫酸钠去除。如果含有藻类、悬浮物或活性污泥之类的生活絮凝体，则必须经预处理，否则会干扰测定的准确性。

普通法适用于比较清洁的水，叠氮化钠修正法用于消除亚硝酸盐的干扰，高锰酸盐修正法用于消除亚硝酸盐、铁及有机物的干扰。

2. 膜电极法的原理和注意事项

方法原理：将两个金属电极浸没在一个电解质溶液中，电极和电解质溶液装在一个用氧半透膜（仅氧等气体可以通过）包围的容器内。当外加电压时，发生电极反应产生一个扩散电流，该电流在一定温度下与水中氧的浓度成正比。

该方法适用于天然水、污水和盐水的测定，干扰少，可用于现场测定和自动在线连续监测。

注意事项：测溶解氧最好现场测定，避免生物活动引起DO变化。河、湖、水池取水，需使用专用取样器，避免和空气接触，避免振动。用磨口塞DO瓶，装满，不得留有气泡。

参考文献

国家环境保护总局，《水和废水监测分析方法》编委会. 2002. 水和废水监测分析方法. 第4版. 北京：中国环境科学出版社.

马勇，彭永臻. 2007. 城市污水处理系统运行及过程控制. 北京：科学出版社.

宋吉娜，李秀芳. 2013. 水分析化学. 北京：北京大学出版社.

王爱杰，吴丽红，任南琪，等. 2005. 亚硝酸盐为电子受体反硝化除磷工艺的可行性. 中国环境科学，25(5)：515～518.

王翠，刘涛利，郑玲，等. 2012. 出厂水电导率与溶解性总固体的相关性分析. 供水技术，6(3)：25～27.

夏淑梅，徐长松，孙勇，等. 2012. 水化学分析. 北京：北京大学出版社.

张玉英，王雅芬，李国生. 1996. 北京自来水硬度的测试与分布. 北京农学院学报，11(1)：87～92.

Hu H Y，Goto N，Koichi F. 2001. Effect of pH on the reduction of nitrite in water by metallic iron. Water Research，35(11)：2789～2793.

Maiti S K. 2004. Handbook of methods in environmental studies. vol. 1：Water and wastewater analysis. Jaipur：ABD Publishers.

Nollet L M L，De Gelder L S P. 2013. Handbook of Water Analysis. 3rd Edition. Boca Raton：CRC Press.

Ritter J A. 2010. Water Quality. 4th Edition. Denver，CO：American Water Works Association.

Tchobanoglous G，Burton F L，Stensel H D. 2014. Wastewater Engineering Treatment and Reuse. 5th Edition. Wakefield，MA：Metcalf & Eddy，Inc.

第 4 章　非金属无机离子和化合物及其研究方法

天然水和污水中的无机化学组分主要包括营养物、非金属组分、金属和气体(Tchobanoglous et al., 2002;董德明 等,2010)。天然水中的无机非金属组分主要来自于岩石、矿物的风化产物、火山爆发和大气中无机粉尘的沉降。污水中的无机非金属组分则主要来自于采矿、冶炼、机械制造、建筑材料、化工等工业污水、生活污水以及农田排水。

水中大多数无机非金属元素与组成生物机体的元素相同,有些元素(如碳、氮、硫、磷等)可以成为生物体的构成成分,有些元素(如氮、磷等)是生物必需的营养元素。但如果水环境中这些元素及其盐类的含量不足或超过一定限度,也会引起生物体内某些功能失调和诱发疾病,危害生态系统,恶化水环境质量,影响水的公益用途(Popek, 2003;Tchobanoglous et al., 2002)。某些有毒无机化合物(如氰化物、氟化物等)可通过饮水或食物链引起生物或人类急性和慢性中毒。因此,水中的无机组分是表明水体受到某种污染的直接证据,也是反映水体污染状况的重要指标。对污水的无机组分研究不仅对了解污水水质状况有重要意义,同时对污水处理工艺运行处理效果的调控也至关重要。

水中常见的非金属无机化合物主要包括酸碱物质、氯化物、含硫化合物、含氮化合物、含磷化合物等。其中常见离子主要包括 H^+、NH_4^+、Cl^-、Br^-、NO_2^-、NO_3^-、SO_4^{2-}、HS^-、S^{2-}、HCO_3^-、CO_3^{2-}、PO_4^{3-}、HPO_4^{2-} 等。含氮化合物和含磷化合物作为水环境及水处理中主要化合物,将着重在第 5 章和第 6 章中讲述,本章主要介绍非金属无机离子和化合物指标及其研究方法,包括硫化物、硫酸盐、亚硫酸盐、氯化物、余氯、溴酸盐、碘化物、氟化物和氰化物等。

4.1　硫　化　物

4.1.1　硫化物及其意义

水中硫化物(sulfides)包括溶解性的 H_2S、HS^-、S^{2-},存在于悬浮物中的硫化物及未电离的有机、无机类硫化物。水中硫化物的存在形式主要包括 H_2S、HS^-、S^{2-}。当 pH>8 时,以 HS^-、S^{2-} 为主,H_2S 存在可不计;当 pH<8 时,H_2S 含量逐渐增加;当 pH=5 时,H_2S 占 99%。

地下水（特别是温泉水）及生活污水通常含有硫化物，其中一部分是在厌氧条件下，由于细菌的作用，使硫酸盐还原或由含硫有机物的分解而产生的。某些工矿企业，如焦化、造气、选矿、造纸、印染和制革等工业废水亦含有硫化物。

硫化氢易从水中逸散于空气，浓度大于 0.01 mg/L 时会产生难闻的臭鸡蛋味，且毒性很大。它可与人体内细胞色素、氧化酶以及该类物质中的二硫键（—S—S—）作用，影响细胞氧化过程，造成细胞组织缺氧，危及人的生命。

硫化氢除自身能腐蚀金属外，还可被污水中的微生物氧化成硫酸，进而腐蚀下水道等，在水处理过程影响厌氧生物处理。使用含硫化物多的水灌溉农田可引起作物根系腐烂。因此，硫化物是水体污染的一项重要指标。

4.1.2 硫化物水质标准和水质要求

表 4.1 列出了一些水质标准对硫化物的要求和限值。

表 4.1 水质标准中硫化物的限值 （单位：mg/L）

国家/地区	标准	类别	限值
中国	生活饮用水卫生标准（GB 5749—2022）		0.02
	地表水环境质量标准（GB 3838—2002）	Ⅰ类	≤0.05
		Ⅱ类	≤0.1
		Ⅲ类	≤0.2
		Ⅳ类	≤0.5
		Ⅴ类	≤1.0
	渔业水质标准（GB 11607—89）		≤0.2
	农田灌溉水质标准（GB 5084—2021）		≤1.0
	污水综合排放标准（GB 8978—1996）	一级标准	1.0
		二级标准	1.0
		三级标准	2.0
	城镇污水处理厂污染物排放标准（GB 18918—2002）	选择控制项目最高允许排放浓度（日均值）	1.0

4.1.3 硫化物测定方法

水中硫化物的测定方法，主要包括亚甲蓝比色法、碘量法、离子选择电极法、间接原子吸收法和气相分子吸收法等。当水样中的硫化物含量小于 1 mg/L 时，采用对氨基二甲基苯胺光度法（即亚甲蓝比色法），或间接原子吸收法和气相分子吸收法。当硫化物含量大于 1 mg/L 时可采用碘量法。

碘量法的原理：酸化后吹出 H_2S，用乙酸锌吸收，生成的沉淀用盐酸溶解后加入过量的碘与 H_2S 作用，剩余的碘用硫代硫酸钠滴定。该方法的适用范围为 0.02～0.8 mg/L。

4.2 硫酸盐

4.2.1 硫酸盐及其意义

硫酸盐(sulfate)是由硫酸根离子(SO_4^{2-})与其他金属离子组成的化合物，是电解质，且大多数溶于水。

硫酸盐在自然界分布广泛，天然水中硫酸盐的浓度可从几 mg/L 到数千 mg/L (海水中)。地表水和地下水中的硫酸盐主要来源于岩石土壤中矿物组分的风化和淋溶，金属硫化物氧化也会使硫酸盐含量增大。

硫酸盐经常存在于饮用水中，其主要来源是地层矿物质的硫酸盐，多以硫酸钙、硫酸镁的形态存在。石膏、其他硫酸盐沉积物的溶解，海水入侵，亚硫酸盐和硫代硫酸盐等在充分曝气的地面水中氧化等都可以导致饮用水中硫酸盐含量增高。

水中少量硫酸盐对人体健康无影响，但超过 250 mg/L 时有致泻作用，饮用水中硫酸盐的含量不应超过 250 mg/L。在大量摄入硫酸盐后出现的最主要生理反应是腹泻、脱水和胃肠道紊乱。人们常把硫酸镁含量超过 600 mg/L 的水用作导泻剂。当水中硫酸钙和硫酸镁的质量浓度分别达到 1000 mg/L 和 850 mg/L 时，有 50% 的被调查对象认为水的味道令人讨厌，不能接受。当 SO_4^{2-} 含量超过 2000 mg/L时可造成死亡。

环境中有许多金属离子可以与硫酸根结合成稳定的硫酸盐，大气中硫酸盐形成的气溶胶对材料有腐蚀破坏作用，危害动植物健康，而且可以起到催化作用，加重硫酸雾毒性，随降水到达地面后破坏土壤结构，降低土壤肥力。此外，硫酸盐可对输水系统造成腐蚀，易造成锅炉和热交换器结垢。

4.2.2 硫酸盐水质标准和水质要求

表 4.2 列出了一些水质标准对硫酸盐的要求和限值。

4.2.3 硫酸盐测定方法

水中硫酸盐的测定方法包括离子色谱法、称量法和铬酸钡分光光度法。

表 4.2 水质标准中硫酸盐的限值 (单位：mg/L)

国家/地区	标准	类别	限值
中国	生活饮用水卫生标准(GB 5749—2022)		250
	地表水质量标准(GB 3838—2002)	集中式生活饮用水地表水源地补充	250
	地下水质量标准(GB/T 14848—2017)	Ⅰ类	≤50
		Ⅱ类	≤150
		Ⅲ类	≤250
		Ⅳ类	≤350
		Ⅴ类	>350
	城市污水再生利用 工业用水水质(GB/T 19923—2005)	冷却用水(直流冷却水)	≤600
		冷却用水(敞开式循环冷却水系统补充水)	≤250
		洗涤用水	≤250
		锅炉补给水	≤250
		工艺与产品用水	≤250
美国	饮用水水质标准	二级饮用水标准	250
欧盟	饮用水水质指令(93/83/EC)		250

离子色谱法适用于地表水、地下水、饮用水、降水、生活污水和工业废水等水中硫酸盐的测定。

称量法可用于测定地表水、地下水、咸水、生活污水及工业废水中的硫酸盐。水样有颜色不影响测定。方法原理主要是加氯化钡生成硫酸钡沉淀，测定范围为10～5000 mg/L。

铬酸钡分光光度法适用于地表水、地下水中含量较低硫酸盐的测定。方法原理是在酸性溶液中，铬酸钡与硫酸盐生成硫酸钡沉淀，并释放铬酸根离子。将溶液中和后，过滤除去多余的铬酸钡和生成的硫酸钡，滤液中即为硫酸盐所取代出的铬酸离子，呈现黄色，比色定量。本法适用于测定硫酸盐浓度为5～200 mg/L的水样。

4.3 亚硫酸盐

4.3.1 亚硫酸盐及其意义

亚硫酸盐(sulfite)是一种含有亚硫酸根离子(SO_3^{2-})的盐。亚硫酸根与溶解氧难以共存，一般在天然水中不存在亚硫酸盐。亚硫酸盐作为一种抗氧化剂和抗菌剂，常应用于酒类行业中，且在某些工业废料和污染水中也可发现亚硫酸根。亚硫酸钠是亚硫酸盐存在的最常见的形式，由于亚硫酸钠是优良的还原剂，常投加到锅炉用水中用来防腐蚀和除氧。因此在这些环境中可以发现亚硫酸根。其他用二氧化硫作为防腐剂的用水中也可能含有亚硫酸根。

亚硫酸盐能够引起过敏反应并导致气喘，对使用亚硫酸盐的锅炉和工艺用水必须定期监测亚硫酸盐含量。

4.3.2　亚硫酸盐测定方法

亚硫酸盐测定方法主要有碘量法和离子色谱法。

含有亚硫酸根的酸化水样用标准的 KI-KIO_3 滴定。当亚硫酸根被氧化后，游离的 I_2 释放出来，在淀粉指示剂存在下，形成蓝色。这种方法的检出限为 2 mg(SO_3^{2-})/L。

国际标准组织 ISO 10304-3 标准推荐采用抑制型和非抑制型离子色谱技术测定水样中亚硫酸根、铬酸根、碘离子、硫氰酸根以及硫代硫酸根。基于电导检验的测定范围为 0.1～50 mg(SO_3^{2-})/L。

4.4　氯　化　物

4.4.1　氯化物及其意义

氯化物(chloride)在无机化学领域里是指带负电的氯离子和其他元素带正电的阳离子结合而形成的盐类化合物，也可以说是氯与另一种元素或基团组成的化合物。

氯离子(Cl^-)是水和污水中一种常见的无机阴离子。氯化物以钠、钙及镁盐的形式存在于天然水中，氯化钾在一般水体中很少见，但常存在于某些地下水中。在河流、湖泊、沼泽地区，氯离子含量一般较低，而在海水、盐湖及某些地下水中，含量可高达数十克/升。

表 4.3 列出了天然水体中氯离子的含量。

表 4.3　天然水体中氯离子含量　(单位：mg/L)

水体类别	山水、溪水	河水、地下水	苦咸水	海水
Cl^-	几至几十	几十至几百	1200～5000	15000～20000

氯化物带来的咸味与水的化学组成有关。当氯化物与钠、钾或钙结合时，其味阈浓度不同。在某些含有钠离子的饮用水中，250 mg/L 氯化物可令人察觉出咸味。另外，当水中钙、镁离子占支配地位时，1000 mg/L 氯化物也不会出现典型的咸味。

氯化物在人类生存活动中具有很重要的生理作用及工业用途。正因如此，在生活污水和工业污水中，均含有相当数量的氯离子（Warton et al.，2006）。天然水体流经含有氯化物的地层或受生活污水、工业污水及海水、海风的污染时，氯化物含量都会增加。因此，当氯化物浓度突然升高时，表示水体受到污染。

饮用水中含有少量氯化物对人体无害，钠离子多时易感咸味，当氯化物含量超过 4000 mg/L 时，则会影响人体健康。输配水系统中氯化物含量高时会有腐蚀作用，损害金属管道和构筑物。农业灌溉水中氯化物大于 300 mg/L 时，会影响作物生长。

工业用水系统中的氯化物可导致设备腐蚀，也可能直接影响生产工艺。工业用水系统一般要求氯化物浓度不超过 250 mg/L，水电解制氢、采暖空调等系统则对氯化物有更高的要求。

过高的氯化物还可能影响污水处理系统，导致生物处理工艺效率下降或氧化处理工艺有毒副产物产生增多。

4.4.2　氯化物水质标准和水质要求

表 4.4 列出了一些水质标准对氯化物的要求和限值。

表 4.4　水质标准中氯化物的限值

国家/地区	标准	类别	限值(mg/L)
中国	生活饮用水卫生标准（GB 5749—2022）		250
	地下水质量标准（GB/T 14848—2017）	Ⅰ类	≤50
		Ⅱ类	≤150
		Ⅲ类	≤250
		Ⅳ类	≤350
		Ⅴ类	>350
	农田灌溉水质标准（GB 5084—2021）		350
	城市污水再生利用　工业用水水质（GB/T 19923—2005）	冷却用水（直流冷却水）	250
		冷却用水（敞开式循环冷却水系统补充水）	250
		洗涤用水	250
		锅炉补给水	250
		工艺与产品用水	250

续表

国家/地区	标准	类别	限值(mg/L)
中国	城市污水再生利用　地下水回灌水质(GB/T 19772—2005)	地表回灌	250
		井灌	250
	城市污水再生利用　农田灌溉用水水质(GB 20922—2007)		350
	城市污水再生利用　绿地灌溉水质(GB/T 25499—2010)		250
	水电解制氢系统技术要求(GB/T 19774—2005)	原料水	2.0
		电解液	800
		循环冷却水	200
	采暖空调系统水质(GB/T 29044—2012)	集中空调间接供冷开式循环冷却水系统补充水	100
		集中空调间接供冷开式循环冷却水系统循环水	500
		集中空调循环冷水系统补充水和循环水	250
		集中空调简洁供冷闭式循环冷却水系统补充水和循环水	250
美国	饮用水水质标准	二级饮用水标准	250
欧盟	饮用水水质指令(93/83/EC)		250

4.4.3　氯化物测定方法

常用的氯化物测定方法有离子色谱法、硝酸银滴定法、硝酸汞滴定法、电位滴定法和电极流动法。离子色谱法是目前国内外最为通用的方法，简便快捷。硝酸银滴定法是经典方法，所需仪器设备简单，适用于较清洁水样的测定，但缺点是终点不够明显，必须在有空白对照下滴定，当水中氯化物含量较高时，终点更难识别。硝酸汞滴定法测定氯化物终点明显，易于观察，但使用的汞盐有剧毒，因此不推荐使用。采用电位滴定法时水样可不经预处理，适用于有色或混浊的水样。电极流动法适合于测定带色或受污染的水样，在污染源监测中使用较多。同时把电极法改为流通池测定，可保证电极的持久使用，并能提高测定精度。

4.5 余　氯

4.5.1 余氯及其意义

余氯(residual chlorine)是指氯投入水中,经过一定时间接触后,除去与水中微生物、有机物、无机物等作用消耗一部分氯量外,在水中余留的氯量。余氯可分为化合性余氯(或称结合性氯,combined chlorine)和游离性余氯(或称自由性氯,free chlorine)。化合性余氯是指水中氯与氨的化合物,其存在形式与氯和氨的比例和pH值有关,主要包括 NH_2Cl、$NHCl_2$ 及 NCl_3 三种。游离性余氯是指水中的 ClO^-、HClO、Cl_2 等,杀菌速度快,杀菌力强,但衰减快,其比例与水的温度和 pH值有关。总余氯即化合性余氯与游离性余氯之和。

水中余氯的来源主要是饮用水或污水处理过程中为了杀灭或抑制水中微生物生长,确保出水水质生物安全性而加入的过量的氯。电镀污水中含氯是由于分解有剧毒的氰化物而投加的氯(国家环境保护总局和《水和废水监测分析方法》编委会,2002;Chuang et al., 2011)。

自来水出水余氯通常是指游离性余氯。余氯和水中有机物反应会产生很多致癌的副产物,如三氯甲烷、四氯甲烷等,当自来水余氯浓度过高时,会带有难闻的气味,长期饮用会对人体造成非常大的危害。

4.5.2 余氯水质标准和水质要求

余氯可保障消毒效果,控制水中微生物的再生长,防止水质劣化。根据不同用途对微生物控制要求的差异,相关的水质标准中对余氯浓度有具体的要求。表 4.5列出了一些水质标准对余氯的要求及限值。

国家《生活饮用水卫生标准》和建设部行业标准《城市供水水质标准》规定:对于采用游离氯消毒的水厂,与水接触至少 30 min 后出厂,出厂水中游离性余氯不低于 0.3 mg/L,管网末梢余氯不低于 0.05 mg/L;对于采用氯胺消毒的水厂,与水接触至少 120 min 后出厂,出厂水中总余氯不低于 0.5 mg/L,管网末梢余氯不低于 0.05 mg/L。为了保证管网末梢水的余氯要求,我国大多数水厂出厂水的余氯一般控制在 1 mg/L 左右,夏季水温高时采用更高的数值。

此外,从感官性状和生物毒性等方面考虑,余氯浓度也不能过高。

对于再生水管网中余氯的浓度限值如下所述。

1. 再生水用于城市杂用水

《城市污水再生利用　城市杂用水水质》要求:再生水用于冲厕、道路清扫和消防、城市绿化、车辆冲洗、建筑施工时，加氯消毒，出厂水余氯不低于 1.0 mg/L，管网末端余氯不低于 0.2 mg/L。

表 4.5　水质标准中余氯的限值　（单位：mg/L）

国家/地区	标准	类别	限值
中国	城市污水再生利用　工业用水水质 （GB/T 19923—2005）	冷却用水（直流冷却水）	≥0.05
		冷却用水（敞开式循环冷却水系统补充水）	≥0.05
		洗涤用水	≥0.05
		锅炉补给水	≥0.05
		工艺与产品用水	≥0.05
	城市污水再生利用　城市杂用水水质 （GB/T 18920—2020）	冲厕 道路清扫、消防 城市绿化 车辆冲洗 建筑施工	≥1.0（出厂）， ≥0.2（管网末端） （用于城市绿化时， 不应超过 2.5 mg/L）
日本	生活饮用水水质标准	快适水	1

2. 再生水用于景观环境用水

《城市污水再生利用　景观环境用水水质》要求：再生水用于娱乐性景观环境用水，对于需要通过管网输送再生水的非现场回用情况且采用加氯消毒方式时，回用中余氯浓度应为 0.05～0.1 mg/L。

3. 再生水用于灌溉用水

《城市污水再生利用　绿地灌溉用水水质》要求：再生水用于绿地灌溉时，管网末梢的余氯浓度应控制在 0.2～0.5 mg/L。另外，考虑到余氯对农作物、绿地植物等的毒性，《城市污水再生利用　农田灌溉用水水质》要求：再生水灌溉纤维作物、旱地谷物和油料作物时，余氯浓度不应超过 1.5 mg/L，灌溉水田作物和露地蔬菜时，余氯浓度不应超过 1.0 mg/L。

4. 再生水用于工业用水

《城市污水再生利用　工业用水水质》要求：再生水用于冷却、洗涤、锅炉补给、工艺与产品用水时，采用加氯消毒，管网末梢余氯浓度不低于 0.05 mg/L。

4.5.3 余氯测定方法

余氯是衡量消毒效果的重要指标，也是评价输配系统水质的主要参数，是水质监测需要经常测定的指标之一。现有的余氯测定方法主要可分为化学滴定法、分光光度法、电化学分析法三类。几种常用方法的检出限、检测范围、干扰因素及优缺点见表 4.6。

表 4.6 常用余氯测定方法

类别	方法名称	检出限/检测范围	优缺点
化学滴定法	碘量法*	检出限较高	操作较复杂
	N,*N*-二乙基对苯二胺-硫酸亚铁铵滴定法	检出限较高	受 Cu^{2+}、Fe^{3+} 等干扰
分光光度法	甲基橙褪色光度法	0.05～1.5 mg/L	受 Ca^{2+}、Mg^{2+} 干扰，检测上限较低
	N,*N*-二乙基-1,4-苯二胺(DPD)法*	0.01～5 mg/L	能测定各种形态余氯的浓度，受 MnO 和 Cr^{6+} 等氧化物干扰
	3,3′,5,5′-四甲基联苯胺(TMP)法*	0.005～10 mg/L	简单，快速；受 Fe^{3+}、NO_2^- 干扰
电化学法	库仑滴定法	0.002 mg/L	灵敏度较高

* GB/T 5750《生活饮用水标准检验方法》中的标准方法

1. 化学滴定法

化学滴定法的原理是利用余氯的氧化性，通过已知浓度的化学试剂与余氯发生氧化还原反应，测定余氯含量。常用方法包括碘量法、*N*,*N*-二乙基对苯二胺-硫酸亚铁铵滴定法等。化学滴定法较为成熟，但检出限较高，试剂配制烦琐，主要用于高浓度余氯测定，不适宜现场快速检测。

2. 分光光度法

分光光度法也是利用余氯的氧化性，在一定条件下，通过化学试剂与余氯的显色反应，测定特定波长的吸光度，实现对余氯的定量分析。此类方法包括褪色光度法、显色光度法、间接光度法等。其中，*N*,*N*-二乙基-1,4-苯二胺(DPD)法、3,3′,5,5′-四甲基联苯胺(TMP)法最为常用，具有较高的准确性和可靠性。近年来，基于分光光度法，已建立了多种便携、连续、自动、灵敏的余氯测定方法。

3. 电化学法

电化学分析方法是基于余氯浓度与电位、电导、电流和电量等电学量的相互关系，对余氯进行定量分析的方法。电化学方法操作简便，灵敏度高，重现性良好，可用于余氯的在线监测与控制。

4.5.4　典型测定方法

N,*N*-二乙基-1,4-苯二胺(DPD)法是余氯测定方法中发展成熟、较为常用的测定方法之一，优点是能够测定各种形态余氯的浓度，可分别测定游离性有效氯、一氯胺、二氯胺和三氯胺。应用的游离氯浓度范围为 0.01～5 mg/L，在较高浓度时需稀释样品，适用于测定经加氯处理的饮用水、医院污水、造纸污水、印染污水等。

该法的测定原理是：DPD 与水中游离余氯迅速反应产生红色；在碘化物催化下，一氯胺也能与 DPD 反应显色；在加入 DPD 试剂前加入碘化物，一部分三氯胺与游离余氯一起显色，通过变换试剂的加入顺序可测得三氯胺的浓度。DPD 法的流程图如图 4.1 所示。

步骤一：标准曲线绘制

步骤二：测量样品吸光度

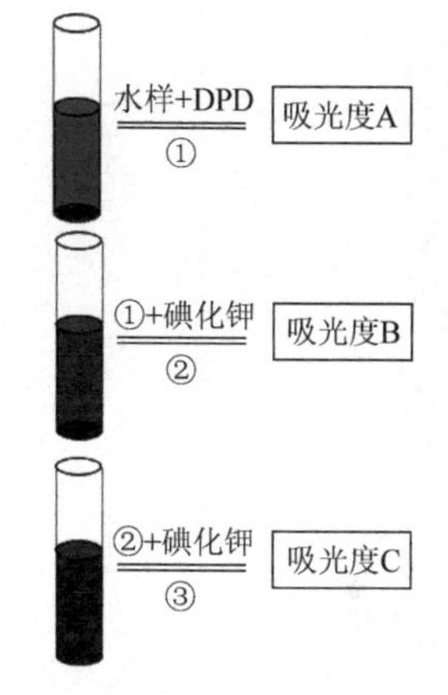

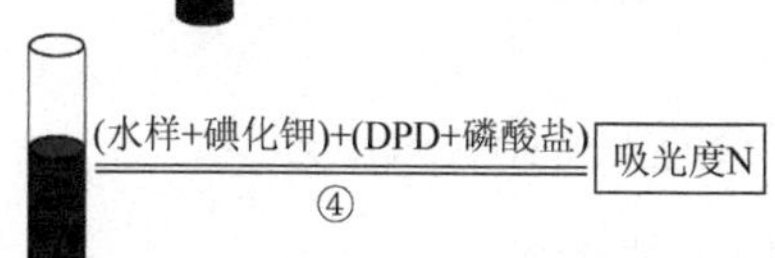

步骤三：数据获取

余氯浓度与读数对照表

读数	不含三氯胺的水样	含三氯胺的水样
A	游离余氯	游离余氯
B—A	一氯胺	一氯胺
C—B	二氯胺	二氯胺+50%三氯胺
N		游离余氯+50%三氯胺

步骤四：浓度计算

根据吸光度读数从标准曲线查出①②③④的氯浓度，计算水中游离余氯及各类化合余氯的有效氯浓度，单位毫克每升(mg/L)

图 4.1　*N*,*N*-二乙基-1,4-苯二胺(DPD)法流程图

值得注意的是，DPD 法可能受水中氧化锰和六价铬的干扰，需通过向水中加入亚砷酸钠(或硫代乙酰胺)进行校正。此外，随着检测方法和仪器不断改进，相较 GB/T 5750《生活饮用水标准检验方法》中所描述的方法，目前已建立了多种基于 DPD 反应原理的痕量、迅速、便携、可连续的余氯测定方法。

4.5.5 余氯研究案例

针对水中余氯的毒性问题,以天津一汽丰田汽车公司(Tianjin FAW Toyota Motor Co.,Ltd.)泰达工厂(简称 TFTM2#,3#)和天津丰津汽车传动部件公司(Tianjin Fengjin Auto Parts Co.,Ltd.,简称 TFAP)为例,对其循环水中余氯的毒性进行了研究。循环水的水质特征见表 4.7,其余氯及溞类毒性的测定结果如图 4.2 所示。

表 4.7 循环水的水质特征

水样	pH 值	COD(mg/L)	NH_3-N(mg/L)	TOC(mg/L)	TN(mg/L)	TP(mg/L)
TFTM2#,3#	7.2	32.1	0.0	12.13	25.61	0.74
TFAP	7.5	35.5	0.0	9.46	39.39	0.01

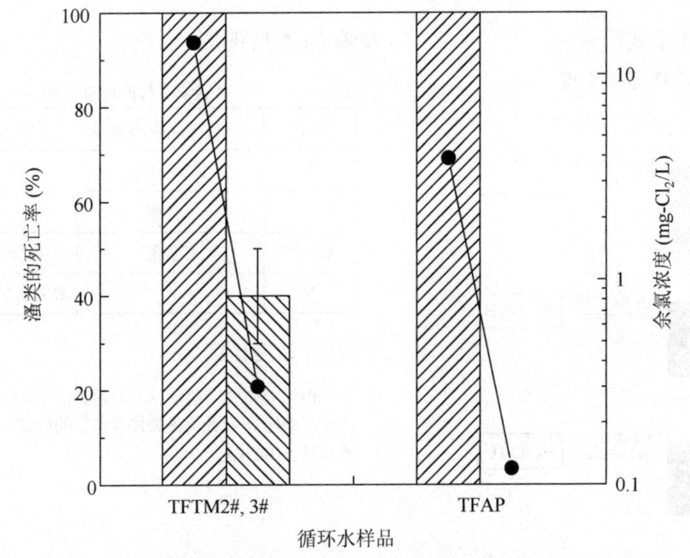

图 4.2 循环水中余氯及毒性分析

结果表明,循环水中余氯的浓度为 4～15 mg/L,具有显著毒性。使用 Na_2SO_3 脱氯后,水中余氯和毒性均降低。

投加不同剂量 Na_2SO_3 对循环水样(TFTM2#,3#;TFAP)进行脱氯,考察不同剂量的脱氯效果,结果如图 4.3 和图 4.4 所示。

结果表明,循环水中余氯含量为 5.5～13.5 mg/L,并具有显著的毒性。脱氯后,余氯和毒性均明显降低。对于循环水(TFTM2#,3#),当投加 Na_2SO_3/余氯

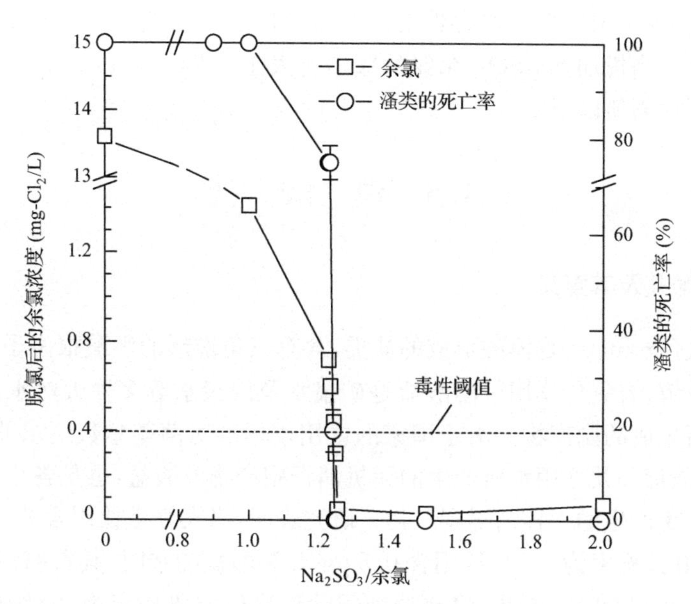

图 4.3　投加不同剂量的 Na_2SO_3 对循环水(TFTM2＃,3＃)中余氯及毒性的影响

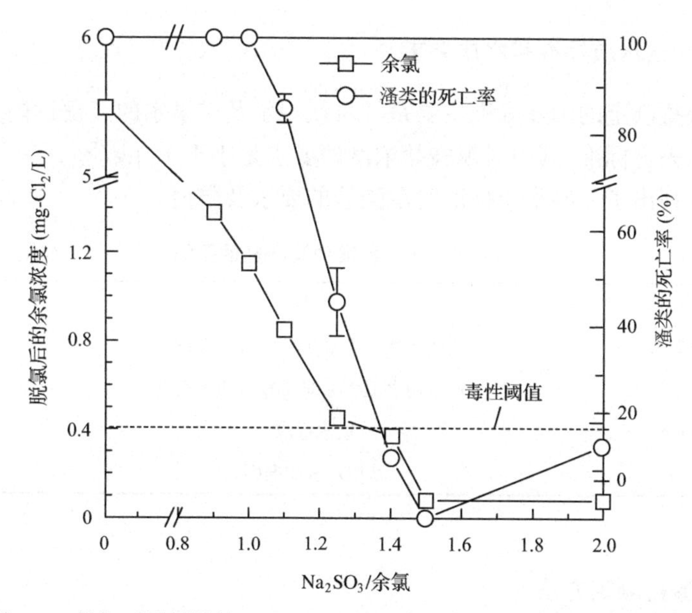

图 4.4　投加不同剂量的 Na_2SO_3 对循环水(TFAP)中余氯及毒性的影响

(摩尔比)为 1.24 时,循环水中的余氯可降至 0.44 mg-Cl_2/L,且毒性也降低到毒性阈值以下。对于循环水(TFAP),当 Na_2SO_3/余氯(摩尔比)为 1.4 时,循环水中的余氯可降至 0.37 mg-Cl_2/L,且毒性也有所降低并低于毒性阈值。

因此，余氯是诱导循环水毒性的一个重要因素。投加 Na_2SO_3 可以去除水中余氯和毒性。当投加 Na_2SO_3/余氯的摩尔比大于 1.24～1.4 时，循环水中的毒性会降低到毒性阈值以下。

4.6 溴酸盐

4.6.1 溴酸盐及其意义

溴酸盐(bromate)是溴酸形成的盐类，含有三角锥形的溴酸根离子——BrO_3^-，受热后易分解，有氧化作用。溴酸盐是矿泉水及山泉水等多种天然水源在经过臭氧消毒后所生成的副产物。由于国家的饮用水标准对菌落总数要求非常严格，因此，用臭氧消毒公共饮用水所产生的无机消毒副产物溴酸盐，也是各个饮用水行业厂家不可避免产生的一种消毒副产物。研究表明，当人终生饮用含 5.0 μg/L 溴酸盐的水时，其致癌率为 10^{-4}；饮用含 0.5 μg/L 溴酸盐的水时，其致癌率为 10^{-5}(刘勇建和牟世芬，2002)。因此，溴酸盐被国际癌症研究机构定为 2B 级的潜在致癌物，检测分析饮用水中痕量溴酸盐是非常重要的。

4.6.2 溴酸盐水质标准和水质要求

对溴酸盐制定的国际标准主要是针对饮用水及矿泉水的。发达国家制定了一系列饮用水先进标准，其中对溴酸盐浓度的要求是小于 10 μg/kg。

表 4.8 列出了一些水质标准对溴酸盐的要求及限值。

表 4.8　水质标准中溴酸盐的限值　　(单位：mg/L)

国家/地区	标准	限值
中国	饮用天然矿泉水(GB 8537—2018)	0.01
中国	生活饮用水卫生标准(GB 5749—2022)	0.01
US EPA	饮水标准	0.01
WHO	饮用水水质准则	0.01

4.6.3 溴酸盐测定方法

溴酸盐的测定方法主要为离子色谱法，包括直接进样离子色谱法、柱后衍生离子色谱法及离子色谱-诱导耦合等离子体质谱联用技术。柱后衍生法灵敏度虽高，但装置及操作比较复杂，并且有些衍生试剂对人体有害，衍生条件难控制；而联用技术仪器设备昂贵，难以普及。

4.7 碘 化 物

4.7.1 碘化物及其意义

天然水中碘化物含量极微，一般每升仅含微克级的碘化物。成人每日生理需碘量在100～300 μg之间，来源于饮水和食物。当水中含碘量<10 μg/L或平均每人每日碘摄入量小于40 μg时，则会不同程度地出现地方性甲状腺肿。

4.7.2 碘化物测定方法

碘化物的测定一般采用催化还原法。催化还原法适用于测定饮用水、地下水和清洁地表水中的碘化物，其最低检出浓度为1 μg/L。

催化还原法原理：在酸性条件下，碘离子对亚砷酸与硫酸铈的氧化还原反应具有催化能力。在间隔一定时间后，加入硫酸亚铁铵以终止反应。残存的高铈离子与亚铁反应，成正比例地生成高铁离子，后者与硫氰酸钾生成稳定的红色络合物。

注意事项：

(1) 催化反应与温度、时间极为有关。故应严格按规定时间操作。在测定水样的同时，绘制校准曲线。

(2) 本法所绘制的校准曲线，碘离子浓度与测定吸光度成反比，但不呈直线关系，而是两端向上弯曲。

4.8 氟 化 物

4.8.1 氟化物及其意义

氟化物(fluoride)是指负价氟的有机或无机化合物。天然化合物有萤石(CaF_2)、氟磷灰石[$3Ca_3(PO_4)_2 \cdot CaF$]、冰晶石(Na_3AlF_6)、云母和电石等。氟化物的溶解度一般较高，20 ℃时，氟化钠的溶解度高达40 g/L，氟磷灰石为0.2～0.5 g/L，氟化钙的溶解度也达0.04 g/L。

氟广泛存在于自然界中，天然水体中一般均含有氟化物。通常天然水中氟含量为0.2～0.5 mg/L，地下水氟含量为微量至10 mg/L以上，流经含氟矿层的地下水氟含量可达2～5 mg/L或更高。氟广泛用作化工原料，天然水体中的氟化物主要来源于有色冶金、钢铁和铝加工、焦炭、玻璃、陶瓷、电子、电镀、化肥农药厂的污水和含氟矿物污水的排放。

氟是人体必需的微量元素之一，对牙齿和骨骼的形成和结构均有重要作用，氟缺乏或过多均可产生不良影响。成人每天需摄入 2～3 mg 氟，其中 50%通过饮水摄入，为保证人群的氟摄入，供水工程常要进行加氟或脱氟处理，因而氟化物是饮用水水质理化检验中经常需进行的检验项目之一。

我国饮用水中适宜的氟化物浓度为 0.5～1.0 mg/L。若饮用水中氟化物含量过低，人体摄入不足，可诱发龋齿，特别是婴幼儿；但过量摄入则会发生氟斑牙，当水中含氟化物量高于 4 mg/L 时，可导致氟骨病(Levy and Leclerc, 2012)。一般认为，饮用水氟化物的适宜含量为 0.5～1.0 mg/L，在我国生活饮用水的卫生标准只规定了氟化物的上限值，即不超过 1.0 mg/L。

4.8.2 氟化物水质标准和水质要求

表 4.9 列出了一些水质标准对氟化物的要求及限值。

表 4.9 水质标准对氟化物的要求及限值 (单位: mg/L)

国家/地区	标准	类别	限值
中国	生活饮用水卫生标准(GB 5749—2022)		1.0
	地表水质量标准(GB 3838—2002)	Ⅰ类	1.0
		Ⅱ类	1.0
		Ⅲ类	1.0
		Ⅳ类	1.5
		Ⅴ类	1.5
	地下水质量标准(GB/T 14848—2017)	Ⅰ类	≤1.0
		Ⅱ类	≤1.0
		Ⅲ类	≤1.0
		Ⅳ类	≤2.0
		Ⅴ类	>2.0
	农田灌溉水质标准(GB 5084—2021)	高氟区	2.0
		一般地区	3.0
	城市污水再生利用 地下水回灌水质(GB/T 19772—2005)		1.0
美国	饮用水水质标准	二级饮用水标准	2.0
欧盟	饮用水水质指令(93/83/EC)		1.5

4.8.3 氟化物测定方法

水中氟化物的测定方法有离子色谱法、氟离子选择电极法、氟试剂分光光度法、茜素磺酸锆目视比色法、硝酸钍滴定法。测定方法比较见表 4.10。

表 4.10　氟化物测定方法比较

测定方法	检出限 (mg/L)	测定上限 (mg/L)	特点	适用范围
离子色谱法	0.06	10	简便、快速、干扰少	适用于测定饮用水、地表水、地下水、降水、生活污水和工业污水
氟离子选择电极法	0.05	1900	选择性好、适用范围宽	适用于测定地表水、地下水和工业污水
氟试剂分光光度法	0.05	1.8	适于测定含氟较低样品	适用于测定地表水、地下水和工业污水
茜素磺酸锆目视比色法	0.1	2.5	目视比色，误差较大	适用于测定饮用水、地表水、地下水和工业污水
硝酸钍滴定法			适于测定含氟较高样品	适用于测定氟含量大于 50 mg/L 的工业污水

测定氟化物必须用聚乙烯瓶采集和储存水样。对于污染严重的生活污水和工业污水，以及含氟硼酸盐的水样均要进行预蒸馏。

4.9　氰　化　物

4.9.1　氰化物及其意义

氰化物(cyanide)是指带有氰离子(CN^-)或氰基(—CN)的化合物。氰化物属于剧毒物，其毒性大小主要取决于氰基的含量。

氰化物可分为简单氰化物、络合氰化物和有机腈。简单氰化物包括氰氢酸及其钾、钠、铵盐，易溶于水，在生物体内易游离出氰基，毒性大(Ma and Dasgupta, 2010)。络合氰化物在水体中的稳定性各不相同，受 pH 值、水温和光照等影响，在一定条件下可解离为毒性强的简单氰化物。有机腈如丙烯腈、乙腈等，可溶于水，与酸碱共沸时可水解生成相应的羧酸和氨。丙烯腈与氧化剂共存时，经紫外线照射一定时间，几乎全部转化成游离氰基，因此毒性也较大。

游离氰化物在水体中以 HCN 和 CN^- 形式存在，HCN 与 CN^- 的分配与水体的 pH 值有关，pH 值越低，以 HCN 形式存在的氰化物就越多；pH 值越高，以 CN^- 形式存在的氰化物就越多。

天然水中一般不含氰化物，地表水中的氰化物主要来自于含氰工业污水的排放，如电镀、金属加工、冶金、焦化、煤气、制革、化纤、塑料、农药等含氰工业污水。电镀污水含氰量较高，如一般混合污水含氰量为10～40 mg/L，工件洗涤水含氰量为15～20 mg/L，镀铬污水约60 mg/L，镀锌污水约100 mg/L，镀镉污水约120 mg/L。

对于高浓度含氰污水，必须采取改革工艺、综合利用和处理措施，确保安全。我国电镀行业普遍推广了铵盐镀锌、焦磷酸盐镀铜等新工艺，大大减少了含氰污水的排放。还可将含氰污水综合利用制造黄血盐（亚铁氰化钾），既回收了资源，又减少了危害。

4.9.2 氰化物水质标准和水质要求

表4.11列出了一些水质标准对氰化物的要求及限值。

表4.11 水质标准对氰化物的要求及限值 （单位：mg/L）

国家/地区	标准	类别	限值
中国	生活饮用水卫生标准（GB 5749—2022）		0.05
	地表水质量标准（GB 3838—2002）	Ⅰ类	0.005
		Ⅱ类	0.05
		Ⅲ类	0.2
		Ⅳ类	0.2
		Ⅴ类	0.2
	地下水质量标准（GB/T 14848—2017）	Ⅰ类	≤0.001
		Ⅱ类	≤0.01
		Ⅲ类	≤0.05
		Ⅳ类	≤0.1
		Ⅴ类	>0.1
	农田灌溉水质标准（GB 5084—2021）		0.5
	城市污水再生利用 地下水回灌水质（GB/T 19772—2005）	地下水回灌	0.05
	城镇污水处理厂污染物排放标准（GB 18918—2002）	选择控制项目最高允许排放浓度（日均值）	0.5
美国	饮用水水质标准	一级饮用水标准	0.2
欧盟	饮用水水质指令（93/83/EC）		0.05
日本	生活饮用水水质标准		0.001

4.9.3　氰化物测定方法

水中氰化物的测定方法通常有硝酸银滴定法、异烟酸-吡唑啉酮分光光度法、异烟酸-巴比妥酸分光光度法、吡啶-巴比妥酸分光光度法和离子选择电极法(HJ 484—2009)。

测定水样时方法的选择主要取决于水样中氰化物的含量。当氰化物含量大于1 mg/L 时,可用硝酸银滴定法进行测定;氰化物含量小于 1 mg/L 时,应采用光度法测定,常用的光度法为异烟酸-吡唑啉酮法和吡啶-巴比妥酸法。由于吡啶本身的恶臭气味对人的神经系统产生影响,目前也较少使用。离子选择性电极法灵敏度较低,达不到地面水的卫生要求,仅用于含氰污水的监测。几种测定方法比较见表 4.12。

表 4.12　氰化物测定方法比较

测定方法	检出限(mg/L)	测定上限(mg/L)	特点	适用范围
硝酸银滴定法	0.25	100	可测高浓度氰化物	适用于测定受污染的地表水、生活污水和工业污水
异烟酸-吡唑啉酮分光光度法	0.004	0.25	—	适用于测定地表水、生活污水和工业污水
异烟酸-巴比妥酸分光光度法	0.001	0.45	灵敏度高	适用于测定饮用水、地表水、生活污水和工业污水
吡啶-巴比妥酸分光光度法	0.002	0.45	—	适用于测定饮用水、地表水、生活污水和工业污水
离子选择电极法	—	—	测定范围宽	适用于测定工业污水

参 考 文 献

董德明，康春莉，花修艺. 2010. 环境化学. 北京：北京大学出版社.

国家环境保护总局,《水和废水监测分析方法》编委会. 2002. 水和废水监测分析方法. 第 4 版. 北京:中国环境科学出版社.

刘勇建，牟世芬. 2002. 离子色谱法在测定饮用水中痕量溴酸盐标准方法中的应用. 环境化学，21(2)：203～204.

Cao K F, Chen Z, Wu Y H, et al. 2022. The noteworthy chloride ions in reclaimed water: Harmful effects, concentration levels and control strategies. Water Research, 215: 118271.

Chuang Y H, Wang G S, Tung H H. 2011. Chlorine residuals and haloacetic acid reduction in rapid sand filtration. Chemosphere, 85(7): 1146～1153.

Levy M, Leclerc B S. 2012. Fluoride in drinking water and osteosarcoma incidence rates in the continental united states among children and adolescents. Cancer Epidemiology，36(2)：e83～e88.

Ma J，Dasgupta P K. 2010. Recent developments in cyanide detection：A review. Analytica Chimica Acta，673(2)：117～125.

Popek E P. 2003. Sampling and Analysis of Environmental Chemical Pollutants：A Complete Guide. Amsterdam：Academic Press.

Tchobanoglous G，Burton F L，Stensel H D. 2014. Wastewater engineering treatment and reuse，5th edition. Wakefield，MA：Metcalf & Eddy，Inc.

Warton B，Heitz A，Joll C，et al. 2006. A new method for calculation of the cholorine demand of natural and treated waters. Water Research，40(15)：2877～2884.

第 5 章　氮及其研究方法

5.1　氮元素及其意义

5.1.1　氮的基本概念及其在水中的形态

氮元素(N)是生命活动所需的基本营养元素，也是引发水体富营养化的关键要素之一。水中的氮元素形态可以从化学及物理两个角度进行分类。从化学角度，水中氮元素形态主要分为有机氮与无机氮(图 5.1)，各种形态氮的总和为总氮(total nitrogen，TN)。

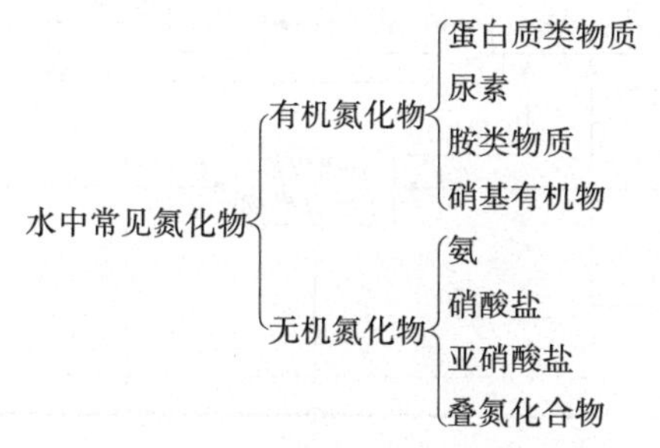

图 5.1　水中氮元素化学形态分类

从物理角度，水中氮元素形态又可以分为溶解态氮(dissolved nitrogen，DN)和颗粒态氮(particulate nitrogen，PN)。溶解态氮是以溶解态形式存在于水中的氮元素，通常是指水样过 0.45 μm 滤膜后测定得到的氮元素含量。颗粒态氮则指以颗粒物的形式存在于水中的氮元素，一般采用未过滤水样和过滤后水样中氮元素的差值进行计算。

水中氮元素浓度及形态组成随着水的种类不同而变化。从化学形态的角度来看，新鲜生活污水中有机氮如尿素等通常约占 60%，无机氮(以氨氮为主)约占 40%。工业污水中氮元素浓度及形态随着工业种类变化，如合成氨工业污水总氮浓度可达 90～120 mg/L，无机氮比例约为 90%，有机氮比例为 10%。有机胺污水中总氮浓度能超过 1000 mg/L，其中有机氮比例为 54%，无机氮比例为 46%。湖泊、河流等天然水体的总氮浓度为 1～25 mg/L，主要为无机氮。从物理形态的角度来看，水中颗粒态氮及溶解性氮的比例同样也随水的种类变化而变化，生活污水所含氮元素中颗粒态氮的比例可高达 54.0%～60.1%，溶解态氮比例为 46.0%～

39.9%，部分清洁的地表水中氮的形态则主要以溶解态氮为主。

5.1.2　水中氮的迁移转化

在自然水体中，不同形态的氮元素可在一定环境条件下进行迁移转化，如图 5.2所示。自然水体中的各种无机氮，包括来源于地表水、大气中的氨氮和硝酸盐等，在不同的溶解氧条件下，可经微生物作用发生硝化、反硝化或厌氧氨氧化反应，互相转化。三种过程均以亚硝酸盐为中间体。各式溶解态无机氮、部分有机氮以及大气中的氮气能被水中特定生物同化吸收，随生物代谢过程又以有机氮、氨氮或气体(N_2、N_2O)形式返回环境。

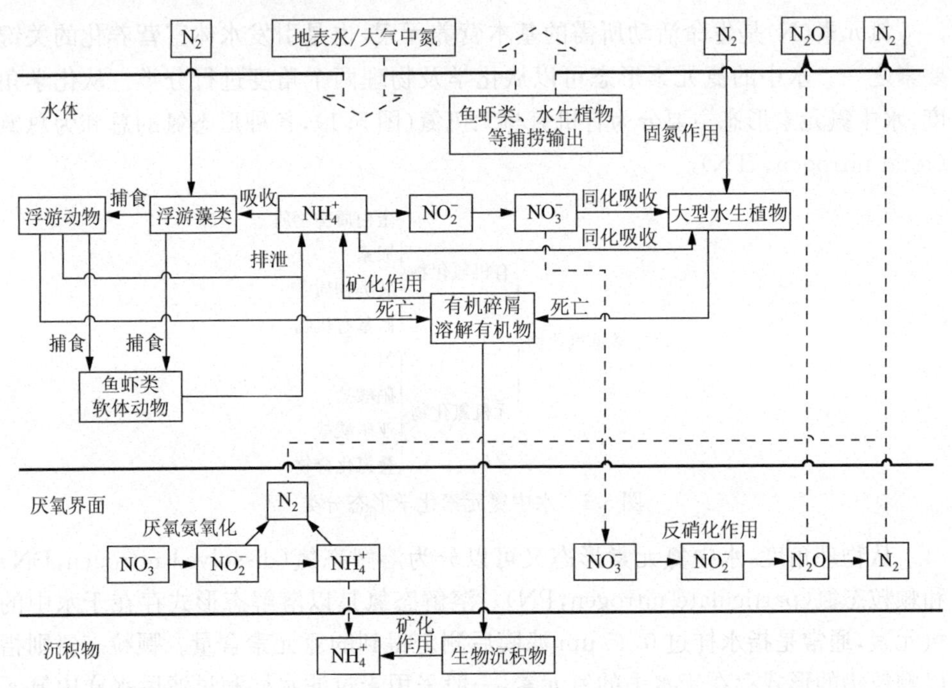

图 5.2　自然水体中氮元素的生物地球化学循环示意图(曾巾 等,2007)

水中各种有机氮和氨氮通过扩散和沉降进入沉积物，成为水体中的内源氮。在沉积物中，有机氮一部分被重新矿化为氨氮，另一部分仍为有机氮。因此，水中氮的迁移转化是相互影响、相互关联的一系列生物化学过程的集合。

5.1.3　氮相关的研究方向

与氮相关的研究方向主要包括：①各种形态氮的分析、监测(在线)方法；②总氮、各种氮化物的浓度及存在的比例；③天然水体中氮的转化机制与关键影响因素、过程；④各种氮化物的生物毒性和生态风险；⑤氮化物的水质标准(环境标准、排放标准、工业用水标准)；⑥总氮、氮化物去除方法；⑦氮化物对化学氧化过程的影响；⑧氮化物对生物过程的影响等。

5.2 总　氮

5.2.1 总氮定义及其意义

总氮(total nitrogen, TN)是水中所含有机氮和无机氮的总和，是衡量水环境质量的重要指标之一。自然水体中的总氮含量会随污水排入而升高，使水草、微藻等大量繁殖，迅速消耗水中溶解氧，导致水质恶化。

5.2.2 总氮水质标准和水质要求

为防止水体富营养化，各种水环境质量标准都对总氮浓度有严格要求。常用水质标准中对总氮浓度的要求见表5.1。

表5.1　常用水质标准中总氮浓度的限值(以N计)

标准	类别	限值(mg/L)
地表水环境质量标准(GB 3838—2002)	Ⅰ类	0.2(湖、库)
	Ⅱ类	0.5(湖、库)
	Ⅲ类	1.0(湖、库)
	Ⅳ类	1.5(湖、库)
	Ⅴ类	2.0(湖、库)
城镇污水处理厂污染物排放标准(GB 18918—2002)	一级A	15
	一级B	20

关于水体富营养化的判断依据，还没有形成统一的标准。目前一般认为，水体中的总氮浓度超过0.2～0.3 mg/L时，可认为已达到富营养化水平(顾夏声 等，2011)。

5.2.3 生活污水中的总氮浓度水平

生活污水是水中总氮的重要来源，孙艳等(2014)以重庆市57座污水处理厂进水实际运行数据为基础，对2012年进厂原水水质指标监测数据进行了系统分析，结果如图5.3和图5.4所示。从图5.3可以看出，99% TN浓度分布在10～80 mg/L，中间值分布在37～46 mg/L。从图5.4可以看出，进水TN平均值为41.8 mg/L，中间值为40.3 mg/L。

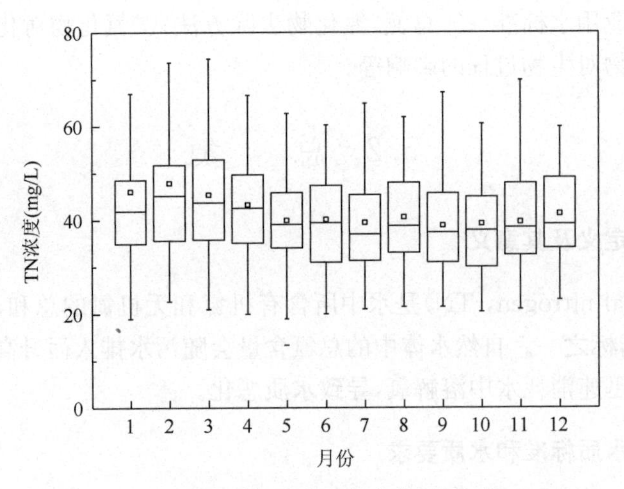

图 5.3 生活污水总氮浓度季节变化(孙艳 等,2014)

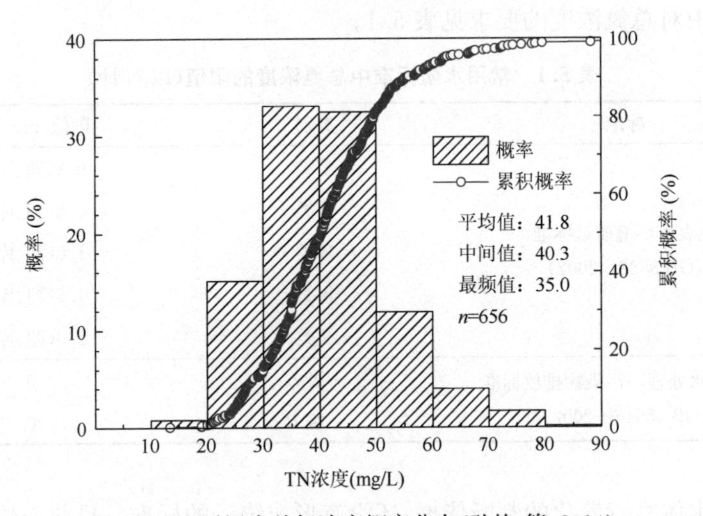

图 5.4 生活污水总氮浓度概率分布(孙艳 等,2014)

5.2.4 总氮测定方法

过硫酸钾消解法测定总氮通常分两个步骤进行,首先用过硫酸钾在 120～124 ℃下将有机氮和亚硝氮氧化为硝酸盐氮,然后再通过测定消解后溶液中的硝酸盐含量得到总氮含量。该法消解流程相对比较简单,但是消解前需要将水样调节至中性,并且消解过程需要高压操作(采用高压蒸汽消毒器,压力为 1～1.5 kg/cm^2)(国家环境保护总局和《水和废水监测分析方法》编委会,2002)。硝酸盐氮的测定通常有紫外法、偶氮比色法、离子色谱法、离子电极法及气相分子吸收法等。

除常规的过硫酸钾消解法外，也可用总氮测定仪以燃烧法测定总氮浓度，在720℃下将各种形态的化合氮统一转化为激发态的 NO_2，通过检测其返回基态时的发射光计算样品中的总氮浓度。与常规方法相比，该方法更为简便，但是样品中氮的存在状态对结果影响很大，一般硝酸盐氮、亚硝酸盐氮、氨氮和有机氮的大部分呈现高检出率，但是如肼类、叠氮化合物等检出率偏低。

过硫酸钾消解法和燃烧法均适用于对湖泊、水库、江河水样中总氮的测定。

5.3 凯 氏 氮

5.3.1 凯氏氮定义及其意义

凯氏氮是指以基耶达(Kjeldahl)法测得的含氮量。它包括氨氮和在测定条件下能转化为铵盐而被测定的有机氮化合物。有机氮化合物主要是指蛋白质、氨基酸、核酸、尿素及大量合成的、氮为负三价态的有机氮化合物，但不包括叠氮化合物、联氮、偶氮、腙、硝酸盐、亚硝酸盐、腈、硝基、亚硝基、腙和半卡巴腙类的含氮化合物。在水处理领域，一般认为总氮＝凯氏氮＋硝氮＋亚硝氮，凯氏氮＝有机氮＋氨氮。凯氏氮能够较好地表征含有较高氨氮及有机氮水样的氮含量，可以体现水体的受污染状况，评价湖泊和水库的富营养化水平。

5.3.2 凯氏氮水质标准和水质要求

我国现行的《地表水环境质量标准》(GB 3838—2002)、《城镇污水处理厂污染物排放标准》(GB 18918—2002)和《地下水质量标准》(GB/T 14848—2017)均未列入凯氏氮指标。

5.3.3 测定方法

水中凯氏氮测定的标准方法详见《水质-凯氏氮的测定》(GB 11891—89)，此标准参照采用国际标准 ISO 5663—1984《水质-凯氏氮的测定-硒催化矿化法》。

凯氏氮的测定一般分为两个步骤，首先是通过加入硫酸加热消解使游离氨和铵盐及有机物中的胺转变为硫酸氢铵，然后通过测定消解液中铵盐的浓度得出水样中凯氏氮的浓度。

5.4 有 机 氮

5.4.1 有机氮定义及其意义

有机氮主要是指蛋白质、氨基酸、核酸、尿素以及大量合成的、氮为负三价态的有机氮化合物。

自然水体中有12%～72%的溶解性有机氮能迅速被生物利用，而浮游植物吸收的无机氮中有25%～41%作为分泌物以有机氮的形式释放。在局部水体中，有机氮甚至有可能成为营养物质氮的主要组分。

5.4.2 有机氮水质标准和水质要求

水中的有机氮浓度无法直接测得，通常是通过凯氏氮浓度减去氨氮浓度得到。国家地表水环境标准、城镇污水处理厂污染物排放标准、城市污水再生利用工业用水水质标准均未对有机氮指标进行规定。

5.4.3 城市污水厂出水中的有机氮

城市污水厂出水中的有机氮化物包括蛋白质、氨基酸、尿素、有机胺（甲胺、二甲胺、三甲胺等）、人工合成螯合剂（乙二胺四乙酸、氨三乙酸等）和含氮药物等。与地表水相比，城市污水厂出水中具有较高浓度的有机氮，其浓度主要分布在1～2 mg-N/L（图5.5）（Czerwionka et al.，2012）

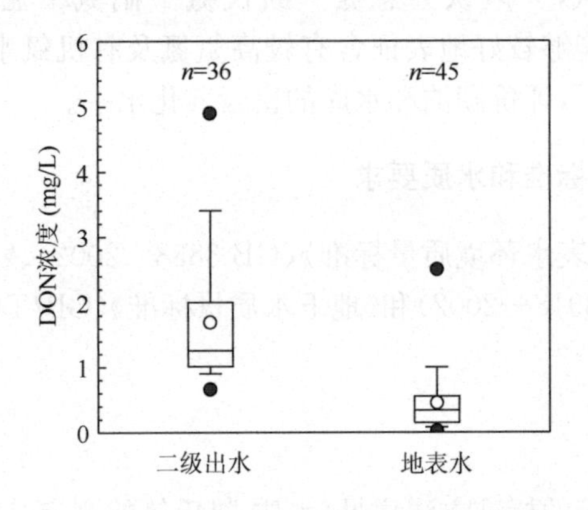

图5.5　城市污水厂出水和地表水中的溶解性有机氮（DON）浓度分布

5.5 氨　　氮

5.5.1 氨氮定义及其意义

氨氮（NH_3-N）以游离氨（NH_3）或铵盐（NH_4^+）形式存在于水中，两者的组成比取决于水的pH值和水温。当pH值偏高时，游离氨的比例较高。反之，则铵盐的比例高。水温的影响规律则相反。游离氨（NH_3）在水中的摩尔比例与pH值、温度的关系(式5.1和式5.2)如图5.6所示(元山裕孝 等,1998)。

$$NH_3(\%)=100\{1-1(1+10^{(pH-pK_a)})^{-1}\} \tag{5.1}$$

$$pK_a=2835.76T^{-1}-0.6322+0.001225T \tag{5.2}$$

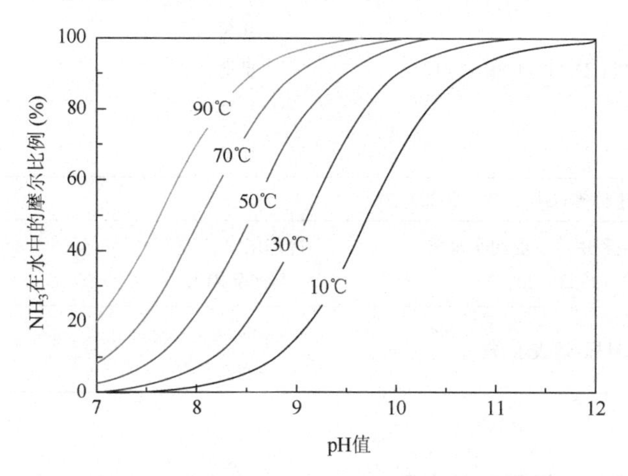

图5.6　游离氨(NH_3)在水中的摩尔比例图

水中氨氮的来源主要为生活污水中含氮有机物的微生物分解产物,某些工业污水(如焦化污水和合成氨化肥厂污水等)和农田污水中含有高浓度氨氮,也是水中氨氮的重要来源。在无氧环境中,水中存在的亚硝酸盐也可通过微生物作用,还原为氨。在有氧环境中,水中氨也可转变为亚硝酸盐和硝酸盐。测定水中各种形态的氮化合物有助于评价水体被污染和"自净"状况。

5.5.2　氨氮水质标准和水质要求

表5.2列出了一些水质标准对氨氮浓度的要求与限值。

表5.2　水质标准中氨氮浓度的限值(以N计)

标准	类别	限值(mg/L)
地表水环境质量标准(GB 3838—2002)	Ⅰ类	0.15
	Ⅱ类	0.5
	Ⅲ类	1
	Ⅳ类	1.5
	Ⅴ类	2.0
城镇污水处理厂污染物排放标准(GB 18918—2002)	一级A	5
	一级B	8
	二级	25

续表

标准	类别	限值(mg/L)
地下水质量标准(GB/T 14848—2017)	Ⅰ类	≤0.02
	Ⅱ类	≤0.50
	Ⅲ类	≤0.10
	Ⅳ类	≤1.50
	Ⅴ类	>1.50
生活饮用水卫生标准(GB 5749—2022)		0.5
城市污水再生利用 工业用水水质(GB/T 19923—2005)	冷却用水、工艺与产品用水	10
欧盟环境目标(地表水)规范	优	0.040
	良	0.065

5.5.3 生活污水的氨氮浓度水平

生活污水中 NH_3-N 浓度的分布情况如图 5.7、图 5.8 所示(孙艳 等,2014)。由图 5.7 可知,99% NH_3-N 浓度分布在 5～70 mg/L;2～4 月 NH_3-N 浓度较高,5～12 月浓度略低,随季节变化浓度无显著差别。生活污水 NH_3-N 平均值为 30.3 mg/L,中间值为 28.6 mg/L。由图 5.8 可以看出,概率分布较高的浓度范围在 15～45 mg/L,其累积概率为 86.7%,达到累积频率 95%时,NH_3-N 浓度为 50.4 mg/L。

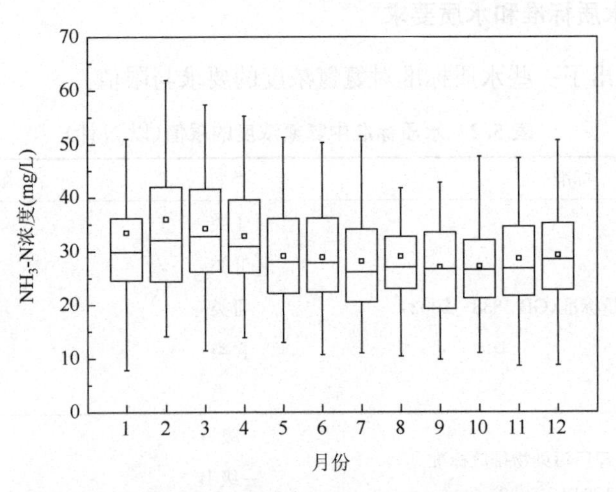

图 5.7 生活污水中氨氮浓度季节变化(孙艳 等,2014)

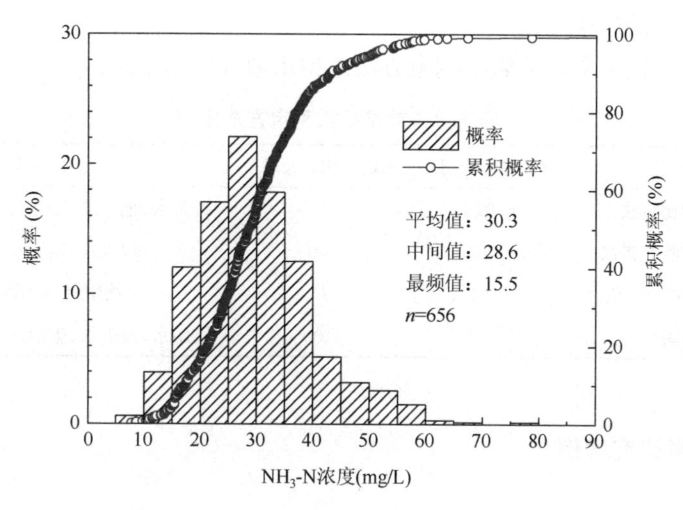

图 5.8　生活污水中氨氮浓度概率分布（孙艳 等，2014）

5.5.4　氨氮测定方法

氨氮的测定方法通常有纳氏试剂比色法、气相分子吸收光谱法、苯酚-次氯酸盐（或水杨酸-次氯酸盐）比色法和电极法等（国家环境保护总局和《水和废水监测分析方法》编委会，2002）。

纳氏试剂比色法是用碘化汞和碘化钾的碱性溶液与氨反应生成淡红棕色胶态化合物，吸收峰在 410～425 nm 波长范围内。纳氏试剂比色法操作简便、灵敏，是目前最为常用的氨氮检测方法，但纳氏试剂含剧毒氯化汞，在测定时应注意自身防护。此外，水中钙、镁、铁等金属离子、硫化物、醛和酮类，以及水样本身的色度和浊度都会干扰测定，需通过相应的预处理操作减少误差。

气相分子吸收光谱法是在水样中加入次溴酸钠氧化剂，将氨及铵盐氧化成亚硝酸盐，然后按亚硝酸盐氮的气相分子吸收光谱法测定水样中的氨氮含量。

水杨酸-次氯酸盐比色法是在亚硝基铁氰化钠存在下，铵与水杨酸盐和次氯酸离子反应生成蓝色化合物，在波长 697 nm 处具有最大吸收。可加酒石酸钾钠掩蔽钙、镁等阳离子的干扰。

电极法是利用氨气敏电极测定 NH_3 的一种方法。测定时，将水样 pH 值调到 11 以上。此时水样中的铵盐转化为氨，生成的氨由于扩散作用通过半透膜（水和其他离子不能通过），在氯化铵电解质液膜层内与氢离子反应生成 NH_4^+，使得 H^+ 浓度改变，由 pH 玻璃电极检测 H^+ 浓度的变化，经计算得到样品中氨氮的含量。采用电极法测定氨氮操作简便，不受色度和浊度的影响，通常不需要对水样进行预处理，可用于测定饮用水、地表水、生活污水及工业污水中氨氮的含量，但在电极寿命和重现性方面尚存问题。

表 5.3 对比了常用的氨氮测定方法的检出限和应用范围。

表 5.3　常见氨氮测定方法比较

测定方法	检出限(mg/L)	测定上限(mg/L)	应用范围
纳氏试剂比色法	0.025	2	地表水、地下水、工业污水和生活污水
气相分子吸收光谱法	0.020	100	地表水、地下水、海水
水杨酸-次氯酸盐比色法	0.01	1	饮用水、生活污水
电极法	0.03	1400	饮用水、地表水、生活污水及工业污水

5.5.5　氨氮研究案例

1. 氨的生物毒性

刘瑶瑶等(2015)收集、分析了游离氨对鱼类及水生无脊椎动物的半致死浓度(96 h)数据,其半致死浓度累积概率分布如图 5.9 所示。虹鳟幼鱼对游离氨最敏感,其半致死浓度为 0.081 mg/L(96 h);其次是鲤鱼、大西洋鲑、胡子鲶,半致死浓度分别为 0.1 mg/L、0.28 mg/L、0.28 mg/L。133 个水生生物的游离氨半致死浓度平均值是 1.76 mg/L,中位值是 1.45 mg/L。

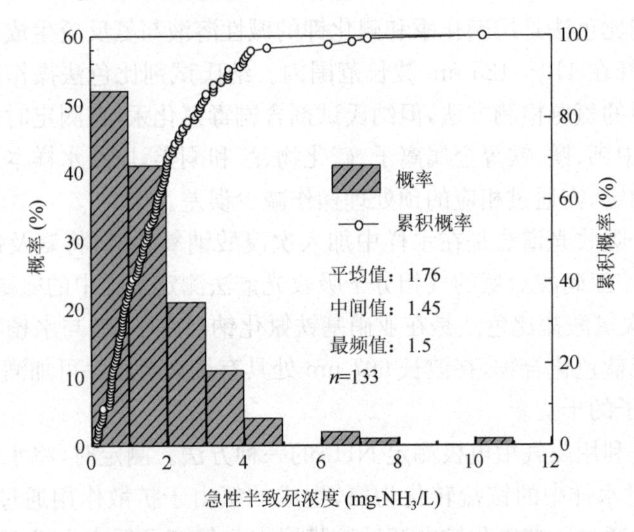

图 5.9　游离氨对鱼及水生无脊椎动物的半致死浓度分布

由已知的 133 个水生生物半致死浓度值计算 44 个属的属急性毒性值,鱼类及水生无脊椎动物分布如图 5.10 所示。游离氨属急性毒性值的平均值和中位值是

1.27 mg/L，累积概率为 5%的值是 0.1 mg/L。

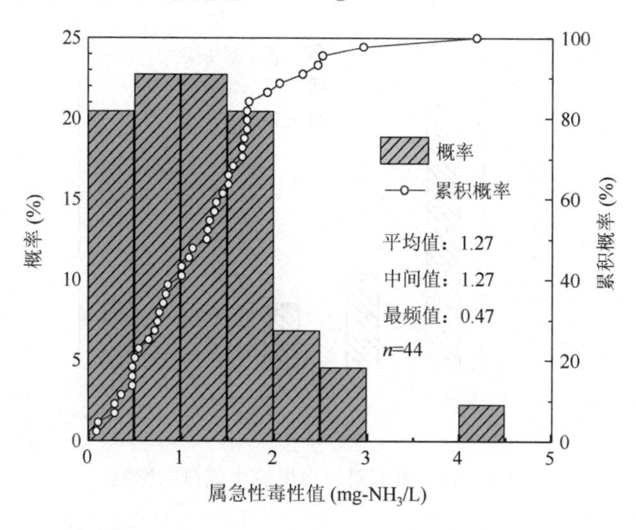

图 5.10　游离氨对鱼及水生无脊椎动物的属急性毒性半致死浓度分布

同时考虑鱼类与水生无脊椎动物情况下的基准最大浓度（criterion maximum concentration，CMC）见表 5.4。由于物种数量为 44，选取属急性毒性值最低的四个属：虹鳟幼鱼（*Salmo gairdneri*）、鲤鱼（*Cyprinus carpio*）、大西洋鲑（*Salmo salar*）和胡子鲶（*Clarias batrachus*），则最终急性毒性值（final acute value，FAV）为 0.19 mg/L，计算得到水体中游离氨的基准最大浓度为 0.093 mg/L。

表 5.4　考虑鱼类与水生无脊椎动物情况下的基准最大游离氨浓度

指标	最大浓度(mg/L)
虹鳟幼鱼(*Salmo gairdneri*)	0.081
鲤鱼(*Cyprinus carpio*)	0.1
大西洋鲑(*Salmo salar*)	0.28
胡子鲶(*Clarias batrachus*)	0.28
最终急性毒性值(final acute value，FAV)	0.19
基准最大浓度(criterion maximum concentration，CMC)	0.093

2. 氨氮对氯消毒副产物的影响

氨氮对氯消毒副产物的生成具有显著的影响。对污水氯消毒副产物的研究发现，三卤甲烷生成量随氨氮的增加而降低（图 5.11），卤乙酸生成量随氨氮的增加变化不大。

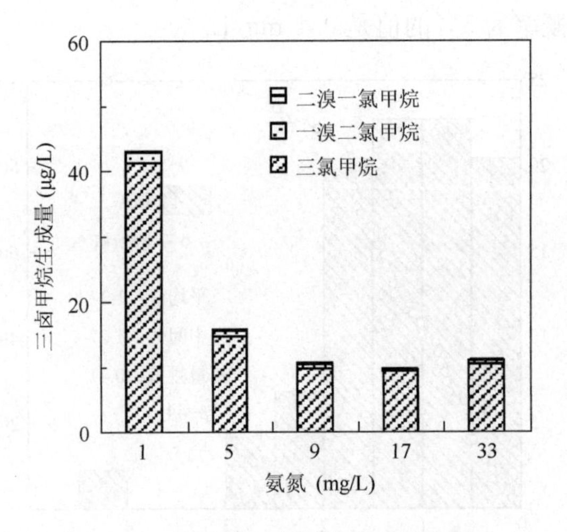

图 5.11　氨氮对三卤甲烷生成量的影响

王丽莎等(2007)研究了氨氮对污水(城市污水二级生物处理出水)氯消毒后生物毒性的影响。发光细菌急性毒性指标表明,氯消毒后污水的急性毒性增加,其增加量与氨氮浓度呈负相关关系,即氨氮可抑制发光细菌毒性的生成,氨氮浓度越高,氯消毒后的发光细菌毒性升高幅度减小(图 5.12)。

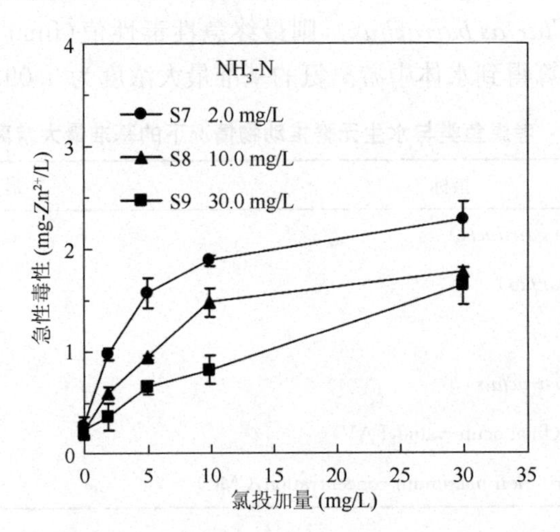

图 5.12　氨氮对污水氯消毒急性毒性变化的影响

氨氮对氯消毒过程中遗传毒性的影响规律较为复杂。王丽莎等(2007)的研究表明,当氨氮浓度较低时,氯消毒会降低城市污水二级生物出水的遗传毒性,但是氨氮浓度较高时,氯消毒会导致遗传毒性明显升高(图 5.13)。这主要是由于在高氨氮条件下会积累氯胺，疏水酸性物质(HOA)与氯胺反应产生了遗传毒性更高的消毒副产物。

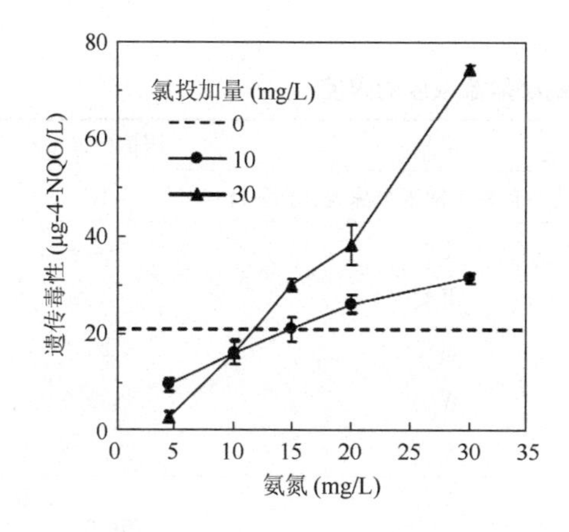

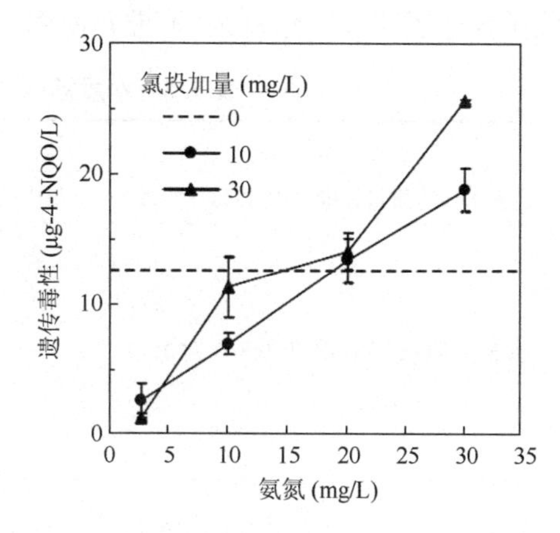

图 5.13　氨氮对污水氯消毒遗传毒性变化的影响

5.6　硝酸盐氮

5.6.1　硝酸盐氮的定义及其意义

水中的硝酸盐氮是在有氧环境下，亚硝氮、氨氮等各种形态的含氮化合物中最稳定的氮化物，亦是含氮有机物经无机化作用最终的分解产物。硝酸盐在无氧环境中亦可通过微生物的作用还原为亚硝酸盐。摄入硝酸盐后，经肠道中微生物转变成亚硝酸盐而出现毒性作用。水中硝酸盐氮含量达数十毫克/升时，可致婴儿中毒。

水中硝酸盐氮含量相差悬殊，从数十微克/升至数十毫克/升不等，清洁的地下水中含量较低，受污染的水体和一些深层地下水中含量较高。

5.6.2　硝酸盐氮水质标准和水质要求

表 5.5 列出了一些水质标准对硝酸盐氮浓度的要求与限值。

5.6.3　硝酸盐氮测定方法

水中硝酸盐氮的测定方法颇多，常用的有酚二磺酸光度法、离子选择电极法、气相色谱法、离子色谱法和紫外吸收法等。酚二磺酸光度法测量范围较宽，显色稳定。镉柱还原法适用于测定水中低含量的硝酸盐。戴氏合金还原法对严重污染并带有深色的水样最为适用。离子色谱法需有专用仪器,但可同时和其他阴离子联合测定。紫外吸收法和离子选择电极法常作为在线快速方法使用。镉柱还原法和戴氏合金还原法操作复杂,不推荐使用。

表 5.5 水质标准中硝酸盐氮浓度的限值

标准	类别	限值(mg/L)
地表水环境质量标准(GB 3838—2002)	集中式生活饮用水地表水源地补充项目	10
地下水质量标准(GB/T 14848—2017)	Ⅰ类	≤2.0
	Ⅱ类	≤5.0
	Ⅲ类	≤20.0
	Ⅳ类	≤30.0
	Ⅴ类	>30.0
生活饮用水卫生标准(GB 5749—2022)		10(20*)

* 小型集中式供水和分散式供水因水源与技术受限时,执行该限值

酚二磺酸光度法是使硝酸盐在无水情况下与酚二磺酸反应,生成硝基二磺酸酚,在碱性溶液中生成黄色化合物,于波长 410 nm 处比色进行定量测定。水中含氯化物、亚硝酸盐、铵盐、有机物和碳酸盐时,可产生干扰。含此类物质时,应作适当的预处理。

离子选择电极法是使待测溶液与离子选择性电极接触,测出溶液的电位,测定溶液中离子活度或浓度,该电极与参比电极间形成电动势,该电动势与待测溶液中硝酸盐的浓度关系符合能斯特方程。

气相色谱法是在 2.5～5 mol/L 盐酸介质中,于(70±2)℃下,用还原剂将水样中硝酸盐快速还原分解,生成一氧化氮气体,再用空气将其载入气相分子吸收仪的吸光管中,测定该气体对来自镉空心阴极灯在 214 nm 波长所产生的吸光度,由标准曲线测定水中的硝酸盐氮的含量。

紫外吸收法是利用硝酸根离子在 220 nm 波长处的吸收而定量测定硝酸盐氮。溶解的有机物在 220 nm 处也会有吸收,而硝酸根离子在 275 nm 处没有吸收,因此可再测定 275 nm 处的吸光度以作校正,以式(5.3)测出水样中硝酸盐含量。此方法可被有机物、亚硝酸盐、六价铬、溴化物和碳酸盐等物质干扰,因此仅适宜测定较清洁水样的硝酸盐含量。

$$A_{校} = A_{220} - 2A_{275} \tag{5.3}$$

式中,$A_{校}$为吸光度校正值;A_{220}为 220 nm 波长下的吸光度;A_{275}为 275 nm 波长下的吸光度。

表5.6对比了常见的硝酸盐氮测定方法。酚二磺酸光度法适用于测定饮用水、地下水和清洁地表水中的硝酸盐氮。离子选择电极法适用于地表水、饮用水、污水、电子、电镀、生化等一般工业污水中硝酸盐氮的测定。气相分子吸收光谱法适用于地表水、地下水、海水、饮用水和污水中硝酸盐氮的测定。紫外分光光度法适用于清洁地表水和未受明显污染的地下水中硝酸盐氮的测定。

表5.6　常见硝酸盐氮测定方法比较

测定方法	检出限(mg/L)	测定上限(mg/L)
酚二磺酸光度法	0.02	2.0
离子选择电极法	0.2	1000
气相色谱法	0.005	10
紫外吸收法	0.08	4
离子色谱法	0.1	—

5.7　亚硝酸盐氮

5.7.1　亚硝酸盐氮定义及其意义

亚硝酸盐是氮循环的中间产物，性质不稳定。根据水环境条件的不同，亚硝酸盐可氧化生成硝酸盐，也可还原为氨。

亚硝酸盐具有生物毒性，可使人体正常的血红蛋白(低铁血红蛋白)氧化成铁血红蛋白，发生高铁血红蛋白症，失去血红蛋白在体内输送氧的能力，出现组织缺氧症状。食入0.3～0.5 g的亚硝酸盐即可引起中毒甚至死亡。亚硝酸盐可与仲胺类反应生成具有致癌性的亚硝胺类物质，在pH值较低的酸性条件下，有利于亚硝胺类的生成。

5.7.2　亚硝酸盐氮水质标准和水质要求

表5.7列出了一些水质标准对亚硝酸盐氮浓度的要求与限值。

表5.7　水质标准中亚硝酸盐氮浓度的限值

标准	类别	限值(mg/L)
城市污水再生利用　地下水回灌水质(GB/T 19772—2005)	地下水回灌	0.02

续表

标准	类别	限值(mg/L)
地下水质量标准(GB/T 14848—2017)	Ⅰ类	≤0.01
	Ⅱ类	≤0.10
	Ⅲ类	≤1.00
	Ⅳ类	≤4.80
	Ⅴ类	>4.80
生活饮用水卫生标准(GB 5749—2022)		1

5.7.3 亚硝酸盐氮测定方法

水中亚硝酸盐的测定方法通常采用重氮-偶联反应,生成红紫色染料,最常用的包括对氨基磺酰胺、对氨基苯磺酸等重氮试剂和 *N*-(1-萘基)-乙二胺、*α*-萘胺等偶联试剂,这类方法灵敏选择性强。此外,还有离子色谱法和气相分子吸收光谱法,这些方法更加简便、快速,干扰较少。

N-(1-萘基)-乙二胺光度法是在磷酸介质中,在 pH 值为 1.8±0.3 时,亚硝酸盐与对氨基苯磺酰胺反应,生成重氮盐,载于 *N*-(1-萘基)-乙二胺偶联生成红色染料,在 540 nm 波长处有最大吸收。

气相色谱法是在 0.15～0.3 mol/L 柠檬酸介质中,加入无水乙醇将水样中亚硝酸盐迅速分解,生成二氧化氮气体,用空气载入气相分子吸收光谱仪的吸光管中,测定该气体对来自锌空心阴极灯 213.9 nm 波长产生的吸光度,以校准曲线法直接测定水样中亚硝酸盐氮的含量。

表 5.8 对比了常见的亚硝酸盐氮测定方法。离子色谱法可连续测定饮用水、地表水、地下水、雨水中的亚硝氮,且可联合测定其他阴离子。*N*-(1-萘基)-乙二胺光度法适用于饮用水、地表水、地下水、生活污水和工业污水中亚硝酸盐氮的测定。气相色谱法适用于地表水、地下水、海水、饮用水及某些污水中亚硝酸盐氮的测定。

表 5.8 常见亚硝酸盐氮测定方法比较

测定方法	检出限(mg/L)	测定上限(mg/L)
离子色谱法	0.1	—
N-(1-萘基)-乙二胺光度法	0.003	0.20
气相色谱法	0.0005	2000

5.8　氮元素典型研究案例

5.8.1　不同类型氮元素对栅藻生长的影响

微藻是一种生长速率快、收获时期短、油脂含量高的单细胞微生物，可用于生产生物柴油，是目前所知的具有代替化石能源潜力的原料。同时，微藻在生长过程中会大量吸收水中的氮磷元素，可作为污水处理厂三级处理单元深度净化污水。由于微藻具有以上两方面的优势，将微藻生物质生产与污水深度处理相耦合的工艺技术近年来引起了越来越多的关注。利用生活污水二级出水培养微藻，在深度脱氮除磷的同时，能够以污水为资源生产高价值生物质和生物能源，发展前景十分广阔。

氮是满足微藻生长所需的一种基本营养元素，对藻细胞生物量、生长速率、脱氮除磷效率及油脂积累特性等具有重要影响作用。一般认为，藻细胞优先利用水中的 NH_4^+-N 和其他还原态氮（马沛明 等，2005；Cromar et al.，1996；Hyenstrand et al.，2000），但二级出水中的氮一般以硝酸盐氮（NO_3^--N）为主，有时会有少量氨氮（NH_4^+-N）。

为考察不同类型氮元素对微藻生长的影响，李鑫（2011）以典型能源微藻栅藻 LX1 为例，研究了以硝酸盐、氨和尿素为氮源时，栅藻的生长和产油情况。栅藻 LX1 在 3 种不同形态氮源下的生长情况如图 5.14 所示。通过 Logistic 模型拟合，可以得到以硝酸盐氮、氨氮和尿素为氮源时，栅藻 LX1 的内禀增长速率分别为 0.54 d^{-1}、0.82 d^{-1}和 0.75 d^{-1}，表明当以氨氮为氮源时，栅藻 LX1 生长最快（也可从图 5.14中培养前 5 天的生长曲线看出）。然而，当栅藻 LX1 生长进入稳定期后，通过 Paired-Samples *t*-test 检验可知，以氨氮为氮源时栅藻 LX1 的藻密度显著低于以硝酸盐氮或尿素为氮源时的藻密度（$p<0.01$）。

培养基的初始 pH 值为 7.6。培养 13 天后，在以硝酸盐氮、氨氮和尿素为氮源的条件下，栅藻 LX1 藻液的 pH 值分别变为 10.5、5.0 和 9.0。一般而言，藻细胞光合作用会导致周围水体 pH 上升（Garcia et al.，2006）。然而，以氨氮为氮源时，藻液 pH 值反而呈下降趋势，这主要与藻细胞对氨氮利用过程中 H^+ 的释放有关。

$$NH_4^+ \rightleftharpoons NH_3 + H^+ \longrightarrow \text{org-N} + H^+ \tag{5.4}$$

当氨氮浓度超过 50 mg/L 时会抑制藻细胞生长（Ip et al.，1982）。上述研究中，氨氮初始浓度为 15 mg/L，远未达到对栅藻 LX1 生长产生抑制的浓度水平，因此栅藻 LX1 在培养前期生长最快而在稳定期藻密度最低的现象可能与藻液 pH 值下降至酸性范围有关。

为验证该推测，研究了不同初始 pH 值下栅藻 LX1 生长至稳定期的最大藻密

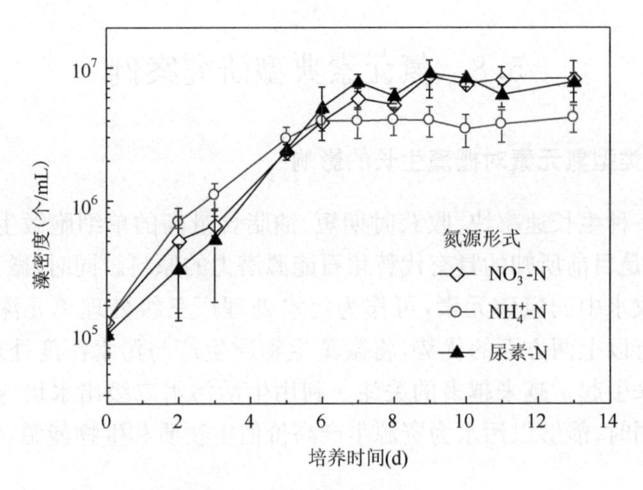

图 5.14　栅藻 LX1 在不同氮源培养基中的生长曲线(TN 15 mg/L,TP 1.3 mg/L)

度,如图 5.15 所示。可以看到,随着初始 pH 值从 10.3 下降至 3.9,栅藻 LX1 在稳定期的最大藻密度呈减小趋势。尤其当初始 pH 值低于 6 时,从稳定期最大藻密度的下降可以看出栅藻 LX1 生长受到了低 pH 值的显著抑制(Independent-Samples t-test 检验,$p<0.01$)。

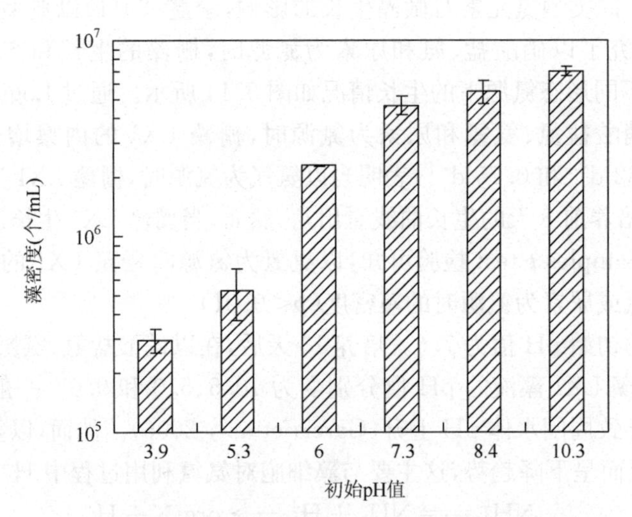

图 5.15　不同初始 pH 值条件下栅藻 LX1 生长进入稳定期的最大藻密度比较

TN 15 mg/L,TP 1.3 mg/L,分别以硝酸盐和正磷酸盐为氮源和磷源

由此可见,栅藻 LX1 在酸性范围内(pH<6)生长不好。因此以氨氮为氮源时,藻液 pH 值随着氨氮利用过程中 H^+ 的释放而下降至酸性(pH=5.0),是稳定期栅藻 LX1 藻密度较低的主要原因。

参考文献

顾夏声，胡洪营，文湘华，等. 2011. 水处理生物学. 第5版. 北京：中国建筑工业出版社.

国家环境保护总局，《水和废水监测分析方法》编委会. 2002. 水和废水监测分析方法. 第4版. 北京：中国环境科学出版社.

李鑫. 2011. 污水深度脱氮除磷与微藻生物能源生产耦合技术研究. 北京：清华大学博士学位论文.

刘瑶瑶，吴乾元，孙迎雪，等. 2015. 基于生态毒性的再生水补给河流氨氮控制目标研究. 安全与环境学报，15(1)：203～207.

马沛明，况琪军，刘国祥，等. 2005. 底栖藻类对氮、磷去除效果研究. 武汉植物学研究，23(5)：465～469.

孙艳，张逢，胡洪营，等. 2014. 重庆市污水处理厂进水水质特征分析. 环境科学与技术，37(6N)：397～402.

元山裕孝，土屋悦輝，中室克彦，等. 1998. 水のリスクマネジメント実験指針. 东京都：株式会社サイエンスフォーテム.

王丽莎. 2007. 氯和二氧化氯消毒对污水生物毒性的影响研究. 北京：清华大学博士学位论文.

曾巾，杨柳燕，肖琳，等. 2007. 湖泊氮素生物地球化学循环及微生物的作用. 湖泊科学，19(4)：382～389.

Cromar N J, Fallowfield H J, Martin N J. 1996. Influence of environmental parameters on biomass production and nutrient removal in a high rate algal pond operated by continuous culture. Water Science and Technology, 34(11): 133～140.

Garcia J, Green B, Oswald W. 2006. Long term diurnal variations in contaminant removal in high rate ponds treating urban wastewater. Bioresource Technology, 97(14): 1709～1715.

Hyenstrand P, Burkert U, Pettersson A, et al. 2000. Competition between the green alga Scenedesmus and the cyanobacterium Synechococcus under different modes of inorganic nitrogen supply. Hydrobiologia, 435(1-3): 91～98.

Ip S Y, Bridger J S, Chin C T, et al. 1982. Algal growth in primary settled sewage: The effects of five key variables. Water Research, 16(5): 621～632.

第6章　磷及其研究方法

6.1　磷的形态及其相互转化

6.1.1　磷的形态

磷是各种生物生长所必需的重要元素之一，主要用于合成核酸、磷脂、三磷酸腺苷(ATP)等生命活动所必需的物质。

在天然水体和各类污水中，磷元素的存在形态多种多样，其基本分类如图6.1所示。按照其物理形态，可以分为颗粒态磷和溶解态磷。颗粒态磷难以被生物吸收，需要经过一定的物理化学反应转化为溶解态磷后，才能被生物利用。磷的常见化学形态包括：正磷酸盐、缩合磷酸盐(焦磷酸盐，如焦磷酸钠，$Na_2H_2P_2O_7$；偏磷酸盐，如偏磷酸钠，$NaPO_3$；多聚磷酸盐)以及有机磷(如磷脂等)。

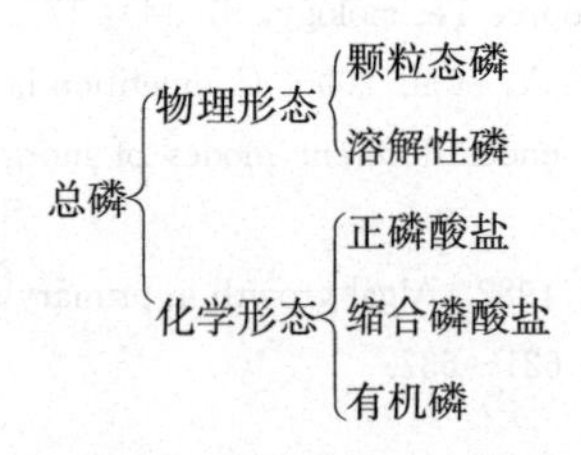

图6.1　水中磷的形态分类

按照测定时采用的前处理方法，可以将水中的磷按图6.2所示分为：总磷(total phosphorus，TP)，溶解性正磷酸盐以及溶解性总磷(dissolved total phosphorus，DTP)。将水样直接消解后测定所得的是总磷，表征了水样中磷的总量。水样经0.45 μm滤膜过滤后，不经消解直接测定所得的是溶解性正磷酸盐，是

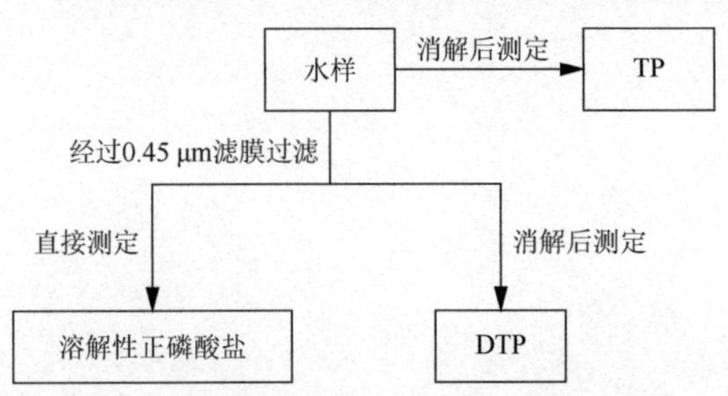

图6.2　按照前处理方法将水体中的磷进行分类

最容易被生物所吸收和利用的磷；水样经 0.45 μm 滤膜过滤并消解后，测定所得的是溶解性总磷(DTP)。而从总磷中扣除溶解性总磷(DTP)，即可得到颗粒态磷的浓度，即颗粒态磷＝TP－DTP。

除上述分类外，在对湖泊富营养化的研究中，常用的相关指标还包括溶解性活性磷酸盐(soluble reactive phosphate, SRP)、生物可利用磷或生物有效磷(bioavailable phosphorus, BAP)、微生物可利用磷(microbially available phosphorus, MAP)等。其中，活性磷酸盐是指总磷中最易被细菌、藻类和其他水生植物吸收利用的部分。一般而言，水中的颗粒态磷难以被生物利用，因此活性磷酸盐通常为水中的溶解性磷。而 BAP 和 MAP 则是指可直接被生物吸收利用的磷以及经过一定的生化反应后可被生物吸收利用的磷，包括溶解性无机磷(dissolved inorganic phosphorus, DIP)、部分溶解性有机磷(dissolved organic phosphorus, DOP)和可被生物利用的颗粒态磷(bioavailable particle phosphorus, BAPP)。

在过去对湖泊水华的研究中，通常强调处于溶解性并能够直接被生物所利用的磷。然而，在自然界中各种形态的磷能够在不同条件下迅速相互转化，例如即使水体中没有溶解性磷酸盐，藻细胞中存储的磷也足够支撑细胞在一定时间进行分裂和生长，使得水中的藻细胞密度大大增加(Droop, 1983; Wu et al., 2012a; 2012b)。因此，用水中的总磷酸盐或总磷(即包括溶解性的磷和生物细胞中的磷)来预测藻类的生长更加可靠(刘光钊, 2005)。

6.1.2　不同形态磷的相互转化

水中不同形态磷的相互转化是一个非常复杂的过程，涉及多种物理、化学及生物反应，并受到季节变化的显著影响。在天然水体中，不同形态的磷对水体富营养化的贡献并不相同。虽然正磷酸盐是诱发水体富营养化的主要因素，但是随着水环境条件的改变，水中的其他形态的磷可能转化为正磷酸盐，从而加重富营养化趋势。同时，湖泊等天然水体表层沉积物中含有的磷远超过水体中溶解性的磷(朱广伟 等, 2004)，沉积物中少量的磷释放就可能对湖泊水体的磷酸盐浓度产生显著影响(黄清辉 等, 2006)。因此，现有的研究多集中于考察水体沉积物中磷的形态及其释放规律。沉积物中磷形态的常用分析方法主要有三种：①Ruttenberg(1992)提出的 SEDEX 连续提取法及其改进方案(李军 等, 2004)，该方法适用于考察钙质沉积物中的磷成岩过程及其地球环境化学意义(黄清辉 等, 2006)；②Golterman(1996)提出的螯合剂 EDTA 连续提取法，该方法适用于探索有机磷形态在水体富营养化过程中的作用(黄清辉, 2003)；③Ruban 等(1999)提出的 SMT 标准测试程序，该方法主要用于考察各种形态磷的来源(黄清辉 等, 2004)。

黄清辉等(2003)采用 EDTA 连续提取法对太湖、巢湖和龙感湖共 3 个湖泊表层沉积物中磷的形态进行了连续提取及测定。结果表明，在表层沉积物中，3个湖泊Ca-P（钙磷）的含量比较接近，占总磷的30%左右。太湖和巢湖Fe-P（铁磷）的百分含量显著高于龙感湖，而龙感湖中有机磷的含量较高，达到40%～50%。3个湖泊沉积物中有机磷的形态存在显著差异。其中，太湖沉积物中的有机磷主要是酸可提取有机磷，巢湖沉积物中酸可提取有机磷约占总有机磷的50%，而龙感湖的有机磷大部分与腐殖酸结合。酸可提取有机磷在一定条件下可水解或矿化为溶解性活性磷酸盐（SRP），具有潜在的生物有效性，与湖泊富营养化的关系可能更为密切；而碱可提取有机磷为腐殖质结合态，可能只是可溶性的富里酸组分，生物可利用性较弱。

6.1.3 磷相关的研究方向

与磷相关的研究方向主要包括：①各种形态磷的分析、监测（在线）方法；②水中总磷浓度、各种形态磷的浓度及存在比例；③底泥中磷的形态及其释放特性与控制；④磷水质标准（环境标准、排放标准、工业用水标准）；⑤磷、磷化物的物理化学去除方法；⑥磷的生物去除方法（细菌、微藻、水生/湿生植物）；⑦水（河湖水、污水）和污泥中磷的回收方法等。

6.2 总　　磷

6.2.1 总磷及其意义

总磷是指水中磷的总量，是各种化学形态的颗粒态磷和溶解性磷的总和，是最为常用和重要的水质指标，能够对水生生物的生长繁殖产生重要影响。在使用时要注意区分和明确是总总磷（TTP）还是溶解性总磷（DTP）。在湖泊水华的研究和控制中，通常将水体的总磷浓度作为评价水体富营养化程度的重要指标。

6.2.2 总磷的水质标准和水质要求

1. 总磷的水质标准

表6.1列出了我国地表水环境质量标准、农田灌溉水质标准、城镇污水处理厂污染物排放标准、城市污水再生利用景观娱乐用水水质标准对总磷浓度的要求和限值。

关于水体富营养化的判断依据，对于总磷，当水体中浓度超过0.01～0.02 mg/L时，一般可认为已达到富营养化水平（顾夏声 等，2011）。

表6.1 水质标准中总磷的限值 (单位：mg/L)

标准	类别	限值
地表水环境质量标准（GB 3838—2002）	Ⅰ类(湖、库)	≤0.02(0.01)
	Ⅱ类(湖、库)	≤0.1(0.025)
	Ⅲ类(湖、库)	≤0.2(0.05)
	Ⅳ类(湖、库)	≤0.3(0.1)
	Ⅴ类(湖、库)	≤0.4(0.2)
城镇污水处理厂污染物排放标准（GB 18918—2002）	一级A(2005年12月31日前建设)	1
	一级A(2006年1月1日后建设)	0.5
	一级B(2005年12月31日前建设)	1.5
	一级B(2006年1月1日后建设)	1
	二级	3
	三级	5
城市污水再生利用 景观娱乐用水水质(GB 18921—2019)	河道类	0.5
	湖泊类	0.3
	水景类	0.3
	湿地类	0.5

2. 水系统对总磷的要求

为了防止水华的暴发，总磷是污水处理系统需要严格控制的重要指标。按照我国城镇污水处理厂污染物排放标准(GB 18918—2002)的规定，在2006年1月1日后建设的污水处理厂必须将出水总磷控制在0.5 mg/L以下。然而，即使达到一级A排放标准的出水，仍然具有较高的藻类生长潜势(杨佳 等，2010)，因此在湖泊、水库等水体中总磷值必须控制在更低的标准之下。按照我国地表水环境质量标准(GB 3838—2002)的规定，即使是Ⅴ类水体(适用于农业用水区及一般景观要求水域)其总磷浓度也应控制在0.4 mg/L以下，而Ⅰ类水体更是需要控制在0.02 mg/L以下。

6.2.3 不同类型水中的总磷浓度水平

在不同类型的天然水体中，总磷的浓度存在较大的差异；而在不同类型的污水中，总磷浓度的波动则更加显著。

金相灿和朱萱(1991)曾组织多个单位的科研人员对全国26个湖泊和水库的水质进行了大规模的同步调查，并以总氮总磷等重要水质指标为依据，对全国主要湖泊和水库的水质营养特征进行了分析。大多数大中型湖泊及水库的总磷低于0.2 mg/L，而城市中小型湖泊受到的污染相对严重，部分湖泊的总磷甚至高于0.4 mg/L(表6.2)。同时，湖泊中TP的浓度与叶绿素浓度具有相关性。这是由于随着湖泊TP浓度的升高，水中藻细胞的数量显著增多，从而使得叶绿素的浓度相应增大(图6.3)。TP与藻类生物量的关系将在本书的第25章“藻类生长潜势及其研究方法”中进行详细论述。

表6.2 我国部分大中型湖泊的磷含量及正磷酸盐所占比例(1990年)

	湖泊	TP(mg/L)	PO_4-P(mg/L)	PO_4-P/TP(%)
大中型湖泊	镜泊湖	0.388	0.127	32.7
	南四湖	0.213	0.020	9.4
	达赉湖	0.144	0.056	38.9
	巢湖	0.197	0.034	17.3
	滇池(外海)	0.097	0.007	7.2
	邛海	0.137	0.028	19.0
	乌梁素湖	0.066	0.045	68.2
	博斯腾湖	0.018	0.007	37.8
	淀山湖	0.088	0.044	50.0
	洱海	0.018	0.006	30.6
	固城湖	0.055	0.005	9.1
城市小型湖泊	杭州西湖	0.173	0.073	42.2
	玄武湖	0.967	0.181	18.7
	长春南湖	0.310	0.049	15.7
	磁湖	0.089	0.015	16.9
	墨水湖	1.028	0.122	11.9
	甘棠湖	0.241	0.128	53.1
	东山湖	0.421	0.051	12.1
	麓湖	0.217	0.023	10.5
	荔湾湖	0.615	0.118	19.2
水库	高州水库	0.024	0.005	20.8
	于桥水库	0.021	0.001	4.5

图6.4统计了上海市7座大型城市污水处理厂一年内进水的TP。如图所示，城市生活污水的TP主要分布在2～4 mg/L之间，部分水样的TP甚至高达10 mg/L以上。

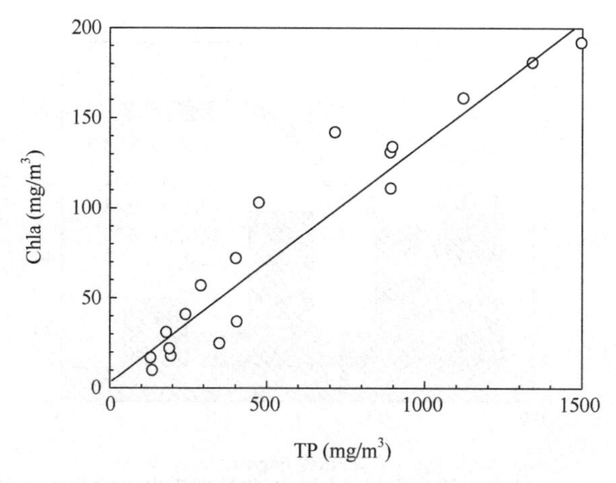

图 6.3　湖泊中总磷浓度与叶绿素浓度的关系

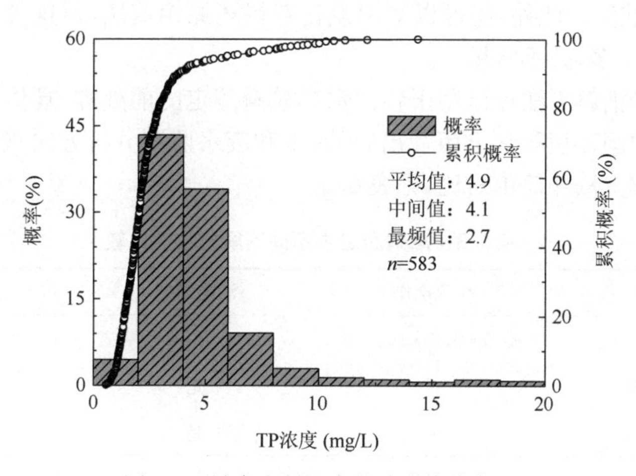

图 6.4　城市生活污水的总磷值分布图

图 6.5 统计了昆明市某城市生活污水处理厂 A^2/O 工艺出水的 TP。城市生活污水经过 A^2/O 工艺处理后，TP 能够得到显著去除，集中分布在 1.0 mg/L 以下。

6.2.4　总磷的测定方法

1. 总磷测定方法概述

总磷的测定分两个步骤进行，一是通过消解，将水样中各种形态的磷转化为正磷酸盐，二是测定消解后溶液中的正磷酸盐含量。

常用的消解方法包括：过硫酸钾消解法、硝酸-硫酸消解法以及硝酸-高氯酸消解法。正磷酸盐的常用测定方法主要有：离子色谱法、钼锑抗分光光度法以及孔雀

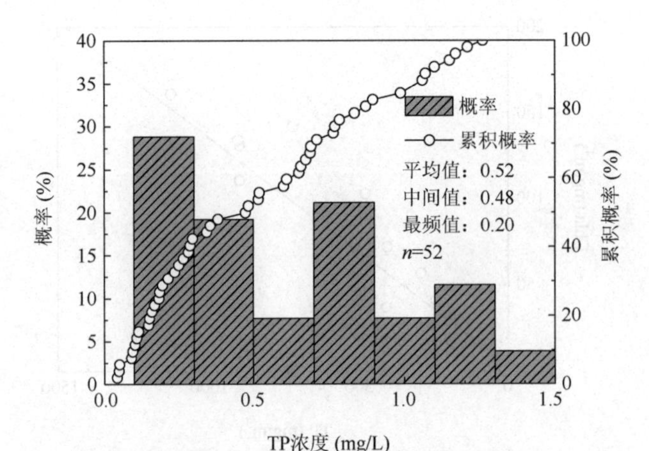

图 6.5　城市生活污水经 A^2/O 工艺处理后出水的总磷分布图

绿-磷钼杂多酸法。此外，还可以采用氯化亚锡还原钼蓝法，但这种方法灵敏度较低，干扰也非常多，并不常用。

上述三种消解方法可以用于各种水样总磷测定的前处理，具体实验方法和步骤可以参照中国环境科学出版社出版的《水和废水监测分析方法》(第四版)，这里仅对三种消解方法作简单对比，见表 6.3。

表 6.3　总磷测定中不同消解方法的比较

消解方法	高压操作	滴定操作	调节 pH 值
过硫酸钾	是(1～1.5 kg/cm^2)	否	是
硝酸-硫酸	否	是	否
硝酸-高氯酸	否	是	否

过硫酸钾消解法不需要滴定操作，消解流程相对比较简单，但是消解前需要将水样调节至中性，并且消解过程需要高压操作(采用高压蒸汽消毒器，1～1.5 kg/cm^2)。如不采用高压操作，则跟其他两种消解方法类似，均需要以酚酞作为指示剂进行滴定。需要特别注意的是，采用硝酸-高氯酸消解法时，必须先加入硝酸将水样中的有机物完全消解，再加入高氯酸。因为高氯酸与有机物的混合物经加热可能产生爆炸，应注意防止这种危险发生。

表 6.4 中对正磷酸盐 3 种常用的测定方法也进行了对比。其中离子色谱法测定的浓度范围较广，可用于地表水、地下水、饮用水、降水、生活污水和工业污水等水中正磷酸盐的测定。这种方法自动化程度较高，无须等待显色反应，操作相对简单，然而测定结果的准确程度不及其他两种方法。钼锑抗分光光度法适用于地表水、生活污水及化工、磷肥、机加工金属表面磷化处理、农药、钢铁、焦化等行业的工

业污水中正磷酸盐的分析。这种方法的显色反应时间最长，但是所需试剂的配制过程相对简单。孔雀绿-磷钼杂多酸分光光度法主要适用于湖泊、水库、江河等地表水及地下水中痕量磷的测定，其灵敏度是三种方法中最高的，但同时其试剂配制及实验操作也是三种方法中最复杂的。

表 6.4　正磷酸盐 3 种常用测定方法的对比

测定方法	检出限(mg/L)	测定上限(mg/L)	加标回收率(%)	显色时间(min)
离子色谱法	0.04	16.1	82.4～118.1	—
钼锑抗分光光度法	0.01	0.6	90～106	15
孔雀绿-磷钼杂多酸法	0.001	0.3	92～107	10

资料来源：国家环境保护总局和《水和废水监测分析方法》编委会，2002

2. 离子色谱法

离子色谱法利用离子交换的原理，能够一次性对硫酸根离子、磷酸氢根离子、亚硝酸根离子、硝酸根离子、氟离子和氯离子进行定性和定量分析。其详细的实验方法和步骤可以参照中国环境科学出版社出版的《水和废水监测分析方法》(第四版)。

3. 钼锑抗分光光度法

钼锑抗分光光度法是我国的多个国家标准中推荐采用的总磷测定方法。此方法的基本原理如下：在酸性条件下，正磷酸盐与钼酸铵、酒石酸锑氧钾反应，生成磷钼杂多酸，被还原剂抗坏血酸还原，则变成蓝色络合物，通常称为磷钼蓝(国家环境保护总局和《水和废水监测分析方法》编委会，2002)。其详细的实验方法和步骤可以参照中国环境科学出版社出版的《水和废水监测分析方法》(第四版)。

4. 孔雀绿-磷钼杂多酸分光光度法

该方法在酸性条件下，利用碱性染料孔雀绿与磷钼杂多酸生成绿色离子缔合物，并以聚乙烯醇稳定显色液，直接在水相用分光光度法测定正磷酸盐(国家环境保护总局和《水和废水监测分析方法》编委会，2002)。详细的实验方法和步骤可以参照中国环境科学出版社出版的《水和废水监测分析方法》(第四版)。

6.2.5　总磷研究的注意事项

总磷的测定，需要在水样采集后，加硫酸酸化至 pH≤1 保存。需要注意的是，如果采用过硫酸钾消解法，消解前需要将水样调至中性。溶解性正磷酸盐的测定，在水样采集后不加任何保存剂，于 2～5℃冷藏保存，在 24 h 内进行测定(国家环境保护总局和《水和废水监测分析方法》编委会，2002)。

6.2.6　总磷研究案例

在富营养化湖泊的研究中，仅依据溶解性活性磷酸盐(SRP)或溶解性总磷(DTP)并不能准确预测藻类的生长，下面提供一个典型的研究案例。

Wu 等(2012a)考察了小球藻 YJ1、栅藻 LX1、雨生红球藻等 7 种微藻在较低的溶解性总磷(DTP)浓度下的生长状况，具体结果如图 6.6 所示。从图中可以看到，由于培养基中溶解性总磷浓度较低(<0.12 mg/L)，7 种微藻在生长初期的 2～4 天内均将溶解性总磷完全吸收。然而，溶解性总磷的耗竭并未导致微藻的生长停滞，在此后的 8～10 天内各株微藻的生物量均保持了一定的增长。

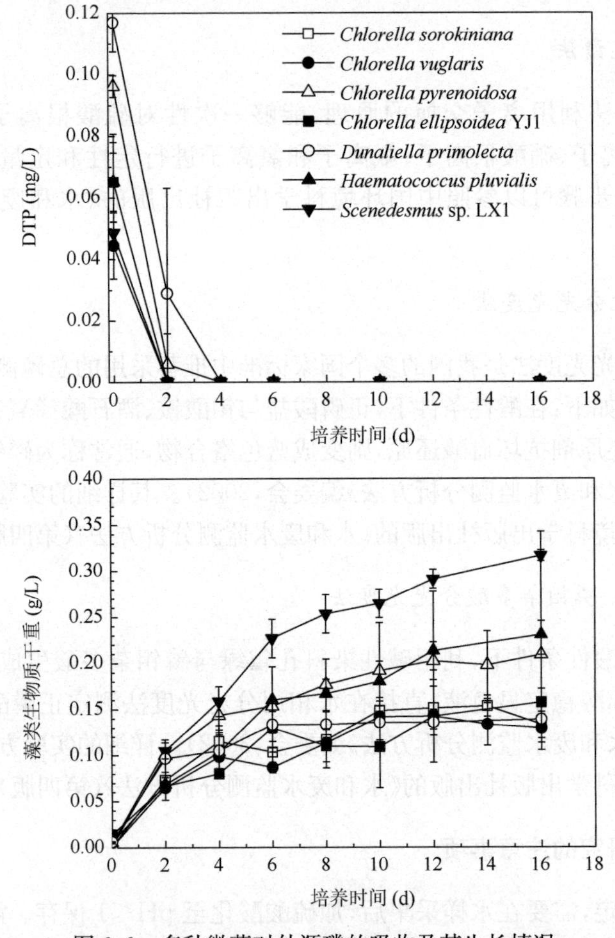

图 6.6　多种微藻对外源磷的吸收及其生长情况

该研究结果表明：①藻细胞确实能够在生物量未显著增加的情况下将溶解性总磷储存于细胞内部，这一现象被称作“luxury uptake”，即磷的过量吸收(Borchard and Azad，1968；Powell et al.，2009)；②储存于藻细胞内部的磷能够在一定时间内支撑藻细胞的分裂、生长等生命活动，使其生物量发生显著的增长。

由于藻类普遍具有存储外源溶解性总磷以及利用细胞中的内源磷进行生长的能力，因此仅仅关注溶解性总磷并不能有效地预测和评价藻类的生长。在控制湖泊水华的研究中，也需要将总磷而非溶解性总磷(DTP 等)作为控制目标。

6.3　溶解性正磷酸盐

溶解性正磷酸盐是指水样经过 0.45 μm 的滤膜过滤后，不经消解直接测定正磷酸盐含量所得的结果，是总磷中最易被生物吸收利用的部分，能够显著影响水体中藻类的生长状况。

磷酸盐是研究水体富营养化、控制水华暴发所需要关注的最重要指标之一。在过去的研究中，溶解性活性磷酸盐(SRP)，特别是最易被藻类吸收利用的溶解性正磷酸盐总是受到优先关注。然而，前已述及，大量的研究结果表明，仅考察这部分溶解性的磷并不能准确评价和预测藻类的生长(刘光钊，2005)。因此，在我国的多个国家标准中只将总磷作为控制指标，而未对溶解性正磷酸盐或溶解性活性磷酸盐(SRP)作出规定。

在对溶解性正磷酸盐进行测定时，在水样采集后不加任何保存剂，于 2～5 ℃冷藏保存，在 24 h 内进行测定(国家环境保护总局和《水和废水监测分析方法》编委会，2002)。具体的测定方法同上一节总磷的测定，但是水样不经消解。

6.4　细胞内的磷及其形态

磷在细胞内的转化过程如图 6.7 所示。磷酸盐可通过自由扩散或主动运输穿过细胞膜(Borchard and Azad，1968)，再与二磷酸腺苷(adenosine diphosphate，ADP)反应生成三磷酸腺苷(adenosine triphosphate，ATP)，从而参与到各种新陈代谢反应中。进入细胞的磷有两个主要的去向：其一是合成 DNA、RNA、蛋白质和磷脂等各种新陈代谢所必需的细胞物质；其二则是合成多聚磷酸盐，储存于藻细胞中。当外源磷酸盐耗尽后，藻细胞内的多聚磷酸盐将分解并产生 ATP，从而支撑细胞进一步生长(Kulaev et al.，1999；Powell et al.，2009)。

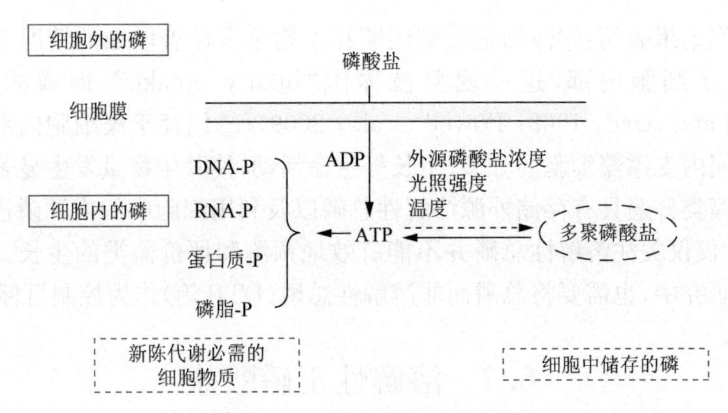

图 6.7　细胞内磷的转化过程

6.5　三磷酸腺苷(ATP)

6.5.1　三磷酸腺苷及其意义

三磷酸腺苷又被称作腺嘌呤核苷三磷酸，是一种不稳定的高能化合物，由 1 分子腺嘌呤、1 分子核糖和 3 分子磷酸组成，简称为 ATP(adenosine triphosphate)，是生物体内最直接的能量来源。ATP 的分子式为 $C_{10}H_{16}N_5O_{13}P_3$，结构式如图 6.8 所示。ATP 分子的中心是五碳糖，即核糖；左侧的含氮碱是腺嘌呤；在核糖的第五位碳原子上连有三个磷酸根基团。三个磷酸根基团之间由高能键连接(用～表示)，连接磷酸根与碳原子的则是低能磷酸键。每个高能磷酸键在水解断裂时可释放 30.565 kJ/mol 的能量。

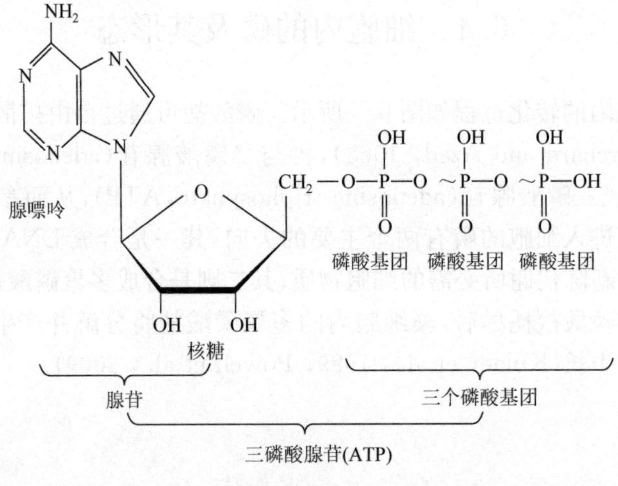

腺嘌呤　核糖　磷酸基团　磷酸基团　磷酸基团

腺苷　三个磷酸基团

三磷酸腺苷(ATP)

图 6.8　三磷酸腺苷(ATP)的分子结构

ATP 普遍存在于各种生物的细胞内，是细胞代谢中可利用能量的主要携带者。ATP 转运能量的过程如图 6.9 所示。ATP 在水解等反应中高能键被切断，失去一个磷酸根，转化为 ADP，同时放出大量能量，从而为生物体的新陈代谢提供能量。而 ADP 进一步水解则可以生成一磷酸腺苷（adenosine monophosphate，AMP）。

在特定的环境条件下，ATP 在生物体内的含量相对稳定，通常为每个细胞 $5\times10^{-16}\sim5\times10^{-15}$ g。在生物死亡后，细胞中的 ATP 则被迅速分解（Roe and Bhagat，1982）。因此，ATP 的含量常被用作生物活性的指标，表征微生物的活体生物量以及新陈代谢速率（Jørgensen et al.，1992；张洛红和李兴，2011）。

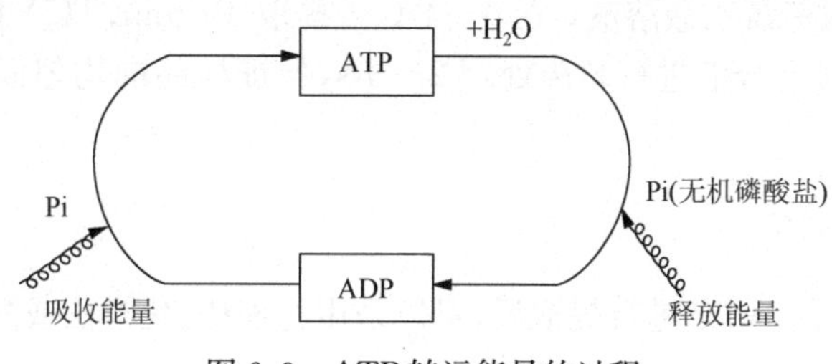

图 6.9　ATP 转运能量的过程

6.5.2　三磷酸腺苷的测定方法

由于 ATP 分子不稳定，其通常仅大量存在于生物细胞内，难以以游离形态存在于水中。因此，ATP 的测定通常分为两个步骤，其一是从生物细胞中提取 ATP，其二则是通过一定的方法测定提取所得的 ATP 含量。

1. ATP 的提取

常用的 ATP 提取试剂及性能见表 6.5。其中，TRIS 缓冲液以及三氯乙酸溶液对样品 ATP 的提取效果较好，是实验室最常用的提取剂。

表 6.5　ATP 提取试剂及性能（修改自马志毅，1989）

提取剂	说明
高氯酸（$HClO_4$）	适于野外使用，但提取物抑制荧光反应
丁醇/辛醇	提取速度快，但提取物不稳定
氯仿	提取速度快，适于大批量试验
TRIS 缓冲液 *	提取较完全，稀释比较大，不便用于大量水样
三氯乙酸（trichloroacetic acid，TCA）	提取较完全，TCA 可稳定 ATP

* TRIS 缓冲液［Tris（hydroxymethyl）aminomethane］，即三（羟甲基）氨基甲烷缓冲液

在提取样品的ATP前,需通过稀释或浓缩,使得待测样品溶液中ATP的浓度为0.1～1.0 mg/L。以活性污泥溶液为例,对于回流活性污泥,稀释比例可取1∶20;对于曝气池内的混合液,稀释比例可取1∶10(马志毅,1989)。

以TRIS缓冲液为提取剂,在50 mL烧杯中加入35 mL TRIS缓冲液(pH值为7.75),加热至沸腾(温度低于沸点时,ATP的提取率较低),再加入稀释后的样品1 mL,在沸水浴中加热30～60 s后取出,室温下搅拌几分钟后再放入冰浴中,待冷却后再加入TRIS缓冲液,使总体积达到50 mL,搅匀,过滤,所得滤液即可用于测定ATP。

以三氯乙酸(trichloroacetic acid,TCA)为提取剂,取样品2.5 mL,投加0.25 mL 22%的三氯乙酸溶液,在0～4 ℃下提取10 min,TCA同时也具有稳定ATP的作用。对混合液进行超声处理2～3 s,保证样品的均匀混合和ATP的完全提取。

2. ATP的测定

在对细胞中的ATP进行提取后,可以采用物理法、化学法或酶法对ATP进行测定。

物理法利用腺苷酸的腺嘌呤碱基上存在的共轭双键,使ATP在波长260 nm处对紫外线具有特征吸收,从而通过测定溶液的吸光度值以表征ATP的浓度。由于除ATP外的有机物(如ADP)在波长260 nm处对紫外线也会有一定的吸收值,因此该方法易受干扰,并不常用。

化学法利用ATP水解形成ADP或AMP时释放出的磷酸根进行比色测定,或者利用ATP水解为ADP再进一步水解为AMP前后pH值的变化进行定量测定。与物理法类似,该方法易受到水中其他物质的干扰。

与物理法、化学法相比,酶法是一种操作简单、反应灵敏、具备一定特异性的分析方法。其中,最常用的是荧光素-荧光素酶法,其反应原理如图6.10所示。在荧光素酶(E)和镁离子的共同作用下,ATP能够与荧光素(LH_2)发生腺苷酰化反应,腺苷酰化的荧光素与荧光素酶相结合,形成荧光素/荧光素酶-AMP复合体,同时放出焦磷酸PPi。该复合体被分子氧氧化而激发,生成CO_2和H_2O。激发态的荧光素/荧光素酶-AMP复合体返回基态时,能够发出荧光,并解体释放AMP,再进一步分解为荧光素和荧光素酶。反应产生的荧光量与ATP的含量成正比,通过测定荧光的强弱,即可换算为ATP的含量(Patterso et al.,1970;杨国栋 等,1998)。

目前,已有多家公司开发生产荧光素-荧光素酶法测定ATP的试剂盒。可用分光光度计先后测定ATP标准品以及样品的荧光强度,从而计算得到样品中的ATP含量;也可以利用试剂盒中的ATP标准品配制一系列浓度的ATP溶液,并

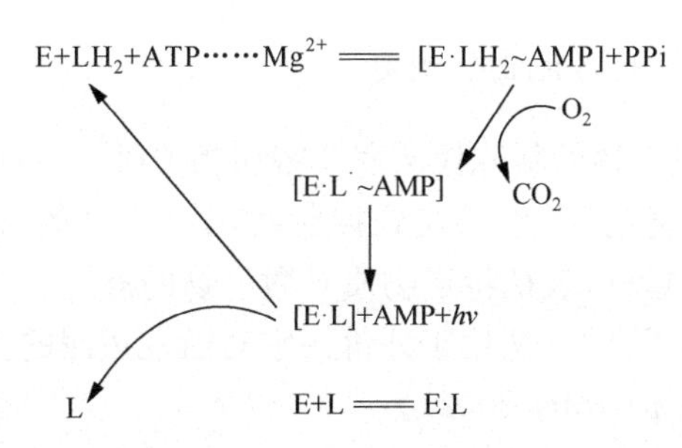

图 6.10　ATP-荧光素-荧光素酶反应途径(杨国栋 等，1998)

E:荧光素酶;LH_2:荧光素;L:氧化荧光素;[E · LH_2～AMP]:荧光素/荧光素酶～AMP 复合体;
[E · L～AMP]:激发态荧光素/荧光素酶～AMP 复合体

测定相应的荧光强度,从而得到荧光强度随 ATP 浓度变化的标准曲线,再测定样品的荧光强度,从而得出样品的 ATP 含量。

6.5.3　三磷酸腺苷的研究设计与数据解析方法

目前,ATP 的测定在环境领域的研究中,主要应用于表征活性污泥样品中的活性微生物浓度,或表征微生物的新陈代谢速率,从而衡量特定物质对微生物的毒性或其降解性。

1. 基于 ATP 的活性微生物浓度测定

不同时期和不同种类的污泥,即使 MLSS(mixed liquor suspended solids)相同,污泥中微生物的活性也可能有较大的差异。一般而言,运行状况较好的活性污泥中,ATP 的含量为 1.4～2.2 μg/mg VSS(马志毅，1989)。由于 ATP 是微生物生命活动的直接能量来源,因此部分研究者提出以 ATP 为指标反应活性污泥中活性微生物的含量(Archibald et al.，2001；张洛红和李兴，2011),并以此为依据优化活性污泥系统的运行(洪梅，2002)。

大庆石化公司(洪梅，2002)通过监测活性污泥中微生物 ATP 含量的变化,发现该指标可及时反映曝气池中污泥的活性。与传统的运行管理方法相比,ATP 测定的数据更加真实可靠。此外,该研究还对系统进水 COD 在 250～2000 mg/L 的范围内时,污泥 ATP 的变化进行了考察。结果表明,当进水 COD 小于 1000 mg/L 时,活性污泥的 ATP 浓度能稳定地保持在 5 RLU/ mg MLSS 以上(RLU 为荧光强度单位);当进水 COD 大于 1000 mg/L 时,随着进水 COD 的增大,污泥的活性明显减弱,ATP 也由大于 5 RLU/mg MLSS 迅速降低至 1 RLU/mg MLSS 以下。为了避免抑制活性污泥中微生物的活性,保证污水处理效果,应将活性污泥系统的进水 COD 浓度控制在 1000 mg/L 以下。

2. 基于ATP的活性污泥毒性测定

ATP的含量与微生物的新陈代谢速率密切相关(Jørgensen et al., 1992)。当微生物接触到有毒有害物质,生长受到抑制时,其ATP的含量将发生显著变化。因此,可将ATP作为指标,表征特定物质对微生物的毒性。

Napier大学提出了ATP法用于评价污水对活性污泥的生物毒性,具体操作流程如下(Dalzell and Christofi, 2002)。

1) 接触培养

将0.5 mL样品与2 mL污泥悬浮液(0.4~1.8 CFU/mL)混合,室温下培养30 min。以蒸馏水代替样品作为对照试验。

2) ATP提取

投加0.25 mL 22%的三氯乙酸(trichloroacetic acid, TCA)溶液提取ATP,在0~4℃下提取10 min,TCA同时也具有稳定ATP的作用。

对混合液进行超声处理2~3 s,保证样品的均匀混合和ATP的完全提取。

3) 发光反应

吸取0.02 mL混合液,转移到0.78 mL 0.4 mol/L Tris-乙酸-EDTA(TAE)缓冲液中(含0.01 mol/L EDTA),再加入0.2 mL荧光素-荧光素酶试剂。

4) 发光量检测与数据处理

利用化学发光光度计检测并记录发光量,与空白对照相比考察发光量受抑制的情况。根据抑制率和样品浓度之间的关系绘制浓度效应曲线,计算半抑制效应浓度(EC_{50})。

6.5.4 三磷酸腺苷的研究案例

Dalzell等利用ATP法考察Cr、Zn和3,5-二氯苯酚对3种不同来源活性污泥的毒性。测定结果表明,该方法对Cr和3,5-二氯苯酚能表现出较强的敏感性,对Zn的毒性响应不显著;活性污泥ATP浓度对有毒物质的响应不因污泥来源的差异而表现出明显区别,但对3,5-二氯苯酚的毒性响应受污泥浓度(以总悬浮固体为指标)的影响较大(Dalzell and Christofi, 2002)。

6.6 有机磷

《城镇污水处理厂污染物排放标准》(GB18918—2002)除对总磷的排放浓度进行规定外,还将部分有机磷化合物列为选择性控制项目。这些指标包括有机磷农药、马拉硫磷、乐果、对硫磷、甲基对硫磷,控制限值见表6.6。其中,马拉硫磷、乐果、对硫磷以及甲基对硫磷均属于有机磷杀虫剂。这些物质的测定通常采用气相色谱法，其详细的实验方法和步骤可以参照中国环境科学出版社出版的《水和废水监测分析方法》(第四版)。

表6.6　水质标准中有机磷的限值

标准	项目	限值(mg/L)
地表水环境质量标准(GB 3838—2002)	有机磷农药(以P计)	0.5
	马拉硫磷	1.0
	乐果	0.5
	对硫磷	0.05
	甲基对硫磷	0.2

参考文献

顾夏声，胡洪营，文湘华，等. 2011. 水处理生物学. 第5版. 北京：中国建筑工业出版社.

国家环境保护总局，《水和废水监测分析方法》编委会. 2002. 水和废水监测分析方法. 第4版. 北京：中国环境科学出版社.

洪梅. 2002. 三磷酸腺苷检测技术在污水处理厂的应用研究. 化学工程师，93(06)：56～58.

黄清辉，王东红，王春霞，等. 2003. 沉积物中磷形态与湖泊富营养化的关系. 中国环境科学，23(06)：24～27.

黄清辉，王东红，王春霞，等. 2004. 太湖梅梁湾和五里湖沉积物磷形态的垂向变化. 中国环境科学，24(02)：20～23.

黄清辉，王磊，王子健. 2006. 中国湖泊水域中磷形态转化及其潜在生态效应研究动态. 湖泊科学，18(03)：199～206.

金相灿，朱萱. 1991. 我国主要湖泊和水库水体的营养特征及其变化. 环境科学研究，4(01)：11～20.

李军，刘丛强，王仕禄，等. 2004. 太湖五里湖表层沉积物中不同形态磷的分布特征. 矿物学报，24(04)：405～410.

刘光钊. 2005. 水体富营养及其藻害. 北京：中国环境科学出版社.

马志毅. 1989. 测定ATP以确定微生物活力. 水处理技术，15(01)：48～53.

杨国栋，马玉新，杨素萍. 1998. 荧光素酶法测定活性污泥中的ATP. 分析测试技术与仪器，4(04)：50～53.

杨佳，胡洪营，李鑫. 2010. 再生水水质环境中典型水华藻的生长特性. 环境科学，13(1)：76～81.

张洛红，李兴. 2011. 活性污泥性质检测方法的比较研究. 工业用水与废水，42(06)：89～93.

朱广伟，秦伯强，高光，等. 2004. 长江中下游浅水湖泊沉积物中磷的形态及其与水相磷的关系. 环境科学学报，24(03)：381～388.

Archibald F，Methot M，Young F，et al. 2001. A simple system to rapidly monitor activated sludge health and performance. Water Research，35 (10)：2543～2553.

Borchard J A，Azad H S. 1968. Biological extraction of nutrients. Journal Water Pollution Control Federation，40 (10)：1739～1754.

Dalzell D J B，Christofi N. 2002. An ATP luminescence method for direct toxicity assessment of pollutants impacting on the activated sewage sludge process. Water Research, 36(6): 1493～1502.

Droop M R. 1983. 25 Years of algal Growth-Kinetics-a personal view. Botanica Marina, 26 (3): 99～112.

Golterman H L. 1996. Fractionation of sediment phosphate with chelating compounds: A simplification, and comparison with other methods. Hydrobiologia, 335 (1): 87～95.

Jørgensen P E, Eriksen T, Jensen B K. 1992. Estimation of viable biomass in wastewater and activated sludge by determination of ATP, oxygen utilization rate and FDA hydrolysis. Water Research, 26 (11): 1495～1501.

Kulaev I, Vagabov V, Kulakovskaya T. 1999. New aspects of inorganic polyphosphate metabolism and function. Journal of Bioscience and Bioengineering, 88 (2): 111～129.

Patterso J W, Brezonik P L, Putnam H D. 1970. Measurement and significance of adenosine triphosphate in activated sludge. Environmental Science & Technology, 4 (7): 569.

Powell N, Shilton A, Chisti Y, et al. 2009. Towards a luxury uptake process via microalgae- Defining the polyphosphate dynamics. Water Research, 43 (17): 4207～4213.

Roe P C, Bhagat S K. 1982. Adenosin-triphosphate as a control parameter for activated-sludge processes. Journal Water Pollution Control Federation, 54 (3): 244～254.

Ruban V, Brigault S, Demare D, et al. 1999. An investigation of the origin and mobility of phosphorus in freshwater sediments from Bort-Les-Orgues Reservoir, France. Journal of Environmental Monitoring, 1(4): 403～407.

Ruttenberg K C. 1992. Development of a sequential extraction method for different forms of phosphorus in marine-sediments. Limnology and Oceanography, 37 (7): 1460～1482.

Wu Y H, Yu Y, Hu H Y. 2012a. Potential biomass yield per phosphorus and lipid accumulation property of seven microalgal species. Bioresource Technology, 130: 599～602.

Wu Y H, Yu Y, Li X, et al. 2012b. Biomass production of a Scenedesmus sp. under phosphorous-starvation cultivation condition. Bioresource Technology, 112: 193～198.

第 7 章　微量重金属及其研究方法

7.1　重金属及其危害性

7.1.1　重金属定义及其研究意义

重金属一般是指相对密度在 4.5 以上的金属元素(Arao et al.，2010)，主要有汞、铬、镉、铅、锌、镍、铁、铜以及类金属砷等。重金属在某些特定价态下具有很强的生物毒性，并可沿食物链传递，易被吸附在水体底泥中而造成持续性的水污染，一旦因工业污水违规排放、固体废弃物处置不当或突发环境安全事件等原因在水环境中富集，可能会造成严重的环境污染事件。

在 20 世纪十大环境公害事件中，属于水污染范畴的三大公害事件均是因重金属污染所致，分别为 50 年代的水俣病事件(主要污染物为甲基汞)、60 年代的骨痛病事件(主要污染物为镉)和 80 年代的莱茵河事件(主要污染物为含汞化合物)。这些事件均造成重大的人员伤亡和财产损失，因而引起了世界范围内对水体重金属污染的广泛关注。

另外，很多重金属也是生物生长所必需的元素，如铁是细胞色素中的电子传递体、锌是脱水酶和羧肽酶的活性因子等，缺乏此类必需金属元素会影响生物的正常生理活动。

总之，水中重金属有很强的生物学效应，应对其在水中的浓度、形态、毒性效应和去除特性进行系统、深入的研究。

7.1.2　重金属的毒性及其危害性

重金属进入人体后，能够和生物高分子物质，如蛋白质和酶等发生作用而使这些高分子物质失去活性，造成急性毒性；也有可能在人体的某些器官积累，造成慢性中毒。重金属一般有多种价态，不同价态对人体的毒性不同，如三价砷和六价铬即为常见的高毒性价态。部分重金属可与有机物结合(如汞的甲基化)，更易被细胞吸收，从而表现出强烈的毒性。水体中典型重金属的形态/价态及其对人体的毒性表现见表 7.1。

水中的重金属污染物除了在特定价态形态下有很高的生物毒性外，还具有以下几个特点：

表 7.1　水中典型重金属价态/形态毒性比较

金属	各形态/价态毒性强弱	毒性表现
砷(As)	三价砷＞五价砷，有机砷和零价砷毒性较弱 砷化氢＞三氧化二砷＞亚砷酸＞砷酸	砷急性中毒主要表现为胃肠炎症状，严重时出现神经系统麻痹，昏迷死亡。环境污染引起的砷中毒多是蓄积性慢性中毒，表现为神经衰竭、肝痛、皮肤的角质化以及血管疾病。可致畸胎
铬(Cr)	六价铬＞三价铬，二价铬和零价铬毒性很小	致癌物。肺癌、鼻中隔充血、溃疡以至穿孔，以及其他多种呼吸道并发症和皮肤病
镉(Cd)	水中常见价态为二价	镉急性中毒酷似急性胃肠炎，可因失水而发生虚脱，甚至急性肾衰竭而死亡。长期过量接触镉，主要引起肾脏损害，极少数严重的晚期患者可出现骨骼病变
汞(Hg)	甲基汞＞二价汞＞一价汞	头痛、头晕、恶心、呕吐、腹痛、腹泻、乏力、全身酸痛、寒战，严重者情绪激动、烦躁不安、失眠甚至抽搐、昏迷或精神失常

(1) 重金属不能被微生物降解，只能以吸附、沉淀等方式从水相中分离，或转化为低毒性形态以降低危害。当金属污染物浓度较低时，受离子积和吸附压力的限制，以沉淀或吸附的方式进一步降低其浓度的难度较大。

(2) 重金属一旦被生物富集于体内难以排出，会沿生物链集聚，因此水体中较低浓度的金属污染物也会对处于食物链顶端的人类造成一定威胁。水生生物对污染物的富集系数的计算公式如下：

$$生物富集系数=\frac{生物体中污染物浓度}{水中污染物浓度}$$

部分水生生物对重金属的富集系数见表 7.2。

表 7.2　水生生物对重金属的富集系数

重金属	淡水			海水		
	淡水藻	无脊椎动物	鱼类	淡水藻	无脊椎动物	鱼类
Cr	4×10^3	2×10^3	2×10^2	2×10^3	2×10^3	4×10^2
Co	10^3	1.5×10^3	5×10^2	1.0×10^3	10^3	5×10^3
Ni	10^3	10^2	4×10	2.5×10^3	2.5×10^2	10^2
Cu	10^3	10^3	2×10^2	10^3	1.7×10^3	6.7×10^2
Zn	4×10^3	4×10^4	10^3	10^3	10^5	2×10^3
Cd	10^3	4×10^3	3×10^3	10^3	2.5×10^5	3×10^3
As	3.3×10^2	3.3×10^2	3.3×10^2	3.3×10^2	3.3×10^2	2.3×10^2
Hg	10^3	10^5	10^3	10^3	10^5	1.7×10^3

资料来源：国家环境保护总局和《水和废水监测分析方法》编委会，2002

(3) 重金属易被底泥吸附,形成长期的潜在污染源。吸附于底泥中的重金属会在一定条件下重新释放到水环境中,造成污染。

由于以上特点,重金属污染会对环境造成巨大威胁,且难以去除,值得高度重视和深入研究。

7.1.3　重金属水质标准

由于重金属具有一定的生物毒性,我国饮用水、地表水和再生水水质标准都对相关重金属的最大允许浓度进行了严格限定。常用水质指标中对重金属含量的限值见表7.3。考虑到污水处理厂出水排放到地表水环境中后,其中的重金属浓度会经稀释和自然衰减作用而降低,所以对大多数重金属的限值,城镇污水处理厂排放标准要比地表水标准宽松。

表7.3　各水质标准中重金属含量限值　　(单位:mg/L)

金属名称	生活饮用水卫生标准(GB 5749—2022)	地表水环境质量标准(GB 3838—2002)Ⅲ类	城市污水再生利用　农田灌溉用水水质(GB 20922—2007)	城镇污水处理厂污染物排放标准(GB 18918—2002)
铜	1.0	1.0	—	0.5
汞	0.001	0.0001	0.001	0.001
铅	0.01	0.05	0.2	0.1
镉	0.005	0.005	0.01	0.01
砷	0.01	0.01	0.1(纤维作物、旱地谷物、油料作物) 0.05(水田谷物、露地蔬菜)	0.1
铬	0.05(六价)	0.05(六价)	0.10(六价)	0.1

7.2　重金属的浓度范围

7.2.1　自然水体中重金属本底值

自然水体本身就含有少量的重金属,统计自然水体中重金属的本底值是判断水体受污染程度的基础。地壳岩石风化、火山喷发和陆地水土流失会将重金属通过雨水径流、大气和降水注入自然水体中,构成自然水体的重金属本底值。重金属在自然水体中的本底值极低,除铁、锶、锰等少数几种在地壳中丰度相对较高的元素外,其余重金属在水中的本底值一般不超过10 μg/L。我国主要水系的平均重金属本底值见表 7.4。

表 7.4 我国主要水系平均金属本底值 （单位：μg/L）

重金属	平均值	重金属	平均值
铁 Fe	235.82	铅 Pb	0.87
锶 Sr	130.04	铷 Rb	0.90
钡 Ba	22.99	铀 U	0.39
锰 Mn	14.84	砷 As	0.53
锌 Zn	7.11	钴 Co	0.23
钛 Ti	3.30	钕 Nd	0.10
钒 V	1.04	铈 Ce	0.20
铬 Cr	1.13	锑 Sb	0.11
镍 Ni	1.04	镧 La	0.10
铜 Cu	1.07		

资料来源：王桂玲和王秀兰，1999

7.2.2 生活污水处理厂进、出水中的重金属

一般来讲，生活污水中的重金属浓度较低（表 7.5），但如果生活污水管网中混入含有大量重金属的工业污水，则有可能导致污水处理厂进水的重金属浓度偏高，严重时会对活性污泥的生理指标造成影响，妨碍污水处理过程的进行。因此不宜将含重金属污水直接汇入生活污水管网。北京市某污水处理厂出水中重金属浓度的实测值见表 7.6。

表 7.5 国外某污水处理厂进水中重金属实测值范围

重金属	重金属浓度（μg/L）			
	最小值	最大值	平均值	标准差
Cd	0.010	0.034	0.016	0.002
Cr	0.033	0.090	0.053	0.005
Cu	0.019	0.098	0.056	0.002
Ni	0.019	0.086	0.060	0.012
Pb	0.043	0.150	0.090	0.010
Zn	0.043	0.193	0.130	0.008

资料来源：Singh et al.，2010

表 7.6　北京市某污水处理厂出水中重金属实测值(n=18)

重金属	重金属浓度(μg/L)				
	最小值	最大值	中值	平均值	标准差
As	1.51	21.0	3.73	5.47	4.90
Cd	—	0.030	0.005	0.006	0.008
Cr	—	2.72	0.41	0.88	0.85
Cu	3.13	13.3	4.82	6.34	5.65
Ni	10.3	92.9	17.0	27.2	25.1
Pb	1.40	4.45	2.85	2.81	0.90
Zn	22.0	149.0	45.4	63.5	38.0

资料来源：杨军 等，2011

7.2.3　工业污水中的重金属

部分工业行业，如采矿、冶金、化工等会产生含大量重金属的污水，表 7.7 列举了部分工业行业排放污水中所含重金属的种类。当水环境发生重金属污染时，可通过分析水中重金属的组分及浓度分布，推测污染源的位置和可能的产业类型。

表 7.7　部分工业行业排放污水中所含重金属成分一览表

行业	重金属污染成分											
	Ag	As	Ba	Cd	Co	Cr	Cu	Fe	Hg	Mn	Pb	Zn
矿业		○		○					○	○	○	
冶金	○	○		○		○	○		○		○	○
染料		○		○			○	○	○		○	
陶瓷		○				○						
涂料			○			○					○	○
照相	○			○	○	○					○	
玻璃		○	○								○	
造纸						○	○		○			
制革		○	○			○	○	○	○			
纺织		○	○	○			○	○	○		○	
肥料		○		○		○	○	○	○	○	○	○
炼油		○		○		○	○	○			○	○

资料来源：孟祥和和胡国飞，2000

重金属含量高的污水应在厂区内单独处理，不应直接排入生活污水管网，以免对活性污泥造成冲击。

7.2.4 再生水中的重金属

随着再生水应用的日益广泛，再生水中重金属的含量也受到了广泛关注。重金属的含量对再生水的某些用途(如灌溉、景观用水)有很大的限制作用，应引起一定重视。表7.8比较了北京-天津城市群灌溉用再生水中重金属含量的平均值，并和《农田灌溉水质标准》(GB 5084—2021)中的限值做了比较。

表7.8 北京-天津城市群灌溉用再生水重金属含量平均值 (单位：mg/L)

重金属	第一季度	第二季度	第三季度	第四季度	GB 5084—2021
Cu	0.018	0.015	0.012	0.014	1
Zn	0.367	0.253	0.078	0.078	2
Pb	0.045	0.036	0.041	0.047	0.2
Cr	0.022	0.026	0.021	0.023	0.1(六价)
As	0.00051	0.00066	0.00058	0.00042	0.05
Cd	0.0056	0.0061	0.0052	0.0068	0.01

资料来源：Wang et al.，2012

7.3 重金属的测定方法

测定水中重金属含量的常用方法有原子吸收和原子荧光法、电感耦合等离子体-原子发射光谱法、离子色谱法、分光光度法、阳极溶出伏安法和试纸法等。

原子吸收和原子荧光法由火焰原子吸收、氢化物发生原子吸收、石墨炉原子吸收相继发展起来，可测定水中多数的痕量、超痕量金属元素，具有较高的灵敏度和准确度，且干扰少。

电感耦合等离子体-原子发射光谱法(ICP-AES)和电感耦合等离子体-质谱法(ICP-MS)可同时测定多种元素。其灵敏度、准确度与火焰原子吸收法相当，且效率高，一次进样，可同时测定10～30种元素。ICP-MS法的灵敏度比ICP-AES高2～3个数量级，特别是当测定质量数在100以上的元素时，其灵敏度更高，检出限更低。

离子色谱法是分离和测定水中常见阴、阳离子的技术，选择性和灵敏性好，一次进样可同时测定多个组分。气相色谱和高效液相色谱则主要应用于对水中重金属化学形态的分析。

分光光度法是实验室常用的重金属检测方法，其优点在于准确度较高，无须使用昂贵的分析仪器即可进行，测定成本低。目前已根据各金属的显色反应特性建立起了完善的重金属分光光度检测方法体系。但缺点是显色反应易受干扰离子的影响，需严格掌握反应条件，操作条件较为烦琐。基于分光光度法的流动注射分析技术则主要用于水质在线自动检测系统。

阳极溶出伏安法是在一定的电位下，使待测金属离子部分地还原成金属并溶入微电极或析出于电极的表面，然后向电极施加反向电压，使微电极上的金属氧化而产生氧化电流，根据氧化过程的电流-电压曲线进行分析。伏安法成本低、灵敏度高，目前在欧美正取代传统的原子吸收方法，大量应用于环境应急监测、自来水检测、电镀和表面处理行业污水检测、食品、制药、医院污水监测等方面。美国EPA等权威机构已经将其列为标准检测方法，如EPA7063及EPA7472等。

试纸法是利用化学反应的原理，用纤维类滤纸作为反应载体的一种快速检测方法。试纸的制作方法比较简单，一般是将试剂配成溶液，浸渍在纸基上，以适当的方法干燥，也可将试剂(要求有一定的稳定性，多为染料)分散在纸浆中，制成试纸。测定时，试纸与被测物质接触的方法有自然扩散、抽气通过(需要有抽吸装置)、将被测样品滴在纸片上或将纸片插入溶液中等。被测物与试纸接触后，在试纸上发生化学显色反应，试纸的颜色发生变化，通过与标准比色卡进行比较，进行目视定性或半定量分析。根据检测样品化学性质的不同，用试纸法测定样品的全部时间有的只需几秒，最长也只需几十分钟，是一种简便有效的重金属检测方法(郭玉香，2006)。但与其他常用方法相比，试纸法的测量误差较大，是一种半定量的测定方法。

各分析方法的特征和使用范围见表7.9。

表7.9 水中重金属测定方法比较

方法	准确度	检出限	检测效率	干扰	测定成本	应用领域
原子吸收和原子荧光法	高	痕量级	高	少	高	痕量测定
电感耦合等离子体-原子发射光谱法	高	痕量级	高	少	高	痕量测定
离子色谱法	高	痕量级	高	多	高	分离和测定阴、阳离子
分光光度法	较低	微量级	低	多	低	一般实验室测定
阳极溶出伏安法	高	痕量级	高	较多	低	应急和在线监测
试纸法	低	微量级	高	少	低	简便测定

7.4 重金属形态/价态分析方法

7.4.1 重金属迁移转化规律

重金属在水环境中存在形态不同，对水生生态系统和对人的毒性也很不相同。因此在环境研究中，为了搞清污染机理，要对重金属的形态及其迁移转化规律进行研究。典型重金属在水中的常见形态/价态及其迁移转化规律见表 7.10。

表 7.10 典型重金属在水中的常见价态及其迁移转化规律

金属	常见形态/价态及其特征	迁移转化规律
砷(As)	As(0)：单质砷无毒性 砷化合物：均有毒性，As(Ⅲ)比 As(Ⅴ)毒性大约 60 倍 有机砷与无机砷毒性相似	表层水中的 As(Ⅲ)易被氧化为 As(Ⅴ)，可生成砷铁化合物，沉积在底泥中。深水层中 As(Ⅴ)易被还原为 As(Ⅲ)，可生成硫化砷沉淀。硫化砷可被微生物降解为气态的三甲基砷排入大气
铬(Cr)	Cr(Ⅲ)：毒性较弱，是人体必需元素 Cr(Ⅵ)：具有强烈的毒性	Cr(Ⅲ)在低 pH 值条件下易被腐殖质吸附形成稳定的配合物，当 pH$>$4 时，Cr^{3+}开始沉淀，接近中性时可沉淀完全
镉(Cd)	Cd(Ⅱ)：易形成各种配合物或螯合物	价态总是保持在$+2$价，氧化还原电位和 pH 值的变化只能影响与 Cd(Ⅱ)相结合的基团
汞(Hg)	Hg(Ⅰ)：少数溶于水(如硝酸亚汞)，其余微溶，不能形成络合离子	氧化还原电位$<$860 mV，$Hg^{2+} \rightarrow Hg$ 氧化还原电位$>$860 mV，$Hg \rightarrow Hg^{2+}$
	Hg(Ⅱ)：除硫化汞外易溶于水，易形成稳定络合物	Hg^{2+}只有受紫外线或日光照射才可发生甲基化反应。甲基汞可在光照或微生物作用下重新分解为金属汞和甲烷、乙烷等有机物
	有机汞：包括甲基汞、二甲汞、苯基汞和甲氧基乙基汞等，毒性很强	

7.4.2 重金属形态/价态分析方法

水中重金属的形态/价态和其性质(溶解度、毒性、稳定程度、吸附常数等)有很大关系，如六价铬、三价砷的毒性就比三价铬、五价砷大得多，甲基汞的毒性就比离子态的汞更大。由于不同价态的重金属的物理化学性质各不相同，有必要根据水中重金属的价态形态进行分析，有针对性地对重金属进行研究。

水中重金属的价态和形态分析方法如图 7.1 所示。

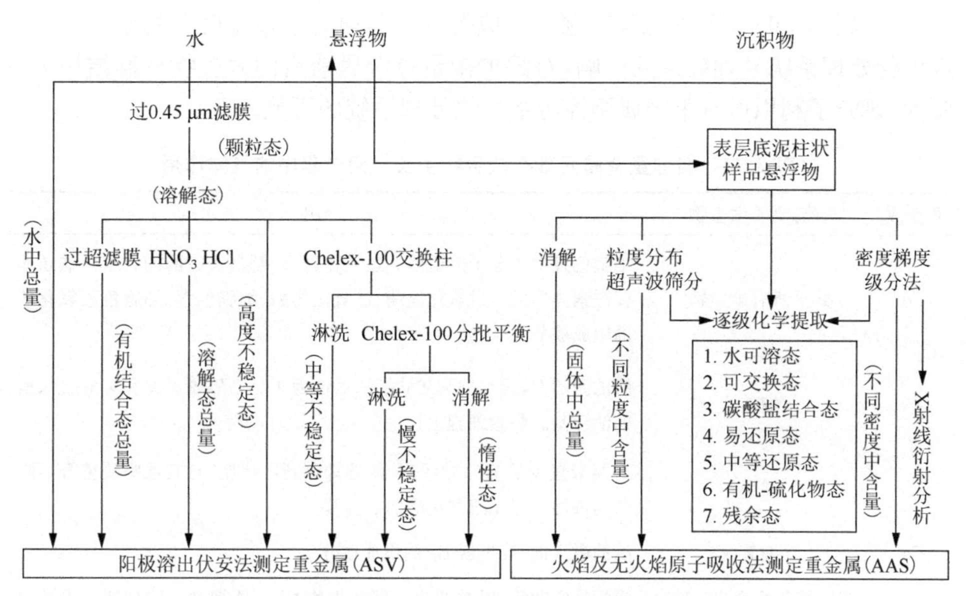

图 7.1　重金属形态测定方法示例(陈静生和周家义,1992)

7.5　重金属的生物促进效应及其研究方法

7.5.1　微量重金属的生物促进效应

重金属元素是生物生长代谢过程所需的重要成分之一,如锌、硒、铜、钼、铬、钴、铁等重金属元素就是人体的必需元素。常用的微生物培养基中均含有重金属成分,其需要量虽然很少,但在微生物生理活动中的作用却极为重要。微量营养物质在生物的生长代谢中有如下作用:

(1) 作为辅酶以激活相关酶的活性;

(2) 参与电子传递过程;

(3) 调节渗透压、氢离子浓度、氧化还原电位等;

(4) 作为微生物的生长因子。

典型重金属元素在微生物生长代谢过程中的具体作用见表 7.11。

7.5.2　重金属的生物促进效应研究案例

营养物质不均衡是工业污水生物处理效率降低的重要原因之一,以往的研究主要针对 C、N、P 等大量营养物质,但对微生物代谢所需的微量重金属元素缺乏系统研究。毛纺污水是一种难生物降解的工业污水,其生物处理系统普遍存在运行不稳定以及COD去除率低等问题。梁威等(2005)研究了微量营养物质对毛纺污水生物处理系统处理效果的影响,对添加微量重金属前后的微生物种群结构进行监测,研究了利用微量重金属调控污水生物处理系统的可能。

表7.11 典型重金属元素在微生物生长代谢过程中的具体作用

重金属	有需要的微生物	作用
Fe	几乎所有微生物	细胞色素中的电子传递体。过氧化酵素、顺乌头酸酶的合成。铁还原促进絮体形成。过氧化氢酶、过氧化物酶、细胞色素、细胞色素氧化酶的组成成分
Zn	细菌	酶的激活剂,脱水酶和羧肽酶的活性因子。乙醇脱氢酶和乳酸脱氢酶的活性基。刺激细胞生长
Cu	细菌	需要量较少的酶的激活剂,能够抑制新陈代谢,与其他物质螯合可降低其毒性。多元酚氧化酶的活性基
Co	细菌	酶的激活剂,维生素 B_{12}的组成成分
Ni	蓝细菌和绿藻、产甲烷厌氧菌、活性污泥培养	激活特定的酶,甲烷产生。保持生物量,可能抑制新陈代谢。甲烷菌中细胞尿素酶的主要成分
Mn	细菌	激活异柠檬酸脱氢酶和苹果酸酶。在羧化反应中是必需的。黄嘌呤氧化酶中含有锰。能促进巨大芽孢杆菌芽孢的呼吸和发芽。在激酶反应中常可与 Mg 互换,与其他金属相比对细胞亲和力较小,但在1 mg/L时仍可抑制新陈代谢

资料来源:顾夏声 等,2006

梁威等对试验污水的金属含量进行了分析,具体试验结果见表7.12。通过与所需重金属含量进行对比,发现污水中Mg、Zn、Mo等重金属物质可能含量过低。在污水中添加Mg、Mo、Zn等重金属后,毛纺污水的生物处理系统的COD去除率可分别达到对照系统的183%、140%、139%。研究同时发现,不同重金属浓度对COD降解的影响也不相同,在达到最佳投加浓度前,随着浓度的提高,其促进作用越来越强;而在达到一定浓度后,随着投加浓度的提高,其促进作用明显降低,甚至出现抑制现象。这些研究结果说明,添加微量营养物质具有优化毛纺污水活性污泥处理系统净化效果的可能。

表7.12 金属元素需求与试验污水含量分析

金属元素	实际污水金属离子含量 (mg/L)	所需浓度参考 (mg/L)
Ca	4.34~17.20	0.4~1.4
K	2.39~3.68	0.8~3.0
Na	120.59~227.8	0.5~2.0

续表

金属元素	实际污水金属离子含量（mg/L）	所需浓度参考（mg/L）
Mg	2.07～4.38	0.4～5.0
Fe	0.054～0.16	0.1～0.4
Mn	0.008～0.011	0.01～0.5
Cu	0.002～0.015	0.01～0.05
Al	0.027～0.075	0.01～0.05
Zn	0.0042～0.016	0.01～0.05
Mo	0.003～0.017	0.2～0.7
Co	0.001～0.012	0.4～5.0

7.6　重金属的生物毒性及其研究方法

7.6.1　发光细菌法测定重金属急性毒性

发光细菌毒性测试是20世纪70年代后兴起的一种利用微生物检测环境毒性的方法。该方法广泛应用于测试化学品、污水、沉积物和土壤等的毒性，具有灵敏度高、相关性好、反应速度快、自动化程度高等优点，备受各国研究者关注。

我国于1995年3月发布的国家标准《水质急性毒性的测定发光细菌法》中，选用氯化汞作为参比毒物，以当量氯化汞质量浓度（mg/L）或 EC_{50} 值（半数抑制浓度）来表征水质急性毒性水平。但标准方法仍然存在一些问题：一是发光细菌发光强度本底差异较大，检测期间发光度变化幅度宽，搅拌充氧时间、培养时间、培养代数和培养温度以及pH值等对发光菌发光强度都会产生较大影响，造成实验结果的重现性较差。二是毒性参照物选用剧毒物质氯化汞，易升华，会造成环境污染、危害人体健康，而且标准方法中使用的氯化汞母液浓度高，达到2000 mg/L，工作液浓度却只有2 mg/L，保存期不超过24 h，浪费较为严重。剧毒物质氯化汞的毒性很强，人体摄入大量无机汞盐，可引起急性汞中毒。世界卫生组织提出每人每周总汞摄入量不得超过0.3 mg。

针对以上问题，王丽莎等（2006）通过一系列实验优化传统发光细菌急性毒性测试的实验条件，并研究了典型重金属对发光细菌的毒性，筛选出了更安全的毒性参照物代替剧毒物质氯化汞。

王丽莎等首先对发光细菌实验中暴露时间的界定进行了优化和统一，以增强研究结果的可比性。为了确定合适的暴露时间，通过文献调研，筛选出4种重金属，测定其 EC_{50} 值随暴露时间的变化，实验结果如图7.2所示。

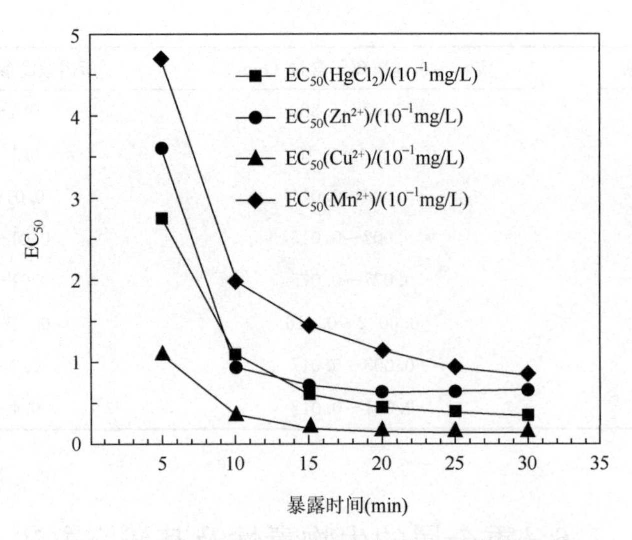

图 7.2　暴露时间对受试金属离子 EC_{50} 值的影响

由图 7.2 可知，暴露时间低于 20 min 时，各种受试毒物的 EC_{50} 值随暴露时间的变化较大，超过 20 min 后，EC_{50} 值基本保持稳定。因此，测定 20 min 时污染物对发光细菌的抑制作用，基本可代表该污染物的急性毒性。

通过在相同的实验条件下测定 4 种重金属和 1 种抑菌剂的 EC_{50} 值，得到它们的毒性大小顺序为：$EC_{50}(HgCl_2)$(0.086 mg/L)＞$EC_{50}(Zn^{2+})$(1.073 mg/L)＞$EC_{50}(Cu^{2+})$(2.510 mg/L)＞$EC_{50}(Mn^{2+})$(1442.4 mg/L)。可以看出 Zn^{2+} 和 Cu^{2+} 毒性中等，而且二者对于环境的影响远小于 $HgCl_2$，所以进一步选择的重点放在 Zn^{2+} 和 Cu^{2+} 上。多次实验同时测定 $HgCl_2$，Zn^{2+} 和 Cu^{2+} 对发光细菌的抑制作用(表 7.13)，发现 Zn^{2+} 多次实验数据的变异系数最小，即其毒性稳定性最好(表 7.14)。

表 7.13　汞、锌、铜对发光细菌的 EC_{50} 值

重复次数	参照毒物的 EC_{50}(mg/L)		
	$HgCl_2$	Zn^{2+}	Cu^{2+}
1	0.084	1.112	
2	0.051	1.115	
3	0.053	1.139	
4	0.049	1.222	
5	0.062	1.124	
6	0.099	1.481	2.671
7	0.062	1.202	2.074

续表

重复次数	参照毒物的 EC_{50}(mg/L)		
	$HgCl_2$	Zn^{2+}	Cu^{2+}
8	0.137	1.073	2.934
9	0.117	0.943	2.214
10	0.106	0.868	2.823
11	0.092	0.930	2.292
最大离差	0.088	0.551	0.867
平均值	0.083	1.110	2.501
标准差	0.030	0.167	0.355

相对于 Cu^{2+} 来说，Zn^{2+} 没有颜色，而且在较大 pH 值范围内，形态相对单一、稳定，所以选用 Zn^{2+} 作为参照物更合适。通过 10 组重复实验，得到 Zn^{2+} 的 EC_{50} 平均值是 $HgCl_2$ 的 12.5 倍。因此，对于原有采用 $HgCl_2$ 质量浓度表征的物质的毒性，可以根据 Zn^{2+} 与 $HgCl_2$ 的毒性换算关系，统一用 Zn^{2+} 质量浓度表示。

表 7.14　对表 7.13 数据的统计分析结果

指标	毒性参照物		
	$HgCl_2$	Zn^{2+}	Cu^{2+}
最大离差	0.088	0.551	0.867
平均值	0.083	1.110	2.501
标准差	0.030	0.167	0.355
变异系数	35.9%	15.0%	14.2%

7.6.2　底泥硝化菌群用于重金属生物毒性测试

微生物毒性测试由于具有简便、快捷、低廉等特点，在生物毒性研究中备受关注。硝化菌群对多数化学物质都非常敏感，选用硝化菌群作测试生物来评价有毒有害化学物质对硝化菌硝化能力的抑制程度，可以比较真实地反映有毒有害化学物质进入生态系统后的各种作用以及对氮循环的影响，对研究有毒有害化学物质的生态效应具有重要意义。

董春宏等(2002)以铜离子为毒性试剂，比较了铜离子对未受污染水体底泥与活性污泥中硝化菌硝化能力的抑制作用，探讨了将底泥应用于生物毒性测试的可能性。

该研究测定了在不同铜离子投加量下，底泥硝化活性的变化，得到铜离子对底泥硝化作用的抑制特性(图 7.3)。结果表明,铜离子对底泥和活性污泥的抑制率为 50%(此时概率单位为 5)时的平衡浓度分别为 12.43 μmol/L 和 46.90 μmol/L。

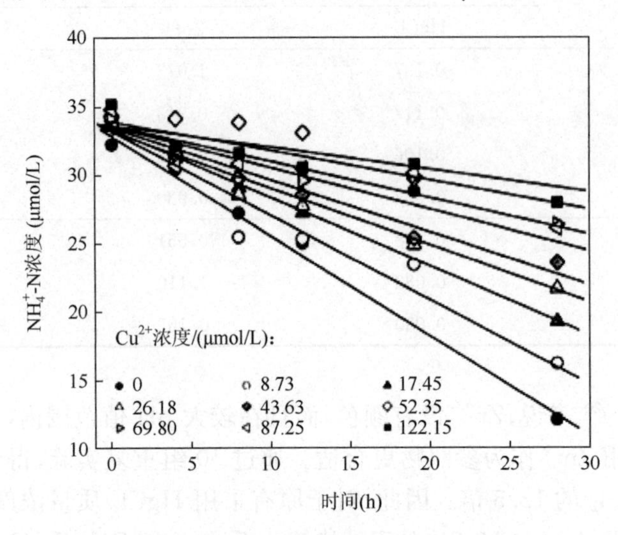

图 7.3　Cu^{2+} 对底泥硝化作用的抑制作用

参 考 文 献

陈静生,周家义. 1992. 中国水环境重金属研究. 北京:中国环境科学出版社.

董春宏,胡洪营,黄霞,等. 2002. 底泥硝化菌群用于生物毒性测试的初步研究. 环境科学研究,15(6):45~48.

顾夏声,胡洪营,文湘华. 2006. 水处理生物学. 北京:中国建筑工业出版社.

郭玉香. 2006. 试纸法快速测定环境水样中痕量重金属镉汞铅的研究. 天津:天津理工大学博士学位论文.

国家环境保护总局,《水和废水监测分析方法》编委会. 2002. 水和废水监测分析方法. 第4版. 北京:中国环境科学出版社.

梁威,胡洪营,王慧,等. 2005. 微量营养物质对毛纺污水生物处理效果的影响. 给水排水,31(11):53~56.

孟祥和,胡国飞. 2000. 重金属废水处理. 北京:化学工业出版社.

王桂玲,王秀兰. 1999. 河北省河流水质自然本底值状况评价. 河北水利科技,20(3):1~3.

王丽莎,胡洪营,魏杰,等. 2006. 城市污水再生处理工艺中发光细菌毒性变化的初步研究. 安全与环境学报,6(1):72~74.

王丽莎,魏东斌,胡洪营. 2004. 发光细菌毒性测试条件的优化与毒性参照物的应用. 环境科学研究,17(4):61~62,66.

杨军,陈同斌,雷梅,等. 2011. 北京市再生水灌溉对土壤,农作物的重金属污染风险. 自然资源学报,26(2):209~217.

周怀东,覃红,段玉英,等. 1992. 全国主要水系本底值站水质调查. 北京:中国水利水电科学研究院.

Arao T, Ishikawa S, Murakami M, et al. 2010. Heavy metal contamination of agricultural soil and countermeasures in Japan. Paddy and Water Environment, 8(3):247~257.

Singh A，Sharma R K，Agrawal M，et al. 2010. Risk assessment of heavy metal toxicity through contaminated vegetables from waste water irrigated area of Varanasi，India. Tropical Ecology，51(2)：375～387.

Wang Y，Qiao M，Liu Y，et al. 2012. Health risk assessment of heavy metals in soils and vegetables from wastewater irrigated area，Beijing-Tianjin city cluster，China. Journal of Environmental Sciences，24(4)：690～698.

第8章 有机化合物常规综合指标及其研究方法

8.1 有机化合物常规综合指标及其意义

水中,特别是污水中的有机物种类繁多,性质和浓度水平各异,定量分析(污)水中的所有有机物是不可行的,也是没有必要的。在研究和实践中,常利用有机物综合指标定量表征水中有机物的浓度水平。

有机化合物常规综合指标主要包括生化需氧量、化学需氧量、总需氧量、总有机碳、总有机硫、总有机卤素和总有机氮等。这些综合指标用于表征水中具有相似化学性质的一类有机物的含量。不同指标表征的物质范围略有不同,如化学需氧量表征的有机物范围略大于生化需氧量表征的有机物范围。

8.2 生化需氧量(BOD)

8.2.1 BOD的定义及意义

生化需氧量(biochemical oxygen demand,BOD),也称生物需氧量或生化耗氧量,是水中有机物等需氧污染物质含量的综合指标,用于表征水中有机物由于微生物的生化作用进行氧化分解时所消耗水中溶解氧的总量。

有机物的生物氧化一般分为两个阶段,即碳化阶段和硝化阶段。含碳有机物分解产生的生化需氧量称为碳质BOD;含氮有机物硝化过程产生的需氧量称为氮质BOD。硝化阶段一般在含碳有机物已经基本完成分解之后(生物氧化开始5~8天以后)才开始发生。国内外采用的常规测定方法为五日生化需氧量(BOD_5),其反映的主要为碳质需氧量。

水中所有有机物完全生物氧化产生水和二氧化碳的生化需氧量称为总生化需氧量,以BOD_u或者BOD_L来表示。理论上,测定总生化需氧量的时间是无限长的。以BOD_x来表示x天的生化需氧量,那么BOD_u约等于BOD_{20},BOD_5一般为BOD_{20}的80%左右。

BOD测定标准试验条件一般是在常温的暗处培养微生物一定时间(通常为五日)。但是,实际自然条件中的温度、生物种群、水的流动、太阳光的照射和水中的溶解氧等都会影响生物降解。这些客观存在的自然条件不可能在实验室内准确地再现，所以BOD测定只能反映在培养和测试条件下的需氧量。

值得注意的是，水中的有机物非常复杂，微生物不可能氧化所有的有机物，如难以氧化含苯环比较多的多环芳烃(如PCBs)等一些具有“三致”毒性的物质。因此BOD只能反映水样在测定条件下能被微生物氧化的污染物，而不能准确地反映水中全部有机物的浓度水平。

8.2.2　BOD水质标准和水质要求

几种国家标准中有关BOD的限值见表8.1。

表8.1　不同水质标准的BOD限值

标准名	水质分类	BOD(mg/L)
地表水环境质量标准(GB 3838—2002)	Ⅰ	3
	Ⅱ	3
	Ⅲ	4
	Ⅳ	6
	Ⅴ	10
城镇污水处理厂污染物排放标准(GB 18918—2002)	一级A	10
	一级B	20
	二级	30
	三级	60
生活垃圾填埋场污染控制标准(GB 16889—2008)	常规污水处理设施排放口	30
城市污水再生利用　工业用水水质(GB/T 19923—2005)	直流冷却水	30
	敞开式循环冷却水补充水	10
	洗涤用水	30
	锅炉补给水	10
	工艺与产品用水	10

8.2.3　不同水的BOD浓度水平

不同类型的污水BOD水平相差很大。几种典型污水的BOD浓度见表8.2(郭连城，1988)。

北京市污水处理厂进水BOD_5浓度分布如图8.1所示(孙艳 等，2014)。从图中可以看出，BOD_5平均浓度为171.1 mg/L，中间值为160.0 mg/L，最频值为206.0 mg/L。另外，BOD_5浓度正态分布拟合曲线与标准正态分布曲线相比不是完全对称曲线，且频率分布的高峰向左偏移，长尾向右延伸，由此可以判断BOD_5

浓度分布呈正偏态分布。

表 8.2 不同污水的 BOD 浓度水平

污水种类	BOD(mg/L)
生活污水	122～254
养鸡污水	225～395
啤酒污水	200～395
垃圾渗滤液	95～135

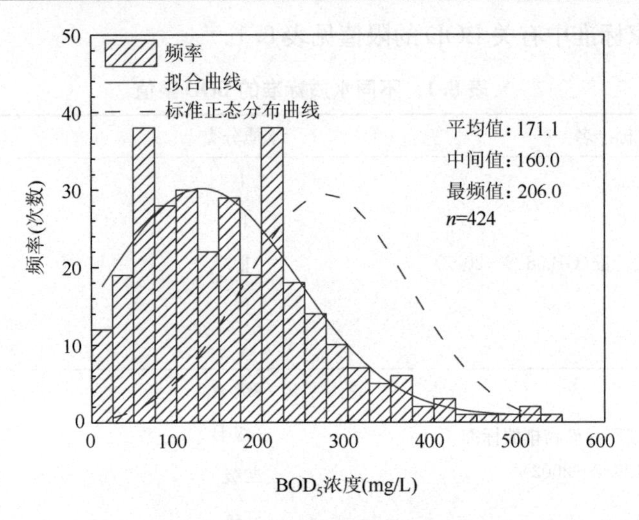

图 8.1 北京市污水处理厂进水 BOD_5 浓度分布特征(2012 年)

8.2.4 BOD 测定方法

BOD 的测定方法有标准稀释法(又称稀释与接种法)、测压法、微生物电极法、活性污泥曝气降解法等。各方法的优点和适用范围见表 8.3。

表 8.3 BOD 测定方法比较

测定方法	测定原理	优势	适用范围
标准稀释法(稀释与接种法)	将水样稀释至一定浓度后，在 20 ℃恒温下培养 5 d，测出培养前后水中溶解氧量，便可计算出 BOD 值	国标方法，具有权威性	适用于所有情况
测压法	在密闭的培养瓶中，水样中溶解氧被微生物消耗，微生物因呼吸作用产生与耗氧量相当的 CO_2，当 CO_2 被吸收剂吸收后使密闭系统的压力降低，根据压力计测得的压降可求出水样的 BOD 值	测定简便、经济	用于日常运行监测

续表

测定方法	测定原理	优势	适用范围
微生物电极法	以一定的流量使水样及空气进入流通测量池中与微生物传感器接触，有机物受菌膜中微生物的作用，使扩散到氧电极表面上氧的质量减少，据此可换算出水样的生化需氧量	周期短，同时避免了硝化作用带来的影响	悬浮物质浓度低，非高浓度杀菌剂、农药类、游离氯及高浓度的含氰废水等对菌膜有毒害作用的水样
活性污泥曝气降解法	控制温度为 30～35 ℃，利用活性污泥强制曝气降解样品 2 h，经重铬酸钾消解生物降解前后的样品，测定生物降解前后的化学需氧量，其差值即为 BOD	活性污泥中含适应特定成分废水的微生物，针对某种特定废水的测定具有较高的可靠性	成分稳定的工业废水的测定

1. 标准稀释法(稀释与接种法)

将水样稀释至一定浓度后，接种微生物，在 20 ℃恒温下培养 5 d，测出培养前后水中溶解氧量，便可计算出 BOD 值(即 BOD_5)。该方法于 1936 年被美国公共卫生协会标准方法委员会及 ISO/TC-147 采用，成为国际上约定俗成的分析方法。我国颁布的水质分析方法 GB 7488—87 亦采用该方法，这里不再赘述。

2. 测压法

在密闭的培养瓶中，水样中溶解氧被微生物消耗。微生物因呼吸作用产生与耗氧量相当的 CO_2，当 CO_2 被吸收剂吸收后使密闭系统的压力降低，根据压力计测得的压降可求出水样的 BOD 值。

3. 微生物电极法

以一定的流量使水样及空气进入流通测量池中与微生物传感器接触，水样中溶解性可生化降解有机物受传感器微生物膜中微生物的作用，使扩散到氧电极表面上氧的质量减少。当水样中可生化降解的有机物向微生物膜的扩散速度达到恒定时，扩散到氧电极表面上的氧的质量也达到恒定并产生一恒定电流。由于该电流与水样中可生化降解的有机物差值(或是氧减少量)存在定量关系，据此可换算出水样的生化需氧量。

该法测定周期短，同时避免了硝化作用带来的影响。然而，应用微生物电极法测定 BOD 仍存在许多问题(李国刚和王德龙，2004；庄韶华 等，2003；Karube et al.，1977)。

(1) 若水样中悬浮颗粒含量较高,测定结果与标准稀释法相比偏差较大。

(2) 该法是利用传感器中微生物膜内所固定的细菌对水中有机物的作用进行BOD的测定,细菌的生长周期及活性的变化决定了每批次测量前需用标准样品对微生物传感器进行校准并定期更换微生物膜。

(3) 高浓度的杀菌剂、农药类、游离氯及高浓度的含氰废水对微生物膜中的菌种有毒害作用,因此该法不适宜此类废水的测定。

(4) 该法中用作校准的标准物质,如葡萄糖、谷氨酸均具有良好的可生化性,当测定水样中含难生化降解的有机物时,测得的BOD值往往偏低。

4. 活性污泥曝气降解法

控制温度为30～35 ℃,利用活性污泥强制曝气降解样品2 h,用重铬酸钾消解生物降解前后的样品,测定生物降解前后的化学需氧量,其差值即BOD。根据与标准方法的实验结果对比,可换算出BOD_5值。该法最大的优点在于活性污泥中含适应特定成分废水的微生物,针对某种特定废水的测定具有较高的可靠性。

5. 其他方法

一些研究者利用其他方法测定水样的BOD。Hikuma用固定化酵母来测定水样BOD(Hikuma et al., 1979);Reynolds用荧光技术间接快速地测定水样BOD(Reynolds and Ahmad, 1997)。此外,还有高温法、检压式库仑计法、坪台值法和相关估算法等方法,但目前在实践中很少采用(李国刚和王德龙,2004)。

需要指出的是,与标准稀释法相比,任何一种BOD快速测定方法因测定条件不同,所得BOD值与BOD_5不完全相同。快速方法测定是通过适当的条件,使其测定结果与BOD_5具有较高的相关性,以达到快速检测BOD浓度的目的。活性污泥曝气降解法适用于成分稳定的工业污水的测定及在线自动监测。

利用标准稀释法测定BOD时,应特别注意以下三点:

(1) 对样品进行稀释时,应避免产生气泡。稀释水用虹吸管插入容器底部,容器保持倾斜,沿着管壁轻轻流入防止气泡产生。培养瓶在装入样品时也不能有气泡。如有少量气泡,可用瓶塞轻轻敲打瓶壁,气泡就会自然溢出。盖好瓶盖和水封后再检查一遍溶解氧瓶,确保没有气泡,否则会影响实验结果。

(2) 温度不仅对化学反应有较大的影响,对生化反应也有明显影响。因此水样的稀释以及测定过程,都应在(20±1)℃的恒温条件下进行,以避免不必要的误差(冯胜, 2011)。

(3) 注意毒害物质的影响。在测定医药、医疗、化工、农药、造纸等污水BOD_5值的时候,尤其要注意的是水样中各种不同的化学元素(如Cd、Cr^{6+}、Cu、Pb、Hg、Ni、Ag、Zn等重金属离子)和化合物(如消毒剂、有机农药等)会对微生物产生较大的毒性作用，致使生化培养过程终止，测定结果产生较大误差（李国刚和王德龙，2004）。

8.3　化学需氧量（COD）

8.3.1　COD 的定义及意义

化学需氧量（chemical oxygen demand，COD），又称化学耗氧量，用于表征水中受还原性物质污染的程度，也常用作有机物含量的指标。和生化需氧量（BOD）一样，COD 指标是表示水质污染度的重要指标。COD 的测定是利用化学氧化剂（如高锰酸钾、重铬酸钾等）将水中可氧化物质（如有机物、亚硝酸盐、亚铁盐、硫化物等）氧化分解，然后根据氧化剂的消耗量计算 COD，单位以 O_2 计，mg/L。

根据氧化剂的不同，分别有 COD_{Mn}（又称高锰酸盐指数）、COD_{Cr}。一般不特殊说明则为 COD_{Cr}，但日本和韩国的标准方法为 COD_{Mn}。正如将高锰酸钾作为氧化剂得到高锰酸盐指数一样，选择不同的氧化剂，可得到用不同氧化剂表征的 COD。例如，选择臭氧作为氧化剂，可得到臭氧指数（COD_{O_3}）来表征水中有机物的含量。

8.3.2　COD 水质标准和水质要求

我国不同水质标准中有关 COD 限值见表 8.4。

表 8.4　不同水质标准的 COD 限值

标准名	水质分类	COD(mg/L)
地表水环境质量标准（GB 3838—2002）	Ⅰ	15
	Ⅱ	15
	Ⅲ	20
	Ⅳ	30
	Ⅴ	40
地下水环境质量标准（GB/T 14848—2017）	Ⅰ	≤1
	Ⅱ	≤2
	Ⅲ	≤3
	Ⅳ	≤10
	Ⅴ	>10
城镇污水处理厂污染物排放标准（GB 18918—2002）	一级 A	50
	一级 B	60
	二级	100
	三级	120

续表

标准名	水质分类	COD(mg/L)
生活垃圾填埋场污染控制标准（GB 16889—2008）	常规污水处理设施排放口	100
城市污水再生利用　工业用水水质（GB/T 19923—2005）	直流冷却水	—
	敞开式循环冷却水补充水	60
	洗涤用水	—
	锅炉补给水	60
	工艺与产品用水	60

8.3.3　不同水的COD浓度水平

常见几种污水的COD值见表8.5(郭连城，1988)。

表8.5　几种污水的COD浓度水平

污水种类	COD(mg/L)
生活污水	260～400
养鸡污水	363～658
啤酒污水	420～880
垃圾渗滤液	186～268

北京污水处理厂进水COD_{Cr}指标的逐月变化规律和中间值分布如图8.2所

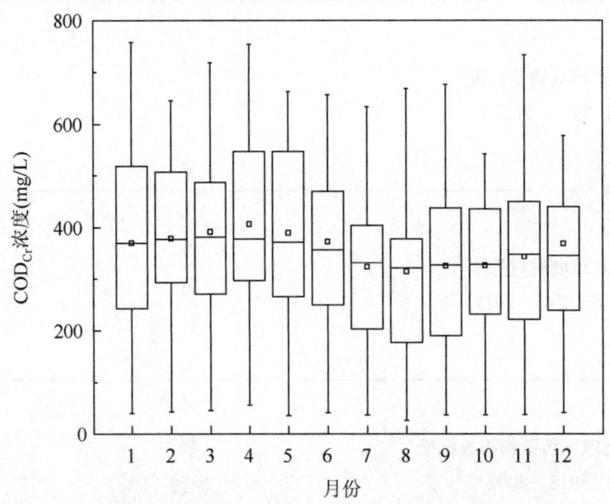

图8.2　北京市污水处理厂进水COD_{Cr}逐月变化情况(2012年)

示。进水 COD_{Cr} 各月中间值分布在 322.3～384.2 mg/L(孙艳 等,2014)。

8.3.4 COD 测定方法

COD 的测定方法按原理可分为三种,分别为化学氧化法、电化学法和间接法。在化学氧化法中,根据操作条件的不同,可分为标准回流法、开管消解法、密封消解法、微波消解法、连续流动法等。根据氧化产物性质不同,可采用滴定法或者吸光度测定法。

1. 化学氧化法

目前,实验室测定 COD 仍多采用标准回流法,即重铬酸钾硫酸回流法(GB 11914—89)。该方法测定结果准确,重现性好,适用于各种 COD 值大于 30 mg/L 的水样,上限为 700 mg/L。但该方法存在分析时间长、批量测定难以及二次污染严重等不足,难以适用于区域水质调查中大批样品的测定与现代化污水处理厂的水质在线监测与管理。

开管消解法的测定原理与标准回流法相同,它是将水样在开口的试管内加热 12 min,控制反应温度 165 ℃,以完成消解反应。此法操作简单,比较安全、省时,可同时消解十几甚至几十个水样,适用于大批量样品的测定,且用药量约为标准法的 1/10。该方法的准确度及精密度均较好,可测定的水样浓度范围广。

密封消解法是将样品密封,在 165 ℃下加热 15～20 min 来进行样品消解,消解时管内压力接近 0.2 MPa,以重铬酸钾为氧化剂将有机物氧化。由于采用密闭的反应管消解试样,挥发性有机物不能逸出,比开管消解法的测定结果更为准确。密封消解法测定污水中的 COD 具有简便、快速、节约试剂、省水、省电、省时、少占用实验室空间等优点,特别适合于环境监测系统进行污染源大面积调查及各厂矿企业的污染源申报中大批量水样的监测。

在原有催化消解法的基础上,把原来的 H_2SO_4-Ag_2SO_4 体系改变为 H_2SO_4-H_3PO_4-Ag_2SO_4 体系,可显著地缩短回流时间,提高分析速度,但该方法仍然避免不了氯离子的干扰,需要加入高毒性的硫酸汞以消除氯离子的干扰。通过提高反应体系的酸度(由 9 mol/L 提高到 10 mol/L),增强了重铬酸钾的氧化能力,使水样的回流时间由 2 h 缩短到 15 min,同样可保证测定的准确度和精密度。

微波消解法的原理是在微波能量的作用下加快分子运动速度,从而缩短消解时间。微波消解法与标准回流法一样采用硫酸-重铬酸钾消解体系,水样经微波加热消解后,过量的重铬酸钾以试亚铁灵为指示剂,用硫酸亚铁铵滴定,计算出 COD 值。该方法的最大特点就是反应液的加热是采用频率为 2450 MHz 的电磁波能量来进行的,在高频微波的作用下,反应液分子会产生摩擦运动。另外,还可采用密封消解的方式,可以使消解罐压力迅速提高到 203 kPa,该方法反应时间短,并可实现对高氯水的测定。

连续流动法与标准回流法都是使重铬酸钾在酸性环境下，以硫酸银为催化剂氧化水中还原性物质，其不同之处在于连续流动分析法反应试剂和水样是连续地进入反应和检测系统，用均匀的空气泡将每段溶液分隔开，在150℃恒温加热反应后溶液进入检测系统。连续流动法又称为流动注射法，该分析技术可运用于水样中COD值的测定，分析速度快，频率高，进样量少，精密度高，适于大批量样品连续测定。

分光光度法，又称比色法，其测定COD的原理为在强酸性介质（浓 H_2SO_4）中，水样中的还原性物质（主要是有机物）被 $K_2Cr_2O_7$ 氧化。当水的 $COD_{Cr} \leqslant$ 150 mg/L时，可通过在420 nm波长处比色测定反应瓶中剩余的 Cr^{6+} 的量；当 $COD_{Cr} \geqslant 150$ mg/L时可通过在620 nm波长处比色测定反应瓶中生成的 Cr^{3+} 的量。分光光度法具有简便、快速、准确等优点。

库仑法的原理是以重铬酸钾为氧化剂，在10.2 mol/L硫酸介质中回流氧化后，过量的重铬酸钾用电解产生的亚铁离子作为库仑滴定剂，进行库仑滴定。根据电解产生亚铁离子所消耗的电量，按照法拉第定律进行计算。此法简便、快速、试剂用量少，缩短了回流时间，且使用电极产生的亚铁离子作为滴定剂，减少了硫酸亚铁铵的配制及标定等繁杂的手续。

2. 电化学法

电化学法是通过氧化剂氧化有机物过程中电极电势的改变来进行COD测定的方法。有人提出一种以 $Ce(SO_4)_2$ 为氧化剂，利用pH电极和氧化还原电极直接测定电势，从而测定COD值的方法；或者以两种不同的玻璃电极组成电池通过直接测定电势对水样中COD值进行测定。还有人提出了一种用示波极谱二次求导数测定环境水样中COD值的方法，其原理是在强酸性溶液中，用重铬酸钾将水样中的还原性物质氧化，用极谱法测定过量的 Cr^{3+}，根据消耗的 Cr^{6+} 求出COD值。

3. 间接法（相关系数法）

间接法测定COD是测定水样的TOC、UV等易测指标，并找到这些指标和COD浓度的关系，通过测定水样的TOC等易测指标来估算水样的COD。

TOC相关系数法是在一定条件下测出水样的TOC值，然后找出TOC与COD的关系，由此来预测溶液的COD，达到缩短测定时间、快速检测溶液的COD的目的。该方法缩短了分析测试的时间，减少了工作量，提高了工作效率，但是这些经验性的公式往往适用范围窄，而且其测试时间还较长，不能满足对水处理过程的调控要求。

UV法是另外一种间接法。由于污水中的COD主要是由污水中的有机污染物引起的，因此可以利用有机物对紫外线的强吸收特性对 COD 进行估算。UV 法避免了 COD 直接测定时间长、耗费药剂和二次污染的弊端。具体测定方法为：对样品进行 200～500 nm 波长范围内的全扫描，确定吸光度最大处对应的波长为今后测定的波长 λ_0。取多个样品用国标方法测定其 COD 与波长 λ_0 处的吸光度 A，进行线性拟合得到 COD 与吸光度的关系(图 8.3)，之后可通过测定吸光度估算水样的 COD。

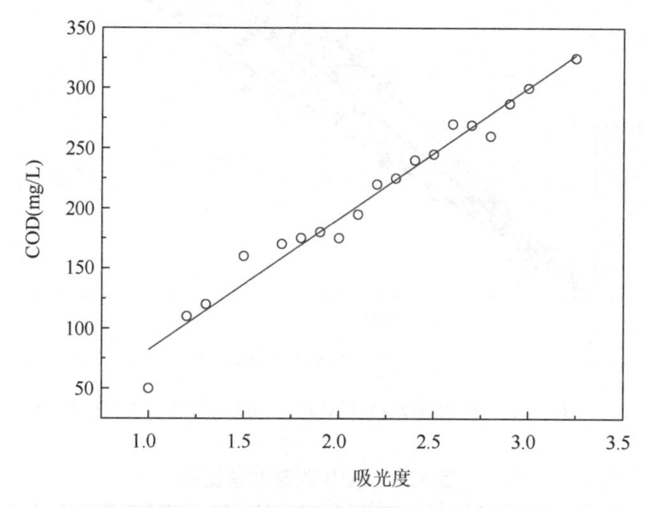

图 8.3　COD 与吸光度的线性关系示例

图 8.4 为各种污水的 UV 法 COD 与标准法的比较。由图可以看出，利用 UV 法测定的 COD 与标准法测得的 COD 有很好的一致性，这种相关性的污水种类和浓度范围都较宽。

各测试方法的原理、优点及适用范围见表 8.6。

利用重铬酸盐法测定 COD 时应注意以下事项：

(1) 注意排除 Cl^-、NO_2^-、S^{2-}、H_2O_2 等对测定的影响。对于 Cl^- 可采用稀释法和硝酸银沉淀法消除干扰；对于 NO_2^- 可采用氨基磺酸法和氨磺酸铵法消除干扰；对于 S^{2-} 可采用理论计算扣除法和酸化吹气法消除干扰；对于 Fenton 试验后残留的 H_2O_2 可采用碱性环境加热法消除干扰(孙冬月和官香园，2009)。

(2) 洗涤锥形瓶时，一般不用肥皂液。因在实验过程中有大量的酸，对刚用过的锥形瓶，只需用水和刷子冲刷即可，如果较脏，先用肥皂液洗，冲洗后再用酸液浸泡。其他的玻璃器皿，如果用肥皂液洗后，一定要用酸液浸泡。

(3) 冷凝水流量要足够，以手摸冷凝管壁时不能有温热感，否则，会使结果偏低。

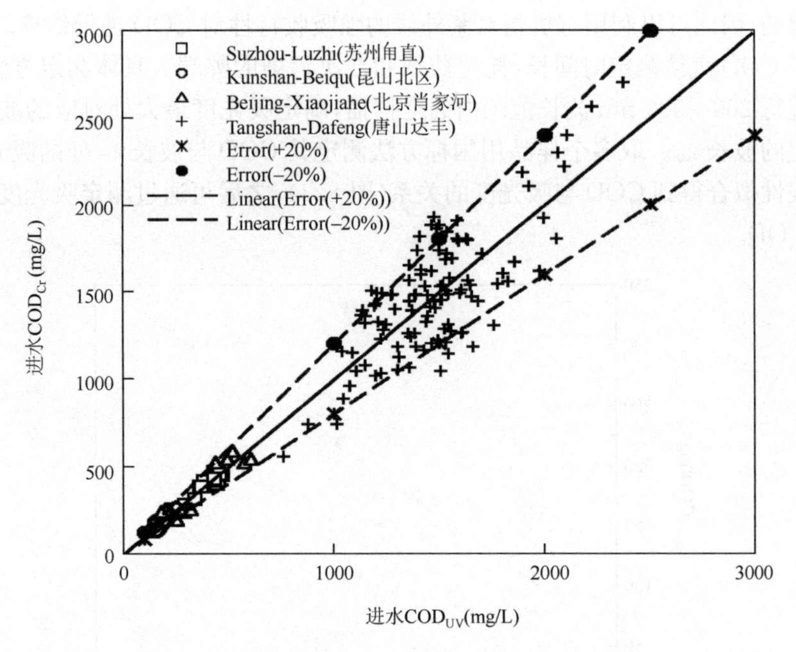

图 8.4 各种污水的 UV 法 COD 与标准法的比较

表 8.6 COD 测定方法比较

测定方法	测定原理	优势	适用范围
重铬酸钾硫酸回流法	用重铬酸钾在酸性环境下以硫酸银为催化剂氧化水中还原性物质	结果准确、重现性高	适用于COD值大于30 mg/L的水样，对未经稀释的水样检出限为700 mg/L
密封消解法	将样品密封，在165℃ 0.2 MPa条件下以重铬酸钾氧化水中还原性物质	简便、快速、节约试剂、省水、省电、省时、少占用实验室空间	适合于环境监测系统进行污染源大面积调查及各厂矿企业的污染源申报中大批量水样的监测
开管消解法	以重铬酸钾为氧化剂，将水样在开启的试管内加热12 min以完成消解反应，控制消解反应温度为165℃	操作简单、省时、安全，可同时消解几十个水样，且用药量约为标准法的1/10	适用于大批量样品的测定
微波消解法	微波能量加快分子运动速度，缩短消解时间。采用硫酸-重铬酸钾消解体系，水样消解后，过量的重铬酸钾以试亚铁灵为指示剂，用硫酸亚铁铵滴定，计算出COD值	反应时间短，并可实现对高氯水的测定	

续表

测定方法	测定原理	优势	适用范围
连续流动分析法	用重铬酸钾在酸性环境下以硫酸银为催化剂氧化水中还原性物质	分析速度快、频率高、进样量少、精密度高	大批量样品连续测定
分光光度法	在强酸性介质，水中的还原性物质被 $K_2Cr_2O_7$ 氧化，可通过在特定波长处比色测定反应瓶中剩余(生成)的铬离子的量	简便、快速、准确	
库仑法	以重铬酸钾为氧化剂，在硫酸介质中回流氧化后，过量的重铬酸钾用电解产生的亚铁离子作为滴定剂，进行库仑滴定	简便、快速、试剂用量少，且亚铁离子作为滴定剂，减少了硫酸亚铁铵的配制及标定等繁杂的手续	
电化学法	以 $Ce(SO_4)_2$ 为氧化剂，利用 pH 电极和氧化还原电极直接测定电势，从而进行 COD 值的测定	试剂用量少、操作简便、消解时间短等	
TOC 相关系数法	在一定条件下测定出水样的 TOC 值，然后找出 TOC 与 COD 的关系，由此来预测溶液的 COD	缩短测定时间，快速检测溶液的 COD	
UV 法	有机物的光谱特性与 COD 存在线性关系，可通过测定特定波长处的吸光度预测 COD 值	无污染，时间短，无需试剂	用于同一类型的水样 COD 测定，如印染废水和生活污水则不能用同一线性关系式表示

(4) 待溶液完全冷却至室温时方可滴定，否则，会使结果偏低(袁汉鸿 等，2005)。

8.3.5　COD 研究案例

活性污泥模型 ASM1 是常用的活性污泥法运行模拟模型，涉及了 8 个工艺过程和 13 个组分。13 个组分中主要涉及了各种类型的 COD 计算，如图 8.5 所示。

在生物可降解组分中，有机物依据降解速率划分为快速易降解基质 RBCOD 和慢速降解基质 SBCOD。实验表明，两种基质的降解速率相差约一个数量级。

RBCOD 被认为由相对较小的分子组成(如 VFA 和小分子量的碳水化合物)，很容易进入细胞内部并引起电子受体(O_2 或 NO_3^-)被利用的快速响应。RBCOD

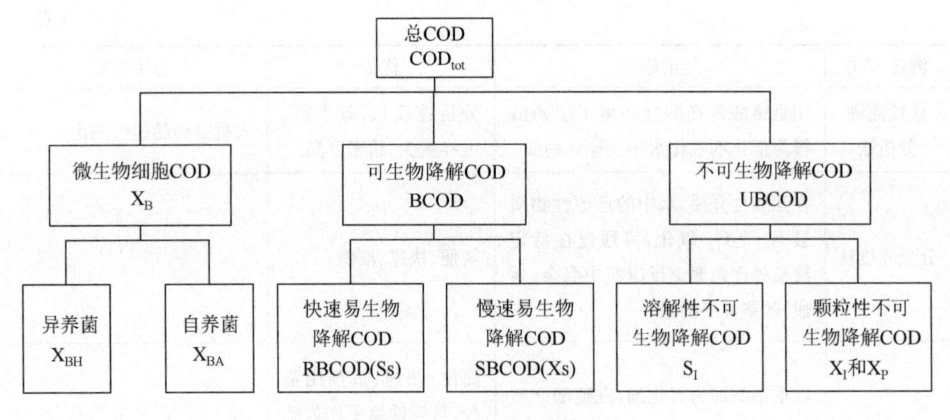

图 8.5 COD的分类

可由好氧呼吸测量法或者缺氧呼吸测量法进行测定。

SBCOD可能由细小颗粒物、胶体物质和溶解性复杂有机大分子组成。对于工业污水，一般三者都有，对于生活污水，SBCOD仅由前两者组成。SBCOD可通过测定BCOD与RBCOD并计算其差值得到。BCOD的估算可由下式计算得到：BOD_{20}＝(95%～99%)BCOD。

UBCOD代表那些不能反应或者反应非常慢以致其降解在污水处理系统中的可忽略的物质(卢培利 等，2011)。

8.4 总需氧量(TOD)

8.4.1 TOD的定义及意义

总需氧量(total oxygen demand，TOD)是水中的有机物全部燃烧变成稳定氧化物所需要的氧量。一般是指水样通过特殊的燃烧器，在900 ℃下，以铂为催化剂，使水样中的有机物燃烧，通过测定载气(通常用氮气)中氧的减少量来表示有机物完全氧化时所需要的氧量。

理论需氧量(theoretical oxygen demand，ThOD)是指将有机物中的碳元素和氢元素完全氧化为二氧化碳和水所需氧量的理论值(即按完全氧化反应式计算出的需氧量，单位为mg-O_2/mg)。在严格意义上，ThOD也包括有机物中氮、磷、硫等元素完全氧化所需氧量的理论值(当计入这些元素完全氧化的需氧量时，应在数据后注明)。

有机物的ThOD是一个理论值，而TOD、BOD、COD均为实测值。以葡萄糖为例，其ThOD的计算过程如下所示：

$$C_6H_{12}O_6 + 6O_2 = 6CO_2 + 6H_2O$$

$$ThOD(C_6H_{12}O_6)=6\times 32/180=1.067\ mg\text{-}O_2/mg$$

有机物以 C、H、O 元素为重要组成元素，若分子中不存在氧元素，其 ThOD 值相对就高。同时，C/H 比值越小，ThOD 越大。由此可见，甲烷的 ThOD 最大（为 4 $mg\text{-}O_2/mg$），甲酸的 ThOD 最小（为0.35 $mg\text{-}O_2/mg$）。任何有机物的 ThOD 均在区间（0.35～4 $mg\text{-}O_2/mg$）内。

ThOD 通常用于需氧量的估算，如用于与化学需氧量对比，以研究与检验化学需氧量测定方法的适用性和测定数据的可靠性；也用于与生化需氧量对比，研究水中污染物的生物降解特性及污水生化处理方法的适用性。

8.4.2　TOD 测定方法

测定方法是将水样定量地注入装有铂催化剂的 900 ℃高温燃烧炉，同时通入含有一定量氧气的氮气作为原料气，水样中还原性物质在铂催化剂作用下被瞬时燃烧氧化，燃烧后的气体送入氧量检测器，根据燃烧前后原料气中氧量的减少，便可求出水样的 TOD 值。

8.5　BOD、COD、TOD 之间的关系

BOD、COD 和 TOD 等综合指标可以间接表征水中有机物的含量，但是，这些指标不能反映水中具体物质组成。一些有机物具有高毒性，但 TOD、BOD 等综合指标不能反映水的生物毒性，也就是说，这些指标的值低，不能说明该浓度有机物的水质安全可用。

并非所有能够被化学氧化的物质都能够被生物氧化，因此 BOD/COD_{Cr} 值均小于 1。利用 BOD/COD_{Cr} 值可以粗略地表征水中有机物的可生化性（表 8.7）。

表 8.7　BOD/COD_{Cr} 比值与可生化性的关系

BOD_5/COD_{Cr}	>0.45	>0.3	<0.3	<0.25
可生化性	较好	一般	较差	差

表 8.8 为我国不同地区生活污水的 BOD、COD_{Cr} 的浓度水平及其比例（宋丽丽 等，2011）。由表可见，我国生活污水具有较好的可生化性。

图 8.6 为北京市污水处理厂多个水样进水 BOD 与 COD 的关系。可见，其比值为 0.52，可生化性良好（孙艳 等，2014）。

水中有机物质组成已知时，可以计算得到其 ThOD。由于测定仪器和条件有限，实测的 TOD 会略小于 ThOD；水中并非所有有机物都能够被重铬酸钾或高锰酸钾氧化，且部分还原性无机物会消耗重铬酸钾，因此 COD_{Cr} 一般小于 TOD，且两

表 8.8　我国各地生活污水 BOD 和 COD_{Cr} 浓度水平

地区	BOD(mg/L)	COD_{Cr}(mg/L)	BOD/COD
东北	194	427	0.45
华北	237	509	0.46
华中	143	299	0.48
华东	173	422	0.42
华南	125	256	0.49
西南	140	272	0.51
西北	159	363	0.44
全国	173	394	0.45

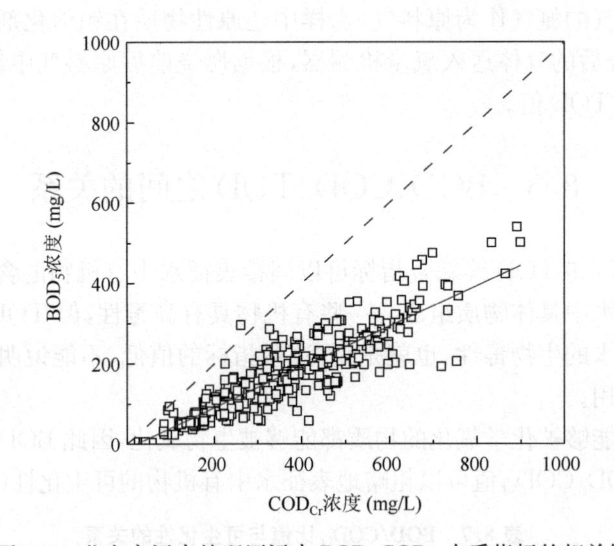

图 8.6　北京市污水处理厂污水 BOD、COD_{Cr} 水质指标的相关性

者代表物质略有差异。同样地，BOD_5 以及 COD_{Mn} 也分别代表了能被生物氧化和高锰酸钾氧化的有机物和还原性无机物，只是不同的氧化剂氧化性不同，能被氧化的有机物的量和种类有差异。一般情况下，重铬酸钾的氧化性大于高锰酸钾，因此 COD_{Cr} 一般大于 COD_{Mn}。生物对于有机物的降解与化学氧化作用不同，部分能被强氧化剂氧化的有机物未必能被生物降解，因此 BOD 一般小于 COD_{Cr}。因此这些综合指标有一个相对的大小关系，一般为：ThOD＞TOD＞COD_{Cr}＞BOD_5＞COD_{Mn}，各指标间相互关系如图 8.7 所示。

BOD 的测定用时较长，条件苛刻，而 COD 的测定只需 1～2 h，一般水质如生活污水，其 BOD 与 COD 的含量具有一定函数关系 BOD＝*a*COD＋*b*(不同水质，

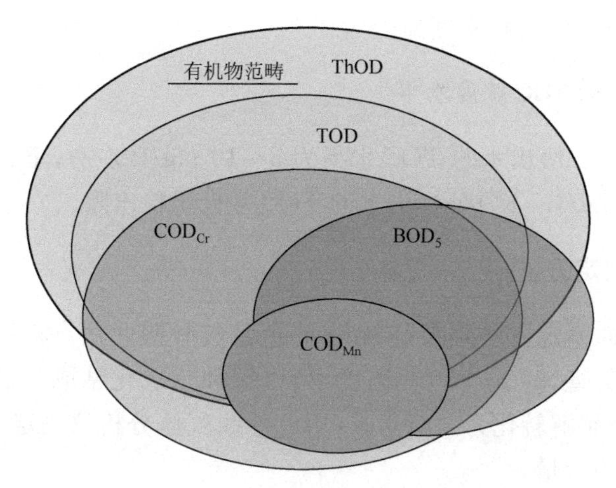

图 8.7　有机物综合指标相对关系示意图

不同条件下参数取值不同)，可以通过测定 COD 的值来估测 BOD 的值。COD_{Cr} 与 COD_{Mn} 也存在类似的线性关系。

8.6　总有机碳(TOC)

8.6.1　TOC 的定义及意义

总有机碳(total organic carbon，TOC)，即水中存在的溶解性有机碳(dissolved organic carbon，DOC)和颗粒性有机碳(particulate organic carbon，POC)的总量(GB 5750—2006)。TOC 是以碳的含量表示水中有机物总量的综合指标，以碳的质量浓度 mg/L 来表示。

一般采用酸化样品，通氮气曝气的方法去除试样中的无机碳(IC)，然后再测试试样中有机物燃烧后生成的 CO_2，换算成 TOC。由于 TOC 的测量采用燃烧法，因此能将有机物全部氧化，它比 BOD_5 或 COD 更能直接反映有机物的总量，常常用来评价水体中有机物污染的程度(HJ 501—2009，水质总有机碳的测定燃烧氧化-非分散红外吸收法)。因此，TOC 测定越来越受到人们的关注，特别是在实验研究中应用广泛(幸梅，2003)。

POC 主要包含细菌、藻类等颗粒态物质。因此，POC 与水中微生物浓度存在正相关关系。一般来讲，POC 浓度约为微生物浓度的 2 倍，因此可以通过 POC 估算微生物浓度(仅适用于微生物浓度较低的情况，如小于 50 mg/L)。

在实际应用中，对于氯离子含量高的污水处理厂二级处理的出水、悬浮物含量低的污水样品和受污染的海水水样，采用 TOC 分析仪测定其有机污染程度比

COD_{Cr}准确，重现性好，精密度高。

8.6.2 不同水的 TOC 浓度水平

污水处理厂二级出水的 TOC 水平为 5～10 mg/L 左右，藻类培养液的 TOC 水平为 4～80 mg/L。RO 处理出水的 TOC 常低于检出限。

8.6.3 TOC 测定方法

广泛应用的测定方法是燃烧氧化-非色散红外吸收法。将一定量水样注入高温炉内的石英管，900～950 ℃温度下，以铂和三氧化钴或三氧化二铬为催化剂，有机物燃烧裂解转化为二氧化碳，用红外线气体分析仪测定 CO_2 含量，从而确定水样中碳的含量。

1. 直接测定法

将水样预先酸化至 pH＜3，通入氮气曝气，驱除各种碳酸盐分解生成的二氧化碳后再注入仪器测定。曝气过程中由于挥发性有机物的损失会造成误差，故测定结果为不可吹脱有机物的碳值（NPOC）。当水样的 IC 浓度较高时（IC＞15 mg/L）或 TOC 浓度较低时采用该方法。

2. 差减法

将同一等量水样分别注入高温炉（900 ℃）和低温炉（150 ℃），则水样中的有机碳和无机碳均转化为二氧化碳，低温炉的石英管中有机物不能被分解氧化。高、低温炉中测得的总碳（TC）和无机碳（IC）二者之差即为总有机碳（TOC）。

3. 紫外分解法

在强紫外线（185 nm）的照射下，水中的有机物能够被彻底氧化。紫外线氧化测定水和污水中的 TOC 已列为 ISO 标准和德国、美国、日本等国的标准方法。为了得到更精确的结果，样品中的无机碳应在注入紫外反应器前除去。在紫外线氧化过程中，为了加快有机物的分解，常用二氧化钛（TiO_2）作光氧化的催化剂。

4. 其他方法

B. A. Schumacher 研究了测定土壤和颗粒物中 TOC 的方法，将 TOC 的测定从液相测定扩展到了固相测定方法（Schumacher，2002）。

TOC 测定注意事项有以下三点：

（1）注意样品测试前将 pH 值调至偏酸性，避免无机碳含量大于有机碳，造成测量误差偏大。

（2）注意样品中是否含有易挥发有机物，若含有苯及苯系物等应分别测定其 TOC，或采用插值法计算。

（3）注意样品的保存。不同的水样，保存条件和保存过程中的 BOD 缩减情况也不尽相同，因此应根据具体情况，确定保存条件。

当室温较低时（<15 ℃），不加保存剂硫酸的水样，放置 7 d 内的 TOC 测值与水样当天测值的相对偏差小于 5%，证明水中微生物的降解较慢（幸梅，2003）。加酸保存的水样随着放置时间的延长 TOC 测定值有所下降，出现这种情况的原因可能是由于水样加酸后有利于挥发性有机物的分解、损失，放置时间越长，分解损失越多。

因此，当室温较低时，建议 TOC 水样应尽量不加保存剂及时测定，如确需保存，时间以不超过 7 d 为限。在夏天，气温、水温较高，水中微生物活动频繁，为了抑制微生物的降解行为，可加酸低温避光保存，但亦应尽快测完，以减少损失（幸梅，2003）。

8.6.4　TOC 研究案例

TOC、COD 的比值在一定程度上可表征水样有机物的氧化还原状态。研究表明，水样的平均氧化状态（oxidation state，OX）可由 TOC 和 COD 的比值来粗略确定：OX＝4（TOC－COD）/TOC（摩尔比）（Eckenfelder，1989）。

在某一特定有机污染物氧化分解过程中，有机物自身的浓度下降速率和 TOC、COD 的下降速率各不相同，最小剩余浓度也不相同的情况下，有机物自身的浓度可以降到很低，甚至被完全去除（浓度低于检测下限），但 COD 特别是 TOC 的残留浓度会比较高。这是因为有机物很难被完全分解为水和二氧化碳。

因此，在有机物氧化分解研究中，需要同步检测 TOC、COD 和中间产物的浓度变化，以判断降解的程度。一般情况下，去除率的大小顺序为：有机物>COD>TOC。在氧化过程中，污染物总体的 OX 会逐步升高。

8.7　总有机卤化物（TOX）及可吸附有机卤化物（AOX）

8.7.1　TOX 和 AOX 的定义及意义

1．TOX 和 AOX 的定义

总有机卤化物（total organic halides，TOX）是指水中存在的溶解性和悬浮性有机卤素含量，包括有机氯、有机氟、有机溴和有机碘等。

可吸附有机卤化物(adsorbable organic halides, AOX)是指测定过程中，样品先通过活性炭柱吸附后进行测定得到的有机卤化物，包括氯化物、溴化物和碘化物等(Asplund et al., 1989)。

卤化物具有致癌和致突变性，一般不存在于天然水体，是人为污染的标志。美国环境保护局提出的129种优先污染物种，有机卤化物约占60%，以AOX表征的有机卤化物已经成为一项国际性水质指标。

2. TOX的主要来源

有机卤化物广泛用于纺织行业，如一些阻燃剂、杀虫剂、防毒剂、干洗剂、漂白剂、羊毛脱脂剂等。这些有机卤化物具有优异的使用性能，也是对环境危害较大的物质。

饮用水中的有机卤素主要来源于消毒工艺。在生活饮用水有机物指标中包含四氯化碳、氯乙烯、氯苯等；在地表水环境质量标准中规定了"集中式生活饮用水地表水源地四氯化碳、三溴甲烷等的限值"。其中，卤乙酸和三卤甲烷等消毒副产物对人类有致癌风险。

TOX与消毒副产物的形成及其毒性有一定关系。液氯、二氧化氯等消毒剂进入水中后产生次氯酸，若水中含有溴离子，能够生成次溴酸。次氯酸和次溴酸均可以与水中有机物作用产生消毒副产物，包括三卤甲烷和卤乙酸等(张子秋，2010)。

8.7.2 AOX水质标准和水质要求

AOX是我国造纸工业污染物排放标准(《制浆造纸工业水污染物排放标准》GB 3544—2008)中的重要指标之一。该标准规定自2009年5月1日起至2011年6月30日现有制浆造纸企业车间或生产设施废水排放口AOX排放限值为15 mg/L；自2011年7月1日起，现有制浆造纸企业车间或生产设施废水排放口AOX排放限值为12 mg/L；自2008年8月1日起，新建制浆造纸企业车间或生产设施废水排放口AOX排放限值为12 mg/L。

同时，该标准规定根据环境保护工作要求，在国土开发密度较高、环境承载力开始减弱，或水环境容量较小、生态环境脆弱，容易发生严重水环境污染问题而需要采取特别保护措施的地区，应严格控制企业的污染物排放行为，在上述地区(地域范围、时间由国务院环境保护行政主管部门或省级人民政府规定)的制浆造纸企业车间或生产设施废水排放口AOX排放限值为8 mg/L。

8.7.3　AOX的测定方法

AOX测定方法采用国家标准分析方法——《水质可吸附有机卤素(AOX)的测定微库仑法》。水样在一定压力下通过活性炭过滤装置，使水样中卤化物吸附在活性炭上，用硝酸盐溶液洗涤活性炭，以除掉无机卤化物，然后把活性炭送入高温炉中，使有机卤素转化为卤化氢，用载气将卤化氢送入装有银电极的滴定池中，用微库仑仪测定生成的卤化银所需的电量，由此计算出氯的含量，以μg-Cl/L表示。

8.8　其他总有机物综合指标

8.8.1　总有机硫(TOS)

总有机硫(total organic sulphur，TOS)是指水中存在的各种形态的溶解性和悬浮性有机硫的含量。含硫有机化合物主要有海藻和微生物对硫酸盐直接同化的生物有机硫；苯并噻吩、二苯并噻吩、萘并苯并噻吩以及它们的烷基衍生物等石油有机硫；氧硫化碳、二硫化碳、硫醇、烷基硫化物、硫醚、噻吩以及作为阴离子表面活性剂使用的烷基芳基磺酸盐和烷基硫酸盐等工业源有机硫和含硫有机肥料、有机硫杀虫剂和杀菌剂等农业有机硫。

在有机硫中，硫醇、硫醚类物质具有很强的嗅味，如高剂量存在于饮用水中将影响其使用感官(崔清晨和孙秉一，1993)。TOS与水样的嗅味物质产生潜能有一定关系。水样的TOS高，则说明在储存或使用过程中，在厌氧条件下产生嗅味的可能性大。

8.8.2　总有机氮(TON)

总有机氮(total organic nitrogen，TON)是指水中存在的各种形态的溶解性和悬浮性有机氮的含量。在生活饮用水有机物指标中包含硝基苯、丙烯酰胺等。

全世界河流中的总氮有14%～90%由有机氮组成。而作为有机氮的主要成分，溶解性有机氮(dissolved organic nitrogen，DON)是多数天然水体中溶解氮的主要组成部分，所占百分比达60%～69%。

研究表明，DON可作为氮源被藻类和细菌利用，是水生态系统中重要的活性组成成分，可直接参与固氮、同化、氨基化等氮循环过程。Berman等发现经过土著细菌和(或)游离溶解性酶作用，自然水体DON可被分解而产生藻类易利用的NH_4^+或尿素，而可能促进藻类的生长(Berman et al.，1999)。

同样地，还可以定义总有机磷（total organic phosphorus，TOP）等有机物指标。

8.8.3 其他有机物综合指标测定方法

表8.9列出了其他有机物综合指标的测定方法，包括国标方法及其他测试方法。

表8.9 其他有机物综合指标测定方法

指标	国标测试方法	其他测试方法
TOS		库仑滴定法、离子色谱法
TON	气相色谱法 ISO/TC 147	碳氮氢分析仪、高温燃烧法、高效液相色谱法、凝胶电泳法、质谱、核磁共振波谱、X射线光谱法、酶解法、电极法、奈斯勒试剂法
TOX	离子色谱法 HJ/T 83—2001、微库仑法 GB/T 15959—1995	
TON	碱性过硫酸钾消解紫外分光光度法 GB 11894—89	

8.9 不同有机物综合指标之间的关系

水中有机物的常见组成元素主要有碳、氢、氧、氮、硫、氯、溴等，因此，研究TOC物质的同时，必定含有TON或TOX等物质。研究某水样时，各指标的含量及其比例关系不同，该水的使用安全、后续处理方法也会有不同。

水中的有机物大部分含有C、H、O，故理论上TOC与COD_{Cr}存在一定的相关性（谢琴 等，2012；陈光 等，2005）。

在日常工作中，常常需要将在线TOC装置上的数值换算成COD数值，这就涉及一个COD/TOC的转换系数问题。

COD反映了水中受还原性物质污染的程度，水中还原性物质还包括亚硝酸盐、亚铁盐、硫化物等，此类物质具有COD值，却不具有TOC值，由此会导致COD/TOC值偏大。TOC测定时对水样氧化比较彻底，测定因子较为单一，影响因素少。当污水中含有较多不能被氧化的物质时，COD值较小而TOC值却较大，导致COD/TOC值偏小。

单一有机物的COD/TOC理论值是一定的。在所有有机物中，甲烷的COD/

TOC理论值最大，为5.33；甲酸的COD/TOC理论值最小，为1.33。因此，实际水样的COD/TOC取值范围为1.33～5.33。如果水样的COD/TOC比值超出了所给范围，则可以判断，水样的测定数据有误或含有水样氧化还原性无机物。

由于在实际测定过程中，有机物的氧化率并不是100%，所以TOC、COD等的实测值与理论值有一定的差异，COD/TOC值与理论值也会不同。几种典型有机物的TOC和COD实测值见表8.10。对于实际水样，因其成分较为复杂，不同的水样其成分不同，COD/TOC值也不相同。例如，地表水的高锰酸盐指数与TOC之比的均值变化范围为0.15～1.10；生活污水COD与TOC之比的均值变化范围为2.13～3.19。

表8.10　几种典型有机物的TOC和COD理论值与实测值

化合物	TOC			COD_{Cr}			COD_{Mn}	
	ThOC* (mg/L)	实测值 (mg/L)	氧化率 (%)	ThOD (g/g)	实测值 (g/g)	氧化率 (%)	实测值 (g/g)	氧化率 (%)
甲醇	37.5	40	107	1.5	1.44	96	0.4	24
乙醇	52	55	106	2.09	1.99	95.2	0.23	11
丙三醇	39.7	39	98.2	1.22	1.18	96.7	0.63	52
苯	23.1	22.9	99.1	3.08	0.532	17.3	0	0
甲苯	22.5	22.2	98.7	3.13	0.71	22.7	<1	<1
酚	76.5	61	79.7	2.38	2.36	99.2	1.5～1.7	63～73
甲醛	20	18	90	1.07	0.499	46.6	0.19	8
乙醛	54.5	52.1	95.6	1.82	0.82	45.1	0.15	5
甲基乙基酮	66.6	60	90.1	2.44	1.92	78.7	0.01	<1
甲酸	26.1	26	99.65	0.348	0.34	97.7	0.049	14
丙酸	48.6	42.5	87.4	1.51	1.45	96	0.13	8
丁酸	54.5	43.6	80	1.82	1.76	97.8	0.079	4
苹果酸	35.8	31.5	88	0.716	0.701	97.9	0.55	77
酒石酸	32	29.5	92.9	0.533	0.528	99.1	0.373	70
柠檬酸	34.2	31.5	92.1	0.686	0.559	81.58	0.4	60
丙氨酸	35.6	35.5	99.7	1.08	1.04	96.3	0.007	<1
葡萄糖	40	34	85	1.07	1.06	98	0.63	59
乳糖	42.1	42	99.8	1.07	1.08	101	0.75	70
淀粉	45	37	82.2	1.18	1.03	86.9	0.72	61
苯胺	77.4	81	105	2.41	3.2	1.33	2.07	86

* ThOC：TOC理论值（浓度）

8.10 有机物综合指标相关研究方向

与有机物综合指标相关的研究方向包括：①各种有机物综合指标的分析、监测(在线)方法(难题：TOX等)；②水中有机物综合指标的浓度、形态及相关关系；③有机污染物的组分特征、毒性、转化特性(化学过程、生物过程)；④特定组分的识别、分离、去除与转化(消毒副产物前体物、难去除物质……)；⑤有机物综合指标水质标准(环境标准、排放标准、工业用水标准)；⑥各种有机物综合指标去除方法(BOD、COD、TOC……)；⑦常量有机污染物的分离、浓缩与回收技术；⑧常量有机污染物的增值转化原理、技术和工艺。

参考文献

陈光，刘廷良，孙宗光. 2005. 水体中TOC与COD相关性研究. 中国环境监测，21(5)：9～12.

崔清晨，孙秉一. 1993. 海洋化学辞典. 北京：海洋出版社.

冯胜. 2011. 稀释接种法测BOD考核样品的一些注意点. 环境科学导刊，30(4)：90～92.

郭连城. 1988. 由COD值预测BOD值的模型. 国外环境科学技术，(3)：014.

李国刚，王德龙. 2004. 生化需氧量(BOD)测定方法综述. 中国环境监测，20(2)：54～57.

卢培利，艾海男，张代钧，等. 2011. 废水COD组分表征方法体系构建与应用. 北京：科学出版社.

宋丽丽，罗勇，高庆先，等. 2011. 生活污水中BOD_5与COD_{Cr}关系的区域性差异分析. 环境科学研究，24(10)：1154～1160.

孙冬月，宫香园. 2009. 重铬酸钾法测定COD中的干扰及消除. 环境科学与管理，34(6)：124～126.

孙艳，张逢，胡洪营，等. 2014. 北京市污水处理厂进水水质特征分析. 给水排水，40(增刊)：51～55.

谢琴，黄敏，李世荣，等. 2012. 水样中COD_{Cr}与TOC的关系. 仪器仪表与分析监测，(4)：41～42.

幸梅. 2003. 湿法氧化-非分散红外吸收法测定水中TOC(总有机碳)的影响因素. 重庆环境科学，25(11)：105～107.

袁汉鸿，胡艳平，戚惠良. 2005. 重铬酸钾法测定水中COD问题的探讨. 净水技术，24(4)：67～68.

张子秋. 2010. 饮用水中消毒副产物在不同工艺中的变化规律. 北京：北京林业大学博士学位论文：16～18.

庄韶华，陈萍，夏琴. 2003. 微生物电极法快速测定BOD. 环境监测管理与技术，15(4)：28～29.

Asplund G, Grimvall A, Pettersson C. 1989. Naturally produced adsorbable organic halogens (AOX) in humic substances from soil and water. Science of the Total Environment, 81-82：239～248.

Berman T, Béchemin C, Maestrini S Y. 1999. Release of ammonium and urea from dissolved organic nitrogen in aquatic ecosystems. Aquatic Microbial Ecology, 16(3)：295～302.

Eckenfelder W W. 1989. Industrial Water Pollution Control. New York：McGraw-Hill.

Hikuma M, Suzuki H, Yasuda Y, et al. 1979. Amperometric estimation of BOD by using living immobilized yeasts. European Journal of Applied Microbiology and Biotechnology, 8(4)：289～297.

Karube I, Matsunaga T, Mitsuda S, et al. 1977. Microbial electrode BOD sensors. Biotechnology and Bioengineering, 19(10)：1535～1547.

Reynolds D M，Ahmad S R. 1997. Rapid and direct determination of wastewater BOD values using a fluorescence technique. Water Research，31(8)：2012～2018.

Schumacher B A. 2002. Methods for the determination of total organic carbon (TOC) in soils and sediments. Ecological Risk Assessment Support Center：1～23.

第 9 章　有机污染物光谱特征分析方法

9.1　有机物光谱特征及其意义

在饮用水、地表水、污水及再生水中存在着组成复杂的有机污染物，其与水质的安全性和稳定性直接相关。有机物的光谱特征分析对于识别污染种类、解析污染物的迁移转化规律有重要的意义。不同的光谱特征分析使用的波长范围也不同，紫外-可见吸收光谱法一般采用 200～380 nm 的近紫外光波段和 380～780 nm 的可见光波段，红外光谱法一般指 0.78～1000 μm 的红外波段，而荧光光谱激发波长常用 200～780 nm 且发射波长往往长于激发波长(图 9.1)。本章将主要介绍水中有机污染物的光谱特征分析方法。

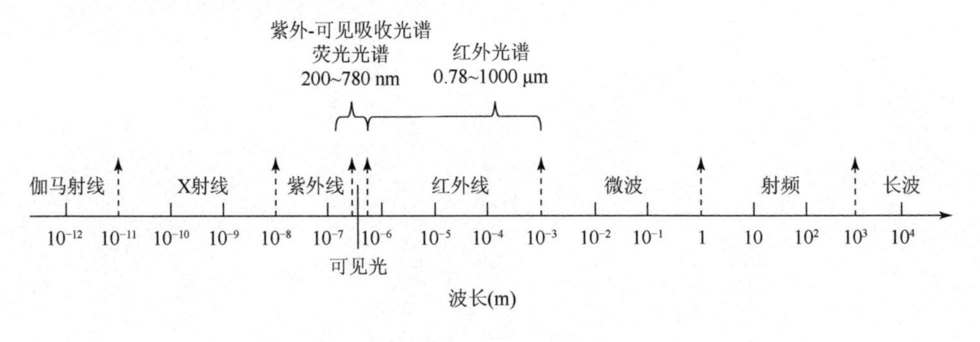

图 9.1　光谱谱图

9.2　紫外-可见吸收光谱特性分析

9.2.1　紫外-可见吸收光谱分析在水质研究中的意义

紫外-可见吸收光谱分析是基于分子内电子跃迁产生的吸收光谱进行分析的一种光谱分析方法。分子在紫外-可见区的吸收与其分子结构密切相关，一定波长下的吸收强度反映了电子的能级跃迁情况(图 9.2)。

其中，紫外光谱(200～380 nm)的研究对象大多是具有共轭双键结构的分子。在水质研究中，紫外-可见吸收光谱分析有着广泛而重要的应用。

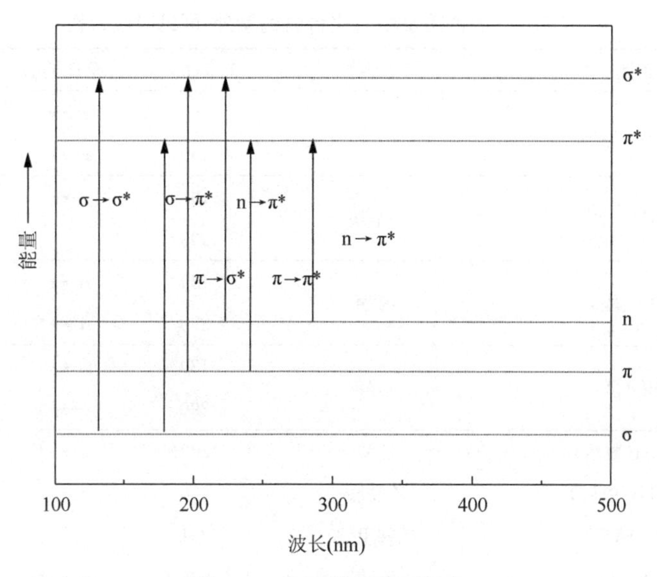

图 9.2　电子能级跃迁示意

水中的溶解性有机物(DOM)分子常含有未成对电子的氧原子、硫原子和碳-碳共轭双键等结构，因此在紫外光谱区表现出显著的吸收。在 DOM 中，共轭体系越大的分子，其在紫外区的吸收强度越大，吸收波波长还会随着共轭体系的增大而出现红移(刘密新 等，2002)。研究发现，饮用水、污水及再生水中部分具有较强紫外吸收特性的溶解性有机组分与生物毒性的产生及消毒物产物的生成有密切联系，在研究中受到了广泛关注(Chu et al.，2002；Imai et al.，2002；Tang et al.，2014a，b)。

9.2.2　典型物质的紫外-可见吸收光谱

物质的分子结构及特定官能团与其紫外-可见吸收光谱的谱图特征密切相关，特定的化学结构与官能团构成的分子也具有各自的紫外-可见吸收特性。

1. 生色团的吸收特性

在紫外-可见吸收光谱研究中，将能够产生紫外-可见吸收的官能团称为生色团(chromophore)，它们一般含有一个或多个不饱和键(刘密新 等，2002)。表 9.1 列出了常见生色团在特定溶剂中的吸收特性(刘密新 等，2002)。

此外，有些官能团本身不产生紫外-可见吸收，但能够增强生色团的吸收强度或改变特征吸收位置，该类官能团被称为助色团(auxochrome)。它们一般为具有孤对电子的基团，如—OH、—NH_2 和—SH 等(刘密新 等，2002)。

表 9.1 生色团及相应化合物的紫外-可见吸收特性

生色团	代表物	λ_{max}(nm)	跃迁类型	溶剂
—C═C—(烯)	乙烯	165	$\pi \to \pi^*$	气体
		190	$\pi \to \pi^*$	气体
—C≡C—(炔)	2-辛炔	195	$\pi \to \pi^*$	庚烷
		233		庚烷
—CO—(酮)	丙酮	189	$n \to \sigma^*$	正己烷
		279	$n \to \pi^*$	正己烷
—CHO(醛)	乙醛	180	$n \to \sigma^*$	气体
		290	$n \to \pi^*$	正己烷
—COOH(羧酸)	乙酸	208	$n \to \pi^*$	95%甲醇
—$CONH_2$(酰胺)	乙酰胺	220	$n \to \pi^*$	水
—NO_2(硝基)	硝基甲烷	201		甲醇
—CN(氰基)	乙腈	338	$n \to \pi^*$	四氯乙烷
—ONO_2(硝酸酯)	硝酸乙烷	270	$n \to \pi^*$	二氧六环
—ONO(亚硝酸酯)	亚硝酸戊烷	218.5	$\pi \to \pi^*$	石油醚
—NO(亚硝基)	亚硝基丁烷	300		乙醇
—N═N—(重氮化合物)	重氮甲烷	338	$n \to \pi^*$	95%乙醇
—SO—(亚砜)	环已基甲基亚砜	210		乙醇
—SO_2—(砜)	二甲基砜	<180		

资料来源：刘密新 等，2002

2. 含苯环化合物的吸收特性

苯及其同系物，以及其他含苯环结构的芳香型化合物由于富含 π 键，因此在紫外光区具有显著的吸收。图 9.3 为苯在异辛烷溶剂中的紫外吸收光谱。

图 9.4 给出了几种类胡萝卜素的紫外-可见吸收光谱，分子中的苯环结构使得最大吸收峰出现蓝移，造成了吸收光谱特性的差异。

吲哚啉螺苯并吡喃是一类重要的光(热)致变色化合物，在光存储等工业研究中有所应用。如图 9.5 所示，其分子结构中含有多个苯环及苯并吡喃结构，其紫外-可见吸收光谱如图 9.6 所示(董绮功和李仲杰，1994)。

腐殖酸是地表水、污水及再生水中溶解性有机组分的重要成分，腐殖酸分子结构中富含苯环及稠环结构。图 9.7 给出了两种水生腐殖酸的紫外-可见吸收光谱(陶澍 等，1990)。

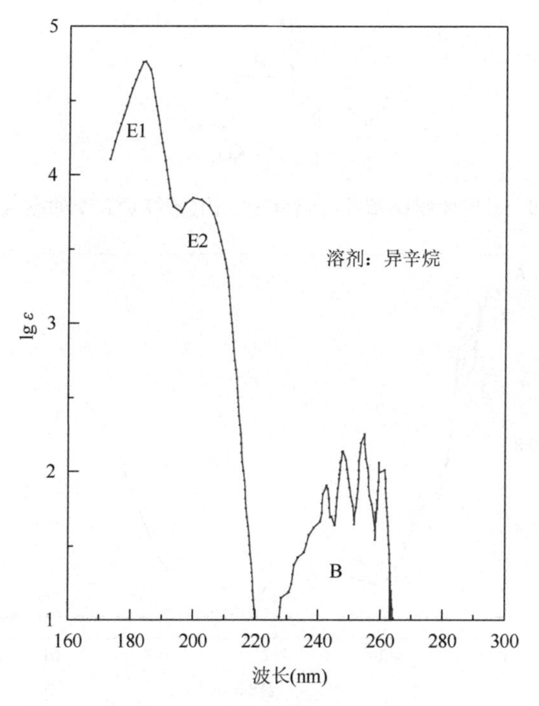

图 9.3　苯的紫外吸收光谱

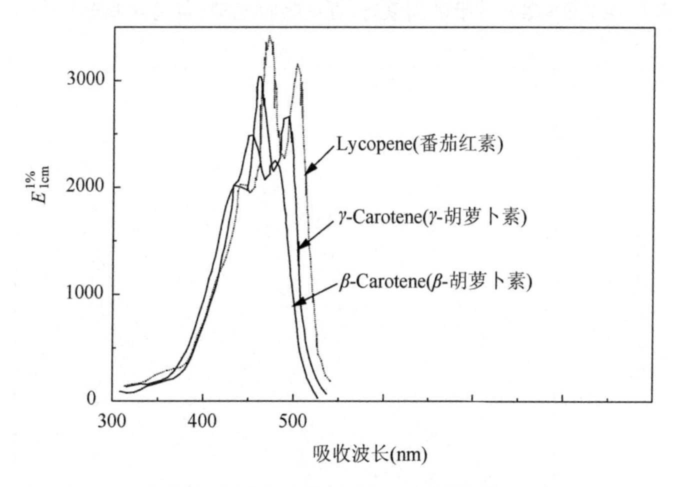

图 9.4　几种类胡萝卜素的紫外-可见吸收光谱(王海滨，2004)

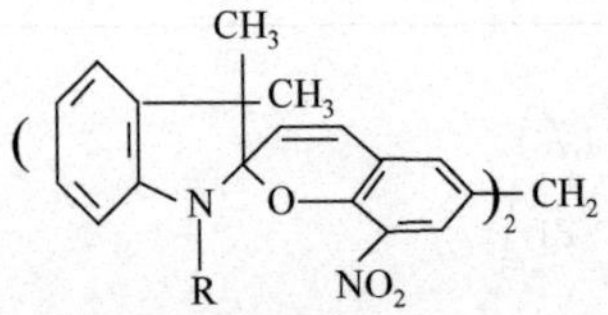

图 9.5 吲哚啉螺苯并吡喃分子结构(董绮功和李仲杰,1994)

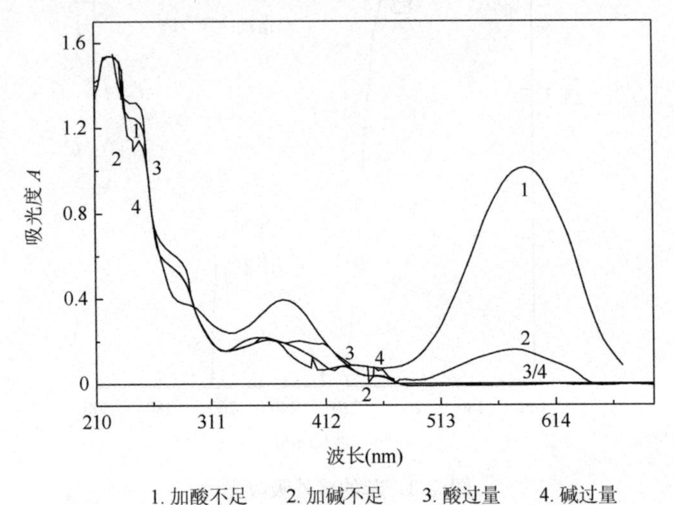

图 9.6 吲哚啉螺苯并吡喃的紫外-可见吸收光谱(董绮功和李仲杰,1994)

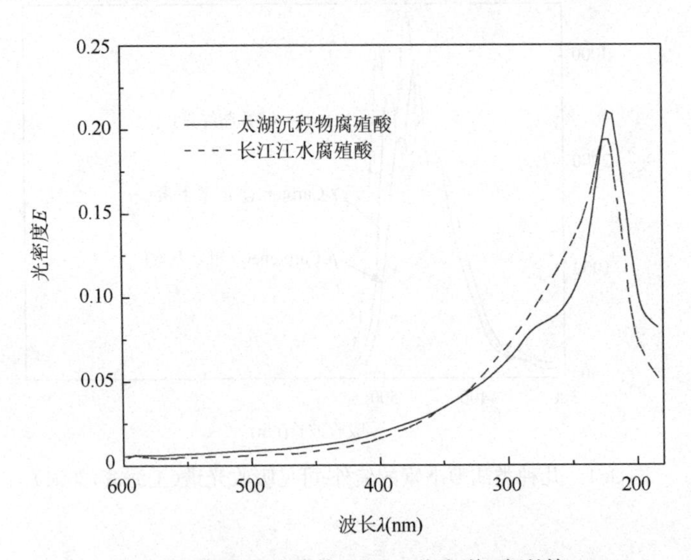

图 9.7 水生腐殖酸的紫外-可见吸收光谱(陶澍等,1990)

3. 无机离子的吸收特性

除了有机物以外，一些无机离子也会在特殊的紫外-可见光区域出现显著的吸收。表 9.2 列出了部分阴离子的特征吸收峰波长。

表 9.2　无机离子的紫外-可见吸收特征波长

无机离子	波长/nm
氯离子	215
溴离子	200
溴酸根	200
碘离子	227
碘酸根	200
铬酸根	365
氰化物	215
硝酸根	202
亚硝酸根	211
硫离子	215
硫代硫酸根	215

其中，硝酸根是污水及再生水中浓度较高的无机离子。赵晓煜和王洪涛(1991)的研究表明，硝酸根离子在 200～240 nm 的波长范围内有显著的吸收(图 9.8)，且在 210～220 nm 间，其吸光度与波长呈现显著的线性关系。根据朗

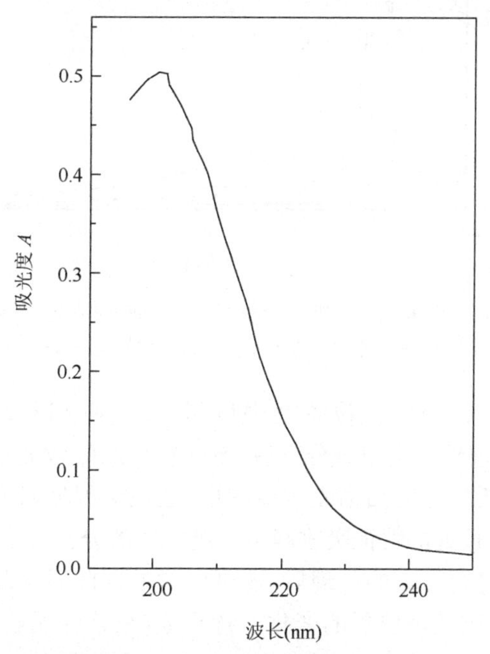

图 9.8　硝酸根的紫外-可见吸收光谱(赵晓煜和王洪涛，1991)

伯-比尔定律,研究中常使用 210～220 nm 处的特征吸收强度作为硝酸根浓度测定的依据。

9.2.3 紫外-可见吸收光谱分析与数据解析方法

应用紫外-可见吸收光谱进行有机组分分析时,可对测定数据进行不同维度与不同深度的解析处理。

1. 全波长扫描分析

全波长扫描是进行初步紫外-可见吸收光谱分析时最常用的光谱分析方式。在选定扫描波长范围后,光谱分析仪可以定量测定分析样品在该范围内的不同波长下的吸光度值,并绘制该波长范围内的特征吸收图谱。图 9.9 即给出了二级处理出水及其有机组分在 200～400 nm 间的吸收光谱(孙迎雪 等,2009)。

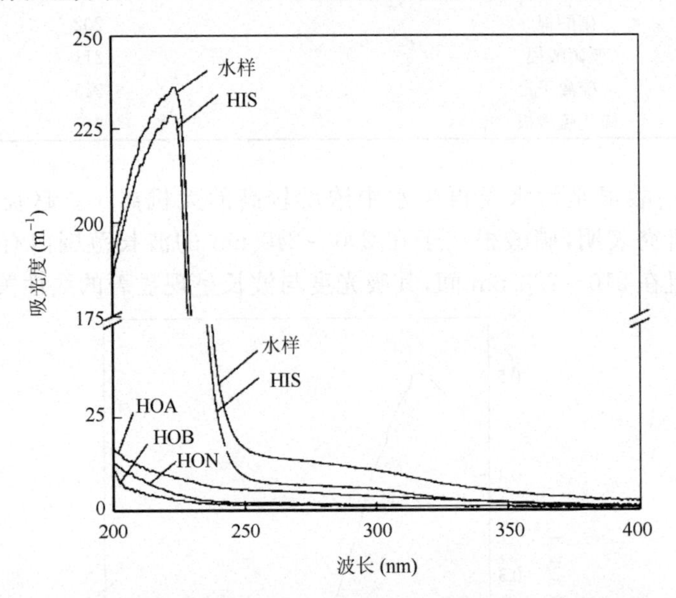

图 9.9 二级处理出水不同有机组分的紫外-可见吸收光谱(孙迎雪 等, 2009)

HIS、HOA、HOB 和 HON 分别表示水样中的亲水组分、疏水酸性组分、疏水碱性组分和疏水中性组分

谱图中波峰、波谷的出现位置及强度可以反映分析样品的一些特性。如图 9.9所示,二级处理出水经组分分离后,不同组分的吸收光谱谱图存在显著的差异性。在获得了分析样品的扫描光谱谱图后,往往会根据研究对象的分子结构特性的不同,对特定波长处的特征吸收峰进行进一步的分析。

当对分析样品进行一定的处理后,还可以对处理前后样品的吸收光谱进行比较,分析吸收峰强度以及峰位置的变化。特别地,在紫外吸收区域内,当反应前后的吸收峰出现位移时，往往与有机物分子中的共轭程度的变化相关：当分子中的双键共轭程度增加时，吸收强度往往会增强，并出现波峰位置的红移（刘密新 等，2002）。

2. 差分吸收光谱分析

在水质变化过程的研究中，差分吸收光谱分析法（differential absorbance spectroscopy）有较广泛的应用。该方法对样品在反应过程中不同阶段的光谱吸光度变化值（ΔA）进行计算，并绘制差分吸收光谱谱图，以便更加显著地反映变化过程中吸收光谱的差异情况。

Korshin 等（2007）利用差分吸收光谱分析对地表水在氯消毒过程中的紫外-可见光吸收特性进行了分析。在该研究中，首先获得了水样在氯消毒后不同反应时间的紫外-可见光吸收光谱，如图 9.10 所示。进一步，用不同反应时间的吸收光谱与反应前的吸收光谱进行计算，获得了不同反应时间的差分光谱，并对数据进行归一化处理，如图 9.11 所示。通过差分分析，Korshin 等（2007）发现 272 nm 处的吸光度在氯消毒过程中变化最为显著；同时，随着反应的进行，不同波长处的吸光度值变化率也存在显著差异。272 nm 处的吸收强度变化，说明相应官能团（如芳香结构）与氯发生了反应，其分子结构发生了改变。

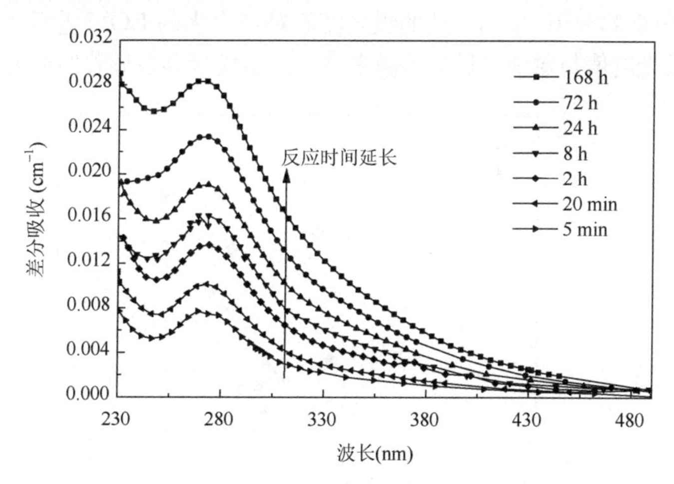

图 9.10　水样加氯消毒后不同反应时间的紫外-可见吸收光谱（Korshin et al.，2007）

在水质研究中，对水质变化的监测分析和机理探究是重要的内容，而差分吸收光谱分析等将提供非常丰富的信息。

3. 特征波长吸收分析

在了解了样品的紫外-可见吸收光谱的基本特征后，还可以通过选取一些特征

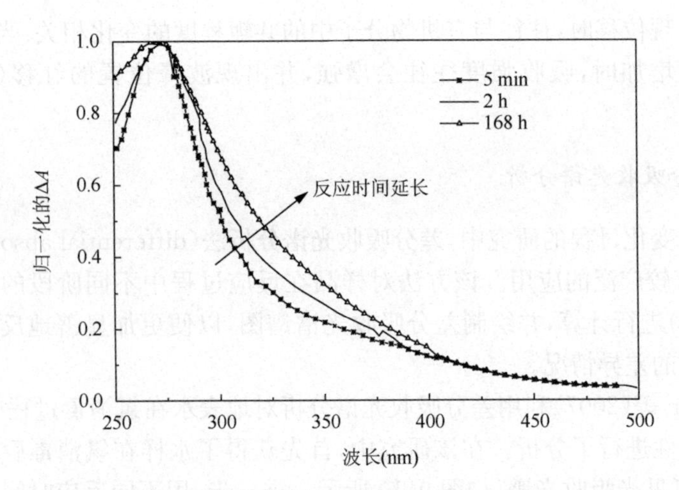

图 9.11 水样加氯消毒中的差分吸收光谱(Korshin et al.，2007)

波长处的吸收值进行进一步分析。对 DOM 而言，254 nm、272 nm 等波长处的紫外吸光度反映了其中芳香碳的含量，与溶解性有机碳(DOC)的浓度也存在一定的相关性，因此它们也常被用于表征水中的 DOM，并被用于一些毒性物质、消毒副产物前体物的表征。

Tang 等(2014a)用 254 nm 处的吸光度值对再生水的 DOM 进行了表征，并发现 254 nm 的吸光度值与氯消毒后抗雌激素活性的生成量存在显著的相关性(图 9.12)。

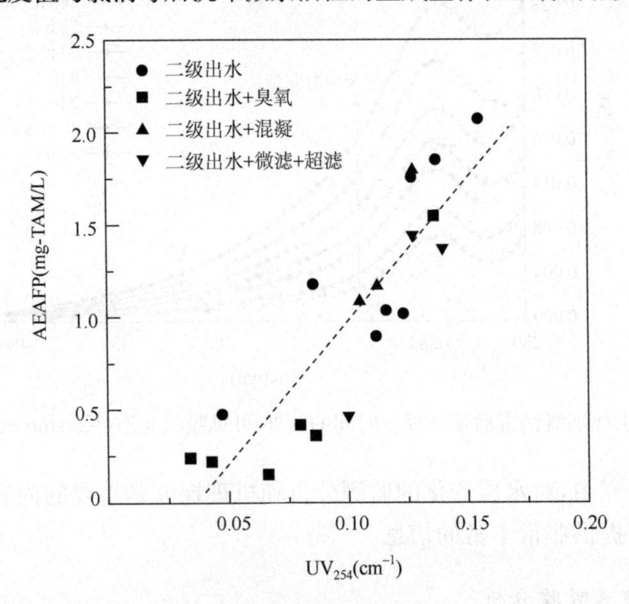

图 9.12 水样 254 nm 处吸光度与抗雌激素活性生成潜势的相关性(Tang et al.，2014a)

根据以上结果，Tang 等(2014a)提出可利用 254 nm 处吸光度值作为预测抗雌激素活性生成潜势的替代性指标。

此外，一些特征波长处的吸光度的变化情况还与 DOM 的一些化学反应有关。图 9.13 则描述了水样 DOM 与氯反应过程中 272 nm 吸光度值的变化情况。

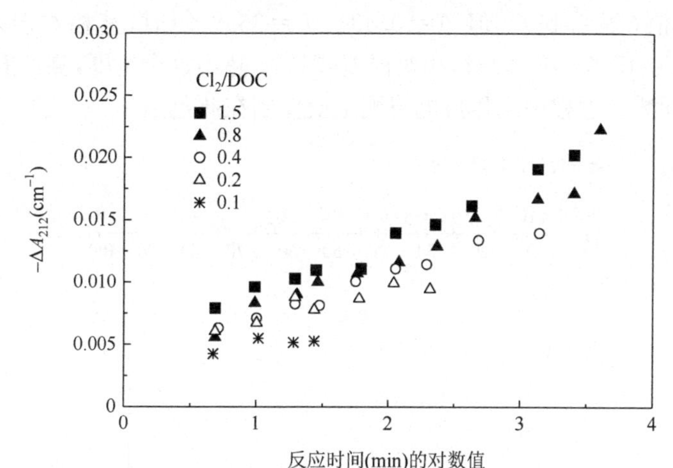

图 9.13　水样 272 nm 处吸光度在氯消毒中随时间的变化(Korshin et al.，2007)

4. 比紫外吸收(SUVA)分析

由于一些特征波长的吸光度值与 DOM 存在一定的相关性，并且能够在一定程度上反映有机物的芳香性，在研究中可以通过测定与计算比紫外吸收(SUVA)值来进一步表征水中的 DOM。一般地，以样品在 254 nm 处的吸光度与样品中 DOC 的比值来定义 SUVA。SUVA 值越高，说明单位溶解性有机碳中的芳香性越高，有机分子中的碳-碳双键比例越高。因此在研究中，SUVA 可在一定程度上表征 DOM 中芳香族化合物的含量，并常用于饮用水/再生水消毒副产物及其前体物的相关研究中(Najm et al.，1994)。

5. 基于吸光度的水质在线监测

紫外-可见光吸收光谱因其无需接触目标水体、检测结果准确高效等优势常被用于在线水质监测，按照检测原理的不同可分为分光光度计法(单波长、双波长和多波长)和连续光谱法。

分光光度计法利用不同水质指标对不同波长的选择性吸收特征来实现快速定量分析，具有稳定性强、适用范围广的特点，是国家水质测量标准中采用最多的方式之一。连续光谱法通过一次测量获得分辨率达到 2～3 nm 的全波段谱图信息，能使用多个波长组合实现多参数的在线监测。

6. 吸光度测定注意事项

吸光度是由透光率通过对数计算得到的[$A=\log(1/T)$]，在测定仪器中，光透过率的刻度均匀(等间距)，但吸光度的刻度不是等间距和均匀的，因此其相对测定误差有极小值(图 9.14)。但 $A=0.434$($T=36.8\%$)时，其相对误差最小；$A=0.2\sim0.8$($T=15\%\sim65\%$)时，相对误差<4%。超出这个范围，测定值的相对误差增大，在实际测定过程中应尽可能将测定值控制在此范围。

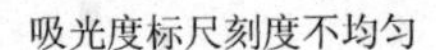

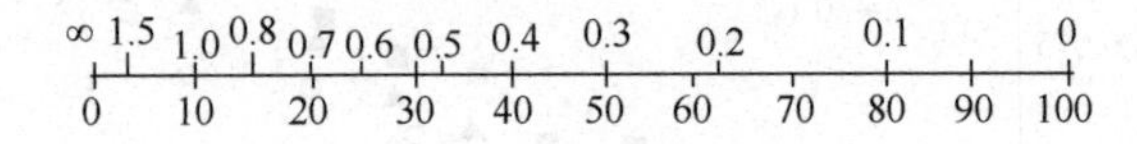

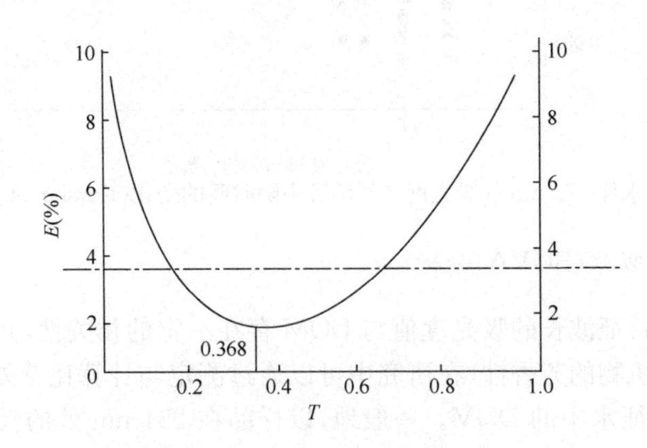

图 9.14 测定误差与透光率(吸光度)的关系

9.3 红外光谱特性分析

9.3.1 红外光谱分析在水质研究中的意义

红外光谱(infrared spectroscopy，IR)分析作为一种应用广泛的仪器分析手段，可解析有机物的分子结构信息(刘密新 等，2002)。特定的(有机)化学键/结构的弯曲振动、伸缩振动、变角振动等会导致其在不同波长/波数下的红外光吸收，因此红外光谱分析被广泛用于有机分子结构的测定分析。

通过光谱仪分析可以获得样品红外光谱谱图。被测样品在光照射下，只能吸收与分子中所含官能团的振动和转动频率相一致的红外光。不同的官能团只能吸收一定波长的入射光而形成各自的吸收谱带。一个特定的基团能产生特征的吸收谱带，为确定分子结构提供了可靠的依据(袁运开和顾明远，1992)。

在水质分析中，通过对红外光谱谱图中的特征峰进行分析，能够对有机污染物的分子结构进行表征，有助于对污染物的定性、定量检测，是一种必不可少的分析测试工具。

9.3.2　有机物官能团的红外光谱特性

根据红外吸收原理，一些特定化学键/官能团的特征吸收谱带的波数范围如表 9.3所示。

表 9.3　典型官能团的特征吸收谱带

官能团	化合物类型	波数范围(cm^{-1})
—C—H(烷基)	烷烃	2850～2960
—C═C—，═C—H(烯烃基)	烯烃	3020～2080，1640～1680
C_6H_5—，C_6H_5—CH_2—(芳烃基)	芳烃	3000～3100，1500～1600
—C≡C—(炔烃基)	炔烃	2100～2260
—OH(羟基)	醇、酚、羧酸等	3610～3640，2500～3000
—C═O(羰基)	醛、酮、酯等	1690～1760

9.3.3　红外光谱分析的应用与数据解析方法

1. 红外光谱的特征吸收谱带解析

在使用红外光谱仪进行分析时，一般会测定波数范围在 4000～400 cm^{-1}的吸收谱带，图 9.15 给出了丁醛($CH_3CH_2CH_2CHO$)的红外光谱谱图。谱图的横坐标为波数，纵坐标为透光率(%)。

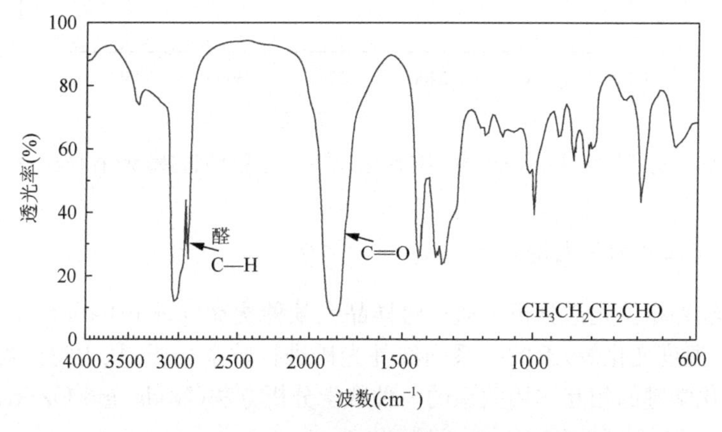

图 9.15　$CH_3CH_2CH_2CHO$ 红外光谱谱图(袁运开和顾明远，1992)

通过对水中特定污染物的红外光谱特征吸收峰的分析，结合表 9.3 中官能团的红外吸收特性，能够初步推断物质的分子式与构型，进一步结合核磁共振谱、质谱等分析手段，则能够更为可靠地对未知污染物的分子结构进行推断。

2. 近红外光谱解析

根据美国材料测试协会（American Society for Testing Materials, ASTM）对近红外光谱区（near-infrared spectroscopy, NIRS）的定义，近红外光是指波长在 780～2526 nm 的电磁波。在近红外光波长范围内，特定的成分（如脂肪、蛋白质、氨氮等）均有其相应的特征吸收波长并且符合朗伯-比尔定律。因此，可通过测定样品对某一特殊波长光的吸收值，计算对应成分的百分含量。

Sun 等（2001）使用波数在 4000～7000 cm^{-1} 的近红外光谱对芦丁（rutin）与抗坏血酸混合物进行了定量分析，发现使用特定的近红外特征吸收值可实现对两种物质的同时定量分析。杜艳红等（2010）采用近红外光谱技术分析生活污水样品中氨氮浓度与近红外光谱强度的相关关系，以实现生活污水氨氮的快速分析。实验表明，氨氮浓度与 664 nm 处特征峰强度显著正相关（图 9.16）。

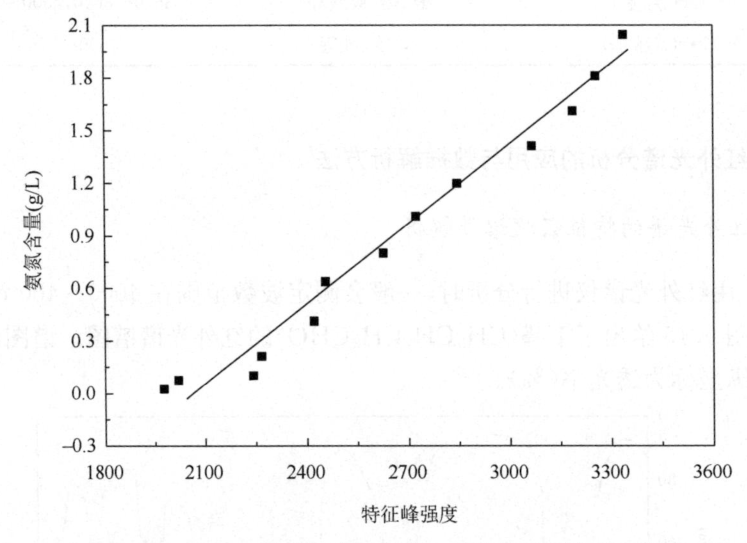

图 9.16　氨氮含量与 664 nm 处特征峰强度的一元线性回归模型（杜艳红 等，2010）

3. 二维红外相关光谱分析

二维红外相关光谱分析是通过对样品在某种扰动（perturbation，如物理反应、化学反应、温度变化等）下的一系列红外光谱进行数学分析，从中得到物质分子内或分子间化学键的相互作用关系的一种数学分析方法（Noda and Ozaki, 2004）。

进行分析时，通过采集样品在动态扰动下的红外光谱谱图数据系列，并对这些数据进行数学上的交叉-相关分析，即可获得同步二维相关谱图。具体理论及方法可参考 Noda 和 Ozaki(2004)的相关文献。同步二维红外相关光谱的两个自变量均为波数，且彼此相关，故该谱图横、纵坐标均为同一物理量，如波数（cm^{-1}）。图 9.17给出了海底沉积物在积累过程中其有机成分的同步二维红外相关光谱(Mecozzi et al.，2009)。

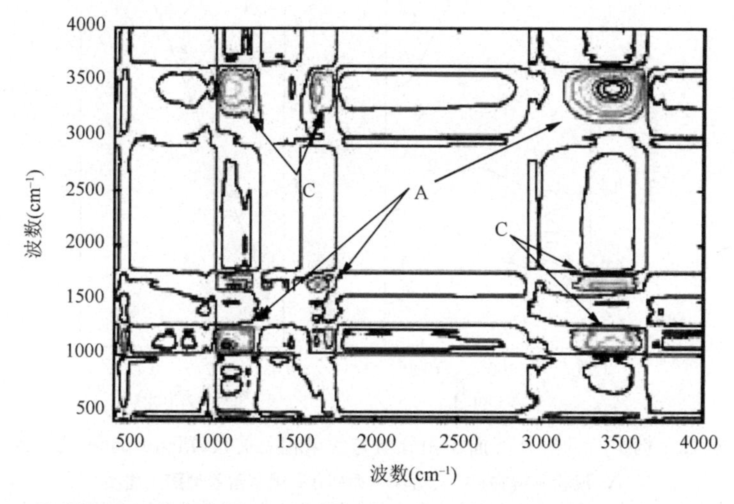

图 9.17　海洋有机组分在积累过程中的同步二维红外相关光谱(Mecozzi et al.，2009)

在进行水中有机物的研究中，通过考察不同扰动过程中的二维红外光谱，能够对有机物分子官能团变化、处理特性与反应机理等进行解析。后文也将给出相应的分析案例。

4. 生物分子的特征红外吸收峰表征

与近红外分析理论类似，一些生物分子（如蛋白质、油脂、糖类）的特征红外吸收峰还可用于生物分子的定量分析。根据相应理论，生物分子的红外谱图中，特征波数下的峰面积与其物质含量存在相关关系(Pistorius et al.，2009)。表 9.4 给出了不同生物分子所对应的相关特征波数范围。

表 9.4　生物分子的特征波数

生物分子	代表官能团	波数范围(cm^{-1})
蛋白质	酰胺基	～1545
油脂	C—H 伸缩振动	2984～2780
糖类	C—O 与 C—O—C 伸缩振动	1180～1133

图 9.18 给出了糖类的特征峰面积值与其含量的相关关系(Pistorius et al.，2009)。根据该理论，通过对上述特征波数范围内的特征峰面积进行积分，即可预测相应生物分子的含量。该方法亦可用于水中生物分子与相关有机污染物含量的预测分析。

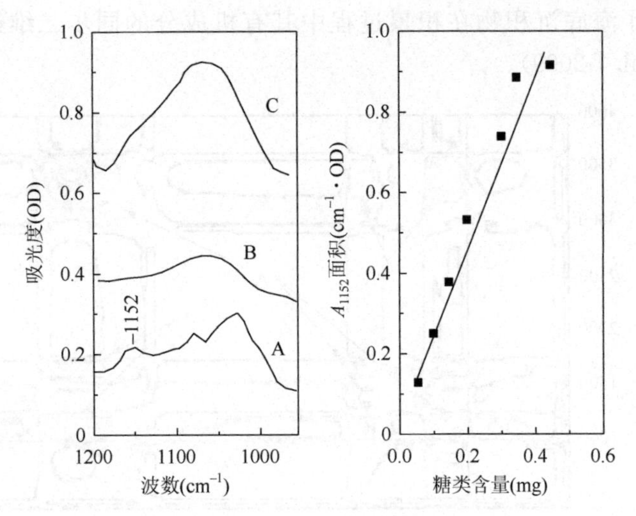

图 9.18　糖类特征红外峰面积积分值与含量相关关系(Pistorius et al.，2009)

A. 溴粉分解物；B. 类蓝藻生物质；C. 甲基营养型酶生物质

9.3.4　红外光谱水质分析案例：再生水臭氧氧化中的二维红外光谱分析

二维红外光谱可应用于污水有机组分在再生处理过程中分子的官能团变化与反应机理研究。以下介绍再生水中 DOM 在臭氧氧化过程中的二维红外分析案例(Tang et al.，2014b)。

图 9.19 给出了不同臭氧投加量下再生水(城市二级处理出水)水样 DOM 的傅里叶变换红外光谱谱图。根据红外光谱理论(刘密新 等，2002；Stuart，2004)，特征波数处的红外吸收表征了测试样品中的相应化学键。

为了对红外光谱谱图做进一步的解析，并了解臭氧对再生水 DOM 中分子结构的影响特性，对不同臭氧投量样品的红外光谱谱图进行了二维相关分析，同步二维红外光谱如图 9.20 所示。

根据二维红外相关光谱理论，谱图中处于对角线上(自左下至右上)的正峰(红色)表明在臭氧氧化过程中该峰所表征的化学键/化学结构发生了显著的变化(增强或减弱)，该峰被定义为自吸收峰(autopeak)。对角线以外的峰则表明两个不同波数所表征的化学键/化学结构在臭氧氧化中发生的变化具有相关性，该峰被定义为相关峰(crosspeak)(Noda and Ozaki，2004)。

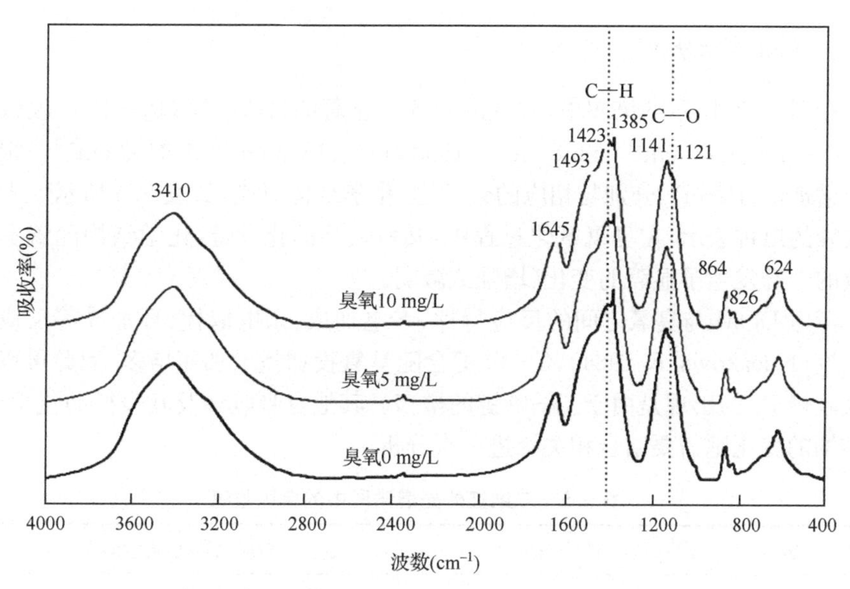

图 9.19　不同臭氧投加量下再生水 DOM 的傅里叶变换红外光谱谱图(Tang et al., 2014b)

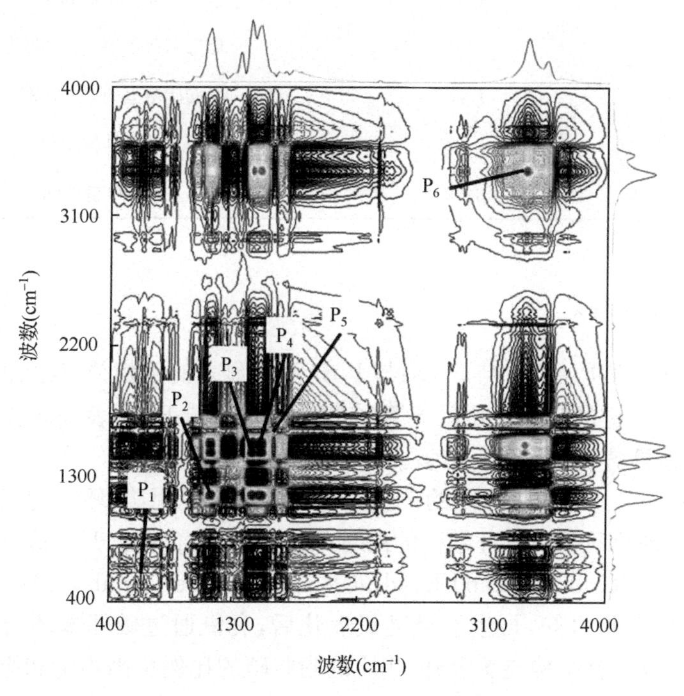

图 9.20　臭氧氧化过程中水样 DOM 二维红外光谱谱图(Tang et al., 2014b)

1. 自吸收峰分析

在图 9.20 所示的谱图中，共观测到 6 个显著的自吸收峰(P_1～P_6)，波数分别为 654 cm^{-1}、1150 cm^{-1}、1438 cm^{-1}、1503 cm^{-1}、1625 cm^{-1}和 3402 cm^{-1}。根据红外光谱理论，P_1～P_6 分别与相应的化学键/化学结构对应，如表 9.5 所示。上述自吸收峰的出现表示，在臭氧氧化过程中，其所表征的化学键/化学结构随着臭氧投加量的上升发生了显著的变化(增强或减弱)。

考虑 DOM 与臭氧之间的反应特性，亲电加成、亲电取代、环加成等反应极容易发生(Kuczkowski, 1984)，C—O 键会随臭氧投加量增加而增多，因此可以推断自吸收峰 P_2 的出现是由于 C—O 键的增多。其他自吸收峰及其表征的化学键/化学结构的变化则需要结合相关峰进一步分析。

表 9.5 二维红外光谱谱图中的自吸收峰

编号	波数 (cm^{-1})	对应化学键/化学结构
P_1	654	苯环结构平面外的 C—H 键弯曲
P_2	1150	C—O 键伸缩
P_3	1438	脂肪碳链上的 C—H 键弯曲
P_4	1503	脂肪碳链上的 C—H 键弯曲
P_5	1625	苯环结构振动
P_6	3402	O—H 键伸缩

2. 相关峰分析

谱图中的自吸收峰 P_3 与 P_4，均与 P_2 产生了显著的正相关峰(红色)。由于 P_2 所表征的 C—O 键经臭氧氧化后显著增多，因而 P_3 与 P_4 所表征的脂肪碳链中的 C—H 键也在臭氧氧化后显著增多。

同理，P_3/P_4 与 P_1/P_5 之间的负相关峰(蓝色)则说明，苯环结构经臭氧氧化后有显著减少，即臭氧破坏苯环结构的同时，使脂肪碳的含量上升。这一分析结论也与相关研究一致(Morrison and Boyd, 1983; Westerhoff et al., 1999)。

综合以上分析可知，再生水经臭氧氧化后，臭氧通过破坏苯环与不饱和碳结构，使得 C—O 单键结构显著上升，相应的脂肪碳的比例也因不饱和键被氧化饱和而上升。

9.4　荧光光谱特性分析

9.4.1　荧光光谱分析在水质分析中的意义

荧光光谱(fluorescence spectroscopy)分析法是通过检测样品经短波长光照射时所发射的特征长波长荧光以表征物质组成的一种方法。物质的荧光光谱特性与其分子的化学结构有密切联系。荧光光谱分析法包括发射光谱法、激发光谱法和三维荧光光谱法等。

荧光光谱分析能够表征待测样品的物质类型构成。有机物的荧光强度与其分子结构密切相关。荧光强度大的物质常具有大共轭 π 键结构、刚性平面结构、给电子取代基团(—OH、—CN 等)。许多荧光物质具有苯环或杂环结构,而且物质的共轭环数越多,其荧光峰的激发、发射波长越大,荧光强度也越强。同一共轭环数的芳香族化合物,线性结构的荧光波长大于非线性的荧光波长(许金钩和王尊本,2004)。在污水与再生水的相关研究中,荧光特性还与生物毒性及毒性物质的生成潜能有关。因此,荧光光谱分析在水质评价中应用十分广泛。

9.4.2　典型有机物的荧光光谱

根据荧光理论,分子若要产生荧光效应,必须有大的 π 键结构,且具有刚性平面性结构的分子荧光量子产率高。同时一些取代基和官能团也对荧光强度有影响:给电子基团可增强荧光强度,吸电子基团则降低荧光强度。同时,不同的激发光下,物质的荧光强度也有显著差异(刘密新 等,2002)。图 9.21 给出了蒽-乙醇溶液的激发光谱及在不同波长激发光下的荧光发射光谱。

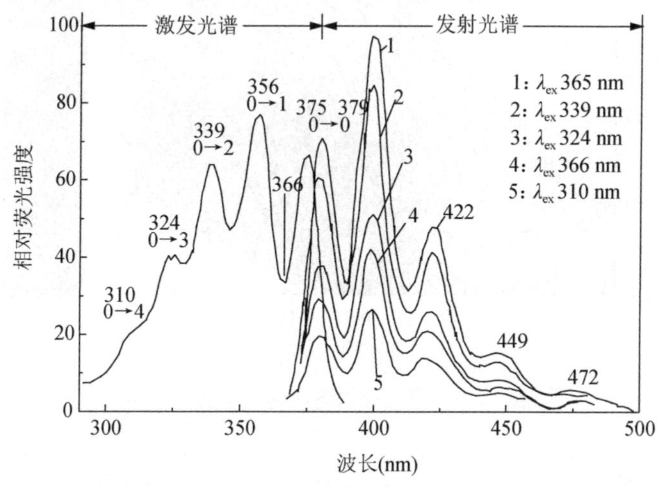

图 9.21　蒽-乙醇溶液的激发光谱及在不同激发波长下的发射光谱(刘密新 等,2002)

不同类型有机物的荧光光谱谱图也因其分子结构的差异而存在显著差异。图 9.22和图 9.23 分别给出了色氨酸与一种腐殖酸的三维荧光光谱谱图。

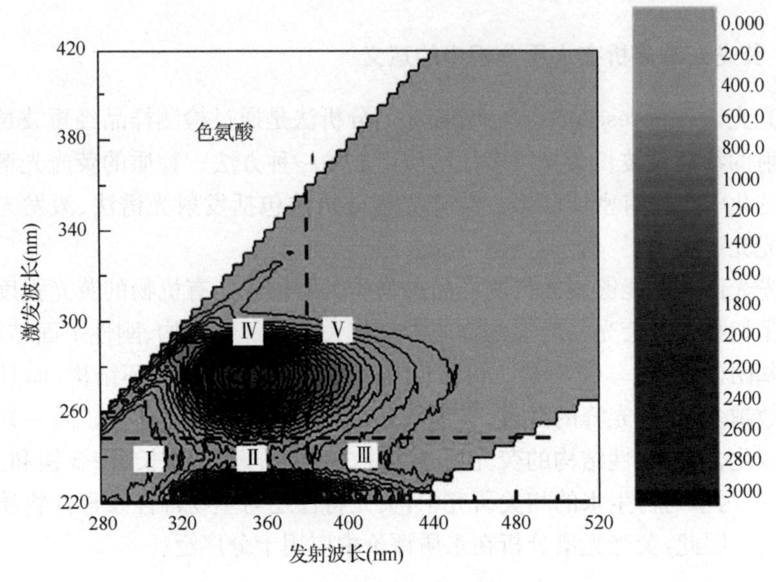

图 9.22　色氨酸水溶液的三维荧光光谱

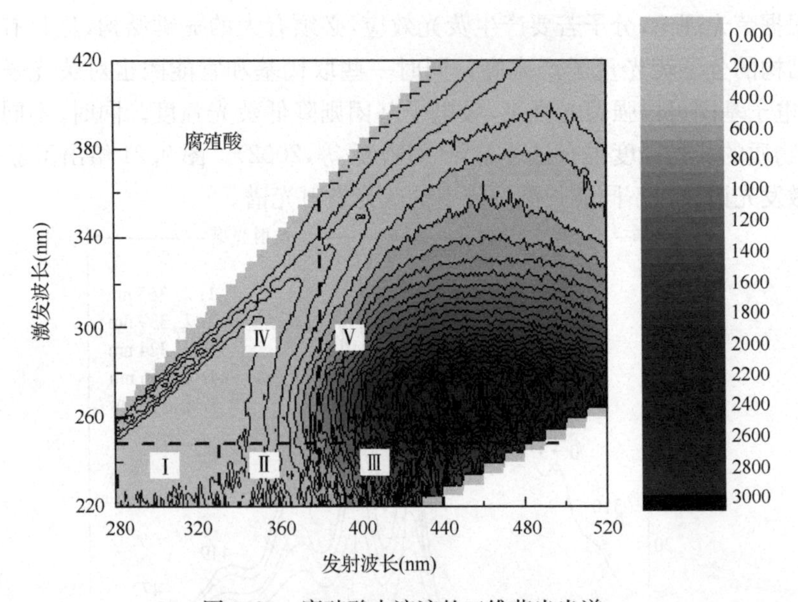

图 9.23　腐殖酸水溶液的三维荧光光谱

9.4.3　荧光光谱分析与数据解析方法

1. 发射、激发光谱法与三维荧光光谱法

发射光谱法检测样品在特定波长的激发光(Ex)照射下所发射不同波长的荧光强度(FI)。激发光谱法则改变激发波长,测定样品的特定发射波长(Em)荧光强度。

三维荧光光谱法是近年发展起来的新方法,其改变发射波长和激发波长,从而获得以激发波长、发射波长和荧光强度为坐标的三维荧光光谱图(许金钩和王尊本,2004)。该方法具有灵敏度高(10^{-9}数量级)、样品用量少(1～2 mL)、不破坏样品结构和操作简便等优点,因而被广泛用于再生水/污水、海洋、河流、湖泊、土壤等不同来源的溶解性有机物评价。图 9.24 给出了典型二级处理出水的三维荧光光谱谱图。

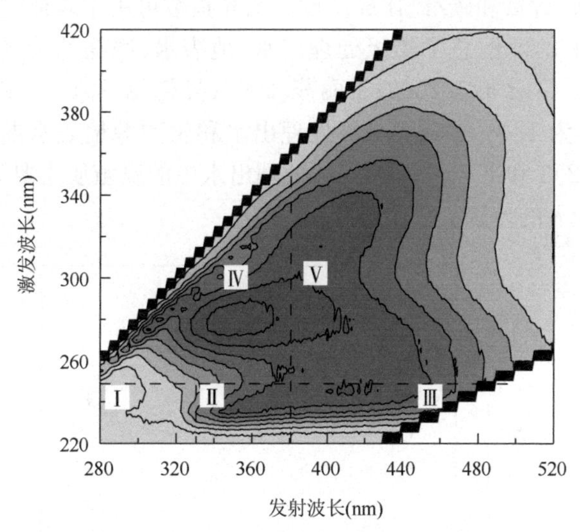

图 9.24　二级处理出水的三维荧光光谱谱图

(区域Ⅰ为酪氨酸类蛋白质,区域Ⅱ为色氨酸类蛋白质,区域Ⅲ为富里酸类腐殖质,区域Ⅳ为含苯环蛋白质、溶解性微生物代谢产物,区域Ⅴ为腐殖酸类腐殖质)

三维荧光光谱包含丰富的光谱信息,被称为荧光物质的指纹。荧光峰激发/发射波长、荧光峰斜率、荧光强度、面积等光谱特征可用于识别和表征不同类型的有机物。表 9.6 给出了再生水荧光光谱中不同激发-发射波长区域所对应的物质类型(Chen et al.,2003)。

通过对水样进行三维荧光光谱分析,能够直观地对水中有机物的来源与组成做初步的定性判断。

表 9.6　荧光光谱区域及其对应物质类型(Chen et al., 2003)

区域	激发波长范围(nm)	发射波长范围(nm)	物质类型
Ⅰ	220～250	280～330	酪氨酸类蛋白质
Ⅱ	220～250	330～380	色氨酸类蛋白质
Ⅲ	220～250	380～480	富里酸类腐殖质
Ⅳ	250～360	280～380	含苯环蛋白质、溶解性微生物代谢产物
Ⅴ	250～420	380～520	腐殖酸类腐殖质

2. 荧光指数分析

荧光指数(f_{450}/f_{500})是指激发波长为 370 nm 时,荧光发射光谱在 450 nm 与 500 nm 处的强度比值。McKnight 等(2001)和 Wolfe 等(2002)发现水样的 f_{450}/f_{500}值与芳香族碳含量和碳/氮比成反比。荧光指数可用于表征溶解性有机物中腐殖质的来源。图 9.25 汇总了二级处理出水、地表水、底泥的荧光指数(McKnight et al., 2001;Wolfe et al., 2002;王丽莎,2007;吴乾元,2010)。由图可知,陆源地表水的 f_{450}/f_{500}为 1.4～1.5,而二级处理出水和生物源地表水的 f_{450}/f_{500}值范围则分别为 2.0～2.3 和 1.7～2.0。二级处理出水中的腐殖质主要为生物源,其与陆源腐殖质存在较大的差别。

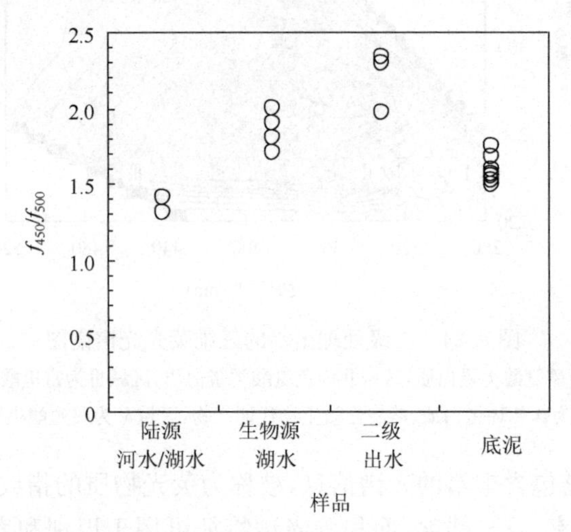

图 9.25　二级处理出水、地表水、底泥的荧光指数(f_{450}/f_{500}值)分布图

3. 荧光峰及其高斯函数拟合法

荧光发射光谱近似满足高斯分布,可将波长转化为波数,即每厘米长度内通过

波长的数目，后利用高斯函数进行拟合，用于重叠峰的解析。再生水中含有多种荧光物质，其荧光光谱是由多种荧光物质共同作用产生的。图9.26给出了二级处理水激发波长为280 nm的发射光谱。含苯环蛋白质/溶解性微生物代谢产物、腐殖质可分别发射波长为350 nm和410 nm的荧光，这两类物质荧光光谱叠加导致水样发射光谱在400～440 nm处并未出现明显的峰，而是出现"肩峰"(shoulder peak，指光谱峰上出现的不成峰形的小曲折，形状似肩膀)(Świetlik and Sikorska, 2004; Wu et al., 2010)。

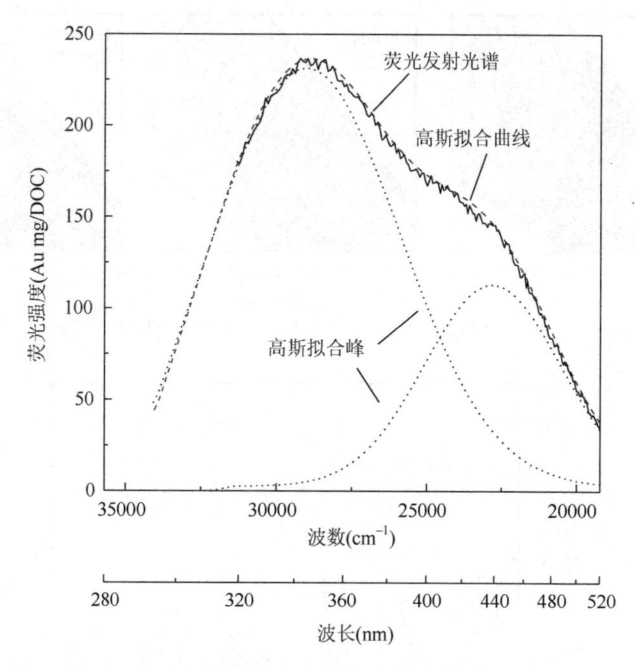

图9.26　二级处理出水的荧光发射光谱(激发波长为280 nm)

在这种情况下，需根据峰、肩峰的数量，采用多重高斯函数进行拟合。该方法适用于再生水这种含有多类物质的复杂体系。

4. 三维荧光光谱区域积分法

三维荧光光谱中包含大量信息，对众多数据进行统计所获取的信息比单一的数据点具有更强的说服力。针对这一情况，可按照荧光光谱所代表的不同物质类型区划，对各区域内的荧光强度进行积分获得区域积分值(FIV)。

图9.27、图9.28分别给出了城市污水处理厂二级出水混凝处理前后的三维荧光光谱谱图变化及区域总积分值的变化情况(唐鑫，2014)。该结果表明，水样的三维荧光光谱谱图在混凝前后并未出现显著的变化，且随着混凝剂投量上升荧光区域积分值下降不显著。因此，可以推断混凝处理对再生水中的荧光物质去除有限。

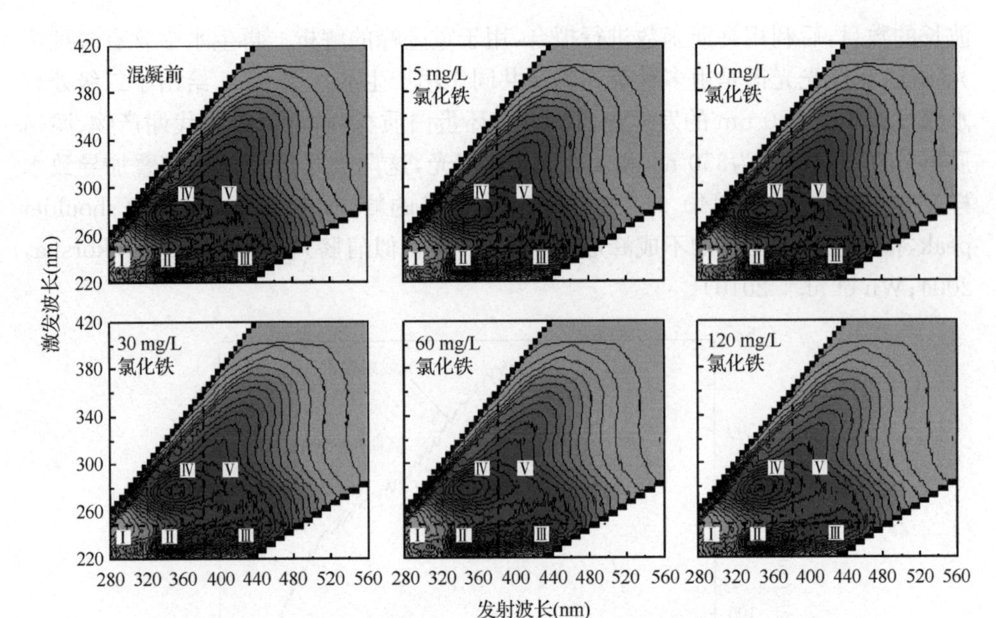

图 9.27　二级出水混凝前后三维荧光光谱谱图变化(唐鑫,2014)

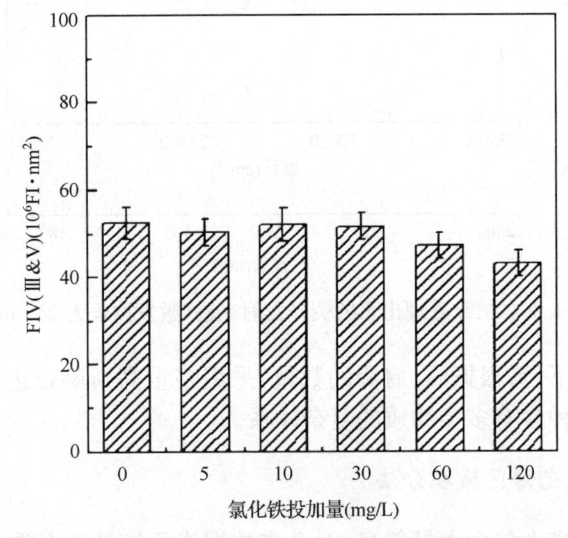

图 9.28　二级出水混凝前后Ⅲ区与Ⅴ区积分值 FIV(Ⅲ&Ⅴ)的变化(唐鑫,2014)

9.4.4　荧光光谱应用案例:再生水荧光特性与生物毒性的相关性

在再生水安全评价研究中,荧光光谱特性常与再生水的水质风险与生物毒性密切相关。以下将以再生水中抗雌激素活性生成潜能(AEAFP)研究中的荧光特性分析为例,介绍荧光光谱分析的综合应用。

该研究考察了多个二级处理出水水样的三维荧光光谱谱图(EEM),结果如图 9.29所示。同时测定了上述水样的 AEAFP,结果如图 9.30 所示。

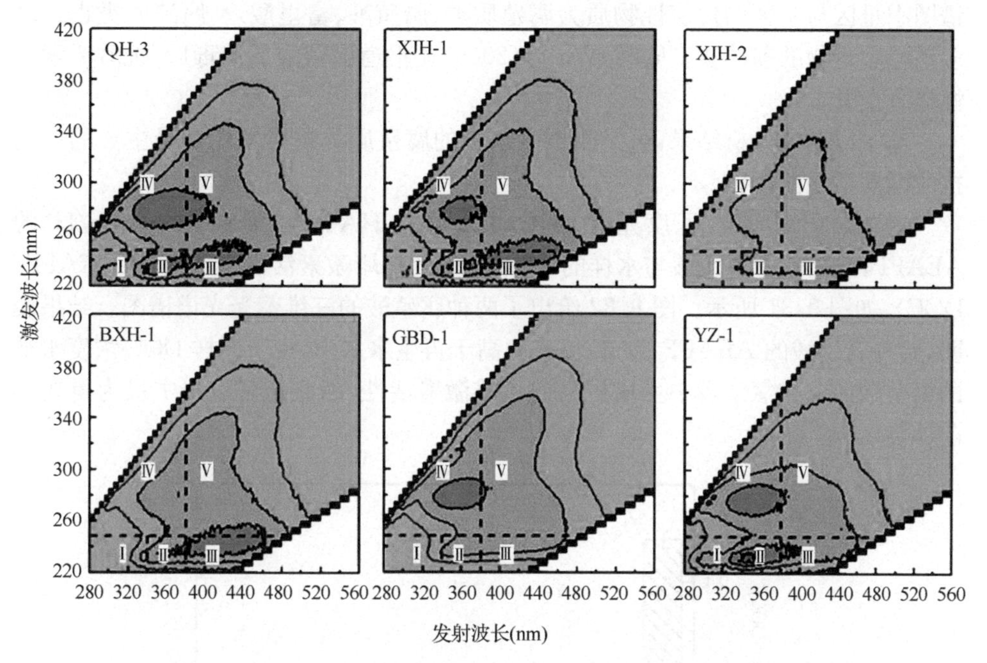

图 9.29　城市污水处理厂二级出水三维荧光光谱

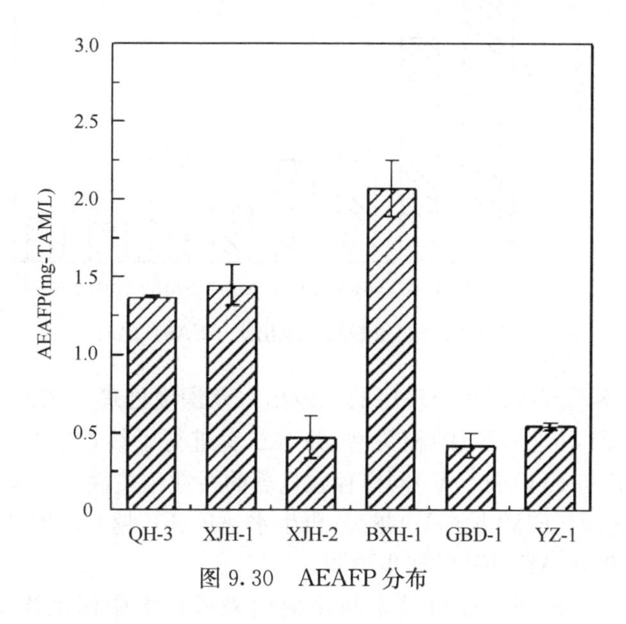

图 9.30　AEAFP 分布

结合图 9.29 与图 9.30 发现，EEM 谱图中Ⅲ区与Ⅴ区荧光响应强的水样 QH-3、XJH-1 与 BXH-1 均检测出了较高的 AEAFP。根据 Chen 等(2003)研究，EEM 谱图中Ⅲ区与Ⅴ区的代表性物质为腐殖质类(腐殖酸、富里酸)。腐殖质类也是诸多消毒副产物的前体物。同时，Wu 等(2009)还报道腐殖酸氯消毒后，抗雌激素活性显著上升。

基于以上的分析结果，可推测再生水中的腐殖质类物质可能是最主要的一类抗雌激素活性前体物。

唐鑫(2014)考察了腐殖酸溶液(HA-1 和 HA-2，浓度约为 10 mg/L)的 AEAFP，并比较了腐殖酸与水样的单位 DOC 的抗雌激素活性生成潜势(AEAFP/DOC)，如图 9.31 所示。图 9.32 给出了两种腐殖酸的三维荧光光谱谱图。结果表明，两种腐殖酸的 AEAFP/DOC 值普遍高于再生水水样，说明同样 DOC 浓度水平的腐殖酸能够在氯消毒中生成更高的抗雌激素活性，因此是再生水中最为重要的前体物之一。

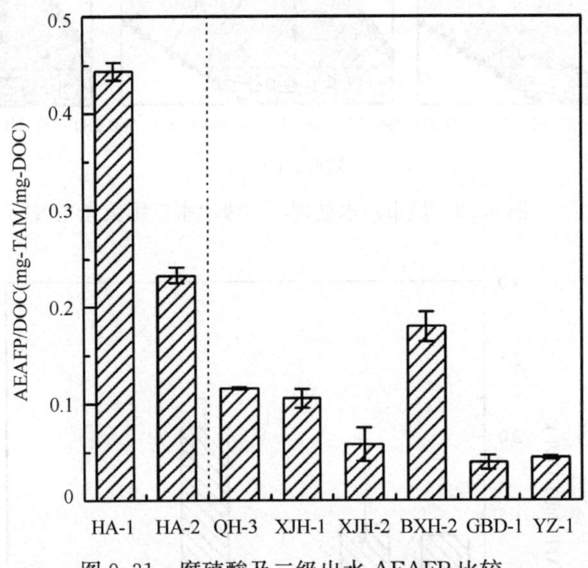

图 9.31 腐殖酸及二级出水 AEAFP 比较

进一步考察了五座污水处理厂的二级出水及深度处理工艺出水水样($n=20$)的 AEAFP 与 FIV(Ⅲ&Ⅴ)的相关性，并对二者进行了线性拟合，结果如图 9.33 所示。AEAFP 与 FIV(Ⅲ&Ⅴ)同样存在显著的线性相关性。

以上结果表明，FIV(Ⅲ&Ⅴ)越高，再生水 AEAFP 越高。因此，FIV(Ⅲ&Ⅴ)值可用于对再生水 AEAFP 的初步预测。

近年来，荧光光谱特征也越来越多地用来进行水中污染物的评价与预测。Hao 等(2012)曾在研究中提出特征荧光峰能够用来预测氯消毒中 THMs 及

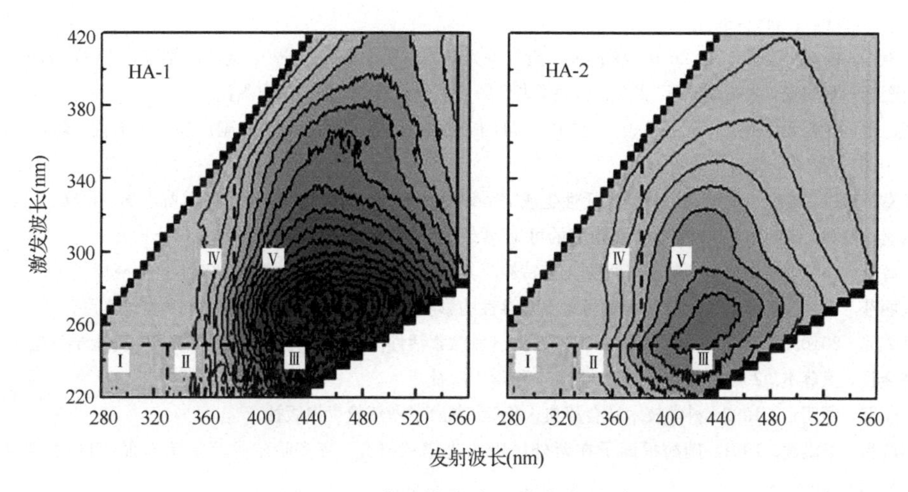

图 9.32　腐殖酸溶液三维荧光光谱

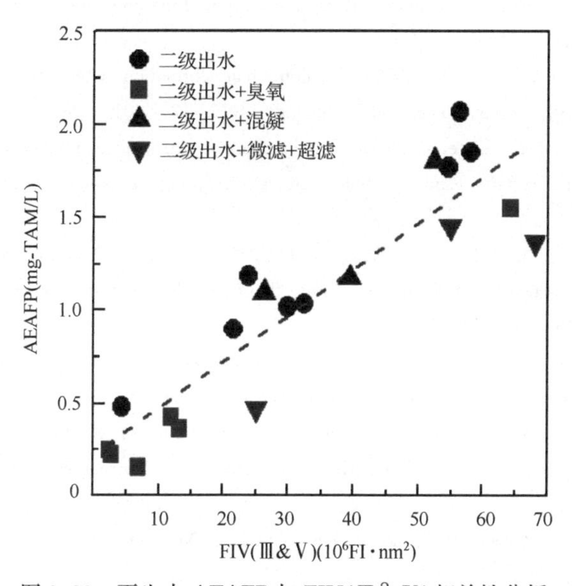

图 9.33　再生水 AEAFP 与 FIV(Ⅲ&Ⅴ)相关性分析

HAAs 生成潜能，Gerrity 等(2012)则提出总区域荧光强度积分可用以预测臭氧氧化中一些特定污染物的去除情况。因此，基于荧光光谱分析的对有机污染物及其毒性风险预测应在研究中受到更多关注。

参 考 文 献

陈洁，张立福，张琳珊，等. 2021. 紫外-可见光水质参数在线监测技术研究进展. 自然资源遥感，33(4)：1～9.

董绮功，李仲杰. 1994. *N*-十六烷基双吲哚啉螺苯并吡喃的紫外可见吸收光谱. 西北大学学报(自然科学版)，24(4)：345～364.

杜艳红，杨岗，卫勇，等. 2010. 基于可见-近红外光谱的水质中氨氮的分析. 天津农学院，17(3)：26～28.

刘密新，罗国安，张新荣，等. 2002. 仪器分析. 第2版. 北京：清华大学出版社.

孙迎雪，吴乾元，田杰，等. 2009. 污水中溶解性有机物组分特性及其氯消毒副产物生成潜能. 环境科学，30(8)：2282～2287.

唐鑫. 2014. 再生水氯消毒抗雌激素活性生成潜势评价及控制研究. 北京：清华大学博士学位论文.

陶澍，崔军，张朝生. 1990. 水生腐殖酸的可见-紫外光谱特征. 地理学报，45(4)：484～489.

王海滨. 2004. 类胡萝卜素的紫外可见光谱特性及其应用. 武汉工业学院学报，23(4)：10～13.

王丽莎. 2007. 氯和二氧化氯消毒对污水生物毒性的影响研究. 北京：清华大学博士学位论文.

吴乾元. 2010. 氯消毒对再生水遗传毒性和雌/抗雌激素活性的影响研究. 北京：清华大学博士学位论文.

许金钩，王尊本. 2004. 荧光分析法. 北京：科学出版社.

袁运开，顾明远. 1992. 科学技术社会辞典·化学. 杭州：浙江教育出版社.

赵晓煜，王洪涛. 1991. 硝酸根离子在紫外区吸收光谱的研究. 齐齐哈尔师范学院学报(自然科学版)，11(2)：36～38.

Chen W，Westerhoff P，Leenheer J A，et al. 2003. Fluorescence excitation-emission matrix regional integration to quantify spectra for dissolved organic matter. Environmental Science and Technology，37(24)：5701～5710.

Chu H P，Wong J H C，Li X Y. 2002. Trihalomethane formation potentials of organic pollutants in wastewater discharge. Water Science and Technology，46(11-12)：401～406.

Gerrity D，Gamage S，Jones D，et al. 2012. Development of surrogate correlation models to predict trace organic contaminant oxidation and microbial inactivation during ozonation. Water Research，46(19)：6257～6272.

Hao R X，Ren H Q，Li J B，et al. 2012. Use of three-dimensional excitation and emission matrix fluorescence spectroscopy for predicting the disinfection by-product formation potential of reclaimed water. Water Research，46(17)：5765～5776.

Imai A，Fukushima T，Matsushige K，et al. 2002. Characterization of dissolved organic matter in effluents from wastewater treatment plants. Water Research，36 (4)：859～870.

Korshin G V，Benjamin M M，Chang H S，et al. 2007. Examination of NOM chlorination reactions by conventional and Stop-Flow differential absorbance spectroscopy. Environmental Science & Technology，41(8)：2776～2781.

Kuczkowski R L. 1984. Ozone and Carbonyl Oxides，in 1，3 Dipolar Cycloaddition Chemistry. New York：John Wiley & Sons.

McKnight D M，Boyer E W，Westerhoff P K，et al. 2001. Spectrofluorometric characterization of dissolved organic matter for indication of precursor organic materials and aromaticity. Limnology and Oceanography，46(1)：38～48.

Mecozzi M，Pietrantonio E，Pietroletti M. 2009. The roles of carbohydrates，proteins and lipids in the process of aggregation of natural marine organic matter investigated by means of 2D correlation spectroscopy applied to infrared spectra. Spectrochimica Acta. Part A，Molecular and Biomolecular Spectroscopy，71(5)：1877～1884.

Morrison R T，Boyd R N. 1983. Organic Chemistry. Newton：Allyn & Bacon.

Najm I，Patania N J，Jacangelo J G. 1994. Evaluating surrogates for disinfection by-products. Journal of

American Water Works Association，86(6)：98～106.

Noda I，Ozaki Y. 2004. Two-dimensional Correlation Spectroscopy-applications in Vibrational and Optical Spectroscopy. Chichester，England：John Wiley & Sons.

Pistorius A M A，DeGrip W J，Egorova-Zachernyuk T A. 2009. Monitoring of biomass composition from microbiological sources by means of FT-IR spectroscopy. Biotechnology and Bioengineering，103 (1)：123～129.

Stuart B H. 2004. Infrared Spectroscopy：Fundamentals and Applications. New York：John Wiley & Sons.

Sun S Q，Du D G，Zhou Q，et al. 2001. Quantitative analysis of rutin and ascorbic acid in compound tablets by near-infrared spectroscopy. Analytical Sciences，17：455～458.

Świetlik J，Sikorska E. 2004. Application of fluorescence spectroscopy in the studies of natural organic matter fractions reactivity with chlorine dioxide and ozone. Water Research，38(17)：3791～3799.

Tang X，Wu Q Y，Du Y，et al. 2014a. Anti-estrogenic activity formation potential assessment and precursor analysis in reclaimed water during chlorination. Water Research，48：490～497.

Tang X，Wu Q Y，Zhao X，et al. 2014b. Transformation of anti-estrogenic-activity related dissolved orga-nic matter in secondary effluents during ozonation. Water Research，48：605～612.

Westerhoff P，Aiken G，Amy G，et al. 1999. Relationships between the structure of natural organic matter and its reactivity towards molecular ozone and hydroxyl radicals. Water Research，33(10)：2265～2276.

Wolfe A P，Kaushal S S，Fulton J R，et al. 2002. Spectrofluorescence of sediment humic substances and historical changes of lacustrine organic matter provenance in response to atmospheric nutrient enrichment. Environmental Science and Technology，36(15)：3217～3223.

Wu Q Y，Hu H Y，Zhao X，et al. 2009. Effect of chlorination on the estrogenic/antiestrogenic activities of biologically treated wastewater. Environmental Science and Technology，43(13)：4940～4945.

Wu Q Y，Hu H Y，Zhao X，et al. 2010. Effects of chlorination on the properties of dissolved organic matter and its genotoxicity in secondary sewage effluent under different concentrations of ammonia. Chemosphere，80(8)：941～946.

第10章 溶解性有机组分分离与解析方法

在饮用水、地表水、污水及再生水中广泛存在着一定浓度的溶解性有机组分，该组分往往来源多样和成分复杂，并与水的处理性和水质的安全性、稳定性直接相关。本章将主要介绍溶解性有机组分的定义、类型、组分分离与解析方法等。

10.1 溶解性有机组分的定义与类型

10.1.1 溶解性有机组分

在水质及水处理工艺研究中，一般将溶解于水中并能够通过 0.45 μm 滤膜的有机组分称为溶解性有机组分(dissolved organic matter，DOM)。DOM 在水处理过程中发生复杂的变化，因此在研究与工程中应得到更多的关注。

天然水体及污水处理厂出水有机物(effluent organic matter，EfOM)中均含有大量的 DOM。诸多研究表明，水中含量相对较高且相对稳定的 DOM，如腐殖质类、蛋白质类等，可能在水处理工艺(如生物处理、消毒等)中发生反应，转化成新的毒害物质，给水质安全带来潜在威胁。目前，有关水中溶解性有机物的研究也随着科技手段的进步而不断深入。二级处理出水中 DOM 的组分主要有溶解性微生物分泌产物(soluble microbial products，SMP)、污染物中间降解产物(transformation products，TPs)和原污水中残留污染物等，它们会直接影响后续深度处理工艺的处理效果、处理过程中有毒有害产物的生成以及出水的生物稳定性等，是污水处理领域新的研究热点和重点。

此外，随着工业化和城市化的不断推进，一些危害环境和人类健康的微量有毒有害人工合成有机污染物也在水中不断被发现，如持久性有机污染物(persistent organic pollutants，POPs)、内分泌干扰物(endocrine disrupting chemicals，EDCs)、药品和个人护理品(pharmaceutical and personal care products，PPCPs)等。

本章将主要介绍 DOM 中浓度水平高、相对稳定组分的特性、检测及分析方法，与微量有毒有害溶解性有机污染物相关的内容将在其他章节中具体介绍。

10.1.2 溶解性有机组分的分类

为了深入了解水中的溶解性有机组分，一般将 DOM 按一定方法进行分类。根据不同的原则，可分别按照化学物质类型、物质来源、可生化性以及树脂分离特性等对 DOM 进行如下分类(图 10.1)。

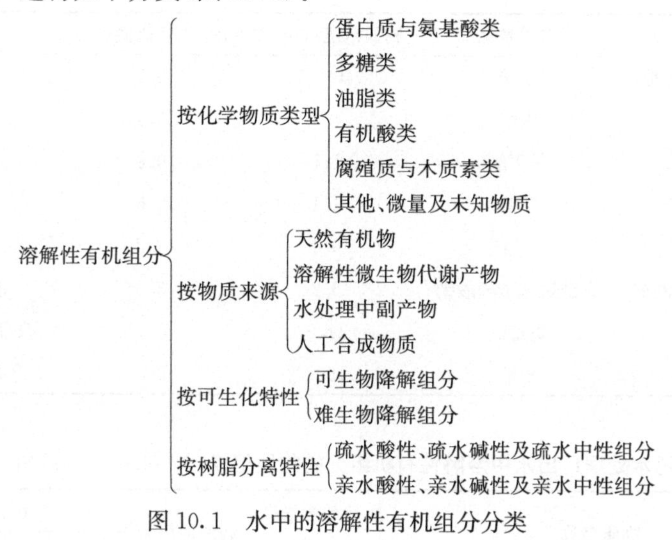

图 10.1 水中的溶解性有机组分分类

1. 按化学物质类型分类

自然水体及一般生活污水中的 DOM 物质组成复杂，一般包含多类化学物质，如蛋白质、氨基酸、多糖、油脂、有机酸、腐殖质及其他一些微量物质及未知物质等。此外，在一些工业与养殖污水中，往往还含有较多工农业生产中的有机副产物，如多环芳烃类、尿素等。

表 10.1 给出了上海市生活污水原水中的 DOM 组成情况。表 10.2 则给出了

表 10.1 上海城市生活污水原水的有机物组成(黄满红，2006)

类别	物质名称	物质浓度(mg/L)	占 TOC 比例(%)	检测方法
蛋白质类	蛋白质	79.6	34.6	改进的 Folin-酚法
糖类	糖	64.4	20.5	蒽酮比色法
油脂类	十二酸甲酯	0.3	0.2	气相色谱法
	十四酸甲酯	0.5	0.3	
	棕榈酸甲酯	0.9	0.5	
	软脂酸甲酯	0.7	0.4	
	亚麻酸甲酯	0.8	0.5	
	亚油酸甲酯	2.0	1.2	
	硬脂酸甲酯	0.9	0.6	
	油酸甲酯	2.7	1.7	
	二十五碳五烯酸甲酯	0.8	0.5	
	二十二碳六烯酸甲酯	0.4	0.3	

续表

类别	物质名称	物质浓度(mg/L)	占 TOC 比例(%)	检测方法
挥发性有机酸类	乙酸	10.0	3.2	气相色谱法
	丙酸	1.0	0.4	
	异丁酸	1.7	0.8	
	丁酸	1.1	0.5	
	异戊酸	0.4	0.2	
直链烷基苯磺酸钠	直链烷基苯磺酸钠	6.2	3.3	液相色谱法
腐殖酸	腐殖酸	11.9	5.2	改进的 Folin-酚法
核酸	核酸	19.2	5.3	二苯胺法、地衣酚法

表 10.2 污水处理厂出水中溶解性有机组分的物质组成(%)(Barker and Stuckey, 1999)

物质名称	滴滤池和活性污泥工艺出水	滴滤池出水	二级处理出水	
			可透析组分	不可透析组分
乙醚萃取物(ether extractables)	<10	~8.3	—	—
蛋白质(proteins)	<10	~22.4	—	1.7
氨基酸(amino acids)	—	—	4.6	—
碳水化合物和多糖(carbohydrates, polysaccharides)	<5(无单糖)	~11.5	0.2	4
单宁酸和木质素(tannins, lignins)	<5	~1.7	5.1	—
烷基苯磺酸盐(alkyl benzene sulphonates)	~10	—	—	—
阴离子洗涤剂(anionic detergents)		~13.9	3.2	—
非离子洗涤剂(non-ionic detergents)		—	1.6	—
腐殖酸、黄腐酸和棕腐酸(humic, fulvic and hymathomelanic acids)		40~50	—	—
挥发酸(volatile acids)		—	5.4	—
难挥发酸(non-volatile acids)		—	11.8	—
半挥发物质(neutral volatile compounds)		—	3.1	—
类固醇(steroids)		—	0.8	—
荧光增白剂(optical brighteners)		—	0.5	—
有机氯化物(organo-chlorine compounds)		—	<0.001	—
未知物质	~65	—	3.7	54.3
浓度低于 50 μg/L 物质	—	—	—	*

*果糖(fructose),蔗糖(sucrose),甘露糖(mannose),阿洛酮糖(allulose),棉籽糖(raffinose),木糖(xylose),葡萄糖(glucose),甲酸(formic acid),乙酸(acetic acid),丙酸(propionic acid),丁酸(butyric acid),尿酸(uric acid),芘(pyrene),苝(perylene),苯并芘(benzpyrenes),DDT,六六六(BHC),狄氏剂(dieldrin),粪[甾]醇(coprostanol) 和胆固醇(cholesterol)

污水处理厂不同工艺段出水中DOM的组成情况。由表中结果可知，生活污水中人为因素排放的蛋白质、合成化合物等占据了较大比例，而经过二级处理后，腐殖质等物质是DOM中的主要组分。

2. 按物质来源分类

1）天然有机物

溶解性天然有机物(natural organic matters，NOM)来自于自然界水体、土壤中动植物生物质的腐烂、降解，并普遍存在于地表水、水源水以及污水中。天然有机物组成复杂，包含多种不同的化合物，如长脂肪碳链结构的有机分子、高色度的芳香族化合物等。许多天然有机物表面带负电荷，其化学构成和分子大小各异(Thurman，1985)。

在NOM中，腐殖质类物质(humic substances)是一类重要的组成物质，是植物腐烂、降解的主要产物，大量存在于地表水中。据Turman和Malcolm(1981)的研究报道，腐殖质类物质贡献了地表水中30%～50%的NOM组分。根据Barker和Stuckey(1999)的研究，腐殖质类物质在生活污水处理出水的DOM中也有较高的比例(表10.2)。

腐殖质类物质多为高分子，结构复杂、异构体多，主要由大量的C、O、H及少量的N、P元素构成，多显酸性，分离制备得到的腐殖质类多为黄色、褐色、黑色。从分子构成上看，腐殖质类物质的分子由大量的芳香碳结构与脂肪碳链通过共价键结合形成主要骨架，同时含有许多羧基、酚醛基、烷氧基结构，以及一些硫酸酯、丙氨酸、醌、磷酸酯结构等(Jones and Bryan，1998)。

根据溶解性的差异，腐殖质类物质一般分为以下三类：腐殖酸(humic acids)，可溶解于pH>2的水溶液中；富里酸(fulvic acids)，可溶解于任何pH下的水溶液中；胡敏素(humins)，不溶于水(Jones and Bryan，1998)。因此，腐殖酸与富里酸是NOM中主要的腐殖质类物质。

通过热裂解、气质分析等技术，Schulten和Schnitzer(1993)给出了一种腐殖酸的分子结构(图10.2)，该腐殖酸分子量为5539.7，经验分子式为$C_{308}H_{328}O_{90}N_5$。

腐殖质类物质是漫长的生化反应的产物，一般生物降解(包括活性污泥法)往往不能将其彻底降解，因此可在自然水体与处理出水中大量存在。然而由于其结构庞大复杂，并含有多样的官能团，腐殖质类物质会和水处理工艺中添加的药剂(如消毒剂)发生反应，生成新的副产物，并对处理出水的生态风险及健康风险产生一定的影响。

2）溶解性微生物代谢产物

溶解性微生物代谢产物(soluble microbial products，SMP)是指水中微生物生长过程中分泌的以及死亡微生物生物质分解产生的物质，是自然水体尤其是污水

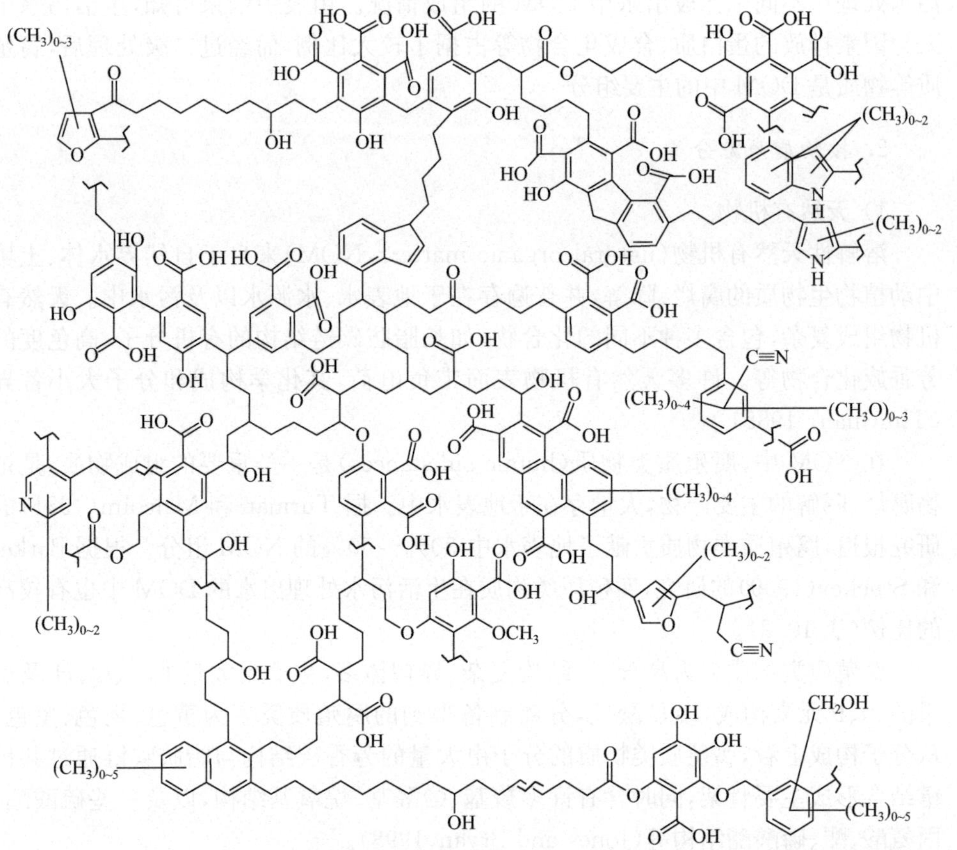

图 10.2　一种腐殖酸的分子结构示意图(Schulten and Schnitzer,1993)

生物处理出水中的一类主要溶解性有机物。

根据活性污泥法生物处理出水中 SMP 的产生途径,Chudoba(1985)提出活性污泥法中产生的 SMP 可分为以下三类:①微生物在水中与环境交换、反应中从体内释放的有机物;②微生物利用水体中基质进行生长代谢生成的代谢产物;③微生物死亡后通过溶胞、生物质降解等作用释放到水体中的有机物质。

根据 SMP 来源的不同,Namkung 与 Rittmann(1986)提出将 SMP 分成两类:基质利用相关产物(utilization-associated products,UAP)和微生物相关产物(biomass-associated products,BAP)。UAP 与基质代谢及微生物生长有关,其产生的速率与基质利用率成正比;BAP 则与微生物的内源代谢有关,故其产生的速率与微生物的浓度成正比。

如前所述,SMP 往往在污水生物处理过程中大量产生,而在不同的生物处理工艺(好氧、厌氧等)和不同的操作条件下,SMP 的组成也不尽相同。Urbain 等

(1998)的研究还发现,UAP 源自水中基质,主要是一些含碳小分子化合物,而 BAP 则主要是一些含碳、氮的大分子物质。Barker 和 Stuchey(1999)则结合已有研究结果指出,污水中的 SMP 物质包括了腐殖酸、富里酸、多糖、蛋白质、核酸、有机酸、氨基酸、抗生素、类固醇、胞外酶、铁载体、细胞结构,以及能量代谢产物等。

此外,随着能源危机的加剧,产油能源微藻在近年来不断受到关注。与 SMP 类似,在微藻培养液中也会积累溶解性藻类代谢产物(soluble algae products, SAP),其生成和影响特性也被很多学者所关注(于茵,2012)。

3. 按可生化特性分类

水中的 DOM 中能够被微生物降解利用的部分称作可生物降解有机物(biodegradable organic matter,BOM)。相应地,DOM 中不能被微生物利用的部分称作难生物降解有机物(nonbiodegradable organic matter,NBOM)。根据不同的测定原理与方法,水中的 BOM 可以通过可生物降解有机碳(biodegradable organic carbon,BDOC)与可同化有机碳(assimilable organic carbon,AOC)的测定进行表征。同时,BDOC 与 AOC 的测定也是考察水体生物稳定性的重要手段(Huck, 1990)。

可生物降解有机碳(BDOC)是水中细菌和其他微生物新陈代谢的物质和能量来源,包括其同化作用和异化作用的消耗。

可同化有机碳(AOC)是有机物中最易被细菌吸收,可直接同化成细菌细胞的部分,而不包括完全降解的部分,因此 AOC 可认为是 BDOC 的一部分。有关 AOC 的详解参见本书第 23 章。

4. 按树脂分离特性分类

由于水环境中的 DOM 构成复杂,研究中常使用大孔径树脂将水中的 DOM 按照极性及酸碱性的差异分为多个组分,如疏水酸性组分(hydrophobic acids, HOA)、疏水碱性组分(hydrophobic bases, HOB)、疏水中性组分(hydrophobic neutrals, HON)、亲水酸性组分(hydrophilic acids, HIA)、亲水碱性组分(hydrophilic bases,HIB)和亲水中性组分(hydrophilic neutrals,HIN),以便进行分类研究(Leenheer, 1981)。

一般情况下,疏水性组分比亲水性组分分子量大,腐殖质类物质是疏水性组分中的主要成分。亲水性组分则包含多种氨基酸、微量有机物等小分子溶解性组分(Leenheer, 1981;Zhang et al. , 2009;吴乾元,2010)。

10.2　溶解性有机组分中典型物质的检测方法

10.2.1　腐殖质的分离制备分析

腐殖质是地表水、污水及再生水 DOM 中的重要组分，先前的研究者也针对腐殖质的分离与定量分析开发了一系列的方法。其中，Thurman 和 Malcolm(1981)提出的基于吸附色谱(adsorption chromatography)技术的水中腐殖质分离制备分析方法，在水质研究领域中得到了较为广泛的应用。

表 10.3 列出了该方法的主要实验步骤。通过多步不同条件的吸附/洗脱等操作，可将腐殖质(腐殖酸/富里酸)从水中分离制备，以便进行进一步的表征分析。

表 10.3　基于吸附色谱分离的水中腐殖质测定方法(Thurman and Malcolm，1981)

步骤	实验操作	示例
1	水样过滤，使用 HCl 调节滤出液 pH=2.0	过滤 150 L 河流水样(腐殖质含量约为 4 mg/L)，并加入 120 mL HCl 酸化
2	上样至 XAD-8 树脂填料柱	将 150 L 水样通过 1200 mL(5×60 cm)的 XAD-8 填料柱
3	使用 0.1 mol/L NaOH 反向洗脱 XAD-8 填料柱	使用 3 倍空床体积(1800 mL) 的 0.1 mol/L NaOH 洗脱 XAD-8 填料柱，收集洗脱液
4	酸化上步洗脱液，并上样至另一较小体积 XAD-8 填料柱，使用 NaOH 洗脱	将 1800 mL 洗脱液调节至 pH=2，并上样至 60 mL 的 XAD-8 填料柱；再用 108 mL 的 0.1 mol/L NaOH 进行洗脱，收集洗脱液
5	上步洗脱液使用 Enzacryl 凝胶进行色谱分离，0.1 mol/L NaOH 作为流动相	取 3 mL 上步洗脱液，上样至 300 mL(2.5×600 cm) Enzacryl 凝胶柱色谱分离
6	若存在小分子酸，则先使用上步凝胶柱进行样品分离，再使用 XAD-8 柱进行浓缩	若存在小分子酸，则将剩余的 105 mL 洗脱液以每次 3 mL 的上样量进行 Enzacryl 凝胶色谱分离。此后再在 60 mL 的 XAD-8 填料柱上进行再浓缩
7	在 pH=1 条件下分离腐殖酸与富里酸。离心并将富里酸组分再次吸附至 XAD-8 柱。用水漂洗腐殖酸组分至无 Cl 离子存在(使用 $AgNO_3$ 作为指示剂)。将腐殖酸溶解至 0.1 mol/L NaOH 溶液中并达到氢饱和(hydrogen saturate)(参见第 9 步)	将 2 mL 浓 HCl 加入到 108 mL 样品洗脱液中，放置 24 h 后离心，获得腐殖酸组分。用水漂洗腐殖酸组分直至 Cl 离子被完全洗去。将腐殖酸溶于 0.1 mol/L NaOH 溶液中并达到氢饱和。继续将腐殖酸溶液稀释至 DOC 约 100 mg/L，以确保腐殖酸在经过离子交换树脂时不会沉降

续表

步骤	实验操作	示例
8	通过 XAD-8 树脂吸附将多余的 NaCl 从富里酸浓缩液中去除：①调节富里酸溶液pH=2，②用 1 倍柱床体积的水冲洗，③用 0.1 mol/L NaOH 溶液反向冲洗柱床得洗脱液	将 110 mL 富里酸溶液上样至 20 mL 的 XAD-8 填料柱进行浓缩。用 20 mL 去离子水冲洗柱床，并用 36 mL 0.1 mol/L NaOH 溶液反向洗脱
9	将富里酸洗脱液通过阳离子交换树脂并达到氢饱和。将之前腐殖酸溶液通过阳离子交换树脂并达到氢饱和	36 mL 富里酸溶液通过 5 mL 的 AG-MP-50 阳离子(H^+)交换树脂。并用 1 倍柱床体积(5 mL)的去离子水冲洗
10	将上述制备得到的腐殖质溶液冻干，得到低灰分的水溶性腐殖质样品	将 41 mL 的富里酸(氢饱和)样品冻干，在 100%腐殖质回收率下，制备量可达到 600 mg

10.2.2　蛋白质的分析

蛋白质是由多种氨基酸以肽键结合而形成的结构极其复杂的高分子化合物，是生物体的重要组成物质。由于受人类活动及动植物代谢等的影响，自然水体及污水、再生水的 DOM 中往往含有一定浓度的蛋白质。水中的蛋白质与水质稳定性、处理特性、水处理过程中副产物生成特性等直接相关，因此在水质研究中受到关注。

水溶液中蛋白质测定方法有凯氏定氮法、光度检测法(包含考马斯亮蓝染色法、Folin-酚法、紫外吸收法等)及滴定法(如甲醛滴定法、pH 滴定法等)(路苹 等，2006)。

无论饮用水、地表水或是污水、再生水，其 DOM 往往组成复杂，且其他水质干扰因素较多，因此准确性较高、适用性更广的凯氏定氮法、Folin-酚法与考马斯亮蓝染色法等是水质研究中蛋白质的主要测定方法。此外，通过将蛋白质水解成氨基酸，并通过氨基酸仪进行进一步分析，还能够得到蛋白质的详细化学组成情况(黄满红 等，2006)。

表 10.4 列出了一些常见的蛋白质测定方法的原理及特点，在实际研究中可根据水质特点选取合适的方法进行蛋白质检测。

表 10.4　水中蛋白质常用测定方法比较(路苹 等，2006；黄满红 等，2006)

方法	基本原理	特点
凯氏定氮法	在一定条件下使蛋白质中的氮及其他有机氮转化为氨氮，然后定量分析	准确，操作简单，国际/国内一般约定的标准方法
Folin-酚法	肽键与铜试剂显色反应，生成蛋白质-铜络合物。络合物上芳香族氨基酸残基与酚试剂反应显色	(1) 灵敏度较高，受蛋白质种类影响小，检出限较低 (2) 试剂配制复杂、烦琐，蛋白质含量高时须校正

续表

方法	基本原理	特点
考马斯亮蓝染色法	有机染料考马斯亮蓝G2250(游离态为红色)在稀酸中与蛋白质的碱性氨基酸(特别是精氨酸)和芳香族氨基酸残基结合后变为蓝色(595 nm吸收)	(1) 操作简单,显色反应快速稳定,灵敏度高,检出限低,受其他水质因素干扰少 (2) 高含量时线性关系下降 (3) 不同源蛋白质显色有差异
紫外吸收法	蛋白质分子中的酪氨酸、色氨酸和苯丙氨酸等的苯环结构含有共轭双键,使蛋白质具有吸收紫外线(280 nm)的能力	(1) 操作简单,灵敏迅速 (2) 对酪氨酸、色氨酸和苯丙氨酸含量差异较大的非标准蛋白质测定不准 (3) 易受水中其他具有紫外吸收特性的物质影响
氨基酸仪分析法	蛋白质经盐酸水解为游离氨基酸,流动相推动氨基酸经氨基酸分析仪的离子交换柱分离后,与茚三酮溶液产生显色反应	(1) 能够测定氨基酸组成 (2) 操作复杂烦琐 (3) 蛋白质水解不完全致使蛋白质总量测定较实际值偏低
滴定法	特定试剂与蛋白质反应,并通过滴定终点检测	(1) 节约试剂,操作较简便 (2) 受反应类型及蛋白质类型制约

10.3　溶解性有机组分的树脂组分分离

10.3.1　树脂组分分离一般步骤

树脂组分分离法是水质研究中常用的组分分离手段,一般利用大孔径XAD树脂以及阴阳离子交换树脂等对样品中的DOM进行组分分离,按图10.3所示步骤,可将其分为6种组分:疏水酸性组分(HOA)、疏水碱性组分(HOB)、疏水中性组分(HON)、亲水酸性组分(HIA)、亲水碱性组分(HIB)以及亲水中性组分(HIN)(Leenheer,1981)。

1. 树脂与有机溶剂选择

树脂:Supelite XAD-8大孔径树脂,粒径范围为20～60目;Dowex Marathon MSC(H)阳离子交换树脂,粒径范围为20～50目;Duolite A-7阴离子交换树脂(自由基团)。

有机溶剂:甲醇、丙酮、正己烷,均为色谱纯。

2. 树脂预处理、装填与活化

(1) 树脂索氏提取。树脂使用前,需进行索氏提取进行预处理与初步净化,以

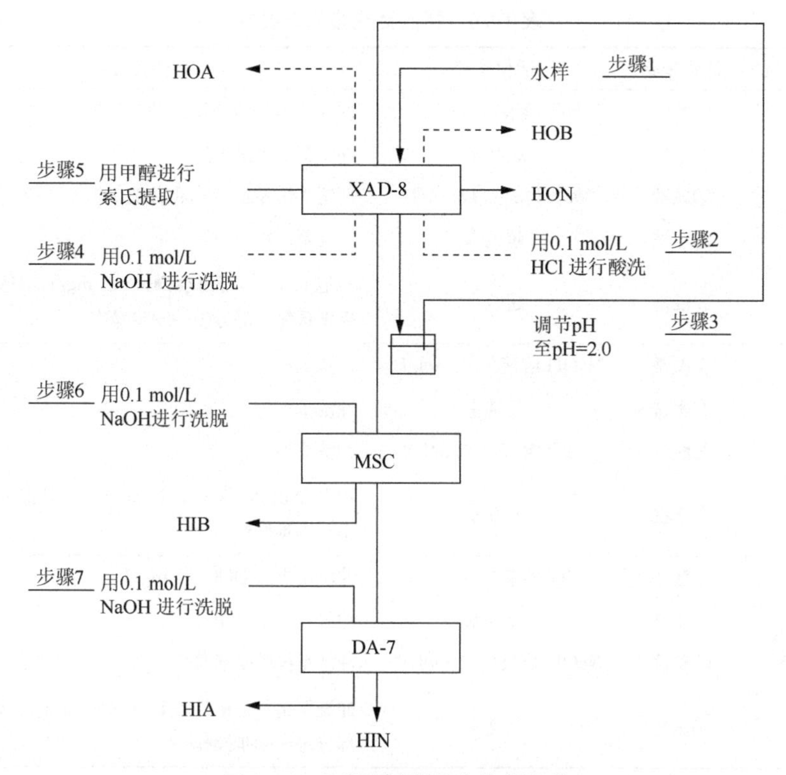

图 10.3　DOM 树脂组分分离流程

去除树脂中的可溶性有机物。处理时间与溶剂要求参见表 10.5。

表 10.5　树脂索氏提取要求

树脂类型	索氏提取条件	浸泡试剂
XAD-8	丙酮(24 h)→正己烷(24 h)→丙酮(24 h)	95%乙醇
MSC-H	甲醇(24 h)	甲醇
DA-7	丙酮(24 h)	超纯水

(2) 树脂装填。索氏提取完毕，取出树脂并放入超纯水中，将树脂悬浊后装入层析柱。装填过程中需保持树脂完全浸泡于超纯水中，避免树脂填料层中出现气泡，必要时可进行超声处理排出空气气泡。

(3) 树脂活化。树脂装填完毕后，进行进一步净化处理与活化。活化具体步骤与要求参见表 10.6。根据树脂类型的不同，选择不同的冲洗流动相(超纯水、HCl 溶液和 NaOH 溶液等)，冲洗时流动相流速控制在约 5 mL/min，同时测定流出液 DOC 浓度，直至符合要求(DOC<1 mg/L)。

表 10.6 树脂活化步骤与要求

树脂类型	活化步骤	活化溶剂	条件与目标
XAD-8	①酸洗	HCl 溶液(1 mol/L)	冲洗 1 h,浸泡 3 h,再冲洗 1 h
	②水洗	超纯水	冲洗至出水呈中性
	③碱洗	NaOH 溶液(1 mol/L)	冲洗 1 h,浸泡 3 h,再冲洗 1 h
	④水洗	超纯水	冲洗至出水呈中性
	⑤浸泡	超纯水	浸泡 12 h 后,若出水 DOC<1 mg/L 则达到要求,否则重复本部分①~⑤步操作
MSC-H	①碱洗	NaOH 溶液(0.1 mol/L)	冲洗 2 h
	②水洗	超纯水	冲洗 1 h
	③酸洗	HCl 溶液(1 mol/L)	冲洗 2 h
	④水洗	超纯水	冲洗至出水 DOC<1 mg/L,否则重复本部分①~④步操作
DA-7	①酸洗	HCl 溶液(1 mol/L)	冲洗至出水 DOC<1 mg/L
	②水洗	超纯水	冲洗至出水呈中性
	③碱洗	NaOH 溶液(0.1 mol/L)	冲洗至树脂呈淡黄色
	④水洗	超纯水	冲洗至出水呈中性且 DOC<1 mg/L,否则重复本部分①~④步操作

3. 样品上样、洗脱与分离

树脂装填、预处理及活化完毕后,即可进行水样的组分分离,具体操作步骤及要求见表 10.7。

表 10.7 样品上样及分离步骤

步骤	上样树脂	上样溶液/操作	上样方向	流出成分
(1)	XAD-8	水样	正	(1)流出液
(2)	XAD-8	HCl 溶液(0.1 mol/L,200 mL)→超纯水(100 mL)	反	HOB
(3)	XAD-8	(1)流出液(调节 pH=2)	正	HIS
(4)	XAD-8	NaOH 溶液(0.1 mol/L,200 mL)→超纯水(100 mL)	反	HOA
(5)	XAD-8	将树脂干燥并使用甲醇索氏提取	—	HON
(6)	MSC-H	HIS(调节 pH=2)	正	(6)流出液
(7)	DA-7	(6)流出液	正	HIN
(8)	MSC-H	NaOH 溶液(0.1 mol/L,200 mL)→超纯水(100 mL)	正	HIB
(9)	DA-7	NaOH 溶液(0.1 mol/L,200 mL)→超纯水(100 mL)	正	HIA

（1）根据 Leenheer（1981）提出的树脂组分分离理论，在进行疏水性物质的提取时，水样体积与 XAD-8 树脂体积的上样体积比为 50∶1，即 1 L 水样正向通过 20 mL 装填好的 XAD-8 树脂，流速约 5 mL/min（下同），并收集流出液。

（2）使用 0.1 mol/L HCl 溶液（200 mL）及超纯水（100 mL）依次反向冲洗 XAD-8 树脂柱，收集流出液得到 HOB 组分。

（3）使用浓 HCl 将（1）流出液 pH 调节至 2，并再次正向通过 XAD-8 树脂柱，收集流出液得到 HIS 组分（1 L）。

（4）使用 0.1 mol/L NaOH 溶液（200 mL）及超纯水（100 mL）依次反向冲洗 XAD-8 树脂柱，收集流出液得到 HOA 组分。

（5）将剩余 XAD-8 树脂置于室温下干燥，并使用 200 mL 甲醇对其进行索氏提取（24 h），将提取液后氮吹干，获得 HON 组分（固体）。

（6）使用浓 HCl 将（3）步中获得的 HIS 组分 pH 调节至 2，正向通过 MSC-H 树脂柱，收集流出液。

（7）将（6）流出液正向通过 DA-7 树脂柱，收集流出液得到 HIN 组分（1 L）。

（8）使用 0.1 mol/L NaOH 溶液（200 mL）及超纯水（100 mL）依次正向冲洗 MSC-H 树脂柱，收集流出液得到 HIB 组分。

（9）使用 0.1 mol/L NaOH 溶液（200 mL）及超纯水（100 mL）依次正向冲洗 DA-7 树脂柱，收集流出液得到 HIA 组分。

10.3.2　树脂组分分离理论与基础分离操作的可靠性保障

根据树脂组分分离的基本原理，XAD、MSC-H 与 DA-7 三种树脂对有机组分的吸附原理各不相同。以下对树脂的吸附分离的原理及特性进行简要介绍（Leenheer，1981）。

（1）XAD 系列树脂。该树脂对疏水性、低极性的有机组分具有较高的吸附容量。有机物的吸附分配系数（k'=吸附量/未吸附量）不同，XAD 树脂对其的吸附效果则不同。有机物 k'值越大，表明其疏水程度越高，在 XAD 树脂上的吸附比例越高。例如，吡啶（pyridine），疏水性较弱的一种芳香胺（aromatic amine），其 $k'=15$；腐殖酸等高疏水性物质，其分配系数 k'则超过 50。

（2）MSC-H 与 DA-7 树脂。这两种树脂均为离子交换树脂，在容量允许范围内，离子交换树脂能够交换所有相关离子，而不存在两相分配的关系，故上样量一定时，需要根据容量计算最低柱床体积。

为确保树脂分离操作具有较好的重现性，且确保研究数据具有可比性，需要对以下操作参数条件进行限定。

1. XAD 树脂上样比

根据 XAD 树脂吸附分离原理可知，水样上样体积不同，所得到的分离结果也将不同。对同一水样而言，上样量上升，疏水组分比例下降。因此，当对不同水样进行比较时，必须在相同的上样比例(上样体积/柱床体积)下进行组分分离。一般进行城市污水处理厂二级出水的组分分离时，可选择 50∶1 的上样比。

2. 离子交换树脂的最小柱床体积

为确保离子交换柱在操作中不被穿透，需要根据水样中的总离子含量进行计算。

一般情况下，阳离子交换树脂 MSC-H 的吸附容量为 4.35 meq/g(该值与样品电导率相关)，湿密度为 0.77～0.85 g/mL。阴离子交换树脂 DA-7 的吸附容量为 2.1 meq/mL。

当水样电导率为 0.8 mS/cm，且 pH 值调节至 2 时，MSC-H 树脂的最小柱床体积约为 0.003 倍上样体积，DA-7 树脂的最小柱床体积约为 0.005 倍样品上样体积。

3. 上样及洗脱速度

为确保上样过程中，样品中的 DOM 能够充分与树脂进行吸附或交换，上样与洗脱时的流速需要达到一定要求。一般地，该流速 f 应满足下式要求：$f \leqslant 20 \times V/h$，其中 f 为上样/洗脱流速，V 为柱床体积，h 为时间(取值 1 h)。

10.3.3　DOM 树脂组分分离案例

DOM 树脂组分分离常用于饮用水、污水及二级处理出水等的分析。表 10.8 给出了二级出水及其树脂分离组分的基本水质情况。

表 10.8　二级出水及其树脂分离组分水质特征(唐鑫，2014)

水样/组分	DOC(mg/L)	UV_{254} (cm^{-1})	SUVA[L/(mg·m)]	pH 值
二级出水	13.7±0.8	0.130±0.002	0.95±0.4	7.6±0.1
HOA	2.1±0.3	0.072±0.001	3.40±0.03	—
HOB	0.9±0.2	0.019±0.001	2.10±0.06	—
HON	3.7±0.4	0.043±0.002	1.18±0.02	—
HIA	4.2±0.2	0.086±0.002	2.05±0.01	—
HIB	0.8±0.2	0.027±0.001	3.52±0.07	—
HIN	2.9±0.5	0.018±0.001	0.62±0.03	—

10.4　DOM 凝胶排阻色谱分析

10.4.1　凝胶排阻色谱分析系统组成

凝胶排阻色谱(SEC)分析是根据分子量对 DOM 进行分离制备的重要手段。该方法利用多孔凝胶色谱柱对水中的溶解性有机物进行分离。当水中溶解性有机物流经凝胶时,水中大分子有机物无法进入凝胶,在较短时间内便通过色谱柱,因而出峰时间较短。小分子有机物则可进入多孔凝胶内,且分子量越小的有机物在凝胶中的运动路径越长,出峰时间也越长(孙凤霞,2004)。

1. 凝胶柱系统

在进行凝胶排阻色谱分析时,根据制备量、检测信号等的不同,往往会选择不同的凝胶柱系统。可选项目包括填料类型、柱规模、分子量标准品等要求。图 10.4给出了研究中常用凝胶填料的填料性能与相应的分子量标准品。

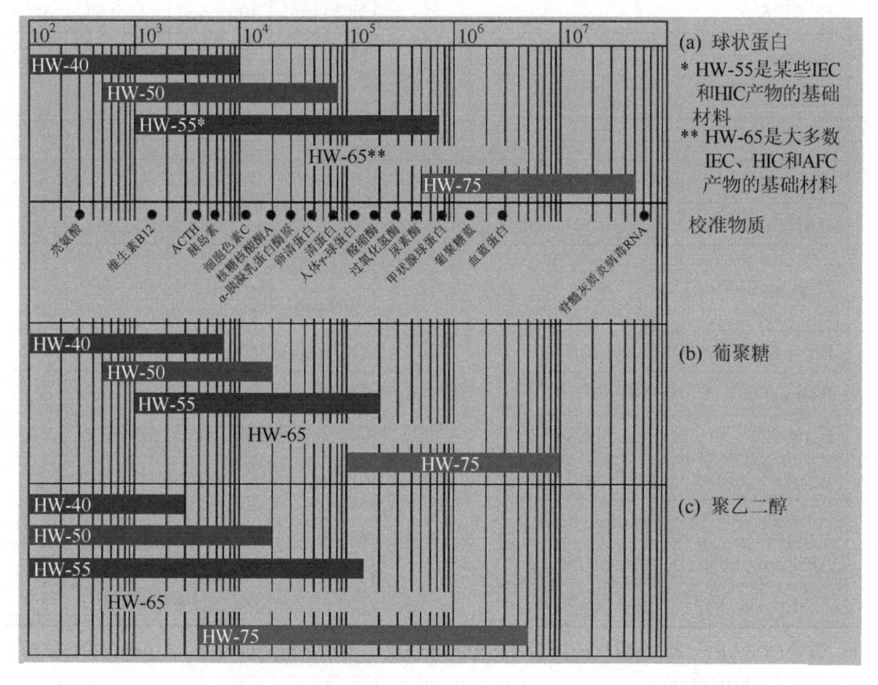

图 10.4　不同 HW-型凝胶填料的填料性能与相应分子量标准品

在进行填料装填与准备时,也需要遵循一定的操作方法以保障装填质量及凝胶柱效。表 10.9 给出了常用各型填料的一般装填规模与操作条件。

此外，还可购置适配的成品填料柱，在 HPLC 系统中进行凝胶排阻色谱分析。

表 10.9　凝胶填料的装填条件

填料类型			柱尺寸(cm，直径×长)	填料等级	装填流速(cm/h)	操作流速(cm/h)	操作流量(mL/min)
SEC	HW-40		2.2×60	S(30 μm)	30～40	10～25	0.6～1.6
				F(45 μm)	60～80	25～50	1.6～3.2
				C(75 μm)	120～160	50～100	3.2～6.4
	HW-50		2.2×60	S(30 μm)	25～35	10～20	0.6～1.3
				F(45 μm)	50～70	25～35	1.6～2.2
	HW-55		2.2×60	S(30 μm)	25～35	10～20	0.6～1.3
				F(45 μm)	50～70	25～35	1.6～2.2
	HW-65		2.2×60	S(30 μm)	20～75	10～15	0.6～1.0
				F(45 μm)	40～150	15～30	1.0～1.9
	HW-75		2.2×60	F(45 μm)	40～150	15～30	1.0～1.9
IEC	DEAE-650		2.2×20	S(35 μm)	400～600	45～65	3.0～4.0
	SuperQ-650			M(65 μm)	800～1000	80～130	5.0～8.0
	CM-650			C(100 μm)	800～1200	80～600	5.0～40
	SP-650						
	SP-550		2.2×20	C(100 μm)	700～1000	80～240	5.0～15
	QAE-550						
	MegCapSP-550EC			EC(100～300 μm)	800～1200	80～500	5.0～30.0
HIC	Ether-650	Hexyl-650	2.2×20	S(35 μm)	400～600	45～65	3.0～4.0
	Phenyl-650	PPG-600		M(65 μm)	800～1000	80～130	5.0～8.0
	Butyl-650	Super Butyl-550		C(100 μm)	800～1200	80～500	5.0～30.0
AFC	AF-Amino-650	AF-Tresyl-650	2.2×20	M(65 μm)	800～1000	30～130	2.0～8.0
	AF-Carboxy-650	AF-Blue-650					
	AF-Formyl-650	AF-Chelate-650					
	AF-Epoxy-650	AF-Blue HC-650					

注：TOYOPEARL 填料的装填应区别于传统的软凝胶。为了获得最佳效果，请尽量在较高流速和压力下进行 TOYOPEARL 的装填

2. 检测器

凝胶排阻色谱法常与紫外检测器、荧光检测器、示差折光检测器以及总有机碳

检测器等相连，通过检测经体积排阻色谱分离得到的各组分紫外吸光度、荧光强度、折光系数、DOC 来表征溶解性有机物的分子量分布。目前，紫外检测器和荧光检测器因灵敏度高，可反映具有紫外吸收或荧光性质的物质的分子量分布，在再生水分子量分布检测中应用较为广泛。

3. 凝胶排阻色谱分析系统实例：基于高效液相色谱仪的分析系统

分析系统基于高效液相色谱仪（HPLC），由 LC-20 型 HPLC（日本岛津公司出品）、SPD-M20A 型 UV 检测器（日本岛津公司出品）、RID 检测器（日本岛津公司出品）以及两根串联凝胶色谱柱（Tsk-Gel G3000PWXL 与 Tsk-Gel G2500PWXL 型）等构成。图 10.5 为该分析系统实物图。

图 10.5　基于 HPLC 的凝胶排阻色谱分析系统

标样与流动相：标样选择聚乙二醇（色谱纯，分子量分别为 330 Da、700 Da、1050 Da、5250 Da、10 225 Da 和 30 000 Da）与丙酮（色谱纯）。磷酸盐缓冲溶液，由 NaH_2PO_4（0.0024 mol/L）、Na_2HPO_4（0.0016 mol/L）和 Na_2SO_4（0.025 mol/L）溶于超纯水配制而成。

实验操作：凝胶色谱柱置于 40 ℃恒温箱中，流动相流速为 0.5 mL/min，每次测定时将 100 μL 样品或标准品通过自动进样器进行上样，并监测上样后 60 min 停留时间内的 UV（254 nm）信号。

数据处理：基于凝胶排阻原理，并根据不同分子量标准品信号峰的停留时间，将停留时间转换为表观分子量，其中停留时间应与表观分子量的对数呈线性关系。之后可以以停留时间（分子量）为横坐标，绘制不同样品的凝胶排阻色谱图谱。

4. 凝胶排阻色谱分析系统实例:实验室自行搭建系统

分析系统为实验室自行搭建,使用 Toyopearl HW-55F 凝胶填料(日本 Tosoh 公司出品)装填入订制层析柱(长 60 cm,内径 2.2 cm)。此外还包括恒压蠕动泵、馏分收集器、DOC 检测仪等。图 10.6 为该分析系统主要装置实物图。

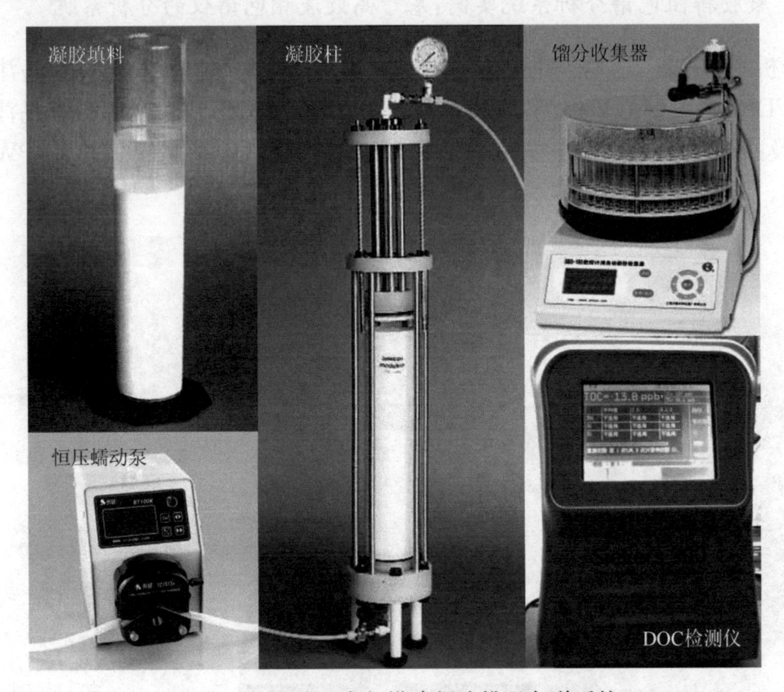

图 10.6　实验室自行搭建凝胶排阻色谱系统

标样与流动相:同上。

实验操作:该系统中,凝胶柱于 25 ℃室温放置,流动相流速为 2.2 mL/min,每次测定时将 5 mL 样品或标准品手动上样,并监测上样后 120 min 停留时间内的 DOC 信号。

数据处理:同上。

10.4.2　DOM 凝胶排阻色谱分析

利用 SEC 可对 DOM 的分子量分布进行表征分析。图 10.7 给出了城市污水处理厂二级出水的典型 SEC 谱图(UV_{254})。

将水样进行树脂组分分离后,可对各组分进行 SEC 分析,进一步获得不同组分的分子量分布信息。图 10.8 给出了二级出水不同组分的 SEC 谱图(DOC)。

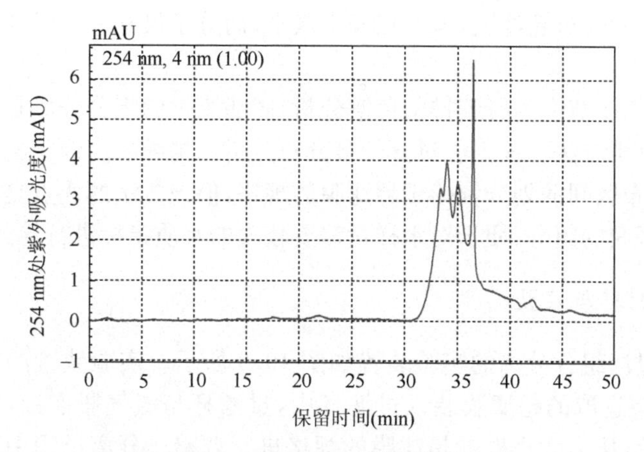

图 10.7　二级出水 SEC 谱图(UV_{254})

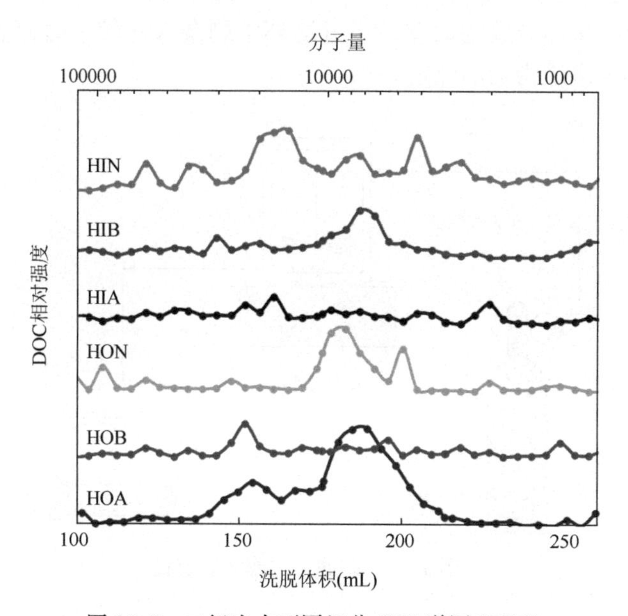

图 10.8　二级出水不同组分 SEC 谱图(DOC)

10.5　超滤膜过滤组分分离法

10.5.1　超滤膜过滤组分分离的一般步骤

超滤膜过滤组分分离利用具有不同大小孔径的超滤膜分离获取水样中不同分子量(molecular weight,MW)的有机物组分。分子尺寸小于膜孔径的有机物质可以在超滤过程中通过超滤膜，保留在滤出液中，而分子尺寸大于膜孔径的有机物质则会被截留。

相比于 10.4 节中的凝胶排阻色谱分析，超滤膜过滤组分分离是一种不连续的分子量分布分析方法。该方法对分子量分布分析的精细程度低于凝胶排阻色谱分析，分子量分布区间的划分依赖于超滤膜的规格，但该方法的优点是可以获取大量的各分子量区间的组分，便于对水样量需要较大的水质指标进行检测分析。

1. 实验材料与装置

超滤膜过滤组分分离的实验装置如图 10.9 所示。实验装置的核心是过滤杯（图 10.10），将选取的超滤膜装入过滤杯中，过滤杯与氮气瓶连接，由高纯氮提供压力进行过滤，压力大小根据超滤膜的规格进行调整。分离过程中过滤杯置于磁力搅拌器上，搅拌速度一般为 150～200 r/min，搅拌的目的是降低过滤过程中因膜表面形成浓差极化而导致的误差。当过滤杯中剩余水样较少时停止过滤，收集滤出液以进行相应水质指标的测定。

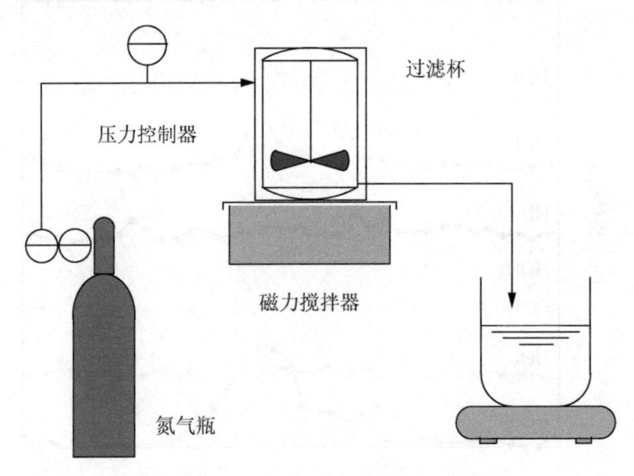

图 10.9　超滤膜过滤实验装置

超滤膜规格的选取可根据研究对象中的有机物组成情况而定，同时也依赖于生产厂家所提供的产品情况。例如，美国 Millipore 公司出品的超滤膜，其材质为再生乙酸纤维素，不同规格的超滤膜分别可以截留水样中分子量大于 100 kDa、30 kDa、10 kDa、5 kDa、3 kDa 和 1 kDa 的有机物。

2. 组分分离方式

利用一系列不同规格的超滤膜对水样中的有机物进行组分分离，可以考察有机物的分子量分布情况。各分子量有机组分的分离可以采取串联过滤法和平行过

图 10.10　过滤杯

滤法两种分离方式进行(图 10.11)(Logan and Jiang，1990)。

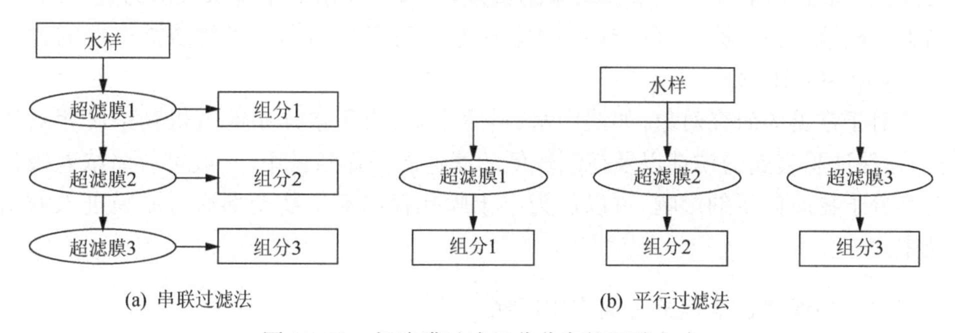

图 10.11　超滤膜过滤组分分离的两种方式

串联过滤法是将水样依次通过不同规格的超滤膜进行过滤，该方法组分分离所需的时间较长，且小分子量组分的水样由于经过了多次膜过滤，积累的误差也相对较大。

平行过滤法是将水样分别通过不同规格的超滤膜进行过滤，该方法可同时获取水样中小于某一特定分子量的有机组分，实验所需时间较短，同时可以降低超滤过程中产生的误差。多数情况下会采用平行过滤法进行组分分离。

利用平行过滤法，水样经过某一规格的超滤膜过滤，即可得到小于相应分子量大小的有机物组分，如 MW<10 kDa 等。某一分子量区间的物质含量可通过对不同超滤膜滤出液的量进行差减得到。

3. 滤膜的清洗

为了防止超滤膜片变干，厂家在生产超滤膜时会在膜表面用甘油进行处理。

因此,在使用新的超滤膜时须先用超纯水对其进行清洗,直至滤出液中的 DOC 浓度与超纯水无明显差别(<0.1 mg/L)。

每次过滤实验后,超滤膜也需要根据产品说明书中的要求用相应的清洗液对其进行清洗,以除去膜表面及膜孔中可能残留的有机物质。在进行新的过滤实验前,同样需用超纯水对超滤膜进行清洗,直至滤出液中无法检测出有机物质。

4. *浓差极化的控制*

在超滤膜过滤过程中,由于膜表面可能存在浓差极化现象,阻碍水样中的物质通过膜孔,从而导致分子尺寸小于膜孔径的有机物并不一定会全部通过滤膜进入滤出液中。在实际过滤过程中,往往仍有一定比例的小分子物质会被截留。

除了上述已提到的在过滤过程中增加膜表面的搅拌来降低浓差极化的影响外,滤速的大小对过滤分离效果也具有一定影响。滤速增大可以加快膜表面浓差极化的形成,从而增大小分子物质被膜截留的比例。因此,在过滤实验中,采用尽可能低的滤速有利于降低实验结果的偏差,一般以滤出液呈滴状流出为宜。同时,增大滤出液体积占原水样总体积的比例也有利于减小小分子物质被截留的比例(Gary et al., 1992)。

对于常见的研究对象,如饮用水、再生水等,由于水样中的有机物浓度相对较低,在保证膜表面的搅拌以及控制较低的滤速的操作条件下,一般可忽略浓差极化对小分子物质截留的影响,可以认为小于膜孔径的有机物全部通过滤膜进入滤出液中。

10.5.2 超滤膜过滤组分分离应用案例

Zhao 等(2014)考察了臭氧氧化处理前后城市污水处理厂二级出水中溶解性有机物分子量分布的变化情况。研究选取了截留分子量分别为 100 kDa、10 kDa、1 kDa 的超滤膜。超滤膜由美国 Millipore 公司出品,超滤装置采用美国 Amicon 公司出品的 8400 型搅拌式超滤杯。

图 10.12 为在臭氧投加量为 5 mg/L 的条件下,二级出水水样中 DOC 浓度在臭氧氧化前后的分子量分布变化情况。结果显示,臭氧氧化后 MW <1 kDa 的有机物 DOC 浓度没有明显下降,而大分子有机组分(MW >10 kDa)的 DOC 浓度有所降低,表明臭氧氧化后水样中总有机物的平均分子量有所下降。从各分子量有机组分占水样总 DOC 的比例来看[图 10.12(b)],臭氧氧化后,水样中 MW < 1 kDa的有机组分的比例有所上升,说明臭氧氧化导致大分子有机物氧化分解为小分子物质。

图 10.13 所示为上述臭氧氧化过程中二级出水水样 UV_{254} 的分子量分布变化情况。结果显示,臭氧氧化后 MW >1 kDa 的有机组分的 UV_{254} 均有一定程度的

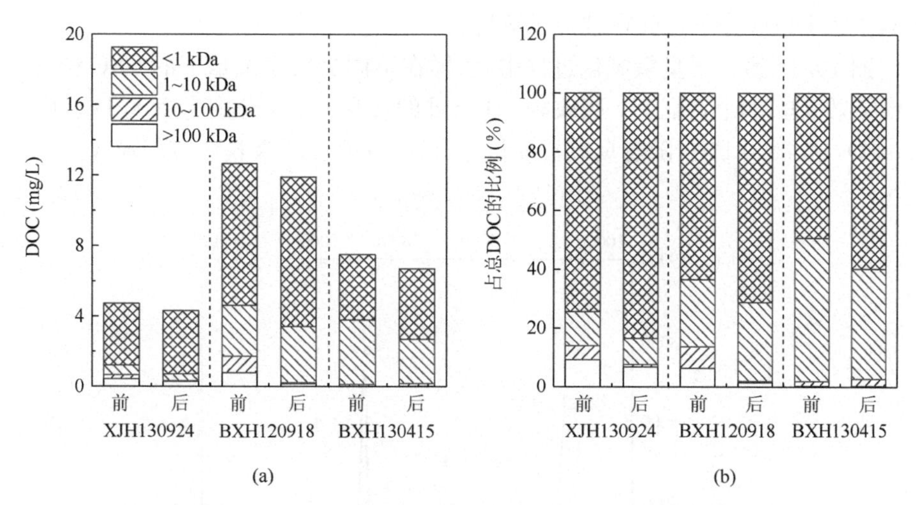

图 10.12　臭氧氧化后二级出水中 DOC 分子量分布的变化(臭氧投加量为 5 mg/L)

下降。与 DOC 分子量分布的变化一致,臭氧氧化后 MW <1 kDa 的有机组分 UV_{254}的比例也有所上升。

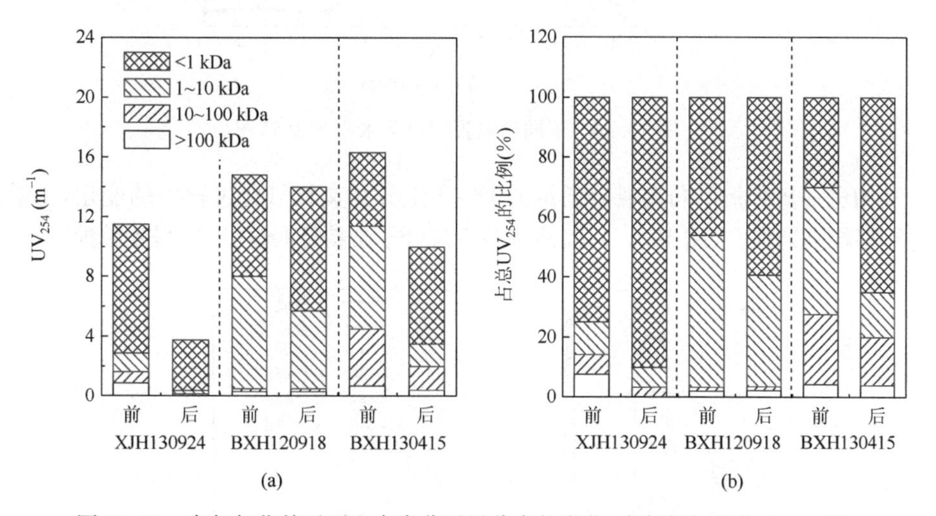

图 10.13　臭氧氧化前后再生水中分子量分布的变化(臭氧投加量为 5 mg/L)

10.6　应用研究案例:臭氧氧化中再生水 DOM 凝胶排阻色谱分析

相关研究表明,臭氧氧化能够将再生水 DOM 的大分子物质转化为小分子(Gong et al., 2008)。唐鑫(2014)采用 SEC 分析方法(UV_{254}信号)对臭氧氧化中的再生水 DOM 分子量分布进行了解析。

图 10.14 给出了臭氧氧化过程中,水样在不同臭氧投加量下的 SEC 谱图。由图中结果可知,四个特征 UV 吸收峰 a、b、c、d 的表观分子量分别为 2600 Da、4100 Da、6100 Da 和 7600 Da。随着臭氧投加量上升,各峰的 UV 吸收均显著降低。

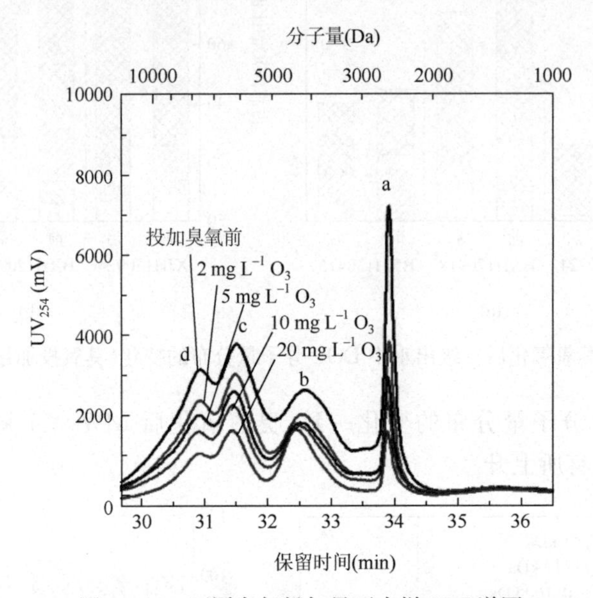

图 10.14 不同臭氧投加量下水样 SEC 谱图

为进一步分析不同表观分子量的 DOM 组分在臭氧氧化过程中的变化,对谱图进行多峰高斯拟合(图 10.15),以便将各表观分子量特征峰区分开,得到单独特征峰。

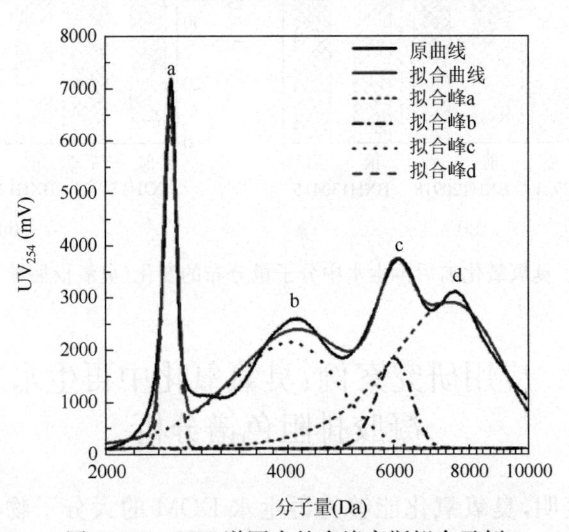

图 10.15 SEC 谱图中的多峰高斯拟合示例

对各特征峰进行峰面积积分，以该积分值作为相应表观分子量物质的总量(以 UV_{254} 计)进行不同臭氧氧化剂量下的定量分析，结果如图 10.16 所示。臭氧氧化前，表观分子量为 7600 Da 的特征峰峰面积(UV_{254})最大，且随着臭氧投加量的上升，其降低最为显著。该现象说明，臭氧对再生水 DOM 中具有高表观分子量的物质 UV_{254} 去除更高，这一结论也与 Wert 等(2009)的研究结果相一致。

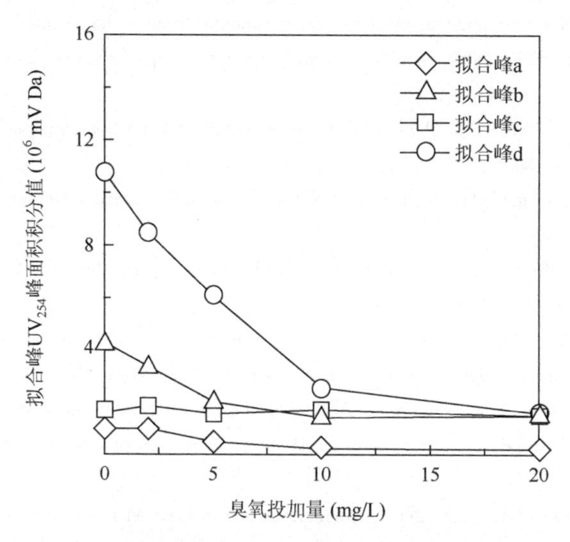

图 10.16　臭氧氧化中 SEC 谱图特征峰面积积分值变化

上述研究案例通过凝胶排阻色谱分析，对臭氧氧化过程中再生水 DOM 的分子量分布变化及不同分子量组分的 UV_{254} 吸收特征进行了详细表征，也对探究臭氧氧化 DOM 的机理进行了一定阐明。

参 考 文 献

黄满红. 2006. 厌氧-缺氧-好氧活性污泥系统中典型有机物迁移转化研究. 上海：同济大学博士学位论文.

路苹，于同泉，王淑英，等. 2006. 蛋白质测定方法评价. 北京农学院学报，21(2)：65～69.

孙凤霞. 2004. 仪器分析. 北京：化学工业出版社.

唐鑫. 2014. 再生水氯消毒抗雌激素活性生成潜势评价及控制研究. 北京：清华大学博士学位论文.

吴乾元. 2010. 氯消毒对再生水遗传毒性和雌/抗雌激素活性的影响研究. 北京：清华大学博士学位论文.

于茵. 2012. 能源微藻溶解性胞外产物产生及组分特性研究. 北京：清华大学博士学位论文.

Barker D J，Stuckey D C. 1999. A review of soluble microbial products (SMP) in wastewater treatment systems. Water Research，33(14)：3063～3082.

Chudoba J. 1985. Quantitative estimation in COD units of refractory organic compounds produced by activated sludge microorganisms. Water Research，19(1)：37～43.

Gary L A, Raymond A S, James B, et al. 1992. Molecular size distributions of dissolved organic matter. Journal—American Water Association, 84(6): 67～75.

Gong J L，Liu Y D，Sun X B. 2008. O_3 and UV/O_3 oxidation of organic constituents of biotreated municipal wastewater. Water Research，42(4-5)，1238～1244.

Huck P M. 1990. Measurement of biodegradable organic matter and bacterial growth in drinking water. Journal of American Water Works Association，82(7)：78～86.

Jones M N，Bryan N D. 1998. Colloidal properties of humic substances. Advances in Colloid and Interface Science，78(1)：1～48.

Leenheer J A. 1981. Comprehensive approach to preparative isolation and fractionation of dissolved organic carbon from natural waters and wastewaters. Environmental Science and Technology，15(5)：578～587.

Namkung E，Rittmann B E. 1986. Soluble microbial products (Smp) formation kinetics by biofilms. Water Research，20(6)：795～806.

Schulten H R，Schnitzer M. 1993. A state of the art structural concept for humic substances. Naturwissenschaften，80(1)：29～30.

Thurman E M. 1985. Organic Geochemistry of Natural Waters. Dordrecht，Netherlands：Martinus Nijhoff/Dr. W. Junk Publishers.

Thurman E M，Malcolm R L. 1981. Preparative isolation of aquatic humic substances. Environmental Science and Technology，15(4)：463～466.

Urbain V，Mobarry B，DeSilva V，et al. 1998. Integration of performance，molecular biology and modeling to describe the activated sludge process. Water Science and Technology，37(4-5)：223～229.

Wert E C，Rosario-Ortiz F L，Snyder S A. 2009. Using ultraviolet absorbance and color to assess pharmaceutical oxidation during ozonation of wastewater. Environmental Science and Technology，43(13)：4858～4863.

Zhang H，Qu J H，Liu H J，et al. 2009. Characterization of isolated fractions of dissolved organic matter from sewage treatment plant and the related disinfection by-products formation potential. Journal of Hazardous Materials，164 (2-3)：1433～1438.

Zhao X，Hu H Y，Yu T，et al. 2014. Effect of different molecular weight organic components on the increase of microbial growth potential of secondary effluent by ozonation. Journal of Environmental Science，26 (11)：2190～2197.

第 11 章　溶解性有机组分指纹分析与综合表征方法

本书第 10 章介绍了溶解性有机组分(DOM)分离与解析方法。将树脂组分分离技术与凝胶排阻色谱分析技术耦合,可进一步分析 DOM 的组成,得到 DOM“指纹图”。本章以再生水水样为例,考察 DOM 的树脂组分分离特性与分子量分布特性,介绍 DOM 的指纹分析方法。

11.1　DOM 树脂组分分离特性表征

如第 10 章所述,树脂组分分离技术是进行水中 DOM 表征的重要手段。通过组分分离,水中极性、酸碱性不同的组分可被分离,并可分别进行 DOC、UV 吸收光谱及荧光特性等的测定与表征。本节以实际再生水水样为对象,介绍水样 DOM 的树脂组分分离特性。

两个不同污水处理厂的二级处理出水水样 A、B 被用于树脂组分分离特性研究。水样采集后存放于冰盒中(3～6 ℃)并立即运送至实验室,经 0.45 μm 微孔滤膜过滤去除悬浮颗粒物,测定各种水质指标,调节 pH 值至 2 后储存于 4 ℃冰箱中,用于后续处理与分析。水样基本水质情况见表 11.1。

表 11.1　水样基本水质

水样	类型	DOC(mg/L)	色度(CU)	$UV_{254}(cm^{-1})$	pH 值
A	二级处理出水	4.6±0.5	28±1	0.110±0.001	7.4±0.1
B	二级处理出水	15.0±0.8	31±1	0.131±0.002	7.2±0.1

以上述水样为例,对其 DOM 进行树脂组分分离,测定与分析了各个组分的 DOC、SUVA 和荧光光谱特性等。将结果以雷达图的形式表达,如图 11.1 所示。

1. DOC 分布

在水样 A、B 中,亲水性组分(包括 HIA、HIB 和 HIN)的 DOC 比例均超过了疏水性组分(HOA,HOB 和 HON),如图 11.1(a)所示。HOA 是 DOM 中 DOC 比例最高的疏水性组分,而水中的腐殖质应是再生水中 HOA 的最主要组分(Leenheer, 1981; Thurman and Malcolm, 1981)。

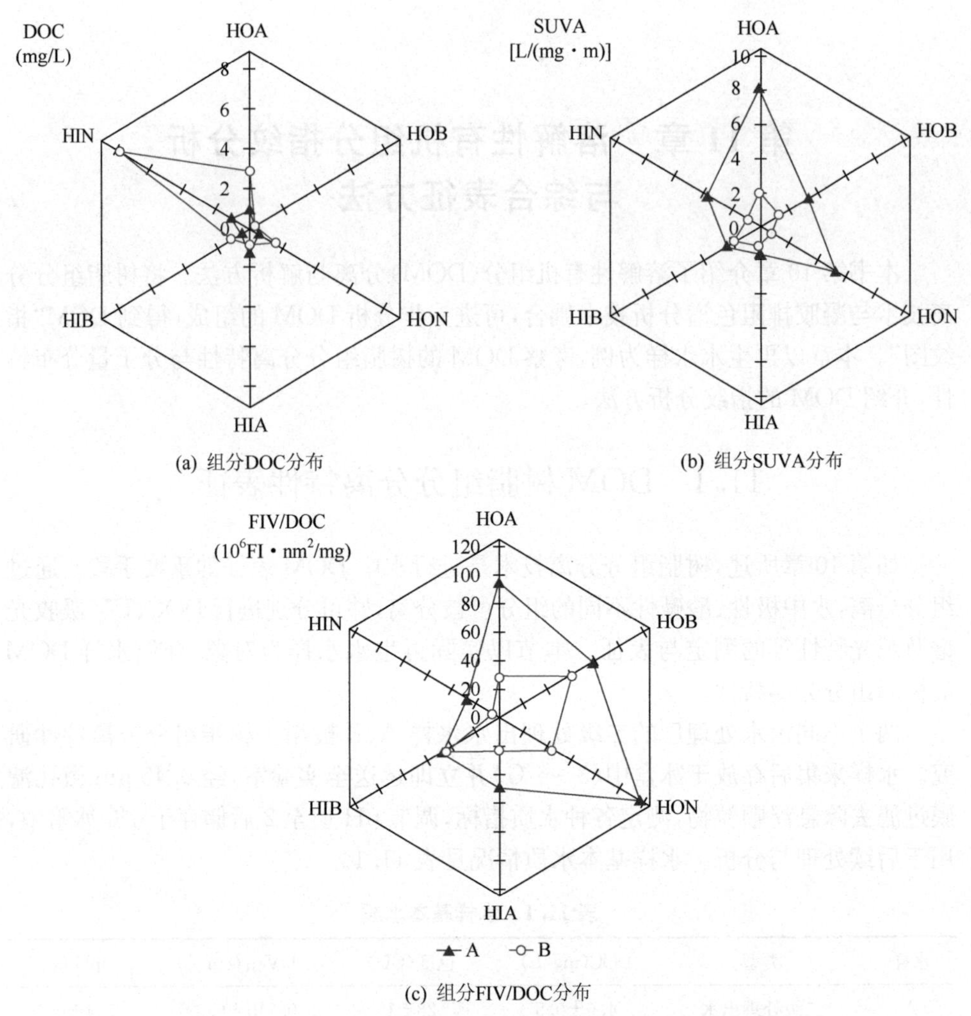

(a) 组分DOC分布

(b) 组分SUVA分布

(c) 组分FIV/DOC分布

图 11.1 水样 DOM 的树脂分离组分分布特性(唐鑫,2014)

2. UV_{254}与 SUVA 分布

UV_{254}与 SUVA 是重要的水质指标,能一定程度表征水中的芳香性有机碳(Weishaar et al.,2003)。水样 A 和 B 中各组分的 SUVA 值如图 11.1(b)所示。

在两个水样中,疏水性组分均具有较高的 SUVA 值,其中 HOA 是 SUVA 值最高的组分[水样 A 中 HOA 的 SUVA 值为 7.92 L/(mg · m),水样 B 中 HOA 的 SUVA 值为 2.02 L/(mg · m)],且均显著高于水样总 SUVA 值。

3. 三维荧光光谱特性

三维荧光光谱能够提供更加丰富的有机组分信息，表征含有荧光基团的不饱和碳结构及相应的有机物物质类型。以水样 A 为例，其各树脂分离组分的三维荧光光谱如图 11.2 所示。进行荧光强度积分计算后，两水样比 DOC 荧光区域总积分值(FIV/DOC)如图 11.1(c)所示。与组分 SUVA 的特征类似，疏水性组分，尤其是 HOA 与 HON，具有较高的 FIV/DOC 值。

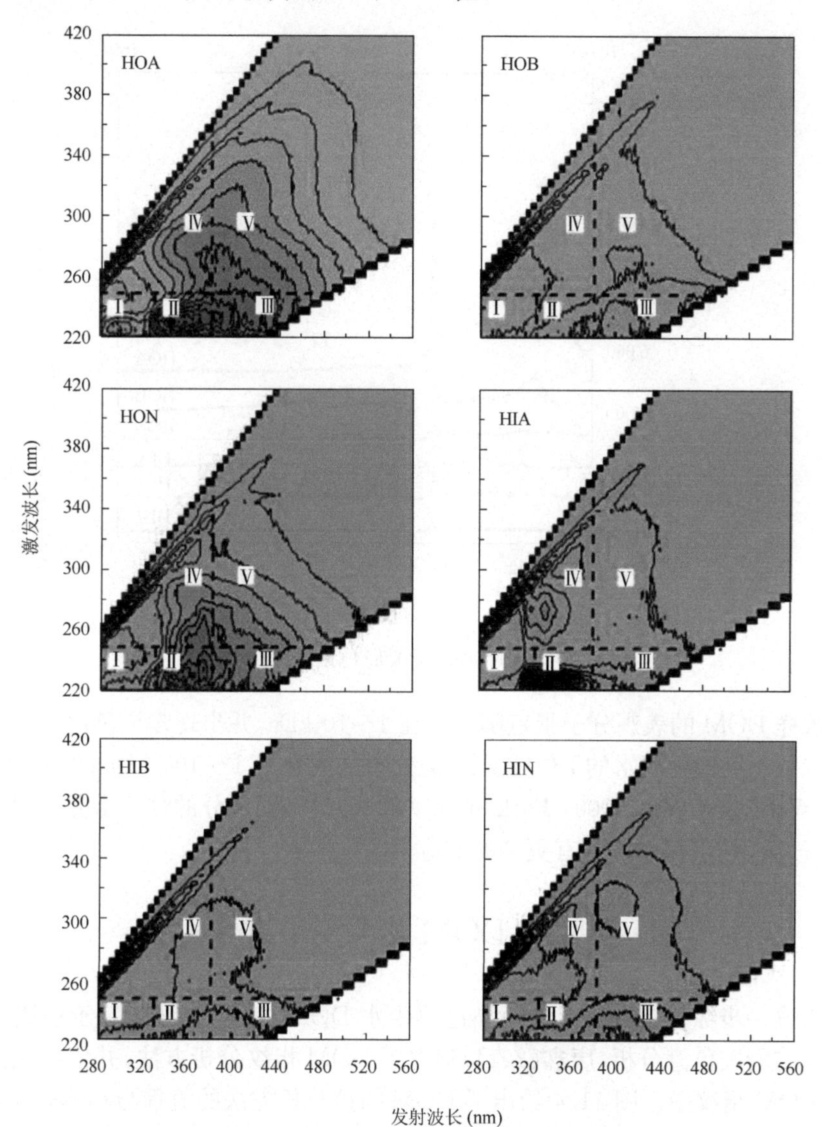

图 11.2　水样不同组分的三维荧光光谱(水样 A)

11.2 DOM各组分凝胶排阻色谱分析

获得水样的树脂分离组分后,参照第10章中介绍的凝胶排阻色谱分析技术可进一步对各个组分进行分子量分布表征。图11.3给出了水样A各树脂分离组分的凝胶色谱谱图(UV检测器)。

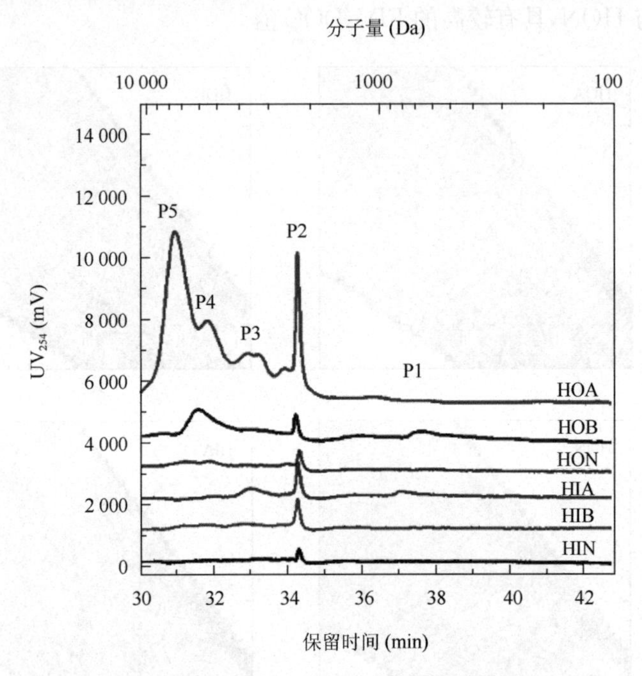

图11.3 DOM各组分凝胶色谱谱图(水样A)

水样DOM的表观分子量范围主要在1～10 kDa,并出现多个色谱峰。这与已有研究中二级处理出水的DOM分子量分布区间在0.1～100 kDa的研究结果相一致(Wang and Wu, 2009; Park et al., 2010)。不同组分的分子量分布存在显著差异,HOA较其他组分具有更高的响应值。

11.3 DOM指纹分析方法

为进一步综合、系统、形象地描述再生水DOM的组成特性,基于树脂组分分离技术与凝胶色谱分析,唐鑫(2014)建立了DOM指纹分析方法,并依据该方法设计了DOM指纹图。图11.4给出了DOM指纹分析方法的流程与具体思路。

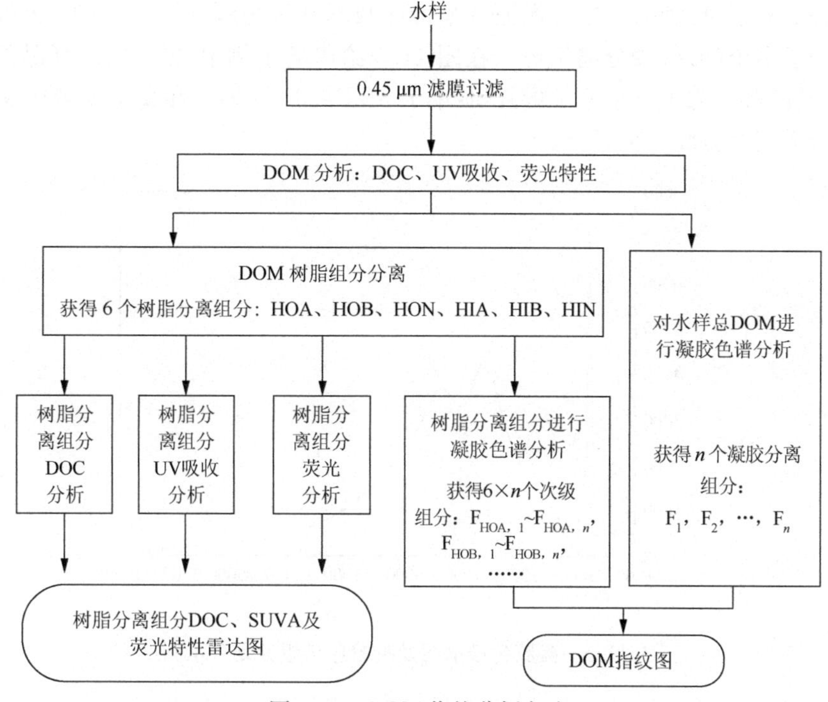

图 11.4　DOM 指纹分析方法

1. 水样过滤与基本水质分析

使用 0.45 μm 微孔滤膜过滤再生水水样，并测定滤后样品的基本水质，包括 DOC、UV_{254}和氨氮等。

2. 树脂组分分离与雷达图表征

应用树脂组分分离技术，对过滤后的样品进行树脂组分分离(水样体积与树脂体积比取 50∶1)，获得 6 个树脂分离组分。进一步测定与计算各组分的 DOC、SUVA 和 FIV/DOC 值，绘制如图 11.1 所示的树脂分离组分 DOM 特征雷达图。

3. 凝胶排阻色谱分析及指纹分析数据处理

应用凝胶排阻色谱分析，对过滤后水样及其各树脂分离组分进行分子量分布分析。根据分析目标选择合适的凝胶系统，并选择 UV 检测器或 DOC 检测器进行数据监测，绘制不同组分的凝胶色谱谱图。

在获得水样及组分的凝胶色谱谱图后，首先根据标样的停留时间与分子量的关系，将停留时间转换为分子量，并以分子量为横坐标重新作图，如图 11.5 所示(UV_{254}信号)。根据分子量的主要分布情况，将谱图横坐标分成多个(n)连续的、由小到大的分子量区间，并尽量保证各个特征峰不被区间所分割，相应地，该样品就被分为了多个(n)凝胶分离组分。在图 11.5 给出的示例中，根据实际样品的谱图特征，谱图被分为了三个分子量区间：小于 3 kDa、3～5 kDa 和大于 5 kDa，即样品被划分为三个凝胶分离组分。

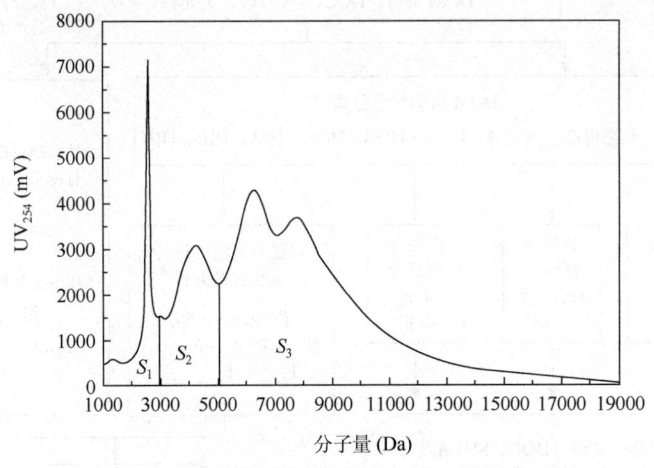

图 11.5 凝胶色谱谱图及凝胶色谱组分划分示例

类似地，对 6 个树脂分离组分(HOA、HOB、HON、HIA、HIB、HIN)的凝胶色谱谱图分别进行如上处理，并对不同区间的峰面积进行积分，分别获得各个区间的峰面积积分值($S_1,S_2,\cdots,S_n$)，并以此区域面积积分值作为各分子量区间内的凝胶分离组分含量。

以 HOA 为例，该树脂分离组分进一步被分为 $F_{HOA,1}\sim F_{HOA,n}$，共计 n 个凝胶分离组分，各凝胶分离组分的量分别为 $S_{HOA,1}\sim S_{HOA,n}$。经过此步处理，可共计获得 $6n$ 个凝胶分离组分 ($F_{i,j}$，其中 $i=$ HOA，HOB，…；$j=1,2,\cdots,n$) 及其含量 ($S_{i,j}$，其中 $i=$ HOA，HOB，…；$j=1,2,\cdots,n$)。

将此 $6n$ 个凝胶分离组分含量加和，获得样品 DOM 总量计算值 S，计算式为

$$S=\sum_{i=\mathrm{HOA,HOB,\cdots,HIN}}\sum_{j=1}^{n}S_{i,j} \tag{11.1}$$

另外，将 6 个树脂分离组分中属于同一个($j=1,2,\cdots,n$)分子量分布区间的有机组分含量加和，可获得样品 DOM 中在第 j 个分子量分布区间内的有机组分(F_j)的总量 S_j，计算式为

$$S_j=\sum_{i=\mathrm{HOA,HOB,\cdots,HIN}}S_{i,j},\quad j=1,2,\cdots,n \tag{11.2}$$

定义 R_j(%)为水样中分子量分布于第 j 个区间内的有机物总量占总体有机物总量的比例，计算式为

$$R_j=S_j/S\times100\%,\quad j=1,2,\cdots,n \tag{11.3}$$

定义 $r_{i,j}$(%)为第 i 个树脂分离组分(如 HOA)中,分子量分布于第 j 个分布区间内的有机组分比例,计算式为

$$r_{i,j}=S_{i,j}/S_j\times 100\%, i=\mathrm{HOA},\mathrm{HOB},\cdots,\mathrm{HIN}; j=1,2,\cdots,n \quad (11.4)$$

上述数据计算与处理即 DOM 指纹分析的主要数据分析过程,以下将基于计算结果设计与绘制 DOM 指纹图。

4. DOM 指纹图设计

根据上一步骤中计算获得的 R_j(%)与 $r_{i,j}$(%)值,可绘制水样 DOM 的水质指纹图,如图 11.6 所示。该图整体为一个饼状图,圆饼代表水样的总 DOM,半径归一化。在圆饼内部,有多个(n)同心圆(环);由圆心向外,第 j($j=1,2,\cdots,n$)个圆环代表水样 DOM 中分子量处于第 j 个区间内的有机组分总量,环宽即 R_j($j=1,2,\cdots,n$)。

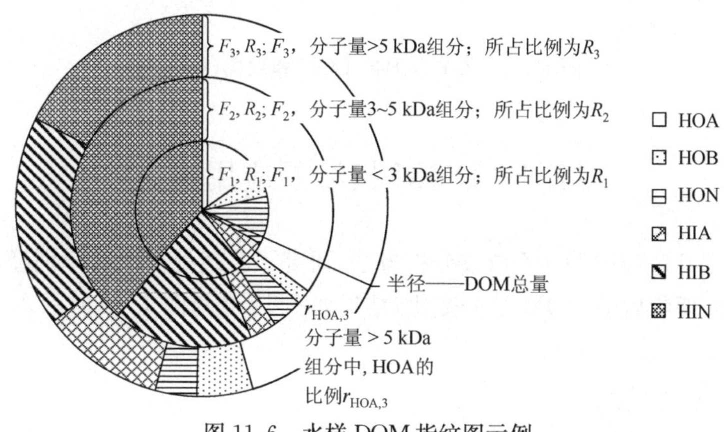

图 11.6　水样 DOM 指纹图示例

每个圆环分别为一个百分比图,根据比例分为 6 个部分,每部分分别代表着凝胶分离组分 ($F_{\mathrm{HOA},j}$, $F_{\mathrm{HOB},j}$, $F_{\mathrm{HON},j}$, $F_{\mathrm{HIA},j}$, $F_{\mathrm{HIB},j}$, $F_{\mathrm{HIN},j}$) 在该分子量分布区间 j 内的比例($r_{\mathrm{HOA},j}$, $r_{\mathrm{HOB},j}$, $r_{\mathrm{HON},j}$, $r_{\mathrm{HIA},j}$, $r_{\mathrm{HIB},j}$, $r_{\mathrm{HIN},j}$)。

综上所述,DOM 指纹图描述了样品 DOM 中 $6n$ 个凝胶分离组分的分布特征,也即描述了 6 个树脂分离组分每个分子量区间内的贡献比例(以 UV 或 DOC 计)。在描述不同水样时,指纹图的不同圆(环)宽度与圆环总半径之比可分别表征不同分子量 DOM 与总量(以 UV 吸收或 DOC 计)之比。

5. 再生水的 DOM 指纹图

根据以上 DOM 指纹分析方法,可给出水样 A、B 的指纹图(UV_{254}),如图 11.7 所示。由该图可知,DOM 指纹分析及指纹图能够对水中 DOM 的详细组成进行系

统、直观的描述。结合一定的化学分析与生物毒性分析技术手段,该方法将有助于深入评价水质、识别关键污染物及组分等。

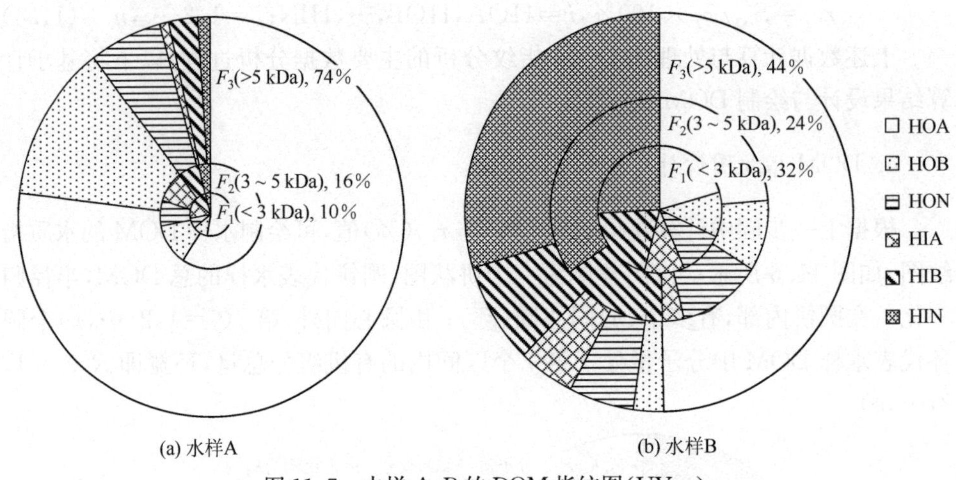

图 11.7　水样 A、B 的 DOM 指纹图(UV_{254})

11.4　DOM 指纹图应用案例

唐鑫(2014)利用 DOM 指纹分析方法,研究了二级处理出水分别经混凝处理、臭氧氧化处理前后的 DOM 组分变化,结果如图 11.8 与图 11.9 所示。

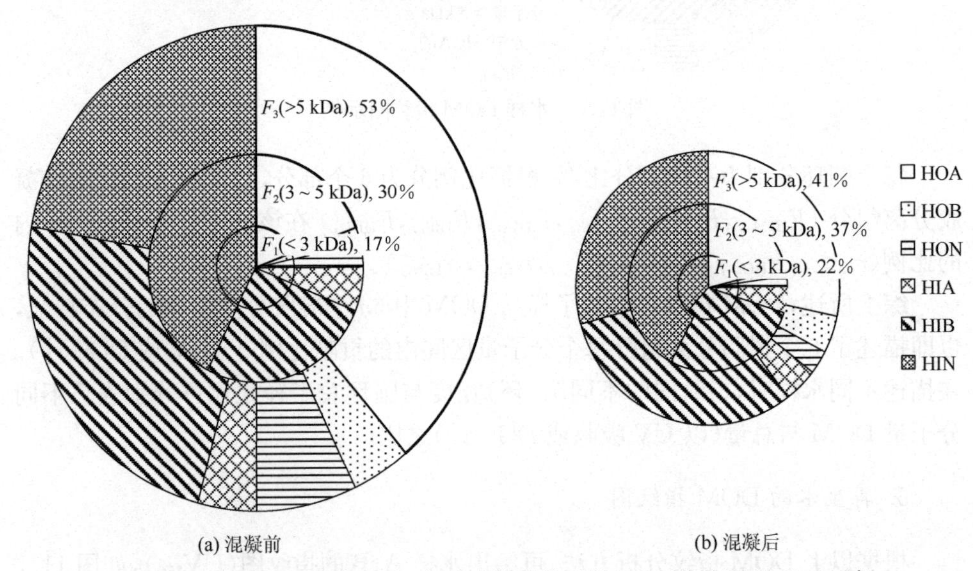

图 11.8　某城市污水处理厂二级出水混凝前后的 DOM 指纹图(UV_{254})示例

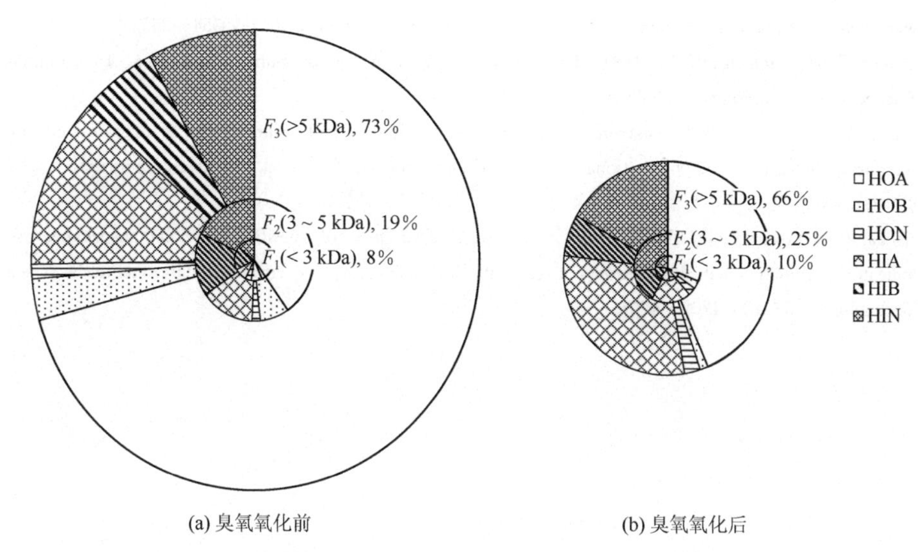

图 11.9　某城市污水处理厂二级出水臭氧氧化前后的 DOM 指纹图(UV_{254})示例

图 11.8 为水样经氯化铁混凝(120 mg/L)前后的 DOM 指纹图(UV_{254})，其中饼图半径代表水样混凝前后各组分 UV_{254} 的总和。由图可知，大于 5 kDa 的有机组分的比例由混凝前的 53%降低至 41%，HOA 在该部分去除组分中贡献最大。在 3～5 kDa 及小于 3 kDa 的组分中，各树脂分离组分比例在混凝前后变化不显著，在混凝过程中的去除也远低于大于 5 kDa 的有机组分。

图 11.9 为水样臭氧氧化(5 mg/L)前后的 DOM 指纹图(UV_{254})，其中饼图半径代表水样臭氧氧化前后各组分 UV_{254} 的总和。从图中结果可知，臭氧氧化显著降低不同分子量组分中疏水性组分的比例，说明臭氧对疏水性物质的 UV_{254} 去除较亲水性物质更显著。大于 5 kDa 的有机组分比例降低(由 73%降至 66%)，说明臭氧对大分子物质 UV_{254} 的去除更显著。同时，大于 5 kDa 的有机组分中，HOA 所占比例最大，其在臭氧氧化后去除也最显著，在 3～5 kDa 及小于 3 kDa 的组分中，规律也类似。

通过指纹分析比较可知，混凝对 DOM 总体 UV_{254} 的去除显著低于臭氧，同时混凝对大分子(大于 5 kDa)疏水性组分(HOA、HOB、HON)UV_{254} 去除率也显著低于臭氧氧化。

参 考 文 献

唐鑫，2014. 再生水氯消毒抗雌激素活性生成潜势评价及控制研究. 北京：清华大学博士学位论文.

Leenheer J A. 1981. Comprehensive approach to preparative isolation and fractionation of dissolved organic carbon from natural waters and wastewaters. Environmental Science and Technology，15(5)：578～587.

Park M H，Lee T H，Lee B M，et al. 2010. Spectroscopic and chromatographic characterization of wastewater organic matter from a biological treatment plant. Sensors，10(1)：254～265.

Thurman E M，Malcolm R L. 1981. Preparative isolation of aquatic humic substances. Environmental Science and Technology，15：463～466.

Wang Z W，Wu Z C. 2009. Distribution and transformation of molecular weight of organic matters in membrane bioreactor and conventional activated sludge process. Chemical Engineering Journal，150(2～3)：396～402.

Weishaar J L，Aiken G R，Bergamaschi B A. 2003. Evaluation of specific ultraviolet absorbance as an indicator of the chemical composition and reactivity of dissolved organic carbon. Environmental Science and Technology，37(20)：4702～4708.

第 12 章　致嗅致色物质及其研究方法

12.1　致嗅致色物质及其意义

水中致嗅致色物质的存在会让人产生感官上不悦的感受，在与人接触紧密的水环境中，致嗅致色物质的控制十分必要。第 2 章所述嗅味与色度等水质指标是对水样中致嗅致色物质的总体表现做出的宏观评价与度量。在研究工作中，往往需要进一步深入解析水中产生颜色和嗅味的具体物质，这就需要对致嗅致色物质的种类及具体组成有系统的了解，并采取适宜的方法进行分析检测。

顾名思义，致嗅致色物质就是水中可以引起颜色或气味的化学物质。这是由化学物质自身的物化性质所决定的。本章将对水中的致色致嗅物质的检测和研究方法作具体阐述。

12.2　致 嗅 物 质

致嗅物质一般是半挥发性或挥发性的化学物质。这些物质的分子可从水中挥发到空气中，进而被人闻到，产生嗅味。水中的致嗅物质会影响水的质量，给人带来不悦的感受，而且某些物质还会直接危害人体的健康，产生健康风险。

水中的致嗅物质可分为无机物和有机物两大类。在水处理过程中，投加的药剂(如氯、臭氧等)可能会使水带有气味。此外，水中含有较高浓度的铁、锰等无机物时，也可能会产生嗅味。这些无机物的测定不在本章进行详细讨论。以下将主要讨论水中有机致嗅物质的测定和研究方法。

在地表水和饮用水中，常见的致嗅物质主要有土臭素(geosmin)、2-甲基异莰醇(2-methylisoborneol，2-MIB)、庚醛、β-环柠檬醛和 β-紫罗兰酮等，这些与天然水体中微藻等产生的次级代谢产物有关。此外，还包括放线菌等微生物分解产生的有机物质，如含硫化合物、酚类化合物等。

在污水和再生水中，致嗅物质的组成比较复杂，种类繁多，包括含硫化合物、含氮化合物、醛类、挥发性脂肪酸等，部分致嗅物质的嗅味特征和阈值如表 12.1～表 12.3 所示(Suffet et al.，2004)。污水中的致嗅物质来源包括微生物溶胞后的产物、微生物的活性细胞分泌产物、人工合成的致嗅物质等(Ginzburg et al.，1995)。

表 12.1 污水中含硫嗅味物质的嗅味特性及空气嗅阈值

化合物	嗅味特性	空气嗅阈值 (ppmv)
硫化氢(hydrogen sulfide)	腐臭的鸡蛋	0.0005，0.0085～1
二硫化碳(carbon disulfide)	令人不愉快的芳香	0.0077～00.96
	植物硫化物的芳香	
二氧化硫(sulfur dioxide)	刺激性	0.449
	刺激性	2.7
巯基甲苯(thiocresol)	臭鼬、刺激性	0.0001
甲硫醇(methyl mercaptan)	腐臭的卷心菜	0.00002～0.0005
乙硫醇(ethyl mercaptan)	烂卷心菜	0.0003
正丙硫醇(propyl mercaptan)	令人不愉快	0.0001，0.0005
1-戊硫醇(amyl mercaptan)	腐烂	0.00002
	令人不愉快、腐烂	0.0003
2-丙烯-1-硫醇(allyl mercaptan)	大蒜、咖啡	0.0001
	令人不愉快、大蒜	0.0001
苯基硫醇(phenyl mercaptan)	腐烂、大蒜	0.0003
α-甲苯硫醇(benzyl mercaptan)	令人不愉快	0.0003
	强烈、令人不愉快	0.0002
二甲基硫醚(dimethyl sulfide)	腐臭的卷心菜	0.001
	烂蔬菜	0.0006～0.04
	烂卷心菜	
二甲基二硫醚(dimethyl disulfide)	腐臭的卷心菜	0.000026
	腐败物	0.0001～0.0036
二甲基三硫醚(dimethyl trisulfide)	腐臭的卷心菜	0.0012
二苯硫醚(diphenyl sulfide)	令人不愉快	0.0001

资料来源：Suffet et al.，2004

表 12.2 污水中含氮嗅味物质的嗅味特性及空气嗅阈值

化合物	嗅味特性	空气嗅阈值 (ppmv)
氨(ammonia)	刺激性	0.038
	刺激性	17
一甲胺(methyl amine)	鱼腥臭	3.2
	腐烂鱼腥臭	4.7
二甲胺(dimethylamine)	腐烂鱼腥臭	0.34
三甲胺(trimethylamine)	鱼腥臭	0.00044，0.0004
	刺激性鱼腥臭	

续表

化合物	嗅味特性	空气嗅阈值 (ppmv)
乙胺(ethyl amine)	类似氨水	0.27
三乙胺(triethylamine)	鱼腥臭	0.48
二异丙胺(diisopropyl amine)	鱼腥臭	0.13
正丁胺(*n*-butylamine)	酸味、类似氨水	0.08
二正丁胺(dibutylamine)	鱼腥臭	0.016
吲哚(indole)	粪便味、令人作呕	0.0001
3-甲基吲哚(skatole)	粪便味、令人作呕	0.001
吡啶(pyridine)	刺激性	0.66

资料来源：Suffet et al.，2004

表 12.3　污水中脂肪酸、醛、酮类嗅味物质的嗅味特性及空气嗅阈值

	化合物	嗅味特性	空气嗅阈值 (ppmv)
挥发性脂肪酸(volatile fatty acids)	甲酸(formic acid)	刺激性	0.024
	乙酸(acetic acid)	醋味	1.019
	丙酸(propionic acid)	腐臭味、刺激性	0.028
	丁酸、异丁酸(butyric and isobutyric acid)	腐臭味	0.0003
	异戊酸(isovaleric acid)	令人不愉快	0.0006
	戊酸(valeric acid)	令人不愉快	0.0006
醛和酮(aldehydes and ketones)	甲醛(formaldehyde)	令人不愉快	1.199
	乙醛(acetaldehyde)	青草味	0.0001
	丙烯醛(acreolin)	焦臭味、芳香	0.0228
	正丙醛(propionaldehyde)	芳香、酯	0.011
	2-丁烯醛(crotonaldehyde)	刺激性、令人窒息	0.037
	丁醛(butanaldehyde)	芳香	9.5
	正戊醛(valeraldehyde)	刺激性	0.028
	丙酮(acetone)	刺激性、果味	0.067
		芳香、薄荷香	20.6
	丁酮(methyl ethyl ketone)	芳香、薄荷香	0.25

资料来源：Suffet et al.，2004

微生物溶胞后的产物包括二甲基二硫醚(dimethyl disulfide)、二甲基三硫(dimethyl trisulfide)等含硫化合物和吲哚(indole)、3-甲基吲哚(skatole)、苯并噻唑(benzothiazole)等含氮化合物(Ginzburg et al.，1995)。微生物的活性细胞分泌产物主要是真菌、细菌、蓝藻、放线菌等产生的萜类物质(terpense)和萜烯酯物质(terpenoide)等,如 2-甲基异莰醇(2-methylisoborneol,2-MIB)、土腥素(geosmin)、苧烯(limonene)和樟脑(camphor)等(Ginzburg et al.,1995)。

人工合成的致嗅物质(如苯、取代酚等)主要来自于工业污水。此外,再生水在长时间储存或者输配过程中,水中的硫酸根、有机物在微生物的作用下亦可生成无机致嗅物质 H_2S(Ginzburg et al.,1995;Asano et al.,2007)。

有研究者在表 12.1～表 12.3 的基础上开发了污水嗅味分类盘(图 12.1),从而将污水嗅味特性和控制手段与特定的原因物质相对应,便于嗅味问题的解决(Suffet et al.,2004)。该嗅味分类盘被用于嗅味测试训练和控制。

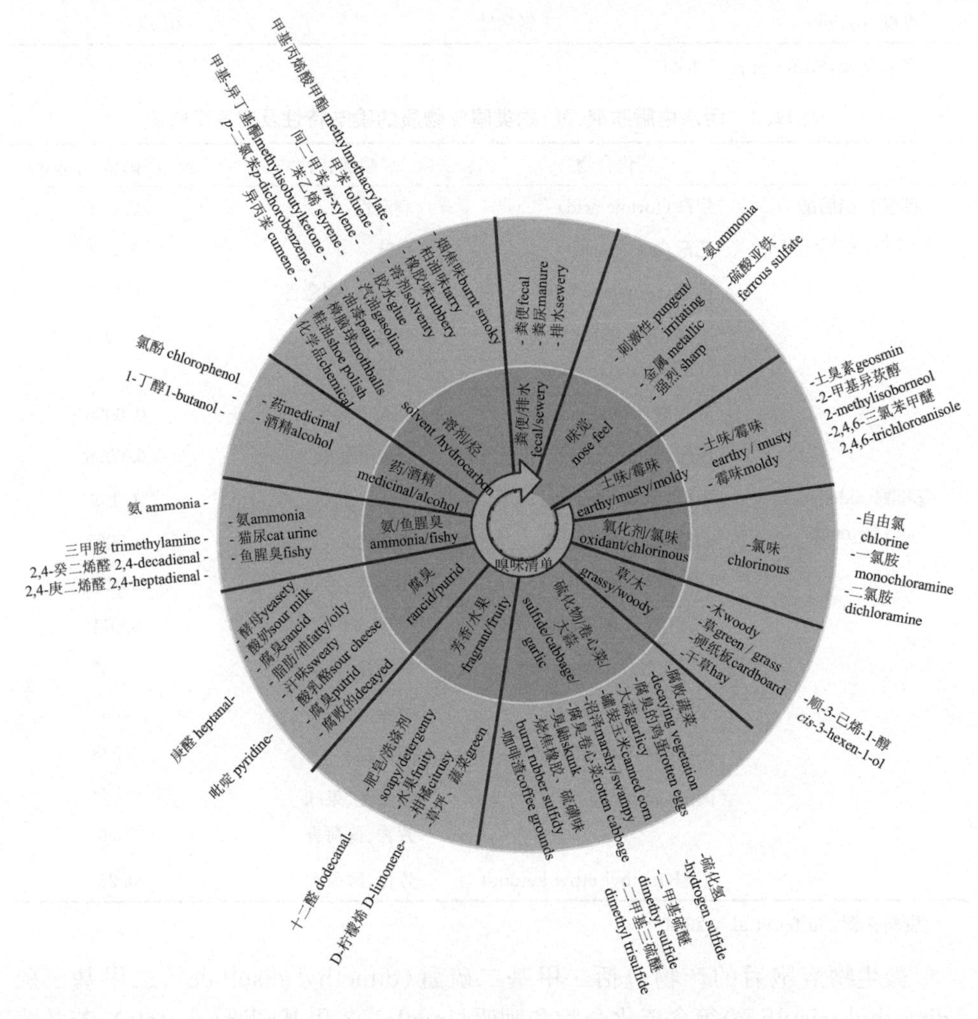

图 12.1　污水嗅味盘(Suffet et al.,2004)

12.2.1　致嗅物质水质标准

在各类水质标准中，一般仅对水质整体表现出来的臭和味做出规定（见第 2 章），很少针对具体的致嗅物质规定其浓度限值。

在我国《生活饮用水卫生标准》（GB 5749—2022）中，仅将土臭素列入了水质参考指标，其限值为 10 ng/L。

12.2.2　不同水中的致嗅物质浓度水平

部分常见致嗅物质在污水再生处理工艺中的浓度分布见表 12.4 和表 12.5（Hwang et al.，1995）。大部分含硫致嗅物质可被二级生物处理、活性炭等工艺去除至 1 μg/L 以下，低于其致嗅阈值，但二级生物处理、活性炭等工艺出水中的二甲基二硫醚浓度仍高于其致嗅阈值。此外，二甲胺等含氮致嗅物质则难以被二级生物处理、活性炭等工艺所去除。

表 12.4　污水中含硫嗅味物质浓度分布　（单位：μg/L）

项目	硫化氢		二硫化碳		甲硫醇		二甲基硫醚		二甲基二硫醚	
	平均	范围	平均	范围	平均	范围	平均	范围	平均	范围
原水	23.9	15～38	0.8	0.2～1.7	148.4	11～322	10.6	3～27	52.9	30～79
一级出水	53.3	30～71	2.7	1.0～4.9	170.4	47～332	14.7	3～25	70.1	34～122
二级出水	0.0013	0.0013～0.0014	0.07	0.05～0.1	0.2	0.1～0.3	0.37	0.2～0.5	6.3	4～10
无烟煤	0.0014	0.0013～0.0014	0.028	0.013～0.055	0.17	0.1～0.2	0.36	0.3～0.5	2.5	ND～4
活性炭	0.0016	0.0013～0.0016	0.019	0.014～0.026	0.063	0.019～0.95	0.039	0.007～0.1	0.8	ND～2.4

ND：低于二甲基二硫醚检出限，0.1 μg/L

资料来源：Hwang et al.，1995

表 12.5　污水中含氮嗅味物质浓度分布　（单位：μg/L）

项目	三甲胺	二甲胺	正丙胺	吲哚	3-甲基吲哚
原水	78	210	33	570	700
一级出水	52	215	31	430	640
二级出水	36	230	28	ND	ND
无烟煤	17	180	13	ND	ND
活性炭	16	165	9	ND	ND

ND：低于检出限

资料来源：Hwang et al.，1995

12.2.3　致嗅物质测定方法

水中的嗅味及致嗅物质的检测方法大致可以分为感官分析法和仪器分析法两类。

1. *感官分析法*

感官分析法是指利用人的嗅觉直接对水样的嗅味进行判定的方法，主要包括嗅阈值(threshold odor number，TON)法、嗅味等级描述(flavor rating assessment，FRA)法和嗅味层次分析(flavor profile analysis，FPA)法。

嗅阈值(TON)法类似于测定色度采用的稀释倍数法，用无嗅水将待测水样稀释到刚好可检测出嗅味的临界点时的稀释倍数来表示。采用 TON 法进行分析时，需要选出一定数量的检测人员，一般不少于 5 人，最好 10 人以上。测定时必须避免外来气味的干扰，在一个没有嗅味的环境中进行。检测人员在测定前不进食、不抽烟喝酒、不用香水、不化妆，同时检测人员对待测水样的嗅味不过敏、不厌烦。用无嗅水将水样稀释到不同的稀释倍数，置于具塞锥形瓶中，水浴加热至(45±1) ℃，将锥形瓶振荡 2～3 次，按稀释倍数从高到低闻其气味，确定刚好闻出嗅味的稀释倍数，按式(12.1)计算嗅阈值。

$$\mathrm{TON}=\frac{\text{水样体积(mL)}+\text{无嗅水体积(mL)}}{\text{水样体积(mL)}} \tag{12.1}$$

对于多人参与测定的情况，将每个人的测定结果取几何平均值表示 TON 值。TON 值越大则表示水样的嗅味越大。TON 法操作容易，对设备要求低，适用范围广，表示的是水样的总体致嗅强度。但由于不同检测人员的感觉存在差异，TON 法的误差较大，可靠性较差。

嗅味等级描述(FRA)法可反映人们对水中嗅味的接受程度。测定时，检测人员分别在待测水样 20 ℃和煮沸稍冷后的条件下闻其气味，并对其嗅味特征按照一定的嗅味等级进行描述。我国一般将嗅味的强度分为六个等级进行描述(表 12.6)。

表 12.6　嗅味等级描述强度分级

等级	强度	说明
0	无	无任何气味
1	极微弱	一般难以察觉，嗅觉敏感者可以察觉
2	微弱	一般人刚能察觉
3	明显	一般人能明显察觉
4	强	有显著的臭味
5	很强	强烈的臭味

FRA 法能直观地表示水样的嗅味强度，但比较粗略，无法对嗅味进行定性定量，同样也存在较大的误差。

嗅味层次分析(FPA)法是由经过训练的检测人员对水样嗅味的强度以及特性进行评定，对嗅味的描述相对更精确，具有一定的定性和定量分析能力。FPA 法每组需要 4 个以上的检测人员，每个检测人员都要经过特定的训练培训，训练的内容包括：①嗅觉识别测试，初步筛选达到 60%以上正确率的人员；②不同水样识别能力训练；③标准溶液识别训练；④嗅阈值测试；⑤嗅味强度训练，辨别不同浓度的液体；⑥进一步嗅味强度训练，要求能够有重现性。FPA 法分 7 个等级，强度用数字表示(表 12.7)。

表 12.7　嗅味层次分析法等级

<table>
<tr><th>级别</th><th>强度</th></tr>
<tr><td>1</td><td>阈值</td></tr>
<tr><td>2</td><td>很弱</td></tr>
<tr><td>4</td><td>弱</td></tr>
<tr><td>6</td><td rowspan="2">中等强度</td></tr>
<tr><td>8</td></tr>
<tr><td>10</td><td rowspan="2">强</td></tr>
<tr><td>12</td></tr>
</table>

一般来说，FPA 法测出的嗅味强度与致嗅物质的浓度符合 Weber-Fechner 关系式

$$S = A\lg C + B \tag{12.2}$$

式中，S 为嗅味强度；C 为致嗅物质的浓度；A 为斜率；B 为截距。

FPA 法最早在美国的加利福尼亚州开始应用，现在已经被列入水质分析标准方法。由于此方法对检测人员的要求较高，需要专门的培训，在我国的应用还不普遍。同时，与其他的感官分析法一样，FPA 法的重复性也较差，不同水样的数据之间难以比较。

2. 仪器分析法

仪器分析法是指利用色谱、质谱等分析仪器对水中微量致嗅物质直接进行检测的方法。致嗅物质基本上为挥发性和半挥发性的小分子有机物，因此所采用的仪器主要是气相色谱(GC)或气相色谱-质谱联用(GC/MS)。

由于水中致嗅物质的浓度往往比较低，前处理富集方法是致嗅物质测定分析中的关键。目前常见的富集方法包括闭环捕捉分析(closed-loop stripping analysis，CLSA)法、开环捕捉分析(open-loop stripping analysis，OLSA)法、吹扫

捕集(purge and trap,P&T)法、液液萃取(liquid liquid extraction,LLE)法、固相萃取(solid phase extraction,SPE)法和固相微萃取(solid phase microextraction,SPME)法等(李勇 等,2008)。

闭环捕捉分析(CLSA)法是在一定温度(一般为25℃)的水浴中用循环气流把水中的挥发性有机物吹脱出来,用活性炭对其进行吸附,然后在更高的温度条件下用二硫化碳将有机物从活性炭中萃取出来,再利用GC/MS等进行分析。这一分析方法是美国《水和废水检测标准方法》中致嗅物质的标准检验方法(APHA,2005)。该方法精确度较高,但对系统的压力控制、循环泵等要求较高。

开环捕捉分析(OLSA)法是在CLSA法的基础上改进的,用氮气代替了循环空气,提高了水浴温度,提升了挥发性较弱的有机物的回收率,降低了背景污染。

吹扫捕集(P&T)法亦称自动顶空,同CLSA法和OLSA法一样,也是基于吹脱的分析方法。P&T法的装置示意如图12.2所示。P&T法所需样品量少,操作简便,但精度不如CLSA法和OLSA法,是美国EPA收录的方法(Kessels et al.,1992)。

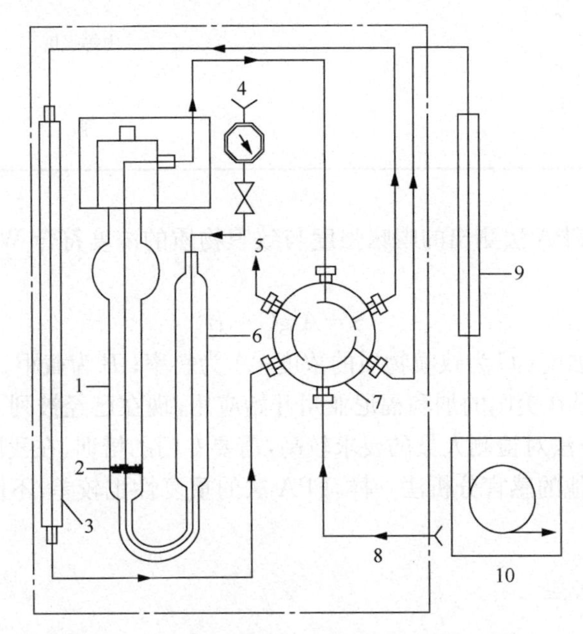

图12.2 P&T法装置示意图(刘虎威,2007)

1. 样品管;2. 玻璃筛板;3. 吸附捕集管;4. 吹扫气入口;5. 放空管;6. 储液管;7. 六通阀;8. GC载气;9. 可选择的除水装置和/或冷阱;10. GC-MS

液液萃取(LLE)法亦称溶剂萃取,是一种传统的富集方法,利用有机溶剂将水样中待分析的有机物质进行分离富集。LLE法克服了吹脱方法中不能有效富集难挥发有机物的问题。LLE法目前仍被广泛采用,但其操作较烦琐,且消耗大量的有机溶剂。

固相萃取(SPE)法是将水样通过固体吸附剂,使水中的有机物吸附在吸附剂上,然后再用洗脱液将其洗脱下来进行分析。该方法相对简便,能明显提高有机物的浓缩倍数,回收率较高,杂质干扰低,易于自动化。

固相微萃取(SPME)法是 20 世纪 90 年代后出现的技术,通过在纤维头表面涂上一层吸附材料,将纤维头浸入水样或者顶空吸附水样中挥发出的有机物,然后利用 GC/MS 等仪器进行分析。该方法操作简便,重现性较高,灵敏度较高,样品用量少,且不需有机溶剂。

不同仪器分析法对典型致嗅物质的检出限见表 12.8。

表 12.8　不同仪器分析法对致嗅物质的检出限

检测方法	检出限	文献
CLSA-GC-MS 法	土臭素和 2-MIB:2 ng/L	李勇,2009
OLSA-GC-MS 法	土臭素:1.5 ng/L	黎雯 等,1998
P&T-GC-MS 法	土臭素和 2-MIB:5 ng/L	George et al.,1997
LLE-GC-MS 法	土臭素和 2-MIB:1 ng/L	Desideri et al.,1992
顶空固相微萃取-气相色谱质谱法 (HS-SPME-GC-MS)	土臭素:0.31 ng/L 2-MIB:0.62 ng/L β-环柠檬醛:0.71 ng/L β-紫罗兰酮:0.45 ng/L 二甲基三硫醚:0.49 ng/L	毛敏敏 等,2013

仪器分析法与感官分析法各具优缺点,适用于不同目的的水质分析(表 12.9)。在研究中,也常常会同时结合两种方法对水样中的致嗅物质进行辨别分析,如 Soensory-GC 法。Soensory-GC 的检测原理是在气相色谱柱的出口处安装一个分流口,分流出部分样品供研究人员用鼻子辨别气味,当某个时刻闻到气味时,该时刻对应色谱峰的物质即有可能是被检测水样的关键致嗅物质,然后可采用质谱等方法对其进一步分析鉴定。12.2.5 小节中将对致嗅物质的研究案例进行描述。

表 12.9　感官分析法与仪器分析法的比较

	感官分析法	仪器分析法
优点	成本低、效率高	灵敏度高,能准确分析水中致嗅物质的种类和浓度水平
缺点	重复性差,不能识别致嗅物质的种类和浓度水平	对仪器要求高,分析时间较长,对浓度低或难萃取物质的分析受富集方法限制
适用范围	对水质的嗅味进行整体评价,判断嗅味的类型以及是否可被人接受	识别致嗅物质的种类,测定各物质的浓度水平,研究分析嗅味产生的原因等

12.2.4　致嗅物质研究案例

污水再生利用是当前解决城市水资源短缺的重要措施之一。由于污水中存在大量的致嗅物质,识别分析再生水中导致嗅味的关键化学物质,对于优化再生水处理工艺、提高再生水水质、保障再生水安全具有重要的意义。Yan 等(2011)采用嗅味层次分析(FPA)法结合感官气相色谱-质谱仪(sensory GC-MS)的方法对中国北方某再生水厂的进出水中的致嗅物质进行调查研究,目的是确定再生水中致嗅物质的主要种类,评价处理工艺对嗅味及嗅味物质的去除效率。其中,FPA 法主要用来分析水样的嗅味类型与强度,感官 GC-MS 则用来鉴别具体的致嗅物质。

该再生水厂的进水为城市污水处理厂的二级处理出水,工艺流程包括混凝、沉淀、微滤及氯消毒,处理量为 40 000 m^3/d。

研究者在不同季节分别采集了再生水厂的进水水样,首先采用 FPA 法对水样嗅味的特点和强度进行了初步分析。结果表明,水样具有较强的污水的、沼泽的、腐败的气味,同时伴有淡淡的泥土的、发霉的气味。同时,夏季样品的气味要强于冬季样品,说明嗅味的产生与温度有很大关系。

研究者进一步利用感官 GC-MS 对再生水厂进水中的致嗅物质进行识别鉴定。在研究中,研究者先采用水蒸气蒸馏萃取(SDE)技术提取了水样中的致嗅物质,感官 GC-MS 分析结果如图 12.3 所示。在 5.1 min 时,出现一种腐烂植物的气味,检测此时出峰的化学物质为二甲基二硫醚(dimethyl disulfide)。在 11.8 min 时,出现一种腐败的气味,检测此时出峰的化学物质为二甲基三硫醚(dimethyl trisulfide)。另外两个具有气味的峰出现在 19.6 min 和 20.8 min,经鉴定分别为吲哚(indole)和 3-甲基吲哚(skatole)。此外,在 6.7 min、7.8 min、8.8 min、10.9 min 和 17.7 min 也有不同气味出现,但 GC-MS 的检测结果没有检测出此刻有峰出现。

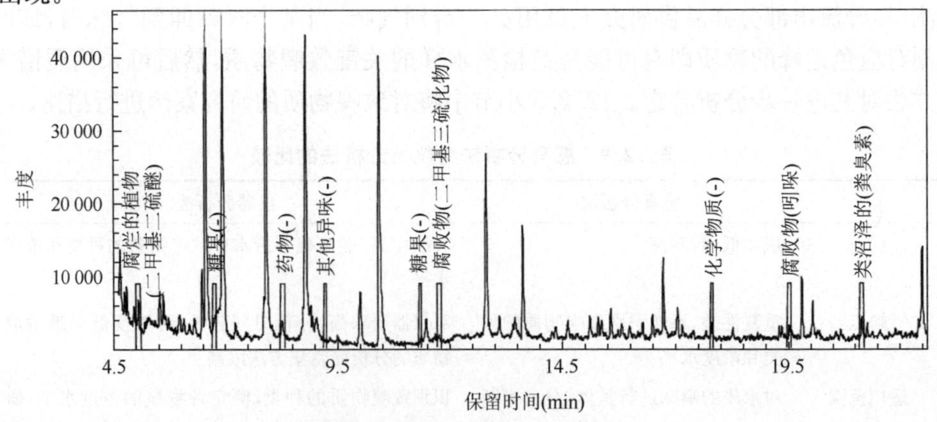

图 12.3　利用感官 GC-MS 鉴别致嗅物质(Yan et al., 2011)

此外,研究者利用粉末活性炭(PAC)将上述研究的水样进行处理,以除去水样所具有的嗅味。然后分别向水样中添加不同浓度的已识别的 4 种致嗅物质,判断出这 4 种化学物质对原水样嗅味的总贡献率超过了 50%。这一结果同时也表明还有其他致嗅物质未被识别出来。

最后,研究者考察了该再生水厂实际处理工艺对再生水的嗅味及以上识别的 4 种致嗅物质的去除效果。结果发现,混凝沉淀和微滤对嗅味和致嗅物质仅有少量的去除。氯消毒对二甲基二硫醚和二甲基三硫醚有明显的去除效果,可显著降低污水的、沼泽的、腐败的气味,但对吲哚和 3-甲基吲哚的去除效果一般。因此,在再生水厂的出水中,吲哚、3-甲基吲哚以及其他未知的化学物质是产生嗅味的主要原因。同时,该再生水厂的处理工艺对嗅味没有很好的去除,还需要结合其他水处理工艺如臭氧氧化等来控制再生水的嗅味。

12.3　致色物质

水中可以致色的物质种类繁多,这里提到的致色物质是指水中溶解性的物质,即导致"真色"的那些物质。在天然水体、饮用水、污水中,常见的致色物质主要包括无机离子(如 Fe^{2+}、Fe^{3+}、Cu^{2+}、MnO_4^- 等)和可显色的有机物质(如腐殖酸、染料等)。水中常见致色物质及其所产生的颜色列于表 12.10。

表 12.10　水中常见的致色物质及其产生的颜色

	致色物质	产生的颜色
无机离子	Fe^{2+}	浅绿色
	Fe^{3+}	黄色
	$Fe(SCN)_2^+$	血红色
	Cu^{2+}	蓝色
	MnO_4^-	紫红色
	MnO_4^{2-}	绿色
	CrO_4^{2-}	黄色
	$Cr_2O_7^{2-}$	橙红色
有机物	腐殖质(腐殖酸和富里酸)	黄色或棕色
	染料物质	各种颜色

其中,染料物质可导致各种各样的颜色,其产生颜色的机理可用价键理论(共振理论)和分子轨道理论来解释(Nassau, 1987)。一般来说,物质分子的交替链越长、稠环数越多,所呈现的颜色就越深。此外,取代基、分子空间结构和水的 pH

值、温度、金属离子的螯合作用等也会对染料的颜色及颜色深浅造成影响。

水的颜色往往会给人带来不愉悦的感官感受，如何脱除水的色度是水处理工程中的重要问题之一。虽然在各类水质标准中，一般仅对水的色度做出规定要求（参见本书第2章），并不会针对某些具体的致色物质规定其浓度限值，但分析水样中色度的产生原因，识别水中关键的致色物质，对选择合理的方法去除水的色度具有重要的意义。

致色物质测定方法

在实际工程中，由于致色物质的组成复杂，很难将水中所有的致色物质一一检测出来，基本上还是采用第2章所述的方法对水样的色度进行测定。

在研究工作中，常常会对所研究的水样中导致色度的主要物质进行分析判断，确认是哪一种或哪一类物质使水样产生了颜色，然后再针对该物质的浓度进行分析测定。

对于无机离子，主要可以采用离子色谱法（IC）、等离子体发射光谱法（ICP）等仪器分析手段进行分析测定，具体内容见第7章。

对于主要由有机物造成色度的水样，可以借助液相色谱法、气相色谱-质谱法等仪器分析方法对水中的致色物质进行检验判定。如果是印染污水等组成成分比较清楚且单一的水样，除了采用以上方法对相应物质进行测定外，常常也会利用分光光度法直接对研究对象所产生颜色的相应波长下的吸光度进行测定，可更简便地测定特定致色物质的浓度水平。

参考文献

黎雯，徐盈，吴文忠. 1998. 水体中异味化合物定量测定的一种有效方法. 分析测试技术与仪器，4(2)：84～90.

李勇. 2009. 饮用水致嗅物质组成及去除技术研究. 北京：清华大学博士学位论文.

李勇，张晓健，陈超. 2008. 水中嗅味评价与致嗅物质检测技术研究进展. 中国给水排水，24(16)：1～6.

李勇，张晓健，陈超. 2009. 我国饮用水中嗅味问题及其研究进展. 环境科学，30(2)：583～588.

刘虎威. 2007. 气相色谱方法及应用. 北京：化学工业出版社.

毛敏敏，张可佳，张土乔，等. 2013. 大体积浓缩-固相微萃取-气相色谱-质谱联用测定水样中6种典型嗅味物质. 分析化学，41(5)：760～765.

APHA. 2005. Standard Methods for the Examination of Water and Wastewater. 21st Edition. Washington DC，USA：American Public Health Association.

Asano T，Burton F L，Leverenz H L，et al. 2007. Water Reuse：Issues，Technologies and Applications. New York：Metcalf and Eddy，Inc.

Desideri P G，Lepri L，Checchini L. 1992. A new apparatus for the extraction of organic compounds from aqueous solutions. Microchimica Acta，107(1-2)：55～63.

George J E，Payne G，Conn D，et al. 1997. Cost-effective low-level detection of geosmin and MIB in water by large volume purge-and-trap GC/MS. American Water Works Association Annual Conference Proceedings.

Ginzburg B, Dor I, Lev O. 1995. Odorous compounds in wastewater reservoir used for irrigation. Water Science and Technology, 40(6): 65～71.

Hwang Y, Matsuo T, Hanaki K, et al. 1995. Identification and quantification of sulfur and nitrogen containing odorous compounds in wastewater. Water Research, 29(2): 711～718.

Kessels H, Hoogeiwerf W, Lips J. 1992. Determination of volatile organic compounds from EPA method 524. 2 using purge-and-trap capillary gas chromatography, ECD, and FID. Journal of Chromatograhpic Science, 30(7): 247～255.

Nassau K. 1987. The fifteen causes of color: The physics and chemistry of color. Color Research and Application, 12(1): 4～26.

Suffet I H, Burlingame G A, Rosenfeld P E, et al. 2004. The value of an odor-quality-wheel classification scheme for wastewater treatment plants. Water Science and Technology, 50(4): 25～32.

Yan Z M, Zhang Y, Yu J W, et al. 2011. Identification of odorous compounds in reclaimed water using FPA combined with sensory GC-MS. Journal of Environmental Sciences, 23(10): 1600～1604.

第 13 章　微量有机污染物及其研究方法

13.1　微量有机污染物指标及其意义

13.1.1　水中的微量有机污染物

随着越来越多的微量化学物质在水中不断被检出，人们逐渐认识到，常规的综合性指标不能全面反映水的污染状况。地表水、污水、再生水中常含有多种多样的微量有毒有害有机污染物，这些物质往往具有急性毒性、内分泌干扰活性和(或)三致效应。部分污染物由于生物富集效应，在长期低剂量暴露情况下，对生态和人类健康存在不良影响。因此，近年来水中微量有毒有害有机污染物备受关注。

图 13.1 是水中微量有毒有害有机污染物指标，其分类更多是基于污染物的环境影响和来源。持久性有机物往往具有长期残留性、生物蓄积性、半挥发性和高毒性，对生态和人类健康存在较大的影响。内分泌干扰物则是对生物个体乃至种群

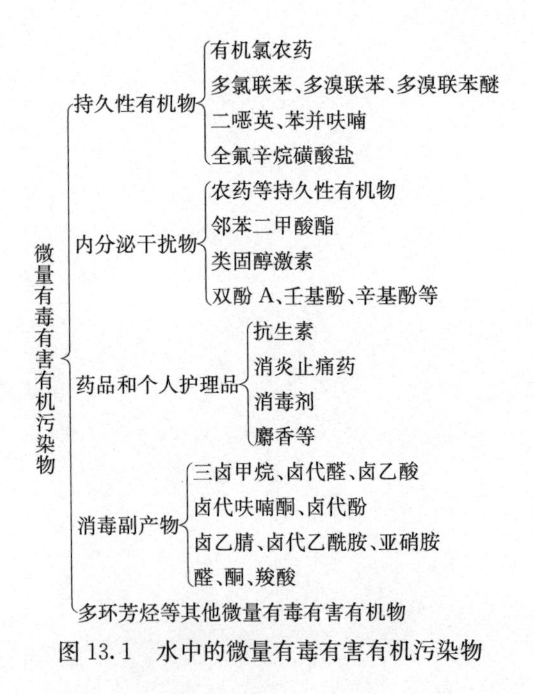

图 13.1　水中的微量有毒有害有机污染物

的内分泌系统存在干扰作用。药品与个人护理品、消毒副产物则分别来源于日常生活和水处理消毒过程。污染物分类主要基于环境领域约定俗成的习惯，之间存在交集。例如，乙炔基雌二醇等避孕药，既是药品与个人护理品，又是内分泌干扰物；部分有机氯农药，既是持久性有机物，又是内分泌干扰物。

水环境中可检出的有毒有害有机污染物中，尚未被纳入环境管理或难以被现有管理措施控制的污染物，通常被称为“新污染物”，又被称为“新型污染物”或“新兴污染物”。与传统的化学需氧量、氨氮等污染物相比，新污染物浓度低，但毒性和环境持久性高。

13.1.2　水中微量有机污染物相关研究方向

与水中微量有机污染物相关的研究方向包括：①检测方法：水中微量有机污染物浓缩富集、定性方法、定量方法；②污染水平：在各种水环境、饮用水、污水中的污染浓度；③环境行为：在环境中的迁移转化特性（地球生物化学过程、物理过程）（PMT物质——持久性、移动性、毒害性物质）；④毒害效应：生物毒性与生物效应、生态风险、健康风险；⑤排放特征：污染源解析、排放规律和排放系数；⑥优控对象：新兴污染物的识别、优先控制污染物的筛选及其水质标准的制定（水环境、水源地、饮用水、污水等）；⑦控制措施：源头控制、替代品、污水处理；⑧去除技术：生物降解（降解菌、降解途径）、吸附、氧化还原技术，现有污水处理系统中的去除特性与去除机理。

13.2　微量有机污染物的样品前处理方法

微量有毒有害有机污染物研究与检测手段的发展密切相关。近20年来，现代仪器分析手段及配套样品前处理方法的飞速发展，使得水中微量污染物检测成为可能，μg/L、ng/L乃至pg/L级的有毒有害有机污染物在地表水、再生水乃至饮用水中不断被检出。

微量有毒有害有机污染物的测试主要包括样品前处理和污染物检测两个过程。图13.2给出了水中微量有毒有害有机污染物的常见分析方法。其中，样品前处理方法可分为分离/富集、衍生化等，污染物检测方法包括气相色谱、液相色谱分析等。

13.2.1　样品前处理方法基本原理

样品前处理在水中微量有毒有害物质分析中具有十分重要的地位。水中有毒有害有机污染物具有浓度低（μg/L、ng/L乃至pg/L级）、种类多的特点，这使得水中微量有毒有害有机污染物在进行色谱、质谱等仪器分析测定之前往往经过分离和富集等前处理环节。此外，污水及再生水中还存在多种复杂、浓度相对较高的有机污染物，这些杂质往往会干扰目标污染物的检测。这也需要在前处理环节分离去除杂质，提高样品检测的准确度和灵敏度。

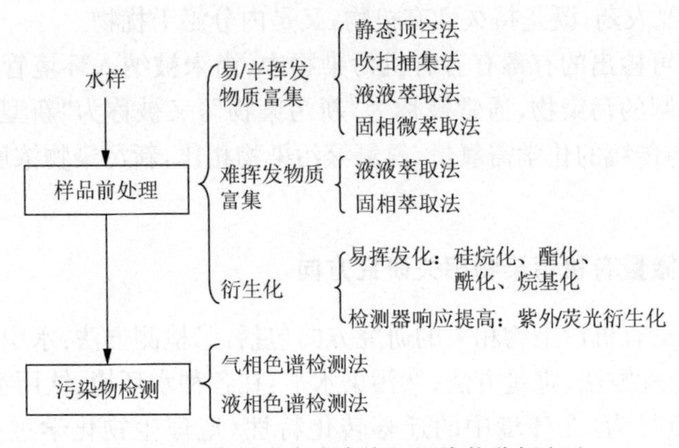

图 13.2 微量有毒有害有机污染物分析方法

样品前处理过程往往是操作最为烦琐、耗时最长的环节，也是关系检测结果准确性的重要环节。样品前处理耗时可占整个色谱分析时间的80%以上，而实际仪器分析仅占6%的时间。前处理产生的误差也可占整个色谱分析的30%（陈小华和汪群杰，2010）。因此，如何提高样品前处理的效率和准确性是微量有毒有害有机污染物分析检测过程中需关注的问题。

样品前处理技术包括分离、富集、净化、衍生化等方法，其根据测试物质的性质不同具有较大的差别。表 13.1 给出了常见的分离和富集方法。对于挥发性、半挥发性有机污染物，多采用静态顶空法、吹扫捕集、液液萃取、固相微萃取等方法进行分离和富集，而对于不易挥发的有机污染物，多采用液液萃取、固相萃取等方法。

表 13.1 水中微量有毒有害污染物的样品分离和富集方法

前处理方法	样品基质	灵敏度	分析物范围	是否自动化	样品萃取时间(min)
静态顶空	液/固	μg/L～mg/L	气态-挥发性	是	5～10
吹扫捕集	气/液/固	μg/L	挥发-半挥发性	是	10～30
固相微萃取	气/液	ng/L	挥发-半挥发性	是	5～15
液液萃取	液/固	μg/L	挥发-不挥发性	否	＞30
固相萃取	气/液	ng/L	不挥发性	是	5～30

13.2.2　静态顶空法

静态顶空法(static headspace method)是一种利用待测挥发性物质在密闭容器中的气液或气固相平衡以实现待测物质与液体或固体基质分离的方法。其原理是标样和样品中的待测物质在相同的条件下达到气液/气固相平衡时具有相同的分配系数。该方法可用于测定液体或固体样品中的挥发性物质(穆乃强，1985)。

静态顶空法的灵敏度与待测物质的蒸气压和活度系数有关。通常适当增加平衡温度可增加待测物质的蒸气压，提高气相中待测物质的量，从而提高分析灵敏度。在水溶液中加入无机盐可降低待测物质在水中的溶解度，增加气相中待测物质的量，亦可提高分析灵敏度(穆乃强，1985；张月琴和吴淑琪，2003)。尽管如此，静态顶空法的灵敏度大多为μg/L～mg/L 级，这就限制了静态顶空法在水中微量有毒有害物质检测中的应用。

13.2.3　吹扫捕集法

吹扫捕集法(purge and trap method)即动态顶空法，是一种利用惰性气体将液体或固体样品中的挥发性或半挥发性物质吹扫出来并利用吸附剂富集的方法。测定时，加热捕集管并用气体反吹捕集管，使待测物质脱附便可进行分析检测(张月琴和吴淑琪，2003)。该方法是连续多次气相萃取，灵敏度显著高于静态顶空法，可达μg/L 的级别。因此，该方法被美国 EPA500、EPA600 系列方法以及 APHA Standard Methods(APHA，2012)列为挥发性有机物测定的标准前处理方法。

吹扫捕集法在实际应用中存在一些不足，包括耗时较长、吹扫过程中常引入杂质等。值得注意的是，气体在吹扫过程中常带出大量水蒸气，不利于吸附剂吸附，亦给气相色谱分离和火焰类检测器检测带来不良影响(张月琴和吴淑琪，2003)。因此，在吹扫捕集过程中需注意水蒸气的控制和去除。

13.2.4　液液萃取法

液液萃取法(liquid-liquid extraction method)是利用物质在两种不能互溶液体中的溶解度不同而实现分离的一种方法。在水中微量有毒有害物质检测中，两种液体通常为水和有机溶剂(甲基叔丁基醚、戊烷等)。通过液液萃取便可使待测物质从水相转移到小体积的有机相中进而得到浓缩。

该方法灵敏度较高，通常可达到μg/L 的级别。因此，其被广泛应用于三卤甲烷、卤乙酸、多环芳烃等污染物的分离和富集，并被美国环境保护局列为挥发性有机物测定的标准前处理方法。

液液萃取时需要控制样品的 pH 值和离子强度。利用液液萃取分析消毒副产物卤乙酸时，由于卤乙酸属于中强酸，在 pH＞6 的条件下几乎完全以离子形态存在，萃取效果不好。因此，需要在水相中加入酸和无机盐，降低水相 pH 值，增加水相的离子强度，抑制卤乙酸电离，以减少卤乙酸在水相中的分配，从而改善萃取效果(田杰，2006)。

13.2.5 固相萃取法

固相萃取法(solid phase extraction method，SPE)是利用固体吸附剂使物质从液体中分离的一种方法。其原理是样品中的特定物质与固体吸附剂上的键合官能团相互作用，从而保留在固体吸附剂上，并被少量特定溶剂选择性地洗脱下来(陈小华和汪群杰，2010)。固相萃取法根据使用目的的不同，可以分成目标化合物吸附模式和杂质吸附模式。前者主要用于吸附目标化合物，其流程参见图 13.3。杂质吸附模式则可用于吸附血浆、污泥萃取液等复杂样品中的杂质，起净化样品的作用。

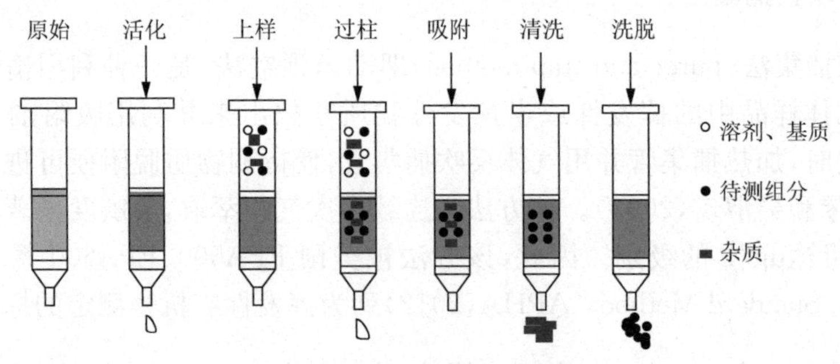

图 13.3 固相萃取示意图

固相萃取法与液液萃取法相比具有诸多优点，如测试物质的分析回收率高，实验重现性好，有效分离测试物质和杂质，溶剂使用量少，无须进行相分离操作，测试物质较易收集，操作耗时少，易商品化、自动化等。由于上述优点，固相萃取技术在近 20 年来迅猛发展，广泛应用于污水、再生水、饮用水中微量物质的分析和检测，并出现了许多商品化的固相萃取设备和配套耗材。图 13.4 给出了商品化固相萃取小柱和膜片示意图，固相萃取小柱通常适用于 250 mL 以下的样品，而膜片则适用于大体积样品(陈小华和汪群杰，2010；安谱，2010)。

固相萃取过程中，样品与吸附剂之间的作用包括非极性作用力、氢键、π-π 相互作用、偶极-偶极/诱导偶极相互作用、离子交换等(陈小华和汪群杰，2010)。因此，根据吸附机理可将固相萃取法分为反相、正相和离子交换三大类。典型反相、

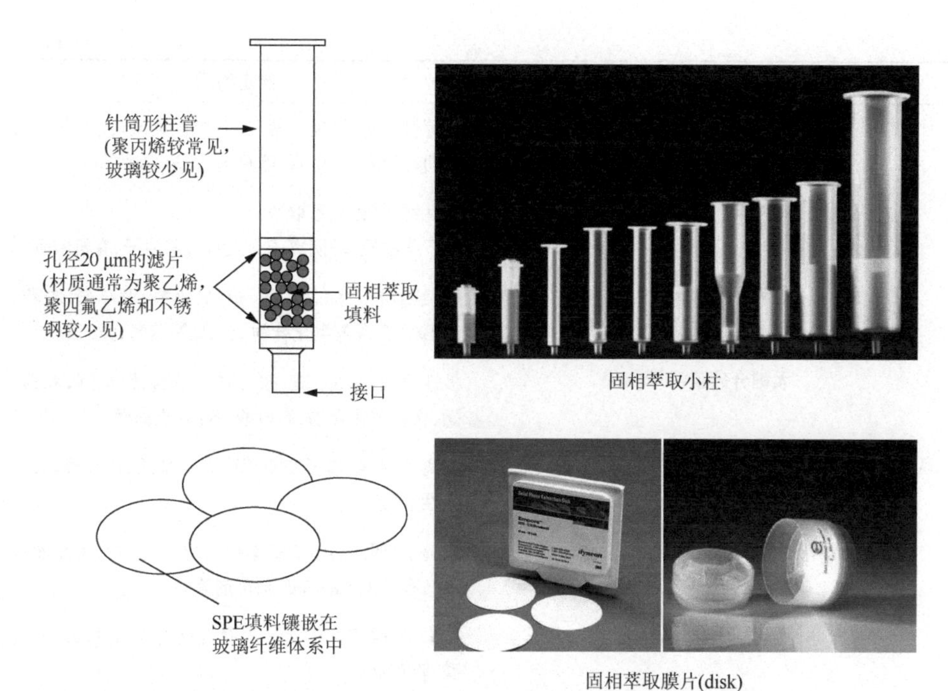

图 13.4　商品化固相萃取小柱和膜片示意图(安谱，2010)

正相和离子交换固相萃取填料类型及其测定物质参见表 13.2。须根据待测物质和样品基质的类型特征选择固相萃取填料，详见图 13.5。

表 13.2　固相萃取填料及其测定物质类型

填料类型	填料名称	测定物质
反相填料	十八烷基(C_{18})	中等极性/非极性物质：杀真菌剂、除草剂、农药、苯酚、邻苯二甲酸酯、类固醇、多氯联苯、多环芳烃、咖啡因、表面活性剂等
	辛烷(C_8)	中等极性/非极性物质：巴比妥酸盐、杀真菌剂、除草剂、农药、多环芳烃、邻苯二甲酸酯、类固醇、咖啡因、表面活性剂等
	聚苯乙烯-二乙烯基苯(PS-DVB)	极性-非极性芳香族化合物：酚类物质(双酚 A 等)、咖啡因、邻苯二甲酸酯、类固醇、抗生素(氧氟沙星等)、多环芳烃等

续表

填料类型	填料名称	测定物质
正相填料	氰基(—CN)	中等极性物质(反相萃取)和极性物质(正相萃取):黄曲霉毒素、抗生素、除草剂、农药、类固醇等
	氨丙基(—NH_2)	极性物质(正相萃取) 离子化物质(弱阴离子交换):弱阴离子、有机酸等
	硅酸镁(florisil)	极性物质:乙醇、醛、胺、药物、染料、锄草剂、农药、PCBs、酮、含氮类化合物、有机酸、苯酚、类固醇
	无键合硅胶(silica)	极性物质:乙醇、醛、胺、药物、染料、锄草剂、农药、酮、含氮类化合物、有机酸、苯酚、类固醇
离子交换填料	季铵基(SAX)	阴离子(强阴离子交换萃取):氨基酸、核苷酸、表面活性剂等
	羧酸基(WCX)	阳离子(弱阳离子交换萃取):氨、抗生素(氧氟沙星等)、有机碱、氨基酸、除草剂等
	苯磺酸基(SCX)	阳离子(强阳离子交换萃取):抗生素、有机碱、氨基酸、除草剂等

资料来源:冯玉红,2008;陈小华和汪群杰,2010

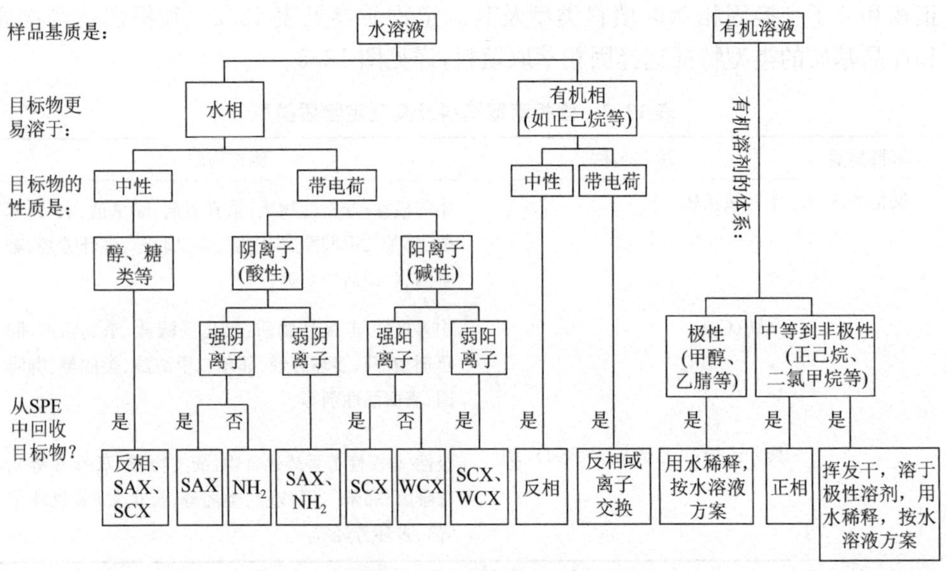

图 13.5 固相萃取树脂选择流程(安谱,2010)

1. 反相固相萃取法

反相固相萃取法是利用表面含有非极性官能团的固体吸附剂从极性强于吸附剂的样品中吸附物质的一类固相萃取方法。反相萃取的目标物质通常为中等极性到非极性的，如多环芳烃、农药、邻苯二甲酸酯等。常见的反相固相萃取填料包括聚苯乙烯-二乙烯基苯、石墨碳、表面键和烷基(碳十八 C_{18}、碳八 C_8)或苯基的硅胶。图 13.6 给出了聚苯乙烯-二乙烯基苯-吡咯烷酮填料在双酚 A 等内分泌干扰物检测中的应用。

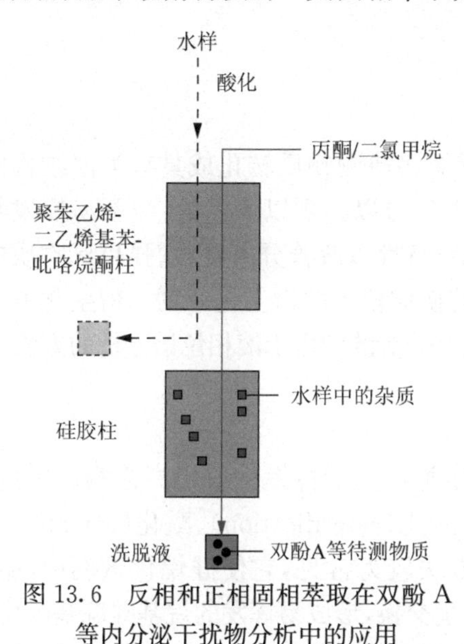

图 13.6 反相和正相固相萃取在双酚 A 等内分泌干扰物分析中的应用

2. 正相固相萃取法

正相固相萃取法是利用表面含有极性官能团的固体吸附剂从极性弱于吸附剂的样品中吸附物质的一类固相萃取方法。正相萃取的目标物质通常为极性物质，样品基质通常为二氯甲烷、正己烷等非极性溶液。常见的正相固相萃取材料包括硅胶、弗洛铝硅土、氧化铝以及含氨基、氰基等极性官能团的键合硅胶。

正相固相萃取法在水中微量有毒物质测定中的应用较少，主要在反相固相萃取操作之后用于样品净化。该方法可去除反相萃取时伴随目标物质洗脱下来的腐殖酸等常量溶解性有机物，改善后续色谱、质谱的分析效果。图 13.6 给出了硅胶填料在双酚 A 等内分泌干扰物检测中用于样品净化的示意图。

3. 离子交换固相萃取

离子交换固相萃取法是利用表面官能团带电荷的固相吸附剂吸附带有相反电荷的目标化合物。该方法常用于吸附在水中易以离子态存在的化合物，如氨基酸、表面活性剂、除草剂等。图 13.7 给出了利用离子交换固相萃取法吸附再生水中氨基酸的示意图。

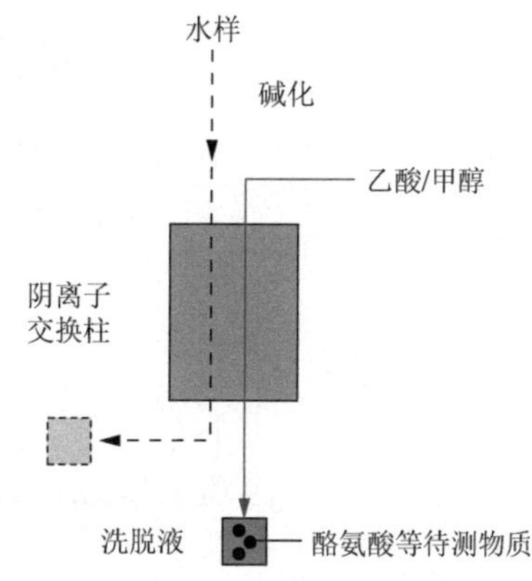

图 13.7 阴离子交换固相萃取用于检测再生水中的氨基酸

离子交换固相萃取包括阴离子交换和阳离子交换两种。阴离子交换主要用于吸附阴离子物质(带负电荷),多用带有卤化季铵盐(强阴离子交换,SAX)或带有丙氨基(弱阴离子交换,—NH_2)的键合硅胶填料。而阳离子交换主要用于吸附阳离子物质(带正电荷),多用带有磺酸钠盐(强阳离子交换,SCX)或带有碳酸钠盐(弱阳离子交换,WCX)的键合硅胶填料。

13.2.6 衍生化法

衍生化(derivatization)法是利用化学反应将待测物质转化成具有类似结构的产物以满足检测要求的一种方法。通过衍生化可以达到以下目的:使不易挥发物质转换成易挥发物质,改变待测物的色谱保留特性以改善分离度,增强目标物质的紫外、荧光检测响应,将不稳定的目标物质转换成稳定的衍生化产物。衍生化方法根据后续测试方法的不同可分为用于气相色谱分析的和用于液相色谱分析的方法。

1. 用于气相色谱分析的衍生化

用于气相色谱分析的衍生化主要用于增加样品的挥发性或提高检测灵敏度。常见的衍生化方法包括硅烷化(silylation)、酯化(esterification)、酰化(acylation)、烷基化(alkylation)。在各方法中,硅烷化方法较为常见,它使硅烷化试剂中的烷基硅烷基与待测物质中羟基或氨基上的氢发生交换,形成易挥发的烷基硅烷基产物。

用于气相色谱分析的衍生化法常用于检测水中的微量有毒有害有机污染物。雌酮(estrone,E1)和17α-乙炔基雌二醇(17α-ethinylestradiol,EE2)等内分泌干扰物质不易挥发,需要经硅烷化处理转化成易挥发的烷基硅烷基产物,方可用气相色谱-质谱检测。图13.8给出了雌酮和17α-乙炔基雌二醇经硅烷化反应后得到的质谱谱图。

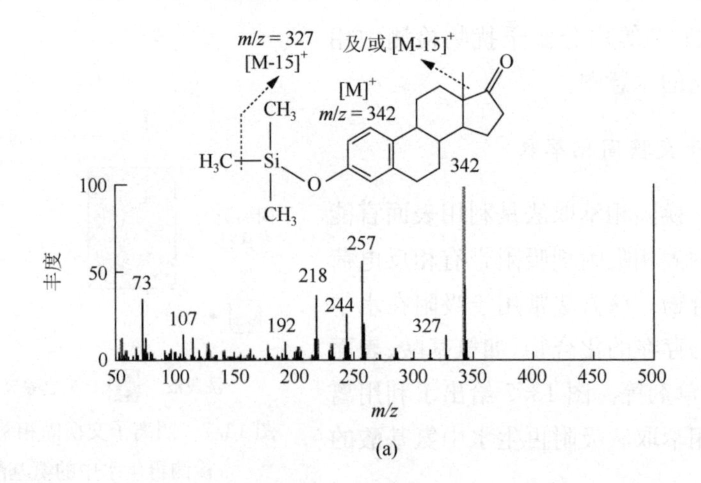

(a)

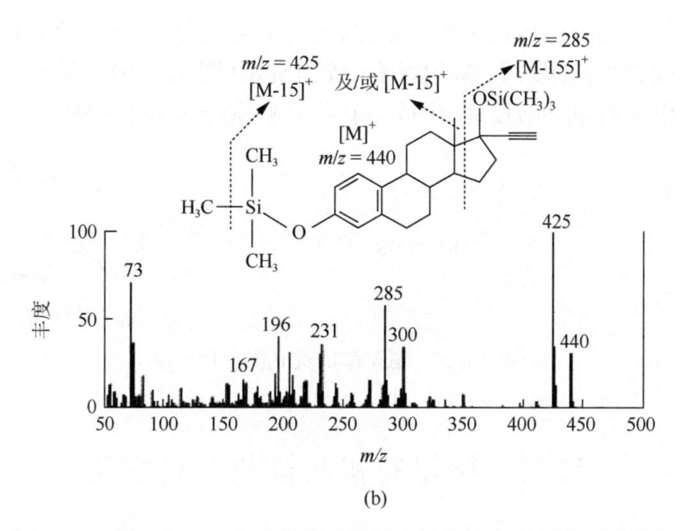

图 13.8　雌酮和 17α-乙炔基雌二醇经硅烷化反应得到的质谱谱图

在检测消毒副产物卤乙酸时常采用酯化处理，将不易挥发的卤乙酸与酸性甲醇反应生成易挥发的卤乙酸甲酯（沸点为 60～70 ℃），其甲酯化反应过程参见图 13.9。生成的卤乙酸甲酯用非极性或弱极性毛细管柱便可进行分离，配合高灵敏度的电子捕获检测器，可以实现对卤乙酸精确、定量的分析（Nikolaou and Golfinopoulos，2002）。

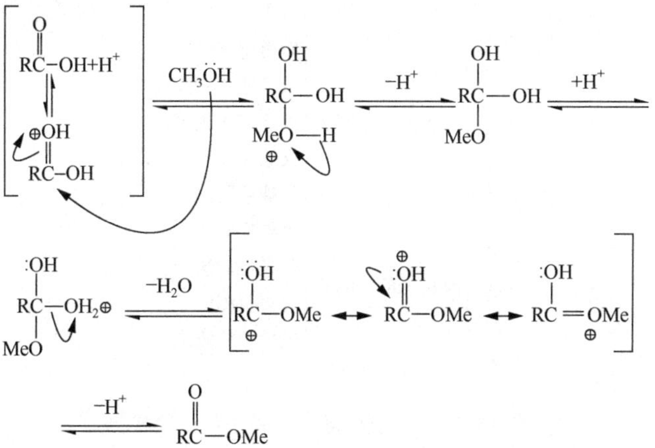

图 13.9　卤乙酸的甲酯化反应示意图（Nikolaou and Golfinopoulos，2002）

2. 用于液相色谱分析的衍生化

用于高效液相色谱分析的化学衍生化法往往为了有利于色谱分离或检测器检

测。常见的衍生化方法包括紫外衍生化、荧光衍生化等。其中，荧光衍生化在不含有特征发色或荧光基团的氨基酸检测中较为常用（图 13.10）。该方法通过荧光化试剂邻苯二甲醛与氨基酸反应，生成具有荧光响应的衍生化产物。

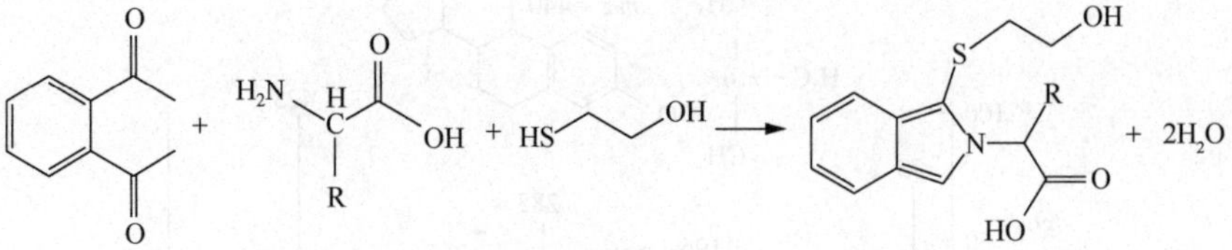

图 13.10　氨基酸的荧光衍生化反应

13.3　微量有机污染物测定方法

有毒有害有机污染物定量分析大多依靠气相色谱或液相色谱，常见分析方法包括气相色谱-电子捕获检测（gas chromatography-electron capture detection，GC-ECD）法、气相色谱-质谱检测（GC-mass specrometry，GC-MS）法、液相色谱-紫外吸收/荧光检测（high performance liquid chromatography- ultraviolet/fluorescence detection，HPLC-UV/Fl）法等（图 13.11）。近年来随着仪器分析技术的发展，液相色谱-质谱法（HPLC-MS）、毛细管电泳法在水中有毒有害有机污染物评价中亦得到应用。

有毒有害有机污染物检测
- 气相色谱检测法
  - 质谱检测法
  - 电子捕获检测法
  - 火焰离子化检测法
  - 火焰光度检测法
  - 氮磷检测法
- 液相色谱检测法
  - 紫外检测法
  - 荧光检测法
  - 质谱检测法
  - 电导率检测法
- 毛细管电泳法

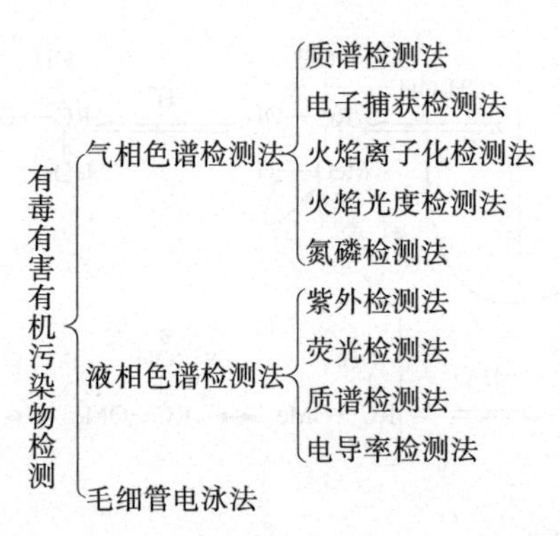

图 13.11　水中有毒有害有机污染物检测

13.3.1　气相色谱检测法

气相色谱（GC）法是利用装有选择性吸附剂的柱管分离由气体携带的易挥发物质的一种方法。其分离的原理是气体所携带的样品混合物与选择性吸附剂发生作用，使得混合物在流动相和固定相之间进行分配，由于不同物质在两相中的分配系数或吸附系数存在差异，导致不同物质在固定相中的停留时间亦不同，从而实现分离。

气相色谱法利用特定的检测器，将分离后物质的物理、化学性质转化成电信号，由于电信号强弱与物质的质量或浓度在一定范围内成正比，从而可以定量分析样品中物质含量的大小。常见检测器包括电子捕获检测器、氢火焰离子化检测器、质谱检测器等，其用途参见表 13.3。

表 13.3　常用 GC 检测器的类型和主要用途

检测器	类型	主要用途
火焰离子化检测器(FID)	质量型、准通用型	分析各种有机化合物，对碳氢化合物的灵敏度高
电子俘获检测器(ECD)	浓度型、选择型	分析含电负性元素或基团的有机化合物，多用于分析含卤素化合物
氮磷检测器(NPD)	质量型、选择型	分析含氮和含磷化合物
火焰光度检测器(FPD)	浓度型、选择型	分析含硫、含磷和含氮化合物
质谱检测器(MS)	质量型、通用型	分析各种有机化合物

资料来源：刘虎威，2007

1. 气相色谱-电子捕获检测法

电子捕获检测法是一种通过检测气体中的物质捕获电子的程度以表征物质浓度的分析方法。该方法只能检测具有电负性的卤素、硫、磷、氮等物质。通常物质的电负性越强(即电子吸收系数越大)，检测的灵敏度越高。

气相色谱-电子捕获检测法在水中有毒有害有机污染物检测中的应用十分普遍。该方法可用于三卤甲烷、卤乙酸、多氯联苯、多溴联苯醚、有机氯农药、聚氧乙烯醚等物质的分析测定。在消毒领域，许多消毒副产物带有电负性强的氯、溴等卤素，因此常采用气相色谱-电子捕获检测法检测消毒副产物，见表 13.4(Nikolaou and Golfinopoulos，2005)。

表 13.4　有机消毒副产物常用检测方法*

前处理方法	分离	检测器	检出限(μg/L)	分析对象
液液萃取	气相色谱	ECD	0.1	THMs、HANs、HKs、CH、溴代硝基甲烷
顶空	气相色谱	ECD，质谱	0.1	CNCl、CNBr
邻五氟苄基羟胺衍生化，液液萃取	气相色谱	ECD，质谱	1	C_1～C_{10}脂肪醛、芳香醛
邻五氟苄基羟胺衍生化，固相萃取	气相色谱	ECD，质谱	0.1	C_1～C_{10}脂肪醛

续表

前处理方法	分离	检测器	检出限(μg/L)	分析对象
液液萃取,偶氮甲烷	气相色谱	ECD	0.1	九种卤乙酸
邻五氟苄基羟胺衍生化,液液萃取,偶氮甲烷	气相色谱	ECD,质谱	1	丙酮酸
邻五氟苄基羟胺衍生化,液液萃取,MTBSTFA	气相色谱	ECD,质谱	1	羟基丙酮
2,5-二甲基苯甲醛,固相萃取	高效液相色谱	ESI,DAD	1	丁酮,戊酮,己酮
过氧化酶/催化酶	流动注射	荧光	1	有机过氧化物
无	离子色谱	电导	20	甲酸、乙酸、乙二酸
液液萃取,三氟化硼/甲醇	气相色谱	ECD,质谱	0.05	MX、EMX

* ECD:电子捕获检测; ESI:电喷雾电离; MTBSTFA:*N*-(特丁基二甲基硅烷)-*N*-甲基三氟乙酰胺

资料来源:Nikolaou and Golfinopoulos,2005

2. 气相色谱-质谱检测法

质谱检测法是一种测定样品离子的质荷比(质量-电荷比)的分析方法。质谱检测法的原理是使试样中各组分在离子源中发生电离,并在加速电场的作用下,形成含不同质荷比的带电离子束。不同质荷比的带电离子在质量分析器中经电场和磁场的作用发生分离,最终分别聚焦而得到质谱图,从而确定物质质量(孙凤霞,2004)。

气相色谱-质谱检测法将气相色谱和质谱结合起来,可发挥气相色谱的分离功能,亦可利用质谱提供分子离子准确质量、碎片离子强度、同位素碎片离子、子离子质谱谱图等物质结构信息,这些信息的获得使得利用气相色谱-质谱联用方法定性比气相色谱法中仅利用色谱保留时间要可靠。

在气相色谱-质谱检测中,待测物质经离子源的电离状况是质谱检测器分析物质带电离子的重要环节。水中的微量有毒有害有机污染物种类众多,不同物质的热稳定性和电离难易程度差别很大,因此需要根据目标物质的性质选择离子源。常用的离子源包括电子电离源(electron ionization source,EI 源)和化学电离源(chemical ionization source,CI 源)。

电子电离源的原理是利用高能电子流轰击待测物质分子,使待测物质电离产生分子离子和碎片离子。其中,分子离子可给出分子量信息,但信号较弱,对于部分难气化、热稳定性差、易破碎的分子可能难以给出完整的分子离子信息。碎片离子则可给出分子结构中许多重要官能团的信息。这些碎片离子信息经汇总,现已形成标准化合物质谱谱库,常用于物质定性(孙凤霞,2004)。

电子电离法在水中微量有毒有害有机污染物定量分析中的应用十分普遍，其可用于定量测定双酚 A、类固醇类雌激素、壬基酚、三卤甲烷、卤乙酸、卤乙腈、多氯联苯、多溴联苯醚、多环芳烃、有机氯农药等污染物的含量。在检测时，通常采用选择离子扫描(selective ion monitoring，SIM)模式检测特征碎片离子，从而排除杂质的干扰，降低背景噪声，提高样品检测的信噪比。表 13.5 为利用 SIM 模式定量分析再生水中典型雌激素活性物质时所选择的特征碎片离子。

表 13.5　气相色谱-质谱检测法定量分析再生水典型雌激素活性物质的特征离子

雌激素活性物质	定量用离子	确认用离子
雌酮(E1)	342	218、257
雌二醇(E2)	285	326、416
雌三醇(E3)	312	387、415
壬基酚(NP)	179	292
双酚 A(BPA)	357	372

电子电离源在检测极易电离的物质时存在以下不足：电离过于彻底，难以得到准分子离子峰；碎片离子质荷比过小，分析易受杂质的干扰。这限制了电子电离源在二甲基亚硝胺等易电离物质检测中的应用。

针对这一情况，化学电离法被用于易电离、热不稳定物质的分析。其原理是将电子与甲烷、氨气等反应气体作用形成分子离子，生成的分子离子与待测物质分子发生碰撞，形成待测物质的分子离子及少量碎片离子。该方法的特点是图谱简单，准分子离子很强，但得不到标准质谱(孙凤霞，2004)。

化学电离法在水中微量物质分析中的应用相对较少。在消毒领域，该方法可用于检测致癌性消毒副产物二甲基亚硝胺等物质。图 13.12 为利用化学电离法分析消毒副产物二甲基亚硝胺的质谱谱图(Charrois et al.，2004)。

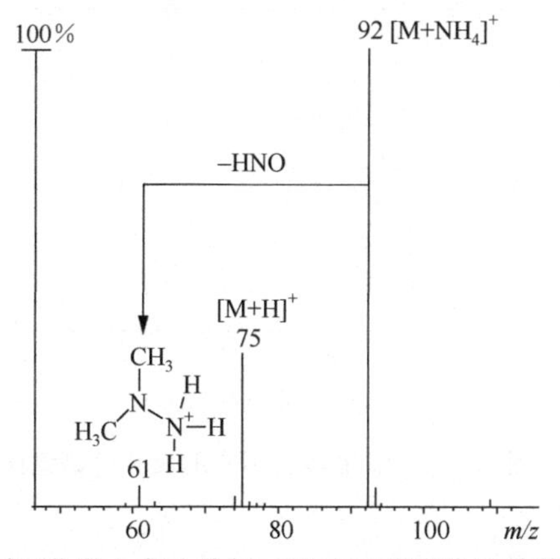

图 13.12　以氨气为载气利用化学电离法分析二甲基亚硝胺的质谱谱图(Charrois et al.，2004)

13.3.2　液相色谱法

液相色谱法是利用装有选择性填料的色谱柱分离由液体携带的混合物的一种方法。液相色谱法常用于分离高沸点、分子量大、强极性和热稳定性差的物质。其按照色谱柱分离机制可以分为液液分配色谱法、液固吸附色谱法、体积排阻色谱法、离子色谱法等。在液液分配色谱法的基础上，又发展出了化学键合色谱法。键合相色谱按照键和官能团极性的不同又可分为反相色谱和正相色谱。图 13.13 给出了各种液相色谱法在水质评价中的用途。

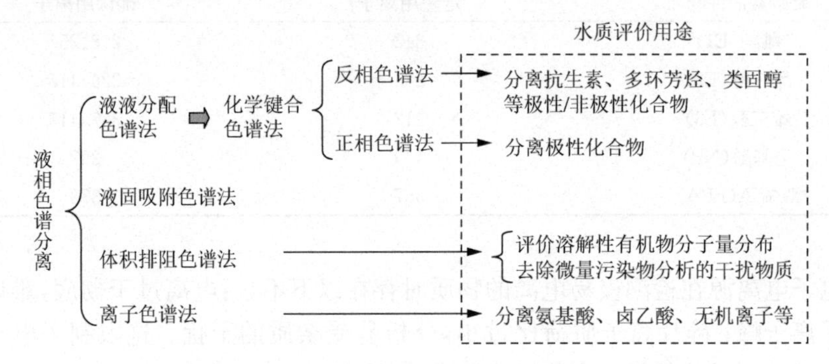

图 13.13　液相色谱法按分离机制的分类及其在水质评价中的用途

在各种色谱中，反相色谱(reversed phase HPLC)法常用于评价水中的微量有毒有害有机污染物。其是利用表面带非极性官能团的填料分离极性液体中的有机混合物的一种液相色谱。代表性的填料(固定相)是十八烷基键合硅胶(ODS-C_{18})，代表性的液体(流动相)是甲醇、乙腈和水。该方法应用十分广泛，可用于分离水中的抗生素、多环芳烃、类固醇激素等化合物。图 13.14 给出了氟代喹洛酮类抗生素氧氟沙星标样的反相色谱谱图。

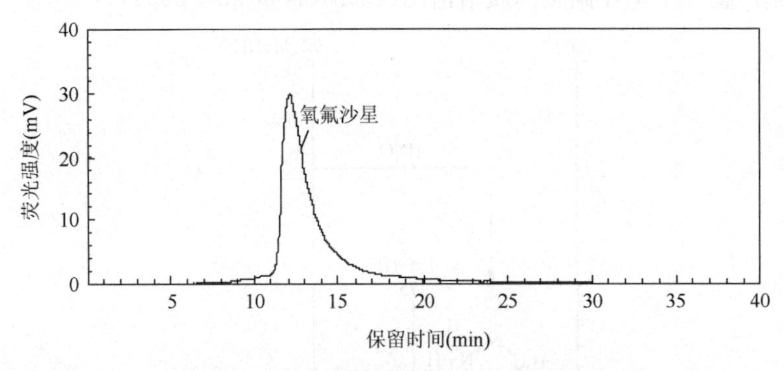

图 13.14　氧氟沙星标样的反相色谱谱图

液相色谱法按照检测器的不同又可分成紫外检测法、荧光检测法、质谱检测法、示差折光检测法、电导检测法等。各种方法在水质评价中的用途如图 13.15 所示。

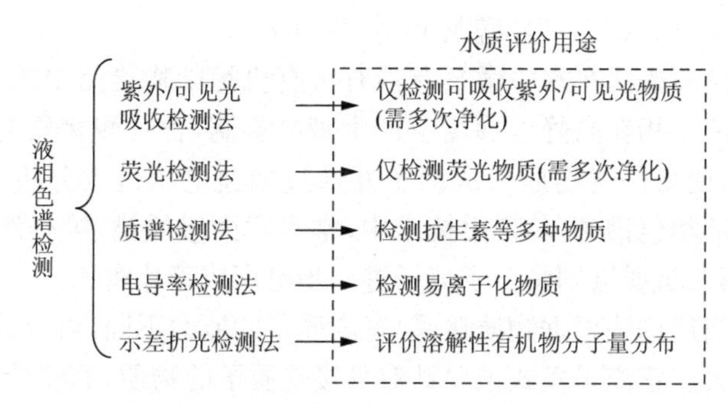

图 13.15　液相色谱法按检测方式的分类及其在水质评价中的用途

1. 液相色谱-紫外/可见光检测和荧光检测法

紫外/可见光吸收检测法和荧光检测法可分别用于检测水中吸收紫外/可见光物质和荧光物质。但水中物质组成十分复杂，导致液相色谱分离检测的背景噪声较大，需进行复杂的前处理去除干扰物质，从而限制紫外/可见光吸收检测法和荧光检测法在再生水微量有毒有害有机污染物的应用。当高灵敏度的液相色谱-荧光检测法分析再生水中的氟代喹洛酮类抗生素物质氧氟沙星时，其经反相和离子交换组合式固相萃取后仍无法去除杂质干扰(图 13.16)。

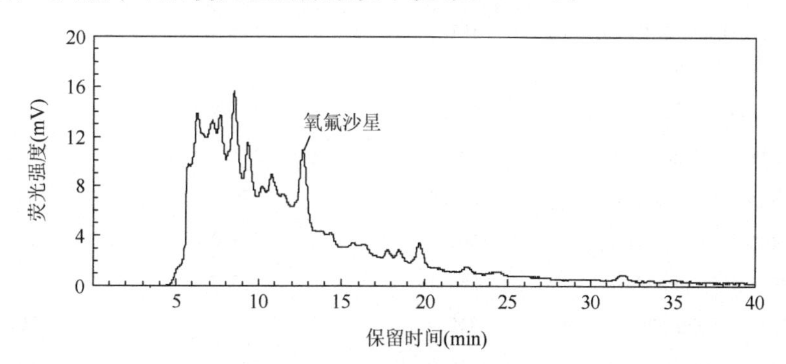

图 13.16　杂质对再生水氧氟沙星液相色谱-荧光检测法测定的干扰
经二级固相萃取富集和纯化

2. 液相色谱-质谱检测法

液相色谱-质谱检测法将液相色谱与质谱分析技术结合起来，较原有的液相色谱,能更准确地定量和定性分析环境样品这一复杂混合物体系,也简化了样品的前处理过程,从而使样品分析更简便。该方法按照离子源的类型可以分为电喷雾电离(electrospray ionization, ESI)、大气压化学电离(atmospheric pressure chemical ionization,APCI)等(盛龙生 等,2006)。

电喷雾电离质谱法在水中微量有毒有害有机污染物检测中的应用受到关注。其电离原理是流动相在高静电梯度下产生带电雾滴,含待测物质的带电雾滴经不断蒸发和分裂,使得待测物质形成离子并通过加速电压进入分析器检测(盛龙生 等,2006)。在液相色谱-质谱联用技术中,常串联两级质谱,第一级质谱用于获得分子离子,而第二级质谱则将分子离子进一步电离成碎片离子。

电喷雾电离质谱法根据物质接受/解离质子的能力不同,可分成正离子和负离子两种检测模式。正离子模式主要针对可接受质子的物质,其将待测物质 M 带质子形成$[MH]^+$、$[MNa]^+$、$[MNH_4]^+$后进行检测,常采用含甲酸的极性溶剂促进物质得质子。正离子模式常用于分析再生水中的喹诺酮、氟代喹洛酮、卡马西平等物质。表 13.6 给出了利用正离子模式测定的药物及所选择的特征碎片离子(Lee et al., 2007; Sui et al., 2009)。

表 13.6 利用液相色谱-质谱联用(ESI 源正离子模式)测定再生水中的药物及其碎片离子

物质	母离子	子离子(定量)	子离子(确认)
卡马西平(Carbamazepine)	236.9	193.7	191.7
氯贝酸(Clofibric acid)	194.9	137.7	109.6
环丙沙星(Ciprofloxacin)	332.0	245.0	288.0
N,*N*-二乙基间甲苯甲酰胺(*N*,*N*-diethyl-*m*-toluamide)	191.8	118.6	—
甲氧乙心安(Metoprolol)	268.0	158.7	132.6
萘啶酸(Nalidixic acid)	232.9	186.7	103.7
诺氟沙星 Norfloxacin	320.0	276.0	233.0
氧氟沙星(Ofloxacin)	362.0	318.0	261.0
普萘洛尔(Propranolol)	260.1	115.7	182.7
舒必利(Sulpiride)	342.0	111.6	213.8
甲氧苄啶(Trimethoprim)	290.9	122.7	229.8

资料来源:Lee et al., 2007; Sui et al., 2009

负离子模式主要针对易失去质子的物质,其使待测物质 HN 失去质子形成 N^- 后进行检测,常采用氨水、乙酸铵促进物质失去质子。负离子模式常用于检测再生水中的苯扎贝特、咖啡因等物质。表 13.7 给出了利用负离子模式测定再生水中的药物及所选择的特征碎片离子(Sui et al., 2009)。

表13.7　利用液相色谱-质谱联用(ESI源负离子模式)测定再生水中的药物及其碎片离子

物质	母离子	子离子(定量)	子离子(确认)
苯扎贝特(Bezafibrate)	360.0	273.8	153.6
咖啡因(Caffeine)	212.8	126.5	84.5
氯霉素(Chloramphenicol)	320.8	151.5	256.7
双氯芬酸(Diclofenac)	293.8	249.7	213.9
吉非罗齐(Gemfibrozil)	248.9	120.5	126.6
吲哚美辛(Indomethacin)	356.2	311.9	296.7
酮洛芬(Ketoprofen)	253.0	208.7	—
甲芬那酸(Mefenamic acid)	239.9	195.8	179.7

资料来源:Sui et al., 2009

13.3.3　测定数据解析方法

1. 测定浓度确定方法

1）内标法

内标法是指向待测样品中添加一定量的内标物,以校正待测物质响应和计算待测物质浓度的方法。内标法具有以下特点:①准确性较高,不易受操作条件和进样量的轻微变动的影响;②需逐一添加内标物,不适合大批量分析。在选定内标物时,需注意以下几点:①实验样品中不包含该物质;②与待测组分性质相近;③不与待测组分反应或影响待测物的响应;④响应良好,内标物峰形与待测物质峰形不重合。

随着质谱检测器的广泛使用,待测物质的同位素标记物作为内标物在定量分析中得到越来越多的应用。同位素标记物作为内标物应用于环境检测分析的优势在于:标记同位素在自然环境中的本底值可忽略,且基本性质几乎与待测物相同。但气相色谱/高效液相色谱无法将待测物质与其同位素标记物分离,需利用质谱检测器中的多通道检测进行区分。

内标法检测的步骤为:①配制一定浓度的内标物溶液;②向等体积待测样品中加入等量的内标物,内标物浓度不需要十分精确,但各待测样品中内标物的量需精确相等;③将含有内标物的样品上机分析。

内标法在定量待测物质浓度时,常用内标标准曲线法和内标校正因子法。其中内标标准曲线法应用更为广泛,其应用步骤如下:

(1) 配置浓度为 C_i 的标准浓度样品,标准浓度样品呈梯度分布,并向各标准浓度样品分别加入等量内标物;

(2) 测定各标准浓度样品的响应为 STD_i,内标物响应为 STD_{label_i};

(3) 计算各标准浓度校正因子 f_{STD_i}：

$$f_{STD\_i}=\frac{STD_i}{STD_{label\_i}} \tag{13.1}$$

(4) 绘制校正因子标准曲线，拟合得斜率 k 值，即

$$C=k\cdot f_{STD\_i} \tag{13.2}$$

(5) 向待测样品加入与步骤(1)中等量内标物，测得样品和内标物响应分别为：$Sample_i$ 和 $Sample_{label\_i}$；

(6) 计算待测样品校正因子 f_{sample_i}，代入步骤(4)中公式(13.2)，计算待测样品浓度。

2) 外标法

外标法是将待测物质标准品作为外标物，测定其在仪器分析中的响应值，并与未知样品对比以获得未知样品中待测物质浓度的方法。外标法具有以下特点：①外标法在检测定量中具有较高的准确性；②待测样品无须添加内标，准备过程较简单，适合大批量分析；③受操作条件和进样量影响，对进样量的准确性要求较高。自动进样装置的普及和应用，能较好地控制人为操作误差带来的分析结果误差。

外标法操作步骤包括：①配制已知浓度的标准样品；②准备未知浓度的待测样品；③将标准样品和未知样品在同样的操作条件下进样分析。

与内标法类似，外标法在定量计算未知样品中待测物质浓度时常用标准曲线法和校正因子法。标准曲线法的计算步骤如下：

(1) 测定不同浓度(C_i)标准样品的响应值 STD_i，做 C_i-STD_i 标准曲线图；

(2) 线性拟合标准曲线图，求得斜率 k 值，即

$$C=k\cdot STD_i \tag{13.3}$$

(3) 测定待测样品响应值 $Sample_i$，带入步骤(2)中公式，求得待测样品浓度。

2. 回收率和回收率指示物

分析成分复杂的环境样品中待测物质浓度时，常遇到待测物质浓度低于检出限、样品基质干扰大等问题。在上机分析环境样品前，常对样品进行前处理操作。但前处理操作同样会对待分析物质的检测带来影响，如不可避免地造成样品损失、待测物质挥发、操作污染等。因此，需要校正前处理操作过程对样品检测带来的误差和分析。该校正过程通常会借助回收率指示物。

回收率指示物是指在样品前处理初始阶段，向样品中人为地加入样品，以指示前处理过程对待测样品带来的定量影响。回收率指示物可为待测物质，也可以是非待测物质。

(1) 当使用待测物质的标准物质作为回收率指示物时，通常称其为加标回收

法。其操作步骤为:①向初始样品加入一定量的待测物的标准物质,加标量浓度为C_{add}不超过待测物含量的3倍;②加标样和未加标样进行完全相同的前处理过程;③分析加标样和未加标样中待测物浓度分别为C_{mark}和C_{sample};④计算前处理过程的回收率:

$$回收率=\frac{C_{mark}-C_{sample}}{C_{add}}\times 100\% \tag{13.4}$$

(2)当加标物为非待测物时,称其为替代物(surrogate)。与加标回收法相比,其优势在于不需要同时分析加标样品和未加标样品,以减少工作量。在选取替代物时需注意以下几点:①待测样品中不含有替代物;②替代物与待测物质性质相近,出峰时间和响应强度相当。在使用质谱检测器检测时,通常可选用待测物质的同位素标记物。其操作步骤为:①向初始样品加入一定量替代物;②加替代物样品和未加标样进行完全相同的前处理过程;③检测前处理后的替代物样品;④计算前处理过程的回收率。

$$回收率=\frac{C_{detecte}}{C_{add}}\times 100\% \tag{13.5}$$

3. 检出限与测定限

1)检出限

检出限(detection limit,DL)是方法在给定的置信度内可从样品中检出待测物质的最小浓度或最小量。“检出”是指判断样品中存有浓度高于空白的待测物质。检出限分为仪器检出限和方法检出限(method detection limit,MDL)。检出限可通过以下计算方法确定(国家环境保护总局和《水和废水监测分析方法》编委会,2002):

在《全球环境监测系统水监测操作指南》中规定:给定置信水平为95%时,样品测定值与零浓度样品的测定值有显著性差异即为检出限(DL)。这里的零浓度样品是不含待测物质的样品。

$$MDL=4.6\sigma \tag{13.6}$$

式中,σ为空白平行测定(批内)标准偏差(重复测定20次以上)。

在美国EPASW-846中规定方法检出限(MDL)为

$$MDL=S\times t_{(n-1,1-\alpha=0.99)} \tag{13.7}$$

式中,S为空白数据组的标准偏差,在实际操作中若空白样品的信号为0,则常用低浓度样品替代;$t_{(n-1,\ 1-\alpha=0.99)}$表示自由度为$n-1$、置信度为99%的$t$分布的值(当$n=7$时为3.143)。

2)测定限

定量范围的两端被称为测定限(quantification limit),包括测定上限与测定下限。测定下限和测定上限分别指在测定误差能满足预定要求的前提下,用特定方法能准确地定量测定待测物质的最小和最大浓度或量(国家环境保护总局和《水和废水监测分析方法》编委会,2002)。

在美国 EPASW-846 中,规定方法的定量下限为 4MDL,即 4 倍检出限浓度作为测定下限,其测定值的相对标准偏差约为 10%;而日本 JIS 规定定量下限为 10 倍的 MDL(国家环境保护总局和《水和废水监测分析方法》编委会,2002)。

13.4 优先控制微量有机污染物筛选方法

准确、快速地监测水中所有的微量有机污染物十分困难。根据微量有机污染物的生态环境和健康危害、环境检出情况、环境暴露情况等,筛选出需要优先控制的微量有机污染物是各国需要持续开展的重要工作,也是研究领域的重点方向。

13.4.1 微量有机污染物管控现状

我国微量有机污染物的管控情况如表 13.8 所示。2017 年,生态环境部、工业和信息化部、卫生健康委发布了《优先控制化学品名录(第一批)》,并于 2020 年发布了《优先控制化学品名录(第二批)》。2019 年,生态环境部、卫生健康委发布了《有毒有害水污染物名录(第一批)》。2023 年,生态环境部、工业和信息化部、农业农村部、商务部、海关总署、国家市场监督管理总局发布了《重点管控新污染物清单》。

表 13.8 我国微量有机污染物的管控情况[a]

有机污染物	重点管控新污染物清单	有毒有害水污染物名录(第一批)	优先控制化学品名录(第一批、第二批)
全氟辛基磺酸及其盐类和全氟辛基磺酰氟(PFOS 类)	收录		收录
全氟辛酸及其盐类和相关化合物(PFOA)	收录		收录
十溴二苯醚	收录		收录
短链氯化石蜡	收录		收录
六氯丁二烯	收录		收录
五氯苯酚及其盐类和酯类	收录		收录
三氯杀螨醇	收录		
全氟己基磺酸及其盐类和其相关化合物(PFHxS)	收录		
得克隆及其顺式异构体和反式异构体	收录		

续表

有机污染物	重点管控新污染物清单	有毒有害水污染物名录（第一批）	优先控制化学品名录（第一批、第二批）
二氯甲烷	收录	收录	收录
三氯甲烷	收录	收录	收录
壬基酚	收录		收录[b]
抗生素	收录		
六溴环十二烷[c]	收录		收录
氯丹[c]	收录		
灭蚁灵[c]	收录		
六氯苯[c]	收录		收录
滴滴涕[c]	收录		
α-六氯环己烷[c]	收录		
β-六氯环己烷[c]	收录		
林丹[c]	收录		
硫丹原药及其相关异构体[c]	收录		
多氯联苯[c]	收录		
苯			收录
甲苯			收录
甲醛		收录	收录
乙醛			收录
1,1-二氯乙烯			收录
三氯乙烯		收录	收录
四氯乙烯		收录	收录
1,2,4-三氯苯			收录
2,4-二硝基甲苯			收录
苯并[a]芘			收录
1,3-丁二烯			收录
5-叔丁基-2,4,6-三硝基间二甲苯（二甲苯麝香）			收录
N,N′-二甲苯基-对苯二胺			收录
六氯代-1,3-环戊二烯			收录
萘			收录
1,2-二氯丙烷			收录

续表

有机污染物	重点管控新污染物清单	有毒有害水污染物名录(第一批)	优先控制化学品名录(第一批、第二批)
2,4,6-三叔丁基苯酚			收录
多环芳烃类物质[d]			收录
多氯二苯并对二噁英和多氯二苯并呋喃			收录
邻甲苯胺			收录
磷酸三(2-氯乙基)酯			收录
五氯苯			收录
五氯苯硫酚			收录
异丙基苯酚磷酸酯			收录

a. 表中污染物出现次序不代表管控优先顺序

b. 包括壬基酚和壬基酚聚氧乙烯醚

c. 已经被淘汰,不再生产和使用的化合物

d. 包括苯并[*a*]蒽、苯并[*a*]菲、苯并[*a*]芘、苯并[*b*]荧蒽、苯并[*k*]荧蒽、蒽二苯并[*a*,*h*]蒽

部分国家和地区污水再生处理微量有机污染物的控制种类及要求如表 13.9 所示。优先控制微量有机污染物常常被分为高风险微量有机污染物和指示性微量有机污染物。高风险微量有机污染物表示已经被确认具有较高的生态风险或生物毒性的微量有机污染物,如滴滴涕、全氟化合物等;指示性微量有机污染物表示生物风险尚未被完全掌握,但检出普遍、检测方法成熟、可指示水体受污染程度的微量有机污染物。

表 13.9 国内外污水再生处理微量有机污染物控制指南(王文龙 等,2021a)

国家/地区/机构	微量有机污染物控制种类与具体要求
澳大利亚[a]	目标:保障再生水补充饮用水源的水质安全 措施:将饮用水源、雨水、污水等检出的高风险微量有机新污染物列入水质要求 194 种(潜在风险)微量有机新污染物:消毒副产物 14 种、农药 36 种、香精 7 种、药品及其代谢产物 82 种、阻燃剂 2 种、二噁英及其类似物 8 种、其他物质 42 种(如多环芳烃、多氯联苯等)、螯合剂 3 种 建议根据不同再生水利用情况,制定相应的微量有机新污染物种类和浓度限值要求
美国加利福尼亚州[b]	目标:反渗透处理的再生水间接补充饮用水源(地下水回灌、地表饮用水源补充)时,保障其水质安全 措施:使用化学氧化深度处理反渗透出水,去除微量有机新污染物化学新污染物及其风险

续表

国家/地区/机构	微量有机污染物控制种类与具体要求
美国 加利福尼亚州[b]	9 类指示性微量有机新污染物：羟基芳香化合物、氨基/酰胺类、非芳香类不饱和化合物、有机胺、烷氧基多环芳香化合物、烷氧基芳香化合物、饱和脂肪酸、硝基芳香化合物；各类新污染物中分别选 1 种微量有机新污染物作为指示性微量有机新污染物 1 种难处理微量有机新污染物 1，4-二噁烷作为处理效率的指示指标 管理和运行部门确定其他高风险微量有机新污染物或指示性微量有机新污染物 强制要求选取 9 类指示性微量有机新污染物或 1，4-二噁烷作为处理效率的指示指标，去除率为 0.5log(69%)
美国国家 水研究所[c]	目标：保障再生水直接/间接补充饮用水源的水质安全 措施：将污水中检出但未列入饮用水标准的新污染物纳入水质要求 5 种高风险微量有机新污染物：全氟辛酸、全氟辛烷磺酸盐、1，4-二噁烷、乙炔雌二醇、17β-雌二醇 11 种指示性微量有机新污染物：可铁宁、去氧苯巴比妥、苯妥英、氨甲丙二酯、阿替洛尔、卡马西平、雌酮、磷酸三氯乙酯、避蚊胺、三氯生 建议将高风险微量有机新污染物和指示性微量有机新污染物纳入再生水补充饮用水源的水质标准
瑞士[d]	目标：降低水环境微量有机新污染物负荷，保护下游水生态与饮用水源安全 措施：2016～2040 年对 130 座城市污水处理厂进行臭氧氧化或活性炭吸附深度处理升级 8 种较易处理微量有机新污染物：阿米舒必利、卡马西平、西酞普兰、克拉霉素、二氯芬酸、双氢克尿噻、美托洛尔、万拉法新 4 种较难处理微量有机新污染物：苯并三唑、甲基苯并三唑、坎地沙坦、厄贝沙坦 强制要求选取 4 种较易和 2 种较难处理微量有机新污染物，去除率为 80%
中国	目标：保障地下水回灌再生水水质安全 措施：列出 34 种微量有机新污染物选择性控制项目清单及控制限值 34 种微量有机新污染物选择控制项目：苯并[*a*]芘、苯胺、丙烯腈、邻苯二甲酸二丁酯、邻苯二甲酸二(2-乙基己基)酯、醛类 3 种、卤代烷烃 4 种、含磷/氯农药 9 种、苯和烷基苯类 4 种、氯苯类 3 种、硝基苯类 3 种、氯酚类 3 种 根据回灌水源水质检测结果，从选择性控制项目中筛选出监控微量有机新污染物种类，并每半年检测 1 次

a. Australian guidelines for water recycling: managing health and environmental risks phase 2-augmentation of drinking water supplies [S]. Canberra: Natural Resource Management Ministerial Council, Environment Protection and Heritage Council, National Health and Medical Research Council, 2008.

b. Regulations related to recycled water [S]. Sacramento: US California State Water Resources Control Board, 2018.

c. Examining the Criteria for Direct Potable Reuse [M]. Washington DC: US National Water Research Institute, 2013.

d. Elimination des micropolluants dans les STEP [S]. Bern: Swiss Office Fédérale de l'Environnement, 2014.

13.4.2 优先控制微量有机污染物筛选方法

优先控制微量有机污染物的筛选主要包括 5 个步骤:①方案制定;②数据获取;③综合评价;④风险排序;⑤清单验证。

1. 方案制定

(1) 明确筛选目的。开展优先控制微量有机污染物筛选前,实施者应与风险管控主体和利益相关方进行充分的沟通,明确目标监测、风险管控所需要关注的实际问题。

(2) 确定数据获取方法。根据筛选目的,采用文献调研、实地检测等方法获取所需数据资料。筛选时应充分利用现有数据资料,必要时开展实验研究和现场调查。

(3) 明确筛选思路与方法。明确暴露评价、生物效应评价及优先序评价的方法、技术路线、质量控制和质量保证措施。

(4) 确定验证方案。实施者应充分征求风险管理者和利益相关方的意见,经专家论证后确定验证方案,主要评价所筛选的优控污染物在当地的排放源、检出率、监测条件等,以及进行控制成本与效益分析。

2. 数据获取

(1) 数据类型。数据类型包括水中微量有机污染物名称、CAS 号、理化性质、再生水中的检出浓度、检出频率、再生处理过程中的去除率、分析方法及水环境高风险污染物的名称、理化性质、生物毒性数据等。

(2) 数据收集。应制定详细的文献检索策略,全面、系统地收集国内外政府部门或国际组织发布的危害识别或风险评估报告、国内外毒性数据库毒性数据、公开发表的文献以及毒性试验数据等。对于收集到的文献或试验数据,删除重复数据,剔除无关数据,建立数据库,并详细记录文献或试验数据筛选的过程。

(3) 数据质量评价。制定数据质量评价方案,从研究设计、实施过程、质量控制、数据分析、研究结果等方面,评估每一项文献或试验数据的可靠性,并根据评价结果,将文献或试验数据的可靠性划分为高、中、低或无可用信息。对于无可用信息和相关性差的文献或试验数据予以剔除,并记录文献或试验数据质量评价的过程。

3. 综合评价

评价内容主要包括暴露评价和生物效应评价。首先对污染物的暴露水平进行分析,确定其在水中检出率及浓度范围,形成数据集 D_1;同时对水环境高风险污染物的生物效应进行分析，验证其具有高风险或因其他特殊性质而值得高关注，形成数据集 D_2；综合上述评价结果，析出同时存在于两个数据集中，即在水中被检出的高风险污染物，并形成数据集 D_3。

(1) 暴露评价。暴露评价一般按照如下步骤进行，即：①确定再生水中污染物浓度及检出率；②确定污染物暴露场景、途径和方式，基于暴露场景的条件和假说，建立暴露模型；③确定污染物的生物富集性、挥发性等理化性质。

(2) 生物效应评价。生物效应评价一般按照如下步骤进行，即：①确定再生水回用途径、暴露对象；②确定污染物的剂量-效应数据，包括水生生物急性毒性、哺乳动物急性毒性、哺乳动物慢性毒性、内分泌干扰效应、致癌效应、致畸效应及致突变效应等；③建立定量或半定量风险评价模型，用以评价污染物彼此的相对风险大小。

4. 风险排序

优先控制污染物的风险排序方法如图 13.17 所示。风险排序系统考虑检出浓度、检出频率、生物降解性、生物积累性、亨利常数等暴露参数，以及水生生物急性毒性、哺乳动物急性毒性、哺乳动物慢性毒性、内分泌干扰效应、致癌效应、致畸效应及致突变效应等效应参数。

由于上述参数具有不同的量纲和数据分布特征，为保证各参数的可比较性以及计算的统一性，首先对数据分级赋值。此外，为强调不同参数对最终风险的贡献大小，对各参数进行了权重设定。需要说明的是，对数据分级赋值及权重设定的目的是区分目标污染物的相对风险大小，不作为绝对定量考虑。风险得分的计算公式如下：

$$A=(A1+A2)\times 0.5+A3+A4+A5$$

$$B=B1+B2+B3+(B4+B5+B6+B7)\times 1.5$$

$$R=A\times B$$

式中，各符号意义如图 13.17 所示。

5. 清单验证

清单的验证内容如下：

(1) 建立的污染物数据集（D_1 和 D_2）所含条目是否可被充分证明可靠；

(2) 建立的水中高风险污染物数据集 D_3 所含条目是否符合我国现状；

(3) 对于清单中的任何一种污染物，监测条件是否成熟；

(4) 对于清单中的任何一种污染物，毒理学资料是否能充分证明其高风险。

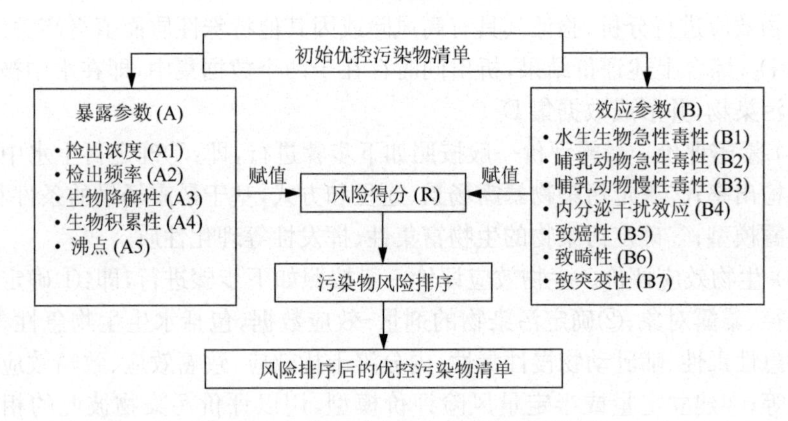

图 13.17 水中优先控制污染物风险排序

13.4.3 优先控制微量有机污染物研究案例

1. 污水中需要优先控制的雌激素活性物质

孙艳等(2010)研究了我国城市污水厂二级出水中 7 种雌激素活性物质的生态风险排序，数据的时间范围为 2003～2008 年。7 种雌激素活性物质的生态风险比较如图 13.18 所示。

从图 13.18 可以看出，乙炔雌二醇(EE2)，雌酮(E1)和雌三醇(E3)的风险商均大于 1，说明这 3 种物质具有较高的生态风险。EE2 风险商值最高，且范围广(10^1～10^5)，明显高于其他物质，因此必须优先控制。与其类似的物质还有 E1 和 E3，应被列入高生态风险物质。

双酚 A(BPA)和壬基酚(NP)的风险商值较类固醇物质小，但大于 1 的比例为 30％～50％，说明该物质具有一定的生态风险，需要给予关注。

邻苯二甲酸二丁酯(DBP)的风险商累积频率 90％小于 1，雌二醇(E2)的风险商均处于 1 以下，因此这 2 种物质的生态风险最小。

2. 再生水中的优先控制有机污染物筛选

魏东斌和王飞鹏(2021)研究了我国再生水中优先控制微量有机污染物及其风险排序，数据的时间范围为 1990～2019 年(表 13.10)。在筛选出的 52 种优控有机污染物中，多环芳烃整体排名靠前。Top 10 优先控制污染物中，多环芳烃占 7 种，其他 3 种物质包括两种农药(狄氏剂和毒死蜱)和 1 种雌激素(EE2)。

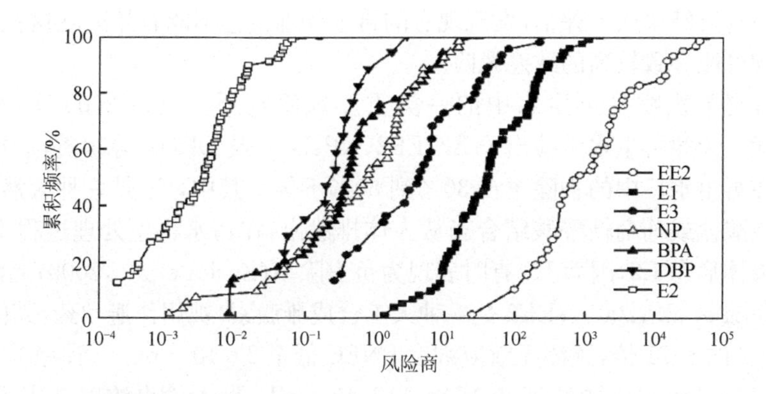

图 13.18　城市污水处理厂出水中 e-EDCs 的生态风险比较

表 13.10　我国再生水优先控制污染物及其风险排序

排名	污染物	排名	污染物	排名	污染物
1	苯并[*a*]芘	19	磺胺甲噁唑	37	乙苯
2	荧蒽	20	五氯酚	38	间二甲苯
3	蒽	21	DBP	39	四氯乙烯
4	苯并[*k*]荧蒽	22	双氯芬酸	40	1,1,2-三氯乙烷
5	苯并[*a*]蒽	23	萘	41	邻二甲苯
6	苯并[*b*]荧蒽	24	阿特拉津	42	酞酸二乙酯
7	狄氏剂	25	布洛芬	43	甲苯
8	苯并[*ghi*]苝	26	环丙沙星	44	三氯乙烯
9	炔雌醇	27	红霉素	45	氯苯
10	毒死蜱	28	克拉霉素	46	苯
11	茚并[1,2,3-*cd*]芘	29	1,4-二氯苯	47	酞酸二甲酯
12	雌二醇	30	1,2,4-三氯苯	48	苯乙烯
13	七氯	31	4-硝基苯酚	49	二氯甲烷
14	壬基酚	32	苯酚	50	1,2-二氯乙烷
15	䓛	33	1,2-二氯苯	51	氯仿
16	甲氧苄啶	34	邻二甲苯	52	甲醛
17	DEHP	35	敌敌畏		
18	三氯生	36	四氯化碳		

多环芳烃由于具有显著的三致效应，受到普遍重视(Han et al.，2019；Meng et al.，2019)。Deng 等(2018)对南京某再生水厂水样中的多环芳烃及邻苯二甲酸酯

等污染物进行健康风险评估，发现现有的再生处理工艺不能有效削减这些物质，残留污染物可能导致较高的致癌风险。

内分泌干扰物是再生水中的一类重要风险物质。早在 2005 年，Wang 等(2005)就在天津再生水中检出了 E2、EE2、NP、DBP 及 DEHP 等物质，这些内分泌干扰物在再生水厂中的去除率在 30%到 80%不等。其中，E2 是一种天然雌激素，主要以硫酸盐或葡萄糖醛酸结合态从人体排泄出，在污水再生处理过程中可重新转化为母体形态 E2，因而 E2 有时表现为负去除率(Zorita et al.，2009；周海东 等，2009；Wang et al.，2005)；EE2 是一种人工合成雌激素，被用作避孕药，其内分泌效应约为 E2 的 8.71 倍，预测无效应浓度 PNEC 低至 2×10^{-3} ng/L(孙艳 等，2010)，而其在我国再生水中的浓度在 ND～112.40 ng/L，最大检出浓度高出 PNEC 近 50000 倍(周海东 等，2009)，亟须对其排放进行控制。实际上，清单中的其他一些物质也具有内分泌干扰效应，如酚类、农药等。

药物和个人护理品中包括抗生素、非甾体消炎药和杀菌/消毒剂。抗生素是最普遍使用的药品，特别是在我国，抗生素的消费量远超其他国家(Zheng et al.，2012)。人体服用的抗生素绝大部分未被有效利用直接排出体外，污水处理厂对这些污染物的去除效率并不高，导致最终在再生水中残留。相比抗生素本身的毒性，其可能导致的耐药菌及抗性基因的增加更让人担忧(Lu et al.，2020；Liu et al.，2019；Mirzaei et al.，2019)。Chen 等(2016)研究了再生水中的几种抗生素在地下水回灌中的生态健康风险，并建议将抗生素纳入优先控制污染物。三氯生是一种多功能杀菌剂，广泛用于个人护理品中。我国再生水中的三氯生浓度在范围为 ND～50 ng/L(Wang et al.，2018)，而其 PNEC 仅有 4.7 ng/L(Ohe et al.，2012)，因此有理由优先控制再生水中的三氯生浓度。

由于 VOCs 通常源于工业排放，我国对其关注较早(周文敏 等，1991)，尽管如此，这些污染物在再生水中仍有残留，其生态健康风险不容忽视。Niu 等(2014)对我国再生水中几种 VOCs 的致癌风险及非致癌风险进行了评估，虽然评估结果表明再生水冲厕回用过程中，人类因呼吸暴露而产生的健康风险较低，但个别污染物的风险仍高于可接受水平。

13.5 水中微量有机污染物控制标准及其研究方法

13.5.1 水中微量有机污染物控制标准

与化学需氧量和氨氮等常规污染物不同，微量有机污染物具有浓度低、处理难度大等特点，尚没有明确的排放标准。世界卫生组织、欧盟、美国、澳大利亚等组织和国家相继提出了污水中微量有机污染物控制思路、控制技术和工艺指南等，但仍未制定明确的微量有机污染物控制标准(European Commission，2016；U.S. National Water Research Institute,2016)。

值得注意的是,瑞士于 2016 年开始在 130 余座城市污水厂进行臭氧氧化或活性炭吸附深度处理,以去除城市污水中 80%的微量有机污染物,是率先且唯一开展污水中微量有机污染物深度处理的国家(王文龙 等,2021a)。

我国在《城市污水再生利用　地下水回灌水质》(GB/T 19772—2005)标准和《城镇污水再生利用指南(试行)》(2012)等指南中,将农药、甲苯类和邻苯二甲酸酯类等微量有机污染物列为选择性控制指标,但未涉及抗生素、雌激素内分泌干扰物等污染物。

13.5.2　水中微量有机污染物控制标准确定难题

微量有机污染物排放限值的制定主要面临有微量有机污染物定性定量检测困难、控制目标确定困难、选择性控制技术开发和应用困难、处理工艺调控困难等问题(王文龙 等,2021b)。

(1) 微量有机污染物定性和定量检测难题。化学分析仪器与技术快速发展,使得微量有机污染物可以在复杂水质条件被越来越精准地检出,但由于微量有机污染物种类多、性质差异大、浓度低等原因,仍然面临可检测性差、化学结构定性困难、浓度定量误差大等挑战。

(2) 优先控制微量有机污染物和浓度限值确定难题。微量有机污染物控制需明确优先控制化学物质和浓度限值,但定性和定量难题、生物毒理数据库信息不足等导致优先控制微量有机污染物和浓度限值确定困难。

(3) 处理技术开发和运行难题。膜分离、物理吸附、化学氧化等处理技术不能选择性去除微量有机污染物。在复杂水质条件下,深度处理技术面临处理效率低、运行稳定性弱、有毒有害副产物生成多、处理费用高等难题。

(4) 工艺调控和运行管理难题。工艺调控的目的是在水质水量波动条件下,保障城市污水再生处理中微量有机污染物去除要求,降低运行能耗,提升再生水的安全性和用户心理接受度。目前工艺调控和运行管理面临两个重要难题:由于微量有机污染物浓度检测的时间滞后性和不确定性,基于微量有机污染物浓度的监测、反馈、调控难以实施;基于微量有机污染物指示性指标和替代性指标的准确性、指示模型缺乏。

13.5.3　水中微量有机污染物控制标准制定思路

由于微量有机污染物的浓度检测、风险评价和阈值确定等面临的难题,基于微量有机污染物浓度限值的控制标准研制和实施难度大,转变浓度限值的传统思路,制定污水再生处理的微量有机污染物去除能力标准和技术标准等十分重要。

1. 去除能力标准

去除能力标准是指，基于有害因子初始浓度及风险阈值，制定有害因子的去除效率要求。美国环境保护署在水回用指南中率先提出了病原（指示）微生物风险控制去除能力标准的概念，并对不同用途再生水规定了肠道病毒、隐孢子虫、贾地鞭毛虫、总大肠菌群的对数去除率为9～12。

去除能力标准也被逐渐用于微量有机污染物深度处理，如瑞士规定臭氧和活性炭对城市污水厂二级出水中的微量有机污染物去除效率须大于80%，美国加利福尼亚州规定紫外线/过氧化氢对反渗透出水中的1,4-二噁烷或典型有机污染物的去除率须大于69%。

2. 去除技术标准

技术标准是指，为满足去除能力标准时，各技术单元所需要达到的操作条件，如臭氧投加量、紫外线剂量、活性炭吸附水力时间、反渗透膜压力等。

技术标准已应用于再生水消毒领域，例如《城镇污水再生利用指南（试行）》规定余氯为每日监测项目；《城市污水再生利用　景观环境用水水质》规定娱乐用水的余氯为0.05～0.1 mg/L。美国加利福尼亚州规定了再生水补充饮用水源时消毒处理所需要的氯接触时间（CT值450 min·mg/L）、臭氧接触时间（CT 1 min·mg/L）或紫外线剂量（50～100 mJ/cm^2），佛罗里达州也为不同的消毒目标制定了氯触时间（CT值25～120 min·mg/L）（U. S. National Water Research Institute, 2016）。

目前，还没有发布以去除微量有机污染物为目标的污水再生处理技术标准。但已有研究开始关注以微量有机污染物去除效率为目标时，在不同水质波动下的操作参数，如臭氧投加量、紫外线剂量和过氧化氢投加量等。

制定微量有机污染物处理技术标准的关键一是掌握操作条件与微量有机污染物去除效率的关联关系、水质波动下操作条件的调控方法；另一方面是合理分配工艺流程中各技术单元的负荷，保证各单元以合理的运行能耗或成本达到技术标准。

参 考 文 献

安谱. 2010. 固相萃取手册. http://www.anpel.com.cn/Chi/TechnologyView.aspx? TechID=105&TechName=固相萃取%20>%20固相萃取手册. 34，39.

陈小华，汪群杰. 2010. 固相萃取技术与应用. 北京：科学出版社.

冯玉红. 2008. 现代仪器分析实用教程. 北京：北京大学出版社.

国家环境保护总局，《水和废水监测分析方法》编委会. 2002. 水和废水监测分析方法. 第4版. 北京：中国环境科学出版社.

刘虎威. 2007. 气相色谱方法及应用. 北京：化学工业出版社.

穆乃强. 1985. 气相色谱顶空分析. 分析化学，13(3)：187～191.

盛龙生，苏焕华，郭丹滨. 2006. 色谱质谱联用技术. 北京：化学工业出版社.

孙凤霞. 2004. 仪器分析. 北京：化学工业出版社.

孙艳，黄璜，胡洪营，等. 2010. 污水处理厂出水中雌激素活性物质浓度与生态风险水平. 环境科学研究，23：1488～1493.

田杰. 2006. 城市污水氯化消毒副产物产生规律研究. 北京：清华大学硕士学位论文.

王文龙，吴乾元，杜烨，等. 2021a. 城市污水中新兴微量有机污染物控制目标与再生处理技术. 环境科学研究，34(7)：1672～1678.

王文龙，吴乾元，杜烨，等. 2021b. 城市污水再生处理中微量有机污染物控制的关键难题与解决思路. 环境科学，42(6)：2573～2582.

魏东斌，王飞鹏. 2021. 再生水优控有机污染物清单.

张月琴，吴淑琪. 2003. 水中有机污染物前处理方法进展. 分析测试学报，22(3)：106～109.

周海东，王晓琳，高密军，等. 2009. 北京污水厂进、出水中内分泌干扰物的分布. 中国给水排水，25：75～78.

周文敏，傅德黔，孙宗光. 1991. 中国水中优先控制污染物黑名单的确定. 环境科学研究：9～12.

APHA，AWWA，WEF. 2012. Standard Methods for the Examination of Water and Wastewater (22nd ed). Washington DC，USA.

Charrois J W A，Arend M W，Froese K L，et al. 2004. Detecting *N*-nitrosamines in drinking water at nanogram per liter levels using ammonia positive chemical ionization. Environmental Science & Technology，38(18)：4835～4841.

Chen G，Liu X，Tartakevosky D，et al. 2016. Risk assessment of three fluoroquinolone antibiotics in the groundwater recharge system. Ecotoxicology and Environmental Safety，133：18～24.

Deng Y，Bonilla M，Ren H，et al. 2018. Health risk assessment of reclaimed wastewater：A case study of a conventional water reclamation plant in Nanjing，China. Environment International，112：235～242.

European Commission. 2016. EU Water Directors Guidelines on integrating water reuse into water planning and management in the context of the WFD. Amsterdam.

Han J，Liang Y，Zhao B，et al. 2019. Polycyclic aromatic hydrocarbon (PAHs) geographical distribution in China and their source，risk assessment analysis. Environmental Pollution，251：312～327.

Lee H B，Peart T E，Svoboda M L. 2007. Determination of ofloxacin，norfloxacin，and ciprofloxacin in sewage by selective solid-phase extraction，liquid chromatography with fluorescence detection，and liquid chromatography-tandem mass. Journal of Chromatography A，1139(1)：45～52.

Liu X，Zhang G，Liu Y，et al. 2019. Occurrence and fate of antibiotics and antibiotic resistance genes in typical urban water of Beijing，China. Environmental Pollution，246：163～173.

Lu J，Zhang Y，Wu J，et al. 2020. Fate of antibiotic resistance genes in reclaimed waterreuse system with integrated membrane process. Journal of Hazardous Materials，382：121025.

Meng Y，Liu X，Lu S，et al. 2019. A review on occurrence and risk of polycyclic aromatic hydrocarbons (PAHs) in lakes of China. Science of the Total Environment，651：2497～2506.

Mirzaei R，Mesdaghinia A，Hoseini S S，et al. 2019. Antibiotics in urban wastewater and rivers of Tehran，Iran：Consumption，mass load，occurrence，and ecological risk. Chemosphere，221：55～66.

Nikolaou A D，Golfinopoulos S K. 2002. Determination of haloacetic acids in water by acidic methanol esterification-GC/ECD method. Water Research，36(4)：1089～1094.

Nikolaou A D, Golfinopoulos S K. 2005. Optimization of analytical methods for the determination of DBPs: Application to drinking waters from Greece and Italy. Desalination, 176(1～3): 25～36.

Niu Z-G, Zang X, Zhang J-G. 2014. Health risk assessment of exposure to organic matter from the use of reclaimed water in toilets. Environmental science and pollution research international, 21: 6687～6695.

Ohe P C v d, Schmitt-Jansen M, Slobodnik J, et al. 2012. Triclosan—The forgotten priority substance? . Environmental Science and Pollution Research International, 19: 585～591.

Sui Q, Huang J, Deng S B, et al. 2009. Rapid determination of pharmaceuticals from multiple therapeutic classes in wastewater by solid-phase extraction and ultra-performance liquid chromatography tandem mass spectrometry. Chinese Science Bulletin, 54(24): 4633～4643.

US CSWRCB. 2018. Monitoring Strategies for Chemicals of Emerging Concern (CECs) in Recycled Water. Sacramento: US California State Water Resources Control Board.

U. S. National Water Research Institute. 2016. US NWRI Potable reuse 101—An innovative and sustainable water supply solution. Washington D. C.

Wang Y, Hu W, Cao Z, et al. 2005. Occurrence of endocrine-disrupting compounds in reclaimed water from Tianjin, China. Analytical and Bioanalytical Chemistry, 383: 857～863.

Zheng Q, Zhang R, Wang Y, et al. 2012. Occurrence and distribution of antibiotics in the Beibu Gulf, China: impacts of river discharge and aquaculture activities. Marine Environmental Research, 78: 26～33.

Zorita S, Mårtensson L, Mathiasson L. 2009. Occurrence and removal of pharmaceuticals in a municipal sewage treatment system in the south of Sweden. Science of the Total Environment, 407: 2760～2770.

第 14 章　典型新污染物及其研究方法

14.1　新 污 染 物

14.1.1　新污染物的定义与主要种类

1. 新污染物定义

根据国务院办公厅印发的《新污染物治理行动方案》(国务院办公厅,2022),新污染物是指排入环境中的对生态环境或人体健康存在较大风险,但尚未纳入环境管理或难以被现有管理措施控制的污染物。与化学需氧量和氨氮等常规污染物的区别在于,新污染物尚未纳入环境管理措施或不能被现有管理措施有效控制,从监管角度而言较“新”。新污染物主要来源于有毒有害化学物质的生产和使用。新污染物的风险主要体现在生物毒性、环境持久性、生物累积性等方面。

2. 新污染物的种类

国内外广泛关注的新污染物主要有持久性有机污染物、内分泌干扰物、抗生素、微塑料和新型病原微生物等。持久性有机污染物中受到广泛关注的主要为《关于持久性有机污染物的斯德哥尔摩公约》规定的氯代农药、二噁英、全氟化合物等。内分泌干扰物中受到广泛关注的主要为雌激素类、雄激素类、类固醇抑制剂、甲状腺干扰物和酚类污染物等。抗生素中受到广泛关注的主要为喹诺酮类、四环素类、磺胺类等广谱性抗生物。

微塑料主要指粒径小于 5 mm 的塑料颗粒或片段,主要来源于塑料制品的使用和废弃物。微塑料中受到广泛关注的包括聚乙烯、聚丙烯、聚氯乙烯、聚苯乙烯、聚酯等污染物,它们以纤维、碎片、颗粒等不同形态存在于环境中。水中新型病原微生物是指通过介水传播引起人类健康问题,但未纳入环境管理的病原体,包括细菌、病毒、寄生虫等。常见的水中新型病原微生物包括沙门氏菌、腺病毒、凯氏肺囊虫、厚壁菌属等。

生态环境部联合工业和信息化部等,自 2023 年 3 月 1 日起实施《重点管控新污染物清单(2023 年版)》,将全氟化合物、抗生素、壬基酚、消毒副产物等 14 个大类新污染物列入重点管控范围,被实施禁止、限制、限排等环境风险管控措施(生态

环境部 等，2023)。

14.1.2 新污染物的特点

与常规污染物相比,新污染物具有种类繁多、危害严重、风险隐蔽、环境持久、来源广泛、治理复杂等突出特点(生态环境部,《2022年政府工作报告》解读)。

1. 种类繁多

新污染物种类繁多,目前全球关注的新污染物超过20大类,每一类又包含数十或上百种化学物质。随着对化学物质环境和健康危害认识的不断深入以及环境监测技术的不断发展,可被识别出的新污染物还会持续增加,因此,联合国环境署对新污染物采用了“Emerging pollutants”这个词,体现了新污染物将会不断新增的特点。

2. 危害严重

新污染物多具有器官毒性、神经毒性、生殖和发育毒性、免疫毒性、内分泌干扰效应、致癌性、致畸性等多种生物毒性,其生产和使用往往与人类生活息息相关,对生态环境和人体健康很容易造成严重影响。

3. 风险隐蔽

新污染物通常是微量浓度,其监测和检测较为困难,需要采用先进的技术手段和设备进行分析和检测。多数新污染物的短期危害不明显,但即使在低浓度条件下,其长期暴露可能导致较大的环境风险或健康风险。新污染物在使用的初始阶段可能并未被认定为有害物质,但其危害性一旦被发现时,已经通过各种途径进入环境介质中。

4. 环境持久

新污染物多具有环境持久性和生物累积性,可长期蓄积在环境中和生物体内,并沿食物链富集,或者随着空气、水流长距离迁移。

5. 来源广泛

我国现有化学物质约4.5万余种,每年还新增上千种新化学物质,这些化学物质在生产、加工使用、消费和废弃处置的全过程都可能存在环境排放,还可能来源于无意产生的污染物或降解产物。

6. 治理复杂

对于具有持久性和生物累积性的新污染物，即使达标排放，以低剂量排放进入环境，也将在生物体内不断累积并随食物链逐渐富集，进而危害环境生物和人体健康。因此，以达标排放为主要手段的常规污染物治理，无法实现对新污染物的全过程环境风险管控。此外，新污染物涉及行业众多，产业链长，替代品和替代技术不易研发，需多部门跨界协同治理。

14.1.3　新污染物控制策略

新污染物浓度低，但风险大、处理难，且种类不断增加。基于常规污染物的浓度监测与分析、达标排放治理等难以实现水环境新污染物及风险控制。水中新污染物控制应突出精准、科学和规范。根据生态环境部发布的《新污染物治理行动方案》解读，新污染物控制的主要策略包括新污染物环境筛查、环境风险评价与优先控制新污染物确定、制定规范全过程管控措施，包括对生产使用的源头禁限、过程减排、末端治理。

1. 新污染物快速筛查

新污染物环境筛查的主要目标是从复杂的环境中快速筛查和鉴定新污染物，以确定它们是否存在并评估其对环境和人类健康的潜在风险。基于化学标准品的新污染物化学分析方法已不能满足不断增加的新污染物检测和控制需求。随着现代分析化仪器和高分辨率质谱非靶向分析技术快速发展，非靶向分析可在缺乏新污染物标准品条件下，筛查水中已知新污染物污染情况。

2. 新污染物风险评价

新污染物种类繁多，筛选烦琐。因此，基于污水排放或再生水利用特征、微量有机污染物浓度和生物风险(健康或生态风险)，筛选出典型的优先控制新污染物，以满足特定水质要求或水质检测，如图 14.1 所示。值得注意的是，优先控制微量有机污染物种类常常被分为高风险微量有机污染物和指示性微量有机污染物。

3. 新污染物控制与处理

新污染物控制应该从生产源头、使用过程和末端排放全过程开展管理。

(1) 生产源头控制是指，通过禁止或限制新污染物生产、使用和进出口，具体措施包括：鼓励和推广清洁生产技术和清洁能源；限制危险废物和有毒物质的使用和产生；建立和完善环境保护审批制度，对产生高风险新污染物企业进行严格审批。

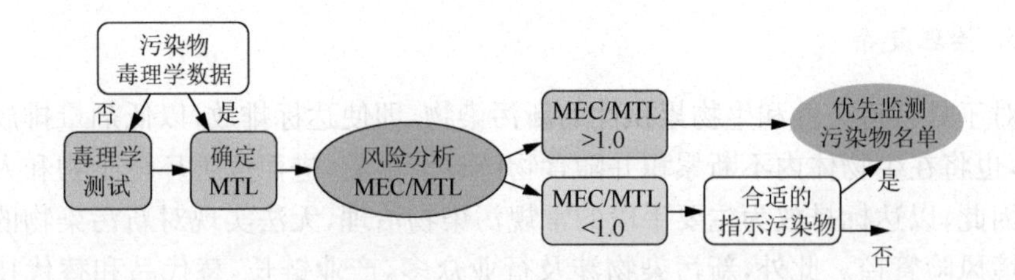

图 14.1 优先控制新污染物的确定方法（U. S. CSWRC，2018）

MEC：实际环境检测浓度（measured environmental concentration）；
MTL：警报浓度限值（monitoring triggering limitation）

（2）新污染物使用过程减排是指，通过技术手段和管理措施来减少新污染物的排放，具体措施包括：加强新污染物监测和数据管理，掌握新污染物排放的情况和趋势；鼓励和支持企业采用先进的减排技术和管理手段；严格落实新污染物排放许可证制度；加强对环保设施运行情况的监督和管理，确保设施正常运行，减少故障和事故发生。

（3）新污染物末端排放措施是指，新污染物排放出来后采取的处理措施，具体措施包括：采用生物降解、化学处理、物理处理等技术手段对新污染物进行处理和转化；推广循环经济，实现废弃物的资源化利用；加强对新污染物排放口和场地的监管和管理，确保治理效果和长期效益；制定和完善应急预案和处置措施，及时应对和处理环境突发事件。

14.1.4 优先控制的新污染物

1. 高风险新污染物

高风险微量有机新污染物具有较高的生物风险，其确定包含 3 个主要步骤：整理微量有机新污染物的毒理学特性，确定警报浓度限值；整理污水、再生水和水环境中跨时间、跨区域的新污染物浓度，利用统计学方法确定微量有机新污染物的环境检出浓度；通过暴露评价分析，确定微量有机新污染物的风险商。风险商大于 1 的新污染物被列入高风险新污染物优先控制目录。

美国加利福尼亚州水资源管理局的专家顾问组广泛收集了不同国家和机构的毒理学数据库（如 US EPA Integrated Risk Information System，EU Existing Chemical Risk Assessment Reports 等）、微量有机新污染物浓度数据，提出了苯甲酸、咖啡因、卡马西平等 484 种高风险微量有机新污染物（参见第 13 章表 13.9）（U. S. EPA，2017）。

类似地，美国国家水研究所建议，再生水直接补充饮用水源的水质标准应包括全氟辛酸、全氟辛烷磺酰基化合物、1，4-二噁烷、17α-乙炔雌二醇、17β-雌二醇等 5 种高风险新污染物；澳大利亚在再生水补充饮用水源指南中将 4-硝基酚、阿莫西林、二氯芬酸等 194 种具有潜在健康风险的新污染物种类列为候选污染清单(U. S. NWRI，2013)。

我国在《城市污水再生利用　地下水回灌水质》标准中，将甲醛、甲苯类、氯酚类等 34 种有毒有害新污染物列入选择性监控项目。具体应用时，根据回灌水源水质检测结果，从选择性控制项目中筛选出监控新污染物种类，并每半年检测 1 次(参见第 13 章表 13. 9)。但是，该标准中，尚未将全氟化合物、抗生物、雌激素内分泌干扰物等微量有机新污染物列入监控项目，相关指南、标准有待完善(质量监督检验检疫总局 等，2005)

然而，WHO 再生水补充饮用水源指南、欧盟水管理框架指令指出，微量有机新污染物的环境行为、健康和生态毒理学数据还不够健全，确定优先控制微量有机新污染物的依据还不够完善，未给出优先控制微量有机新污染物种类、候选清单。

2. *指示性新污染物*

指示性新污染物的生物风险低于高风险新污染物，但在水中检出频率较大、检出浓度较高、检测方法成熟稳定，并且其去除率对工艺运行状态敏感。当处理工艺处于较优的运行状态时，指示性新污染物的去除率较高；反之，指示性微量有机新污染物的去除率较低。

瑞士是首个实施污水微量有机新污染物去除的国家，但仅强制性规定了指示性微量有机新污染物去除率须大于 80%。根据微量有机新污染物的处理难易程度、检出的普遍性，瑞士提出了 8 种较易处理和 4 种较难处理微量有机新污染物作为指示性物质(参见第 13 章表 13. 9)，并要求各城市污水厂根据实际情况，选取其中 6 种微量有机新污染物(4 种较易和 2 种较难处理微量有机新污染物)指示深度处理效率、运行状况(Sousa et al. ，2018)。

美国国家水研究所指出，直接补充饮用水源水在满足饮用水水质标准的同时，其处理过程中还应监控卡马西平、三氯生等 11 种新污染物作为指示性指标。但实际操作中，美国加州再生水方案中仅规定了 1，4-二噁烷作为再生水回灌地下饮用水源、补充地表饮用水源的指示性新污染物，同时要求污水处理厂和运行管理部门根据新污染物特征监控其他指示性新污染物，但未给出明确的新污染物候选目录(参加第 13 章表 13. 9)(U. S. NWRI，2013)。

我国在《城市污水再生利用　地下水回灌水质》标准《城镇污水再生利用指南(试行)》中均没有明确规定指示性微量有机新污染物。

14.2 持久性有机污染物

14.2.1 持久性有机污染物类别与危害

持久性有机污染物(persistent organic pollutants,POPs)是指具有长期残留性、生物蓄积性、半挥发性和高毒性,并通过各种环境介质(大气、水、生物体等)能够长距离迁移并对人类健康和环境具有严重危害的天然或人工合成的有机污染物(Wania and Mackay, 1996)。符合上述定义的 POPs 物质有数千种之多,它们通常是具有某些特殊化学结构的同系物或异构体。

2001 年 5 月在瑞典首都斯德哥尔摩通过了联合国环境规划署(UNEP)的国际公约《关于持久性有机污染物的斯德哥尔摩公约》,公约首批控制的 12 种 POPs 是艾氏剂、狄氏剂、异狄氏剂、氯丹、滴滴涕(DDT)、六氯苯(HCB)、灭蚁灵、毒杀芬、七氯、多氯联苯(PCBs)、二噁英和苯并呋喃(PCDD/Fs)。其中前 9 种属于有机氯农药,多氯联苯是精细化工产品,后 2 种是化学产品的衍生物杂质和含氯废物焚烧所产生的次生污染物。

在此之前,1998 年 6 月在丹麦奥尔胡斯召开的泛欧环境部长会议上,美国、加拿大和欧洲 32 个国家正式签署了关于长距离越境空气污染物公约,提出了 16 种(类)加以控制的 POPs,除了 UNEP 提出的 12 种物质之外,还有六溴联苯、林丹(即 99.5%的 γ-六六六制剂)、多环芳烃和五氯酚(余刚 等,2001)。

2013 年 5 月在日内瓦举行《关于持久性有机污染物的斯德哥尔摩公约》第六次缔约方大会,使公约受控的 POPs 增加到 23 种。它们分别是杀虫剂副产物 α-六六六(α-六氯环己烷)、β-六六六(β-六氯环己烷);阻燃剂六溴联苯醚和七溴联苯醚、四溴联苯醚和五溴联苯醚、六溴联苯;农用杀虫剂十氯酮;杀虫剂林丹;五氯苯;全氟辛磺酸、全氟辛磺酸盐和全氟辛基磺酰氟。这使《斯德哥尔摩公约》所列禁止生产和使用的持久性有机污染物增加至 23 种,见表 14.1。

我国是一个农业大国,由于六六六等多种有机氯农药在短时间内对农作物害虫有明显的抑制作用,因此,在 20 世纪 60～80 年代曾大量生产和使用这类农药。同样,我国的工业迅速发展,多氯联苯、多环芳烃等化工产物也成为我国重要的 POPs。

1. 有机氯农药

有机氯农药主要分为以苯为原料和以环戊二烯为原料的两大类,许多有机氯农药属于 POPs。以苯为原料的 POPs 有机氯农药包括使用最早、应用最广的杀虫

表 14.1　斯德哥尔摩公约中禁止生产和使用的 23 种持久性有机污染物的基本信息

物质	CAS No.	分子结构式	用途与来源
艾氏剂(aldrine)	309-00-2	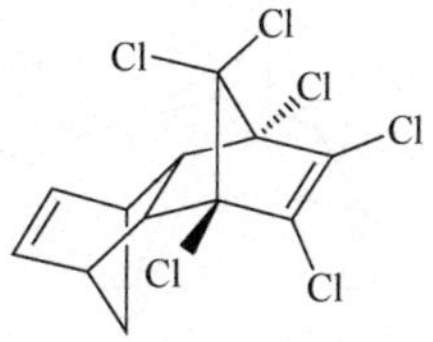	有机氯农药。用于防治地下害虫和某些大田、饲料、蔬菜、果实作物害虫,是一种极为有效的触杀和胃毒剂
狄氏剂(dieldrine)	60-57-1	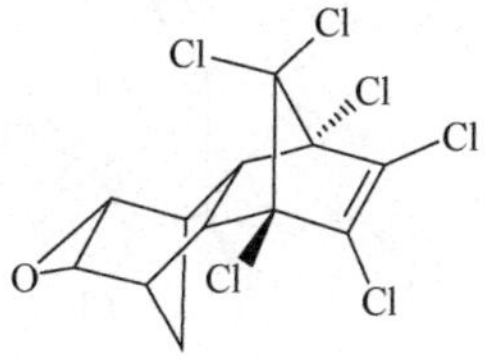	有机氯农药。用于控制白蚁、纺织品类害虫、森林害虫、棉作物害虫和地下害虫,以及防治热带蚊蝇传播疾病
异狄氏剂(endrine)	72-20-8	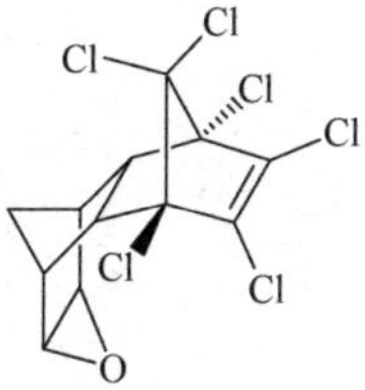	有机氯农药。用于喷洒棉花和谷物等大田作物叶片的特效杀虫剂
氯丹(chlordane)	57-74-9	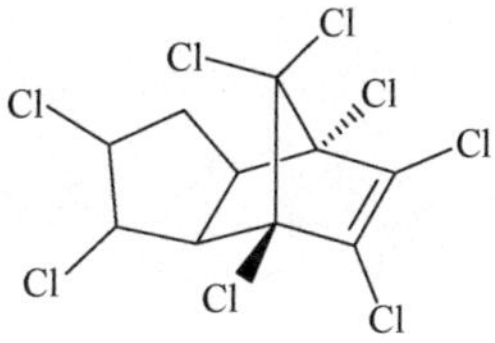	有机氯农药。用于防治高粱、玉米、小麦、大豆及林业苗圃等地下害虫,是一种具有触杀、胃毒及熏蒸作用的广谱杀虫剂。同时因具有杀灭白蚁、火蚁的功效,也用于建筑基础防腐
滴滴涕(DDT)	50-29-3	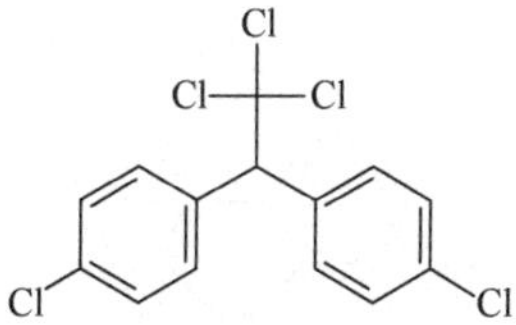	有机氯农药。曾作为防治棉田后期害虫、果树和蔬菜害虫的农业杀虫剂,具有触杀、胃毒作用。目前用于防治蚊蝇传播的疾病
六氯苯(HCB)	118-74-1	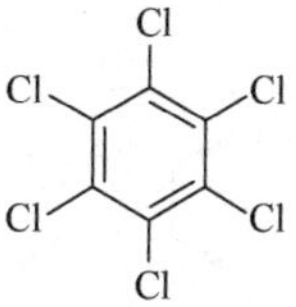	用于种子杀菌、防治麦类黑穗病和土壤消毒,以及有机合成。同时,是某些化工生产中的中间体或副产品
灭蚁灵(mirex)	2385-85-5	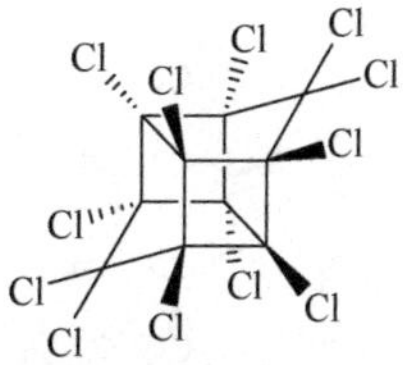	有机氯农药。具有胃毒作用,广泛用于防治白蚁、火蚁等多种蚁

续表

物质	CAS No.	分子结构式	用途与来源
毒杀芬(toxaphene)	8001-35-2	Cl_n, CH_3, CH_3, CH_2	有机氯农药。用于棉花、谷物、坚果、蔬菜、林木以及牲畜体外寄生虫的防治，具有触杀、胃毒作用
七氯(heptachlore)	76-44-8	Cl, Cl, Cl, Cl, Cl, Cl, Cl	有机氯农药。用于防治地下害虫、棉花后期害虫及禾本科作物及牧草害虫，具有杀灭白蚁、火蚁、蝗虫的功效
多氯联苯(PCBs)		3, 2, 2′, 3′, 4, 4′, $(Cl)_n$, 5, 6, 6′, 5′, $(Cl)_n$	一组209种异构体的化学品，用于电力电容器、变压器、胶黏剂、墨汁、油墨、催化剂载体、绝缘电线等，同时也用于天然及合成橡胶的增塑剂，使胶料具有自黏性和互黏性
多氯代二苯 二噁英(PCDDs)		Cl_n, O, O, Cl_m	一组有75种异构体的化学品。在制造氯酚过程中的副产品，一些杀虫剂、除草剂农药中含有二噁英。在固体废物焚烧、汽车排气、煤炭和木材燃烧时也产生二噁英。氯碱和钢铁工业排气与废渣中也含有二噁英
多氯代二苯 苯并呋喃(PCDFs)		Cl_n, O, Cl_n	一组有135种异构体的化学品，其产生过程同二噁英
α-六六六(α-HCH)	319-84-6	Cl, Cl, Cl, Cl, Cl, Cl	生产林丹的副产品
β-六六六(β-HCH)	319-85-7	Cl, Cl, Cl, Cl, Cl, Cl	生产林丹的副产品

续表

物质	CAS No.	分子结构式	用途与来源
六溴联苯醚和七溴联苯醚(hexaBDE、heptaBDE)		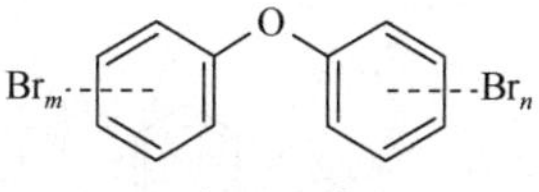 $m+n=6$ 或 7	一组溴化有机物,作为添加阻燃剂
四溴联苯醚和五溴联苯醚(tetraBDE、pentaBDE)		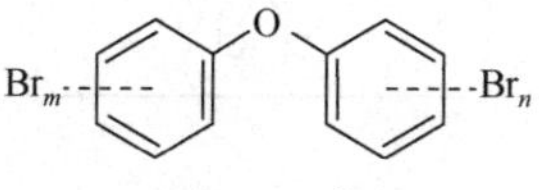 $m+n=4$ 或 5	一组溴化有机物,作为添加阻燃剂
六溴联苯(HBB)		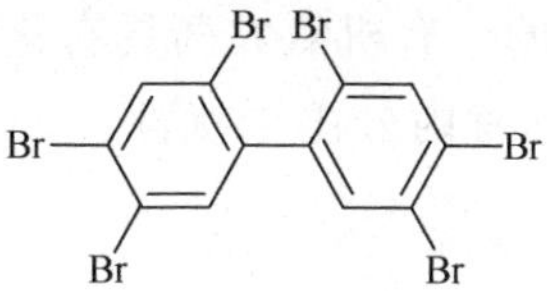	工业化学品,作为阻燃剂
十氯酮(Chlordecone)	143-50-0	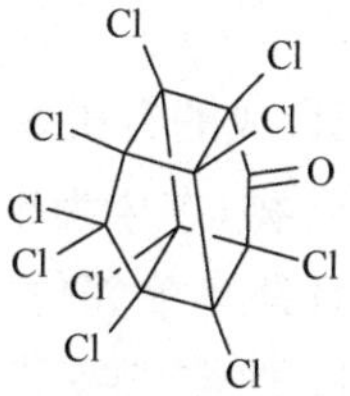	一种并生产物,主要作为农业杀虫剂
林丹(Lindane)	58-89-9	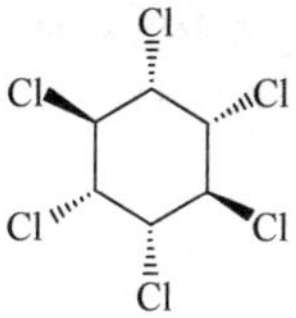	有机氯农药,杀虫剂。主要用途与六氯苯相同
五氯苯(PeCB)	608-93-5	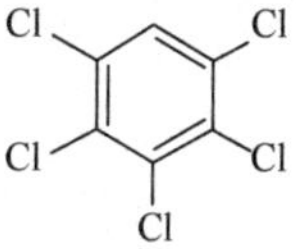	用于 PCBs 产品、染料添加剂、阻燃剂以及化学品中和剂、杀真菌剂。工业生产副产物
全氟辛酸及其盐类和相关化合物(PFOA)		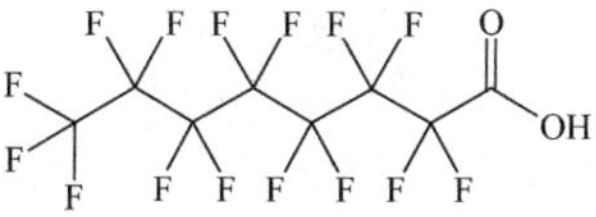	限制使用:对创伤性医疗器械、植入式医疗器械及已安装移动系统和固定系统中含有 PFOA 及其相关化合物消防泡沫的使用
六氯丁二烯	87-68-3	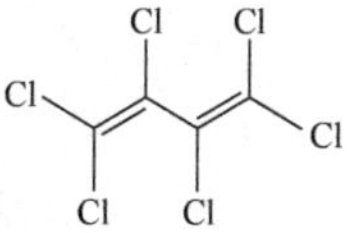	主要用作溶剂、热载体、热交换剂、水力系统用液体、洗液,也用于合成橡胶工业

续表

物质	CAS No.	分子结构式	用途与来源
三氯杀螨醇	115-32-2	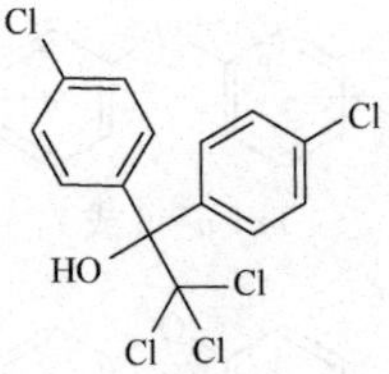 Cl, Cl, HO, Cl, Cl Cl	一种广谱性杀螨剂,广泛用于棉花、果树、茶叶等农作物防治红蜘蛛

剂六六六(包括林丹)、滴滴涕和六氯苯。而作为杀虫剂的七氯、艾氏剂、狄氏剂、异狄氏剂是以环戊二烯为原料的。有机氯农药具有化学性质稳定、环境残留持久性强等特点,部分有机氯农药具有内分泌干扰性,造成雄性生殖系统的发育和功能障碍。

2. 多氯联苯

多氯联苯(PCBs)是一类人工合成的有机氯化物,是苯环上与碳原子连接的氢被氯不同程度取代的联苯系列化合物,迄今为止已人工合成209种这类化合物,其分子结构和物理化学性质接近,但具有单邻位或无邻位氯取代的共平面的PCBs具有类似二噁英结构,毒性大。12种类二噁英PCBs为PCB77、PCB81、PCB105、PCB114、PCB118、PCB123、PCB126、PCB156、PCB157、PCB167、PCB169和PCB189,具体结构如图14.2所示。

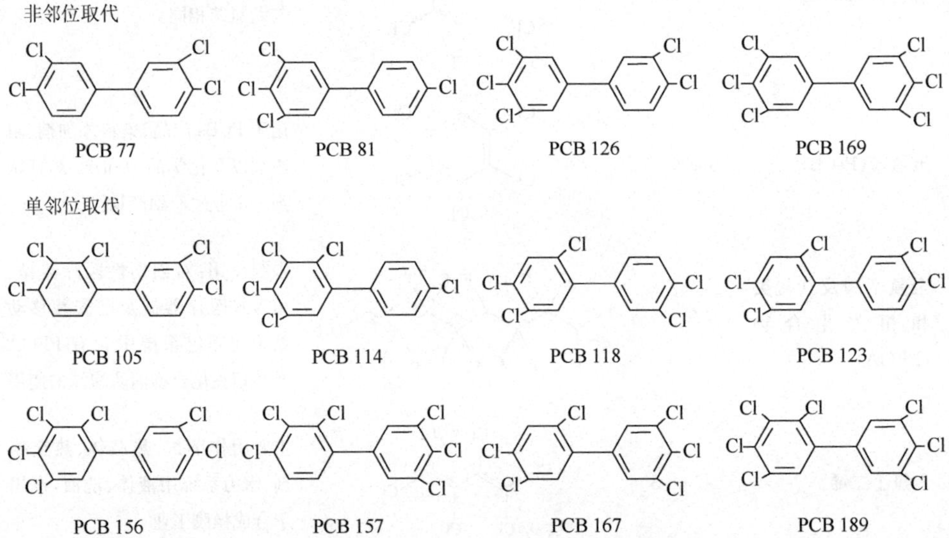

图14.2　12种共平面结构的PCBs

14.2.2　持久性有机污染物水质标准

鉴于有机氯农药的强毒害作用，水质标准对其浓度具有严格限制，表 14.2 列出了一些相关的标准。然而《城镇污水处理厂污染物排放标准》(GB 18918—2002)和城市污水再生利用一系列标准中还没有有机氯农药的限定项目。

表 14.2　水质标准中有机氯农药的限值　(单位：μg/L)

有机氯农药	生活饮用水卫生标准 (GB 5749—2022)	地表水环境质量标准 (GB 3838—2002)	城市供水水质标准 (CJ/T 206—2005)	城镇污水处理厂污染物排放标准 (GB 18918—2002)
六六六	5	—	—	—
林丹	2	2	2	—
滴滴涕	1	1	1	—
七氯	0.4	—	—	—
六氯苯	1	50	1	—

14.2.3　持久性有机污染物检测方法

有机氯农药、多氯联苯等持久性有机物因较易挥发，多采用气相色谱方法进行测试。

1. 有机氯农药

水中有机氯农药浓度多为 ng/L 水平，需要采用液液萃取或固相萃取等方法进行浓缩富集。有机氯农药的液液萃取常采用正己烷作为萃取剂，在中性条件下用 2×50 mL 的正己烷萃取 1L 的水样 2 次，得到的有机萃取液经过无水硫酸钠脱水后，进行旋转蒸发浓缩。将旋转蒸发浓缩后的样品经过硅胶柱吸附后，用丙酮-正己烷洗脱，后使用 GC/MS 或 GC/ECD 检测。有机氯农药固相萃取时，通常采用聚苯乙烯二乙烯基苯、C18 等填料的固相萃取小柱进行萃取。(国家环境保护总局和《水和废水监测分析方法》编委会，2002)

GC/MS 常用于有机氯农药的测定，色谱柱可选用 DB-1 色谱柱，有机氯农药检测的选择离子的质荷比见表 14.3。(国家环境保护总局和《水和废水监测分析方法》编委会，2002)

表 14.3 有机氯农药检测的特征离子质荷比

(国家环境保护总局和《水和废水监测分析方法》编委会,2002)

化合物	定量离子(m/z)	定性离子(m/z)
α-六六六	180.95	218.9、216.9、109
β-六六六	180.95	218.9、216.9、109
γ-六六六	180.95	218.9、216.9、109
δ-六六六	180.95	218.9、216.9
艾氏剂	262.9	260.9、293
狄氏剂	79	262.9、260.9
o,*p*′-DDT	246	248、348.9
异狄氏剂	67	262.9、260.9、316.95
p,*p*′-DDD	235	237、165
p,*p*′-DDT	235	237、165

2. 多氯联苯

测定水中微量的多氯联苯,需要采用固相萃取方法进行浓缩富集,通常采用 C_{18} 等填料的固相萃取小柱或固相萃取圆盘进行萃取。在样品萃取前,需要用 HCl 将水样的 pH 值调至 2 后经过固相萃取填料。结束后,需要用高纯水、30%的甲醇清洗固相萃取圆盘;将固相萃取圆盘取下后,用丙酮清洗萃取装置;后将圆盘复位,用二氯甲烷和乙酸乙酯的混合液浸泡圆盘 10 min 后,洗脱多氯联苯。洗脱液用无水硫酸钠脱水、过滤,用氮气浓缩至 1 mL。(国家环境保护总局和《水和废水监测分析方法》编委会,2002)

用 GC/MS 分析样品时,可采用 DB-1 色谱柱,典型多氯联苯的检测离子见表 14.4(国家环境保护总局和《水和废水监测分析方法》编委会,2002)。

表 14.4 典型多氯联苯的检测离子

测定物质	定量离子(m/z)	定性离子(m/z)
二氯联苯	222	224、226
三氯联苯	256	260
四氯联苯	291.9	294
五氯联苯	325.9	324

续表

测定物质	定量离子(m/z)	定性离子(m/z)
六氯联苯	359.8	364
七氯联苯	393.8	398
八氯联苯	430.0	432

资料来源:国家环境保护总局和《水和废水监测分析方法》编委会,2002

14.2.4　持久性有机污染物研究案例

1. 有机氯农药

根据北京市多个污水处理厂出水中有机氯农药浓度的调研,污水中残留的有机氯农药主要是六六六,其中β-六六六的检出浓度最高,可达 45 ng/L; α-六六六与γ-六六六(林丹)的浓度略低,基本在 10 ng/L 以下; 滴滴涕、七氯、狄氏剂也有少量检出,具体的浓度分布如图 14.3 所示(柳丽丽,2002; 王淑娟,2006; 陈明 等,2007; Li et al., 2008)。虽然污水中可检出有机氯农药,但是均低于水质标准规定的限值,因此可以认为,城市污水中有机氯农药的残留水平较低。

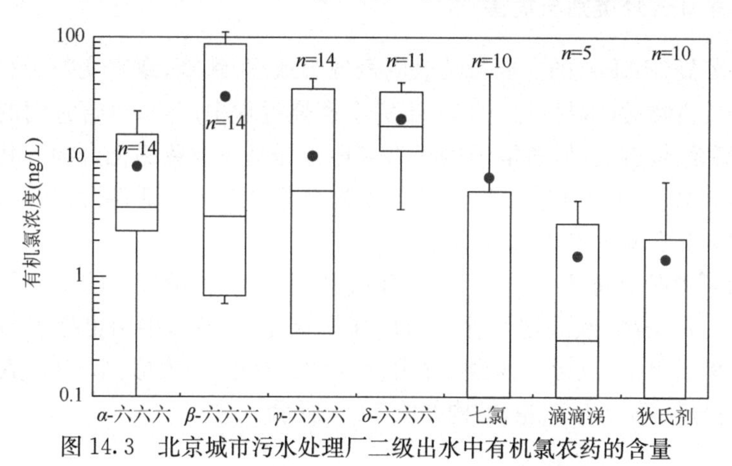

图 14.3　北京城市污水处理厂二级出水中有机氯农药的含量

2. 多氯联苯(PCBs)

PCBs 具有较好的化学稳定性,其毒性效应主要表现为致癌作用和雌激素效应。我国地表水环境质量标准(GB 3838—2002)中规定生活饮用水地表水源中多氯联苯的浓度限值为 20 ng/L,生活饮用水卫生标准(GB5749—2022)规定饮用水中多氯联苯的浓度限值为 500 ng/L。许多污水处理厂二级出水中均可检出 PCBs,其总浓度主要分布在 10～50 ng/L 的浓度水平,如图 14.4 所示(王淑娟,

2006；Li et al.，2008；Katsoyiannis and Samara，2005，2007）。

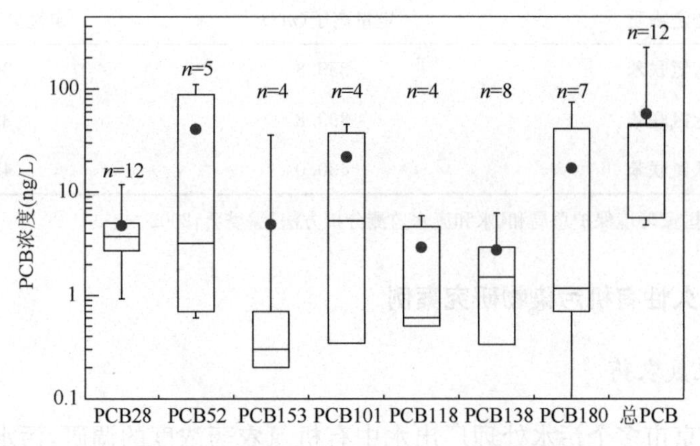

图 14.4 污水处理厂二级出水中多氯联苯浓度分布

14.3 多环芳烃

14.3.1 多环芳烃类别与危害

多环芳烃(PAHs)的主要毒性效应表现为致癌、致畸、致突变“三致”作用。多环芳烃在有机物质(木材、煤、油等)不完全燃烧过程中产生，尽管它们的健康效应与分子量和结构有关，但通常仍然认为多环芳烃是一类致癌化合物。其中四到六环 PAHs 母体及其他环数 PAHs 的衍生物部分具有致癌活性，而三环以下、七环以上的 PAHs 母体不具有致癌活性。

美国环境保护局早在 20 世纪 80 年代就把 16 种未带分支的 PAHs 确定为环境中的优先污染物，欧洲把 6 种 PAHs 作为目标污染物，中国也把 PAHs 列入环境污染的黑名单中，包括萘、荧蒽、苯并[*b*]荧蒽、苯并[*k*]荧蒽、苯并[*a*]芘、茚并[1,2,3-*cd*]芘与苯并[*g*,*h*,*i*]芘，结构如图 14.5 所示。

14.3.2 多环芳烃水质标准

目前，部分多环芳烃已列入我国水质标准中，见表 14.5。我国《城镇污水处理厂污染物排放标准》(GB 18918—2002)和《地表水环境质量标准》(GB 3838—2002)集中式生活饮用水地表水源地特定项目中均规定了苯并[*a*]芘的限制浓度，分别为 30 ng/L 和 2.8 ng/L。城市供水水质标准(CJ/T 206—2005)中规定多环芳烃总浓度(包括荧蒽、苯并[*b*]荧蒽、苯并[*k*]荧蒽、苯并[*a*]芘、茚并[1,2,3-*cd*]芘与苯并[*g*, *h*, *i*]芘)限值为 2 μg/L，苯并[*a*]芘浓度限值为 10 ng/L。

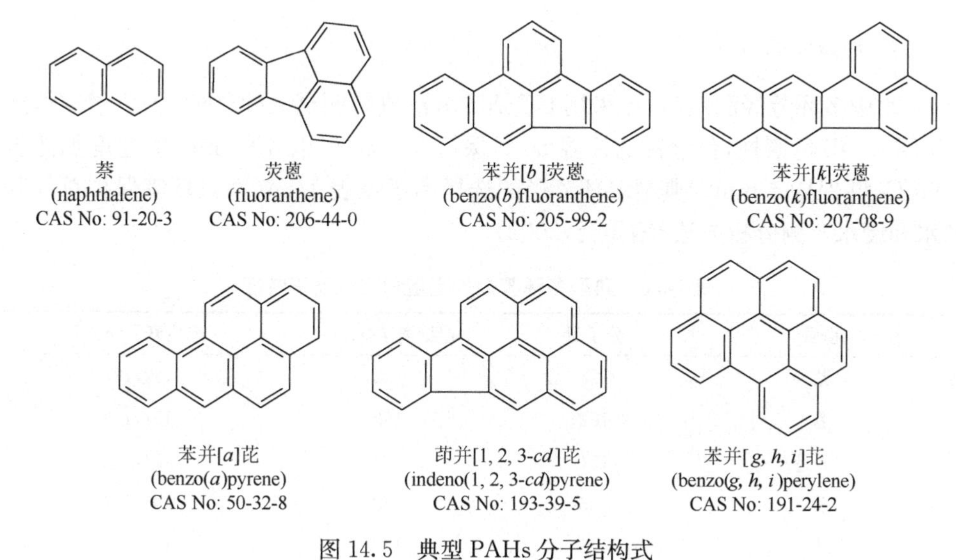

图 14.5　典型 PAHs 分子结构式

表 14.5　水质标准中多环芳烃的限值

物质	生活饮用水卫生标准（GB 5749—2022）	地表水环境质量标准（GB 3838—2002）	城市供水水质标准（CJ/T 206—2005）	城镇污水处理厂污染物排放标准（GB 18918—2002）
多环芳烃总量	2 μg/L	—	2 μg/L	—
苯并[a]芘	10 ng/L	2.8 ng/L	10 ng/L	30 ng/L

14.3.3　多环芳烃检测方法

水中多环芳烃浓度多为 ng/L 水平，需要经过一定的前处理才可用液相色谱或 GC/MS 法检出。其中前处理方法包括液液萃取法和固相萃取法。

1. *前处理方法*

水中微量多环芳烃可采用液液萃取方法进行样品浓缩，萃取剂可采用正己烷等。萃取过程中，可将 500 mL 水样，用 50 mL 的正己烷萃取 2 次，后经无水硫酸钠过滤脱水。对于地表水、污水等样品，因水中含有较高浓度的荧光杂质，需要采用佛罗里硅土小柱进行净化，以降低背景基质的干扰。采用丙酮与二氯甲烷洗脱佛罗里硅土小柱，洗脱液经过 K-D 浓缩瓶旋转蒸发浓缩（国家环境保护总局和《水和废水监测分析方法》编委会，2002）。

2. 仪器分析方法

水中多环芳烃测定时，可采用 GC/MS 方法进行测试。GC/MS 的色谱柱可选用 DB-5MS 色谱柱，色谱柱的柱温 80 ℃保持 2 min，后以 6 ℃/min 的速度加热至 290 ℃，并保持 5 min。典型多环芳烃的选择离子见表 14.6（国家环境保护总局和《水和废水监测分析方法》编委会，2002）。

表 14.6 典型多环芳烃的定量和定性离子特征

物质	分子量	定量离子（m/z）	定性离子（m/z）
萘	128	128	129，127
苊	152	152	151，153
二氢苊	154	153	154，152
芴	166	165	166，167
菲	178	178	176，179
蒽	178	178	176，179
荧蒽	202	202	201，203
芘	228	202	226，229
苯并[*a*]蒽	228	228	226，229
苯并[*b*]荧蒽	252	252	250
苯并[*k*]荧蒽	252	252	250
苯并[*a*]芘	252	252	250
茚并[1，2，3-*cd*]芘	276	276	277
二苯并[*a*，*h*]蒽	278	278	279
苯并[*g*，*h*，*i*]苝	276	276	274

液相色谱法常采用 ODS C_{18}反相色谱柱，流动相由水和甲醇组成，检测器可采用荧光或紫外检测器。使用荧光检测器时，水样中含茚并[1，2，3-*cd*]芘时，激发波长可选择 340 nm、发射波长选择 450 nm；以苯并[*a*]芘为目标物质时，发射波长为 286 nm、发射波长为 430 nm（国家环境保护总局和《水和废水监测分析方法》编委会，2002）。

14.3.4 多环芳烃研究案例

北京多个污水处理厂的出水中多环芳烃总量与典型化合物含量研究结果表明，出水中总 PAHs 浓度分布在 143～845 ng/L，虽然低于 2000 ng/L，但部分污水处理厂出水的苯并[*a*]芘的检出浓度略高于饮用水地表水水源地标准，荧蒽、苯并

[*b*]荧蒽、茚并[1,2,3-*cd*]芘等化合物也有检出且浓度较高(徐艳玲 等,2006;王淑娟,2006)。虽然标准中没有列入其他 PAHs 的限定项目,但苯并[*b*]荧蒽等污染物也具有一定的致突变性。因此,污水中的多环芳烃的检测及去除应引起重视。

14.4　内分泌干扰物

14.4.1　内分泌干扰物类别与危害

内分泌干扰物(endocrine disrupting chemicals,EDCs)是一种外生作用物,干扰生物体内维持自稳定性、调节生殖发育和其他行为的激素的合成、分泌、输送、结合、作用和排泄的外源性物质(US EPA, 1997)。毒理学研究主要关注雌激素类(抗雌激素)、雄激素类(抗雄激素)、类固醇抑制剂和甲状腺干扰物(Hutchinson and Pickford, 2002),其中雌激素活性物质(estrogenic EDCs,e-EDCs)对野生动物和人类健康的影响备受关注。

内分泌干扰物主要分为雌激素类(天然雌激素和合成雌激素)、农药类、工业用化学品、植物雌激素和真菌性雌激素等。众多的研究表明,雌激素活性物质浓度在 ng/L 水平上即可产生内分泌干扰作用,导致生物体生殖细胞的畸变和繁殖率的下降,并能引起雄性生物的雌性化,对野生生物和人类的健康生存及持续繁衍构成严重威胁(Holbrook et al., 2004;李轶 等,2009)。目前人们关注较多的雌激素活性物质包括类固醇物质、酚类物质与邻苯二甲酸酯类物质。

1. *类固醇物质*

类固醇物质包括天然或人工合成的雌激素类物质以及部分植物性激素,典型的 4 种雌激素活性物质为雌酮(estrone,E1)、雌二醇(17β-estradiol,E2)、雌三醇(estriol,E3)与乙炔雌二醇(17α-ethinylestradiol,EE2),具体见表 14.7。

表 14.7　典型类固醇激素基本信息

物质	CAS No.	结构式	用途
雌酮 (estrone,E1)	53-16-7	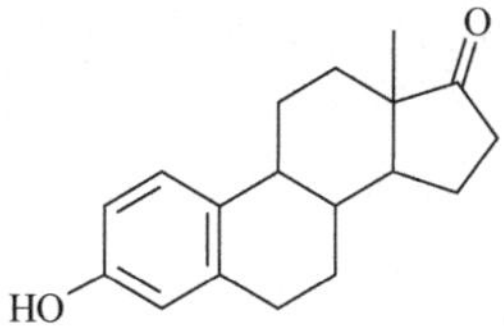 O HO	天然雌激素,用于治疗子宫发育不全、月经失调、更年期障碍等,具有止血作用

续表

物质	CAS No.	结构式	用途
雌二醇 (17β-estradiol,E2)	50-28-2	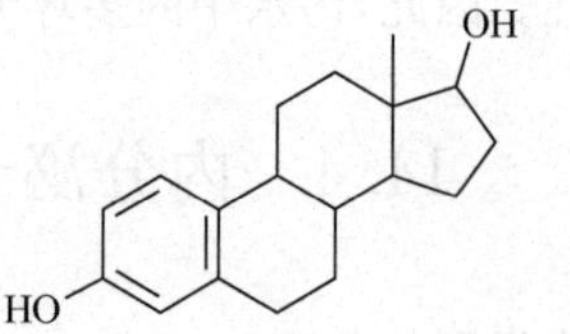 OH HO	天然雌激素,治疗功能性子宫出血、原发性闭经、绝经期综合征等
雌三醇 (estriol,E3)	50-27-1	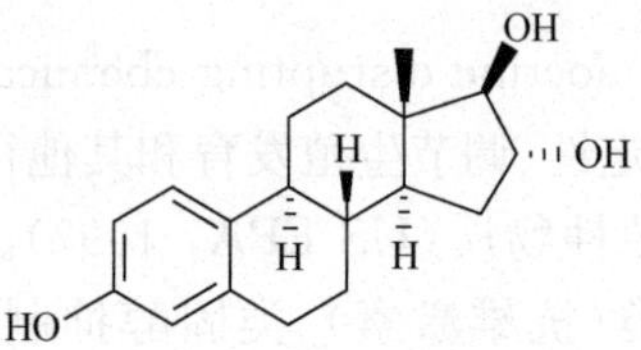 OH H OH H H HO	天然雌激素,用于治疗白细胞减少症
乙炔雌二醇 (17α-ethinylestradiol,EE2)	57-63-6	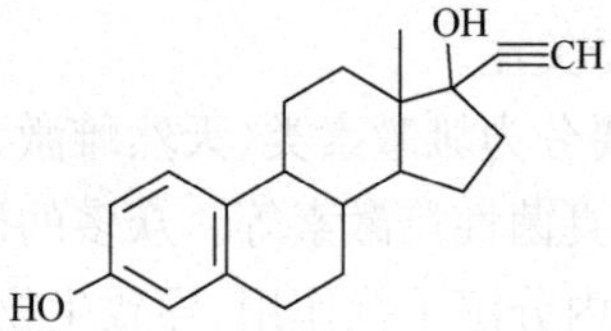 OH CH HO	雌激素类药物,可增强避孕功效,并可减少突破性出血,供配制避孕药用

2. 酚类物质

酚类物质主要用于合成工业化学品,使用广泛,普遍存在于环境当中。部分酚类物质具有雌激素活性,如双酚 A(bisphenol A,BPA)、壬基酚(4-nonylphenol,4-NP)等烷基酚以及 2,4-二氯酚(2,4-dichlorophenol,2,4-DCP)等氯酚类物质,具体见表 14.8,这些酚类物质也是内分泌干扰物中重要的一类物质。

表 14.8 典型酚类内分泌干扰物基本信息

物质	CAS No.	结构式	用途
双酚 A (bisphenol A,BPA)	80-05-7	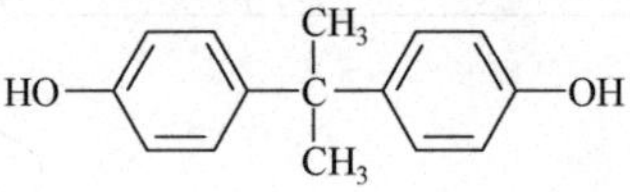 CH_3 HO C OH CH_3	合成环氧树脂、聚碳酸酯、阻燃剂等化工产品
壬基酚 (4-nonylphenol,4-NP)	104-40-5	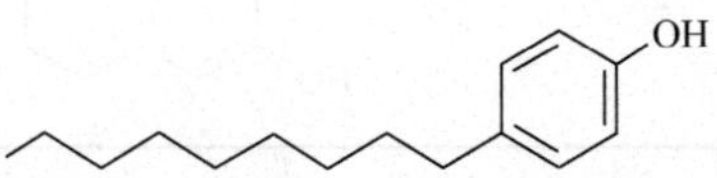 OH	生产非离子表面活性剂等

续表

物质	CAS No.	结构式	用途
2,4-二氯酚 (2,4 -dichlorophenol, 2,4-DCP)	120-83-2	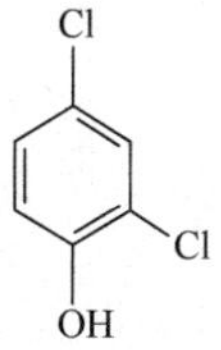 Cl Cl OH	木材防腐剂、防锈剂、杀虫剂等

3. 邻苯二甲酸酯类物质

邻苯二甲酸酯(phthalie acid esters,PAEs,别名酞酸酯)是一类普遍使用的有机化合物,其分子结构通式如图 14.6 所示,主要用作塑料的增塑剂和软化剂,常见的有邻苯二甲酸二甲酯(DMP)、邻苯二甲酸二乙酯(DEP)、邻苯二甲酸二丁酯(DBP)、邻苯二甲酸二正辛酯(DOP)、邻苯二甲酸二辛酯(邻苯二甲酸二(2-乙基己基)酯,DEHP)和邻苯二甲酸丁基苄酯(BBP),其中使用最多的是 DEHP 与 DBP,见表 14.9(骆祝华等,2008)。这类化合物的结构与内源性雌激素具有一定的相似性,进入人体后,与相应的激素受体结合,产生与激素相同的作用,干扰血液中激素正常水平的维持,从而影响生殖、发育和行为。

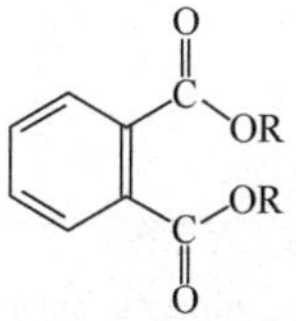

O C OR OR C O

图 14.6 邻苯二甲酸酯通式

表 14.9 典型 PAEs 的基本信息

物质	CAS No.	结构式	用途
邻苯二甲酸二甲酯 (dimethyl phthalate,DMP)	131-11-3	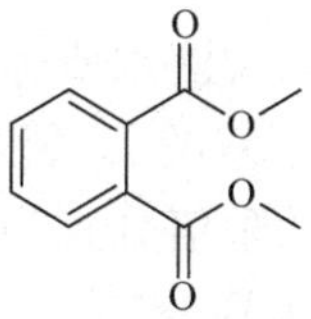 O O O O	塑料增塑剂;驱蚊剂
邻苯二甲酸二乙酯 (diethyl phthalate,DEP)	84-66-2	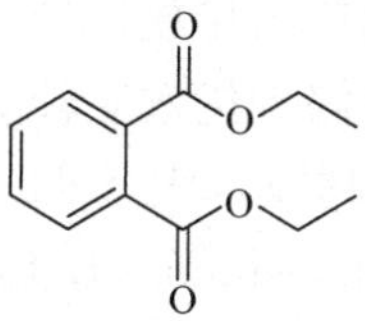 O O O O	塑料和合成橡胶等的增塑剂;清漆的溶剂

续表

物质	CAS No.	结构式	用途
邻苯二甲酸二丁酯 (di-*n*-butyl phthalate, DBP)	84-74-2	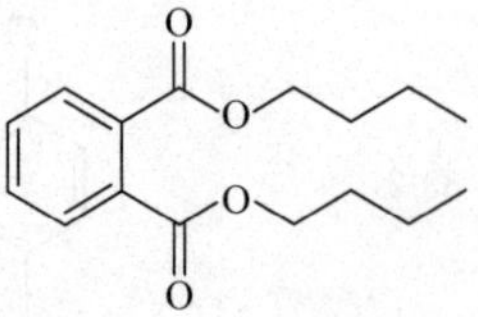	塑料、合成橡胶、人造革等的常用增塑剂；香料的溶剂；卫生害虫驱避剂
邻苯二甲酸二辛酯 (di-*n*-octyl phthalate, DOP)	117-84-0	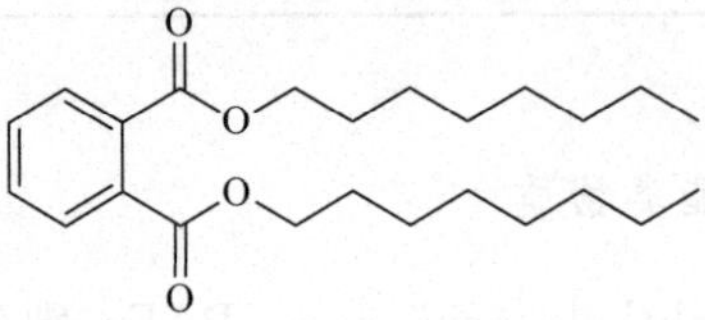	塑料增塑剂
邻苯二甲酸二(2-乙基己基)酯 (di-2-ethylhexyl phthalate, DEHP)	117-81-7	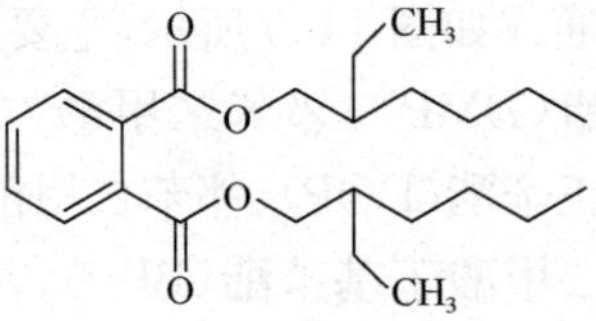	聚氯乙烯和氯乙烯共聚物的优良增塑剂；硝酸纤维的软化剂
邻苯二甲酸丁基苄酯 (butylbenzyl phthalate, BBP)	85-68-7	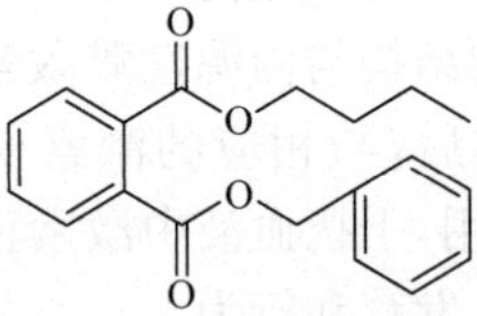	塑料增塑剂；涂料；人造革材料

14.4.2 内分泌干扰物水质标准

内分泌干扰物逐步被列入我国水质标准，见表 14.10。我国《生活饮用水卫生标准》(GB 5749—2022)规定了双酚 A、邻苯二甲酸二(2-乙基己基酯)、邻苯二甲酸二丁酯和邻苯二甲酸二乙酯的限值分别为 10 μg/L、8 μg/L、3 μg/L 和 300 μg/L。我国《地表水环境质量标准》(GB 3838—2002)、《城市供水水质标准》(CJ/T 206—2005)和《城镇污水处理厂污染物排放标准》(GB 18918—2002)也规定了部分邻苯二甲酸酯的控制限值。内分泌干扰效应较高的类固醇激素尚未列入我国水质标准中。德国标准协会主席、柏林技术大学 Hansen 教授提出了类固醇激素的环境质量标准(environmental quality standard，EQS)，见表 14.11(Hansen，2007)。

表 14.10　水质标准中内分泌干扰物的限值

物质	生活饮用水卫生标准（GB 5749—2022）	地表水环境质量标准（GB 3838—2002）	城市供水水质标准（CJ/T 206—2005）	城镇污水处理厂污染物排放标准（GB 18918—2002）
双酚 A	10 μg/L			
邻苯二甲酸二（2-乙基己基酯）	8 μg/L	8 μg/L	8 μg/L	
邻苯二甲酸二丁酯	3 μg/L	3 μg/L	—	100 μg/L
邻苯二甲酸二乙酯	300 μg/L	—	—	—

表 14.11　雌激素活性物质的环境质量标准建议值

雌激素	浓度限值(ng/L)
雌二醇	0.5
乙炔基雌二醇	0.03
壬基酚	3.3
4-*n*-壬基酚	3.3
4-*t*-辛基酚	200
双酚 A	0.8

资料来源：Hansen，2007

14.4.3　内分泌干扰物检测方法

内分泌干扰物检测方法可以分为气相色谱、液相色谱、液相色谱质谱联用法，方法优缺点比较见表 14.12。因为类固醇雌激素大多有酚类结构，因此从检测对象方面可以分为酚类和类固醇激素、酯类两类检测方法。

表 14.12　内分泌干扰物检测方法

方法	优点	缺点
气相色谱法	仪器简单	需要衍生化前处理、极易受样品基质干扰、检出限高、易存在假阳性现象
气相色谱质谱法	检出限低和分离效果好	需要衍生化前处理、存在假阳性现象
液相色谱法	仪器简单	极易受样品基质干扰、检出限高、易存在假阳性现象
液相色谱质谱联用法	检出限低、二级质谱串联可防止假阳性现象	样品基质易抑制质谱信号

1. 类固醇和酚类激素分析方法

类固醇和酚类激素分析方法包括前处理方法和检测方法。前处理方法根据样品中激素浓度和测试方法的检出限，有较大差异。对于污水、饮用水和水环境样品，由于类固醇和酚类激素浓度多为 0.1～10^3 ng/L 水平，而 GC/MS、LC/MSMS 的检出限则在μg/L 水平，需要将水中类固醇和酚类激素浓缩 10^3～10^4 倍，这就需要采用固相萃取方法进行样品前处理。雌激素特别是类固醇雌激素沸点较高，难以用气相色谱质谱检出，因此采用硅烷化 BSTFA 衍生化将雌激素上的羟基转化成沸点低、易挥发的烷基硅烷基产物，并用气相色谱质谱检出。

类固醇和酚类激素检测方法包括 GC/MS 和 LC/MSMS 法两种。表 14.13 给出了基于 UPLC/MSMS 的类固醇和酚类雌激素检测质谱参数，通常采用负离子模式进行检测。

表 14.13　类固醇雌激素和酚类雌激素母离子和定量子离子碎片(液质)

污染物	母离子(m/z)	定量子离子(m/z)
4-辛基酚(4-OP)	205	105.7
4-*n*-壬基酚(4-*n*-NP)	219	105.9
双酚 A(BPA)	227.1	211.9
雌酮(E1)	269.1	144.9
雌二醇(E2)	271.1	182.9
乙炔基雌二醇(EE2)	295.1	144.9
雌三醇(E3)	287.1	144.9

利用 GC/MS 检测类固醇和酚类雌激素时，可采用无分流进样，进样温度为 250 ℃。GC 升温程序为 100 ℃保留 1 min，以 10 ℃/min 速度升温至 200 ℃，以 15 ℃/min速度升温至 260 ℃，以 3 ℃/min 速度升温至 300 ℃，保留 2 min。界面温度为 280 ℃。检测模式为选择离子模式(selected ion monitoring，SIM)，各个化合物出峰时间和定量、定性碎片见表 14.14。

表 14.14　类固醇雌激素和酚类雌激素出峰时间和定量、定性碎片

污染物	保留时间(min)	定量碎片(m/z)	定性碎片(m/z)
4-辛基酚(4-OP)	13.05	278	179
4-*n*-壬基酚(4-*n*-NP)	14.09	292	
双酚 A(BPA)	16.78	357	372
雌酮(E1)	20.76	342	218、257

续表

污染物	保留时间(min)	定量碎片(m/z)	定性碎片(m/z)
17α-雌二醇(17α-E2)	20.32	416	286、326
17β-雌二醇(17β-E2)	20.63	416	286、326
乙炔基雌二醇(EE2)	21.51	425	285、440
雌三醇(E3)	21.99	504	312、387、415

2. 邻苯二甲酸酯分析方法

邻苯二甲酸酯分析方法包括前处理方法和检测方法，其中前处理方法包括液液萃取法和固相萃取法，常用仪器分析方法包括液相色谱法、GC 法、GC/MS 法等。表 14.15 为常见邻苯二甲酸酯检测方法及其检出限。

表 14.15　邻苯二甲酸酯检测方法及其检出限

方法	前处理	仪器分析	检出限
液相色谱法	正己烷液液萃取-KD 浓缩	液相色谱(腈基柱或胺基柱)	0.1～0.2 μg/L
固相萃取液相色谱法	XAD-2 树脂吸附	液相色谱(醇基柱)	1.5～6 μg/L
GC/MS 法	正己烷液液萃取	GC/MS(DB-1 柱)	0.1 μg/L

1）前处理方法

邻苯二甲酸酯的液液萃取多以正己烷为溶剂。正己烷液液萃取-KD 浓缩法，是将 100 mL 水样在分液漏斗中用 10 mL 正己烷萃取 2 次后，经无水硫酸钠脱水，用 K-D 浓缩器在 70～80 ℃下浓缩，备色谱分析。而 GC/MS 法中正己烷液液萃取前处理，则是在 100 mL 容量瓶中加入 100 mL 水样，用 5 mL 正己烷和 10 μL 的内标溶液、回收率指示物溶液进行液液萃取，正己烷相直接进行 GC/MS 测定。

用 XAD-2 固相萃取法进行浓缩，是将水样经 XAD-2 树脂吸附后，用甲醇和乙腈混合溶剂洗脱，洗脱液经 K-D 浓缩并定容，后用醇基柱等方法进行测试。

2）仪器分析方法

邻苯二甲酸酯的仪器分析方法包括液相色谱法和 GC/MS 法。其中，液相色谱法可采用腈基柱或醇基柱，流动相中正己烷与异丙醇的比例为 99%∶1%和 97%∶3%，检测器是紫外检测器，测定波长为 224 nm 和 230 nm。

GC/MS 法则可采用 DB-1 或 DB-5MS 色谱柱。选择 DB-1 色谱柱时，色谱条件为柱温 70 ℃(2 min)，以 20 ℃/min 升至 130 ℃，以 5 ℃/min 升至 200 ℃，以 15 ℃/min 升至 300 ℃，并保持 5 min。进样口温度为 280 ℃，进样方式为不分流进样。邻苯二甲酸酯检测选择离子质荷比见表 14.16。

表 14.16　邻苯二甲酸酯检测选择离子质荷比

化合物	定量离子(m/z)	定性离子(m/z)
邻苯二甲酸二甲酯	163	194
邻苯二甲酸二乙酯	177	149、223
邻苯二甲酸二正丁酯	149	167、223
邻苯二甲酸二己酯	149	251、223
邻苯二甲酸二(2-乙基己基酯)	167	149、279
邻苯二甲酸二正辛酯	149	279

(1) 在采样及测试过程中，应采用全玻璃仪器，避免使用塑料制品，使用玻璃器皿可使用丙酮、正己烷等洗涤；

(2) 在浓缩过程中，不能将样品蒸干；

(3) 干燥用的无水硫酸钠一般装在塑料瓶中，是空白样品中具有邻苯二甲酸酯的重要原因，应在高温 500～700 ℃下烘烤数小时，在干燥器中保存。

14.4.4　内分泌干扰物研究案例

将污水处理厂出水中各典型内分泌干扰物质的浓度水平汇总如图 14.7 所示，出水中类固醇物质浓度最低，处于 ng/L 水平，主要分布在 0.5～30 ng/L。酚类物质浓度主要处于μg/L 水平，BPA 的浓度主要分布在 15～200 μg/L，NP 的浓度主

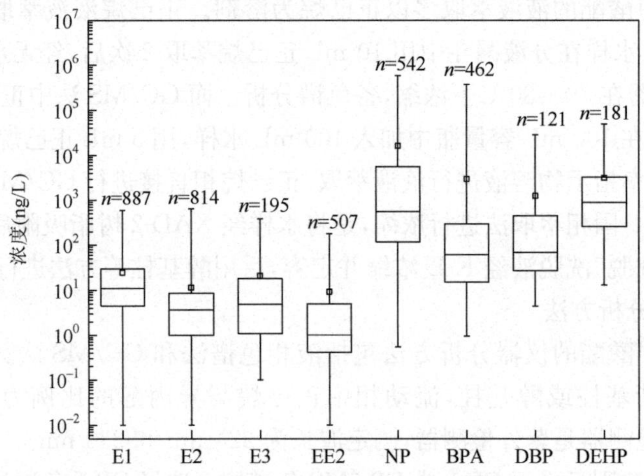

图 14.7　城市污水处理厂出水中内分泌干扰物的浓度水平比较(Sun et al.，2014)

图中“箱”两端边的位置分别对应数据批的上下四分位数(Q1 和 Q3)，在“箱”内部一条线段的位置对应中间值。箱形两端的“须”一般为最大值与最小值，若最大值＞Q3＋1.5IQR(四分位距)或最小值＜Q1－1.5IQR，则两端的“须”为 Q3＋1.5IQR 或 Q1－1.5IQR 的极值

要分布在 50～1300 μg/L。邻苯二甲酸酯类物质 DBP、DEHP 出水中浓度明显高于其他两类物质，处于μg/L～mg/L 水平，主要分布在 500～5000 μg/L。

污水处理厂出水中 8 种典型物质的内分泌干扰性比较如图 14.8(Sun et al.，2013)所示。由图可知，EE2 的雌激素活性当量(EEQ)最大，累积频率 98%以上的 EEQ 均高于 1 ng/L，最高可达 10^3 ng/L；E1、E2 的 EEQ 高于 1 ng/L 的比例在 70%～80%；E3 有 55%的 EEQ 大于 1 ng/L。结果表明出水中类固醇物质具有较高的雌激素活性，对受纳水体中水生生物的内分泌干扰作用较大。酚类物质与类固醇物质相比，呈现较弱的外因性雌性激素作用，其作用程度仅为雌性激素数 10^{-3}～10^{-6}，但是出水中 NP、BPA 的 EEQ 高于 1 ng/L 的水平在 70%以上，也具有较高的内分泌干扰性。邻苯二甲酸酯类物质 DBP 的 EEQ 低，均处于 1 ng/L 以下，对受纳水体中水生生物的内分泌干扰性较弱。

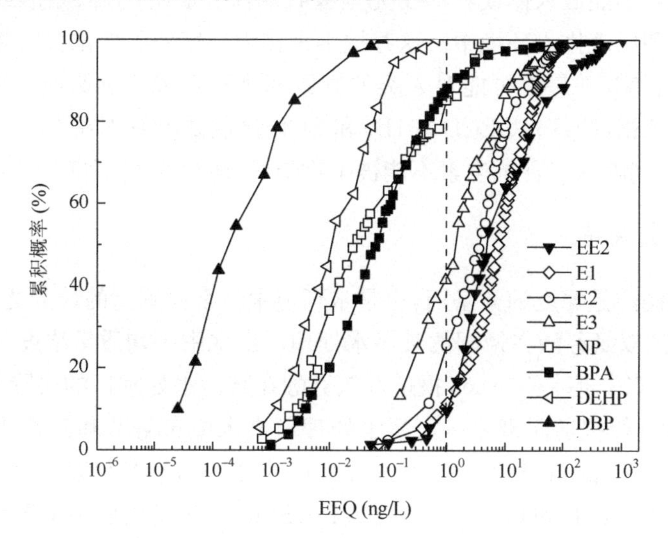

图 14.8 城市污水处理厂出水中典型 EDCs 的内分泌干扰性(Sun et al.，2013)

14.5 药品和个人护理品

14.5.1 药品和个人护理品类别与危害

药品和个人护理品(pharmaceuticals and personal care products，PPCPs)包括各种各样的化学物质，如各种处方药和非处方药(如抗生素、类固醇、消炎药、镇静剂、抗癫痫药、显影剂、止痛药、降压药、避孕药、催眠药、减肥药等)、香料、化妆品、遮光剂、染发剂、发胶、香皂、洗发水等。大多数 PPCPs 是水溶性的，有的 PPCPs 还带有酸性或者碱性的官能团。虽然 PPCPs 的半衰期不是很长，但是由于个人和畜牧业大量而频繁地使用，导致 PPCPs 形成假性持续性现象(胡洪营 等，2005)。

污水处理厂中检测到的 PPCPs 代表物质有抗生素、消炎止痛药和其他药品(如抗癫痫药、镇静剂、调血脂药、造影剂等)、消毒剂以及化妆品中常用的香料。

1. 抗生素

抗生素一般是指由细菌、霉菌或其他微生物在繁殖过程中产生的，能够杀灭或抑制其他微生物的一类物质及其衍生物，可用于治疗敏感微生物(常为细菌或真菌)所致的感染。抗生素在畜牧业中应用很多，可以作为助长剂和治疗药物。抗生素对物质生物转化的一些关键过程(反硝化过程、氮的固定、有机物的降解等)和污水生物处理过程等有直接的影响。

抗生素并不能被人体或者动物完全吸收，有很大一部分以原形或者代谢物的形式随粪便和尿液排入环境中。这些抗生素作为环境外源性化合物将对环境生物及生态产生影响，并最终可能对人类的健康和生存造成不利影响。Kümmerer 等通过血清瓶测试(CBT)(OECD 301D)和 SOS 显色试验发现在 CBT 中环丙沙星、氧氟沙星、甲硝唑这三种抗生素不能被生物降解(胡洪营 等，2005)。

2. 消炎止痛药

消炎止痛药是家庭的常备药，也是水环境中经常检测到的药品之一。Heberer 等报道处方药双氯芬酸在德国的某污水处理厂出水中平均质量浓度为 2.51 μg/L，去除率仅为 17%，但是 Ternes 报道双氯芬酸在某污水处理厂的去除率可达 69%。Mart Carballa 等报道西班牙一家污水处理厂进水中布洛芬和萘普生质量浓度分别在 2.64～5.70 μg/L 和 1.79～4.60 μg/L，出水中布洛芬和萘普生质量浓度分别在 0.91～2.10 μg/L 和 0.80～2.60 μg/L。Stumpf 报道巴西一家污水处理厂进水中布洛芬和萘普生质量浓度分别为 0.3 μg/L 和 0.6 μg/L。澳大利亚、巴西、希腊、西班牙、瑞士和美国对污水中的布洛芬和萘普生也都有一定的研究，其中瑞士检测到污水处理厂出水中布洛芬质量浓度为 1～3.3 μg/L。止痛药阿司匹林在某德国污水处理厂出水中检测到的平均质量浓度为 0.22 μg/L，水杨酸质量浓度为 0.04 μg/L，而希腊和西班牙检测到污水处理厂出水中水杨酸质量浓度高达 13 μg/L。德国有研究表明镇痛药醋氨酚在污水处理厂中可以得到 90% 的去除，但是美国 Kolpin 等检测到 17% 的出水样品仍含有醋氨酚，最高质量浓度可达10 μg/L(胡洪营 等，2005)。

3. 消毒剂

大量的消毒剂用于医院、食品加工、个人护理用品生产等行业。三氯生作为一种杀菌剂，广泛用于高效药皂、卫生洗液、除臭剂、消毒洗手液、伤口消毒喷雾剂、医疗器械消毒剂、卫生洗面奶、空气清新剂和卫生织物的整理和塑料的防腐处理等。Ana Agüera 等报道了西班牙一家城市污水处理厂的进水中三氯生浓度为 1.3～30.1 μg/L，出水中三氯生浓度为 0.4～22.1 μg/L。同时，Ana Agüera 等分别测量了两家污水处理厂出水排口处海洋底泥中三氯生的浓度为 0.27～130.7 μg/kg，结果表明：污水处理厂并未有效地去除三氯生，未去除的三氯生随出水排入海洋中，在海洋底泥中积累（胡洪营 等，2005）。

4. 人工合成麝香

人工合成麝香是一类香料物质，主要用作各种化妆品和洗涤用品的添加剂。从 1987～1996 年，世界麝香产量已经从 7000 t/a 增长到 8000 t/a，现在的生产趋势已经由含硝基的麝香转向带多环的麝香。应用最广泛的含硝基的合成麝香物质是加乐麝香（galaxolide）和吐纳麝香（tonalide），这两种麝香物质 2000 年在欧洲的产量是 1800 t，而其他麝香物质的总产量小于 20 t（胡洪营 等，2005）。

根据毒性试验，人工合成麝香物质与雌激素受体亲和力低，因此它们在环境中对内分泌干扰不大，并没有严重的健康影响，但是并不排除长期的致癌效果。人工合成麝香物质在脂肪组织、血浆和乳汁中的积累近来也引起学者的重视。目前还没有观察到对内分泌的间接影响如抑制荷尔蒙的合成等。据 Yamagishi 等报道，日本早在 20 年前就在水环境和生态区中发现了人工合成麝香物质。欧洲和北美也有类似的报道。这些研究表明：人工合成麝香物质在海水和淡水中广泛存在，并且在软体动物和鱼类中积累的浓度高于环境浓度（胡洪营 等，2005）。

5. 添加剂——二噁烷

二噁烷是无色透明的、非挥发的有机溶剂、乳化剂和去污剂，是一类典型微量有毒有害污染物，以其难降解性和疑似致癌性近年来成为人们关注的热点。国际癌症研究机构（IARC）将二噁烷归类为 2B 类污染物——疑似致癌物（IARC，2015），此外，美国环境保护局（US EPA）将之归为 LH 类。很多国家和组织也对二噁烷的浓度做了规定（参见表 14.17）。

二噁烷的用途主要是溶剂、乳化剂、去垢剂等。它可以用于生产农药、医药产品、染料、乙酸纤维素、树脂、植物油、矿物油等的溶剂，也用于油漆、清漆、增塑剂、润湿剂、香料等生产过程。此外也用作发泡剂和熏蒸剂。可存在于日常生活很多介质中，从沐浴露、洗洁精、润肤品，到包括海鱼、烤鸡、肉制品、西红柿、番茄酱、胡椒、咖啡等多种日常食物。

表 14.17 二噁烷质量标准

国家或组织	质量标准	标准来源
中国/化妆品	0	《化妆品卫生规范》
The Australian Bureau of Health/消费品	30 ppm(理想限值)	官方网站
US EPA/排水	30 μg/L	Stefan, 1998
Japan/饮用水	50 μg/L	Water Quality Standards of Japan
WHO/饮用水	50 μg/L	Guidelines for Drinking-water Quality

人体可以通过皮肤、呼吸道和消化道等途径接触二噁烷。通过职业暴露、呼吸空气、饮水或食用可能含有二噁烷的食品以及使用可能含有二噁烷的洗涤产品、化妆品、外用药品、农畜产品而接触到二噁烷。化妆品中所含二噁烷为沐浴露和香波中主要的表面活性剂在制造过程中烷基氧化时带入的副产物，绝大多数液洗类化妆品都含有二噁烷。

日本神奈川 100%(20/20)的水样检测出了二噁烷(Sei et al.,2010)。在 Bedford,2100 μg/L 的二噁烷在四个饮用水水井中被检测出(Weimar,1980)。1995~1998 年，在 Kanagawa Prefecture 的河流、地下水和海洋中的 95 个水样中的 83 个水样检测到了二噁烷的存在，浓度在 1.9~94.8 μg/L(Abe, 1999)。

14.5.2 药品和个人护理品检测方法

在各类环境水体中 PPCPs 的浓度介于 ng/L 至μg/L 水平，这使得 PPCPs 的检测分析变得困难。同时，地表水、地下水和再生水等各类实际水体成分复杂，水样杂质浓度高，极易干扰水相中 PPCPs 类物质的检测，这使得检测各类水体中的 PPCPs 类物质更加困难。因此需要在仪器检测分析前对实际水样进行前处理，分离基质、浓缩 PPCPs 浓度，以达到减少杂质干扰、增加 PPCPs 信号强度等目的。

目前常用的前处理技术包括：液液萃取、搅拌棒吸附固相萃取、固相萃取和固相微萃取等。其中固相萃取技术以其操作简便、快速、节约溶剂和回收率高的特点，越来越多地运用于 PPCPs 类物质检测的前处理。固相萃取柱填料是固相萃取技术的关键，根据不同目标 PPCPs，可选用不同的固相萃取小柱填料。根据填料的不同，目前常用的固相萃取小柱有：Oasis HLB、Oasis MCX、Strata X、C_{18}萃取柱和 SAX 柱等。

联合固相萃取技术，当前运用于水相中 PPCPs 的检测方法主要有：柱前衍生-气相色谱/气相色谱-质谱联用、高效液相色谱、高效液相色谱-质谱联用方法等。针对 PPCPs 多含有极性官能团和挥发性较低的特点，使用气相色谱/气相色谱-质谱联用检测 PPCPs 时，需要对样品柱前衍生化。

Pietrogrande 和 Basaglia (2007)对地表水、泳池水和污水处理厂二级出水中杀菌剂(三氯生)、护肤品(羟基对苯甲酸酯)、杀虫剂(避蚊胺)等 PPCPs 建立了气相色谱质谱联用检测方法,其检测限为几 ng/L。气相色谱和气相色谱-质谱联用技术在 PPCPs 的检测中具有操作复杂、检测时间长等缺点,不能用作热不稳定的 PPCPs 类物质检测。

针对 PPCPs 极性较强的特点,高效液相色谱技术对水相中的 PPCPs 具有良好的分离、富集效果。当前在高效液相色谱技术中常用的检测器包括紫外检测器(UVD)和荧光检测器(FD)。紫外检测器对含有芳香环、碳碳双键等不饱和基团的具有紫外吸收特性的 PPCPs 具有良好的检测效果。Babić等(2006)建立了水相中的磺胺类、四环素类、氟喹诺酮类抗生素和 β-阻滞剂等 PPPCs 的高效液相色谱-紫外检测方法,其检测限为 1.5～500 μg/L。

高效液相色谱-荧光检测法对具有荧光效应的物质如喹诺酮类抗生素具有良好的检测效果,其检测限较液相色谱-紫外法更低。Golet 等(2001)建立了地表水中氟喹诺酮类抗生素的液相色谱-荧光检测方法,检测限为 0.25～1.5 μg/L。但是,高效液相色谱方法无法对没有紫外吸收和荧光效应的 PPCPs 类物质进行检测。

液相色谱质谱串联检测技术能够适用于更为广泛的 PPCPs 类物质的检测,并且与液相色谱方法相比,其灵敏度更高,检测限更低。针对 PPCPs 的极性强弱、官能团亲核/亲电子等性质,液相色谱-质谱联用技术中需要选择不同的离子源,将目标物质离子化,当前常用的离子源包括:电喷雾离子源(ESI)、大气压化学离子源(APCI)、大气压光电离离子源(APPI)等。

ESI 和 APCI 是液相色谱-质谱联用中使用最广泛的两种电离源,如图 14.9 所示。ESI 离子源能适用于极性较强的大部分 PPCPs 类物质,应用更为广泛。APCI

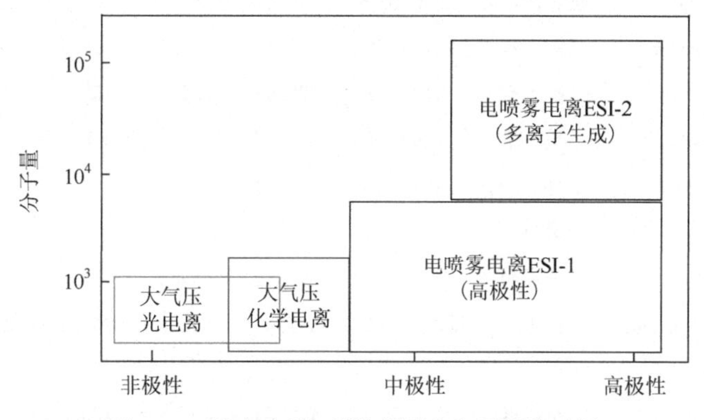

图 14.9　液相色谱-质谱联用中离子源的选择

适用于中等极性且热稳定性较好的 PPCPs 类物质。综合高效液相色谱-质谱联用对水相中 PPCPs 类物质检测的快速、高效、高灵敏度、低检测限等特点，加上液相色谱-多级质谱联用技术的日趋成熟和仪器普及等原因，高效液相色谱-质谱联用技术已经广泛用于水相中 PPCPs 类物质的检测。

表 14.18 列出了部分典型 PPCPs 类物质的基本性质及其在水相中的定量检测方法。

表 14.18　部分 PPCPs 类物质基本信息及其液相色谱-质谱联用参数

物质	类别	CAS No.	分子量	母离子 (m/z)	子离子 (m/z)	子离子 (m/z)	检测模式 (+/−)
阿替洛尔 Atenolol	降压药	29122-68-7	266.34	268.2	77.1	NA	+
阿奇霉素 Azithromycin	抗生素	83905-01-5	748.98	749.4	158.3	83.1	+
苯扎贝特 Bezafibrate	降血脂	41859-67-0	361.83	362.1	121.1	139.1	+
卡马西平 Carbamazepine	抗生素	298-46-4	236.27	237.1	193.4	194.1	+
环丙沙星 Ciprofloxacin	抗生素	85721-33-1	331.34	333.1	232.1	315.2	+
克拉霉素 Clarithromycin	抗生素	81103-11-9	747.95	749.4	158.2	83.1	+
双氯醇胺 Clenbuterol	β2 受体激动剂	37148-27-9	277.19	279.0	205.1	261.1	+
克罗米通 Crotamiton	止痒药	483-63-6	203.28	204.2	69.0	136.2	+
N,*N*-二乙基甲苯酰胺 DEET(*N*,*N*-diethyl-*m*-toluamide)	驱蚊剂	134-62-3	191.27	192.1	119.0	73.0	+
地尔硫䓬 Diltiazem	降压药	42399-41-7	414.52	415.1	109.1	178.2	+
双嘧达莫 Dipyridamole	冠心病	58-32-2	504.63	505.2	385.2	429.2	+
达舒平 Disopyramide	抗心律不齐	3737-09-5	339.47	340.2	194.2	239.1	+
恩诺沙星 Enrofloxacin	抗生素	93106-60-6	359.39	360.1	316.2	342.1	+
红霉素 Erythromycin	抗生素	114-07-8	773.93	734.8	158.2	83.1	+
灰黄霉素 Griseofulvin	抗生素	126-07-8	352.77	353.1	69.0	NA	+
艾芬地尔 Ifenprodil	NMDA 受体阻滞剂	23210-56-2	325.44	326.2	176.2	308.3	+
消炎痛 Indomethacin	消炎药	53-86-1	357.79	359.1	126.2	NA	+
左氧氟沙星 Levofloxacin ((S)-(−)-Ofloxacin)	抗生素	100986-85-4	361.37	362.1	261.1	318.2	+
洁霉素 Lincomycin	抗生素	154-21-2	406.54	407.1	126.2	NA	+

续表

物质	类别	CAS No.	分子量	母离子 (m/z)	子离子 (m/z)	子离子 (m/z)	检测模式 (+/−)
美托洛尔 Metoprolol	降压药	51384-51-1	267.36	268.2	77.1	74.0	+
萘普生 Naproxen	止痛药	22204-53-1	230.26	231.2	56.1	189.2	+
安替比林 Phenazone	止痛药	60-80-0	188.23	189.2	77.1	NA	+
异丙安替比林 Propyphenazone	消炎药	479-92-5	230.31	231.2	56.2	189.2	+
2-QCA 2-quinoxaline carboxylic acid		879-65-2	174.16	176.2	91.0	117.1	+
罗红霉素 Roxithromycin	抗生素	80214-83-1	837.05	837.5	158.2	83.1	+
柳丁氨醇 Salbutamol		18559-94-9	239.31	240.2	148.2	222.2	+
磺胺地托辛 Sulfadimethoxine		122-11-2	310.33	311.2	156.2	64.9	+
磺胺二甲基嘧啶 Sulfadimidin 或 Sulfamethazine		57-68-1	278.33	279.1	132.2	205.2	+
磺胺甲基嘧啶 Sulfamerazine		127-79-7	264.31	265.1	92.2	108.0	+
磺胺甲噁唑 Sulfamethoxazole		723-46-6	253.28	254.0	92.1	65.0	+
磺胺间甲氧嘧啶 Sulfamonomethoxine		1220-83-3	280.30	281.1	207.0	132.2	+
磺胺嘧啶 Sulfapyridine		000144-83-2	249.29	250.2	65.0	NA	+
舒比利 Sulpiride		15676-16-1	341.43	342.1	112.2	214.1	+
泰妙菌素 Tiamulin		55297-95-5	493.74	494.3	192.2	119.1	+
甲氧苄氨嘧啶 Trimethoprim		738-70-5	290.32	291.1	230.2	123.2	+
泰乐菌素 Tylosin		1401-69-0	916.10	916.4	174.3	101.2	+
三氯生 Triclosan		3380-34-5	289.54	287.0	35.0	NA	−
呋喃苯胺酸 Furosemide		54-31-9	330.75	328.8	204.7	285.1	−
二甲苯氧庚酸 Gemfibrozil		25812-30-0	250.33	249.8	121.9	214.0	−
非诺洛芬 Fenoprofen		31879-05-7	242.27	240.9	196.9	93.1	−
茶碱 Theophylline		58-55-9	180.16	178.9	164.0	122.1	−

14.5.3　药品和个人护理品研究案例

国外对 PPCPs 在城市污水处理厂出水中的浓度已有了初步研究，见表 14.19

(郭美婷 等,2005)。由于各国的自然条件及污水处理厂情况不同,PPCPs 的种类及浓度有较大的差异。

表 14.19 污水处理厂出水中某些 PPCPs 的浓度

PPCPs		日本	德国	瑞典	法国	意大利	美国	西班牙
抗生素 (ng/L)	磺胺地索辛	<0.03～9.7						
	磺胺甲噁唑	<0.2～71.4	660	20	70～90	ND～30		ND～250
	泰洛星	<0.01～3.1						
	四环素	<3.4	<50					
	土霉素	<1.5～12	<50					
	金霉素	<7.9	<50					
消炎止痛药 (μg/L)	双氯芬酸		2.51					0.91～2.10
	布洛芬		0.03～0.41				0.081～0.106*	0.80～2.60
	萘普生		0.02～1.11			0.45	1～3	
其他药品	卡马西平 (ng/L)	43.0～91.5	6300	870	980～1200	300～500		
	普萘洛尔 (ng/L)	5.4～16.0	<25～290	10	10～40	10～90	26～1900	
	氯贝酸 (μg/L)		0.23				ND	
	碘普胺 (μg/L)		0.03～0.1					ND～9.30
消毒剂 (ng/L)	三氯生						10～21*	
麝香 (μg/L)	佳乐麝香							0.49～0.60
	吐纳麝香							0.15～0.20

注:ND 表示未检出

*样品来自美国路易斯安那州污水处理厂加氯消毒前出水

在我国关于 PPCPs 类污染物的研究也日益受到学者的关注。已有相关的综述文献报道称在水环境中检测到紫外防晒剂的残留等。但关于低浓度 PPCPs 类污染物的快速检测、毒理评价、迁移规律、微生物降解机理及高效、安全和稳定的去除的研究报道还不多,应加快相关方面的研究。

虽然目前研究发现环境中 PPCPs 类物质浓度不高,不会给人体带来直接、快速的影响,但是其分布广泛、成分复杂多样,对饮用水和食品的安全性的潜在影响以及长期低剂量暴露对水生生态系统及人类健康的潜在危害值得持续关注(胡洪营 等,2005)。

参 考 文 献

陈明，任仁，王子健，等. 2007. 北京工业废水和城市污水环境激素污染状况调查. 环境科学研究，20(6)：1～7.

郭美婷，胡洪营，王超. 2005. 城市污水中的 PPCPs 及其去除特性. 中国给水排水，21(10)：25～27.

国家环境保护总局，《水和废水监测分析方法》编委会. 2002. 水和废水监测分析方法. 第 4 版. 北京：中国环境科学出版社.

国务院办公厅 . 2022. 新污染物治理行动方案 .

胡洪营，王超，郭美婷. 2005. 药品和个人护理用品(PPCPs)对环境的污染现状与研究进展. 生态环境，14(6)：947～952.

李轶，饶婷，胡洪营. 2009. 污水中内分泌干扰物的去除技术研究进展. 生态环境学报，18(4)：1540～1545.

柳丽丽. 2002. 北京地区水环境中有机氯农药的研究. 北京：北京工业大学硕士学位论文.

骆祝华，黄翔玲，叶德赞. 2008. 环境内分泌干扰物——邻苯二甲酸酯的生物降解研究进展. 应用与环境生物学报，14(6)：890～897.

生态环境部，工业和信息化部，农业农村部，商务部，海关总署，国家市场监督管理总局 . 2023. 重点管控新污染物清单(2023 年版). 北京 .

王淑娟. 2006. 典型水处理过程中有毒有机物质的污染与去除. 北京：北京林业大学硕士学位论文.

王文龙，吴乾元，杜烨，等 . 2021. 城市污水中新兴微量有机污染物控制目标与再生处理技术 . 环境科学研究，34(7)：1672～1678.

徐艳玲，程永清，秦华宇，等. 2006. 有机微污染物在污水处理过程中的变化研究. 环境污染与防治，28(11)：804～808.

余刚，黄俊，张彭义. 2001. 持久性有机污染物：倍受关注的全球性环境问题. 环境保护，(4)：37～39.

质量监督检验检疫总局，标准化管理委员会 . 2005. 城市污水再生利用　地下水回灌水质 . GB/T 19772—2005. 北京：中国标准出版社 .

Abe A. 1999. Distribution of 1,4-dioxane in relation to possible sources in the water environment. Science of the Total Environment, 227(1): 41～47.

Babić S, Ašperger D, Mutavdžić D, et al. 2006. Solid phase extraction and HPLC determination of veterinary pharmaceuticals in wastewater. Talanta, 70(4): 732～738.

Golet E M, Alder A C, Hartmann A, et al. 2001. Trace determination of fluoroquinolone antibacterial agents in urban wastewater by solid-phase extraction and liquid chromatography with fluorescence detection. Analytical Chemistry, 73(15): 3632～3638.

Hansen P. 2007. Risk assessment of emerging contaminants in aquatic systems. Trends in Analytical Chemistry, 26(11): 1095～1099.

Holbrook D, Love N, Novak J. 2004. Sorption of 17α-estradiol and 17β-ethinylestradiol by colloidal organic carbon derived from biological wastewater treatment systems. Environment Science & Technology, 38(12): 3322～3329.

Hutchinson T H, Pickford D B. 2002. Ecological risk assessment and testing for endocrine disruption in the aquatic environment. Toxicology, 181-182: 383～387.

IARC. 1999. 1,4-Dioxane, International Agency for Research on Cancer, Lyon, France.

Katsoyiannis A，Samara C. 2005. Persistent organic pollutants (POPs) in the conventional activated sludge treatment process：Fate and mass balance. Environmental Research，97(3)：245～257.

Katsoyiannis A，Samara C. 2007. The fate of dissolved organic carbon (DOC) in the wastewater treatment process and its importance in the removal of wastewater contaminants. Environmental Science and Pollution Research，14(5)：284～292.

Li X M，Zhang Q H，Dai J Y，et al. 2008. Pesticide contamination profiles of water，sediment and aquatic organisms in the effluent of Gaobeidian wastewater treatment plant. Chemosphere，72(8)：1145～1151.

Pietrogrande M C，Basaglia G. 2007. GC-MS analytical methods for the determination of personal-care products in water matrices. TrAC Trends in Analytical Chemistry，26(11)：1086～1094.

Sei K，Kakinoki T，Inoue D，et al. 2010. Evaluation of the biodegradation potential of 1，4-dioxane in river，soil and activated sludge samples. Biodegradation，21(4)：585～591.

Sousa J C G，Ribeiro A R，Barbosa M O. 2018. A review on environmental monitoring of water organic pollutants identified by EU guidelines. Journal of Hazardous Materials，344：146～162.

Stefan M I，Bolton J R. 1998. Mechanism of the degradation of 1,4-dioxane in dilute aqueous solution using the UV/hydrogen peroxide process. Environmental Science & Technology，32(11)：1588～1595.

Sun Y，Huang H，Sun Y，et al. 2013. Ecological risk of estrogenic endocrine disrupting chemicals in sewage plant effluent and reclaimed water. Environmental Pollution，180：339～344.

Sun Y，Huang H，Sun Y，et al. 2014. Occurrence of estrogenic endocrine disrupting chemicals concern in sewage plant effluent. Frontiers of Environmental Science and Engineering，8(1)：18-26.

US EPA (United States Environmental Protection Agency). 1997. Special Report on Environmental Endocrine Disruption：An Effects Assessment and Analysis. Washington，DC：Office of Research and Development.

U. S. California State Water Resources Control Board (U. S. CSWRC). 2018. Regulations related to recycled water. Sacramento.

U. S. Environmental Protection Agency (U. S. EPA). 2017. Potable reuse compendium. Washington D. C.

U. S. National Water Research Institute (U. S. NWRI). 2013. Examining the criteria for direct potable reuse. Washington D. C.

Wania F，Mackay D. 1996. Tracking the distribution of persistent organic pollutants. Environment Science & Technology，30(9)：390～396.

Weimar J A. 1980. Prevent Groundwater Contamination. Water and Wastes Engering，2.

第 15 章　典型消毒副产物及其研究方法

15.1　消毒副产物类别与危害

在消毒过程中，饮用水和再生水中的部分污染物会与氯、氯胺等氯消毒剂发生反应，产生一些具有生物毒性的消毒副产物(disinfection by-products，DBPs)。氯、氯胺消毒时产生的副产物类型及其生物毒性见表 15.1 和表 15.2。消毒后的饮用水被人体摄入，再生水作为杂用水、景观环境用水回用，或经由其他途径与自然环境中的生物接触时，消毒副产物很可能会威胁它们的正常生存与繁衍，同时也可能影响到人类的健康。

表 15.1　氯和氯胺消毒产生的副产物类型

副产物类型	代表物质	氯消毒	氯胺消毒
三卤甲烷(THMs)[a]	三氯甲烷	+	+
其他卤代烷		+	
卤代烯烃		+	
卤乙酸(HAAs)	氯乙酸	+	+
卤代芳香酸		+	
其他卤代一元羧酸		+	+
不饱和卤代羧酸		+	+
卤代二元羧酸		+	+
卤代三元羧酸		+	
MX[b] 及其相似物		+	+
其他卤代呋喃酮		+	
卤酮		+	
卤乙腈(HAN)	氯乙腈	+	
其他卤代腈	氯化氰	+	+
卤代醛	水合三氯乙醛	+	+
卤代醇		+	+
卤代酚	2-氯酚	+	
卤代硝基甲烷	三氯硝基甲烷	+	
脂肪醛	甲醛	+	
其他醛类		+	
酮(脂肪酮及芳香酮)	丙酮	+	

续表

副产物类型	代表物质	氯消毒	氯胺消毒
羧酸	乙酸	+	
芳香酸	苯甲酸	+	
羟酸		+	
其他		+	+

a. 一般指氯代和溴代的 4 种 THMs，如果碘代 THMs 也包括在内，则共有 9 种 THMs；b. 3-氯-4 二氯甲基-5-羟基-2(5 氢)-呋喃酮

资料来源：Sadiq and Rodriguez，2004

表 15.2 典型 DBPs 的生物毒性

副产物类型	代表物质	遗传毒性	致癌性
三卤甲烷	三氯甲烷		+
	二溴一氯甲烷	+	+
	一溴二氯甲烷	+	+
	三溴甲烷	+	+
卤乙酸	氯乙酸	+	
	二氯乙酸	+	+
	三氯乙酸		+
	溴乙酸	+	
	二溴乙酸	+	+
卤乙腈	氯乙腈	+	
	二氯乙腈	+	
	三氯乙腈	+	
	溴乙腈	+	
卤乙酰胺	氯乙酰胺	+	
	二氯乙酰胺	+	
	三氯乙酰胺	+	
	溴乙酰胺	+	
卤代硝基甲烷	三氯硝基甲烷	+	
	一溴二氯硝基甲烷	+	
	二溴一氯硝基甲烷	+	
亚硝胺	*N*-亚硝基二甲胺	+	+
	N-亚硝基吡咯烷	+	+
	N-亚硝基吗啉	+	+
	N-亚硝基吡啶	+	+
	N-亚硝基二苯胺	+	+

资料来源：Richardson et al.，2007

近年来含氮消毒副产物(N-DBPs)及其风险备受关注。N-DBPs 一般由氯或氯胺与水中的溶解性含氮有机化合物反应产生,包括卤乙腈(haloacetonitriles,HANs)、卤乙酰胺(haloacetamides,HAcAms)、卤代硝基甲烷(halonitromethanes,HNMs)与亚硝胺等。比较 N-DBPs 与非含氮 DBPs 的生物毒性,可以看出 HANs、HAcAms 与 HNMs 的中国仓鼠卵巢(CHO)细胞毒性及遗传毒性明显高于 HAAs(图 15.1)。此外,二甲基亚硝胺(NDMA)在体内可将 DNA 烷基化,诱发癌症。饮用水含有 0.7 ng/L 的 NDMA,所引发的致癌风险可达 10^{-6}。因此,含氮消毒副产物对生态环境与人类健康可能造成更大的危害,逐渐成为研究热点。

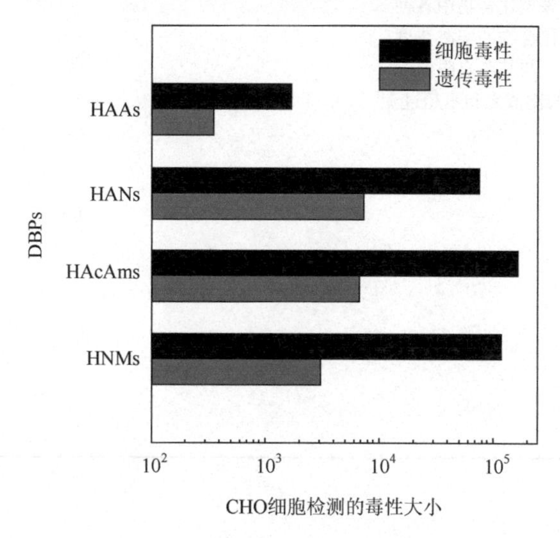

图 15.1　典型 DBPs 的生物毒性比较(Plewa et al.,2008)

15.2　消毒副产物水质标准

三卤甲烷和卤乙酸等消毒副产物逐步被列入我国水质标准,见表 15.3。我国《生活饮用水卫生标准》(GB 5749—2022)规定了三卤甲烷、卤乙酸、氯化氰、亚氯酸盐、氯酸盐和溴酸盐的浓度限值。《城市供水水质标准》(CJ/T 206—2005)主要针对三卤甲烷、卤乙酸、亚氯酸盐和溴酸盐进行控制。我国《地表水环境质量标准》(GB 3838—2002)和《城镇污水处理厂污染物排放标准》(GB 18918—2002)也规定了三氯甲烷的控制限值。但是,毒性较高的卤代乙腈、卤代硝基甲烷和卤代乙酰胺、NDMA 等含氮消毒副产物尚未列入我国水质标准中。加拿大安大略省和美国加利福尼亚州健康署规定饮用水中 NDMA 的水质标准限值分别为 9 ng/L 和 10 ng/L(Ontario Ministry of the Environment and Energy,2000;California Department of Health Services,2002)。

表 15.3　水质标准中消毒副产物的限值　(单位:μg/L)

消毒副产物	生活饮用水卫生标准(GB 5749—2022)	地表水环境质量标准(GB 3838—2002)	城市供水水质标准(CJ/T 206—2005)	城镇污水处理厂污染物排放标准(GB 18918—2002)
三氯甲烷	60	60	60	300
一氯二溴甲烷	100	—	—	—
二氯一溴甲烷	60	—	—	—
三溴甲烷	100	100	—	—
三卤甲烷	该类化合物中各种化合物的实测浓度与其各自限值的比值之和不超过 1	—	100	
二氯乙酸	50	—	—	—
三氯乙酸	100	—	—	—
卤乙酸(总量)包括二氯乙酸、三氯乙酸	—	—	60	—
氯化氰	70	—	—	—
亚氯酸盐(使用 ClO_2 时测定)	700	—	700	—
溴酸盐(使用臭氧时测定)	10	—	10	—

15.3　消毒副产物检测方法

挥发性卤代副产物的检测多采用气相色谱或气相色谱-质谱法。前处理包括顶空法、吹扫捕集、液液萃取、闭环吹脱和固相萃取等。我国环境保护部标准 HJ 620—2011 采用顶空气相色谱法测定挥发性卤代烃,但是存在检测限高、灵敏度差的问题,而美国 EPA500、EPA600 系列方法以及 APHA Standard Methods (APHA,2012)多用吹扫捕集或液液萃取技术前处理。

15.3.1　三卤甲烷、卤乙腈和卤代丙酮等副产物测定方法

US EPA 标准方法 551.1 用戊烷或 MTBE 萃取饮用水或地表水中的 12 种挥发性卤代有机物(相关信息见表 15.4),然后用气相色谱测定(US EPA,1995)。

Golfinopoulos 等(2001)比较了液液萃取-气相色谱法/电子捕获检测(liquid-liquid extraction-gas chromatography/electron capture detector, LLE-GC/ECD)、液液萃取-气相色谱/质谱法(LLE-GC/MS)、吹扫捕集-气相色谱/质谱法(purge &

表 15.4　挥发性卤代消毒副产物

物质		CAS No.	结构式
三卤甲烷	氯仿 (chloroform,TCM)	67-66-3	Cl Cl—C—Cl H
	一溴二氯甲烷(bromodichloromethane,BDCM)	75-27-4	Cl Br—C—Cl H
	二溴一氯甲烷(dibromochloromethane,DBCM)	124-48-1	Cl Br—C—Br H
	溴仿(bromoform,TBM)	75-25-2	Br Br—C—Br H
卤乙腈	溴氯乙腈(bromochloroacetonitrile,BCAN)	83463-62-1	Br Cl—C—C≡N H
	二溴乙腈(dibromoacetonitrile,DBAN)	3252-43-5	Br Br—C—C≡N H
	二氯乙腈(dichloroacetonitrile,DCAN)	3018-12-0	Cl Cl—C—C≡N H
	三氯乙腈(trichloroacetonitrile,TCAN)	545-06-2	Cl Cl—C—C≡N Cl
其他	1,1-二氯丙酮(1,1-dichloroacetone,DCP)	513-88-2	Cl O Cl—C—C—CH_3 H
	1,1,1-三氯丙酮(1,1,1-trichloroacetone,TCP)	918-00-3	Cl O Cl—C—C—CH_3 Cl
	三氯硝基甲烷(trichloronitromethane,CP)	76-06-2	Cl O Cl—C—N^+—O^- Cl
	三氯乙醛(trichloroacetaldehyde)	75-87-6	Cl Cl Cl O

trape-GC/MS)、顶空-气相色谱/质谱法(headspace-GC/MS)四种方法测定三卤甲烷、卤乙腈、卤代酮、三氯硝基甲烷和水合三氯乙醛,结果表明 LLE-GC/ECD 方法用于三卤甲烷和其他 11 种物质的检测具有最高的灵敏度和回收率以及最低的检出限。

1. 液液萃取条件

对三卤甲烷、卤乙腈和卤代丙酮进行液液萃取时,通常选用甲基叔丁基醚(MTBE)作为萃取溶剂,可采用以下步骤:①用缓冲溶液控制水样 pH 在 4.5~5.5 范围,量取 30 mL 水样加入样品瓶;②加入 3 mL MTBE(可含有 100 μg/L 内标 1,2-二溴丙烷),再加入 12 g 无水硫酸钠;③猛烈振摇 4 min,静置 5 min 使分层;④用玻璃滴管取 1 mL 上层有机相到自动进样器样品瓶,进样 1 μL 进行分析(田杰,2006)。

液液萃取时应注意:①碱性条件会造成卤乙腈的分解,所以水样的 pH 值必须控制在要求的范围内;②挥发性物质容易损失造成回收率偏低,操作过程应尽量避免样品转移容器和受热;③移取有机相时尽量避免带入水相;④萃取液应尽快分析,在小于−10 ℃最多保存 14 天(魏建荣 等,2004)。

2. 检测方法

气相色谱-电子捕获法(GC-ECD)和气相色谱-质谱法(GC-MS)被广泛用于三卤甲烷、卤乙腈等消毒副产物测定。GC-ECD 的测定条件为:DB-5 毛细管柱(25 m×0.25 mm×0.25 μm)、高纯氮,不分流进样,0.5 min 后开始吹扫,进样口 200 ℃,检测器 290 ℃;升温程序为 35 ℃保持 5 min,然后以 10 ℃/min 升温至 75 ℃保持 5 min,再以 10 ℃/min 升温至 100 ℃并保持 2 min。三卤甲烷标样色谱图如图 15.2 所示,卤乙腈、卤代丙酮和卤代硝基甲烷的色谱图如图 15.3 所示。

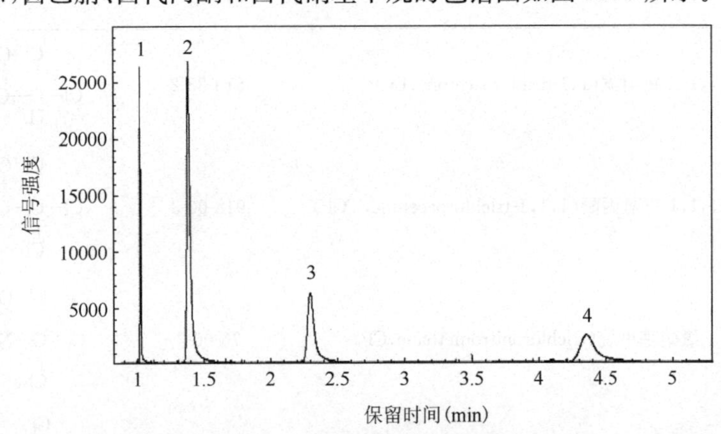

图 15.2　三卤甲烷标样色谱图(田杰,2006)

1. 氯仿 TCM;2. 一溴二氯甲烷 BDCM;3. 二溴一氯甲烷 DBCM;4. 溴仿 TBM

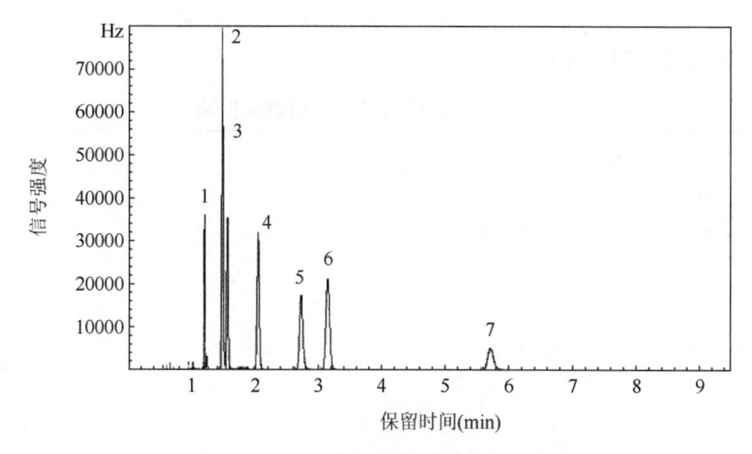

图 15.3　卤乙腈和其他副产物标准谱图

1. 三氯乙腈；2. 二氯乙腈；3. 1,1-二氯丙酮；4. 三氯硝基甲烷；5. 氯溴乙腈；6. 1,1,1-三氯丙酮；7. 二溴乙腈

GC/MS 亦可用于卤乙腈和卤代丙酮等消毒副产物测定。其条件为进样口 180℃，质谱检测器 250℃，气质接口 230℃，无分流进样，进样量 1 μL。柱升温程序为：35℃保持 5 min，然后以 20℃/min 升温至 120℃保持 5 min，再以 40℃/min 升温至 230 ℃ 保持 5 min。质谱检测模式为选择离子检测（selected ion monitoring，SIM），各副产物的定量、定性质荷比(m/z)分别为：二氯乙腈(74、47)，三氯乙腈(108、73)，氯溴乙腈(74、155)，二溴乙腈(120、118)，1，1-二氯丙酮(43、83)，1，1，1-三氯丙酮(43、125)。

15.3.2　卤代乙酰胺测定方法

水中卤代乙酰胺检测可采用液液萃取-GC/MS 方法进行。

液液萃取步骤为：①在水样中加入 6 g 无水硫酸钠并振摇 1 min 使其充分溶解；②加入 2 mL 含 100 μg/L 内标 1，2-二溴丙烷的乙酸乙酯振摇 2 min，静置 5 min 待其分层；③用玻璃滴管取上层有机相至 2 mL 螺纹口样品瓶(美国安捷伦公司产品)，用于 GC/MS 测定。

GC/MS 测定时：进样口 180℃，质谱检测器 250℃，气质接口 230℃，无分流进样，进样量 1 μL。柱升温程序为：40℃保持 5 min，然后以 30℃/min 升温至230℃保持 5 min。质谱检测模式为选择离子检测(SIM)，二氯乙酰胺的定量、定性质荷比(m/z)为 44、48，三氯乙酰胺的定量、定性质荷比(m/z)为 44、47。

15.3.3　卤乙酸测定方法

卤乙酸是氯化消毒后生成的一类有代表性的不挥发性副产物，可以分为：一氯乙酸、二氯乙酸、三氯乙酸、一溴乙酸、二溴乙酸、三溴乙酸、溴氯乙酸、一溴二氯乙酸和二溴氯乙酸九种，见表 15.5。

表 15.5 常见卤乙酸类消毒副产物

物质	CAS No.	结构式
一氯乙酸（monochloro acetic acid，MCAA）	79-11-8	$Cl-CH_2-C(=O)-OH$
一溴乙酸（monobromoacetic acid，MBAA）	79-03-8	$Br-CH_2-C(=O)-OH$
二氯乙酸（dichloroacetic acid，DCAA）	79-43-6	$Cl-CH(Cl)-C(=O)-OH$
三氯乙酸（trichloroacetic acid，TCAA）	76-03-9	$Cl-C(Cl)(Cl)-C(=O)-OH$
溴氯乙酸（bromodi chloroacetic acid，BCAA）	5589-96-8	$Cl-CH(Br)-C(=O)-OH$
二溴乙酸（dibromoacetic acid，DBAA）	631-64-1	$Br-CH(Br)-C(=O)-OH$
一溴二氯乙酸（bromodichloroacetic acid，BDCAA）	71133-14-7	$Br-C(Cl)(Cl)-C(=O)-OH$
一氯二溴乙酸（chlorodibromoacetic acid，CDBAA）	5278-95-5	$Br-C(Br)(Cl)-C(=O)-OH$
三溴乙酸（tribromoacetic acid，TBAA）	75-96-7	$Br-C(Br)(Br)-C(=O)-OH$

水中卤乙酸的浓度为μg/L 量级，必须经过分离富集才能进行分析，如萃取至较小体积的有机相中。液液萃取时需要抑制卤乙酸的电离，以减少其在水相中的分配。卤乙酸极性较大，沸点较高，所以在气相色谱分析之前应衍生化。偶氮甲烷是羧酸甲基化常用的试剂，但是由于易爆炸和发生光降解，EPA method 552.2 中衍生化试剂由酸性甲醇代替了易爆炸的偶氮甲烷。有研究表明，在标准方法条件下，衍生化反应不能完全进行，不同批次实验之间条件上细微的差异可能会对结果有显著影响(Domino et al., 2004)。衍生化反应的温度、时间、衍生化试剂的配比及体积都是衍生化效率的重要影响因素。Xie(2002)系统研究了以上因素的作用，用 10%(体积分数)硫酸-甲醇在 50 ℃衍生化 2 h 效果最好，以上结论构成了 EPA method 552.3 的技术基础。

卤乙酸的液液萃取与衍生化步骤为：①用浓硫酸将待测水样的 pH 值调至 0.5 以下。②量取 30 mL 倒入通用样品瓶，马上加入 12 g 无水硫酸钠并振摇3～5 min 使之尽可能溶解。③加入 3 mL 甲基叔丁基醚，猛烈振摇 2 min，放气，静置 5 min 分层。④移取上层有机相约 2 mL 至 15 mL 通用样品瓶，加入 2 mL 现配制的 10%(体积分数)硫酸-甲醇溶液，密闭后在 50 ℃水浴保持 2h。⑤待反应体系降到室温后，向其中加入 4 mL 的 10%硫酸钠溶液，轻微振摇，静置分层。⑥ 移取 1 mL 上层有机相至自动进样器样品瓶，进样 1 μL 进行分析(田杰，2006)。

卤乙酸甲酯的挥发性较好(沸点为 60～70 ℃)，用非极性或弱极性毛细管柱即可得到满意的分离，配合灵敏度相当高的电子俘获检测器，可以实现对卤乙酸精确、定量的分析。气相色谱条件为：不分流进样，0.5 min 后开始吹扫，进样口 170 ℃，检测器 300 ℃；升温程序：35 ℃(5 min)以 5 ℃/min 升温至 75 ℃(5 min)，再以相同的速率至 135 ℃(2 min)。卤乙酸标准品色谱图如图 15.4 所示(田杰，2006)。

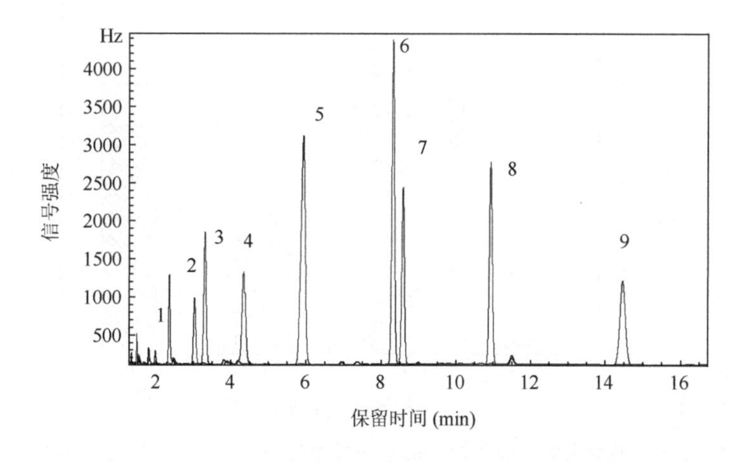

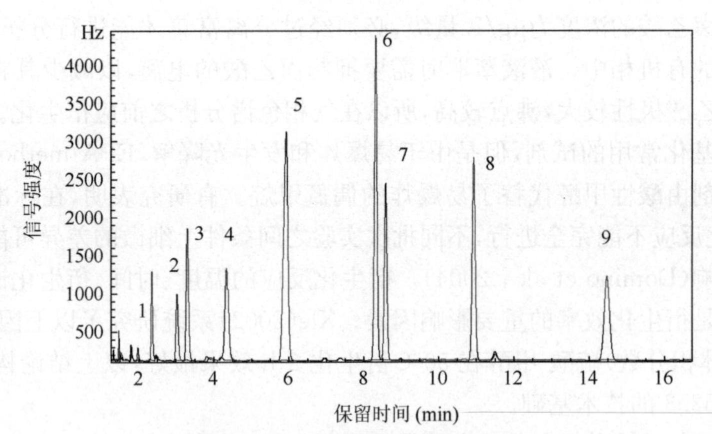

图 15.4 卤乙酸标准品色谱图

峰 1 为一氯乙酸 MCAA，峰 2 为一溴乙酸 MBAA，峰 3 为二氯乙酸 DCAA，峰 4 为溴氯乙酸 BCAA，峰 5 为三氯乙酸 TCAA，峰 6 为二溴乙酸 DBAA，峰 7 为一溴二氯乙酸 BDCAA，峰 8 为一氯二溴乙酸 CDBAA，峰 9 为三溴乙酸 TBAA

15.4 消毒副产物研究案例

15.4.1 典型消毒副产物生成特性

1. 三卤甲烷

图 15.5 为污水处理厂二级出水在不同投氯量下氯消毒 30 min 后的三卤甲烷生成情况。随着投氯量的增加，三卤甲烷总量大幅上升，投氯量为 40 mg/L 产生

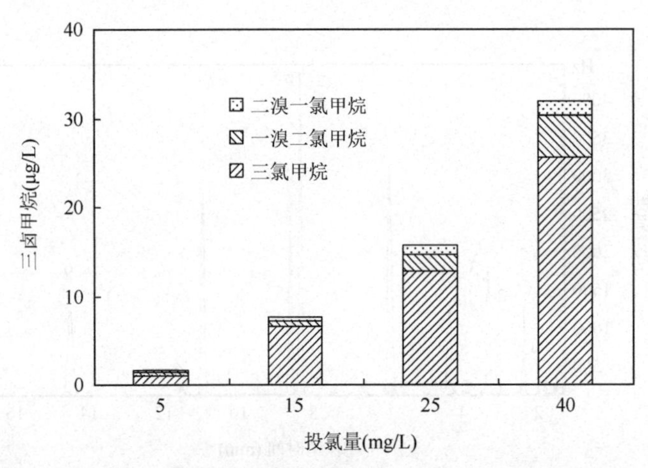

图 15.5 再生水的三卤甲烷生成量与投氯量变化关系(20℃反应半小时)

的三卤甲烷是 5 mg/L 的 5～10 倍，而且各物质生成量都有不同程度的增加(Sun et al.，2009)。

2. 卤乙酸

卤乙酸比三卤甲烷具有更强的致突变活性，因而我国也在 2006 年颁布的饮用水水质卫生标准将二氯乙酸和三氯乙酸包括在内。但是只有通过考察消毒后水中九种卤乙酸的存在浓度并结合毒性研究，才能全面评估卤乙酸的人体健康和生态安全风险，从而提出相应的控制对策。

图 15.6 为污水处理厂二级出水氯消毒过程中卤乙酸生成量特性。二级出水的卤乙酸生成量都随投氯量增加而显著增加，其中三氯乙酸、二氯乙酸生成量增加明显，卤乙酸在投氯量 40 mg/L 时的浓度比 5 mg/L 增加了近 70 倍。Singer(1994)报道，增加投氯量会使卤乙酸比三卤甲烷增加更明显，三卤代比一卤代和二卤代物质增加明显，氯代比溴代物质增加明显。陈萍萍等(2005)研究发现，饮用水消毒中三卤甲烷和卤乙酸与投氯量成正相关。

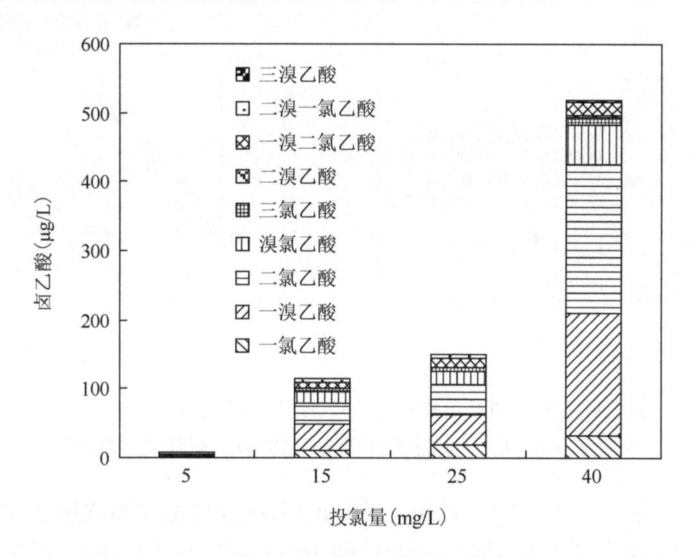

图 15.6　再生水的卤乙酸生成量与投氯量变化关系(20℃反应半小时)

3. 卤乙酰胺和卤乙腈

卤乙腈和卤代乙酰胺在再生水、饮用水消毒中被广泛检出。图 15.7 为再生水、饮用水以及藻类胞外分泌物溶液、褐煤腐殖酸溶液在氯消毒和氯胺消毒过程中二氯乙腈(DCAN)与二氯乙酰胺(DCAcAm)的生成特性。当 CT 值在 3×10^3～10×10^3 mg/(min·L)时，再生水和饮用水氯消毒后的二氯乙腈生成量分别为30～

150 nmol/L 和 20～40 nmol/L；当 CT 值为 $3\times10^3\sim25\times10^3$ mg/(min·L)时，再生水和饮用水氯胺消毒后的二氯乙腈生成量分别为 0.5～20 nmol/L 和 0.5～16 nmol/L。

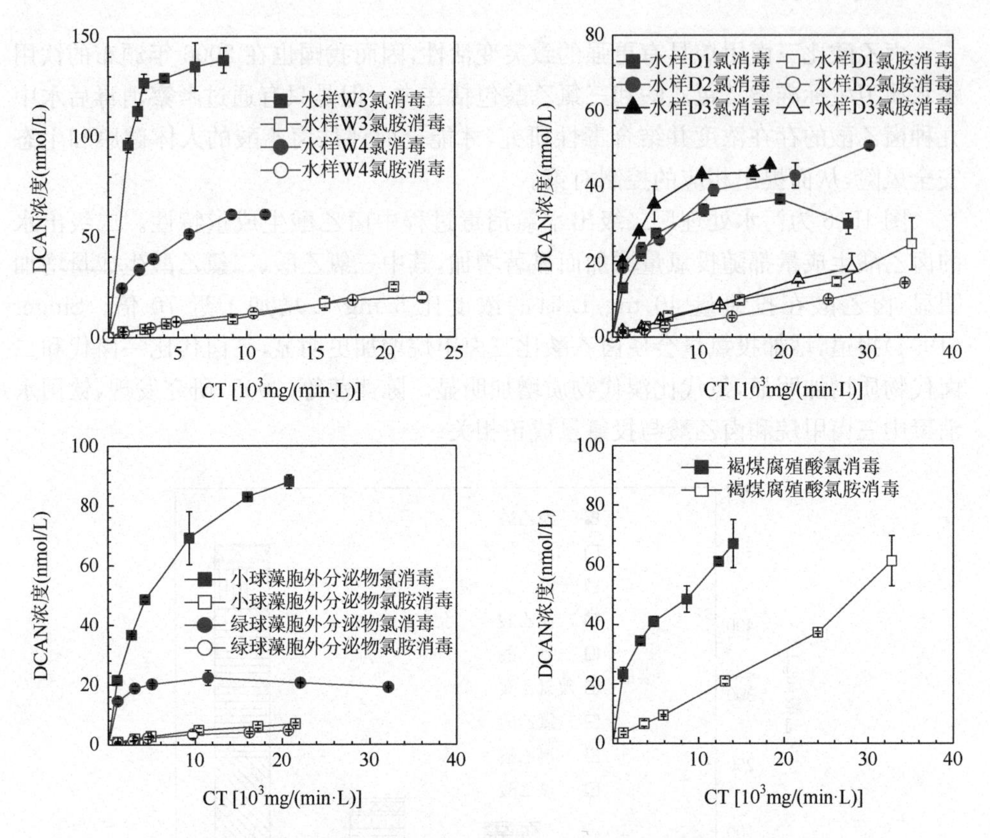

图 15.7　氯消毒与氯胺消毒过程中 DCAN 生成量的比较(再生水水样 W3 与 W4、饮用水水样 D1～D3、藻类胞外分泌物溶液、褐煤腐殖酸溶液)

当 CT 值为 $3\times10^3\sim20\times10^3$ mg/(min·L)时，再生水和饮用水氯消毒后的二氯乙酰胺生成量分别为 2～80 nmol/L 和 10 nmol/L(图 15.8)；再生水和饮用水氯胺消毒后的二氯乙酰胺生成量分别为 10～80 nmol/L 和 10～50 nmol/L，当 CT 值大于 20×10^3 mg/(min·L)时，饮用水氯胺消毒后的二氯乙酰胺生成量还将进一步增加。不同藻类的胞外分泌物的含氮消毒副产物生成量差异较大，小球藻氯胺消毒后的二氯乙酰胺生成量高于绿球藻的(Huang et al.，2012)。

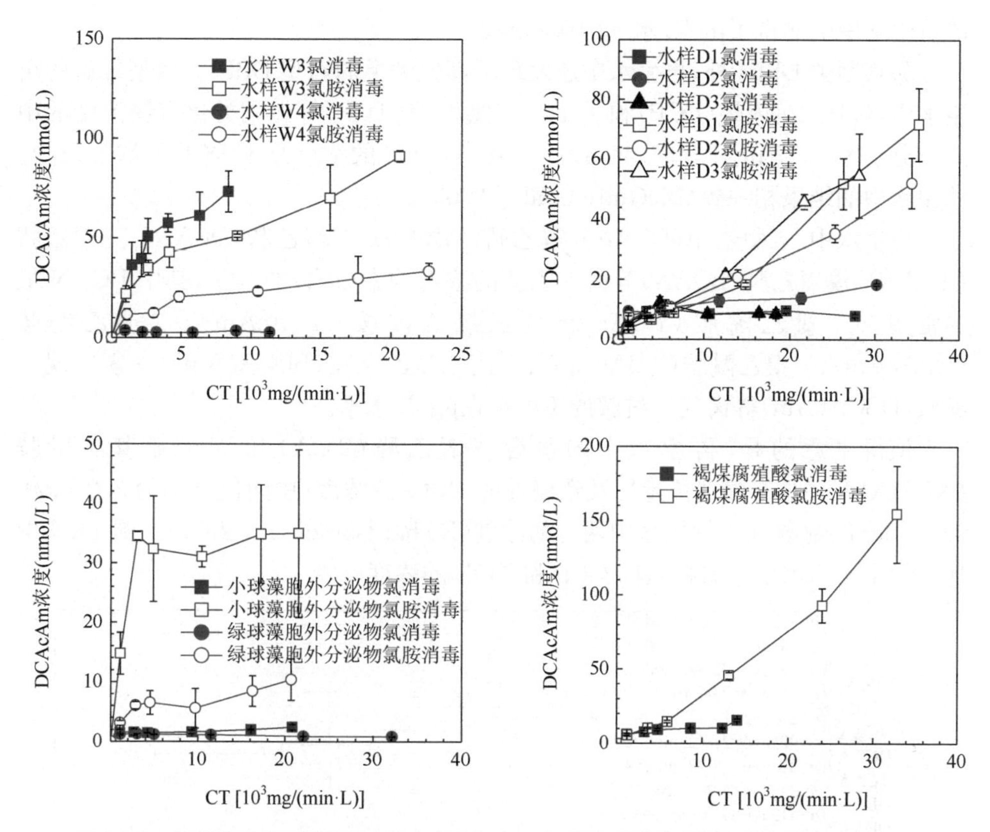

图 15.8　氯消毒与氯胺消毒过程中 DCAcAm 生成量的比较(再生水水样 W3 与 W4、饮用水水样 D1～D3、藻类胞外分泌物溶液、褐煤腐殖酸溶液)

15.4.2　氯消毒副产物组分特征研究

再生水氯消毒过程中 DBPs 生成情况的统计结果如图 15.9 所示 (Du et al.，2017)。在氯消毒后的再生水中,4 种三溴甲烷(THMs)、氯仿(TCM)、一溴二氯甲烷(BDCM)、一氯二溴甲烷(DBCM)和溴仿(TBM)浓度的中间值分别为 12.50 μg/L、14.98 μg/L、23.77 μg/L 和 4.10 μg/L,与美国某污水处理厂出水中测得的 DBPs 浓度水平一致 (THMs 的浓度为 11～92 μg/L) (Krasner et al.，2009)。

再生水中氯乙酸(MCAA)、二氯乙酸(DCAA)、三氯乙酸(TCAA)、溴乙酸(MBAA)和二溴乙酸(DBAA) 等 5 种管制类 HAAs 浓度的中间值分别为 10.2 μg/L、8.2 μg/L、4.6 μg/L、4.2 μg/L 和 0.8 μg/L。在氯消毒过程中,溴氯乙酸(BCAA)和一溴二氯乙酸(BDCAA)等卤代乙酸的生成量也与 5 种 HAAs 相当。

在氯消毒过程中,由于氯会将碘化物氧化为碘酸盐,因此氯消毒通常不会产生碘代 DBPs (Bichsel and von Gunten，2000；Plewa et al.，2004),但是在氯消毒后的再生水中仍测得了μg/L 水平的碘乙酸。

除管制类 DBPs 外,再生水中还发现了其他种类的新型 DBPs。氯消毒后的再生水中,1,1-二氯丙烷(DCP)和 1,1,1-三氯丙烷(TCP)等卤酮类化合物浓度的中间值分别为 0.27 μg/L 和 6.44 μg/L。其中,TCP 的浓度高于 DCP 的浓度,这与饮用水中的结果相一致(McGuire et al.,2003)。

再生水中,二氯乙腈(DCAN)、溴乙腈(MBAN)、二溴乙腈(DBAN)、三溴乙腈(TBAN)、溴氯乙腈(BCAN)等卤代乙腈的浓度均在μg/L 的水平,其中 DCAN 最为常见。二氯乙酰胺(DCAcAm)、三氯乙酰胺(TCAcAm)、二溴乙酰胺(DBAcAm)、三溴乙酰胺(TBAcAm)、一溴二氯乙酰胺(BDCAcAm)、一氯二溴乙酰胺(DBCAcAm)等卤代乙酰胺的浓度也在μg/L 水平。

值得注意的是,再生水中的水合三氯乙醛(TCA)和 *N*-亚硝基二甲胺(NDMA)两种具有强遗传毒性及致癌性的 DBPs 的浓度(中间值分别为 3.2 μg/L 和 10 ng/L)显著高于饮用水中两者的浓度(Richardson et al.,2007)。图 15.9 中还展示了再生水中总有机氯(TOCl)和 TOX 的浓度。

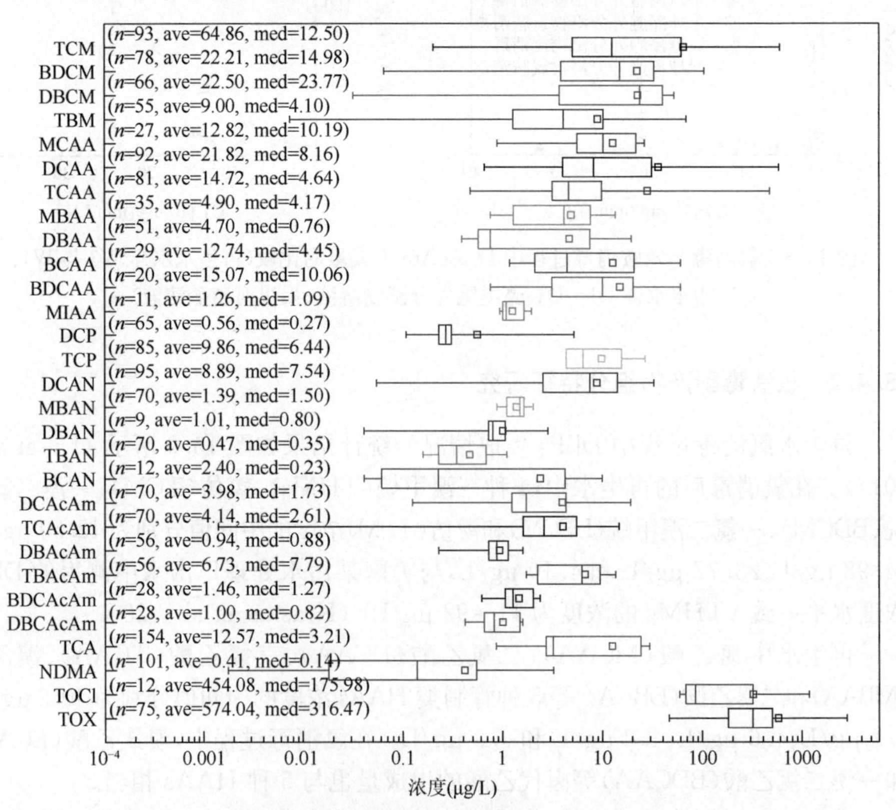

图 15.9 再生水氯消毒过程中 DBPs 浓度

箱形图中的两个线段端点分别表示第 5 及第 95 百分位数对应的浓度值,

三条线分别代表第 25、第 50 及第 75 百分位数对应的浓度值

再生水中 TOCl 和 TOX 浓度的中间值分别为 176.0 μg/L 和 316.5 μg/L，该结果也明显高于美国饮用水 DOC 和溴含量较高地区的 12 家饮用水处理厂出水浓度中间值水平(Krasner et al.，2006)。

利用 Muellner 等(2007)、Plewa 等(2002，2008)中报道的 HAAs、HANs、HAcAms 的细胞毒性和遗传毒性数据进行整合成为毒性风险指数，计算方法如下式：

$$毒性风险指数=浓度\times\left(\frac{1}{EC_{50,细胞毒性}}+\frac{1}{EC_{50,遗传毒性}}\right)\times10^6$$

式中，$EC_{50,细胞毒性}$为细胞毒性试验所得半效应浓度；$EC_{50,遗传毒性}$为遗传毒性实验所得半效应浓度。由图 15.10 可以看出溴乙酸(MBAA)、溴乙腈(MBAN)和三溴乙酰胺(TBAcAm)的毒性风险指数较高。总体来看，溴代 DBPs 的毒性风险指数高于氯代 DBPs。

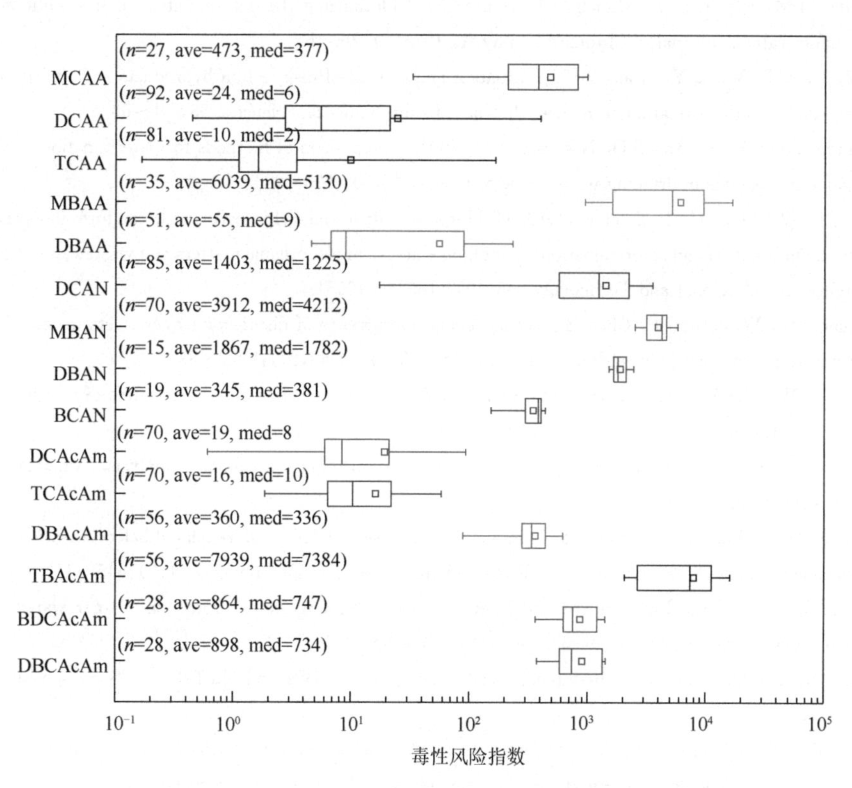

图 15.10　再生水中部分 DBPs 的毒性风险指数

图中线段左端为 5 分位值，右端为 95 分位值；矩形盒左端为 25 分位值，中部线段为中位值，右端为 75 分位值；小正方形表示平均值

参考文献

陈萍萍，张建英，金坚袁. 2005. 饮用水中三卤甲烷和卤乙酸的生成及其影响因素研究. 环境化学，24(4)：434～437.

田杰. 2006. 城市污水氯化消毒副产物产生规律研究. 北京：清华大学硕士学位论文.

魏建荣，姜丽娟，韩志宇. 2004. 液液萃取气相色谱法测定饮用水中消毒副产物检测方法的研究. 中国卫生检验杂志，14(5)：542～544.

APHA, AWWA, WEF. 2012. Standard Methods for the Examination of Water and Waste water (22nd ed). Washington DC, USA.

Bichsel Y, von Gunten U. 2000. Hypoiodous acid: Kinetics of the buffer-catalyzed disproportionation. Water Research, 34(12): 3197～3203.

California Department of Health Services. 2002. NDMA in California drinking water. http://www.dhs.ca.gov/ps/ddwem/chemicals/NDMA/history.html.

Domino M M, Pepich B V, Munch D J, et al. 2004. Optimizing the determination of haloacetic acids in drinking waters. Journal of Chromatography A, 1035(1): 9～16.

Du Y, Lv X T, Wu Q Y, et al. 2017. Formation and control of disinfection byproducts and toxicity during reclaimed water chlorination: a review. Journal of Environmental Sciences. 58, 51～63.

Golfinopoulos S K, Lekkas T D, Nikolaou A D. 2001. Comparison of methods for determination of volatile organic compounds in drinking water. Chemosphere, 45(3): 275～284.

Huang H, Wu Q Y, Hu H Y, et al. 2012. Dichloroacetonitrile and dichloroacetamide can form independently during chlorination and chloramination of drinking waters, model organic matters and wastewater effluents. Environmental Science and Technology, 46(19): 10624～10631.

Krasner S W, Westerhoff P, Chen B Y, et al. 2009. Occurrence of disinfection byproducts in united states wastewater treatment plant effluents. Environ. Sci. Technol. 43(21): 8320～8325.

Krasner S W, Weinberg H S, Richardson S D, et al. 2006. Occurrence of a new generation of disinfection by-products. Environ. Sci. Technol, 40(23), 7175～7185.

McGuire M J, McLain J L, Obolensky A. 2003. Information collection rule data analysis. American Water Works Association.

Muellner M G, Wagner E D, McCalla K, et al. 2007. Haloacetonitriles *vs.* regulated haloacetic acids: Are nitrogen-containing DBPs more toxic? . Environmental Science & Technology, 41(2): 645～651.

Ontario Ministry of the Environment and Energy. 2000. Drinking water protection—larger water works. http://www.ene.gov.on.ca/envision/WaterReg/Reg-final.pdf.

Plewa M J. 2008. Comparative mammalian cell toxicity of N-DBPs and C-DBPs. ACS Symposium, 995: 36～50.

Plewa M J, Kargalioglu Y, Vankerk D, et al. 2002. Mammalian cell cytotoxicity and genotoxicity analysis of drinking water disinfection by-products. Environmental & Molecular Mutagenesis, 40(2): 134～142.

Plewa M J, Muellner M G, Richardson S D, et al. 2008a. Occurrence, synthesis, and mammalian cell cytotoxicity and genotoxicity of haloacetamides: An emerging class of nitrogenous drinking water disinfection byproducts. Environmental Science and Technology, 42(3): 955～961.

Plewa M J, Wagner E D, Richardson S D, et al. 2004. Chemical and biological characterization of newly discovered iodoacid drinking water disinfection byproducts. Environ. Sci. Technol, 38(18): 4713～4722.

Richardson S D，Plewa M J，et al. 2007. Occurrence，genotoxicity，and carcinogenicity of regulated and emerging disinfection by-products in drinking water：A review and roadmap for research. Mutat. Res.，636 (1)：178～242.

Richardson S D，Plewa M J，Wagner E D，et al. 2007. Occurrence，genotoxicity，and carcinogenicity of regulated and emerging disinfection by-products in drinking water：A review and roadmap for research. Mutation Research，636(1～3)：178～242.

Sadiq R，Rodriguez M J. 2004. Disinfection by-products (DBPs) in drinking water and predictive models for their occurrence：A review. Science of the Total Environment，321(1/2/3)：21～46.

Singer P C. 1994. Control of disinfection by-products in drinking water. Journal of Environmental Engineering，120(4)：727～744.

Sun Y X，Wu Q Y，Hu H Y，et al. 2009. Effects of operating conditions on THMs and HAAs formation during wastewater chlorination. Journal of Hazardous Materials，168(2-3)：1290～1295.

US EPA. 1995. Determination of chlorination disinfection by-products，chlorinated solvents，and halogenated pesticides/herbicide in drinking water by liquid-liquid extraction and gas chromatography with electron-capture detection (Revision 1. 0). Method 551. 1，http://www.epa.gov.

Xie Y F. 2002. Acidic methanol methylation for HAA analysis：Limitations and possible solutions. Journal—American Water Works Association，94(11)：115～122.

第 16 章　生物毒性及其研究方法

16.1　生物毒性及其意义

目前，水质污染的评价和控制主要基于综合指标（如 BOD_5、COD_{Cr}、DOC、TP 和 TN 等）和单一有毒有害污染物指标。但这些指标均存在一定的局限性。COD_{Cr} 和 DOC 等指标能较好地评价水中有机污染物的含量，但不能给出有机物种类的信息，更不能给出这些污染物的毒性、危害性和危害程度。

单一指标一般是根据有毒有害化学物质对环境的污染状况和其毒性来制定的，但是仅依靠单一物质指标评价水质安全存在许多不足（胡洪营 等，2002）：

(1) 水质安全保障需控制有毒有害污染物的健康风险和生态风险，而单一指标一般是依据化学物质对人类的健康影响来制定的，较少考虑对生态系统的影响。

(2) 污染物毒性效应差别很大，在很多情况下仅从浓度水平无法判断污染物毒性的大小。

(3) 有毒有害污染物种类众多，但目前能够测定的有毒物质种类有限。由于分析手段还不够完善，水环境中污染物来源组成复杂，无法识别的有毒物质众多。对毒性数据不足，或其毒性没有被认识到的化学物质难以进行控制。

(4) 大部分关于有毒化学物质风险的研究，是基于实验室对其所进行的毒理学研究来判断的。在这类研究中，产生毒性效应的剂量水平一般在 mg/L 量级，但水中检测到的微量有毒有害污染物的浓度往往在μg/L 量级甚至更低。而且大部分研究都是针对单一物质，而水中存在多种有毒物质，它们之间往往具有一定的加成、协同、拮抗效应等。所以依据单一有毒物质的毒理学研究结果，难以准确判定多种有毒物质在污水中产生的毒性效应。

(5) 工业生产、人类生活中使用的化学物质的种类日趋增加，新的有毒有害化学物质的不断出现将使单一指标越来越多，由于新的有毒有害化学物质在环境中的浓度非常低，这会大大增加分析技术的难度和分析费用。

(6) 单一指标的建立往往滞后。

水环境所面临的水质安全风险是由种类多、浓度低的有毒物质共同产生的，难以只根据某些特定的有毒物质来判定。因此，综合利用化学仪器分析方法和生物毒性测试对饮用水、污水、再生水等水资源进行评价具有显著的优越性。

与单一物质测定相比，生物毒性测试能够更直接、全面地表征水环境安全性。

为了保障水生生态系统安全和人体健康，需要转变固有的水质评价和控制理念，在控制水中污染物浓度的同时，重视水的生物毒性管理和排放削减，对保障水质安全，保护水生生态系统有重要意义(胡洪营 等，2002)。

生物毒性指化学物质能引起生物机体损害的性质和能力。由于不同研究者关注对象和危害水平不同，生物毒性分类方式众多，包括毒性作用时间、毒性作用模式、靶器官。按照毒性作用时间长短可以分为急性毒性、慢性毒性和亚慢性毒性。按照毒性作用机制可以分为致癌、致畸等。按照靶器官可以分为内分泌干扰性、肝毒性、神经毒性、呼吸毒性等。在各种毒性当中，水的急性毒性、慢性毒性、遗传毒性(含致癌、致畸、致突变)、内分泌干扰性备受人们关注。

16.2　生物毒性标准和水质要求

美国、加拿大、德国等发达国家早在 20 世纪 70～80 年代就已经开始实施污水毒性控制，并制定了相关毒性排放标准(US EPA，1991；SOR/2002-222；SOR/92-269)。这些标准的建立能够有效地督促工业污水处理工艺的改进和优化，保证工业污水的水质安全，控制水环境污染和保护水资源。我国自 2008 年起对发酵类制药行业污水实施毒性控制管理(GB 21903—2008)，而日本、韩国等国家也正在对污水毒性控制的技术和政策问题展开探讨。

这里所说的生物毒性是污水(处理后的污水)中所有污染物共同作用(综合作用)的结果，为了区别由单一特定污染物导致的生物毒性，美国等一些国家称之为 Whole Effluent Toxicity(WET)。在我国，许多学者将其直译为“综合生物毒性”，并得到较广泛的应用。但是，“综合生物毒性”中的“综合”的概念模糊，容易导致误解。因此，为了避免误解，建议用“污水生物毒性”，而不用“污水综合生物毒性”。

各个国家污水毒性控制标准对毒性的表示方法根据其控制侧重点不同，存在较大差异(表 16.1)。对于急性毒性的表征，我国是标准方法中采用 $HgCl_2$ 毒性当量浓度，可形象反映污染物的风险。德国强调无毒性效应，其采用的最低无效应稀释度直观反映了污水排放到水环境中时需要稀释到什么程度才对水环境生物无不良影响。而美国、加拿大和爱尔兰强调生物半数死亡/效应，但在水样毒性效应小于半数死亡/效应水平时则难以确定水样的确切毒性效应水平。因此，需要根据预期控制目标和实际操作需要，选择合理、形象、可行的毒性评价方法(胡洪营 等，2011)。

表 16.1　国内外污水排放毒性控制标准、指南的毒性表示方法

国家	急性毒性	慢性毒性	遗传毒性
中国	$HgCl_2$ 毒性当量浓度	—	—
美国	$100/LC_{50}$	100/NOEC	—

续表

国家	急性毒性	慢性毒性	遗传毒性
加拿大	LC_{50}	EC_{50}	—
德国	最低无效应稀释度	最低无效应稀释度	诱导率
爱尔兰	$100/EC_{50}$	—	—

LC_{50}:导致受试生物半数死亡时的水样百分稀释率(%)。如水样稀释到原有浓度的20%时导致50%的生物死亡,其LC_{50}为20%

EC_{50}:导致受试生物半数效应时水样百分稀释率(%)。如水样稀释到原有浓度的20%时导致50%的生物发生某效应,其EC_{50}为20%

NOEC:未导致受试生物发生效应时的水样百分稀释率(%)

—:尚无相关毒性指标要求

不同国家不同行业污水毒性控制指标及限值均存在较大差别。德国、美国、加拿大和我国污水排放标准的生物毒性指标限值见表16.2和表16.3。在德国,化学工业污水对鱼卵、大型溞、藻和发光细菌的最低无效应稀释度需分别小于2、8、16和32。经SOS/*umu*遗传毒性试验确定的化学工业污水致突变潜能(以诱导率表示)需小于1.5,该范围在SOS/*umu*试验中处于遗传毒性未检出的水平。而在纸浆、皮革、纺织、焦化、钢铁等行业,则仅要求控制污水对鱼卵毒性,其鱼卵最低无效应稀释度限值范围为2～6。美国环境保护局推荐的急性毒性最大浓度基准值为0.3TU_a(TU_a为急性毒性单位,即$100/LC_{50}$),慢性毒性持续控制浓度基准值为1TU_c(TU_c为慢性毒性单位,即100/NOEC)。因此,需要根据我国水环境生物类别、工业污水污染物毒性特征和控制技术水平,研究、制定适合我国国情的工业污水毒性控制指标和毒性标准(胡洪营 等,2011)。

表16.2 德国污水排放毒性控制标准限值

项目	对鱼卵非急性毒性[a]	对大型溞急性毒性[a]	对藻急性毒性[a]	对发光细菌急性毒性[a]	致突变性潜能(*umu* test)[a]
纸浆生产	2				
化学工业	2	8	16	32	1.5
废物生物处理	2(2)[b]	(4)[b]		(4)[b]	
皮革和人造皮革生产	2				
皮毛加工	4				
纺织品生产和整理	2				
煤焦化	2				
废物物理化学处理和废油处理	2	4		4	
钢铁生产					
烧结、生铁脱硫、粗钢生产					
二级冶炼、连续浇铸、热成型、管道热成型	2				

续表

项目	对鱼卵非急性毒性[a]	对大型溞急性毒性[a]	对藻急性毒性[a]	对发光细菌急性毒性[a]	致突变性潜能(*umu* test)[a]
鼓风炉制生铁和炉渣造粒，带钢冷成型，管道、截面、光亮型钢材和钢丝冷成型，半成品钢和钢制品的连续表面处理	6				
金属加工					
阳极处理	2				
酸洗、上漆、电镀玻璃	4				
电镀(非玻璃)、着色、热浸锌涂料、热浸锡、硬化、印刷电路板、电池生产、机械车间、研磨	6				
水处理、冷却系统、蒸气发生				12[c]	
有色金属生产	4				
印刷和出版	4				
洗毛	2	2			
废物地面储存	2(2)[b]	(4)[b]		(4)[b]	
橡胶加工和橡胶制品生产	2			(12)[d]	
废物焚烧的废气洗涤，燃烧系统的废气洗涤，无机颜料生产，半导体元件生产，基于纤维胶处理和乙酸纤维的化学纤维、薄膜和纱布生产，铁、钢和可锻铸铁铸造，纤维板和涂料生产，氯碱电解，有害物质的使用	2				

a. 对鱼、大型溞、藻和发光细菌的毒性以最低无效应稀释度表示，遗传毒性潜能以诱导率表示；b. 与其他污水混合前；c. 电厂冷却水；d. 冷却水与其他污水混合前

资料来源：Waste Water Ordinance，2004

表 16.3　中国、加拿大和美国污水排放毒性控制标准/基准限值

行业	中国	加拿大	美国(环保局推荐值)
发酵类制药工业	0.07 mg-$HgCl_2$/L[a]	—	
金属冶炼或加工	—	50%[b]	急性毒性最大浓度基准：0.3 TU_a^c
造纸和制浆	—	50%[b]	慢性毒性持续控制浓度基准：1 TU_c^c
其他	—	—	

a. 中国制药废水毒性指标采用发光细菌法检测，结果以 $HgCl_2$ 毒性当量浓度表示；b. 加拿大毒性指标采用虹鳟鱼急性毒性试验检测，结果以导致受试生物半数死亡时的水样百分稀释率(%)表示；c. 急性、慢性毒性试验均需不少于 3 个种；TU_a，急性毒性单位，为 100/导致受试生物半数死亡时的水样百分稀释率(%)；TU_c，慢性毒性单位，为 100/导致受试生物半数死亡时的水样百分稀释率(%)。

16.3 生物毒性测定方法

16.3.1 毒性测定方法概述

生物毒性检测技术(bio-toxicity tests)是一类通过评价化学物质对生物的影响,以综合表征其毒性的方法。生物毒性检测技术是水质安全评价的重要手段,其可以表征水中未知有毒有害污染物对生物的影响,也可反映水中众多污染物间复杂的相互作用(胡洪营等,2002)。

生物毒性检测技术按照毒性指标的不同,可以分成急性毒性检测、慢性毒性检测、遗传毒性检测和内分泌干扰性检测技术等。常见的生物毒性检测技术包括溞类运动抑制/致死试验、发光细菌急性毒性试验、溞类生命周期评价等(图 16.1)。这些技术受试生物各不相同,体现了对浮游动物(水溞)、鱼类、微生物(藻、发光细菌)等不同营养水平水生生物的保护。因此,在水的毒性评价时需要根据毒性指标类别和保护对象的不同,选择合适的生物毒性检测技术(胡洪营 等,2011)。

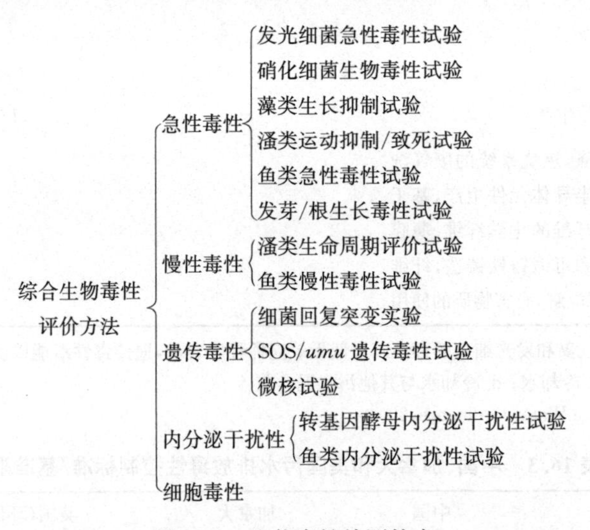

图 16.1 生物毒性检测技术

各项生物毒性检测技术在不同国家所处的发展阶段与各国关注的毒性指标类型和技术发展密切相关。表 16.4 给出了各项生物毒性检测技术列入国内外标准、指南等的状况。美国、德国和 ISO 等国家和组织已建立了大量的生物毒性检测技术标准和指南,而我国生物毒性检测技术标准和指南则仍以急性毒性和遗传毒性检测为主,亟须建立和健全我国污水/再生水生物毒性评价技术规范(胡洪营 等,2011)。

表 16.4　生物毒性检测技术列入国内外标准、指南的状况

毒性指标	生物毒性检测技术	ISO	OECD	中国	美国	日本	德国	英国
急性毒性	藻类生长抑制试验	●	○	○	●	●	●	●
	溞类运动抑制/致死试验	●	○	●	●	●	●	●
	鱼类急性毒性试验	●	○	●	●	●	●	●
	发光细菌急性毒性试验	●	—	●	●	—	●	●
	发芽/根生长毒性试验	*	*	○	●	—	—	—
慢性毒性	溞类慢性毒性(生命周期评价)试验	●	○	—	●	—	—	—
	鱼类慢性毒性试验	●	○	—	●	—	●	—
遗传毒性	细菌回复突变试验	●	○	○	●	—	●	○
	SOS/*umu* 遗传毒性试验	●	○	—	—	—	●	—
	微核试验	●	○	○	●	—	●	●
内分泌干扰性	转基因酵母内分泌干扰性试验	—	—	—	—	—	—	—
	鱼类内分泌干扰性试验	—	—	—	○	—	—	—

●：列入标准，○：列入指导手册，—：尚未列入标准或指南，OECD：国际经济合作与发展组织

资料来源：胡洪营 等，2011

从毒性检测技术类型来看，毒性检测技术关注点呈“急性毒性→慢性毒性/遗传毒性→内分泌干扰性”的发展顺序。急性毒性检测技术被许多国家和组织列为标准方法，反映了各国均关注急性毒性指标。慢性毒性、遗传毒性检测技术则被美国、德国等少数国家和组织列为标准，而内分泌干扰性检测技术则仅在美国被列入指南(胡洪营 等，2011)。

从毒性检测的受试生物类别来看，鱼类毒性检测法和水溞毒性检测法因方法较为成熟、受试生物类别在水生态系统中占据重要地位，被较多国家和组织列入标准和指南(胡洪营 等，2011)。

16.3.2　毒性测试样品前处理方法

表 16.5 给出了常用生物毒性测试的样品前处理方法及受试生物。从表中可以看出，大多数的生物毒性测试在试验前均需要对水样进行前处理，而固相萃取是最常用的前处理方法。

表 16.5　毒性测试样品前处理方法及受试生物

毒性	测试种类	样品前处理方法	受试生物
急性毒性	发光细菌急性毒性测试	—	明亮发光杆菌 T_3 小种
	大型溞运动抑制试验	—	大型溞
内分泌干扰性	转基因酵母内分泌干扰性试验	固相萃取	重组雌激素受体基因酵母
遗传毒性	Ames 试验	固相萃取	鼠伤寒沙门氏菌组氨酸缺陷型菌株
	SOS/*umu* 试验	固相萃取	TA1535/Psk1002 细菌
细胞毒性	ATP 活性检测	固相萃取	HepG2 细胞

注："—"代表样品不需要前处理

常用生物毒性测试的固相萃取前处理方式类似，均采用 Oasis HLB SPE 小柱进行萃取。萃取过程均经过 SPE 小柱活化、萃取、SPE 小柱干燥、洗脱以及氮吹干燥等流程。不同毒性测试所需水样体积、活化试剂、萃取流速及洗脱试剂等略有差异，具体见表 16.6。

表 16.6　不同生物毒性测试固相萃取前处理方法

<table>
<tr><th colspan="2">测试种类</th><th>pH</th><th>固相萃取柱活化</th><th>流速(mL/min)</th><th>洗脱前除杂</th><th>洗脱溶剂</th><th>洗脱后除杂</th></tr>
<tr><td colspan="2">SOS/umu 遗传毒性测试</td><td>2</td><td>丙酮、甲醇、高纯水</td><td>5～10</td><td>—</td><td>丙酮</td><td>—</td></tr>
<tr><td rowspan="2">转基因酵母内分泌干扰性试验</td><td>雌激素活性</td><td>2～3</td><td>MTBE、甲醇、高纯水</td><td>5～10</td><td>40%甲醇、高纯水、10%甲醇/2%氨水清洗</td><td>二氯甲烷/丙酮(7：3)</td><td>经硅胶柱净化</td></tr>
<tr><td>抗雌激素活性</td><td>2</td><td>丙酮、甲醇、高纯水</td><td>5～10</td><td>—</td><td>甲醇</td><td>—</td></tr>
<tr><td colspan="2">细胞毒性测试</td><td>2</td><td>丙酮、甲醇、高纯水</td><td>5～10</td><td>—</td><td>甲醇、丙酮、二氯甲烷</td><td>—</td></tr>
</table>

16.3.3　急性毒性测试法

急性毒性作用指生物 1 次或 24 小时内多次接触外源化学物后在短期内所产生的毒性效应。该毒性效应可定在不同水平上，包括功能、细胞、器官、系统损害乃至死亡。受试生物包括细菌、藻类、水生动物、陆生植物、哺乳动物等。其中，发光细菌、藻、大型溞、鱼等常用于评价再生水的急性毒性。

1. 发光细菌急性毒性测试

发光细菌急性毒性测试法是通过测定样品在短时间内对发光细菌发光的抑制

程度评价样品急性毒性的一种方法。发光细菌属革兰氏阴性兼性厌氧菌，其在正常的代谢过程中可产生发光物质2,4-二氧四氢蝶啶蛋白（lumazine protein，LumP）从而发光。在发光细菌急性毒性测试中，有毒物质可直接抑制细菌体内参与发光反应的酶类活性或抑制与发光反应有关的代谢过程（如细胞呼吸等）从而抑制细菌的发光强度。在一定范围内，发光强度变化的大小与有毒物质的浓度呈相关关系，同时与该物质的毒性大小有关。

发光细菌急性毒性测试法具有测试时间短（测试时间为15～30 min）、灵敏度高、自动化程度高等特点，其与原生动物毒性试验、高等植物毒性试验、鱼类毒性试验、青蛙毒性试验以及鼠、兔等哺乳动物毒性试验等均具有良好的相关性（DeZwart and Sloof，1983；Miller et al.，1985；Kaiser and Esterby，1991）。因此，发光细菌急性毒性测试被广泛应用，并被列为中国等国家和国际标准化组织（ISO）急性毒性评价的标准方法。

现行标准方法中作为毒性参照物的氯化汞具有很强的毒性。可通过建立 $HgCl_2$ 浓度及其相对发光度的相关关系，再根据测得样品的相对发光度，求出与样品急性毒性相当的 $HgCl_2$ 浓度（一般用mg/L表示）。

王丽莎等（2006）通过一系列实验的筛选，发现 Zn^{2+} 易溶、稳定、常见、价廉、毒性中等，对环境污染较小，因此说明 Zn^{2+} 作为参照物更加安全、可靠。实验还发现 Zn^{2+} 与 $HgCl_2$ 的毒性之间存在一定相关性：Zn^{2+} 的毒性是 $HgCl_2$ 的毒性的1/12.5，根据这一换算关系，可以方便地把原来用 $HgCl_2$ 表示的物质的毒性换算成用 Zn^{2+} 表示以便于比较。采用 Zn^{2+} 作为参照物不仅可以方便地表征不同化学物质的毒性，而且可以直观地表征复杂环境样品的毒性，从而为污水排放控制和处理工艺优化提供理论依据。

2. 大型溞急性毒性测试法

水溞是淡水水体中广泛存在的小型无脊椎动物，为鱼类与其他浮游动物的重要食物来源，是淡水生态系统的重要组成部分。在各种水溞中，大型溞（*Daphnia magna*）个体最大，其属于甲壳纲枝角亚目，形态如图16.2所示。其对有毒物质非常敏感，世代周期短，方便易得，繁殖能力强，容易在实验室培养，因此常作为生物毒性测试的标准生物。

大型溞运动抑制试验是通过检测样品在短时间内对幼溞运动的抑制作用表征样品急性毒性的一种方法。该方法已被中国、美国等多个国家以及经济合作与发展组织（OECD）、ISO组织列为标准方法。

16.3.4 内分泌干扰性检测法

内分泌干扰性检测法是检测样品对生物内分泌系统功能影响的一类方法。常

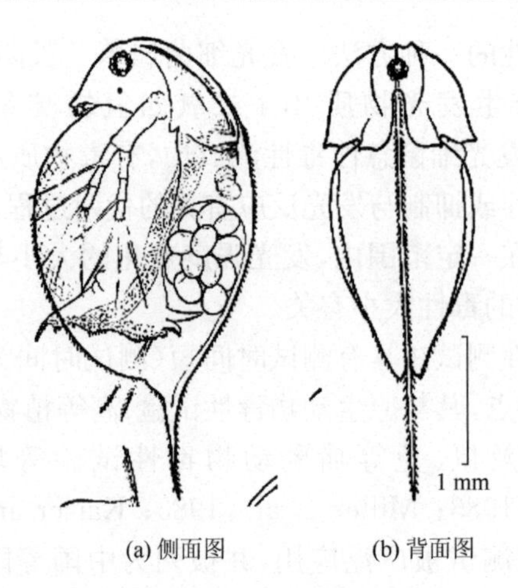

图 16.2 大型溞形态示意图(蒋燮治和堵南山,1979)

见的内分泌干扰作用评价方法包括转基因酵母内分泌干扰性试验、鱼类卵黄卵原蛋白试验等。主要关注的内分泌干扰效应包括雌激素活性、抗雌激素活性、雄性激素活性、甲状腺激素活性、糖皮质激素活性等。

在高等动物体内,雌激素等固醇类激素与受体结合,引起相关基因的表达,最终引发相应的生理现象,该途径被称为受体介导途径。基于这一途径,研究者开发了转基因酵母内分泌干扰性试验用于测定样品中的内分泌干扰效应(Nishikawa et al., 1999)。转基因酵母内分泌干扰性试验是检测样品诱导酵母体内的类固醇激素受体能力以表征样品内分泌干扰性的一种方法。

转基因酵母雌激素活性试验的基本原理如图 16.3 所示。雌激素活性物质与酵母细胞中的雌激素受体结合,产生一系列的生化反应,诱导转录产生 β-半乳糖苷酶,检测 β-半乳糖苷酶活性便可表征样品的雌激素活性。

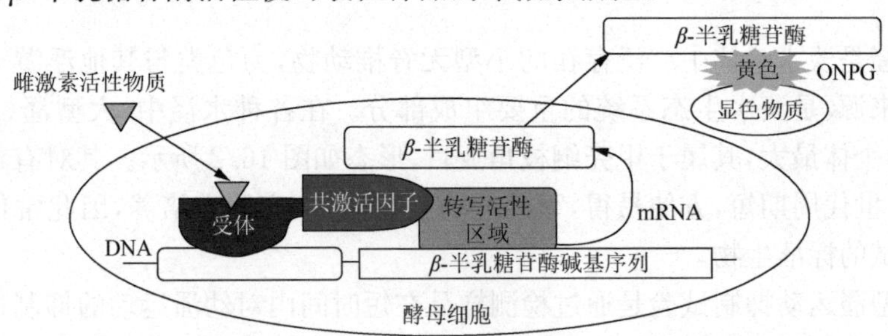

图 16.3 转基因酵母雌激素活性试验测定雌激素活性的基本原理

转基因酵母抗雌激素活性试验的试验原理与雌激素活性的类似,如图 16.4 所示。在试验中添加样品的同时,添加一定量的标准雌激素活性物质 17β-雌二醇,通过测定样品对 17β-雌二醇的 β-半乳糖苷酶诱导活性的抑制程度,来表征浓缩样品的抗雌激素活性强弱(Jung et al.，2004；Wu et al.，2009)。

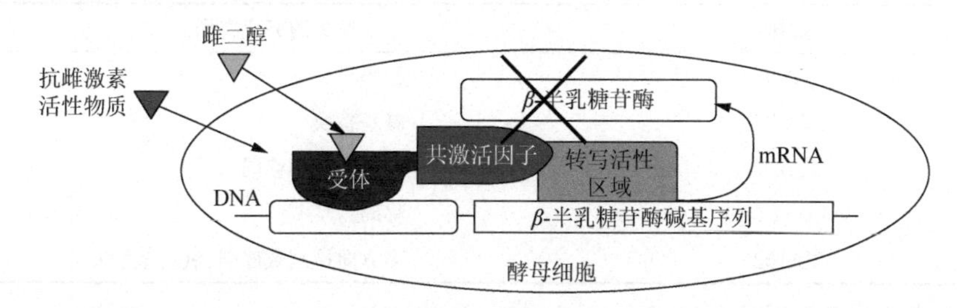

图 16.4　转基因酵母抗雌激素活性试验测定抗雌激素活性的基本原理

16.3.5　遗传毒性测试法

遗传毒性作用指生物接触外源化学物所产生 DNA 直接损伤或基因和染色体改变的效应，包括基因突变、染色体畸变和染色体分离异常等。遗传毒性试验种类繁多，包括 Ames 试验、SOS/*umu* 试验、微核试验和彗星试验等。其中，Ames 试验和 SOS/*umu* 试验常用于再生水遗传毒性评价。

1. 鼠伤寒沙门氏菌回复突变试验

鼠伤寒沙门氏菌回复突变试验又称 Ames 试验，是检测样品导致鼠伤寒沙门氏菌组氨酸缺陷型菌株发生回复突变的程度以表征样品致突变性的一种方法。其试验原理如图 16.5 所示，将具有致突变性的样品与无法合成组氨酸的鼠伤寒沙门氏菌缺陷型菌株接触，使得无法在低含量组氨酸培养基上生长的缺陷型菌株发生回复突变(reverse mutation)成为野生型菌株，并在低含量组氨酸培养基上生长(印木泉，2002)。细菌回复突变试验经过多年改进，已发展出多种菌株用于测定不同类型的突变，见表 16.7。

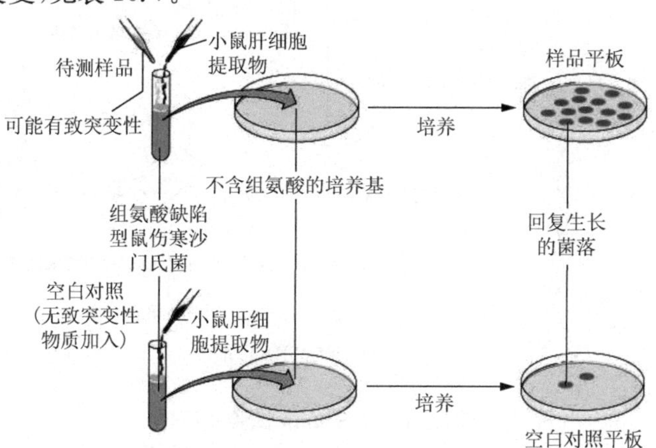

图 16.5　细菌回复突变试验示意图(Tortoro et al.，2001)

表 16.7 细菌回复突变试验常用菌株及其检测的突变类型

菌株	检测的突变类型
TA98	移码
TA1535	碱基替换
TA100	碱基替换和移码
TA1537、TA97	移码
TA102	多方向检测致癌剂、氧化型物质

资料来源：印木泉，2002

2. SOS/*umu* 遗传毒性试验

SOS/*umu* 遗传毒性试验是通过检测细菌 DNA 经样品损伤后的修复程度以表征样品遗传毒性的一种方法。图 16.6 给出了 SOS/*umu* 试验的原理图。遗传毒性物质导致细菌 DNA 损伤，受损 DNA 诱导产生一系列物质，启动 DNA 修复所需酶并提高酶活力，使受损 DNA 修复，从而重新恢复细胞分裂，这一系列反应称为 SOS 反应。细菌在发生 SOS 反应时，可生成具有活性的蛋白水解酶，该酶切除阻遏 *umu*C 操纵子的蛋白质，使受封闭的 *umu*C 操纵子启动，并带动与 *umu*C 操纵子融合的 *lac*Z 基因转录、翻译，生成 β-半乳糖苷酶，测定 β-半乳糖苷酶活性，便可确定 DNA 的受损程度。

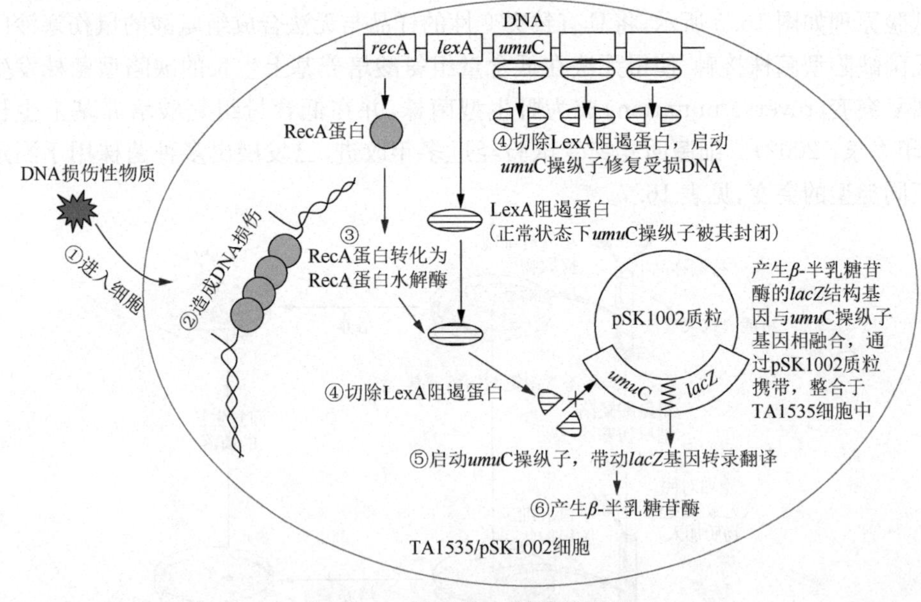

图 16.6 SOS/*umu* 试验的原理

SOS/*umu* 遗传毒性试验具有简单、快速(4～6h)、敏感、价廉的特点，该方法的结果与 Ames 致突变性试验有 90%的一致性，且具有 SOS/*umu* 遗传毒性的物质有 90%以上的可能是致癌物(Reifferscheid and Hell, 1996)。因此，该方法被 ISO 国际标准化组织列为标准方法(ISO, 2000)。基于该方法的遗传毒性指标已被德国列入化工污水的排放标准中(Germany FMENCNS, 2004)。

16.3.6　细胞毒性测试法

细胞毒性是由细胞或者化学物质引起的单纯的细胞损伤事件，不依赖于凋亡或坏死等细胞死亡机理。常见的细胞毒性检测方法见表 16.8。

表 16.8　常见细胞毒性检测方法

检测方法		主要试剂	检测终点	产物	特点
染色法	化学染色法	台盼蓝	受损细胞或死细胞的解体 DNA	—	价格低廉、操作简单；染色时间不易把握，计数不精确
	荧光染色法	吖啶橙	活细胞的细胞核 DNA	明亮绿色荧光	灵敏度高、结果易分辨；要求特殊仪器，如流式细胞仪
		溴化乙锭	受损细胞的细胞核 DNA	橘红色荧光	
比色法	MTT 法	MTT：3-(4,5-二甲基噻唑-2)-2,5-二苯基四氮唑溴盐	活细胞线粒体中的琥珀酸脱氢酶	不溶性蓝紫色结晶甲臜	简单快捷；甲臜产物不溶于水，溶解过程易流失
	XTT 法	XTT：3,3′-[1-(苯胺酰基)-3,4-四氮唑]-二(4-甲氧基-6-硝基)苯磺酸钠	活细胞线粒体中的琥珀酸脱氢酶	水溶性橙黄色甲臜	灵敏度高，可测定低细胞密度，重复性优于 MTT；XTT 水溶液不稳定
	CCK-8 法	WST-8：2-(2-甲氧基-4-硝基苯基)-3-(4-硝基苯基)-5-(2,4-二磺酸苯)-2H-四唑单钠盐	活细胞线粒体中的琥珀酸脱氢酶	高度水溶性的黄色甲臜产物	无须洗涤细胞，检测快速，可测定低细胞密度，重复性优于 MTT；CCK-8 试剂价格昂贵
	Alamar Blue 法(阿尔玛蓝法)	Alamar Blue(阿尔玛蓝)	活细胞线粒体	阿尔玛蓝的红色产物	不影响细胞正常代谢及基因表达，有利于对细胞连续监测
	LDH 法(乳酸脱氢酶法)	INT(碘硝基四唑盐类)	受损细胞或死亡细胞所释放乳酸脱氢酶	(紫)红色甲臜化合物	操作简便，LDH 自然释放率低；影响因素多，如培养基、pH 值、温度及加底物显色时间和终止剂等

续表

检测方法		主要试剂	检测终点	产物	特点
比色法	SRB 法（磺基罗丹明 B 法）	SRB，TCA（三氯乙酸）	活细胞内组成蛋白质的碱性氨基酸	—	产物不易变色，细胞固定后可以放置较长时间

除上述方法外，荧光素发光法也广泛应用于细胞毒性检测。该方法利用荧光素酶和荧光素在 ATP 作用下可以发光的原理，通过化学发光仪进行检测。ATP 是化学物质三磷酸腺苷（adenosine triphosphate）的简称，存在于所有的生物体中（从微生物到高等动植物），ATP 在细胞体内主要作用是提供能量（Davidson et al.，1999）。目前，已明确证实了微生物浓度和 ATP 浓度之间的相互关系，可以通过 ATP 浓度的测定，反映细菌浓度的实际状况（Thore et al.，1975）。美国航空航天局的科学家们于 20 世纪 60 年代提出了 ATP 生物发光技术（Hasan et al.，2006），ATP 活性检测法基于具有代谢活性的细胞中含有相当数量的 ATP，通过定量检测 ATP 含量表征活细胞数量。

在该检测方法中，细胞的溶解产生的发光信号与 ATP 量存在正比关系（图 16.7），同时 ATP 数量直接正比于细胞数量（Crouch et al.，1993）。ATP 活性检测基于萤火虫荧光素-荧光素酶发光反应，细胞中 ATP 可通过自由溶解状态释放出来，并在有荧光素酶、镁、氧气存在条件下与萤火虫荧光素发生反应产生荧光（图 16.8）。假如不考虑其他试剂的影响，发光强度与样品中 ATP 的含量成比例（Lai-King et al.，1985）。

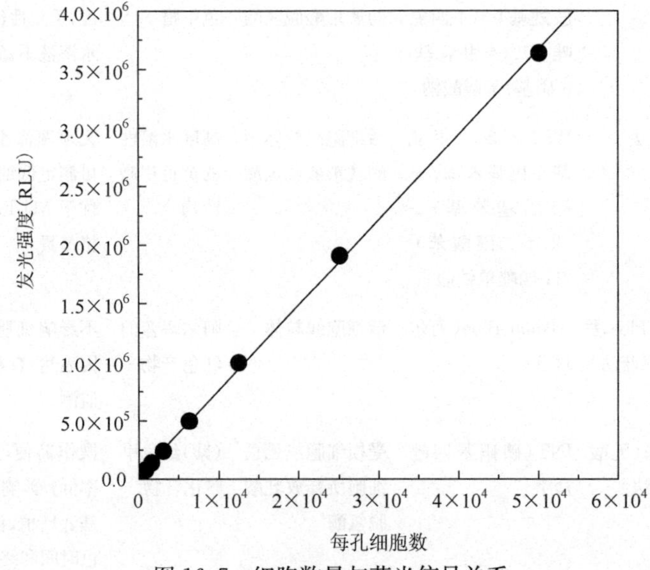

图 16.7 细胞数量与荧光信号关系

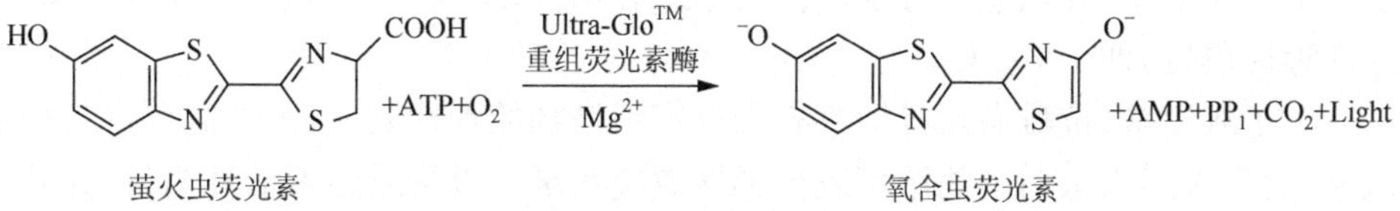

萤火虫荧光素 + ATP + O_2 —(Ultra-Glo™ 重组荧光素酶，Mg^{2+})→ 氧合虫荧光素 + AMP + PP_1 + CO_2 + Light

图 16.8 萤火虫荧光素-荧光素酶发光反应

ATP活性检测方法可用于细胞增殖、细胞毒性分析和自动化高效筛选的多孔板实验模式。检测过程操作简便、灵敏度高，在短时间内即可得到检测结果，因此具有其他微生物检测方法不可比拟的优势(Redsven et al.，2007)。此种方法以往由于荧光素和荧光素酶价格昂贵而难以普及，且最初是以萤火虫为原料提取荧光素酶的，其制备过程比较复杂，生产周期长，成本也很高。但是，随着分子生物学的发展，近年来荧光素酶已可通过基因重组大肠杆菌生产，其价格大幅度下降，因而使ATP生物发光法在微生物的检测上得以迅速普及。

16.4 生物毒性数据解析方法

根据研究控制侧重点不同，毒性数据解析与表征方法存在较大差异。一般是根据污染物的剂量-效应曲线，先获得半致死浓度与半效应浓度、无影响浓度、诱导率等参数，后采用毒性当量、稀释率等方法计算毒性水平，并采用统计学方法评价样品是否有显著毒性。

1. 半数致死剂量与半效应浓度及相关数据解析方法

半数致死剂量(median lethal dose)是指在设定的实验条件下，当单一污染物暴露于一个种群的生物，而导致其50％的死亡率出现时的剂量，通常采用LD_{50}表示。半致死浓度(median lethal concentration)是指在毒性实验中，使50％的受试生物死亡的有毒物质浓度，用LC_{50}表示。需要注意的是，半致死浓度与暴露时间密切相关，通常暴露时间越长，污染物的半致死浓度越小。在高毒性工业污水的急性毒性测试时，为了求得LC_{50}，通常对水样进行一定比例的稀释，以获得水样的剂量-效应曲线。水样稀释时，宜设置5个稀释梯度，并以几何级数排布，间隔系数在预实验中可取10，在正式试验中宜取≤2.2。

半效应浓度(median effective concentration)是指在实验系统或某一个生态系统中50％的受试生物或某一生物种群表现出可观察到的有效反应或不良效应时污染物的浓度，用EC_{50}表示。

根据LD_{50}、EC_{50}等参数可以计算水样毒性单位和毒性当量物质浓度。

美国等国家通常将工业污水水样进行稀释，以获得半数致死剂量、半致死浓度以及半效应浓度，并用急性毒性单位的形式表示(toxic unit)。例如在美国，TU_a为急性毒性单位，即 $100/LC_{50}$。

对于雌激素、抗雌激素等微量有毒有害污染物的毒性效应，由于需要进行样品浓缩，通常采用当量污染物浓度表征毒性效应水平。以抗雌激素活性为例，先获得水样、当量污染物对 17β-雌二醇的半乳糖苷酶活性(即雌激素活性)的抑制曲线，后根据测定的标准曲线和浓缩后水样的当量体积计算得出水样中的等价他莫西芬浓度(AEQ)。具体方法为根据他莫西芬对 17β-雌二醇的半乳糖苷酶活性(即雌激素活性)的抑制曲线求得他莫西芬半数抑制剂量 D_{EC50}(mg)，并根据浓缩水样的抑制曲线(图 16.9)，按照四参数 Logistic 模型[式(16.1)]求得水样对 17β-雌二醇的半乳糖苷酶活性抑制率达 50%的当量体积 V_{EC50x}(L)。进而将水样的抗雌激素活性按式(16.2)以当量他莫西芬浓度的形式表示。

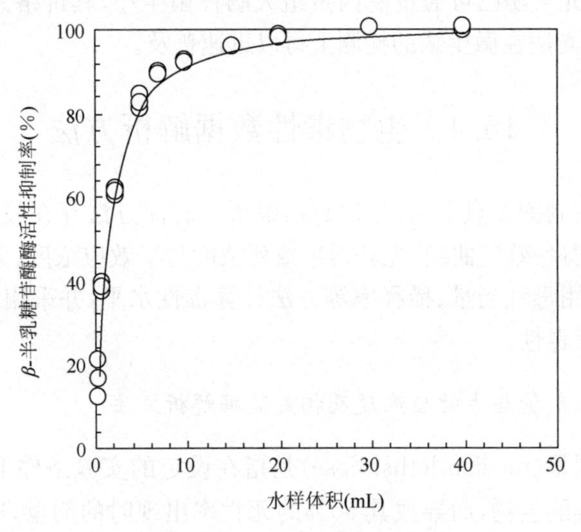

图 16.9　水样的剂量效应曲线

$$I_x(\%) = A_1 + \frac{A_2 - A_1}{1 + 10^{(\log V_{EC50x} - \log V_x)p}} \tag{16.1}$$

式中，V_x 为浓缩后水样的当量体积；I_x 为浓缩后水样对 0.4 ng 17β-雌二醇 β-半乳糖苷酶活性的抑制率；V_{EC50x} 为待测样品对 0.4 ng 17β-雌二醇的 β-半乳糖苷酶活性的抑制率达 50%时所需的样品体积。

$$抗雌激素活性(mg\text{-}TAM/L) = \frac{D_{EC50}}{V_{EC50x}} \tag{16.2}$$

式中，D_{EC50} 为标准他莫西芬对 0.4 ng 17β-雌二醇的 β-半乳糖苷酶活性抑制率达 50%时的剂量。

2. 无观察效应浓度与最低观察效应浓度

最低可观察效应浓度(LOEC)是指与对照相比,观察到显著效应($p \leqslant 0.05$)时受试物的最低浓度。无观察效应浓度(NOEC)是指在毒性测试过程中,受试物对生物无可观察影响的浓度,在统计学上略低于最低可观察效应浓度。LOEC 和 NOEC 计算通常通过假设检验(hypothesis testing)方法确定,如 Dunnett's 检验、t 检验、Steel's Many-one Rank 检验或者经过 Bonferroni 矫正的 Wilcoxon Rank Sum 检验。

3. 诱导率及其斜率

在 SOS/*umu* 遗传毒性测试中,常采用诱导率计算样品的毒性效应。诱导率是指样品与阴性对照引发单位生物的效应比。在 ISO 标准方法 SOS/*umu* 遗传毒性测试中,采用公式(16.4)计算样品的诱导率,通常诱导率≥1.5 或 2 时才认为水样具有遗传毒性。样品对测试细胞的急性毒性过大时,可导致细胞大量死亡并抑制 β-半乳糖苷酶的合成,从而影响实验结果。因此,ISO 方法要求细胞生长率 G 大于 0.5 的数据才可用于计算诱导率 I_R。

$$G=\frac{A_{600,T}-A_{600,B}}{A_{600,N}-A_{600,B}} \tag{16.3}$$

$$I_R=\frac{A_{420,T}-A_{420,B}}{A_{420,N}-A_{420,B}}\times\frac{1}{G} \tag{16.4}$$

式中,$A_{600,T}$为测试样品在(600±20)nm 处的吸光度; $A_{600,B}$为空白样品在(600±20)nm 处的吸光度; $A_{600,N}$为负对照样品在(600±20)nm 处的吸光度; $A_{420,T}$为测试样品在(420±20)nm 处的吸光度; $A_{420,B}$为空白样品在(420±20)nm 处的吸光度; $A_{420,N}$为阴性对照样品在(420±20)nm 处的吸光度。

为了能对样品的遗传毒性进行直观的比较,以及增加非同批试验结果的可比性,遗传毒性实验常用相应的阳性对照 4-硝基喹啉-*N*-氧化物(4-NQO)的浓度表征[多次试验表明(20±5)μg/L 的 4-NQO 溶液的 SOS/*umu* 遗传毒性试验结果为阳性,即诱导率达 1.5]。每次试验时,同时测定样品和正对照 4-NQO 的剂量效应曲线,然后比较二者剂量效应曲线的斜率可得二者之间的遗传毒性换算关系。举例如下:

某水样的剂量效应曲线如图 16.10 所示,取其线性部分,拟合后得到 $y=0.4177x+1$,斜率为 0.4177 mL^{-1}(其中 x 为样品体积,单位 mL;y 为诱导率)。

同时测定的 4-NQO 的剂量效应曲线如图 16.11 所示,拟合后得到 $y=0.0754x+1$,斜率为 0.0754 ng^{-1}(其中 x 为 4-NQO 含量,单位 ng;y 为诱导率)。

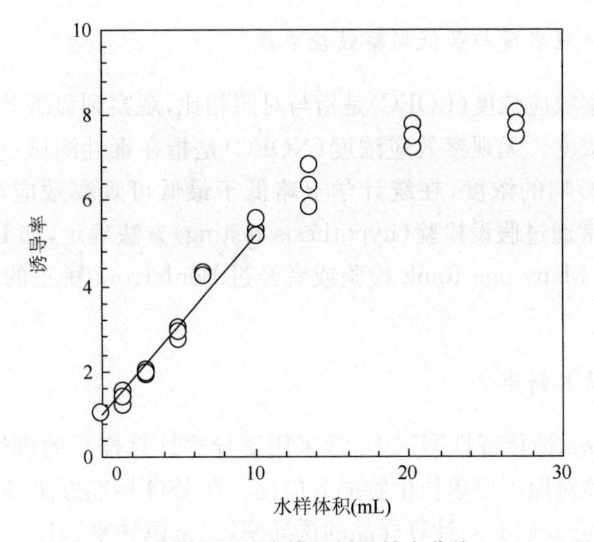

图 16.10　某水样的剂量效应曲线

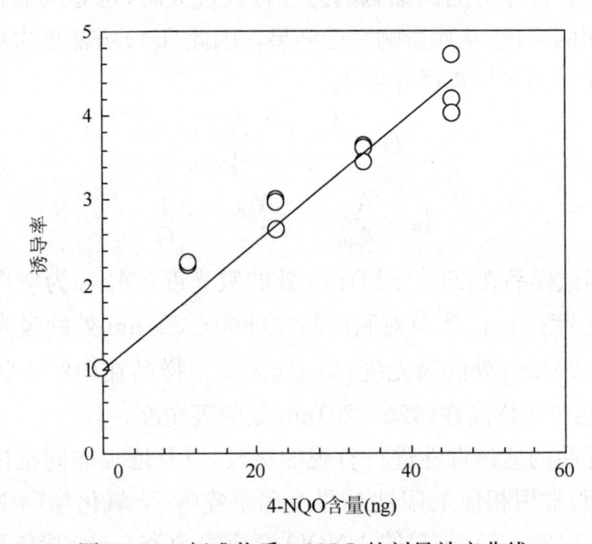

图 16.11　标准物质 4-NQO 的剂量效应曲线

4. 是否有毒判断方法

毒性测试结果存在一定的偏差，当偏差大于一定范围则不可接受。例如，大型溞急性毒性实验中，阴性对照的运动抑制率若大于 10%，则实验结果是不能够被接受的。

水样是否具有毒性，需要通过数据统计分析进行确定。例如，在 US EPA 的急性毒性标准方法中，美国的一些地区规定如果水样的大型溞运动抑制率小于或等于 10％则样品是无毒的；如果水样的大型溞运动抑制率大于 10％，且与对照组（大型溞运动抑制率≤10％）有明显差别，则样品是有毒的（US EPA，2002）。

在毒性结果的数据统计分析时，需注意实验结果是否满足正态分布。若满足正态分布时，才可采用 t 检验等方法判断水样与阴性对照组是否存在显著性差异。例如，对于大型溞、鱼类等水生生物的毒性实验，大型溞运动抑制率、鱼类死亡率等属于二项式分布，需要采用正弦变化等方法进行转换，并判断变换后是否满足正态分布判断，具体步骤如图 16.12 所示。

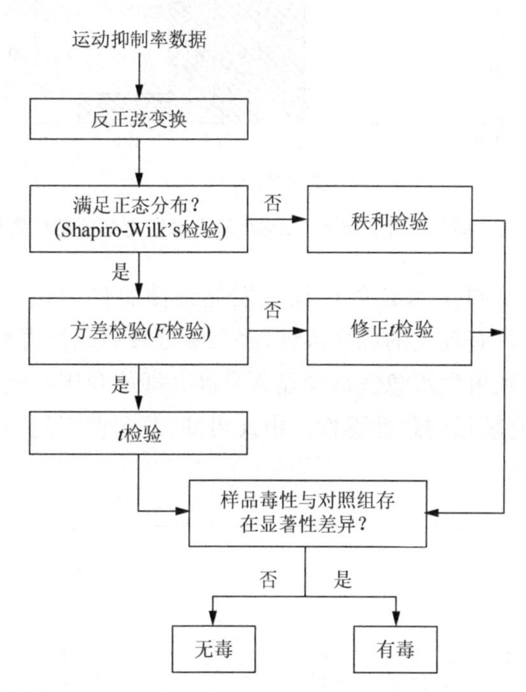

图 16.12　水样对大型溞运行抑制率与阴性对照的统计分析（US EPA，2002）

16.5　生物毒性研究案例

16.5.1　污水和再生水的急性毒性

1. 发光细菌急性毒性

发光细菌急性毒性测试在污水/再生水毒性评价中的应用十分普遍。城市污水处理厂二级处理出水的发光细菌急性毒性水平如图 16.13 所示（王丽莎，2007；

吴乾元,2010)。二级处理出水的发光细菌急性毒性处于 mg-Zn^{2+}/L 水平,平均值为 0.28 mg-Zn^{2+}/L。

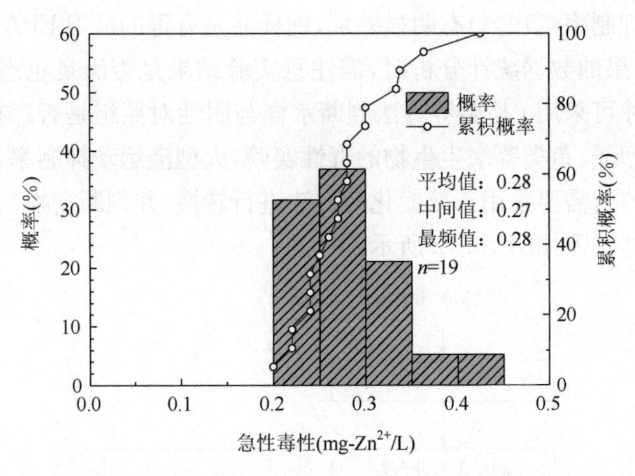

图 16.13　城市污水处理厂二级处理出水发光细菌急性毒性分布

图 16.14 给出了再生水处理过程中发光细菌急性毒性的沿程变化(王丽莎等,2006)。原污水具有较大的急性毒性,经二级处理后急性毒性已未检出,但后续的氯消毒工艺可导致再生水急性毒性显著升高。即使利用亚硫酸钠将水中余氯去除后,再生水仍具有较强的急性毒性。由此可知,氯消毒工艺是导致再生水急性毒性上升的重要环节。

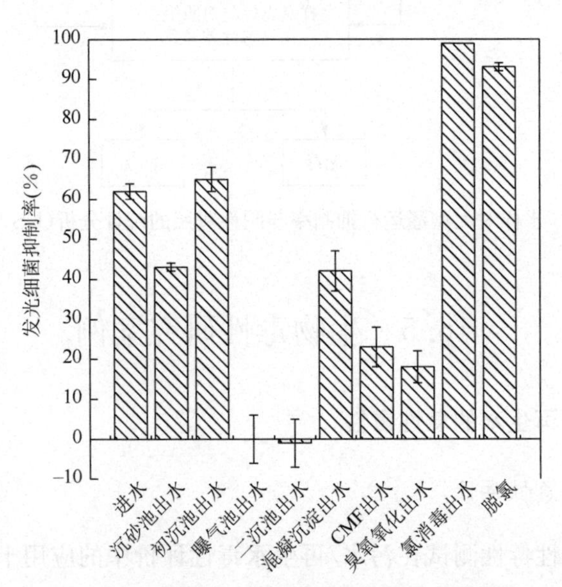

图 16.14　再生水处理过程中发光细菌急性毒性变化(王丽莎 等,2006)

2. 大型溞急性毒性

图 16.15 给出了工业污水和生活污水经二级生物处理后的出水对大型溞运动的抑制率。电路板污水经生物处理后仍具有较强的急性毒性，而以城市污水为水源的二级处理出水急性毒性则未检出。

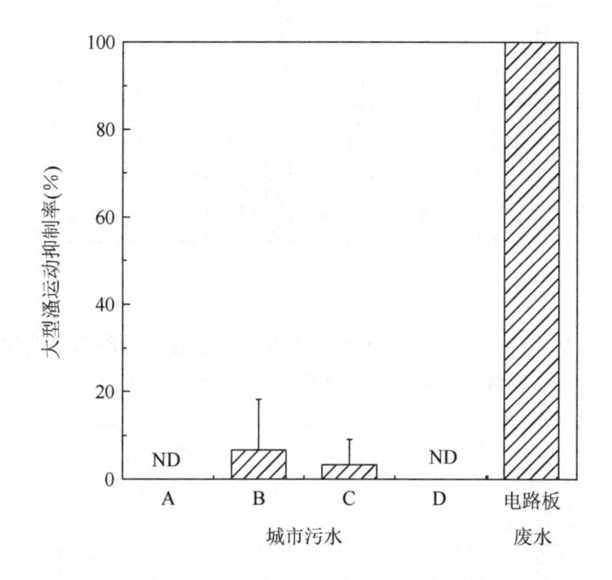

图 16.15　以电路板污水或城市污水为水源的二级处理出水对大型溞的急性毒性

16.5.2　污水和再生水的内分泌干扰性

图 16.16 给出了城市污水处理厂二级出水氯消毒前后的雌激素活性变化（吴乾元，2010）。从图中可以看出，水样 W6～W8 在消毒前均具有一定的雌激素活性，为 3～6 ng-E2/L。消毒后，水样 W6～W8 的雌激素活性降至 ND～2.4 ng-E2/L，显著低于消毒前的（$p<0.05$）。这表明氯消毒可显著降低再生水的雌激素活性。

图 16.17 给出了城市污水处理厂二级出水抗雌激素活性生成量与氯消毒时间的关系（唐鑫，2014）。从图中可以看出，再生水水样在消毒前即显示出一定的抗雌激素活性，随着消毒时间的延长，抗雌激素活性呈现出了上升的趋势。在消毒后的前 6 h 内，抗雌激素活性上升极为显著，且在 6 h 达到了最高。6 h 后，抗雌激素活性仍维持在较高水平，但并未有进一步显著上升。

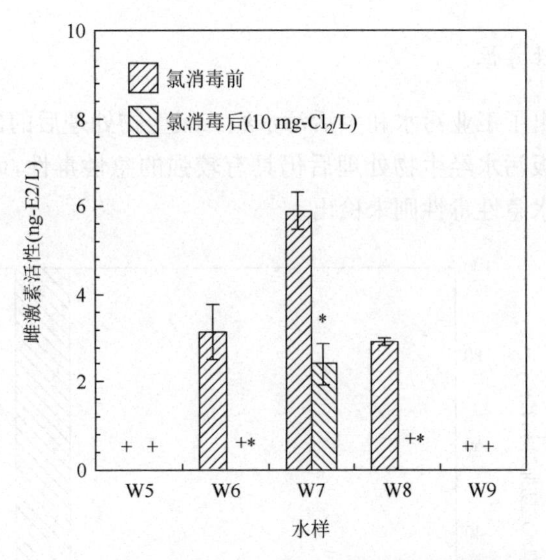

图 16.16 城市污水处理厂二级出水氯消毒前后雌激素变化

投氯量 10 mg-Cl_2/L，* 代表低于检测限 1 ng-E2/L

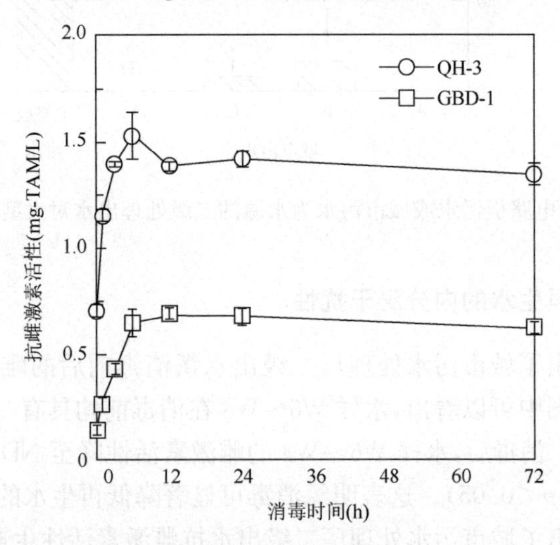

图 16.17 消毒时间与抗雌激素活性生成量的关系(投氯量:3 倍 DOC)

16.5.3 污水和再生水的遗传毒性

1. 城市二级出水的遗传毒性水平

图 16.18 给出了城市污水处理厂二级出水遗传毒性的累积频率分布。从图中可以看出，大部分城市污水处理厂二级出水水样均可以检出遗传毒性，遗传毒性在 μg-4-NQO/L 水平。其平均值为 18.8 μg-4-NQO/L，中间值为 13.8 μg-4-NQO/L。

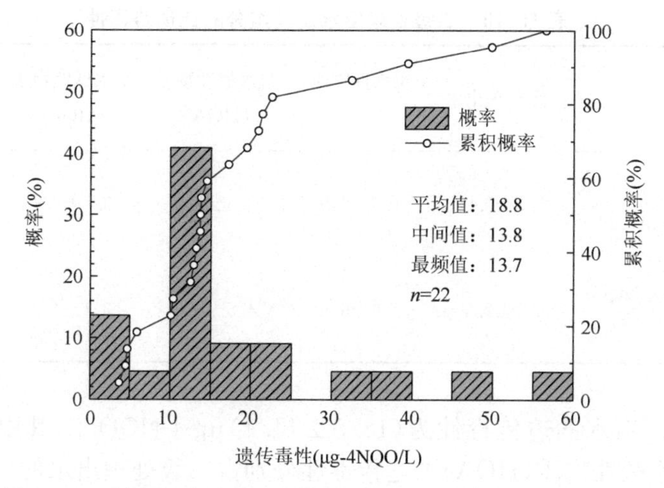

图 16.18　城市污水处理厂二级处理出水 SOS/*umu* 遗传毒性分布

2. 城市二级出水遗传毒性的组分特征

城市污水处理厂二级处理出水各溶解性有机组分中的有机物含量和遗传毒性水平见表 16.9 和表 16.10（王丽莎，2007；吴乾元，2010）。二级处理出水的 UV_{254}/DOC 值为(1.8±0.9)L/(m · mg-C)，其中组分 HOA 的 UV_{254}/DOC 值最高，为(2.5±1.0)L/(m · mg-C)，组分 HIS 和 HON 的 UV_{254}/DOC 值分别为(1.7±0.9)L/(m · mg-C)和(1.7±0.6)L/(m · mg-C)，而组分 HOB 的 UV_{254}/DOC 值最小，为(0.7±0.7)L/(m · mg-C)。这说明组分 HOA 中芳香族物质占有机物的比例较高。

表 16.9　二级处理出水及其组分的有机物含量、遗传毒性、比遗传毒性(吴乾元，2010)

指标	二级处理出水	各组分的水质指标数值占二级处理出水的比例(%)			
		亲水性物质(HIS)	疏水酸性物质(HOA)	疏水碱性物质(HOB)	疏水中性物质(HON)
DOC(n=10)	(15.6±15.0)mg-C/L	57±10	22±3	5±1	13±8
UV_{254}(n=5)	(15.3±3.1)m^{-1}	48±7	29±7	2±2	11±6
遗传毒性μg-4-NQO/L	18.8±14.1(n=22)	88±22(n=5)	23±14(n=5)	3±3(n=5)	2±2(n=5)
UV_{254}/DOC[L/(m · mg-C)，n=5]	1.8±0.9	1.7±0.9	2.5±1.0	0.7±0.7	1.7±0.6
比遗传毒性(μg-4-NQO/mg-C，n=5)	3.7±2.5	7.0±6.6	4.5±5.0	3.1±4.0	1.0±1.2

注：n 为水样数；ND 为未检出

表 16.10 二级处理出水及其组分的比遗传毒性

指标	二级处理出水	亲水性物质（HIS）	疏水酸性物质（HOA）	疏水碱性物质（HOB）	疏水中性物质（HON）
UV_{254}/DOC [L/(m·mg-C)，n=5]	1.8±0.9	1.7±0.9	2.5±1.0	0.7±0.7	1.7±0.6
比遗传毒性（μg-4-NQO/mg-C，n=5）	3.7±2.5	7.0±6.6	4.5±5.0	3.1±4.0	1.0±1.2

二级处理出水的遗传毒性为（18.8±14.1）μg-4-NQO/L，其中亲水性物质（HIS）和疏水酸性物质（HOA）的遗传毒性分别占二级处理出水的（88±22）%和（23±14）%，而疏水碱性物质（HOB）和疏水中性物质（HON）的遗传毒性含量很小。这说明组分 HIS 和 HOA 是导致二级处理出水具有遗传毒性的主要物质，需对其进行控制。

3. 城市二级出水的比生物毒性

比生物毒性即用生物毒性除以溶解性有机碳浓度，其可表征生物毒性在有机物中的含量分布。二级处理出水的比遗传毒性为（3.7±2.5）μg-4-NQO/mg-C。在各个组分中，组分 HIS 的比遗传毒性最大，为（7.0±6.6）μg-4-NQO/mg-C。组分 HOA 和 HOB 的其次，分别为（4.5±5.0）μg-4-NQO/mg-C 和（3.1±4.0）μg-4-NQO/mg-C，而组分 HON 的比遗传毒性最小。这说明 HIS 中含有一些遗传毒性较大的物质。

综上可知，对遗传毒性贡献较大的组分是 HIS 和 HOA，比遗传毒性最大的是组分 HIS，而 UV_{254}/DOC 值最高的组分是 HOA。这说明遗传毒性物质和芳香族物质类型不完全相同，需分别评价和控制。

4. 再生水处理过程中遗传毒性变化规律

图 16.19 给出了不同处理工艺对再生水 SOS/*umu* 遗传毒性的影响（王丽莎，2007）。由图可知，好氧滤床、砂滤、臭氧等可去除部分遗传毒性，但氯消毒则可导致再生水遗传毒性上升。

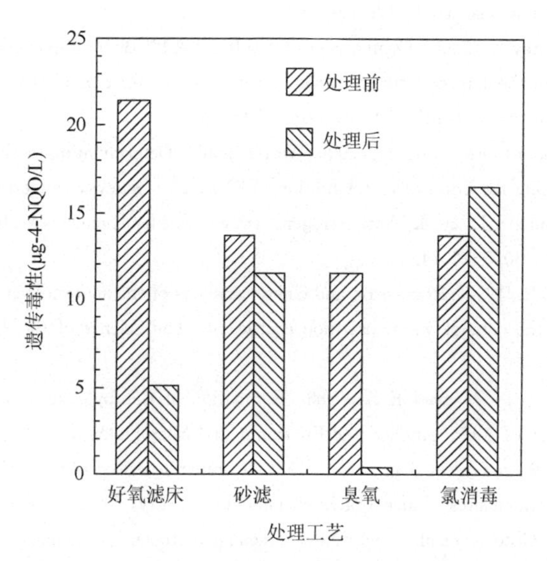

图 16.19 再生水处理工艺对 SOS/*umu* 遗传毒性的影响(王丽莎,2007)

参考文献

胡洪营，魏东斌，董春宏. 2002. 污/废水的水质安全性评价与管理. 环境保护，301(11)：37～38.

胡洪营，吴乾元，杨扬，等. 2011. 面向毒性控制的工业废水水质安全评价与管理方法. 环境工程技术学报，1(1)：46～51.

蒋燮治，堵南山. 1979. 中国动物志(节肢动物门 甲壳纲 淡水枝角类). 北京：科学出版社：104.

唐鑫. 2014. 再生水氯消毒抗雌激素活性生成潜势评价及控制研究. 北京：清华大学博士学位论文.

王丽莎. 2007. 氯和二氧化氯消毒对污水生物毒性的影响研究. 北京：清华大学博士学位论文.

王丽莎，胡洪营，魏杰，等. 2006. 城市污水再生处理工艺中发光细菌毒性变化的初步研究. 安全与环境学报，6(1)：72～74.

吴乾元. 2010. 氯消毒对再生水遗传毒性和雌/抗雌激素活性的影响研究. 北京：清华大学博士学位论文.

印木泉. 2002. 遗传毒理学. 北京：科学出版社：404～406.

中华人民共和国环境保护部/国家质量监督检验检疫总局标准. 2008. 发酵类制药工业水污染物排放标准. GB 21903－2008. 北京：中国环境科学出版社.

Crouch S P M，Kozlowski R，Slater K J，et al. 1993. The use of ATP bioluminescence as a measure of cell proliferation and cytotoxicity. Journal of Immunological Methods，160(1)：81～88.

Davidson C A，Griffith C J，Peters A C，et al. 1999. Evaluation of two methods for monitoring surface cleanliness ATP bioluminescence and traditional hygiene seabbing luminescence. Journal of Hygiene and Environmental Health，14(1)：33～38.

DeZwart D，Sloof W. 1983. The Microtox as an alternative assay in the acute toxicity assessment of water pollutants. Aquatic Toxicology，4(2)：129～138.

Germany FMENCNS (Federal Ministry for the Environment，Nature Conservation and Nuclear Safety). 2004. Promulgation of the new version of the ordinance on requirements for the discharge of waste water into waters. Federal Law Gazette BGBl. I p 1108.

Hasan A, Utku O, Koray K. 2006. Comparison of results of ATP Bioluminescence and traditional hygiene swabbing methods for the determination of surface cleanliness at a hospital kitchen. International Journal of Hygiene and Environmental Health, 209(2): 203～206.

ISO(International Standard Organization). 2000. Water quality-Determination of the Genotoxicity of Water and Waste Water Using the Umu-test. 1st Edition. ISO 13829. Geneva, Switzerland: 1～18.

Jung J, Ishida K, Nishihara T. 2004. Anti-estrogenic activity of fifty chemicals evaluated by in vitro assays. Life Science, 74(25): 3065～3074.

Kaiser K L, Esterby S R. 1991. Regression and cluster analysis of the acute toxicity of 267 chemicals to six species of biota and the octanol/water partition coefficient. The Science of the Total Environment, 109-110: 499～514.

Lai-King N G, Diane E T, Michael E S. 1985. Estimation of Campylobacter spp. in broth culture by biolunínescence asssay of ATP. Applied and Environmental Microbiology, 49(3): 730～731.

Miller W E, Peterson S A, Greene J C, et al. 1985. Comparative toxicology of laboratory organisms for assessing hazardous waste sites. Journal of Environmental Quality, 14(4): 569～574.

Nishikawa J, Saito K, Goto J, et al. 1999. New screening methods for chemicals with hormonal activities using interaction of nuclear hormone receptor with coactivator. Toxicology and Applied Pharmacology, 154(1): 76～83.

Redsven I, Kymalainen H R, Pesonen-Leinonen E, et al. 2007. Evaluation of a bioluminescence method, contact angle measurements and topography for testing the clean ability of plastic surfaces under laboratory conditions. Applied Surface Science, 253(12): 5536～5543.

Reifferscheid G, Hell J. 1996. Validation of the SOS/umu test using test results of 486 chemicals and comparison with the Ames test and carcinogenicity data. Mutatation Research, 369(3-4): 129～145.

SOR/2002-222 ,Metal Mining Effluent Regulartions.

SOR/92-269 ,Pulp and Paper Effluent Regulations.

Thore A, Ansahn S, Lundin A, et al. 1975. Detection of bacteriuria by luciferase asssay of adenosine triphosphate. Journal of Clinical Microbiology, 1(1): 1～8.

Tortoro G J, Funke B R, Case C L. 2001. Microbiology: An Introduction. 7th Edition. Redwood City: Benjamin Cummings: 233.

US EPA. 1991. Technical Support Document for Water Quality-based Toxics Control. Washington, DC: Office of Water. EPA/505/2-90-001.

US EPA. 2002. Methods for Measuring the Acute Toxicity of Effluents and Receiving Waters to Freshwater and Marine Organisms. Washington, DC: Office of Water. EPA-821-R-02-012.

Waste Water Ordinance. 2004. AbwV (Ordinance on requirements for the discharge of waste water into waters). Promulagtion of the new version of the waste water ordinance of 17 June 2004 (Federal Law Gazette BGB1. I p 1108). http://www. bmu. de/files/pdfs/allgemein/application/pdf/wastewater_ordinance. pdf.

Wu Q Y, Hu H Y, Zhao X, et al. 2009. Effect of chlorination on the estrogenic/antiestrogenic activities of biologically treated wstewater. Environmental Science & Technology, 43(13): 4940～4945.

第17章　毒性因子识别方法

17.1　毒性因子控制的必要性

综合生物毒性是重要的水质安全指标，但仅仅依靠生物毒性检测技术评价和管理污水，特别是工业污水，仍存在许多不足：①毒性检测涉及受试生物保存、培养、暴露、检测等多个环节，操作复杂。②毒性检测标准方法耗时长，难以评价和控制含高浓度污水短时间排放带来的风险。③由于毒性检测操作复杂、耗时长，因此在日常水质管理中废水毒性检测频率通常较低。加拿大金属冶炼加工污水排放标准中要求鱼类急性毒性试验检测频率仅为每月1次。④毒性检测常只评价污水对少数标准种受试生物的毒害作用，如美国环境保护局要求受试生物种类虽然相对较多，但也仅要求不少于3种。污水对各地不同种生物的毒害作用各不相同，仅仅评价污水对少数标准种受试生物的毒害作用不能有效反映污水对当地水环境的危害，需要筛选各地区代表性敏感种水生生物，以客观准确评价污水的安全性(胡洪营 等,2011)。

综上，仅仅监测生物毒性难以满足污水，特别是工业污水的水质安全日常管理的需求，需要综合控制生物毒性及导致污水具有毒性的毒性因子，以保障污水水质安全。

17.2　基于毒性因子控制的水质安全性管理体系

图17.1给出了基于毒性因子控制的工业污水水质安全管理体系示例。该体系利用本地代表性敏感水蚤系统评价工业污水生物毒性，并通过组分分离和仪器分析等手段，结合对工业生产流程和污水处理工艺的分析，识别并筛选水中的优先控制毒性因子。在工业污水水质日常管理工作中，利用简易分析方法监测污水中的优先控制毒性因子含量，在此基础上优化工业生产流程和污水处理工艺，以实现工业污水达标排放，保障水生态系统安全(胡洪营 等,2011)。

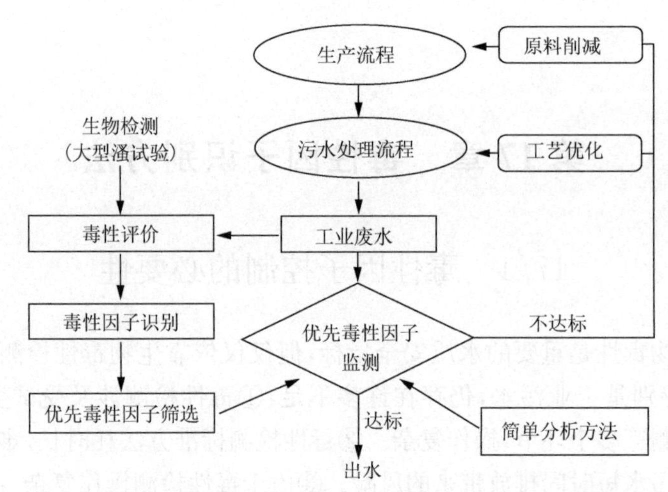

图 17.1　基于毒性因子控制的工业污水水质安全管理体系

17.3　毒性因子识别方法

从组成复杂的工业污水中识别出毒性因子是工业污水水质安全管理的关键和难点。在早期，毒性因子识别工作通常围绕水中的优先控制污染物展开，其流程如图 17.2 所示。测定样品中优先控制污染物的浓度，并将其浓度水平与文献中毒性数据或者相关物质的环境标准进行比较。通过质量衡算和比较，确定相关优先污染物是否导致样品的毒性效应（US EPA，1991a）。但是，工业污水中的污染物种类十分复杂，除优先控制污染物外，还存在许多未知或已知的有毒物质，仅仅评价优先控制污染物难以识别水中的毒性因子。

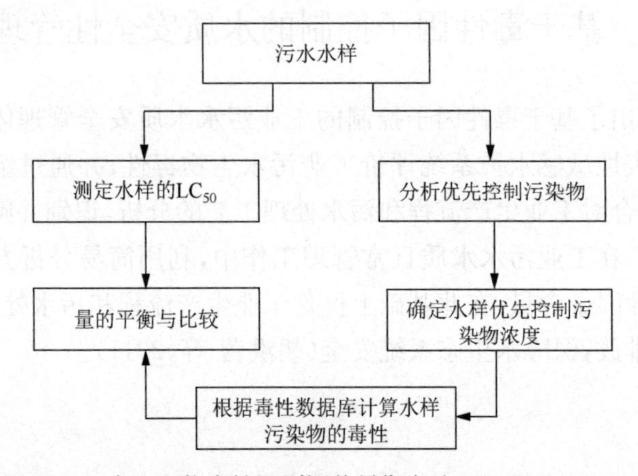

图 17.2　水生生物毒性识别评价早期方法（US EPA，1991a）

美国环境保护局早在 1988 年就提出了污水毒性识别评价法(toxicity identification evaluation,TIE),以识别导致污水毒性效应的因子。TIE 方法包括毒性因子特性评价、毒性因子鉴别以及毒性因子确认三个环节。其通过对毒性因子物理、化学特性进行分析,结合分级分离技术和毒性试验,识别具有毒性效应的组分,在此基础上通过仪器分析手段识别毒性因子(US EPA, 1991b)。

17.3.1　毒性因子特性评价方法

毒性因子特性评价是通过考察样品经曝气、过滤、EDTA 螯合等多种物理、化学方法处理后毒性的变化,从而判断样品中毒性因子的物理、化学特性及其类别的方法(US EPA, 1991b)。该方法可对污水毒性因子特性进行全面、系统评价,确定毒性因子物质类别,避免对无毒组分的分析,降低后续样品分析的成本和工作量。此外,该方法可用于评价污水毒性处理的有效程度,筛选可降低样品毒性的技术,为毒性因子控制和毒性减排技术的开发提供依据。

毒性因子特性评价可以分成两个阶段。第一阶段是特性评价的常用方法,包括曝气、过滤、EDTA 螯合等处理方式。第二阶段为第一阶段的补充,包括调节 pH/曝气/过滤/固相萃取组合处理、沸石吸附、离子交换树脂吸附等。

毒性因子特性评价方法按照毒性指标的不同,可以分成急性毒性因子特性评价、慢性毒性因子特性评价等,如图 17.3～图 17.5 所示。由于慢性毒性试验周期长、工作量大,在慢性毒性因子特性评价中使用的物理、化学处理方法组合少于急性毒性因子特性评价。例如,在阶段 1 试验中,急性毒性因子评价需考察样品在不同 pH 条件下分别经曝气、过滤和固相萃取处理后的毒性变化,而慢性毒性因子评价则仅考察水样在初始 pH 条件下经过滤-固相萃取组合处理后的毒性分布。此

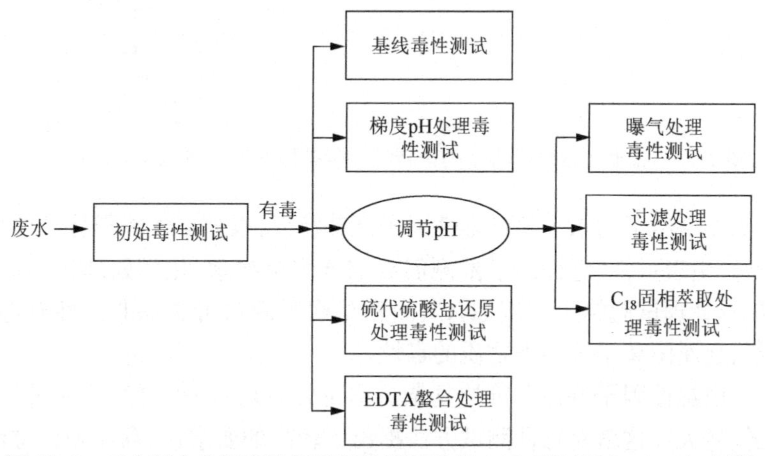

图 17.3　工业污水急性毒性因子特性评价阶段 1(由 US EPA, 1991b 改编)

外，急性毒性因子评价通常需要先对污水的初始毒性进行评价，发现有毒后才进行后续毒性因子评价，而慢性毒性因子评价则根据以往日常毒性测试结果便开展评价。

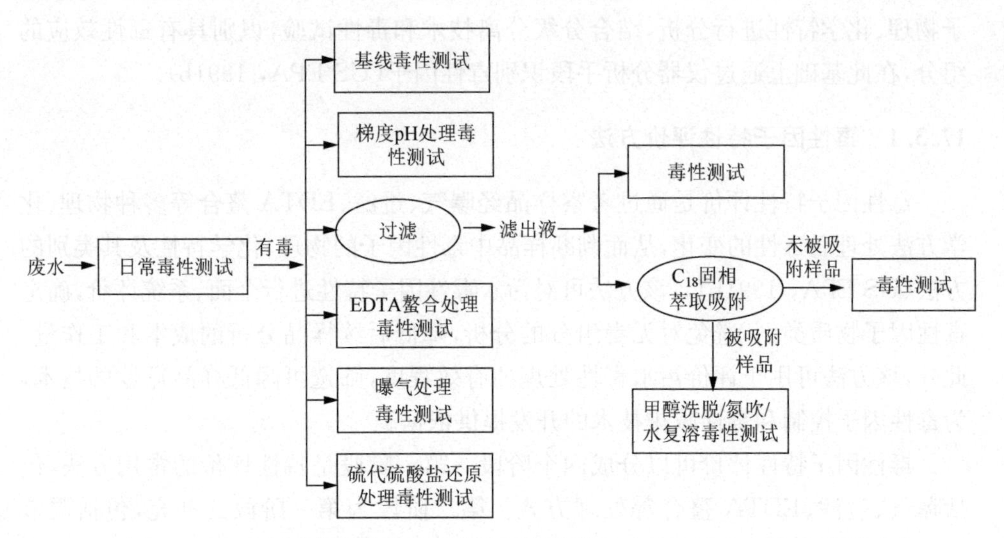

图 17.4　工业污水慢性毒性因子特性评价阶段 1(由 US EPA，1991b 改编)

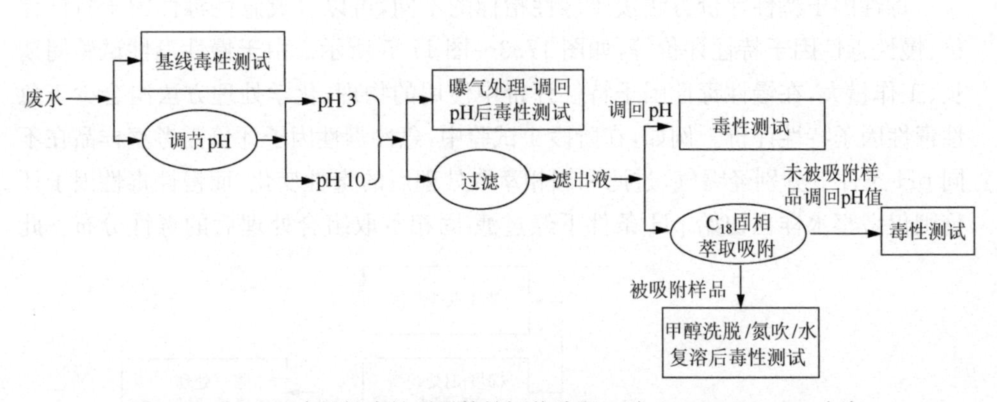

图 17.5　工业污水慢性毒性因子特性评价阶段 2(由 US EPA，1992 改编)

表 17.1 给出了污水中常见毒性因子及其特征，根据毒性因子特征便可推测其物质类型。由表可知，毒性因子推测需要综合多个物理、化学处理试验的结果，不能仅靠单一处理试验结果。例如，C_{18} 固相萃取吸附法可去除非极性有毒物质、表面活性剂、金属阳离子等多类物质的毒性。

此外，由毒性因子特性评价的复杂流程可知，该方法需要处理大量的样品，耗时长，工作量大。这就对毒性测试方法提出了较高的要求：①毒性测试方法应体现对生态系统和人体健康的保护；②方法耗时较短，能缩短特性评价周期；③方法操作简便,能同时处理大量的样品;④方法中使用的受试生物容易获得且易实现大规模培养,能满足大量样品的测试需要。

表 17.1　污水毒性因子及其特征(US EPA,1991b)

毒性因子类型	毒性因子特征
非极性有毒物质	①样品通过 C_{18} 固相萃取柱后,毒性被去除 ②C_{18} 固相萃取小柱去除的毒性可由小柱的甲醇洗脱液恢复
总溶解性固体	①除非 pH 值调整、pH 值调整+过滤或 pH 值调整+曝气导致可见的沉淀物出现,否则 pH 值调整不会改变毒性 ②样品通过 C_{18} 固相萃取柱后,毒性没有降低或有所降低(但电导率并未改变) ③EDTA 或硫代硫酸盐的添加、梯度 pH 值试验并未改变样品的毒性
表面活性剂	①样品经过滤后,其毒性降低或被去除 ②样品经曝气后,其毒性降低或被去除。部分情况下,将曝气后的样品去除后,曝气槽壁的浸出液中具有毒性 ③过滤的样品经 C_{18} 固相萃取小柱吸附后,毒性降低或被去除。被去除的毒性可能会也可能不会由小柱的甲醇洗脱液恢复 ④未过滤的样品经 C_{18} 固相萃取小柱吸附后,毒性降低或被去除。毒性的降低和去除与过滤试验的相似。被去除的毒性可能会也可能不会由小柱的甲醇洗脱液或玻璃纤维滤膜萃取恢复 ⑤样品经冷藏后毒性可降低。在玻璃器皿中储存的样品毒性降低幅度小于在塑料器皿中的
金属阳离子	①样品添加 EDTA 后,其毒性降低或被去除 ②样品经 C_{18} 固相萃取小柱吸附后,毒性降低或被去除 ③样品经过滤(特别是在调整 pH 值条件下)后,其毒性降低或被去除 ④添加硫代硫酸盐可降低或去除样品的毒性 ⑤样品剂量效应曲线不稳定
氨	①总氨浓度高于 5 mg/L ②pH 值增加可导致样品毒性的增加 ③样品对黑头呆鱼(*Pimephalespromelas*)的毒性高于对网状水蚤(*Ceriodaphnia*)和大型溞(*Daphnia*)的毒性
氧化剂	①添加硫代硫酸盐可降低或去除样品的毒性 ②不调整样品 pH 值直接曝气可降低或去除样品的毒性 ③样品经 4 ℃冷藏后毒性可降低 ④网状水蚤对样品的敏感性强于黑头呆鱼

17.3.2　毒性因子鉴别

毒性因子鉴别是整个毒性因子方法的关键和难点,其流程如图 17.6 所示。毒性因子鉴别应根据特性评价试验中确定的毒性因子物理化学性质及其所属类别，选择适合的分离分析方法。若特性评价试验中发现特性毒性因子可能是重金属、氨、余氯等物质，则可直接检测相应物质含量。否则，应先根据毒性因子类别及其特性富集该类别物质组分，后采用固相萃取梯度洗脱、制备型液相色谱分离等分离分级技术将经富集的物质组分进一步细分，并通过生物毒性试验识别出毒性组分。然后，利用色谱、质谱、核磁共振波谱等手段，结合对工业生产流程和污水处理工艺的分析，鉴别出组分中的毒性因子(胡洪营 等，2011)。

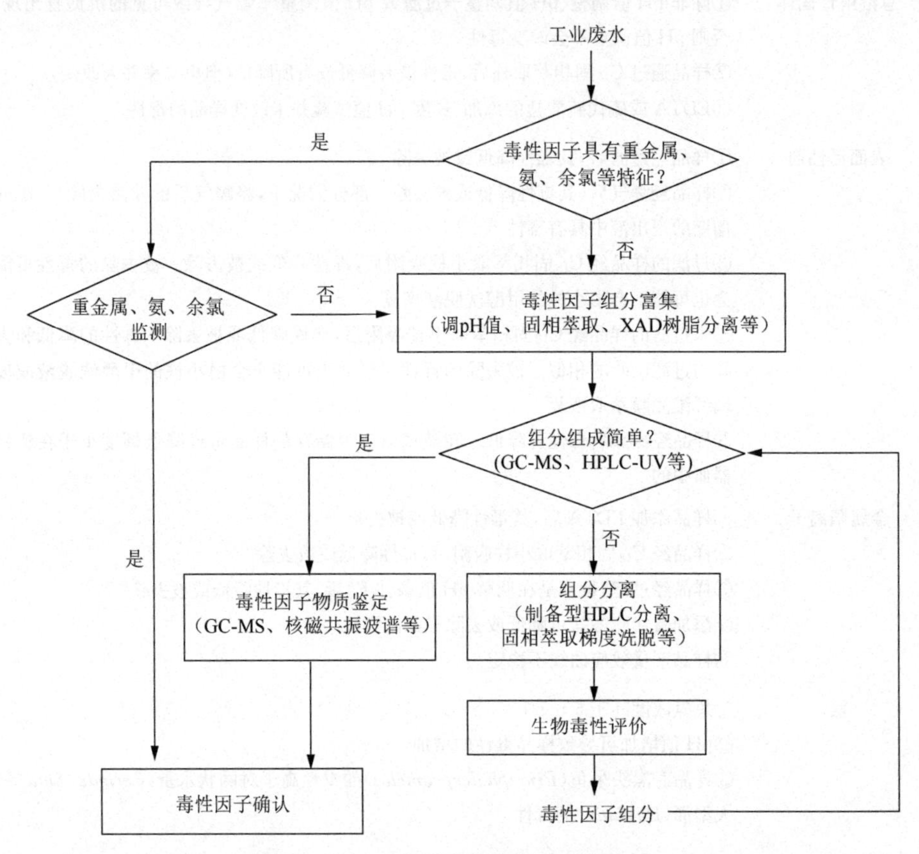

图 17.6　工业污水毒性因子鉴别方法

在实际工业污水中，污染物种类十分复杂。特别是在有机物组分中，常含有相似极性、沸点、分子量的污染物，往往需要利用单级乃至多级制备型液相色谱分离毒性因子。图 17.7 为利用制备型液相色谱和转基因酵母抗雌激素活性检测方法，从苯丙氨酸氯消毒产物中分离具有抗雌激素活性的毒性因子组分。由图可知，即便在较为简单的苯丙氨酸和氯的反应体系中仍存在多种产物。工业污水复杂多变，需要将制备色谱分离、质谱等手段与企业生产环节相结合，以加快毒性因子鉴别工作(Wu et al.,2010)。

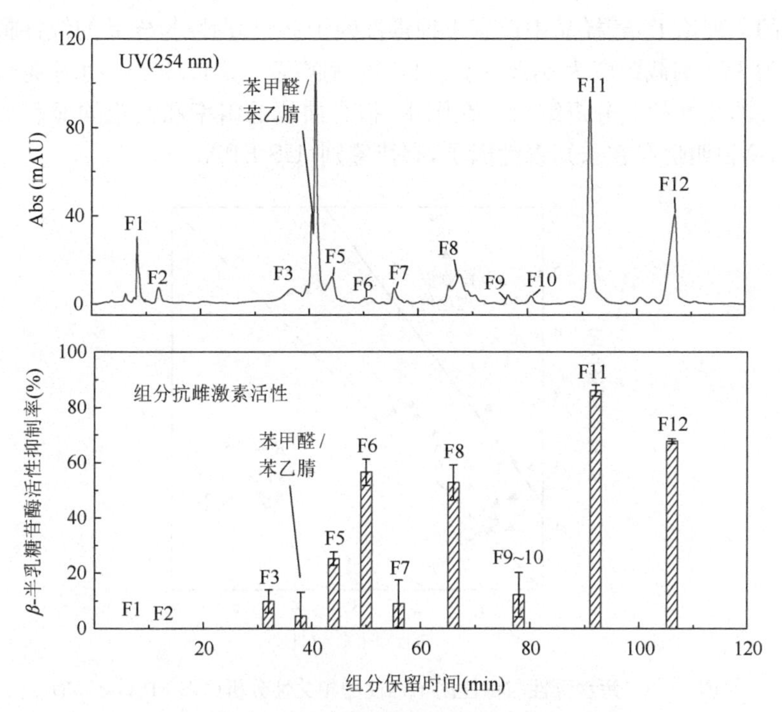

图 17.7　经制备色谱分离和转基因酵母法测试的
苯丙氨酸氯消毒副产物组分及其抗雌激素活性

17.3.3　毒性因子确认

毒性因子确认试验是用于验证毒性因子是否为导致污水具有毒性的关键有毒有害污染物。毒性因子确认可采用多种方法,包括相关性分析法(correlation approach)、症状分析法(symptom approach)、物种敏感性分析法(species sensitivity approach)、质量平衡法(mass balance approach)、删除试验法(deletion approach)、屏蔽毒性因子试验(hidden toxicants)等,如图 17.8 所示(US EPA, 1993)。

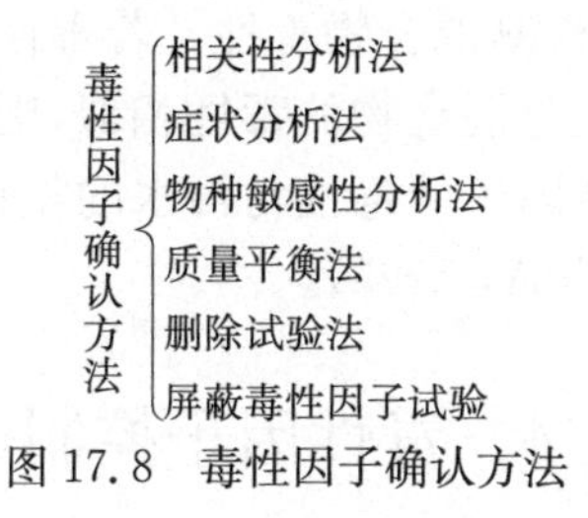

图 17.8　毒性因子确认方法

相关性分析法是将样品中毒性因子的毒性与样品毒性进行线性相关分析,其中毒性因子的毒性是将毒性因子在样品中的物质浓度除以其半效应浓度(EC_{50}等)而得到的。理论上,若样品中仅有1种毒性因子,则其毒性与样品的线性拟合曲线斜率应为1,y轴截距应为0,R^2越高可信度就越高。图17.9为污水中毒性因子与样品毒性的线性相关分析结果。在图中,拟合曲线的斜率和截距均显著大于理论曲线的,这说明仍存在未知毒性因子,有待鉴别(US EPA, 1993)。

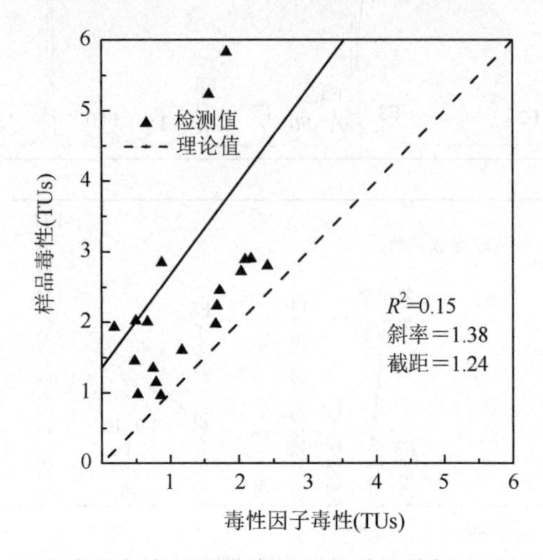

图17.9　污水毒性与毒性因子毒性的相关性分析(US EPA, 1993)

症状分析法的原理是同一种有毒物质在特定浓度范围内毒性效应是相似的,若样品的症状与可疑毒性因子存在显著差异,便说明毒性因子可能不是导致样品具有毒性的物质。例如,在急性毒性试验中,部分有毒物质可导致测试生物迅速致死,而部分有毒物质则缓慢导致生物致死,若毒性因子与样品在各个时间段内导致测试生物的死亡率存在很大差异,则需重新识别毒性因子(US EPA, 1993)。

物种敏感性分析法是观测不同测试物种对样品和毒性因子的敏感性,若敏感性一致,便可认为可疑毒性因子是导致样品具有毒性的物质。

质量平衡法适用于样品中的毒性因子可被去除并在后续步骤中恢复的情况。其通常采用固相萃取的方法分离样品,得到多个独立的组分,分别检测各组分的毒性,后再将各个组分混合并检测混合物毒性。若毒性因子所在组分的毒性与原样品以及经固相萃取得到各组分混合物的毒性相似,则可认为毒性因子所在组分为关键组分。如果样品中毒性因子的毒性与污水的相近,便可认为毒性因子是导致样品具有毒性的物质(US EPA, 1993)。

17.4　毒性因子控制途径

根据毒性因子识别与特征分析结果,可通过毒性因子来源识别与控制、毒性因子去除控制等途径对毒性因子进行削减和控制，以保障出水的水质安全。

17.4.1　毒性因子来源识别和控制

毒性(因子)来源的识别和控制是毒性因子控制的重要手段，其可识别需处理的有毒污水，缩小毒性因子识别和控制的范围，为优化污水处理工艺，削减污水毒性提供指导。图 17.10 给出了毒性因子来源识别和控制的流程图。在毒性来源识别时，若毒性因子已知则直接检测污水生产、处理环节各采样点的毒性因子，若毒性因子尚不清楚则可评价各采样点污水经生物处理后的毒性和生物抑制性(US EPA，1999)。

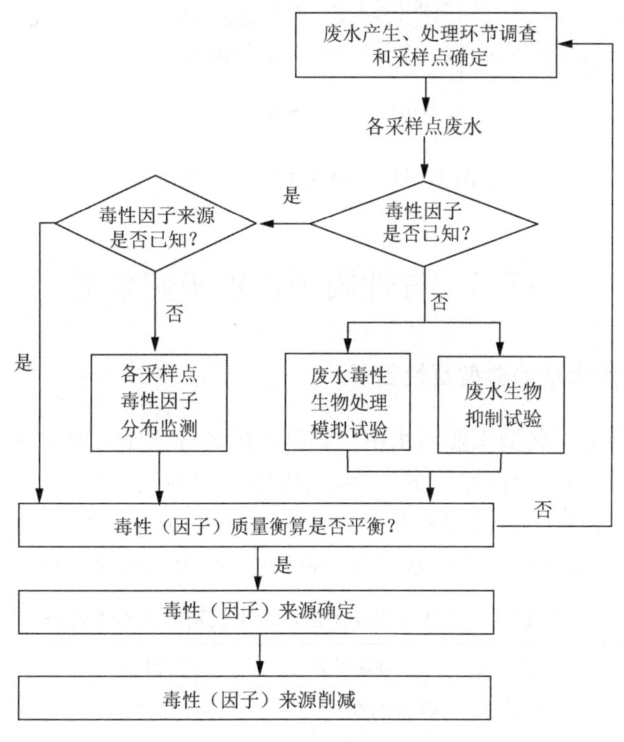

图 17.10　毒性因子来源识别和控制

17.4.2　毒性因子去除控制

去除和控制毒性因子是基于毒性因子控制的水质安全性管理的重要环节。其需要在识别污水毒性因子及其来源的基础上，根据毒性因子类别和特性，选择适宜的毒性因子处理技术。图 17.11 给出了污水毒性因子的常用处理技术。若确切的毒性因子未知，则可根据毒性因子特性表征试验结果，选择可削减污水毒性的处理技术。

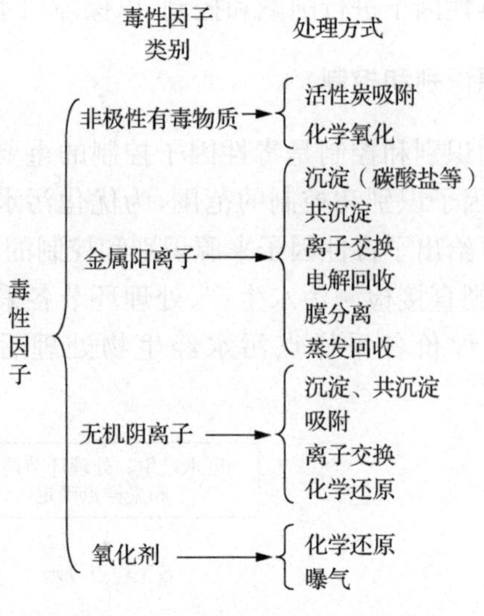

图 17.11　污水毒性因子处理技术

17.5　毒性因子识别研究案例

17.5.1　工业污水中的典型毒性因子

表 17.2 给出了典型工业污水中已识别出的毒性因子。其中，Cu^{2+} 等重金属在已识别出的毒性因子中占较大的比例，这可能是因为金属在工业生产中被广泛使用，亦与重金属相对较易被检测和识别有关。因此，在工业污水毒性因子识别时，应注意分析生产处理过程和污水来源，判断污水是否具有重金属的毒性特征。

表 17.2　工业污水和生活污水中识别出的毒性因子

污水	毒性类型	毒性因子	受试生物	参考文献
制革厂浸灰车间经处理的污水	急性毒性	氨、氯化物	大型溞、蚤状溞	Cooman et al.，2003
印染污水处理出水	急性毒性	Zn^{2+}、Cu^{2+}（来源于 Fenton 试剂）	大型溞、多刺裸腹溞	Yi et al.，2009 and 2010
硫酸盐法浆厂处理出水	急性毒性	Cu^{2+}	大型溞	Reyes et al.，2009
造纸污水处理出水	急性毒性	Ni^{2+}	网纹溞	Onikura et al.，2008
纸张漂白污水	急性毒性	氯气、次氯酸和次氯酸根	大型溞	于红霞 等，2001

续表

污水	毒性类型	毒性因子	受试生物	参考文献
萘磺酸化工厂	急性毒性	1-硝基-5-萘磺酸，1-硝基-6-萘磺酸，1-硝基-7-萘磺酸，1-硝基-8-萘磺酸	大型溞	Yang et al.，1999
化工厂污水	急性毒性	Cu^{2+}并共存多种金属和极性有机毒物	大型溞	杨怡 等，2003
矿山污水、矿渣渗滤液及其影响的河水	急性毒性 繁殖毒性	Cu^{2+}	羊角月牙藻、网纹溞、黑头呆鱼	Deanovic et al.，1999
电镀污水	急性毒性	Cr^{6+}	大型溞	杨岭 等，1997
电镀厂处理出水	急性毒性	有机物和重金属	大型溞	Kim et al.，2008
煤气厂污水处理出水	急性毒性	2，4- 二甲基苯酚、氨	大型溞	梅卓华 等，1997
印染、酿酒、化工、制药工业污水和生活污水进水	急性毒性	挥发性非极性有机化合物	大型溞	程静 等，2001
工业污水和生活污水混合进水	急性毒性	2-propylbezaldehyde oxime	大型溞	Yu et al.，2004
污水处理厂出水	雄激素活性	5a-雄甾烷二酮、雄甾酮、表雄(甾)酮等	含雄激素受体的酵母菌	Thomas et al.，2002

在毒性因子识别的案例中，有机毒性因子被识别出的相对较少见，这与有毒有害有机物复杂多样，利用单一的气质等手段较难识别有关。其中，已识别出的部分毒性因子如萘磺酸类物质等，是工业生产的产物。因此，需要注意分析工业生产中的原料、助剂、目标产物和副产物，以降低有机毒性因子识别的工作量，提高因子识别的准确度。

从毒性类型来看，毒性因子识别大多采用急性毒性指标进行评价，这与污水急性毒性控制备受关注有关。值得注意的是，有些研究者已展开工业污水/生活污水的慢性毒性、遗传毒性、内分泌干扰性的毒性因子识别工作，这表明了国内外正逐步关注慢性毒性、遗传毒性和内分泌干扰性的评价和控制。

从毒性评价的受试生物类别来看，大型溞毒性检测法因方法较为灵敏、耗时短、受试生物类别在水生态系统中占据重要地位等优点，被较多案例选为毒性评价的方法，在工业污水毒性评价和控制中发挥重要作用。根据我国的实际情况，建议将大型溞毒性作为毒性评价和识别的优先指标。

17.5.2 再生水中的急性毒性因子

某工厂再生水对大型溞的急性毒性如图 17.12 所示。其中,水样 B 和 C 对大型溞的抑制率高于毒性阈值(17%),而水样 E 和 F 的抑制率显著低于毒性阈值。水样 A 和 G 不同批次样品的毒性差别较大。

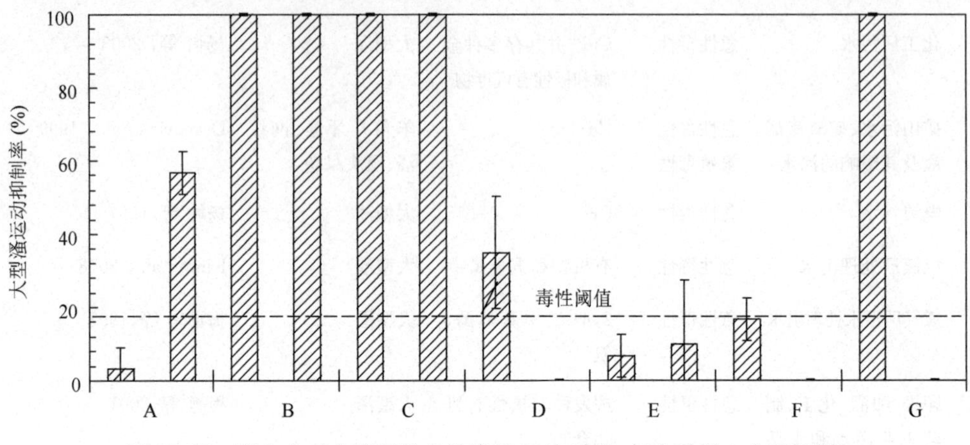

图 17.12 再生水对大型溞的急性毒性(2 次采样,每次采样 3 个平行样)

再生水 B 和 C 中检出了 4～15 mg/L 的余氯,推测再生水中的余氯是引发急性毒性的毒性因子。因此,利用硫代硫酸钠对再生水进行脱氯处理,脱氯后再生水中的余氯和急性毒性均显著降低,表明余氯是导致再生水具有急性毒性的重要毒性因子(图 17.13)。

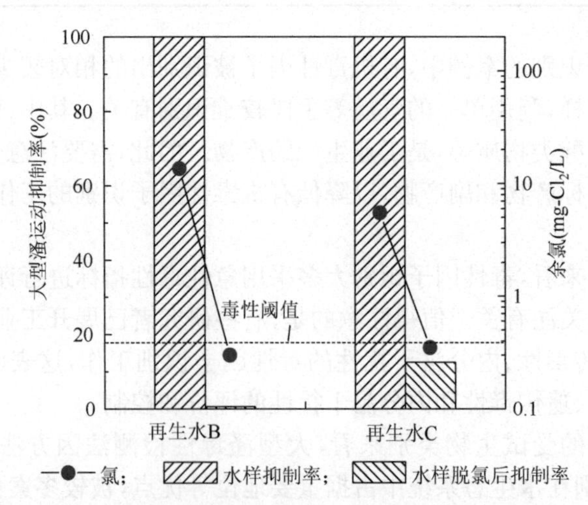

图 17.13 再生水在脱氯前后的余氯含量和对大型溞的急性毒性(每个水样 3 个平行)

参考文献

程静，于红霞，金洪钧. 2001. 生活与工业污水混合处理系统中关键毒物追踪. 上海环境科学，20(2)：82～87.

胡洪营，吴乾元，黄晶晶，等. 2011. 再生水水质安全评价与保障原理. 北京：科学出版社.

梅卓华，楼霄. 1997. 废水毒性鉴别评价方法. 重庆环境科学，19(4)：47～51.

杨岭，金洪钧，杨璇，等. 1997. 用毒性鉴别评价技术研究电镀废水毒性原因. 环境监测管理与技术，9(5)：11～14.

杨怡，于红霞，崔玉霞，等. 2003. 以毒性鉴别评价法评价化工废水处理效果的研究. 应用生态学报，14(1)：105～109.

于红霞，程静，金洪钧. 2001. 漂白废水中关键有毒物质鉴别的实例研究. 应用生态学报，2001，12(3)：458～460.

Cooman K，Gajardo M，Nieto J，et al. 2003. Tannery wastewater characterization and toxicity effects on *Daphnia* spp. Environmental Toxicology，18(1)：45～51.

Deanovic L，Connor V M，Knight A W，et al. 1999. The use of bioassays and toxicity identification evaluation (TIE) procedures to assess recovery and effectiveness of remedial activities in a mine drainage-impacted stream system. Archive of Environmental Contamination and Toxicology，36(1)：21～27.

Kim E，Jun Y R，Jo H J，et al. 2008. Toxicity identification in metal plating effluent：Implications in establishing effluent discharge limits using bioassays in Korea. Marine Pollution Bulletin，57(6-12)：637～644.

Onikura N，Kishi K，Nakamura A，et al. 2008. A screening method for toxicity identification evaluation on an industrial effluent using Chelex-100 resin and chelators for specific metals. Environmental Toxicology and Chemistry，27(2)：266～271.

Reyes F，Chamorro S，Yeber M C，et al. 2009. Characterization of E1 kraft mill effluent by toxicity identification evaluation methodology. Water Air Soil Pollut，199：183～190.

Thomas K V，Hurst M R，Matthiessen P，et al. 2002. An assessment of in vitro androgenic activity and the identification of environmental androgens in United Kingdom estuaries. Environmental Toxicology and Chemistry，21(7)：1456～1461.

US EPA (US Environmental Protection Agency). 1991a. Technical Support Document for Water Quality-based Toxics Control. Washington，DC：Office of Water. EPA/505/2-90-001.

US EPA (US Environmental Protection Agency). 1991b. Methods For Aquatic Toxicity Identification Evaluations：Phase I Toxicity Characterization Procedures. 2nd Edition. Washington，DC：Office of Water. EPA/600/6-9 l/003.

US EPA (US Environmental Protection Agency). 1992. Toxicity Identification Evaluation：Characterization of Chronically Toxic Effluents，Phase I. Washington，DC：Office of Water. EPA/600/6-91/005F.

US EPA (US Environmental Protection Agency). 1993. Toxicity Identification Evaluation：Phase Ⅲ Toxicity Confirmation Acute and Chronic Toxicity. Washington，DC：Office of Water. EPA/600/R-92/081.

US EPA (US Environmental Protection Agency). 1999. Toxicity Reduction Evaluation Guidance for Municipal Wastewater Treatment Plants. Washington，DC：Office of Water. EPA 838-B-99-002.

Wu Q Y，Hu H Y，Zhao X，et al. 2010. Characterization and identification of antiestrogenic products of phenylalanine chlorination. Water Research，44 (12)：3625～3634.

Yang L，Yu H，Yin D，et al. 1999. Contribution of nonpolar organic compounds to the toxicity of a chemical works effluent. Bulletin of Environmental Contamination and Toxicology, 62(4): 434～439.

Yi X L, Kang S W, Jung J H. 2010. Long-term evaluation of lethal and sublethal toxicity of industrial effluents using Daphnia magna and Moina macrocopa. Journal of Hazardous Materials, 178(1-3): 982～987.

Yi X L, Kim E, Jo H J, et al. 2009. A toxicity monitoring study on identification and reduction of toxicants from a wastewater treatment plant. Ecotoxicology and Environmental Safety, 72(7): 1919～1924.

Yu H X, Cheng J, Cui Y X, et al. 2004. Application of toxicity identification evaluation procedures on wastewaters and sludge from a municipal sewage treatment works with industrial inputs. Ecotoxicology and Environmental Safety, 57(3): 426～430.

第18章　常见病原微生物及其研究方法

18.1　生物指标及其分类

生物指标是水质分析的重要检项之一，也是跟踪和反映水体水质变化的重要指标。一方面，水中微生物状况能够在一定程度上反映水中营养物质污染程度；另一方面病原微生物指标能够直接或间接反映病原微生物污染状况。了解水中微生物或病原微生物污染，有助于掌握水利用过程中潜在的风险，能够及时采取相应措施控制水利用过程中生物风险因子的传播。

根据微生物的特点，水质生物指标可以分为微生物群落、微生物个体和微生物组分指标三大类(图18.1)。水中微生物群落包括群落结构特点和代谢特性，前者可以通过醌指纹和群落细菌16S rDNA指纹等来反映，而后者可通过Biolog法来

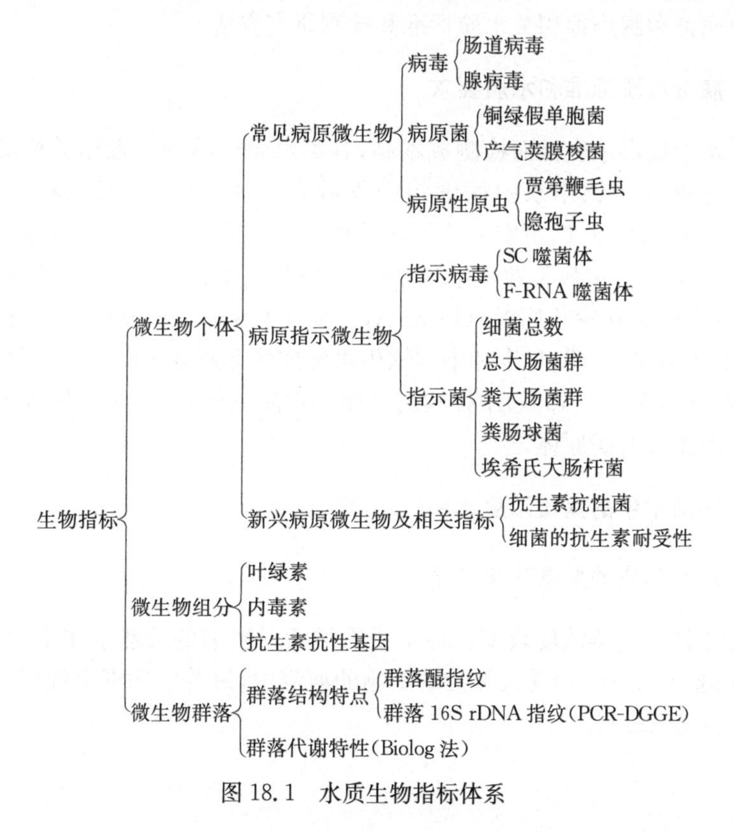

图18.1　水质生物指标体系

测定水中微生物群落的代谢特性。水中微生物个体类指标主要包括病原指示微生物、常见病原微生物及相关新兴病原微生物以及相关指标；微生物组分主要有叶绿素、内毒素和抗生素抗性基因等。本章节主要介绍常见病原微生物相关指标。病原指示微生物和微生物组分指标将分别在第19章和第20章中介绍。

18.2 动物性病毒

18.2.1 病毒检测及其意义

水中的动物性病毒可能引起多种疾病，包括脊髓灰质炎、心脏病、脑炎、无菌性脑膜炎、肝炎和肠胃炎等。

水中常见的动物性病毒主要有腺病毒、星状病毒、人类杯状病毒（诺如病毒）、肝病毒、肠道病毒和轮状病毒等。其中，肠道病毒与腺病毒是最常见及水病毒学研究最多的两类病毒。在病毒学安全控制研究中，常以肠道病毒作为代表，因为这类病毒病患者排毒量大、排毒时间长。同时，肠道病毒对外界环境抵抗力强、存活时间较久，可通过水体以外的途径传播，而且比其他病毒更易于检测。因此本节主要介绍肠道病毒和腺病毒相关水质标准和检测研究方法。

18.2.2 病毒水质标准和水质要求

由于水中病毒浓度低而检测成本高，各类水质标准中病毒相关标准较少。美国饮用水标准规定饮用水中病毒污染物最高浓度目标（maximum contaminant level goal, MCLG）为0，事实上该目标是基于病毒的灭活率确定，标准要求病毒灭活达到99.99%，其中病毒种类包括腺病毒、星状病毒、人类杯状病毒（诺如病毒）、肝病毒、肠道病毒和轮状病毒（US EPA, 2012; US EPA, 2005）。截至2013年8月，世界卫生组织、欧盟、日本和中国饮用水标准均无病毒水质标准。我国在《海水水质标准》（GB 3097—1997）中提到病毒相关水质标准，标准规定供人生食的贝类养殖水质不得含有病原体。

18.2.3 不同水中的病毒浓度水平

1. 天然水体中的病毒浓度水平

天然水体中病毒浓度较低。在不受人类活动影响的天然水体中，每升水病毒个数一般低于10个；而受人类活动影响的河流中，每升水病毒个数可达60个，具体范围参见表18.1。

表 18.1　不同水体中病毒的浓度范围

水体类别	湖泊、水库	受人类活动影响的河流	荒野中的河流	地下水
病毒浓度(PFU/L)	1～10	30～60	0～3	0～2

资料来源:WHO,2008

2. 再生水中的病毒浓度水平

相比于天然水体,生活污水含有大量的粪便等排泄物,污水中病毒浓度更高。污水经过一定的处理生产可利用的再生水,包括二级出水和深度处理出水。再生水处理过程中具有感染性的病毒检出率见表 18.2(吴乾元,2012)。二级处理出水中肠道病毒检出率为 50%～100%,石灰碱化可降低病毒检出率至 8.3%,多元过滤和活性炭吸附的去除能力相对较差,氯和紫外线消毒可将病毒检出率降至0～32%。二级出水中轮状病毒的检出率为 42%～58%,混凝沉淀砂滤工艺可将检出率降至 32%,而微滤和反渗透工艺则可降至 0～8%。表明石灰碱化、微滤和反渗透过滤、氯和紫外消毒可去除感染性病毒。

表 18.2　再生水中具有感染性的病毒检出率(%)

水样	二级出水	深度处理			消毒
		石灰碱化(pH11)	过滤	活性炭吸附	
肠道病毒	53.8	/	/	/	23.8
	50	/	ND	/	32
轮状病毒	100	8.3	25(多元过滤)	25	0
	73	/	63	/	33
	58	/	33(混凝过滤)	/	/
	42	/	8(微滤)	/	/
	42	/	0(反渗透)	/	/

注: ND 表示未检出

二级处理出水中具有感染活性的轮状病毒浓度一般小于 4 PFU/L(检测限为 0.01 PFU/L),具有感染活性的肠道病毒浓度为 10^{-2}～10^{3} PFU/L。二级出水中病毒基因检测浓度比具有感染活性的病毒高,典型病毒基因的浓度分布如图 18.2 所示。二级出水中,腺病毒基因浓度最高,为 10^{3}～10^{5} copy/L;两种诺如病毒的基因浓度其次,为 10～10^{4} copy/L;肠道病毒的基因浓度较低,为 10～10^{3} copy/L;轮状病毒基因最低,为 ND～10^{3} copy/L。

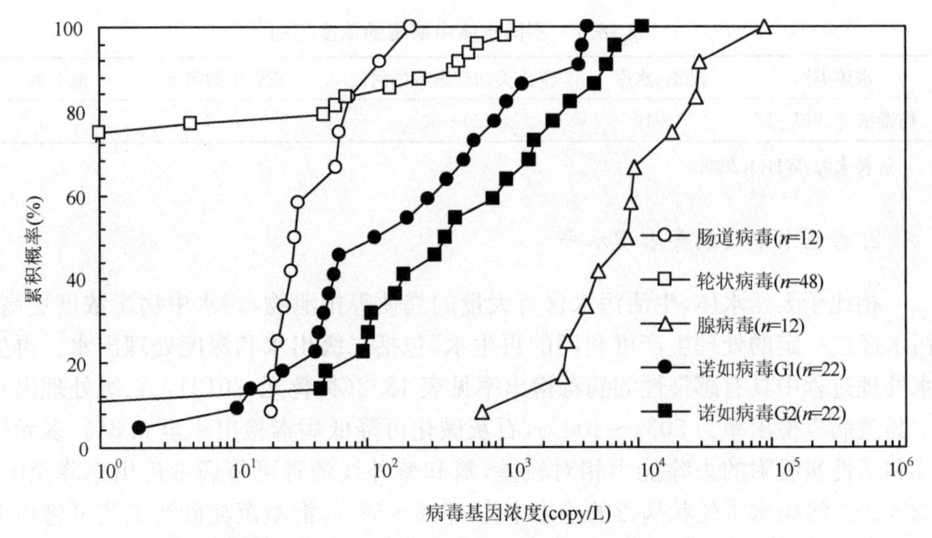

图 18.2 二级处理出水中典型病毒基因的浓度分布

18.2.4 病毒测定方法

水中病毒检测的基本步骤包括:取样、样品浓缩与纯化、检测;检测方法主要包括细胞培养法以及近年来开发的基于分子生物学的检验手段,如聚合酶链反应和生物芯片杂交(Fong and Lipp, 2005)。

1. *病毒浓缩*

环境水样中各类病毒的浓度水平较低,因此在病毒检测之前需要较大体积的水样对病毒进行浓缩、纯化。目前主要采用过滤法来浓缩病毒,所用的滤器主要有套筒式滤器、玻璃纤维滤器、玻璃绒滤器、涡流过滤器等。

美国环境保护局规定一般情况下,地表水取样体积为 200 L,其中样品检测所用体积为 100 L,采用正极带电过滤器吸附-洗脱的浓缩方法。不需要人为调节滤膜的 pH 值而能使得带负电的病毒吸附在上面。然而,对于海水而言,由于水中含有较高的盐分和碱度,电正极的滤器易堵塞而导致病毒的吸附能力降低。与电正极滤器相比,电负极滤器更适用于河口水样以及较高浊度的水样中病毒的浓缩。采用电负极滤器浓缩病毒,需在浓缩过程中添加镁离子、其他多价阳离子或酸化水样。同时,水样过滤之后需进行酸漂洗步骤以去除膜上的阳离子,调节 pH 值以使得病毒浓缩样品能够用于 PCR 检测。

涡流过滤和切向流过滤(图 18.3)作为吸附-洗脱机械过滤方法的替代方法用于海水中病毒的浓缩纯化。这两种过滤方法均属于超滤法。涡流过滤装置通过在一圆柱形滤器中给水加压得到不同的水流类型,从而产生压力,截留颗粒物的同时避免堵塞问题。此方法操作简单,不需要对水样进行前处理,没有洗脱步骤。典型的超滤浓缩能将 20 L 水样浓缩为 50 mL 左右。切向流过滤要求对水样进行一定的预过滤操作,以除去浮游生物和悬浮颗粒。相比于切向流过滤,涡流过滤操作所花时间少,病毒回收效率高,但是涡流过滤浓缩也容易导致 PCR 抑制物的浓缩。与机械过滤法相比,涡流过滤和切向流过滤的费用更低,时间效率更高。

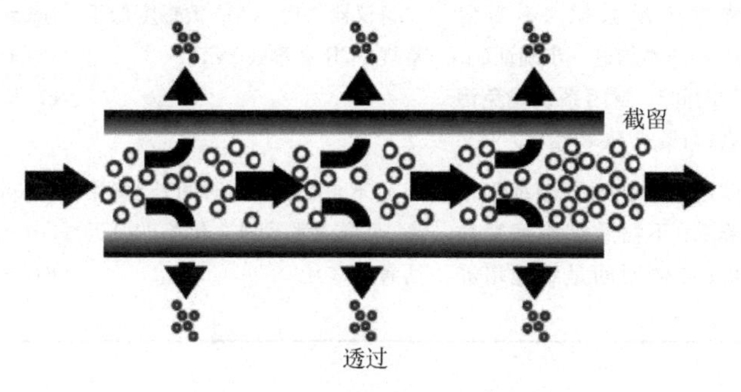

图 18.3　切向流过滤原理

浓缩或洗提后的水样往往需要进一步的浓缩和纯化来降低水样体积至 1～2 mL。这时所采用二级浓缩方法如有机絮凝法(美国环境保护局推荐方法)、聚乙二醇沉淀和离心超滤法。沉淀物通过离心形成团状,然后再用磷酸钠溶解。

2. 病毒检测

病毒的多样性导致病毒检测方法的多样化。表 18.3 给出了近年来常用的病毒检测方法,并给出了优缺点分析。不同的病毒检测方法在病毒感染性判别、最低检测限、花费时间等方面均有所不同。

表 18.3　环境样品中肠道病毒的一般检测方法

方法	优点	缺点	参考文献
细胞培养法	确定病毒的感染性;提供定量数据	花费时间长(几天至几周);相比于 PCR 费用更高;并不是所有的病毒都能在所用细胞上生长	Lipp et al. ,2001;Straub et al. , 1995
PCR(RT-PCR)	快速;与细胞培养法相比,敏感度和特异性有所提高	非定量;易受环境样品中的抑制剂干扰;不能确定病毒的感染性	Griffin et al. , 1999;Lipp et al. , 2002
巢式 PCR	敏感度高于常规 PCR;替代 PCR 确证步骤(如杂交)	转移 PCR 产物的同时存在污染物转移的风险	Jiang, et al. , 2001;Pina et al. , 1998;van Heerden et al. , 2003

续表

方法	优点	缺点	参考文献
多重 PCR	几类病毒同时检测；时间短，成本低	不同 PCR 之间有竞争性干扰；可能导致非特异性扩增的 PCR 产物	Fout et al.，2003；Green and Lewis，1999
实时定量 PCR（Tagman 探针法）	提供定量数据；不需要 PCR 产物的进一步确证（节约时间）；封闭系统避免污染（与巢式 PCR 相比）	设备仪器昂贵；间或敏感度低于常规 PCR 和巢式 PCR	Beuret，2004；Donaldson et al.，2002；Noble et al.，2003
细胞培养 PCR（ICC-PCR）	改进感染性病毒的细胞培养法；不需致细胞病变效应；检测时间是细胞培养法的一半	与 PCR 相比，检测时间长、费用高；可能检测到进入细胞的已灭活病毒	Chapron et al.，2000；Greening et al.，2002；Ko et al.，2003

1）细胞培养法

细胞培养法是目前最常用于环境样品中病毒检测的方法，也是分离和确定病毒感染性的最好方法。检测过程中最常用的细胞株系列包括：BGM 细胞、MA104 细胞、RD 细胞、A549 细胞、FRhK-4 细胞和 PK-15A 细胞，分别用于特定的各类病毒感染性检测和病毒分离。细胞培养法主要通过破损细胞数、完整细胞数和蜕皮的单层细胞（致细胞病变效应，cytopathogenic effect，CPE）来评价病毒的感染。

细胞培养法用于检测病毒的主要缺点是它只能用于实验室检测，检测时间长（需要几天至几周）。此外，一些水样可能具有细胞毒素而表现出致细胞病变效应从而导致检测结果的假阳性。目前尚未开发出用于所有肠道病毒检测的通用细胞系。由于许多病毒不会形成致病毒效应，且生长非常缓慢或者无法在已确定的细胞系上生长，因此无法通过细胞培养检测其感染性。例如，某些腺病毒株生长慢，且不会产生致细胞病变效应，若在检测过程中存在其他肠道病毒，腺病毒往往被忽略。同样地，诺如病毒也不会在常见细胞株中生长繁殖。

2）常规聚合酶链式反应法（PCR）

分子生物技术广泛地用于环境样品中肠道病毒的检测始于 20 世纪 90 年代。分子病毒检测分析，如 PCR 和杂交，通常基于一类病毒相同的保守区基因展开。与传统的细胞培养技术相比，基于 PCR 的分析方法具有速度快、敏感性高、专一性强的优点。然而，PCR 方法用于检测环境样品中的病毒也可能导致检测结果的假阳性和假阴性，如水中的腐殖酸、重金属等物质会抑制 PCR 反应而导致结果的假阴性，水中游离病毒核酸和其他非特异性核酸可导致假阳性。

3）多重 PCR

多重 PCR 能够实现多组引物结合多种病毒的目标，使得病毒检测能够节约时间并减少检测花费。然而，多重 PCR 的应用由于反应混合和 PCR 条件的最优化难度大而受到限制。有研究者将多重 PCR 优化应用于肠道病毒、轮状病毒和乙肝病毒的检测，结果表明优化的多重 PCR 能够较好地检测实验室自配样品，却不能很好地检测环境样品。

4）实时定量 PCR

实时定量 PCR 通过荧光染料（如 SYBR Green）或 Tagman 探针定量检测环境样品中的病毒 DNA，从而实现病毒的定量检测。与常规 PCR 相比，实时定量 PCR 减少了凝胶电泳分析和额外的杂交等步骤，可缩短操作时间。同时，实时定量 PCR 的整个分析过程在封闭系统中完成，能够降低可能的操作污染。现有的研究表明，实时定量 PCR 的灵敏度基本与常规 PCR 相当。利用实时定量 PCR 检测海水中的肠道病毒，其检测限能达到 9.3 个/mL（Donaldson et al., 2002）。然而，实时定量 PCR 的检测费用高。

5）细胞培养 PCR（integrated cell culture PCR，ICC-(RT)PCR）

基于 PCR 的分子生物学方法虽然具有敏感性高、专一性强、效率高等优点，但是这些方法无法判断病毒的感染性。因此近几年研究者开始尝试将细胞培养法和 PCR 方法结合起来用于检测环境样品中的肠道病毒，称为细胞培养-PCR[ICC-(RT)PCR]。该组合方法的前提假设是细胞株经过培养后，只有具有感染能力的病毒才能进入细胞进行繁殖；被感染的细胞在病变之前即可通过 DNA 或者 RNA 提取和 PCR 检测来确定细胞内是否有病毒存在。此检测方法同样适用于具有感染能力，但进入细胞不能导致细胞显著病变的病毒的检测。

结果表明，与传统的细胞培养法相比，ICC-(RT)PCR 将样品中感染性病毒检测概率从 17.2%提高至 68.9%（Chapron et al., 2000）。对城市污水、污泥、河水以及贝类样品中的腺病毒进行对比检测发现，通过 ICC-PCR 检出具有感染能力的腺病毒的概率比传统细胞培养法高 21.4%（Green and Lewis, 1999）。与传统的细胞培养法相比，ICC-(RT)PCR 所花费的检测时间较短（一般情况下少于 3 天）。

但是，近期也有研究指出，已灭活病毒会转移进入细胞而导致检测结果的假阳性（Ko et al., 2003）。为了克服检测的假阳性，Ko 等进一步发展了基于检测病毒复制相关的信使 RNA 的 ICC-(RT)PCR 用于腺病毒的检测。只有在病毒进行转录复制的情况下，细胞内才有可能产生相关的信使 RNA，此方法进一步明确了病毒在细胞内的行为，可用于判断病毒的感染性和病毒的复制能力。

18.3　铜绿假单胞菌

18.3.1　铜绿假单胞菌及其意义

铜绿假单胞菌（*Pseudomonas aeruginosa*）原称绿脓杆菌，是一种常见的条件致病菌，属于非发酵革兰氏阴性杆菌，在自然界分布广泛，为土壤中存在的最常见的细菌之一。铜绿假单胞菌存在于各种潮湿的环境中，如各种水、空气、正常人的皮肤、呼吸道和肠道等。

铜绿假单胞菌菌体细长且长短不一，有时呈球杆状或线状，成对或呈短链状排列。菌体的一端有单鞭毛，在暗视野显微镜或相差显微镜下观察可见细菌运动活泼。铜绿假单胞菌为专性需氧菌，生长温度范围为 25～42 ℃，最适生长温度为 25～30 ℃，利用其在 4 ℃不生长而在 42 ℃可以生长的特点可用以鉴别该细菌。铜绿假单胞菌在普通培养基上可以繁殖并能产生水溶性的色素，如绿脓素(pyocynin)与带荧光的水溶性荧光素(pyoverdin)等。

铜绿假单胞菌在血平板上会有透明溶血环。该菌含有 O 抗原(菌体抗原)以及 H 抗原(鞭毛抗原)。O 抗原包含两种成分：一种是外膜蛋白，为保护性抗原；另一种是脂多糖，有特异性。O 抗原可用以分型。典型菌株包括 PA2192、C3719、PAO1 等。

18.3.2　铜绿假单胞菌的水质标准

国家标准《饮用天然矿泉水》(GB 8537—2018)中要求 250 mL 水样中不得检出铜绿假单胞菌。

18.3.3　不同水中的铜绿假单胞菌浓度水平

佐々木琢等对日本东京 5 座城市公园内河流水中铜绿假单胞菌浓度进行调研，结果表明此类水体中每 100mL 水样中可检出 3～84 CFU 铜绿假单胞菌(佐々木琢 等，2002)。

Payment 等对加拿大 7 座饮用水厂的调研结果表明，饮用水厂水源水中铜绿假单胞菌浓度在 1.3×10～1.0×10^{2} CFU/L 之间；而沉淀后出水浓度范围为 1.3～2.0×10^{2} CFU/L；除一个水厂出水检出 4×10^{-2} CFU/L 之外，其余 6 座饮用水厂出水(即出厂饮用水)均未检出铜绿假单胞菌(Payment et al.，1985)。

Odjadjare 等(2012)对南非 3 座污水处理厂经氯消毒后出水的调研表明，铜绿假单胞菌的年均浓度在 1.08～1.26×10^{4} CFU/100 mL，最大值为 4.9×10^{4} CFU/100 mL。

18.3.4　铜绿假单胞菌分析方法

铜绿假单胞菌可采用滤膜法进行检测。其测定过程是将抽滤水样得到的滤膜在 CN 琼脂(含溴化十六烷基三甲胺、萘啶酮酸)的选择性培养基上培养，在36℃±1℃温度下培养 24～28 h。在 CN 培养基上生长并产生绿脓菌素，或可在 CN 培养基上生长且氧化酶呈阳性、紫外线(360±20)nm 照射下能产生荧光，能够利用乙酰胺产氨的革兰氏阴性无芽孢杆菌即为铜绿假单胞菌。具体流程如图 18.4 所示。

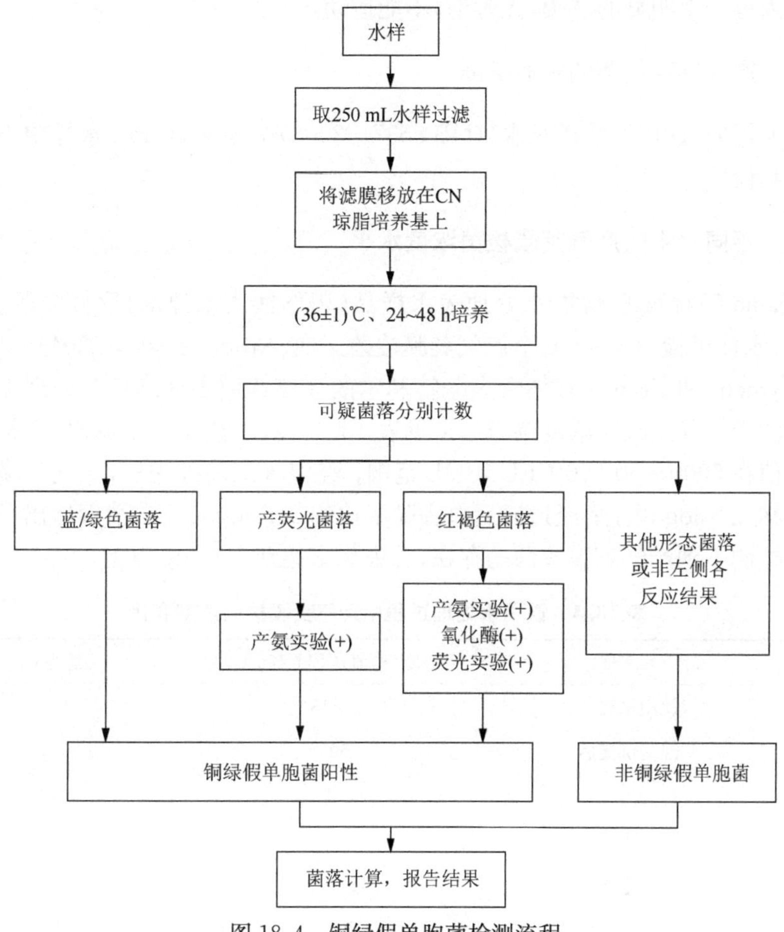

图 18.4　铜绿假单胞菌检测流程

18.4　产气荚膜梭菌

18.4.1　产气荚膜梭菌及其意义

产气荚膜梭菌(*Clostridium perfringens*)是临床上气性坏疽病原菌中最常见的一种梭菌,因能分解肌肉和结缔组织中的糖,产生大量气体,导致组织严重气肿,继而影响血液供应,造成组织大面积坏死,加之该菌在体内能形成荚膜,故名产气荚膜梭菌。

产气荚膜梭菌为革兰氏阳性粗短大杆菌,大小为(1～1.5)μm×(3～5)μm。两端钝圆,单个或成双排列,偶见链状。芽孢椭圆形,位于菌体中央或次极端,芽孢直径不大于菌体，在一般培养时不易形成芽孢，在无糖培养基中有利于形成芽孢。在机体内可产生明显的荚膜，无鞭毛，不能运动。

18.4.2 产气荚膜梭菌的水质标准

国家标准《饮用天然矿泉水》(GB 8537—2008)中要求 50 mL 水样中不得检出产气荚膜梭菌。

18.4.3 不同水中的产气荚膜梭菌浓度水平

Araujo 等对西班牙的 51 处地表水样品(用作饮用水源水)取样分析发现，每 100 mL 水样可检出 1～220 个产气荚膜梭菌芽孢(Araujo et al.，2004)。

Payment 和 Franco 对加拿大蒙特利尔的 3 座饮用水处理厂各处理工艺环节水样中的产气荚膜梭菌浓度调研结果见表 18.4。对于饮用水水源水，产气荚膜梭菌浓度值在 5000～50 000 CFU/100L 范围；经混凝沉淀处理后，产气荚膜梭菌的去除率在 2.0 log 以上；经过滤后总去除率达到 3.5 log 以上；消毒后出厂的饮用水中已检测不到产气荚膜梭菌的存在，总去除率达到 5.0 log 以上。

表 18.4 饮用水处理过程中产气荚膜梭菌浓度变化

水厂	水样	浓度(均值)CFU/100 L	去除率(log)
1	饮用水源	40 443	
	混凝沉淀后	59	2.8
	过滤后	0.1	5.6
	饮用水	<1	7
2	饮用水源	45 533	
	混凝沉淀后	234	2.3
	过滤后	1	4.5
	饮用水	<1	>6
3	饮用水源	5 243	
	混凝沉淀后	0.7	3.9
	过滤后	1.2	3.6
	饮用水	<1	>5

资料来源：Payment and Franco，1993

Chauret 等对渥太华污水处理厂水样中产气荚膜梭菌浓度分析结果见表18.5。结果表明，污水处理厂原污水中产气荚膜梭菌浓度高于 10^4 CFU/100 mL，而经过二级处理后总去除率低于 1.0 log，每 100 mL 二级出水中仍可检出近 10^4 CFU 的产气荚膜梭菌。

表 18.5　污水处理过程中产气荚膜梭菌浓度变化

产气荚膜梭菌形态	水样	浓度(均值)(CFU/100 mL)	去除率(log)
菌体	原污水	8.85×10^4	
	一级处理出水	2.76×10^4	0.51
	二级处理出水	9.75×10^3	0.96
芽孢	原污水	1.7×10^4	
	一级处理出水	6.63×10^3	0.41
	二级处理出水	2.18×10^3	0.89

资料来源：Chauret et al.，1999

18.4.4　产气荚膜梭菌分析方法

产气荚膜梭菌的检验参照《饮用天然矿泉水检验方法》(GB/T 8538—2016)规定进行，采用滤膜法测定，具体流程如图 18.5 所示。

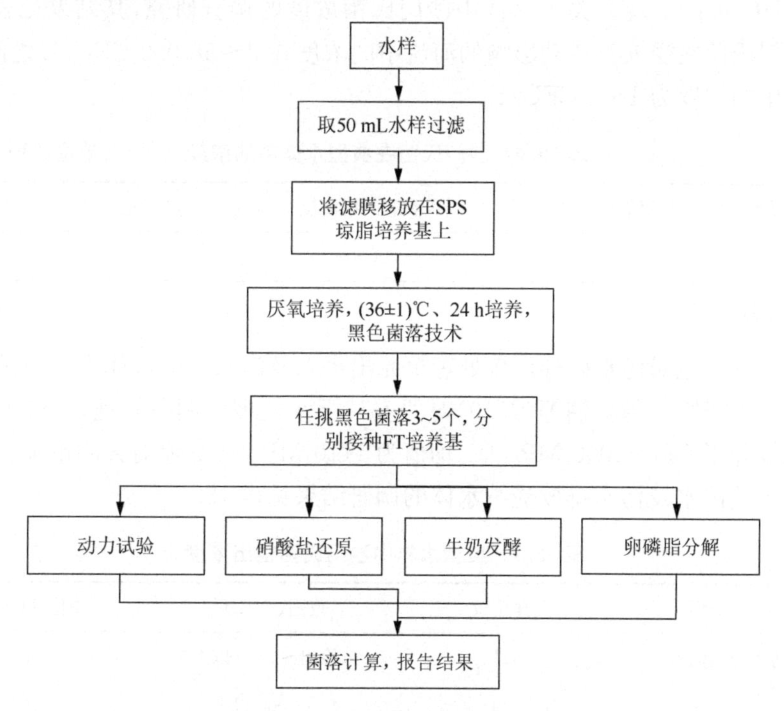

图 18.5　产气荚膜梭菌测定流程

18.5　沙门氏菌

18.5.1　沙门氏菌及其意义

沙门氏菌(*Salmonella* spp.)是沙门氏菌病的病原体,革兰氏阴性菌。属肠杆菌科,是两端钝圆的短杆菌,细胞大小为(0.7～1.5 μm)×(2～5 μm)。沙门氏菌属无荚膜和芽孢。除伤寒杆菌(*Salmonella typhi*)外,沙门氏菌属的其余肠道病原菌均属于肠道沙门氏菌种(*Salmonella enterica*)(WHO,2008)。

沙门氏菌目前已经发现1800种以上,按抗原成分可分为甲、乙、丙、丁、戊等基本菌型。其中与人类疾病有关的主要有甲组的副伤寒甲杆菌,乙组的副伤寒乙杆菌和鼠伤寒杆菌,丙组的副伤寒丙杆菌和猪霍乱杆菌,丁组的伤寒和肠炎杆菌。因此,保证与人类接触的环境水体不被沙门氏菌污染是保障人类健康的必要措施。

18.5.2　不同水中的沙门氏菌浓度水平

WHO统计了现有关于水体中沙门氏菌浓度的调查研究,其结果见表18.6。其中沙门氏菌在受人类活动影响的河流中的浓度在3～58 000 CFU/L之间,在天然水体中的浓度为1～4 CFU/L。

表18.6　沙门氏菌在典型水体中的浓度　　(单位:CFU/L)

水体类型	湖泊和水库	受人类影响的河流	天然河流	地下水
浓度	—	3～58 000	1～4	—

资料来源:WHO,2008

国内学者也对污水处理厂各处理单元出水以及污水受纳水体中沙门氏菌浓度进行了调查研究。魏梦楠等(2010)对西安某污水处理厂调研发现,二级出水中沙门菌浓度介于600～2000 MPN/L,均值为1110 MPN/L。而对天津市某污水处理厂处理工艺出水及污水排放受纳水体的调研结果见表18.7。

表18.7　典型水样中沙门氏菌检出浓度

水样类型	样品数	范围(个/L)	中位数(个/L)
污水受纳河道	11	未检出～2000以上	500
二级出水	29	10～2000以上	100
氧化沟出水	27	未检出～500	10

资料来源:段卫平和叶秀雯,2001

18.5.3　沙门氏菌分析方法

沙门氏菌为需氧或兼性厌氧菌，可采用营养琼脂平板培养，温度为 35～37 ℃，培养时间 18～24 h，其菌落大小一般为 2～3 mm，光滑、湿润、无色、半透明、边缘整齐。沙门氏菌在血平板上形成中等大小的灰白色菌落。

基于以上培养特性，目前相应的检测标准包括 ISO 的《ISO19250：2010 水质—沙门氏杆菌的检测》以及我国实行的食品中沙门氏菌检验标准 GB 4789.4—2016 等。

18.6　隐孢子虫与贾第鞭毛虫

18.6.1　“两虫”及其意义

隐孢子虫(*Cryptosporidium*)和贾第鞭毛虫(*Giardia*)(简称“两虫”)是近年来发现的新型致病性原生动物。隐孢子虫和贾第鞭毛虫的个体都非常小，隐孢子虫卵囊呈圆球形，直径为 4～6 μm(图 18.6)。贾第鞭毛虫孢囊呈卵圆形，长轴为 8～18 μm，短轴为 5～15 μm(图 18.7)。

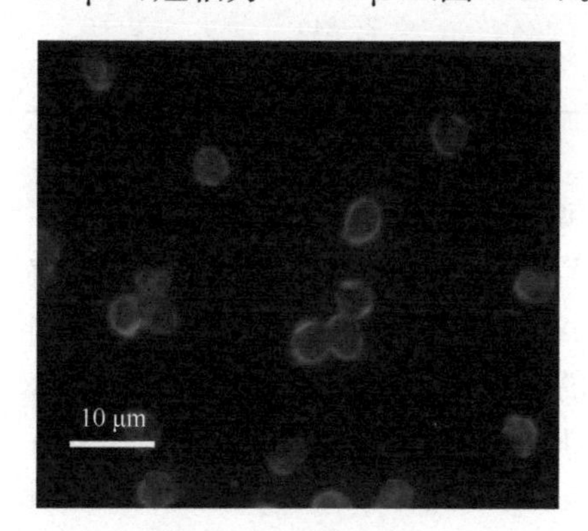

图 18.6　隐孢子虫

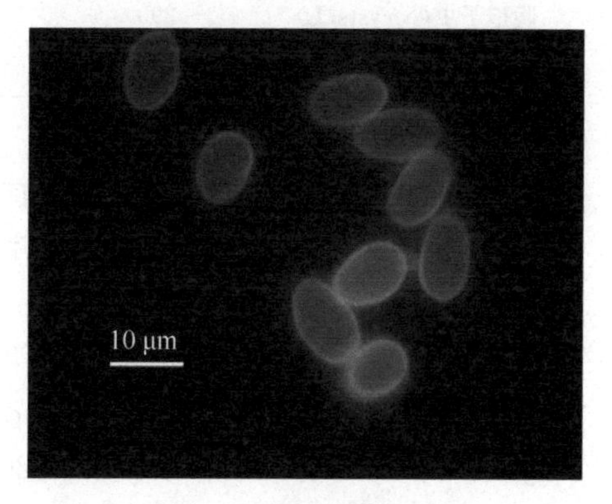

图 18.7　贾第鞭毛虫

人或动物摄入含有隐孢子虫卵囊(oocyst)和贾第鞭毛虫孢囊(cyst)的水或食物后会感染隐孢子虫病(*Cryptosporidiosis*)和贾第鞭毛虫病(*Giardiasis*)。隐孢子虫病和贾第鞭毛虫病的典型症状是严重腹泻，有些患者特别是儿童常出现腹痛、恶心、呕吐或低度发烧(＜39 ℃)等症状。该病的流行病学特点和其他水媒传染疾病基本相似(如在地区、性别上平均分布等)，不同的是它的发病率高(＞40％)，而其他水媒疾病发病率一般为 5％～10％。

对于隐孢子虫病和贾第鞭毛虫病，目前国际上尚无有效的治疗方法。免疫功能健全者病程平均为10天，一般能自行痊愈；免疫功能缺陷者，特别是艾滋病患者，症状多变且较为严重，持续时间长，最为严重者常表现为霍乱样水泻而死亡。因此，对隐孢子虫病和贾第鞭毛虫病的预防尤为重要。

18.6.2　"两虫"水质标准和水质要求

在我国的《生活饮用水卫生标准》(GB 5749—2022)中，隐孢子虫和贾第鞭毛虫均为水质非常规微生物指标，标准规定饮用水中隐孢子虫和贾第鞭毛虫浓度分别低于0.1 oocysts/L和0.1 cysts/L。此外，美国饮用水标准对隐孢子虫和贾第鞭毛虫的去除率进行了技术规定，要求水处理系统中过滤处理对隐孢子虫的去除率达到99%，同时要求水处理工艺对贾第鞭毛虫的灭活率达到99.9%(US EPA, 2012)。

18.6.3　不同水中的"两虫"的浓度范围

天然水体中存在不同浓度的隐孢子虫和贾第鞭毛虫，受人类活动影响的水体中"两虫"浓度较高，地下水中"两虫"浓度低，具体浓度范围参见表18.8。

表18.8　不同水体中隐孢子虫和贾第鞭毛虫的浓度范围

"两虫"	湖泊、水库	受人类活动影响的河流	荒野中的河流	地下水
隐孢子虫(oocysts/L)	4～290	2～480	2～240	0～1
贾第鞭毛虫(cysts/L)	2～30	1～470	1～2	0～1

资料来源：WHO,2008

相比于天然水体，城市污水处理厂原水中"两虫"浓度相对较高，具体浓度水平参见表18.9。由于浓缩方法和检测方法的差异，不同研究者的测定结果的绝对值之间没有很好的可比性(Bonadonna et al., 2002)。但是不论使用何种浓缩和检测方法，大部分研究都发现，污水中贾第鞭毛虫的浓度高于隐孢子虫(Rose et al., 1996; Harwood et al., 2005; Ottoson et al., 2006; Bukhari et al., 1997; Payment et al., 2001; Lim et al., 2007; Robertson et al., 2006; Zuckerman et al., 1997; 宗祖胜 等, 2005)。

表18.9　国内外城市污水处理厂原污水中隐孢子虫和贾第鞭毛虫的浓度水平

水样来源	隐孢子虫(oocysts/L)	贾第鞭毛虫(cysts/L)	参考文献
美国	0.1～1000	1～10000	Harwood et al., 2005
美国	0.61～120	1～130	Rose et al., 1996
英国	10～170	10～13600	Bukhari et al., 1997
瑞典	8～158	250～12500	Ottoson et al., 2006
加拿大	1～560	100～9200	Payment et al., 2001

续表

水样来源	隐孢子虫(oocysts/L)	贾第鞭毛虫(cysts/L)	参考文献
西班牙	40～340	—	Montemayor et al., 2005
意大利	—	2100～42000	Cacciò et al., 2003
马来西亚	1～80	18～8480	Lim et al., 2007
挪威	100～1100	100～13600	Robertson et al., 2006
以色列	8.3～8.5	5～27.3	Zuckerman et al., 1997
中国	69～1210	7200～18300	宗祖胜 等, 2005
中国(北京-G)	100～400	833～2667	张彤, 2006
中国(北京-Q)	33～433	167～3600	张彤, 2006
中国(北京-J)	33～600	133～1233	张彤, 2006

注:"—"表示无相关数据

城市污水经过二级处理,出水中隐孢子虫和贾第鞭毛虫的浓度大幅降低,具体浓度水平参见表18.10。

表18.10 国内外城市污水处理厂二级处理出水中隐孢子虫和贾第鞭毛虫的浓度水平

水样来源	隐孢子虫(oocysts/L)	贾第鞭毛虫(cysts/L)	参考文献
美国	0.25～13	0.14～23	Rose et al., 1996
英国	10～60	10～720	Bukhari et al., 1997
西班牙	0.4～16	—	Montemayor et al., 2005
马来西亚	20～80	1～1462	Bonadonna et al., 2002
意大利	0～82	—	Lim et al., 2007
中国	1～46	6～153	宗祖胜 等, 2005
中国(北京-G)	0～9	7.3～31.7	张彤, 2006
中国(北京-Q)	0.5～5.0	1.3～16.5	张彤, 2006
中国(北京-J)	0.5～2.5	0.5～2.5	张彤, 2006

注:"—"表示无相关数据

污水经过絮凝沉淀处理后,出水中的隐孢子虫和贾第鞭毛虫的平均浓度分别在0～2.0 oocysts/L和1～6.67 cysts/L之间,而砂滤出水中的隐孢子虫和贾第鞭毛虫的平均浓度分别在0～0.4 oocysts/L和0～2.07 cysts/L之间。超滤(孔径为0.22 μm)系统之后,隐孢子虫和贾第鞭毛虫的浓度低于US EPA 1623的"两虫"检测方法的检出限0.2 (oo)cysts/L。国内外城市污水深度处理出水中"两虫"浓度水平具体参见表18.11。

表 18.11 国内外城市污水深度处理出水中隐孢子虫和贾第鞭毛虫的浓度水平

水样来源	隐孢子虫(oocysts/L)	贾第鞭毛虫(cysts/L)	参考文献
美国	0.01～1	0.01～10	Harwood et al.，2005
美国	0.003～0.054	0.003～0.033	Rose et al.，1996
西班牙	0～0.8	—	Montemayor et al.，2005
中国(絮凝沉淀)	0～2.0	1～6.67	张彤，2006
中国(絮凝沉淀＋砂滤)	0～0.4	0～2.07	张彤，2006
中国(超滤)	＜0.2	＜0.2	谢兴，2008

注："—"表示无相关数据

张彤(2006)考察了污水再生处理全过程中"两虫"检出量之间的相关关系，如图 18.8 所示。结果表明，污水再生处理系统各单元的水样中贾第鞭毛虫的浓度始终高于隐孢子虫，并且两者的检出量的变化趋势非常相似。隐孢子虫卵囊和贾第鞭毛虫孢囊的浓度间呈现出良好的线性相关关系，特别是在污水和初沉池出水的水样中，贾第鞭毛虫的检出量大约是隐孢子虫的 6 倍。贾第鞭毛虫的检出量高于隐孢子虫的现象在其他污水处理厂水质研究的试验中也有发现(Briancesco and Bonadonna，2005；Medema and Schijven，2001)。

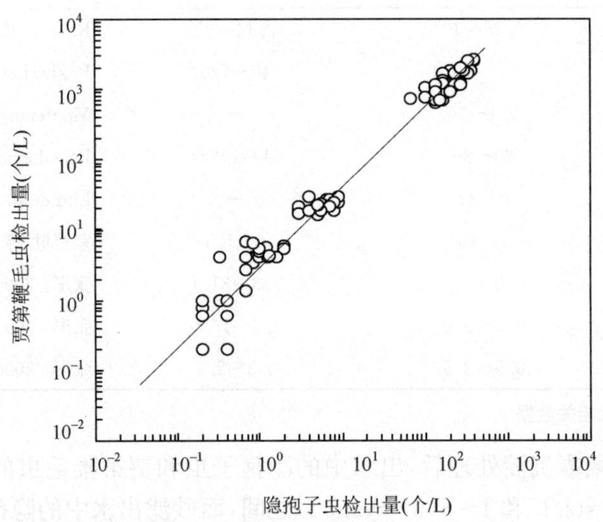

图 18.8 某污水处理厂再生处理过程中隐孢子虫与贾第鞭毛虫检出量的相关性

18.6.4 "两虫"测定方法

1."两虫"测定方法概述

隐孢子虫卵囊和贾第鞭毛虫孢囊的检测方法有免疫荧光检测法、荧光原位杂交、PCR 技术以及流式细胞检测等，其中免疫荧光检测法是目前最常用的方法。

美国环境保护局 1996 年开始采用免疫磁力分离（immunomagnetic separation，IMS）等技术对隐孢子虫进行分析检测，提出了单独检测隐孢子虫的 US EPA-1622 方法，并于 1997 年 1 月将其作为正式检测标准发布。由于贾第鞭毛虫免疫磁力分离系统的建立落后于隐孢子虫，于 1998 年 10 月才被认可，因此，EPA 于 1999 年 2 月又发布了能同时检测隐孢子虫和贾第鞭毛虫的检测方法，称为 US EPA-1623 方法。US EPA-1623 方法是目前国际上应用最广泛的一套隐孢子虫卵囊和贾第鞭毛虫孢囊检测的标准方法。值得指出的是，隐孢子虫和贾第鞭毛虫的检测费用高，每个样品试剂费用在 2000 元左右。

2. 隐孢子虫卵囊和贾第鞭毛虫孢囊的检测方法

US EPA-1623 方法包括浓缩、分离和鉴定 3 个步骤，即采用滤筒过滤，免疫磁珠分离和免疫荧光（immuno-fluorescent assay，IFA）显微镜来检测和计数隐孢子虫卵囊和贾第鞭毛虫孢囊，并借助 DAPI（4′，6-diamidino-2-phenylindole）染色和微分干涉差（differental interference contrast，D. I. C）显微镜观察其内部的特征结构来证实卵囊和孢囊的存在。

囊式滤筒过滤和摇臂振荡洗脱是造成 US EPA-1623 方法成本高、回收率低的主要原因。张彤（2006）通过对膜过滤-洗脱环节和 IMS 过程进行改进，提高并稳定了各步骤的回收率，使该方法对水质有较强的适应性，并且将测试成本降低了约 52%。具体改进措施如下。

（1）与化学絮凝法、膜过滤-溶解法和膜过滤-刮擦法相比，膜过滤-洗脱法是比较理想的“两虫”浓缩方式。在直接洗脱的基础上，增加滤膜刮擦后隔夜浸泡和洗脱前剧烈振荡的操作能够显著提高并稳定浓缩环节的回收率。

（2）在免疫磁性分离（IMS）环节，酸解离比热解离的效果更好。

（3）免疫荧光染色（IFA）、镜检环节观察到的假阳性物质通过形状或大小可以较明确地和“两虫”区分开，一般情况下可不进行后续的 DAPI/DIC 确认步骤。

（4）对于浊度较低的水样（<1 NTU），浓缩是整个检测流程回收率的限制步骤，而对于浊度较高的水样（>4 NTU），IMS+IFA 是回收率的限制步骤。

（5）与延长洗脱时间和更换洗脱液相比，提高水样单膜累计过滤量和向水样中添加高岭土浊液能够更加有效地提高膜过滤-洗脱法在不同水质条件下的适应性。离心浓缩后洗涤沉淀和提高酸解离强度是改善 IMS 过程回收率的有效措施。然而反应混合时间过长可能使“两虫”与磁珠的结合体发生解离。

优化后的具体方案参见表 18.12。

表 18.12 污水/再生水中病原性原虫检测的优化方案

试验步骤		参数设置
浓缩	采集水样	采集水样各 2 L，每张膜过滤 1 L
	膜过滤	测定水样浊度，添加高岭土浊液至 4 NTU
	刮擦	采用木质药匙进行刮擦处理，滤膜转移至 50 mL 离心管
	隔夜浸泡	50 mL 离心管中加洗脱液 30 mL，浸泡 12 h 以上
	漩涡振荡	将 50 mL 离心管置于漩涡混合器上剧烈振荡 3～5 min
	摇床洗脱	将 50 mL 离心管置于摇床，250 r/min 振荡 15 min 后，改变离心管方向至与前次垂直，250 r/min 振荡 15 min
	离心浓缩	2500 *g*，离心 10 min，弃去上清，加纯水后至于漩涡混合器振荡洗涤，再次离心 2500 *g*，10 min
分离	IMS	提高酸解离强度，加入 0.1 mol/L HCl 后振荡 60 s，静置 10 min，再振荡 60 s，静置 10 min；增加酸解离次数至两次。其余步骤同 US EPA-1623 法
鉴定	IFA	加 50 μL 甲醇，室温下干燥后，再加 50 μL 染色液，37 ℃、暗处染色 60～90 min。用 Fixing Buffer 洗涤残留染色液，加入一滴包埋介质(mounting media)后盖片
	镜检计数	卵囊和孢囊在蓝光的激发下均呈现出绿色荧光，利用荧光显微镜进行扫描、计数

3. 隐孢子虫的活性及感染性检测

隐孢子虫的活性及感染性检测方法主要包括裂囊分析、活性染色分析、反转录 PCR、动物试验(即小鼠感染分析)和细胞感染分析等，其中前三种方法的检测过程相对比较简单，但由于检测过程没有与隐孢子虫感染致病的环境条件相联系，难以利用其检测结果进行健康风险分析。

小鼠感染分析的试验条件与隐孢子虫感染人体的条件最为接近，但动物试验程序烦琐，费用昂贵，耗时较长，影响因素复杂，不便于推广。相比之下，细胞感染分析是隐孢子虫活性和感染性分析的最佳选择，它可以在不使用动物模型的条件下，模拟体内感染环境，既可避免动物试验的不足，又便于试验过程标准化，从而大大提高试验结果的重现性和可信度。

参 考 文 献

段卫平，叶秀雯. 2001. 天津城市污水中大肠菌群数与沙门氏菌的关系. 环境与健康杂志，18(1)：25～26.

魏梦楠. 2010. 污水再生水中典型肠道病原菌的培养鉴定及定量检测研究. 西安：西安建筑科技大学硕士学位论文.

吴乾元. 2012. 再生水中有毒有害污染物和病毒的风险评价. 北京：清华大学博士后研究报告.

谢兴. 2008. 再生水城市杂用的微生物健康风险研究. 北京：清华大学硕士学位论文.

张彤. 2006. 污水再生处理过程中病原性原虫的去除特性研究. 北京：清华大学硕士学位论文.

宗祖胜，胡洪营，卢益新，等. 2005. 某市贾第鞭毛虫和隐孢子虫污染现状. 中国给水排水，21(5)：44～46.

佐々木琢，原田宏，滝田聖親. 2002. 河川水を利用した都市公園における緑膿菌分布. 陸水学雑誌，63(3)：215～219.

Araujo M，Sueiro R A，Gómez M Z，et al. 2004. Enumeration of Clostridium perfringens spores in groundwater samples：Comparison of six culture media. Journal of Microbiological Methods，57(2)：175～180.

Beuret C. 2004. Simultaneous detection of enteric viruses by multiplex real-time RT-PCR. Journal of Virological Methods，115(1)：1～8.

Bonadonna L，Briancesco R，Ottaviani M，et al. 2002. Occurrence of *Cryptosporidium* oocysts in sewage effluents and correlation with microbial，chemical and physical water variables. Environmental Monitoring and Assessment，75(3)：241～252.

Briancesco R，Bonadonna L. 2005. An Italian study on *Cryptosporidium* and *Giardia* in wastewater，fresh water and treated water. Environmental Monitoring and Assessment，104(1-3)：445～457.

Bukhari Z，Smith H V，Sykes N，et al. 1997. The occurrence of Cryptosporidium spp oocysts and Giardia spp cysts in sewage influents and effluents from treatment plants in England. Water Science and Technology，35(11-12)：385～390.

Cacciò S M，Giacomo M D，Aulicino F A，et al. 2003. Giardia cysts in wastewater treatment plants in Italy. Applied and Environmental Microbiology，69(6)：3393～3398.

Chapron C D，Ballester N A，Fontaine J H，et al. 2000. Detection of astroviruses，enteroviruses，and adenovirus types 40 and 41 in surface waters collected and evaluated by the information collection rule and an integrated cell culture-nested PCR procedure. Applied Environmental Microbiology，66(6)：2520～2525.

Chauret C，Springthorpe S，Sattar S. 1999. Fate of *Cryptosporidium* oocysts，*Giardia* cysts，and microbial indicators during wastewater treatment and anaerobic sludge digestion. Canadian Journal of Microbiology，45(3)：257～262.

Donaldson K A，Griffin D W，Paul J H. 2002. Detection，quantitation and identification of enteroviruses from surface waters ans sponge tissue from the Florida Keys using real-time RT-PCR. Water Research，36(10)：2505～2514.

Fong T T，Lipp E K. 2005. Enteric viruses of humans and animals in aquatic environments：Health risks，detection，and potential water quality assessment tools. Microbiology and Molecular Biology Reviews，69(2)：357～371.

Fout G S，Martinson B C，Moyer M W N，et al. 2003. A multiplex reverse transcription-PCR method for detection of human enteric viruses in groundwater. Applied Environmental Microbiology，69(6)：3158～3164.

Green D H，Lewis G D. 1999. Comparative detection of enteric viruses in wastewaters，sediments and oysters by reverse transcription PCR and cell culture. Water Research，33(5)：1195～1200.

Greening G E，Hewitt J，Lewis G D. 2002. Evaluation of integrated cell culture-PCR (C-PCR) for virological analysis of environmental samples. Journal of Applied Microbiology，93(5)：745～750.

Griffin D W，Gibson C J，Lipp E K，et al. 1999. Detection of viral pathogens by reverse transcriptase PCR and of microbial indicators by standard methods in the canals of the Florida Keys. Applied Environmental Microbiology，65(9)：4118～4125.

Harwood V J, Levine A D, Scott T M, et al. 2005. Validity of the indicator organism paradigm for pathogen reduction in reclaimed water and public health protection. Applied and Environmental Microbiology, 71(6): 3163～3170.

Jiang S, Noble R, Chui W P. 2001. Human adenoviruses and coliphages in urban runoff-impacted coastal waters of Southern California. Applied and Environmental Microbiology, 67(1): 179～184.

Ko G, Cromeans T L, Sobsey M D. 2003. Detection of infectious adenovirus in cell culture by mRNA reverse transcription-PCR. Applied and Environmental Microbiology, 69(12): 7377～7384.

Lim Y A L, Hafiz W I W, Nissapatom V. 2007. Reduction of *Cryptosporidium* and *Giardia* by sewage treatment processes. Tropical Biomedicine, 24(1): 95～104.

Lipp E K, Lukasik J, Rose J B. 2001. Human enteric viruses and parasites in the marine environment. Methods Microbiology, 30: 559～588.

Lipp E K, Jarrell J L, Griffin D W, et al. 2002. Preliminary evidence for human fecal contamination in corals of the Florida Keys, USA. Marine Pollution Bulletin, 44(7): 666～670.

Medema G J, Schijven J F. 2001. Modelling the sewage discharge and dispersion of Cryptosporidium and Giardia in surface water. Water Research, 35(18): 4307～4316.

Montemayor M, Valero F, Jofre J, et al. 2005. Occurrence of Cryptosporidium spp. oocysts in raw and treated sewage and river water in north-eastern Spain. Journal of Applied Microbiology, 99(6): 1455～1462.

Noble R T, Allen S M, Blackwood A D, et al. 2003. Use of viral pathogens and indicators to differentiate between human and non-human fecal contamination in a microbial course tracking comparison study. Journal of Water and Health, 1(4): 195～207.

Odjadjare E E, Igbinosa E O, Mordi R, et al. 2012. Prevalence of multiple antibiotics resistant (MAR) *Pseudomonas* species in the final effluents of three municipal wastewater treatment facilities in South Africa. International Journal of Environmental Research. Public Health, 9(6): 2092～2107.

Ottoson J, Hansen A, Westrell T, et al. 2006. Removal of noro- and enteroviruses, *Giardia* cysts, *Cryptosporidium* oocysts, and fecal indicators at four secondary wastewater treatment plants in Sweden. Water Environment Research, 78(8): 828～834.

Payment P, Franco E. 1993. *Clostridium perfringens* and somatic coliphages as indicators of the efficiency of drinking water treatment for viruses and protozoan cysts. Applied and Environmental Microbiology, 59(8): 2418～2424.

Payment P, Plante R, Cejka P. 2001. Removal of indicator bacteria, human enteric viruses, *Giardia* cysts, and *Cryptosporidium* oocysts at a large wastewater primary treatment facility. Canadian Journal of Microbiology, 47(3): 188～193.

Payment P, Trudel M, Plante R. 1985. Elimination of viruses and indicator bacteria at each step of treatment during preparation of drinking water at seven water treatment plants. Applied and Environmental Microbiology, 49(6): 1418～1428.

Pina S, Puig M, Lucena F, et al. 1998. Viral pollution in the environment and in shellfish: Human adenovirus detection by PCR as an index of human viruses. Applied Environmental Microbiology, 64(9): 3376～3382.

Robertson L J, Hermansen L, Gjerde B K. 2006. Occurrence of *Cryptosporidium* oocysts and Giardia cysts in sewage in Norway. Applied and Environmental Microbiology, 72(8): 5297～5303.

Rose J B, Dickson L J, Farrah S R, et al. 1996. Removal of pathogenic and indicator microorganisms by a full-scale water reclamation facility. Water Research, 30(11): 2785～2797.

Straub T M, Pepper I L, Gerba C P. 1995. Comparison of PCR and cell culture for detection of enteroviruses in sludge-amended field soils and determination of their transport. Applied and Environmental Microbiology, 61(5): 2066～2068.

US EPA (US Environmental Protection Agency). 2005. Method 1623: Cryptosporidium and Giardia in Water by Filtration/IMS/FA.

US EPA (US Environmental Protection Agency). 2005. Occurrence and Exposure Assessment for the Final Long Term 2 Enhanced Surface Water Treatment rule. EPA 815-R-06-002. U. S. Environmental Protection Agency, Washington DC.

US EPA (US Environmental Protection Agency). 2012. Edition of the Drinking Water Standards and Health Advisories. EPA 822-S-12-001. U. S. Environmental Protection Agency, Washington DC.

Van Heerden J, Ehlers M M, Heim A, et al. 2003. Prevalence, quantification and typing of adenoviruses detected in river and treated drinking water in South Africa. Journal of Applied Microbiology, 99(2): 234～242.

Van Heerden J, Ehlers M M, Van Zyl W B, et al. 2003. Incidence of adenoviruses in raw and treated water. Water Research, 37(15): 3704～3708.

WHO (World Health Organization). 2008. Guidelines for Drinking-water Quality Third Edition Incorporating the First and Second Addenda. T Volume 1. Geneva.

WHO (World Health Organization). 2008. Guidelines for Drinking-water Quality [electronic resource]: Incorporating First Addendum. Vol. 1, Recommendations. 3rd ed.

Zuckerman U, Gold D, Shelef G, et al. 1997. The presence of Giardia and Cryptosporidium in surface waters and effluents in Israel. Water Science and Technology, 35(11-12): 381～384.

第19章　病原指示微生物及其研究方法

19.1　病原指示微生物指标及其意义

一般认为,被粪便污染的水对人类具有健康威胁,因为其中可能含有人类特有的肠道病原微生物,如伤寒沙门氏杆菌、志贺氏菌、甲型肝炎病毒和诺如病毒等。水中的病原微生物种类繁多,单一指标的检测并不能全面反映水中病原微生物的污染情况,且某些病原微生物直接检测本身操作复杂并且存在安全隐患。通过病原指示微生物和代表性病原微生物的检测,可以在一定程度上了解水中的病原微生物存在水平,从而评价水中的病原微生物风险。

常用的病原指示微生物主要包括指示病毒和指示菌两大类(图19.1)。常用于水质评价的指示病毒包括:SC噬菌体(somatic coliphages)和F-RNA噬菌体(F-specific bacteriophages)。SC噬菌体是一类通过细胞膜感染大肠杆菌宿主菌的DNA病毒,被认为是反映水中粪便污染程度和肠道病毒的良好指示物(李梅 等,2006)。F-RNA噬菌体是一类通过菌毛感染雄性大肠杆菌的RNA细菌病毒,与水中肠道病毒数量有稳定的对应关系,是最常用的水中肠道病毒指示生物。常用于指示水中病原菌的指标主要包括:细菌总数、总大肠菌群、粪大肠菌群、粪肠球菌和埃希氏大肠杆菌等。

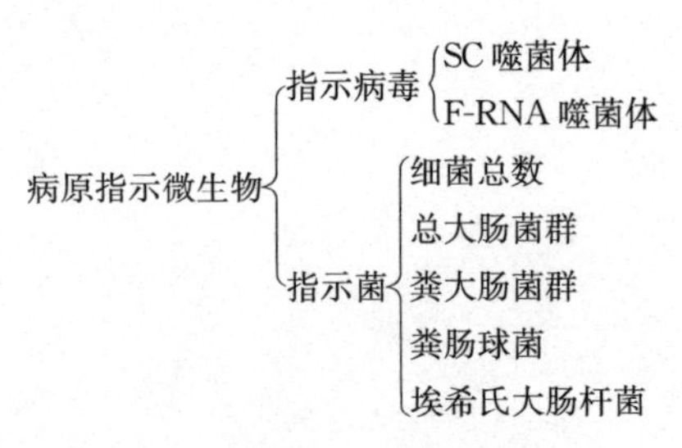

图19.1　病原指示生物指标体系

19.2　噬　菌　体

19.2.1　SC噬菌体和F-RNA噬菌体及其意义

粪便指示菌与水中的肠道病毒浓度相关性较差(Harwood et al., 2005)。由于噬菌体对自然条件及水处理过程的抗性一般高于细菌，接近或超过动物病毒；且噬菌体对人没有致病性，可以进行高浓度接种和现场试验；检测噬菌体操作具有简便快速、安全、设备简单等优点，故美国 EPA 提出用大肠杆菌噬菌体作为病毒指示生物(US EPA，2012)。与粪便指示菌相比，SC 噬菌体、F-噬菌体等作为人类粪便中常见的噬菌体，可以更好地表征水中的有害病毒(Hot et al.，2003)。

F-噬菌体是一类通过菌毛感染雄性大肠杆菌的 DNA 或 RNA 细菌病毒，包括单链 RNA 噬菌体(也称 F-RNA 噬菌体)和单链 DNA 噬菌体(也称 F-DNA 噬菌体)。雄性大肠杆菌的性菌毛由 *E. coli* K12 的 F 质粒或其他 incF 不相容群质粒编码，当大肠杆菌的 F 因子传递到沙门氏菌、志贺氏菌或变型杆菌时，使它们也获得了对 F-噬菌体的敏感性，因此也称为 FSC 噬菌体。

F-RNA 噬菌体属于轻小噬菌体科(Leviviridae)，其中的 MS2 亚群在许多物理、化学特性方面与肠道病毒类似，如与肠道病毒的传统指示生物脊髓灰质炎病毒(poliovirus)相似，都是单链线性 RNA 噬菌体，具有 20 面体结构，在 pH 值为 3～10 时稳定，在水环境中不能复制(李梅 等，2006)。

MS2 亚群中的 MS2 和 f2 噬菌体作为 F- RNA 噬菌体的典型代表，常常被用于研究水和土壤中肠道病毒的分布、吸附、转移和去除特性。

19.2.2　不同水中的 SC 噬菌体浓度水平

自然水体和受到不同程度污染的淡水中都含有大量的噬菌体。噬菌体浓度用单位体积水样的噬菌斑形成单位(plaque forming units per milliliter，PFU/mL)表示，又称效价。

1. 污水及再生水中的浓度水平

对北京市污水处理厂 G 检测结果如图 19.2 所示。污水处理厂 G 各单元水样中 SC 噬菌体的检出率均为 100%。原污水中 SC 噬菌体浓度水平为 3.4×10^4～8.4×10^4 PFU/mL，算术平均值为 5.4×10^4 PFU/mL。

二沉出水中 SC 噬菌体浓度水平显著下降到 100～340 PFU/mL，算术平均值为 271 PFU/mL。砂滤出水中 SC 噬菌体浓度水平仍然在 25～80 PFU/mL，算术平均值为 61 PFU/mL。

Lucena 等对阿根廷、哥伦比亚、法国和西班牙四个国家多个污水处理厂原污水的检测结果显示，SC 噬菌体浓度在同一数量级水平(表 19.1)(Lucena et al.，2004)。

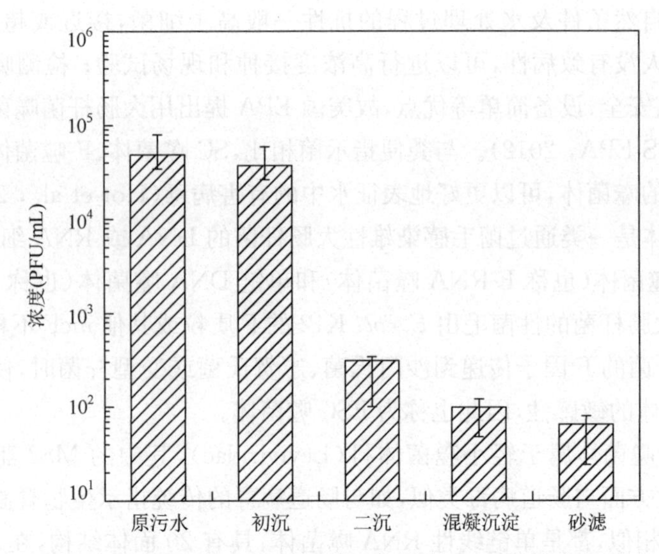

图 19.2 北京市污水处理厂 G 各处理单元水样中 SC 噬菌体浓度(谢兴,2009)

表 19.1 城市污水原污水中 SC 噬菌体浓度水平的比较 (单位:PFU/mL)

微生物指标	阿根廷 (n=36)	哥伦比亚 (n=38)	法国 (n=38)	西班牙 (n=35)	中国 (n=41)
算术平均值	3.78	3.75	4.14	5.17	4.48
最小值	2.95	1.15	2.41	4.34	3.00
最大值	4.67	5.00	4.86	5.95	4.90

注:n 为样本数;表中的数值均为原浓度值取 log10 后所得

资料来源:Lucena et al.,2004;谢兴,2009

2. 天然水体中的浓度水平

Payment 等对加拿大蒙特利尔地区三座饮用水厂的噬菌体污染状况调研结果见表 19.2,其中饮用水厂取水来自自然河流。Hot 等对法国四条天然河流的调研结果显示,SC 噬菌体的浓度范围为 3.3×10^3~2.2×10^4 PFU/L(Hot et al.,2003)。

表 19.2 饮用水厂各处理阶段噬菌体浓度

噬菌体种类		浓度(PFU/100 L)	累计去除率/log
SC 噬菌体	取水处	131 933	
	沉淀后	1103	2.1
	过滤后	61	3.2
	出水	<1	>7

续表

噬菌体种类		浓度(PFU/100 L)	累计去除率/log
F-RNA 噬菌体	取水处	411 526	
	沉淀后	825	2.7
	过滤后	—	—
	出水	<1	>7

资料来源:Payment and Franco,1993

3.噬菌体与其他指标之间的关系

谢兴等(2008)以原污水和二沉出水的检测结果作为对象,考察其中 SC 噬菌体和各种指示微生物指标之间的相关关系,见表 19.3 和表 19.4。

表 19.3　污水处理厂原污水中 SC 噬菌体与病原指示微生物浓度水平的相关关系

生物指标	隐孢子虫	贾第鞭毛虫	总异养菌	总大肠菌群	粪大肠菌群
R	0.417*	0.594*	0.148	0.465*	−0.156
p	0.043	0.002	0.510	0.029	0.351
n	24	24	22	22	38

注:R 为皮尔森相关系数;p 为显著性因子,小于 0.05 表明相关关系显著,标记“*”;n 为样本数

表 19.4　污水处理厂二沉出水中 SC 噬菌体与病原指示微生物浓度水平的相关关系

生物指标	隐孢子虫	贾第鞭毛虫	总异养菌	总大肠菌群	粪大肠菌群
R	0.732*	0.634*	0.273	0.107	−0.220
p	<0.001	0.001	0.231	0.645	0.191
n	23	23	21	21	37

注:R 为皮尔森相关系数;p 为显著性因子,小于 0.05 表明相关关系显著,标记“*”;n 为样本数

由表 19.3 和表 19.4 可见,原污水中,SC 噬菌体与隐孢子虫、贾第鞭毛虫和总大肠菌群的浓度之间存在显著的相关关系,显著性因子 p 分别为 0.043、0.002 和 0.029;二沉池出水中 SC 噬菌体与隐孢子虫、贾第鞭毛虫相关性显著,显著性因子 p 分别为<0.001 和 0.001。而 SC 噬菌体与总异养菌、粪大肠菌群之间均不存在显著的相关关系($p>0.05$)。

19.2.3　SC 噬菌体测定方法

由于噬菌体个体形态极其微小,用常规微生物计数法无法测得其数量,通常采用噬菌斑平板法测定。

1.噬菌体存在性判定方法

噬菌体存在性判定方法无法对噬菌体进行准确计数，但可快速判定水样中是否含有噬菌体。离心分离加热法是常用的判定噬菌体存在性的方法。其测定过程是通过离心待测水样与不含噬菌体的纯菌体系水样取上清液，分别测定两种溶液在煮沸前后的 OD_{650} 值，进行比对确定水样中是否存在噬菌体。

2.噬菌体计数方法

噬菌斑检验是采用双层琼脂覆盖法来对样品中的噬菌体进行计数的检测方法，该方法是国际标准化组织推荐的方法(ISO10705)。实验方法是在双层的琼脂之间混合噬菌体与菌种(上层琼脂)。单一的噬菌体会攻击细菌细胞，并进行复制后释放出噬菌体来攻击临近的细胞并使之溶解，导致透明蚀斑形成(图 19.3)。

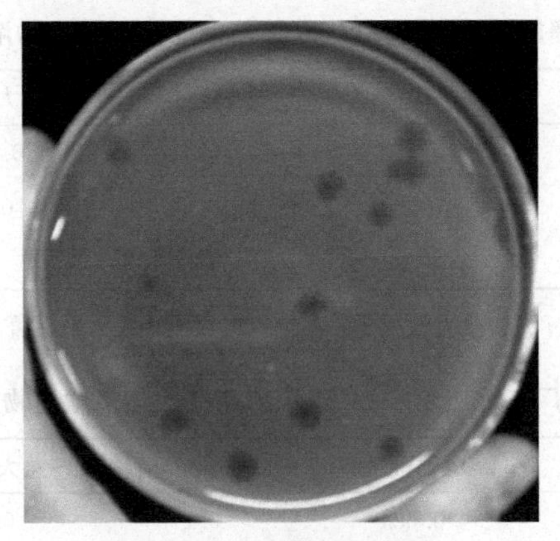

图 19.3 噬菌斑示意图

值得注意的是，该方法的重点在于选择合适的宿主菌。野生型的大肠杆菌不适于作为水中 SC 噬菌体的宿主，以粗糙和半粗糙型突变体作为宿主能得到很好的结果。常用的水体指示噬菌体及相应的宿主菌见表 19.5。

表 19.5 常用水体指示噬菌体及宿主菌

噬菌体	代表噬菌体	宿主菌
SC 噬菌体	PHIX174	*E. coli* C
		E. coli CN
		S. typhimurium WG45
F-噬菌体	MS2，f2	*E. coli* HS(pFamp)R
		S. typhimurium WG49
		E. coli 285

资料来源：李梅和胡洪营，2005

在进行噬菌体的检测时，培养基成分是一个很重要的因素。噬菌体分析琼脂、改良 Scholtens 琼脂、改良营养琼脂能够产生较多的噬菌斑，这可能与它们都含有二价阳离子(Ca^{2+}、Mg^{2+}、Sr^{2+})有关，采用大的培养平板并铺入薄的培养基也会使噬菌斑数增加。对数生长期的宿主菌有利于防止 F 菌毛丢失，并利于 F-噬菌体感染。

19.2.4　噬菌体测定结果的偏差

与物理学指标检测相比，影响生物指标检测的因素更多，许多因素难以控制，其检测精度比物理学指标低。目前，对生物学指标相关检测方法的精度没有明确的规定和详细的研究，给实际检测和研究带来一定的不确定性。

针对典型的病原指示微生物，对同一个水样进行平行测定，分析测定结果的相对偏差及其分布特性，可为控制和掌握相关指示微生物检测的不确定性和数据质量提供保障。

1. SC 噬菌体测定的不确定性

对近 300 个城市污水处理厂二级出水 SC 噬菌体浓度检测结果的相对偏差数据用 SPSS 进行描述性统计分析发现，其相对偏差的频数呈正态分布，绝大部分数据都处在－100%～100%范围内(图 19.4)。张薛等(2006)利用 SPSS 中的 Distances 过程对同一水样的三次平行检测结果进行分析，考察其相似度，三次检测结果之间的相近度都比较高(0.898、0.858 和 0.962)，但比粪大肠菌群平行样间的相关系数(0.971、0.992 和 0.981)小。

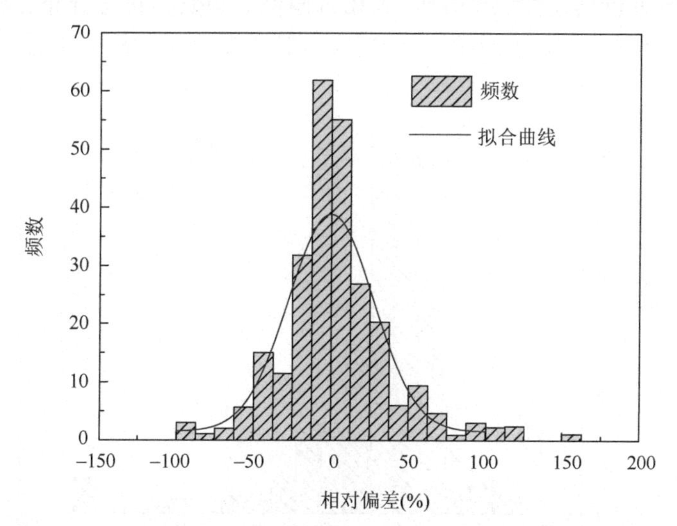

图 19.4　二级出水中 SC 噬菌体浓度检测结果相对偏差频数分布图

随水样中 SC 噬菌体浓度的升高，其相对偏差有减小的趋势(图 19.5)，考虑到浓度过高会给计数带来困难，影响计数的准确度，可将水样进行稀释或浓缩预处理，使处理后水样中 SC 噬菌体的浓度控制在 30～300 PFU/mL，以提高检测的准确度(张薛 等，2006)。

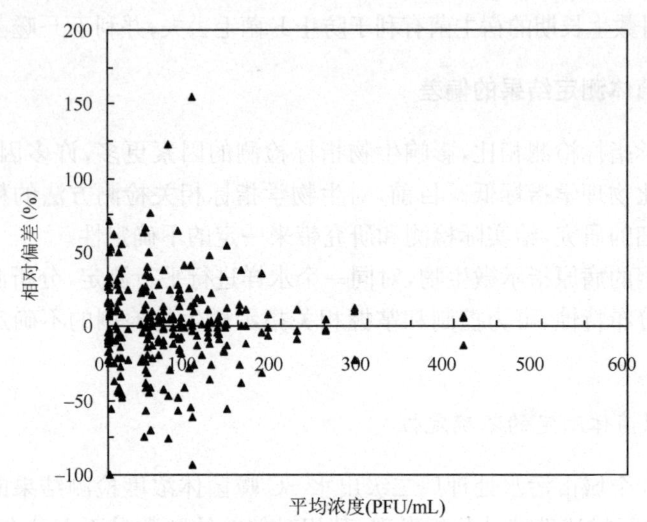

图 19.5　二级出水中 SC 噬菌体浓度检测结果相对偏差与浓度的相关性

2. F-RNA 噬菌体测定的不确定性

对 285 个城市污水处理厂二级出水 F-RNA 噬菌体浓度检测结果的相对偏差数据用 SPSS 进行描述性统计分析，其相对偏差的频数呈正态分布，绝大部分数据都处在－100%～100%的范围内(图 19.6)，频数的分布与标准正态分布相比更为

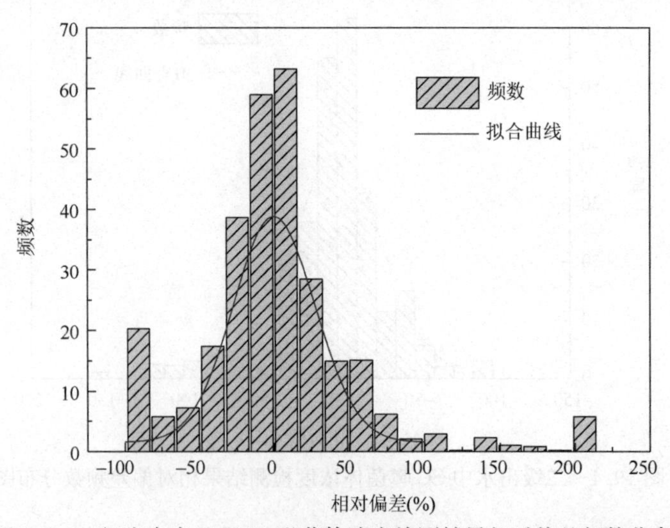

图 19.6　二级出水中 F-RNA 噬菌体浓度检测结果相对偏差频数分布图

尖峭,即处于平均值 0.83%附近的数值所占的比例相对标准正态分布的更高。F-RNA 噬菌体三次平行检测结果之间的相近度都非常高(0.988、0.993 和 0.987),与粪大肠菌群平行样间的相关系数较为接近,均高于 SC 噬菌体平行样间的相关系数。

随着浓度的升高,监测结果的相对偏差呈减小趋势(图 19.7),考虑到噬菌体浓度过大给计数带来的困难,影响计数的准确度,一般通过稀释或浓缩的手段将样品中的 F-RNA 噬菌体浓度控制在 30~300 PFU/mL,以便于提高检测的准确度。

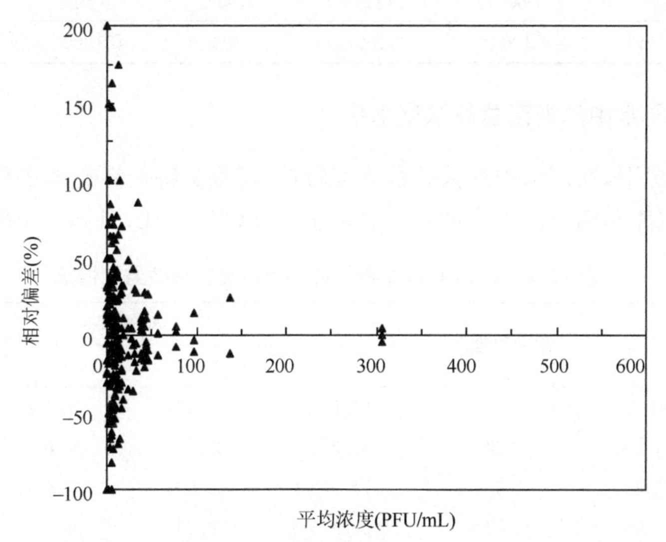

图 19.7 二级出水中 F-RNA 噬菌体浓度检测结果相对偏差与浓度的相关性

19.3 细菌总数

19.3.1 细菌总数及其意义

水中细菌总数反映了水中可培养的细菌浓度,与水体污染存在一定的关系。一般来说,水中细菌总数越高,表明水体受污染的可能性越大。细菌总数可以指示水处理工艺中对病原菌的去除效率,也可以衡量水中微生物的再生长能力,同时与水中大肠菌群也存在一定的关系。

19.3.2 细菌总数水质标准和水质要求

细菌总数(又称"菌落总数")是一个微生物指示性指标。中国和日本饮用水卫生标准规定饮用水中菌落总数不多于 100 CFU/mL(GB 5749—2022,Revision of Drinking Water Quality Standards in Japan),对于小型集中式供水和分散式供水系统,我国规定菌落总数不多于 500 CFU/mL。美国饮用水标准对细菌总数指标并未做相关规定，但是作为技术指标，要求细菌总数不高于 500 CFU/mL（US EPA，2012）。

此外，中国地下水质量标准（GB/T 14848—2017）对 5 类地下水的菌落总数规定见表 19.6，地下水Ⅰ、Ⅱ、Ⅲ类水要求菌落总数不高于 100 CFU/mL。

表 19.6　中国地下水标准中菌落总数规定（GB/T 14848—2017）

项目	Ⅰ类	Ⅱ类	Ⅲ类	Ⅳ类	Ⅴ类
菌落总数（CFU/mL）	≤100	≤100	≤100	≤1000	>1000

19.3.3　不同水中的细菌总数浓度水平

一般情况下，饮用水中细菌总数浓度较低，据塞文特伦特自来水公司监测数据表明，蓄水水库和用户端水中细菌总数低于 100 CFU/mL，具体检出率见表 19.7。

表 19.7　2000 年塞文特伦特供水中细菌总数监测情况

水样	培养温度/℃	检出率			
		0	1～10	11～100	≥100
蓄水水库	37	81.5%	14.5%	3.7%	0.3%
（样品数量：31 278）	22	67.2%	22.3%	8.1%	2.4%
饮用水用户端	37	71.9%	22.0%	5.8%	0.3%
（样品数量：12 896）	22	69.1%	24.3%	5.9%	0.7%
总计	37	78.7%	16.7%	4.3%	0.3%
（样品数量：44 174）	22	67.8%	22.9%	7.4%	1.9%

资料来源：Sartory，2004

如表 19.8 所示，城市生活污水中细菌总数高达 2.0×10^5～2.8×10^7 CFU/mL；经过一、二级处理后，二级出水中细菌总数在 3.0×10^3～1.3×10^5 CFU/mL 范围；经过深度处理后，超滤出水中细菌总数为 3～134 CFU/mL，而经过清水池的停留储存，出水中细菌总数升高至 4～3150 CFU/mL（胡洪营 等，2011）。

表 19.8　北京市污水处理厂 Q 各阶段水样中细菌总数检出结果（单位：CFU/mL）

细菌总数指标	原污水（Q1）	二沉（Q2）	超滤（Q3）	清水池（Q4）
检出率（n=13）	100	100	100	100
算术平均值	3.7×10^6	3.1×10^4	37	611
标准偏差	7.7×10^6	4.2×10^4	46	927
最大值	2.8×10^7	1.3×10^5	134	3150
中值	1.0×10^6	1.2×10^4	12	185
最小值	2.0×10^5	3.0×10^3	3	4

19.3.4　细菌总数测定方法

由于细菌能以单独个体、链状、成簇等形式存在，而且没有任何单独一种培养基能满足一个水样中所有细菌的生理要求，所以细菌总数测定所得的菌落可能低于实际存在于水样中的活细菌的总数。

目前并没有一种通用的细菌总数测定方法。已有的细菌总数标准方法中使用的培养温度从 20℃至 40℃不等；培养时间可以从几小时至几天，甚至几周；培养基也包括贫营养培养基和富营养培养基(WHO，2003)。

我国饮用水中细菌总数的测定方法参见 GB/T 5750.12，将 1 mL 水样接种于营养琼脂培养基中，在 37℃温度下培养 48 h 后，数出生长的细菌菌落数，即为每毫升水中所含的菌数。污水中细菌总数测定的接种水样体积可以减小至 0.1 mL，培养时间一般为 24 h(国家环境保护总局和《水和废水监测分析方法》编委会，2002)。

将一定量水样接种于营养琼脂培养基中，在 37℃温度下培养 24h 后，数出生长的细菌菌落数，具体的测定方法详见《水和废水监测分析方法(第四版)》。

在 37℃营养琼脂培养基中能生长的细菌可代表在人体温度下能繁殖的腐生细菌，细菌总数越大，说明水被污染得也越严重。因此这项测定有一定的卫生意义，但其重要性不如大肠菌群的测定。对于检查水厂中各个处理设备的处理效率，细菌总数的测定有一定实际意义，因为如果设备的运转稍有失误，立刻就会影响到水中细菌的数量。

19.3.5　细菌总数研究设计与数据解析

1. 细菌总数测定注意事项

水样中细菌总数测定应在取得水样 4～8 h 内进行，水样在运输过程中应低温避光保存，运回实验室后保存于 4℃冰箱内。

污水中细菌总数测定往往需对水样进行一定的稀释，稀释液一般选用 0.85% NaCl 溶液或 PBS 溶液。稀释液灭菌后使用。

2. 细菌总数数据解析和表征方法

细菌总数测定需注意选取合适的稀释度以保证每个平皿中的菌落数量在30～300 之间，而水样的细菌总数即每个平皿菌落的总数或平均数(如同一个稀释度下三个平皿的平均数)乘以稀释倍数。当采用梯度稀释度测定细菌总数时，细菌总数的计算方法如下[参考《水和废水监测分析方法》(第四版)]。

(1) 选择平均菌落数在 30～300 之间者进行计算。当只有一个稀释度的平均菌落数符合此范围时，即以该平均菌落数乘其稀释倍数为水样的细菌总数。

(2) 若有 2 个稀释度,其平均菌落数均在 30～300 之间,则应按两者乘以稀释倍数后的数值之比来决定。若其比值小于 2 应报告两者的平均数,若大于 2 则报告其中较小数值。

(3) 若所有的稀释度的平均菌落数均大于 300,则应按稀释倍数最大的平均菌落数乘以稀释倍数报告。

(4) 若所有稀释度的平均菌落数均小于 30,则应按稀释倍数最小的平均菌落数乘以稀释倍数报告。

(5) 若所有稀释度的平均菌落数均不在 30～300 之间,则以最接近 300 或 30 的平均菌落数乘稀释倍数报告。

在一般情况下,当水样细菌总数小于 100 CFU/mL 时按实际数据书写,当水样细菌总数大于 100 CFU/mL 时多采用科学计数法表示。

19.4　大肠菌群与粪大肠菌群

19.4.1　大肠菌群、粪大肠菌群及其意义

大肠菌群是一类需氧及兼性厌氧且在 37℃能分解乳糖产酸产气的革兰氏阴性无芽孢杆菌。大肠菌群并非细菌学分类命名,而是卫生细菌领域的用语,它不代表某一个或某一属细菌,而指的是具有某些特性的一组与粪便污染有关的细菌,这些细菌在生化及血清学方面并非完全一致。一般情况下大肠菌群又称总大肠菌群。该菌群细菌包括埃希氏大肠杆菌、柠檬酸杆菌、产气克雷白氏菌和阴沟肠杆菌等。

总大肠菌群分布较广,在温血动物粪便和自然界广泛存在。总大肠菌群细菌多存在于温血动物粪便、人类经常活动的场所以及有粪便污染的地方,人、畜粪便对外界环境的污染是大肠菌群在自然界存在的主要原因。粪便中多以典型大肠杆菌为主,而外界环境中则大肠菌群其他型别较多。

总大肠菌群是粪便污染指示菌,其检出情况可用来表示水中是否有粪便污染。水中总大肠菌群浓度表明了水样粪便污染的程度。粪便是人类肠道排泄物,其中有健康人粪便,也有肠道疾病患者或致病菌携带者的粪便,所以粪便内除一般非致病细菌外,同时也存在一些肠道致病菌存在(如沙门氏菌、志贺氏菌等),对人体健康具有潜在的危险性。

粪大肠菌群是总大肠菌群中的一部分,主要来自粪便。在 44.5 ℃下能生长并发酵乳糖产酸产气的大肠菌群称为粪大肠菌群。

埃希氏大肠杆菌,通常称为大肠杆菌,一种普通的原核生物,是人类和大多数温血动物肠道中的正常菌群。但也有某些血清型的大肠杆菌可引起不同症状的腹泻。

总大肠菌群、粪大肠菌群、埃希氏大肠杆菌的联系与区别见表 19.9。

表 19.9　总大肠菌群、粪大肠菌群、埃希氏大肠杆菌的联系与区别

生物指标	定义及特性	生物学分类	相互关系
总大肠菌群	指一群需氧及兼性厌氧、在 32～37℃、48 h 内能分解乳糖产酸产气的革兰氏阴性无芽孢杆菌	多种革兰氏阴性菌	主要包括自然环境来源及粪便来源
粪大肠菌群	在 44.5℃仍能生长的总大肠菌群，称为粪大肠菌群	多种革兰氏阴性菌	属于总大肠菌群的一部分，主要来源于粪便
埃希氏大肠杆菌（*Escherichia coli*）	通常称为大肠杆菌，一种普通的原核生物，是人类和大多数温血动物肠道中的正常菌群	埃希氏菌属大肠杆菌种	总大肠菌群、粪大肠菌群的组成部分

19.4.2　大肠菌群与粪大肠菌群水质标准

我国及世界多个主要国家水质标准均将大肠菌群作为重要的水质指标，但不同国家标准不尽相同。表 19.10 总结了不同国家或机构水质标准对总大肠菌群数及粪大肠菌群数的规定。

表 19.10　国外再生水用于非限制性灌溉的水质标准

制定机构或地区	根据公众健康提出的水质要求	
	总大肠菌群浓度(MPN/L)	粪大肠菌群浓度(MPN/L)
美国 EPA	—	140
加拿大	（在大于 20%的样品中）10 000（几何平均数） 灌溉蔬菜的回用水 24 000（在任何一天）	2000
塞浦路斯	—	（80%的样品）500，最大值 1000
以色列	（50%的样品）2120 （80%的样品）120	—
约旦	—	2000
科威特	100 000	—
澳大利亚	—	100（中间值）
沙特阿拉伯	2120	—
WTO	—	（灌溉用水）2000

资料来源：何星海和马世豪，2004

景观用水是再生水利用的重要途径之一。美国各州对再生水用作景观用水的大肠菌群指标的相应规定见表 19.11。

表 19.11　美国再生水用于景观用水的水质标准

地区	病原微生物指标	
	总大肠菌群数(CFU/L)	粪大肠菌群数(CFU/L)
亚利桑那州	—	230(限制)
加利福尼亚州	230(限制)	—
夏威夷州	—	230(限制)
内华达州	—	230(不限制) 2000(限制)
得克萨斯州	—	750(不限制) 8000(限制)
华盛顿州	230(限制)	230(不限制)

注："—"表示无相关数据；"限制"表示限制人体接触；"不限制"表示不限制人体接触

资料来源：US EPA，2008

具体到我国情况，多个涉及地表水、饮用水、污水排放及再生水利用的国家标准规定了相应的大肠菌群指标，见表 19.12。

表 19.12　国内目前颁布的相关水质标准对大肠菌群的规定

规范或标准名称	病原微生物指标	
	总大肠菌群数(CFU/L)	粪大肠菌群数(CFU/L)
地表水环境质量标准 (GB 3838—2002)		200(Ⅰ类)；2000(Ⅱ类)；10 000(Ⅲ类)； 20 000(Ⅳ类)；40 000(Ⅴ类)
生活饮用水卫生标准 (GB 5749—2022)	不得检出	不得检出
城镇污水处理厂 污染物排放标准 (GB 18918—2002)	—	一级 A:1000 一级 B:10 000
城市污水再生利用 杂用水水质 (GB/T 18920—2002)	3	—
城市污水再生利用 景观娱乐用水水质 (GB/T 18921—2019)	—	1000(观赏性河道、湖泊) 1000(观赏性水景) 1000(娱乐性河道、湖泊) 3(娱乐性水景)
城市污水再生利用 农田灌溉用水水质 (GB/T 20922—2021)	—	40 000(纤维作物、旱地谷物、油料作物、水田谷物) 20 000(露地蔬菜)

续表

规范或标准名称	病原微生物指标	
	总大肠菌群数(CFU/L)	粪大肠菌群数(CFU/L)
城市污水再生利用 地下水回灌水质 (GB/T 19772—2005)	—	1000(地表回灌) 3(井灌)
城市污水再生利用 工业用水水质 (GB/T 19923—2005)	—	2000

注："—"表示无相关数据

19.4.3　不同水中的大肠菌群与粪大肠菌群浓度水平

1. 污水中的浓度水平

谢兴等(2008)对北京市污水处理厂G水处理过程中粪大肠菌群及污水处理厂Q水处理过程中总大肠菌群浓度进行考察，并计算污水处理到各阶段时总大肠菌群、粪大肠菌群的累计去除率，结果见表19.13。

表19.13　污水处理厂中各单元出水大肠菌群浓度水平

指标	处理单元	浓度(CFU/mL)	累计去除率(log)
总大肠菌群 (污水处理厂Q)	原污水	3.1×10^5	
	二沉	6.4×10^2	2.69
	超滤	0.057	6.74
	臭氧+氯消毒	0.022	7.14
粪大肠菌群 (污水处理厂G)	原污水	4.4×10^4	
	初沉	3.8×10^4	0.06
	二沉	59	2.87
	混凝沉淀	29	2.18
	砂滤	3.5	4.09

资料来源：谢兴，2008

污水处理厂Q原污水中总大肠菌群浓度水平为3.1×10^5 CFU/mL。经过A^2O工艺处理，总大肠菌群浓度显著下降到6.4×10^2 CFU/mL。超滤系统之后，总大肠菌群浓度下降到0.057 CFU/mL。

污水处理厂G各阶段水样中粪大肠菌群的检出率均为100%。原污水中粪大肠菌群浓度水平为4.4×10^4 CFU/mL。初沉出水中粪大肠菌群浓度水平下降到

3.8×10^4 CFU/mL。二沉出水中粪大肠菌群浓度水平显著下降到 59 CFU/mL。砂滤出水中粪大肠菌群浓度水平为 3.5 CFU/mL。

2. 再生水中的浓度水平

表 19.14 列举了国内再生水中病原指示微生物的浓度水平。如表 19.14 所示,经过二级处理的再生水中,总大肠菌群和粪大肠菌群的浓度水平都在 10^5 CFU/L 以上,远达不到目前国内外的污水再生利用标准。

表 19.14　国内再生水中病原指示微生物浓度水平

处理工艺	总大肠菌群(CFU/mL)	粪大肠菌群(CFU/mL)	参考文献
厌氧-缺氧-好氧法(A^2O)	198 000	100 000	李伟 等,2006
氧化沟	460 000	190 000	李伟 等,2006
氧化沟	100 000	—	郑祥 等,2005
氧化沟	—	133 000	张薛 等,2006
膜生物反应器	—	133 330	张薛 等,2006
膜生物反应器+消毒	—	333	张薛 等,2006
生物滤池+臭氧消毒	—	16.2	王廷哲 等,2002
氧化沟+超滤	1000～100 000	100～100 000	仇付国 等,2005

注:"—"表示无相关数据

3. 天然水体中的浓度水平

我国学者对国内不同天然水体中大肠菌群浓度的调研结果见表 19.15。

表 19.15　我国各天然水体中大肠菌群浓度

河流/湖泊	所属省份	总大肠菌群(CFU/mL)	粪大肠菌群(CFU/mL)	测试年份	参考文献
辽河流域	辽宁、吉林		3.6×10^5(多采样点均值)	2005	张楠 等,2009
沅江常德段	湖南	6.7×10^3	2.2×10^3	2000	马宁和肖利红,2002
汉江安康段	陕西	6.9×10^2		1996～1999	梁兢波和张国成,2001
蓟运河宁河段	天津		9.4×10^4	2009	郎会花 等,2010
温榆河	北京		10^4～10^7	2009～2010	杨勇 等,2012
潘家口水库、大黑汀水库	河北(水源地)		$<2\times10^3$	2008	邢海燕 等,2009

4. 总大肠与粪大肠浓度水平之间的关系

谢兴等(2008)对某污水处理厂二级处理工艺出水同一水样中总大肠菌群数与粪大肠菌群数进行检测，对总大肠菌群数与粪大肠菌群数的比例进行统计，结果如图 19.8 所示。二级出水中总大肠菌群数与粪大肠菌群数的比值在 10～70 范围内波动，平均值为 31，中位数为 30。

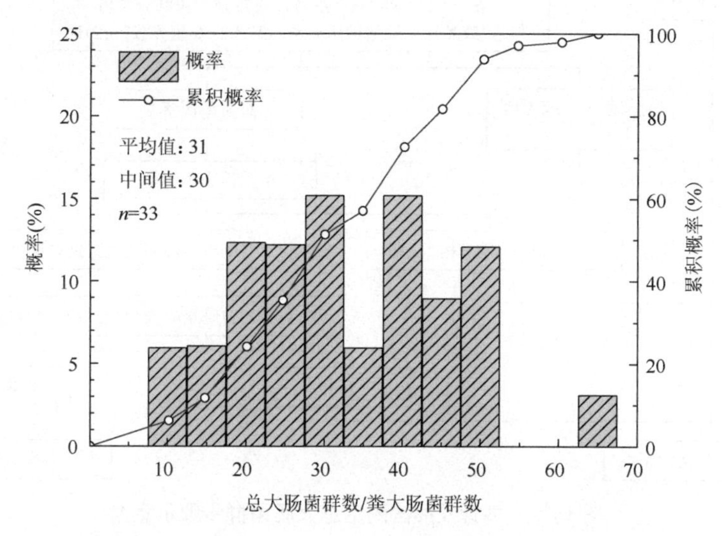

图 19.8　二级出水中总大肠菌群数/粪大肠菌群数比值

19.4.4　总大肠菌群测定方法

总大肠菌群测定方法包括多管发酵法、滤膜法、酶底物法、分子生物学法等。

多管发酵法是根据总大肠菌群细菌能发酵乳糖、产酸产气以及具备革兰染色阴性、无芽孢、呈杆状等特性进行检验的方法。例如，产酸产气者，大肠菌群为阳性。测定具体步骤如图 19.9 所示。

总大肠菌群滤膜法是指用孔径为 0.45 μm 的微孔滤膜过滤水样，将滤膜贴在添加乳糖的选择培养基上，37 ℃培养 24 h，通过计算能形成特征菌落的需氧和兼性厌氧的革兰氏阴性无芽孢杆菌的数量，以检测水中总大肠菌群的方法。

酶底物法的原理是总大肠菌群可在 MMO-MUG 培养基(minimal medium ONPG-MUG)上产生 β-半乳糖苷酶，该酶可分解色原底物，释放出色原体，使培养基呈现颜色变化，以此技术来检测水中总大肠菌群。

分子生物学法可省略烦琐的培养和确认步骤，在几个小时内即可高特异性地检出大肠菌群。常见的分子生物学检测方法包括 PCR、FISH 等。

多管发酵法、滤膜法、酶底物法及分子生物学法的比较见表 19.16。

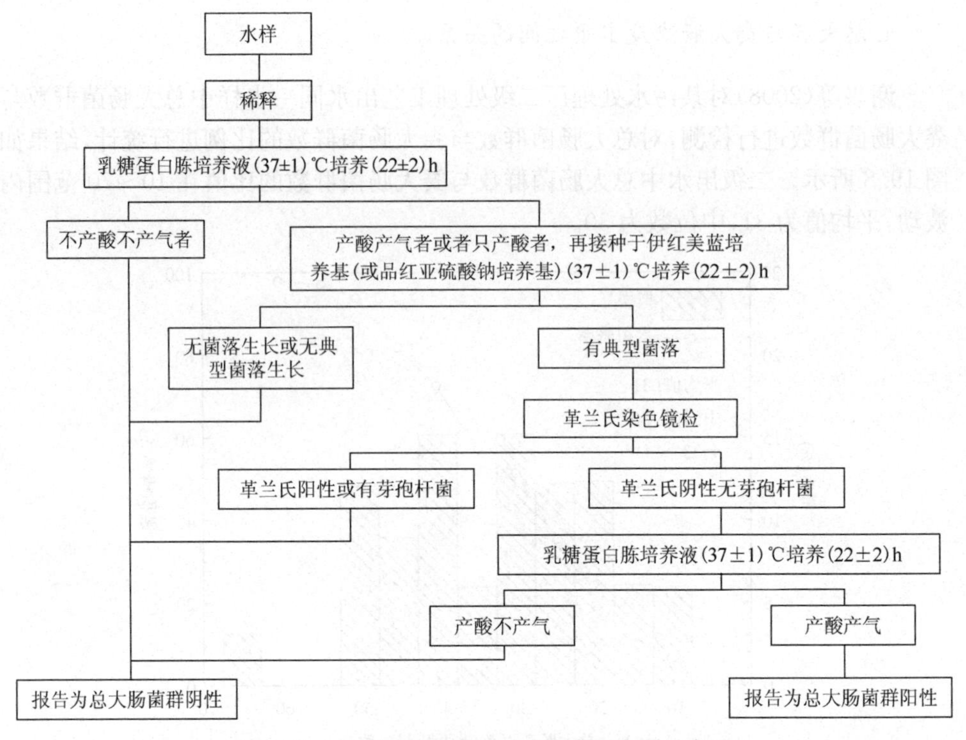

图 19.9 多管发酵法测定总大肠菌群步骤示意图

表 19.16 总大肠菌群各检测方法比较

项目	多管发酵法	滤膜法	酶底物法	分子生物学法
时间	24～72 h	24～48 h	24～28 h	＜10 h
验证实验	需要	需要	不需要	不需要
步骤	较繁	较简便	简便	较简便
价格	低	低	较高	较高

19.4.5 粪大肠菌群测定方法

粪大肠菌群测定采用提高培养温度的方法，通过造成不利于来自自然环境的大肠菌群生长的条件，使培养出来的菌主要为来自粪便中的大肠菌群，从而更准确地反映出水质受粪便污染的情况。

粪大肠菌群的测定可以用多管发酵法和滤膜法。中华人民共和国环境保护行业标准规定了标准测试方法：水质 粪大肠菌群的测定 多管发酵法和滤膜法（试行）（HJ/T 347—2007）。

多管发酵法是以最可能数（most probable number，MPN）来表示试验结果的，适用于地表水、地下水及废水中粪大肠菌群的测定。多管发酵法是根据统计学理论，估计水中的粪大肠菌群密度和水卫生质量的一种方法。从理论上考虑，并且进行大量的重复检定，可以发现这种估计有大于实际数字的倾向。不过只要每一稀释度试管重复数目增加，这种差异便会减少，对于细菌含量的估计值，大部分取决于那些既显示阳性又显示阴性的稀释度。因此，在实验设计上，水样检验所要求重复的数目，要根据所要求数据的准确度而定。具体流程如图 19.10 所示。

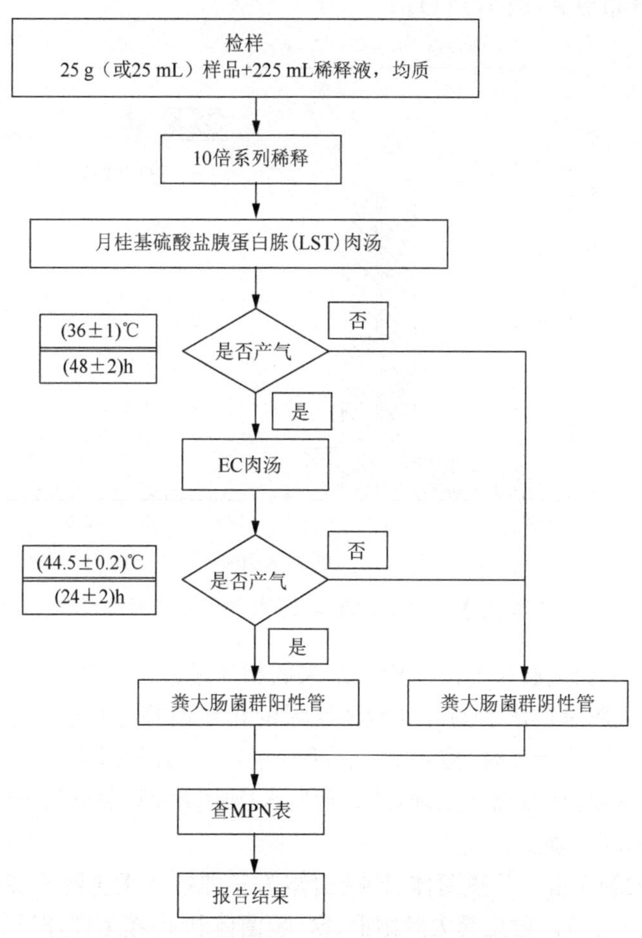

图 19.10　多管发酵法测定粪大肠菌群步骤示意图

滤膜法适用于一般地表水、地下水及污水中粪大肠菌群的测定。用于检验加氯消毒后的水样时，在测试之前，应先做实验，证实它所得的数据资料与多管发酵试验所得的数据资料具有可比性。采用的滤膜是一种微孔性薄膜。将水样注入已灭菌的放有滤膜(孔径 0.45 μm)的滤器中，经过抽滤，细菌即被截留在膜上，然后将滤膜贴于 M-FC 培养基上，44.5 ℃温度下进行培养，计数滤膜上生长的菌落数，计算出每升水样中含有粪大肠菌群数。

19.4.6　粪大肠菌群测定的不确定性

对近150个粪大肠菌群浓度检测结果的相对偏差数据用SPSS进行描述性统计分析，频数呈正态分布，绝大部分数据都在－100%～50%的范围内。频数的分布与标准正态分布相比更为尖峭，即处于平均值0.053%附近的数值所占的比例较标准正态分布更高(图19.11)。

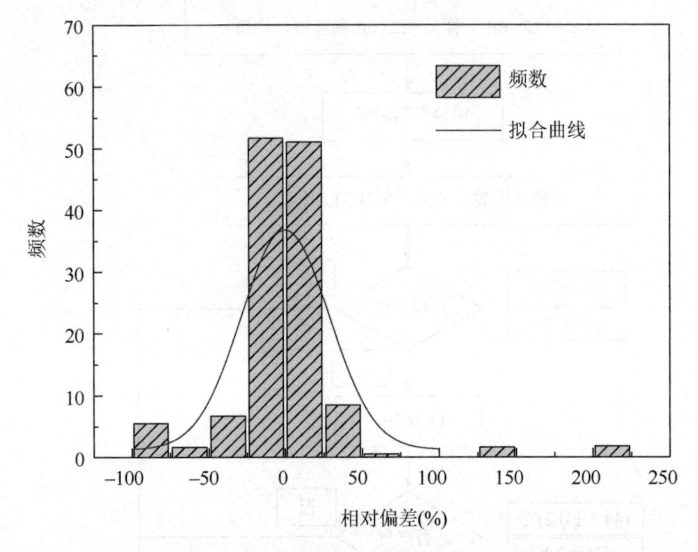

图19.11　二级出水中粪大肠菌群浓度检测结果相对偏差频数分布图

图19.12为粪大肠菌群浓度检测结果的相对偏差与其浓度之间的相关关系。可见，随着粪大肠菌群浓度的升高检测结果的相对偏差有减小的趋势。当菌落浓度为30～300 CFU/mL时，检测结果便于观察，并且其相对检测偏差较小。因此，可将水样进行稀释或浓缩预处理，使处理后水样中粪大肠菌群的浓度在此范围内，以便提高检测的准确度。

比较粪大肠菌群、SC噬菌体、F-噬菌体等三种指示微生物检测结果的相对偏差，结果见表19.17。可见粪大肠菌群、SC噬菌体和F-噬菌体，85%以上样品的相对偏差分别在±40%、±50%和±70%以内，这可能与水样中三种指示微生物的浓度有关(在同一污水水样中，三种指示微生物的浓度顺序一般为粪大肠菌群＞SC噬菌体＞F-噬菌体)，这种情况与三种指示微生物相对偏差随浓度的增大而降低的规律是一致的。

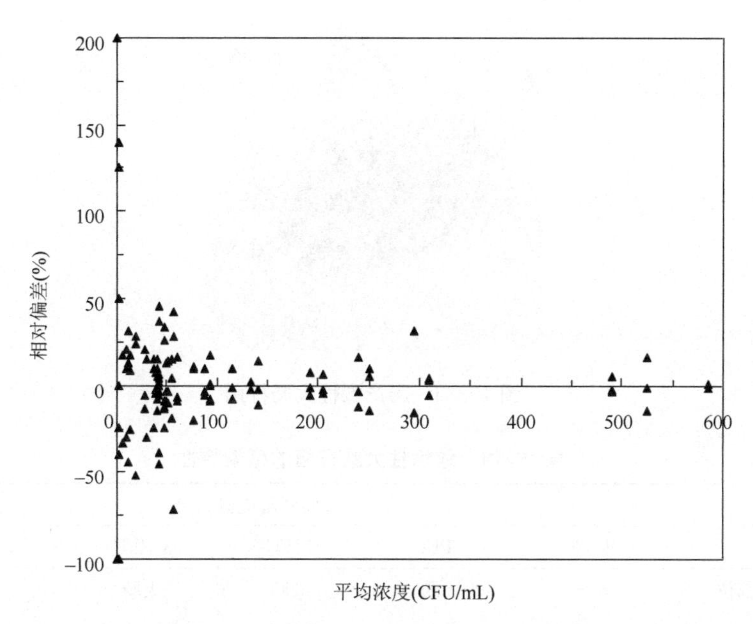

图 19.12　二级出水中粪大肠菌群浓度检测结果相对偏差与浓度的相关性

表 19.17　三种指示微生物浓度检测结果在不同相对偏差范围内的样本比例(%)

相对偏差范围	粪大肠菌群	SC 噬菌体	F-噬菌体
±70	92	94	85
±50	91	88	79
±40	87	80	70

19.5　埃希氏大肠杆菌

19.5.1　埃希氏大肠杆菌及其意义

埃希氏大肠杆菌(*Escherichia coli*)通常称为大肠杆菌，多不致病，为人和动物肠道中的常居菌。埃希氏大肠杆菌分类于肠杆菌科，归属于埃希氏菌属，大肠杆菌株 ATCC 11775 是该属的模式菌种。大肠杆菌的不同菌株间 DNA 相关性为 80%，而与同科的志贺氏菌属(除鲍氏志贺氏菌外)的 DNA 相关性可达 80%～87%。

根据不同的生物学特性将致病性大肠杆菌分为 5 类：致病性大肠杆菌(EPEC)、肠产毒性大肠杆菌(ETEC)(图 19.13)、肠侵袭性大肠杆菌(EIEC)、肠出血性大肠杆菌(EHEC)、肠黏附性大肠杆菌(EAEC)。上述致病性大肠杆菌的主要感染特性见表 19.18。

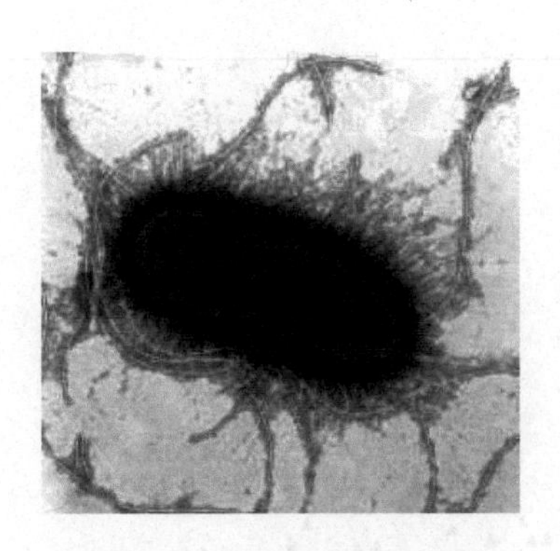

图 19.13　肠产毒性大肠杆菌

表 19.18　致病性大肠杆菌的感染特性

感染特性	大肠杆菌类型				
	ETEC	EPEC	EIEC	EHEC	EAEC
感染部位	小肠	小肠	大肠	大肠	大肠
腹泻类型	水泻	水泻	痢疾群	血性腹泻	顽固性腹泻
易感人群	婴儿、成人	婴儿	儿童、成人	各种年龄	各种年龄
分布	发展中国家（热带）	世界各地	世界各地	北美、日本	世界各地
流行病学	散发或暴发婴儿腹泻及旅游者腹泻	散发或暴发婴儿腹泻	散发或暴发，常见于年龄较大儿童		散发或暴发，儿童为主

大肠杆菌 O157:H7 是 1982 年在美国首先发现的 EHEC 型致病大肠杆菌，该菌株在北美、欧洲、日本和南美某些地区曾引起严重的问题。该菌引起婴幼儿腹泻，进一步加重可发展成溶血性尿毒综合征（HUS），导致肾脏受损和溶血性贫血，因此这种疾病可导致永久性肾功能障碍。在老年患者中，溶血性尿毒综合征（HUS）与另外两种症状（发烧和神经症状）一起构成栓塞型原发性血小板减少症（TTP），这种疾病在老年人中的死亡率高达 50%。

近年来发现肠黏附性大肠杆菌（enteroadhesive *E. coli*，EAEC）也可引起腹泻。EAEC 不侵入肠上皮细胞，唯一特征是具有与 Hep-2 细胞（人喉上皮细胞癌细胞系）黏附的能力，故也称为 Hep-2 细胞黏附性大肠杆菌。

19.5.2　大肠杆菌的水质标准

国家标准《生活饮用水卫生标准》（GB 5749—2022）中规定 100 mL 饮用水水样中不得检出大肠杆菌。

19.5.3　不同水中的大肠杆菌浓度水平

Edge等人对加拿大3座饮用水厂的调研表明，90%饮用水厂进水样品中大肠杆菌浓度为0～7 CFU/ 100 mL，最大值为20～112 CFU/ 100 mL(Edge et al.，2013)。

污水处理厂总进水中大肠杆菌浓度为10^5～10^9 CFU/L，呈现夏季低冬季高的特点；二级出水中的浓度为10^3～10^6 CFU/L，经过混凝沉淀的三级处理工艺处理后的出水中浓度为10^2～10^5 CFU/L (蒋以元 等，2008)。

19.5.4　大肠杆菌分析方法

大肠杆菌分析方法包括多管发酵法、纸片法、滤膜法、酶底物法等。

多管发酵法是在测定总大肠菌群阳性的基础上，将水样在含有荧光底物的培养基上44.5℃培养24 h产生β-葡萄糖醛酸酶，分解荧光底物释放出荧光产物，使培养基在紫外线下产生特征性荧光的细菌，即为水中的大肠杆菌。采用的培养基为EC-MUG(4-甲基伞形酮-β-D-葡萄糖醛酸苷)培养基。大肠杆菌能产生β-葡萄糖醛酸酶分解MUG，使得菌落在366 nm紫外线下产生蓝色荧光。

埃希氏大肠杆菌在选择培养基上能产生β-半乳糖苷酶，分解色原底物，释放出色原体，使培养基呈现颜色变化，并能产生β-葡萄糖醛酸酶，分解荧光底物，释放出荧光产物，使菌落能够在紫外线下产生特征性荧光，以此技术来检测埃希氏大肠杆菌的方法为酶底物法。

19.6　粪链球菌

19.6.1　粪链球菌及其意义

粪链球菌(*Enterococcus faecalis*)是革兰氏阳性、过氧化氢酶阴性，呈短链状的球菌。在链球菌的血清学分族中主要属于兰斯菲尔德(Lancefield)D族。

粪链球菌进入水体后，在水中不再自行繁殖，因此可以作为粪便污染的指示菌。由于人粪便中粪大肠菌群数多于粪链球菌，动物粪便中粪链球菌多于粪大肠菌群，因此在水质检验时根据这两种菌菌数的比值(FC/FS)不同就可以推测粪便污染的来源(表19.19)。根据对每个动物个体所产生的粪大肠菌群和粪链球菌的数量统计，可以得出FC/FS的值。

当FC/FS值大于或等于4，则认为污染主要来自于人类；若比值小于或等于0.7，则认为污染主要来自于温血动物的粪便；若比值小于4而大于2，则为混合污染但以人粪便为主；若比值小于1而大于0.7，则为混合污染但以动物粪便为主；

表 19.19 人与动物粪便中粪大肠菌群与粪链球菌数

动物名称	样品件数	24h 粪便湿重(g)	粪大肠菌群数(百万个/g)	粪链球菌数(百万个/g)	24h 粪大肠菌群数(百万个)	24h 粪链球菌群数(百万个)	粪大肠菌群/粪链球菌值
人	43	150	13.0	3.0	2 000	450	4.4
鸭	8	336	33.0	54.0	11 000	18 000	0.6
羊	10	1 130	16.0	38.0	18 000	43 000	0.4
鸡	10	180	1.3	3.4	240	620	0.4
牛	11	23 600	0.23	1.3	5 400	31 000	0.2
猪	11	2700	3.3	84.0	8 900	230 000	0.04

若比值小于或等于 2 而大于或等于 1,则难以判断污染源。为尽量减少对比值的错误解释,要注意以下几点。

(1) 要测量水样的 pH 值,因为水中的 pH 值在 9.0 以上或 4.0 以下时,链球菌的密度会有急剧的改变。

(2) 尽可能靠近污染源采集水样,因为粪链球菌离开动物寄主后存活时间不长。

(3) 当各种污染源都存在时,利用比值来判定可能不可靠,此时要调查污染的确切来源。

(4) 当粪链球菌的计数低于 100 个/100 mL 时,不要使用比值法。

19.6.2 粪链球菌的水质标准

国家标准《饮用天然矿泉水》(GB 8537—2008)中规定 250 mL 水样中不得检出粪链球菌。

19.6.3 不同水中的粪链球菌浓度水平

张小英(2006)通过对天津市某污水处理厂原污水中粪链球菌浓度的测定,发现其浓度超过 2400 CFU/ 100 mL。调研发现西安市某污水处理厂中二级处理出水中粪链球菌浓度最大值为 1040 CFU/L,最小值为 27 CFU/L,均值约为 400 CFU/L。二级出水经混凝沉淀、过滤后出水中粪链球菌浓度最大值为 680 CFU/L,最小值为 95 CFU/L,均值约为 296.4 CFU/L(魏梦楠,2010)。

19.6.4 粪链球菌分析方法

粪链球菌的分析可采用多管发酵法、滤膜法、倾注平板培养法等。

多管发酵法虽然较为烦琐,但较适用于混浊的水样,或含有有害化学物质(特别是金属物质）和杂菌过多的水样，多管发酵法的原理是将水样接种于含叠氮化钠的葡萄糖培养液中，通过叠氮化钠抑制一般革兰氏阴性菌的生长，选择性培养粪链球菌（图 19.14）；滤膜法则采用含叠氮化钠及 2,3,5-三苯基四唑化氯（TTC）的 KF 链球菌培养基。对含菌较少的水样检测宜采用滤膜法；如果水样过于混浊或水样经过氯消毒处理，则不适宜用滤膜法进行检验，可采用多管发酵法进行检测，但要求水样中粪链球菌浓度不宜过低。

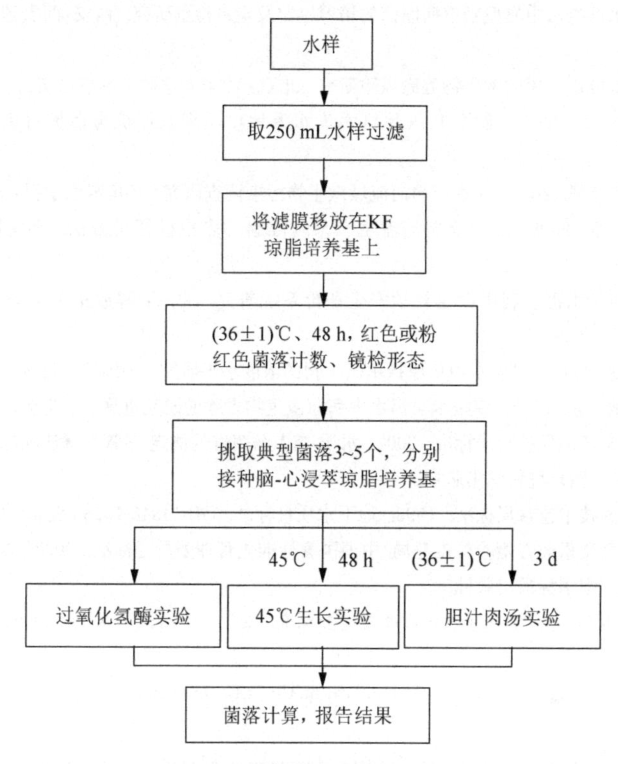

图 19.14　粪链球菌检测流程

参考文献

国家环境保护总局，《水和废水监测分析方法》编委会. 2002. 水和废水监测分析方法. 第 4 版. 北京：中国环境科学出版社.

何星海，马世豪. 2004. 再生水的卫生安全问题探讨. 给水排水，30(3)：1～5.

胡洪营，吴乾元，黄晶晶，等. 2011. 再生水水质安全评价与保障原理. 北京：科学出版社.

蒋以元，柯真山，张昱，等. 2008. 城市污水再生利用中的消毒问题研究. 环境工程学报，2(1)：16～18.

郎会花，杨洪江，宋妍. 2010. 蓟运河(宁河县段)水质状况的初步分析. 节水灌溉，(4)：56～60.

李梅，胡洪营. 2005. 噬菌体作为水中病毒指示物的研究进展. 中国给水排水，21(2)：23～26.

李梅，胡洪营，张薛，等. 2006. 城市污水处理工艺对噬菌体的去除效果. 环境科学，27(1)：80～84.

李伟，赵桂玲，谢响明，等. 2006. 通过细菌数量评价污水处理工艺及其对纳污水体的影响. 农业环境科学学报，25(增刊)：676～679.

梁兢波，张国成. 2001. 汉江安康段水质卫生评价. 环境与健康杂志，18(5)：283～285.

马宁，肖利红. 2002. 不同污染指示菌对河流的细菌学评价. 环境监测管理与技术，14(1)：24～26.

仇付国. 2005. 污水再生利用发展趋势及其风险评价. 大众科技，(4)：85～86.

王廷哲，陈艺娟，杨湘霞，等. 2002. 活性生物滤池与臭氧消毒对生活污水中微生物的影响. 中国公共卫生，18(9)：1075～1076.

魏梦楠. 2010. 污水再生水中典型肠道病原菌的培养鉴定及定量检测研究. 西安：西安建筑科技大学硕士学位论文.

谢兴. 2008. 再生水城市杂用的微生物健康风险研究. 北京：清华大学硕士学位论文.

邢海燕，暴柱，宁文辉. 2009. 潘家口、大黑汀水库水源地水质现状评价与保护对策. 海河水利，(3)：24～26.

杨勇，魏源送，郑祥，等. 2012. 北京温榆河流域微生物污染调查研究. 环境科学学报，32(1)：9～18.

张楠，孟伟，张远，等. 2009. 辽河流域河流生态系统健康的多指标评价方法. 环境科学研究，22(2)：162～170.

张小英. 2006. 城市污水再生利用微生物学安全评价系统研究. 北京：解放军军事医学科学院硕士学位论文.

张薛，胡洪营，李梅. 2006. 再生水中病原指示微生物的浓度水平研究. 中国给水排水，22(9)：26～29.

郑祥，吕文洲，杨敏，等. 2005. 膜技术对污水中病原微生物去除的研究进展. 工业水处理，25(1)：1～6.

中华人民共和国国家环境保护总局标准. 2007. 水质 粪大肠菌群的测定 多管发酵法和滤膜法(试行). HJ/T 347-2007. 北京：中国环境科学出版社.

中华人民共和国国家技术监督局标准. 1993. 地下水质量标准. GB 14848-1993. 北京：中国标准出版社.

中华人民共和国国家质量监督检验检疫总局/中国国家标准化管理委员会标准. 2008. 饮用天然矿泉水. GB 8537-2008. 北京：中国标准出版社.

中华人民共和国卫生部/中国国家标准化管理委员会标准. 2006. 生活饮用水卫生标准. GB 5749-2006. 北京：中国标准出版社.

American Public Health Association. 2017. Standard methods for examination of water and waste water. 23rd Edition.

Edge T A，Khan I U H，Bouchard R，et al. 2013. Occurrence of waterborne pathogens and Escherichia coli at offshore drinking water intakes in Lake Ontario. Applied and Environmental Microbiology，79(19)：5799～5813.

Harwood V J，Levine A D，Scott T M，et al. 2005. Validity of the indicator organism paradigm for pathogen reduction in reclaimed water and public health protection. Applied and Environmental Microbiology，71(6)：3163～3170.

Hot D，Legeay O，Jacques J，et al. 2003. Detection of somatic phages，infectious enteroviruses and enterovirus genomes as indicators of human enteric viral pollution in surface water. Water Research，37(19)：4703～4710.

Lucena F，Duran A E，Moron A，et al. 2004. Reduction of bacterial indicators and bacteriophages infecting faecal bacteria in primary and secondary wastewater treatments. Journal of Applied Microbiology，97(5)：1069～1076.

Payment P，Franco E. 1993. *Clostridium perfringens* and somatic coliphages as indicators of the efficiency of drinking water treatment for viruses and protozoan cysts. Applied Environmental Microbiology，59(8)：2418～2424.

Sartory D P. 2004. Heterotrophic plate count monitoring of treated drinking water in the UK：A useful operational tool. International Journal of Food Microbiology，92(3)：297～306.

US EPA. 2008. 污水再生利用指南. 胡洪营，魏东斌，王丽莎，等译. 北京：化学工业出版社.

US EPA (US Environmental Protection Agency). 2012. Edition of the Drinking Water Standards and Health Advisories. EPA 822-S-12-001. Washington DC：U. S. Environmental Protection Agency.

WHO (World Health Organization) (Edited by Bartram J，Cotruvo J，Exner M，Fricker C，Glasmacher A). 2003. The significance of HPCs for water quality and human health.

第20章　新兴生物指标及其研究方法

20.1　抗生素抗性菌

20.1.1　抗生素抗性菌及其意义

抗生素抗性菌是一类对某一种或几种抗生素具有耐受能力且耐受能力达到或超过规定抗生素浓度限值的细菌。世界卫生组织2007年度报告指出，抗生素抗性病原菌感染的治疗已成为全球公共卫生领域的一大挑战（WHO，2007）。我国卫生部提供的统计显示：全国耐药结核病基线调查结果估算，全国每年新发肺结核患者中耐多药比例为8.32%，广泛耐药率为0.68%；每年新发耐多药结核患者12万人，广泛耐药患者近1万人，其危害远远超过艾滋病，对公共卫生造成巨大威胁。同时，世界卫生组织在2011年世界卫生日提出“抵制耐药性”的口号，已警醒全球全社会高度关注和重视细菌的抗生素抗性问题。

作为各种污水和排泄物的集中处理场所，城市污水处理厂是医源性和家庭自医抗生素及产生的抗性菌的汇集地。近年来，许多研究者发现，污水中的病原微生物具有抗生素抗性的特点，城市污水处理厂处理出水中存在相当比例的抗性菌，是导致自然水体抗生素抗性菌污染的一个重要污染源（Goñi-Urriza et al.，2000；Munir et al.，2011）。水中的抗生素抗性病原菌已经成为一类备受关注的高风险病原微生物。

20.1.2　抗生素抗性菌水质标准

在医学或临床学上，多根据患者所携带病菌的抗生素抗性进行有针对性的抗生素用药，此外，医院病房环境中的抗生素抗性菌控制也是医院环境卫生控制的一项重要指标。然而，作为一类新兴病原污染，抗生素抗性菌在环境质量标准、污水排放标准及相关饮用水、工业用水标准中还没有涉及。

20.1.3　不同水中抗生素抗性菌的浓度水平

1. 污水及处理出水中的浓度水平

某污水处理厂进水（原污水）中抗性菌浓度如图20.1所示（黄晶晶，2012）。原污水中总异养菌群的年度平均浓度为3.2×10^6 CFU/mL，中位数为2.9×10^6

CFU/mL。原污水中青霉素抗性菌、氨苄青霉素抗性菌、先锋霉素抗性菌和氯霉素抗性菌的年度平均浓度分别高达 1.9×10^6 CFU/mL、1.6×10^6 CFU/mL、1.4×10^6 CFU/mL 和 2.2×10^6 CFU/mL，中位数为 1.4×10^6 CFU/mL、1.7×10^6 CFU/mL、9.5×10^5 CFU/mL 和 1.9×10^6 CFU/mL；而原污水中四环素抗性菌和利福平抗性菌的年平均浓度分别为 1.4×10^5 CFU/mL 和 2.2×10^5 CFU/mL，中位数为 1.1×10^5 CFU/mL 和 1.5×10^5 CFU/mL。原污水中青霉素抗性菌、氨苄青霉素抗性菌、先锋霉素抗性菌和氯霉素抗性菌的年度平均浓度与原污水中的总异养菌群处于同一数量级，比原污水中的四环素抗性菌和利福平抗性菌高一个数量级。

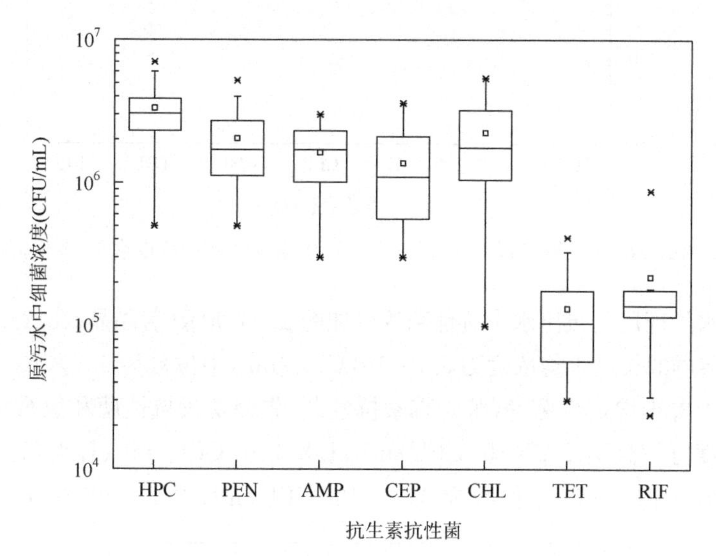

图 20.1　污水处理厂 WWTP-X 原污水中抗生素抗性菌的浓度水平

一:从上至下依次为最大值、75%、50%、25%和最小值；×:99%、1%的值；□:均值；HPC:总异养菌群；PEN:青霉素抗性菌；AMP:氨苄青霉素抗性菌；CEP:先锋霉素抗性菌；CHL:氯霉素抗性菌；TET:四环素抗性菌；RIF:利福平抗性菌

某污水处理厂一级出水中抗性菌浓度如图 20.2 所示(黄晶晶，2012)。一级出水中总异养菌群的年度平均浓度为 2.8×10^6 CFU/mL，中位数为 2.7×10^6 CFU/mL。青霉素抗性菌、氨苄青霉素抗性菌、先锋霉素抗性菌和氯霉素抗性菌的年平均浓度分别高达 1.4×10^6 CFU/mL、1.1×10^6 CFU/mL、1.2×10^6 CFU/mL 和 1.6×10^6 CFU/mL，中位数为 1.3×10^6 CFU/mL、1.1×10^6 CFU/mL、1.0×10^5 CFU/mL 和 1.7×10^6 CFU/mL；而四环素抗性菌和利福平抗性菌的年平均浓度分别为 7.0×10^4 CFU/mL 和 1.6×10^5 CFU/mL，中位数为 6.0×10^4 CFU/mL 和 1.3×10^5 CFU/mL。一级出水中的青霉素抗性菌、氨苄青霉素抗性菌、先锋霉素抗性菌和氯霉素抗性菌的年平均浓度与总异养菌群处于同一数量级，比四环素抗性菌和利福

平抗性菌高一到两个数量级。

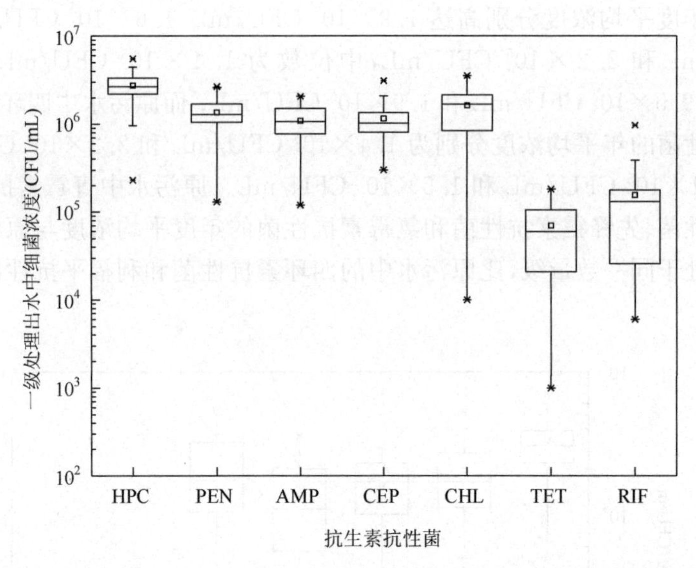

图 20.2 污水处理厂 WWTP-X 一级出水中抗生素抗性菌的浓度水平(图例同图 20.1)

某污水处理厂二级出水中抗性菌浓度如图 20.3 所示(黄晶晶,2012)。二级出水中总异养菌群的年度平均浓度为 3.7×10^5 CFU/mL,中位数为 6.7×10^4 CFU/mL。二级出水中青霉素抗性菌、氨苄青霉素抗性菌、先锋霉素抗性菌和氯霉素抗性菌的年平均浓度分别高达 2.7×10^5 CFU/mL、1.8×10^5 CFU/mL、1.8×10^5 CFU/mL 和 1.8×10^5 CFU/mL,中位数为 3.5×10^4 CFU/mL、3.2×10^4 CFU/mL、$2.7\times$

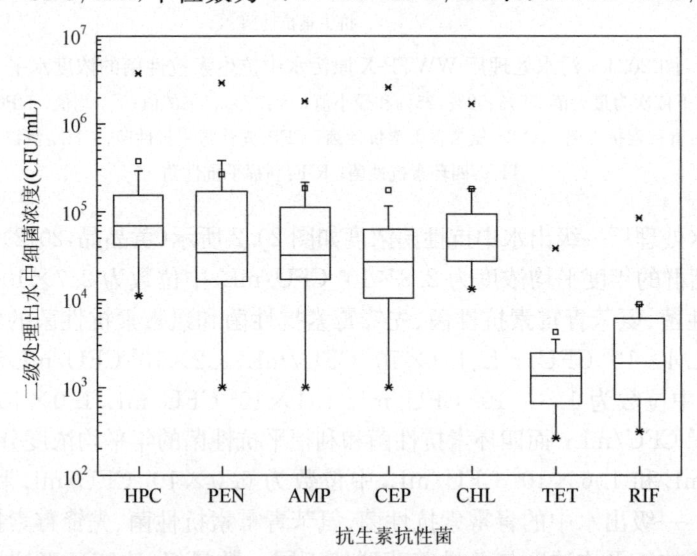

图 20.3 污水处理厂 WWTP-X 二级出水中抗生素抗性菌的浓度水平(图例同图 20.1)

10^4 CFU/mL 和 4.3×10^4 CFU/mL；而四环素抗性菌和利福平抗性菌的年平均浓度分别为 4.2×10^3 CFU/mL 和 8.8×10^3 CFU/mL，中位数为 1.4×10^3 CFU/mL 和 1.9×10^3 CFU/mL。

2. 水体中的抗生素抗性菌的浓度水平

自然水体中的抗生素抗性菌浓度水平因地区不同、污染程度不同而存在较大差异。Schwartz 等(2003)对德国某河流中生成的生物膜中的总异养菌群进行调查发现，该河流中青霉素抗性菌比例高达 31%，其次是头孢他啶抗性菌和头孢唑啉抗性菌(具体数据见表 20.1)。Watkinson 等(2007)针对奥地利某河流流经城市、农田以及接收污水处理厂出水后不同断面水中抗生素抗性菌(*E. coli*)的比例展开调查，发现污水处理厂出水和流经农田对河流中 *E. coli* 抗生素抗性的影响较大，各类抗生素抗性菌的比例详见表 20.2。

表 20.1　德国某河流生物膜中总异养菌群的抗生素抗性菌比例

抗生素抗性类型	抗生素抗性菌比例(%)(取样次数:3 次)
万古霉素	2.3(±0.5)
头孢他啶	11(±1.6)
头孢唑啉	8.1(0)
青霉素	31(±3.3)
亚胺培南	0.4(±0.1)

资料来源：Schwartz et al.，2003

表 20.2　奥地利某河流的各断面水体中抗生素抗性菌(*E. coli*)比例

河流断面	抗生素抗性菌比例/%			
	氨苄青霉素	四环素	磺胺甲噁唑	环丙沙星
接收二级出水	12	9	12	1
接收二级出水	3	2	4	0
流经城市	4	4	6	0
流经城市	3	1	0	0
接收消毒后出水	47	24	63	0
接收消毒后出水	0	0	0	0
流经农田	3	7	0	0
流经农田	0	0	0	0
流经农田	9	9	37	0

资料来源：Watkinson et al.，2007

我国太湖不同区域9个点的抗生素抗性菌(总异养菌群)比例总体较高,其中氨苄青霉素抗性菌比例为17.0%~61.3%,链霉素抗性菌比例为43.2%~63.1%,氨基糖苷类抗性菌比例为43.2%~63.1%,庆大霉素抗性菌比例为1.0%~6.0%,卡那霉素抗性菌比例为6.0%~21.0%(Yin et al., 2013)。福建九龙江下游河口水域中,春季(5月份)四环素抗性菌(总异养菌)浓度为8.41×10^3 CFU/mL,夏季(8月份)浓度为1.14×10^5 CFU/mL;而春季氟甲砜霉素抗性菌浓度为5.88×10^2 CFU/mL,夏季浓度为1.61×10^2 CFU/mL(欧丹云 等, 2013)。

20.1.4 抗生素抗性菌评价方法

1. 抗生素抗性菌评价方法概述

水中抗生素抗性菌的评价主要包括水中混合菌群整体抗生素抗性评价和水中分离所得的单一菌株的抗性评价,两者均能在一定程度上反映水中抗生素抗性菌的存在状态。

混合菌群整体抗生素抗性评价指标主要有半抑制浓度、整体抗性指数和抗生素抗性细菌总数浓度等。单一菌株的抗性评价是在分离单个菌株的基础上对每个菌株进行评价,指标包括菌株的最小抑制浓度、半抑制浓度和抗生素抑制率速率等(图20.4)。混合菌群整体评价法较单一菌株评价成本低、程序简单、测试时间短;而单一菌株评价法能更多反映水中抗生素抗性菌的具体特性,有利于甄别抗生素抗性菌的菌种特性和筛选高抗生素抗性的病原菌。

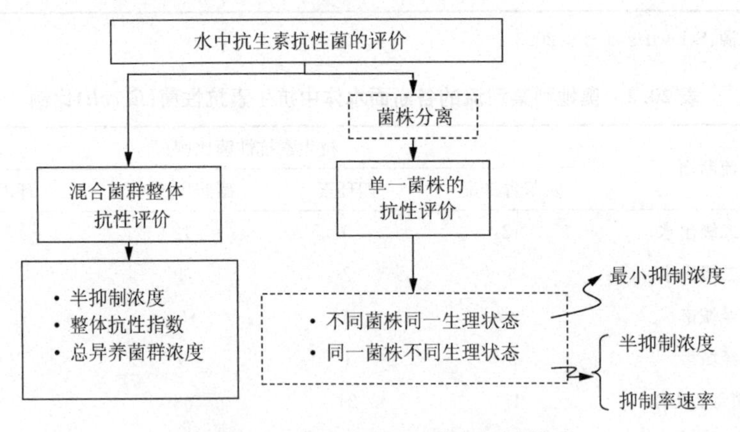

图20.4 水中抗生素抗性菌的评价体系

测定细菌抗生素抗性方法的主要原理是利用细菌暴露于一定剂量的抗生素浓度下获得细菌的存活率或抑制率(死亡率)。在众多测试方法中,稀释法药敏试验比较准确,是定量测定抗菌药物抑制细菌生长的常用方法。将一株被检菌株接种于一组含有不同浓度抗生素的培养基内，在一定温度下(如 35 ℃)孵育一定时间，稀释法所测得的抗生素能抑制被检菌肉眼可见生长的最低浓度称为最低抑制浓度。稀释法分为琼脂稀释法和肉汤稀释法，其中用琼脂稀释法孵育之后用平板培养法测定菌落数。

2. 抗生素抗性细菌总数测定方法

采用含一定浓度抗生素的营养琼脂培养基测定水中的各类抗生素抗性菌。在培养皿(Φ90 mm)中加入 1 mL PBS(phosphate buffered saline，磷酸缓冲盐溶液) 10 倍梯度稀释水样，加入一定量的抗生素溶液和 10 mL 的营养琼脂培养基，使培养皿体系中抗生素达到一定浓度，摇匀凝固后，倒置放于 37 ℃培养箱内培养 24 h，计菌落数，用单位体积水样的菌落形成单位(CFU/mL)表示。检出下限1 CFU/mL，每次测定设 3 个平行样。测定体系的抗生素浓度采用 CLSI(Clinical and Laboratory Standards Institute，美国临床与实验室标准协会)药敏试验标准中病原菌抗性界定浓度的最大值，见表 20.3(CLSI，2006)。

表 20.3 抗生素抗性菌检测用抗生素浓度

指标	抗生素					
	青霉素	氨苄青霉素	头孢噻吩	氯霉素	四环素	利福平
抗生素浓度(mg/L)	16	32	32	32	16	4

3. 总异养菌群的抗生素耐受性检测

总异养菌群的抗生素耐受性检测采用平板倾注培养计数法。将待测水样用 PBS 缓冲液进行 10 倍梯度稀释后，取 1 mL 接种于无菌培养皿，加入一定量的抗生素，如青霉素、氨苄青霉素、头孢氨苄、氯霉素、四环素、利福平等，使得检测体系中的抗生素浓度梯度为 0 mg/L、4 mg/L、8 mg/L、16 mg/L、32 mg/L……1024 mg/L，而后在平板中倒入 10 mL 已灭菌熔化并冷却至 45～50 ℃的营养琼脂培养基，轻轻转动培养皿，使待测水样、抗生素溶液与培养基混合均匀，待培养基凝固后将培养皿倒置于 37 ℃培养箱中培养 24h，按照细菌活菌平板计数方法进行计数。

4. 单一菌株的抗生素耐受性检测

单一菌株的抗生素耐受性检测可采用琼脂稀释法和肉汤稀释法。由于肉汤稀释法中，接种于培养基中的活细菌量需达到一定浓度，并不适合消毒后水样中受损菌株的抗生素耐受性检测，因此下文根据生理状态的差别介绍单一菌株的抗生素耐受性检测方法(黄晶晶，2012)。

1）生理状态一致的单一菌株

所获得的新鲜菌液接种于含不同浓度梯度抗生素的 MH 肉汤中（采用 96 孔 U 形培养板），经过 18 h 37 ℃培养后，测定 OD_{600}。

2）生理状态不一致的单一菌株（如消毒后的细菌）

以测定消毒后水样中大肠杆菌四环素和氨苄青霉素耐受性为例。将待测水样用 PBS 进行 10 倍梯度稀释后，取 1 mL 接种于无菌培养皿，加入一定量的四环素或氨苄青霉素，使得检测体系中的四环素浓度梯度为 0 mg/L、10 mg/L、25 mg/L、30 mg/L、40 mg/L、50 mg/L、60 mg/L、70 mg/L、80 mg/L、90 mg/L、100 mg/L、110 mg/L、125 mg/L，氨苄青霉素浓度梯度为 0 mg/L、1024 mg/L、2048 mg/L、3072 mg/L、4096 mg/L、6144 mg/L、8192 mg/L，而后在平板中倒入 10 mL 已灭菌熔化并冷却至 45～50 ℃的营养琼脂培养基，轻轻转动培养皿，使待测水样、抗生素溶液与培养基混合均匀，待培养基凝固后将培养皿倒置于 37 ℃培养箱中培养 24h，按照细菌活菌平板计数方法进行计数。

20.1.5　抗生素抗性菌数据解析方法

1. 细菌存活率

$$存活率(\%)=\frac{N_a}{N_0}\times 100\% \tag{20.1}$$

式中，N_a 为暴露于一定量抗生素浓度下培养的总异养菌群浓度（CFU/mL）；N_0 为水中总异养菌群浓度（即培养基中不含抗生素时的测定浓度）（CFU/mL）。

2. 剂量效应曲线与半抑制浓度

水中总异养菌群的抗生素剂量效应曲线如图 20.5 所示，该曲线采用四参数逻辑斯蒂方程（DeLean et al.，1978）进行拟合。四参数逻辑斯蒂方程如下：

$$存活率(\%)=\frac{A_1-A_2}{1+(x/x_0)^p}+A_2 \tag{20.2}$$

式中，A_1 为无抗生素暴露时细菌的存活率，定值为 100；A_2 为足够多抗生素暴露时细菌的存活率，定值为 0；x 为添加的抗生素浓度（mg/L）；x_0 为抗生素半抑制浓度（mg/L），即 IC_{50}；p 为曲线坡度参数。

将抗生素浓度及其相对应的存活率输入软件 Origin 8.0 的工作簿中，选择药物剂量效应 S 曲线指令进行拟合，即可获得水中总异养菌群对于该抗生素的半抑制浓度。总异养菌群的半抑制浓度越大，说明水中总异养菌群的抗性水平越高。

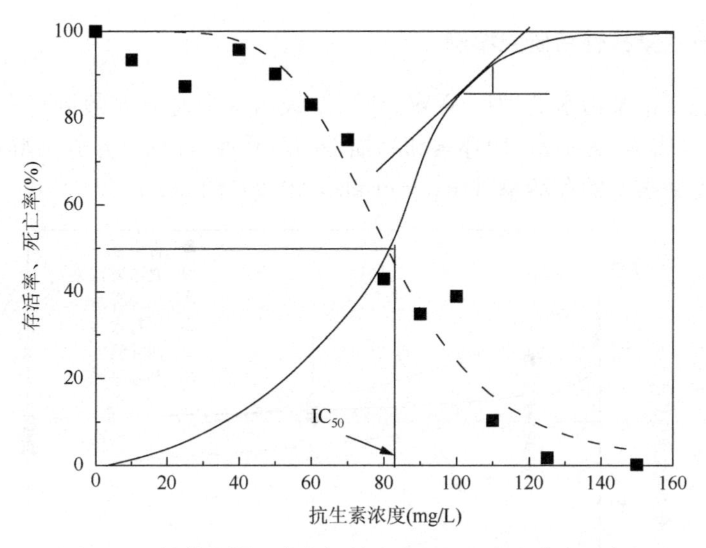

图 20.5　细菌的抗生素半抑制浓度和死亡率变化率示意图

3. 抗生素抗性指数(antibiotic resistance index，ARI)

$$ARI=\frac{IC_{50}}{MIC_d}\qquad(20.3)$$

式中，IC_{50}为水中总异养菌群的抗生素半抑制浓度(mg/L)；MIC_d为典型病原抗性菌的最小抑制浓度界定的最大值(CLSI，2006)。抗性指数 ARI 值越大，说明水中一般细菌的抗生素抗性水平越高。

4. 死亡率、死亡率变化率

$$死亡率(\%)=\frac{N_0-N_a}{N_0}\times100\%\qquad(20.4)$$

$$死亡率变化率(\%\cdot L/mg)=\frac{M_i-M_{i-1}}{C_i-C_{i-1}}\qquad(20.5)$$

式中，N_a 为暴露于一定量抗生素培养的总异养菌群浓度(CFU/mL)；N_0 为水中总异养菌群浓度(CFU/mL)；C_i 为抗性大肠杆菌的检测暴露浓度(mg/L)；C_{i-1} 为与 C_i 相邻的抗性大肠杆菌的检测暴露浓度(mg/L)；M_i 和 M_{i-1} 为在检测暴露浓度 C_i 和 C_{i-1} 下，抗性大肠杆菌分别对应的死亡率。

死亡率变化率表征了细菌对某一浓度抗生素的敏感性。死亡率变化率越大，表示细菌对该浓度抗生素暴露越敏感。半抑制浓度和死亡率变化率的示意图如图 20.5 所示。

20.1.6　抗生素抗性菌研究案例

测定北京市某污水处理厂 WWTP-X 二级出水中总异养菌群对青霉素、氨苄青霉素、先锋霉素、氯霉素、四环素和利福平的耐受性，计算总异养菌群在不同抗生素梯度浓度暴露下的存活率(Huang et al.，2012)(图 20.6)。

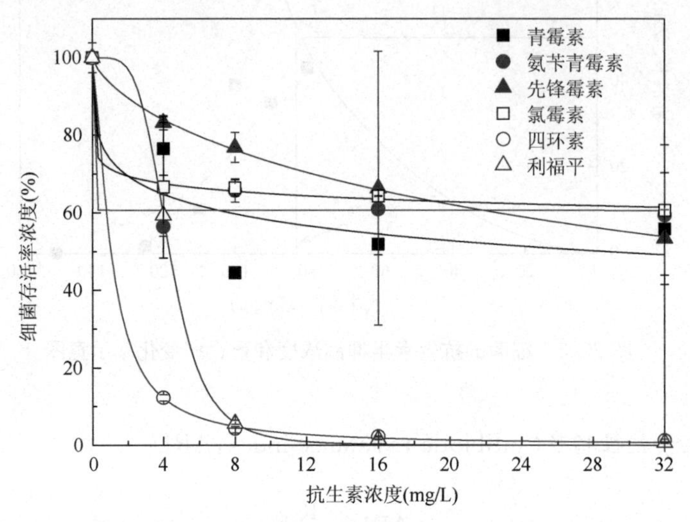

图 20.6　抗生素抑制下污水处理厂 WWTP-X 二级出水中总异养菌群的存活率(Huang et al.，2012)

对总异养菌群在不同抗生素梯度浓度暴露下的存活率进行四参数逻辑斯蒂方程拟合，获得拟合曲线拟合度和半抑制浓度，见表 20.4。拟合结果显示，此六种抗生素暴露下总异养菌群的存活率拟合度均较高，说明四参数逻辑斯蒂方程能较好地用于描述污水处理厂 WWTP-X 二级出水中总异养菌群对抗生素的整体耐受水平。

表 20.4　抗生素对污水处理厂 WWTP-X 二级出水中总异养菌群的半抑制浓度

抗生素	青霉素	氨苄青霉素	先锋霉素	氯霉素	四环素	利福平
拟合度(R^2)	0.71	0.95	0.61	>0.99	0.73	>0.99
半抑制浓度(mg/L)	>32 [35.5(±17.0)]*	>32	>32 [39.5(±20.2)]	>32	1.0 (±0.3)	4.3 (±0.1)

* 方括号中数值为拟合所得半抑制浓度，圆括号中数值为半抑制浓度的标准误差

资料来源：Huang et al.，2012

通过四参数逻辑斯蒂方程拟合，获得各抗生素对该污水处理厂二级出水中总异养菌群的半抑制浓度，其中青霉素、氨苄青霉素、先锋霉素和氯霉素的半抑制浓

度高于 32 mg/L。青霉素和先锋霉素对总异养菌群的半抑制浓度分别为35. 5 mg/L 和 39. 5 mg/L，而氨苄青霉素和氯霉素的半抑制浓度远高于试验范围，故仅认为其半抑制浓度大于 32 mg/L。相比之下，四环素和利福平对该污水处理厂二级出水中总异养菌群的半抑制浓度分别为 1. 0 mg/L 和 4. 3 mg/L。

以上结果说明，该污水处理厂二级出水中总异养菌群对青霉素、氨苄青霉素、先锋霉素和氯霉素的整体耐受水平较高。

20. 2　抗生素抗性基因

20. 2. 1　抗生素抗性基因及其意义

抗生素抗性基因是一类导致细菌具有一种或几种抗生素抗性的基因，该基因所表达的功能通常是钝化失活、主动泵出抗生素，或改变细菌防卫能力和产生相应的替代物质。抗生素抗性基因主要根据其产生抗性的抗生素类别划分，如四环素抗性基因、氨苄青霉素抗性基因等。获得性抗性基因通过不同种属间的水平基因转移，从而使得抗性基因传播开来，是抗生素抗性传播的主要原因，如细菌质粒上的超广谱 β 内酰胺酶编码基因。由于基因突变而产生的抗性基因也是导致一些特定菌种产生特殊抗生素抗性（如弗诺喹酮类和噁唑烷酮类）的原因，这些抗性基因常存在于分枝杆菌属和幽门螺杆菌属中。

污水中的各类抗性基因、毒素编码基因多在质粒上，而污水中的质粒类型多样，具有可移动性，与同期医院中分离所得的质粒具有明显的相关性，并编码主要类型抗生素抗性基因（Schlüter et al. , 2008; Szczepanowski et al. , 2008）。在一定的环境条件下，环境污染作为选择压力可促进这些有害基因的水平转移和纵向遗传（Baquero et al. , 2008），从而诱导多种有害基因集中于某一病原微生物，导致了消毒剂抗性与抗生素抗性或毒力因子的互相交叉和同时存在（Chapman, 2003）。

20. 2. 2　不同水中抗生素抗性基因的浓度水平

近几年来，越来越多的研究者开始关注城市污水处理厂中的抗生素抗性基因污染问题。Auerbach 等发现城市污水处理厂原水中的氨苄青霉素抗性基因 *blaTEM* 的浓度达 10^6 copies/mL，而二级出水中氨苄青霉素抗性基因 *blaTEM* 的浓度仍接近 10^6 copies/mL（图 20. 7），说明常规污水处理工艺对 *blaTEM* 氨苄青霉素抗性基因的去除效果不理想（Auerbach et al. , 2007）。

但是，Zhang 等发现城市污水处理厂原水中的四环素抗性基因 *TetQ* 的浓度高达 10^9 copies/mL，而二级出水中四环素抗性基因 *TetQ* 的浓度低于 10^6 copies/mL

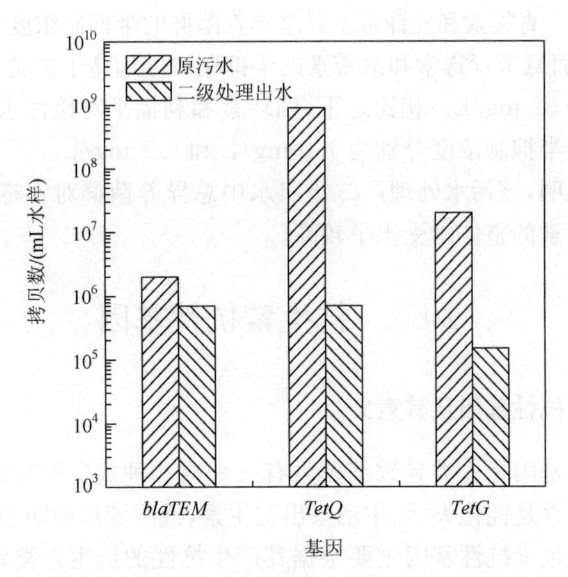

图 20.7 城市污水处理厂进出水单位体积水样中的抗生素抗性基因浓度

(Auerbach et al., 2007; Zhang et al., 2009)

(图 20.7),说明在该污水处理厂中,常规污水处理工艺对 *TetQ* 的去除率高达 3 log;同样地,发现该污水处理厂原水中的四环素抗性基因 *TetG* 的浓度约为 10^8 copies/mL,而二级出水中四环素抗性基因 *TetG* 的浓度低于 10^6 copies/mL (图 20.7),常规污水处理工艺对 *TetG* 的去除率达 2 log(Zhang et al., 2009)。与氨苄青霉素抗性基因相比,常规污水处理工艺对四环素抗性基因的去除更为有效。

此外 Auerbach 等和 Zhang 等分别考察了城市污水处理厂原污水和二级处理出水中单位质量 DNA 中的氨苄青霉素抗性基因和四环素抗性基因拷贝数(图 20.8)。研究结果表明,常规污水处理工艺对污水单位质量 DNA 中的氨苄青霉素抗性基因 *blaTEM* 和四环素抗性基因 *TetG* 的去除不明显,而对污水单位质量 DNA 中的四环素抗性基因 *TetQ* 的去除达 1 log(Auerbach et al., 2007; Zhang et al., 2009)。

20.2.3 抗生素抗性基因测定方法

以氨苄青霉素抗性基因某序列的定量分析为例,来说明抗生素抗性基因的定量测定方法(黄晶晶,2012)。

1. 质粒提取

采用 TIANGEN 质粒小提试剂盒(离心柱型),取 1~2 mL 水样按照试剂盒标准方法进行提取。获得的质粒溶液保存于−20℃冰箱中。

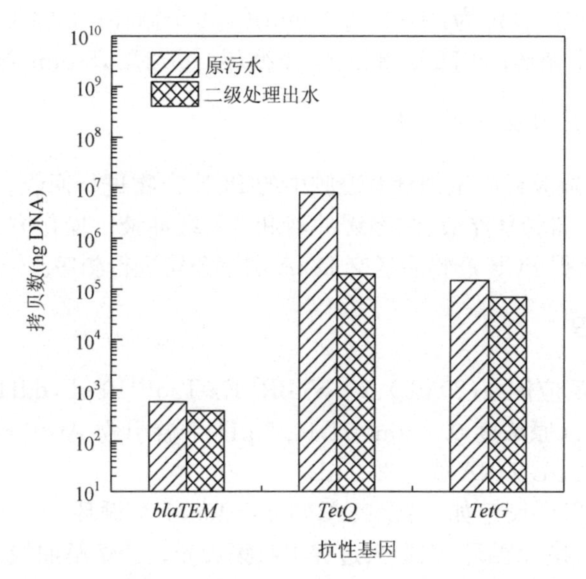

图 20.8　城市污水处理厂进出水单位质量 DNA 中的抗生素抗性基因浓度
(Auerbach et al., 2007; Zhang et al., 2009)

2. DNA 琼脂糖凝胶电泳

用 1×TAE 缓冲溶液(Tris Base 242 g,冰乙酸 57.1 mL,pH 为 8.0 的 0.5 mol/L EDTA 100 mL,加去离子水 1000 mL 后,稀释 50 倍使用)配制 2%的琼脂糖凝胶溶液,高温煮沸后加入半滴溴化乙锭,摇匀后倒入插好梳子的胶槽中冷却至凝固。

将凝固后的凝胶放入电泳槽,上样段在负极一侧,加入 1×TAE 缓冲溶液至没过凝胶后,上样,跑电泳。电泳时采用 110 V 直流电压。

3. 引物

自主设计 pBR322 质粒上氨苄青霉素抗性基因片段引物,PCR 扩增产物长度为 506bp,引物序列如下:

AMP-sense:5′-ATG AGT ATT CAA CAT TTC CGT GTC-3′

AMP-antisense:5′-TTA CCA ATG CTT AAT CAG TGA GGC-3′

4. 常规聚合酶链式反应(PCR)

常规 PCR 反应体系(50 μL):10×pfu 专用 reaction buffer 5 μL,dNTP(原浓度 10 mmol/L)1 μL,ddH_2O 40 μL,pBR322(碱发小提,1∶20 稀释)1 μL,上游引物 AMP-sense(原浓度 20 μmol/L)1 μL,下游引物 AMP-antisense(原浓度 20 μmol/L)1 μL,pfu DNA 聚合酶 1 μL。

常规 PCR 程序设定为：①94 ℃，1 min40s，1 个循环；②94 ℃，45s，1 个循环；③55 ℃，45s，1 个循环；④72 ℃，45s，40 个循环；⑤72 ℃，5 min，终止反应。

5. DNA 片段胶回收与测序

采用 DNA 凝胶回收试剂盒对凝胶中的 PCR 产物进行回收。试剂盒包括：3S 柱、溶液缓冲液、树脂悬浮液、洗涤缓冲液和 TE 缓冲液。操作方法为试剂盒内标准操作方法。获得 PCR 产物后送交 DNA 测序公司进行测序。

6. 定量 PCR

定量 PCR 反应体系（20 μL）：2×SYBR® Ex Taq™ 10 μL，ddH_2O 7.6 μL，上游引物 AMP-sense（原浓度 0.2 μmol/L）0.2 μL，下游引物 AMP-antisense（原浓度 0.2 μmol/L）0.2 μL，DNA 样品 2.0 μL。

定量 PCR 程序设定如下：①95 ℃，1 min40s，1 个循环。②95 ℃，45s；50 ℃，45s；72 ℃，45s。40 个循环，在退火过程中收集荧光。③熔解曲线过程包括，95 ℃，1 min，降温至 60 ℃后，从 60 ℃ 开始每 30 s 温度升高 0.5 ℃，进行 71 个循环，结束温度为 95 ℃。④温度降至 4 ℃保存。

20.3 内 毒 素

20.3.1 内毒素及其意义

1. 内毒素及其特性

内毒素（endotoxin）是位于大多数革兰氏阴性菌与蓝藻细胞壁的脂多糖（lipopolysaccharide，LPS）成分（图 20.9）。平均每个大肠杆菌包含 1.2×10^6 个脂多糖分子（Williams，2007），约占细菌表面积的 2/3、细胞干重的 3.6 %（Narita et al.，2005）。

由于内毒素在细菌细胞分裂或死亡过程中会从细胞释放到环境中，因此内毒素在水中的存在形式可分为游离态与结合态（游离态是指释放到水体中的内毒素，结合态是指处于细胞壁的内毒素）（图 20.10）。两种形态的内毒素均具有生物活性。

2. 内毒素的危害性

内毒素是一种高分子量的复合物，分子结构复杂，由 O-特异性多糖、核心寡聚糖与类脂 A 三部分组成，如图 20.11 所示。O-特异性多糖是内毒素分子中最易变异的结构，不同种属细菌的内毒素具有不同的多糖成分。类脂 A 是内毒素分子中最保守的结构，也是导致内毒素具有生物活性的主要结构（Bramdembirg and

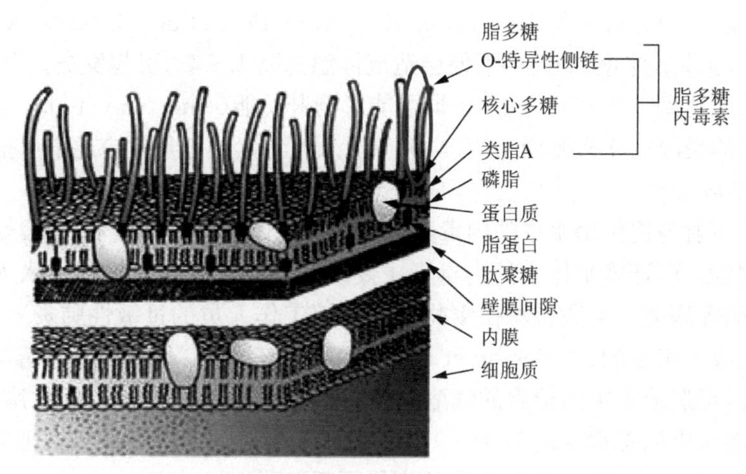

图 20.9　革兰氏阴性菌细胞壁结构及其中脂多糖成分

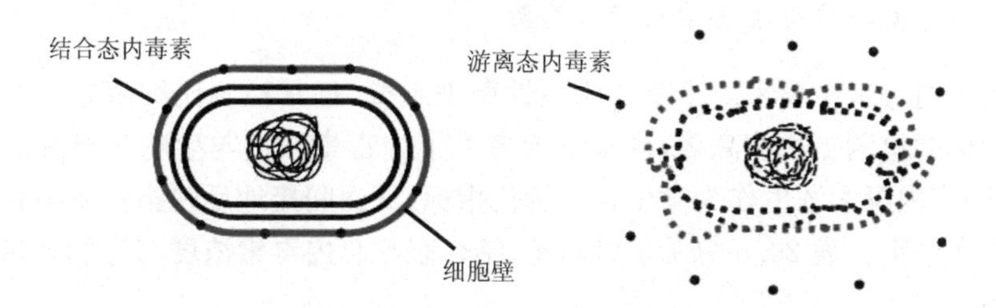

图 20.10　结合态与游离态内毒素示意图

Wiese，2004；Gorbet and Sefton，2005）。内毒素单体的分子量为 10～20 kDa，由于其属于两性（亲水性、疏水性）分子，在水中可聚集形成超过 1000 kDa 的聚合体。

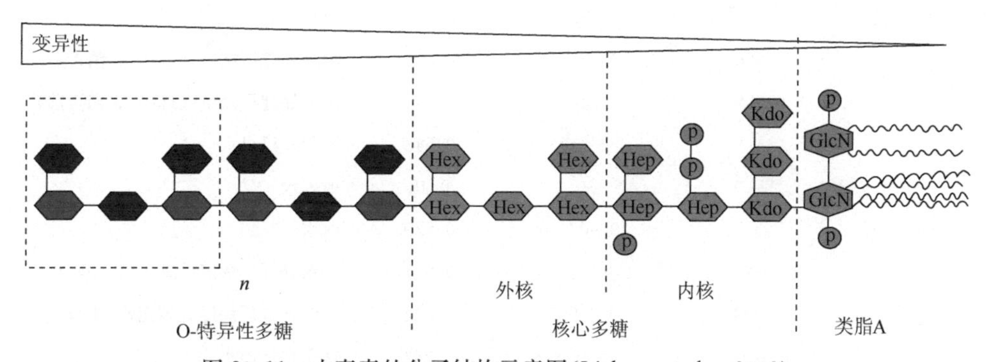

图 20.11　内毒素的分子结构示意图（Liebers et al.，2008）

内毒素是一种炎症因子与热原物质。内毒素可通过静脉注射、呼吸吸入与食用摄入等暴露途径引起人体多种病症，包括发热、过敏、腹泻、呕吐、呼吸困难、休克与血管内凝血，甚至死亡（黄璜，2013）。值得注意的是，内毒素还可强化其他有毒物质(如藻毒素)的毒害作用(Roth et al.,1997;Best et al.,2002)。人体静脉注射 1～10 ng/kg(体重)的内毒素便会造成体温升高 1.9 ℃,引起发烧。当空气中的内毒素浓度达到 100～200 ng/m^3 即可能影响肝功能(Anderson et al.,2002)。由于内毒素的吸收同化机制尚未明确,关于摄入内毒素的剂量效应还未见报道(Gehr et al.,2008)。

静脉注射与透析用水中的内毒素直接进入人体血液或体液,造成发烧、内毒素血症等症状。而环境水体中的内毒素主要以气溶胶形式通过呼吸进入人体,造成发热、哮喘等病症。美国科罗拉多州一游泳馆工作人员的过敏性肺炎事件就是由内毒素的吸入引起的(Anderson et al.,2002)。该馆的深水池配备水雾喷射、水幕墙等设施,可造成水中内毒素的气溶胶化。当工作人员普遍出现咳嗽、胸闷等症状时,发现池水中内毒素浓度为 95～120 ng/mL;当对池水进行臭氧处理后,其内毒素浓度下降至 1 ng/mL,工作人员的症状便逐渐消失。

3. 内毒素与传统生物学指标的关系

由于内毒素主要来源于革兰氏阴性菌细胞壁,且其检测比细菌总数等传统生物学指标的检测更快速高效,许多学者考察了内毒素浓度与生物学指标的相关关系,试图将内毒素浓度作为微生物的替代指标,从而间接地反映指示微生物在水体中的存在水平。表 20.5 总结了游离态、结合态与总内毒素浓度与生物学指标的相关关系。

表 20.5 内毒素浓度与传统生物学指标的相关关系

生物学指标	相关系数 r			水样类型
	游离态内毒素	结合态内毒素	总内毒素	
细菌总数	—	0.952	0.878	河水
	0.620	0.736	0.726	污水处理厂深度处理出水(消毒后)
	0.932	0.745	0.945	污水处理厂深度处理出水(消毒前)
	—	—	0.543	饮用水厂出水
	—	—	0.48	地表水
大肠菌群	—	0.907	0.829	河水
	0.525	0.472	0.822	污水处理厂深度处理出水(消毒后)
	0.939	0.419	0.822	污水处理厂深度处理出水(消毒前)
	—	—	0.333	饮用水厂出水
	—	—	0.26	地表水

资料来源:Anderson et al.,2002

从表 20.5 中可以看出,对于内毒素浓度与生物学指标间的相关关系,不同的研究者在不同时期报道的试验结果有较大差异。Evans 等(1978)发现内毒素浓度与细菌总数、大肠菌群均具有相关性，且结合态内毒素浓度与这些生物学指标的相关性高于总内毒素浓度，认为内毒素浓度测定有可能应用于水质生物学指标的检测。Jorgensen 等(1979)发现，对于消毒前的水样，总内毒素浓度与细菌总数、游离内毒素浓度与细菌总数、游离态内毒素浓度与大肠菌群之间的相关性较强；但对于消毒后的水样，游离态、结合态或总内毒素浓度与生物学指标间的相关关系均较弱。而 Haas 等(1983)与 Rapala 等(2002)的研究结果表明，内毒素浓度与细菌总数、大肠菌群缺乏相关关系。

内毒素浓度与传统生物学指标间相关关系较低的原因可能有以下几点：①传统生物学指标多采用培养法测定，仅反映水中可培养细菌的浓度，而内毒素的测定不受培养的限制；②内毒素主要来源于革兰氏阴性菌，细菌总数或大肠菌群与革兰氏阴性菌数的关系并不确定；③经过处理的水，细菌被灭活，菌体受到一定程度的破坏，但内毒素并未去除(Jorgensen et al.，1979；Haas et al.，1983)。

综上可知，内毒素浓度作为细菌总数等生物学指标的替代指标是不完全可靠的。同样，在水质监测过程中，目前采用的微生物指标也不能有效反映内毒素的污染。因此，为保障水处理系统的水质安全性，需考虑将内毒素作为独立的指标进行检测。

20.3.2 内毒素浓度标准

鉴于内毒素对人体的危害，部分国家与地区已提出内毒素的控制标准，中国药典、英国药典与美国药典均要求注射用水的内毒素含量需小于 0.25 EU(endotoxin units)/mL(国家药典委员会，2005；United States Pharmacopeial Convention，2005；British Pharmacopeia Commission Secretariat of the Medicines and Healthcare products Regulatory Agency，2011)；国际职业卫生委员会提出，为了避免呼吸道炎症，空气中内毒素浓度需低于 10 ng/m^3(Anderson et al.，2002；Gehr et al.，2008)；但目前内毒素尚未列入水环境标准中。但是，在再生水利用过程中产生的生物气溶胶的健康风险需要关注。

20.3.3 不同水中内毒素的浓度水平

黄璜等基于 1976～2012 年美国、加拿大、澳大利亚、芬兰、日本与中国学者公开发表的学术论文中关于内毒素浓度的数据，总结了地表水、饮用水、城市污水处理厂二级处理出水与深度处理出水(三级出水)中的内毒素浓度分布，如图 20.12～图 20.15 所示(黄璜 等，2013)。早期内毒素浓度单位采用质量浓度 ng/mL 表示，但来源于不同菌种的内毒素具有不同的分子量，因此质量浓度不具有可比性。于是从 20 世纪 80 年代起，内毒素单位浓度 EU/mL 开始被广泛采用，即用内毒素的生物活性来表征浓度，一般 1 ng/mL＝4～17 EU/mL(Gehr et al.，2008)。本书采用 EU/mL 为单位，对于未给出两种浓度换算关系的早期文献数据，统一取 1 ng/mL＝10 EU/mL(Gehr et al.，2008)。

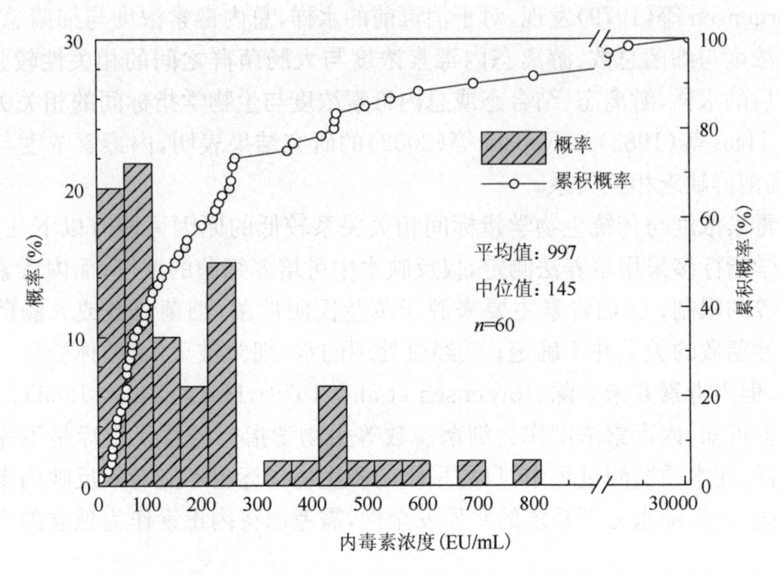

图 20.12　地表水中内毒素的浓度分布(黄璜 等，2013)

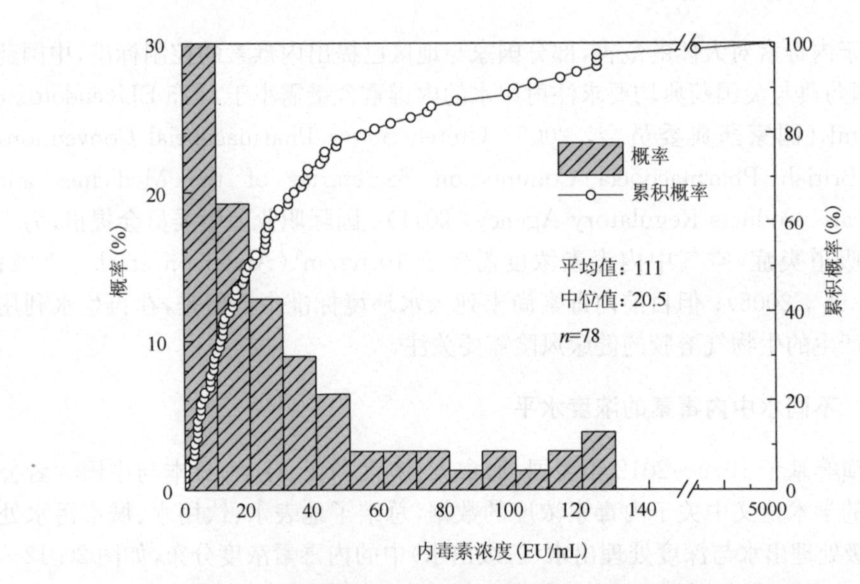

图 20.13　饮用水中内毒素的浓度分布(包括饮用水厂出水、管网沿程与末端出水)(黄璜 等，2013)

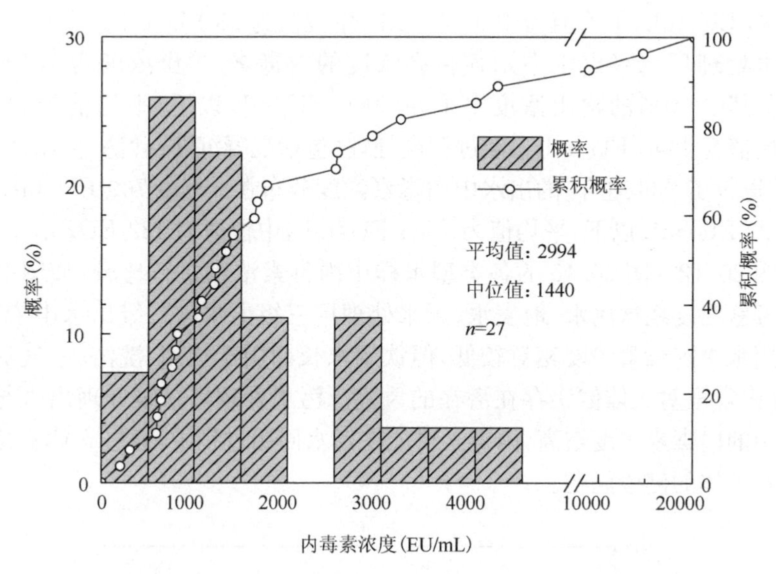

图 20.14　城市污水处理厂二级出水中内毒素的浓度分布(黄璜 等，2013)

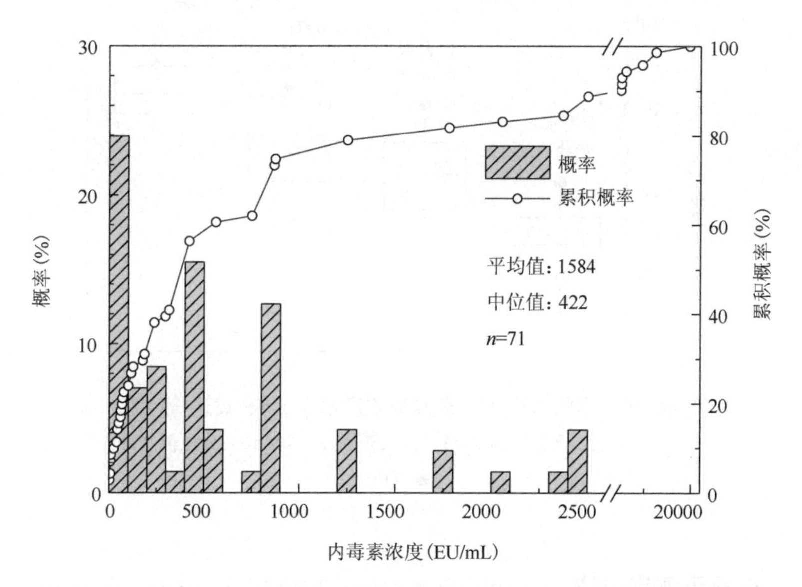

图 20.15　城市污水处理厂深度处理出水(三级出水，再生水)中内毒素的浓度分布(黄璜 等，2013)

从图 20.12～图 20.15 中可以看出，内毒素广泛存在于各种水中。地表水中的内毒素浓度分布在 3～32 000 EU/mL，其中 90%的检出浓度水平在 800 EU/mL 以下，平均值为 997 EU/mL，中位值为 145 EU/mL。饮用水中同样存在内毒素，但浓度相对较低。除个别高达 5000 EU/mL 外，饮用水中的内毒素浓度主要分布在 0～125 EU/mL,平均值为 120 EU/mL,中位值为 23 EU/mL。

污水处理厂二级出水中则存在高浓度的内毒素,检出浓度为 201～20 100 EU/mL,其中 90%的检出浓度水平在 5000 EU/mL 以下,平均值为 2994 EU/mL,中位值为 1440 EU/mL。经过深度处理(包括混凝沉淀、砂滤、生物活性炭、膜过滤、消毒等工艺的组合)的出水中内毒素浓度分布在 3～19 700 EU/mL,主要集中在 1000 EU/mL 以下,平均值为 1584 EU/mL,中位值为 422 EU/mL。

将图 20.12～图 20.15 的各类型水样中内毒素浓度进行比较,如图 20.16 所示。内毒素浓度在饮用水、地表水、污水处理厂三级出水与二级出水中依次递增。虽然饮用水中内毒素浓度相对较低,但饮用水长期用于饮用、洗浴、空气加湿等用途,其中内毒素对人体健康存在潜在的风险。污水处理厂二级处理出水与深度处理出水中的内毒素浓度较高,内毒素可能在污水回用过程中,通过人体直接或间接接触引发人体的健康问题。

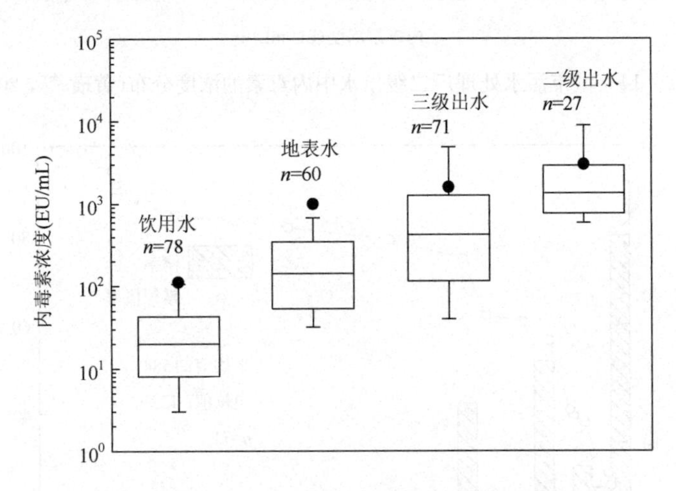

图 20.16　不同水样中内毒素的浓度水平比较(黄璜 等,2013)

从上到下依次为 90%、75%、50%、25%和 10%分位值

●:均值

20.3.4　内毒素测定方法

1. 概述

内毒素测定方法主要包括家兔热原试验法、鲎试剂检测法与 GC/MS 分析法等(表 20.6)。家兔热原试验法与鲎试剂检测法通过检测内毒素的生物学活性来表征其浓度水平,而 GC/MS 分析法通过测定内毒素中类脂 A 的长链脂肪酸水解生成的 3-羟基脂肪酸来直接表征其浓度水平。

表 20.6　内毒素的测定方法比较

方法	使用仪器或受试对象	优点	缺点
家兔热原试验法	家兔	家兔对热原的反应与人基本相似	操作烦琐费时，个体差异大，灵敏度不高
鲎试剂检测法	鲎试剂	简单省时、快速准确、灵敏度高、精密度高	费用较高，抗干扰能力有限
GC/MS 分析法	GC/MS	灵敏度高，准确度高	操作复杂，应用范围有限，费用高

目前鲎试剂检测法是最常用的内毒素检测方法。鲎试剂检测法测定的是内毒素活性，可直接反映内毒素的健康风险，且操作简便，因此水中内毒素浓度测定普遍采用鲎试剂检测法。

2. 鲎试剂检测法

鲎试剂检测法包括凝胶法与显色法，试验基本原理如图 20.17 所示。当与鲎试剂接触的水样中存在内毒素活性物质时，内毒素活性物质激活鲎试剂中的 C 因子，引起一系列的生化反应，激活凝固酶原形成凝固酶，在凝胶法中凝固酶催化鲎试剂中的凝固蛋白酶原形成凝胶，而在显色法中凝固酶将显色基质分解生成黄色的对硝基苯胺（$\lambda_{max}=405$ nm）。

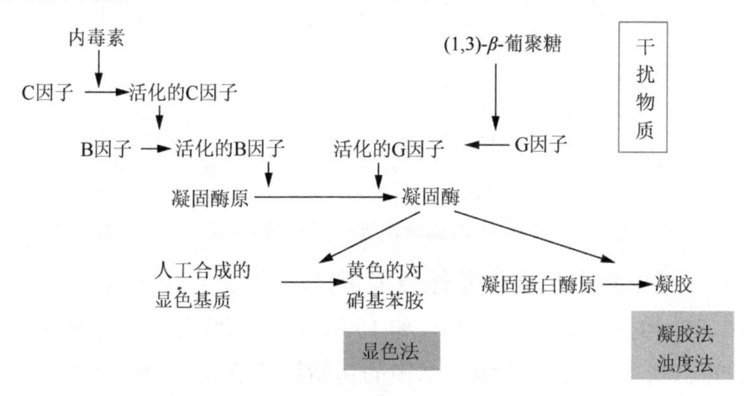

图 20.17　鲎试剂法测定内毒素的基本原理

凝胶法通过观察是否形成凝胶，定性或半定量测定样品中的内毒素。显色法通过测定 405 nm 处的显色强度来测量对硝基苯胺的生成量，进而定量表征水样的内毒素活性。鲎试剂检测法是药典中收载的内毒素检测方法（国家药典委员会，2005），具体参照试剂盒的说明书进行。

水中的内毒素分为游离态内毒素与结合态内毒素。将水样直接测定得到总内毒素活性。将水样以 12 000 g 转速离心 10 min 后，取上清液测定，则得到游离态内毒素活性(Evans et al.，1978；Anderson et al.，2002)。总内毒素活性减去游离态内毒素活性即为结合态内毒素活性。

20.3.5 内毒素研究案例

为了考察污水二级出水中内毒素的形态分布，黄璜等(2011)对北京市两座污水处理厂(A 与 B)二级处理出水多次取样，通过离心分离方法测定其中游离态内毒素活性，从而得到二级出水中内毒素的形态分布，如图 20.18 所示。游离态内毒素活性占总内毒素活性的 52%～92%，说明二级出水中的内毒素主要以游离态形式存在。其中，A 污水处理厂二级出水中的游离态内毒素占总内毒素活性的 80% 以上，而 B 污水处理厂二级出水的游离态内毒素仅占 60%左右，虽然两厂出水的总内毒素活性无明显差异，但是内毒素的形态分布有所差异。

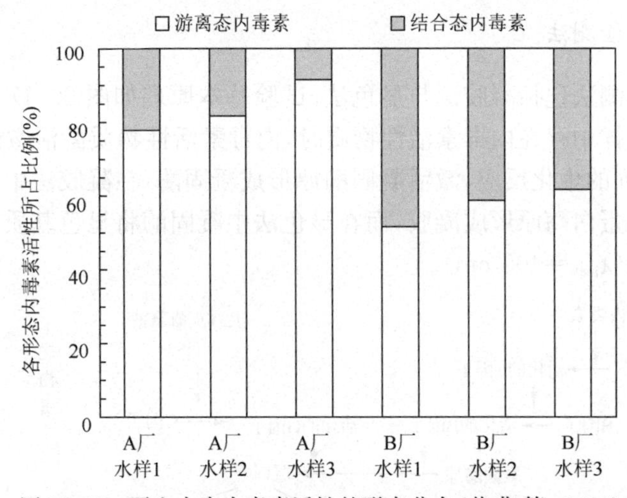

图 20.18 再生水中内毒素活性的形态分布(黄璜 等，2011)

对 A 厂二级处理出水进行紫外线消毒试验，紫外线剂量分别为 0 mJ/cm^2、20 mJ/cm^2、50 mJ/cm^2、100 mJ/cm^2 和 150 mJ/cm^2，消毒后内毒素活性与细菌总数的变化如图 20.19 所示。二级出水中的初始细菌总数为 3800 CFU/mL，初始内毒素活性为 600 EU/mL。经过紫外线消毒后，细菌总数显著下降($p<0.05$)，当紫外线剂量达到 50 mJ/cm^2 时，细菌总数已下降至 5 CFU/mL。然而，经过不同紫外线剂量照射后，水样的内毒素活性与初始值均无显著性差异($p>0.05$)。紫外线消毒后内毒素活性并未减小，这说明在 150 mJ/cm^2 的剂量范围内，紫外线消毒未有效去除二级出水中的内毒素。

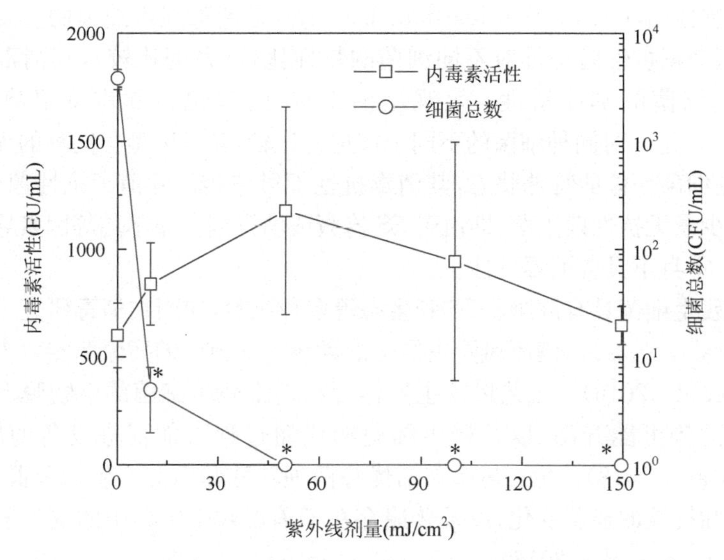

图 20.19　紫外线消毒对二级出水中内毒素活性与细菌总数的影响(*表示不同样品间存在显著性差异)(黄璜 等，2011)

20.4　消毒抗性菌和消毒残生菌

20.4.1　消毒抗性菌和消毒残生菌的定义及意义

消毒是控制有害微生物的重要手段，常用的消毒技术包括氯消毒、臭氧消毒和紫外线消毒等。在实际工程中，由于微生物的消毒抗性或 SS 掩蔽等干扰因素的影响，往往难以在可接受的成本内完全灭活水中的微生物。经过消毒处理后仍然存活的细菌称为消毒残生细菌(disinfection residual bacteria)。根据存活原因的不同，消毒残生细菌可分为消毒抗性菌和无抗性残生菌，消毒抗性菌又可分为遗传型消毒抗性菌和表观型消毒抗性菌(图 20.20)。

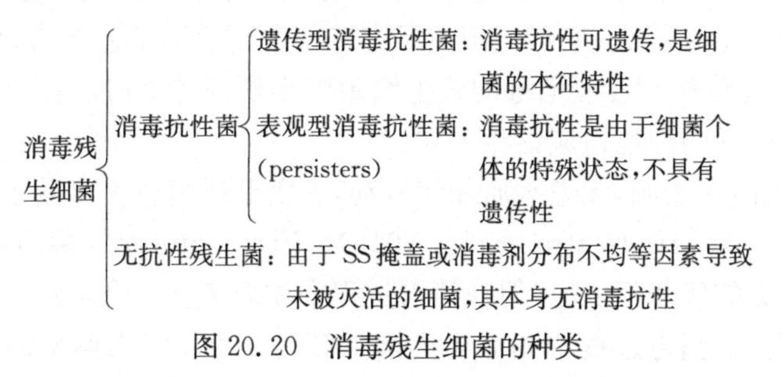

图 20.20　消毒残生细菌的种类

消毒抗性菌(disinfection resistant bacteria)是消毒残生细菌的主要类群。其中,遗传型消毒抗性菌是针对不同细菌的特性比较(种间比较),其消毒抗性可遗传,是不同细菌的本征特性。表观型消毒抗性菌,也被称作持留菌或滞留菌(persisters),是针对同种细菌的不同个体进行比较,其基因型与同种的无抗性细菌相同,仅是细菌个体的特殊状态,其消毒抗性不可遗传。除消毒抗性菌外,残生菌中还包括少量无抗性残生菌,即由于 SS 掩蔽或消毒剂分布不均等因素导致未被灭活的细菌,本身不具备消毒抗性。

消毒残生细菌具有健康、工艺和生态等多种风险,应当在消毒研究中引起重视(Wang et al., 2021)。健康风险主要是消毒残生细菌中的病原菌相对丰度可能更高(Pang et al.,2016)。工艺风险主要体现在消毒残生细菌的生物膜形成潜势和生物污堵潜势可能升高,以及残生细菌的代谢过程可能促进设备的腐蚀/结垢(Zhang et al., 2018)。生态风险包括优势菌种转移和由此产生的菌群代谢特性、适应能力和抗性的显著变化,以及普遍存在于消毒残生细菌中的抗生素抗性基因水平转移(Guo et al., 2013)。

20.4.2 消毒残生菌的浓度水平与群落特征

城市污水经常规消毒处理后,残生细菌浓度通常在 10^2~10^4 个/mL(以 HPC 计,Cui et al., 2020)。消毒对不同种类微生物数量的减少并不是均衡的,而是有着显著的选择作用。消毒抗性菌的相对丰度在消毒后显著增加,导致消毒后水中的微生物群落结构与消毒前有较大差异。

Wang 等(2020)基于近十年来文献中报道的实际水厂消毒数据,统计了消毒残生细菌的优势门(消毒后相对丰度大于 5%的细菌门,变形菌门各纲分别统计)的出现频次和消毒后相对丰度显著上升(上升率超过 100%)的典型消毒残生细菌属。结果显示,尽管进水的水质条件和群落结构变化多样,消毒残生细菌的菌群特征,及消毒过程中某些特定细菌的相对丰度变化,仍呈现出一定的规律。

门水平上,Proteobacteria(变形菌门,多为革兰氏阴性菌)因其广泛的环境适应性,常出现于三种最常用消毒方式(氯消毒、紫外线和臭氧消毒)的残生细菌中,如图 20.21 所示。α-、β-和 γ-变形杆菌在所有三种常用消毒工艺下均为消毒残生细菌的优势类。α-变形菌纲在氯消毒的残生细菌中出现高达 20 次,接近总样本量的半数,与其具有广泛的环境适应性相关联。

一项比较研究表明,无论水质如何波动,γ-变形杆菌在消毒残生细菌中的相对丰度始终较高(Becerra-Castro et al., 2016)。Firmicute(厚壁菌门,多为革兰氏阳性)并非最常见的优势门之一,但在消毒过程中相对丰度常会增加。

属水平上,以消毒过程中相对丰度增加超过 100%作为典型消毒残生细菌的认定标准,共识别出 10 个氯消毒典型残生细菌属,3 个紫外消毒典型残生细菌属

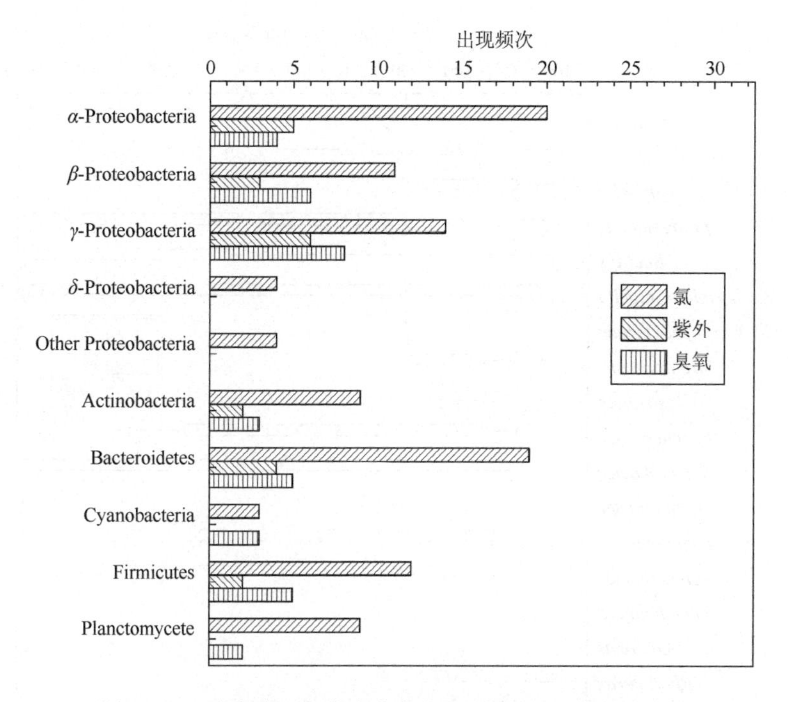

图 20.21　消毒残生细菌中丰度大于 5%的门出现频次统计

近十年内 43 篇文献报道的实际水厂消毒数据

和 5 个紫外消毒典型残生细菌属(共 15 个属)。其中 12 个属包含病原菌或条件致病菌,如 *Pseudomonas*(假单胞菌)、*Acinetobacter*(不动杆菌)、*Sphingomonas*(鞘氨醇单胞菌)、Legionella(军团菌)、*Mycobacterium*(分枝杆菌)、*Comamonas*(丛毛单胞菌)等,常存在于氯、紫外或臭氧消毒的残生菌群之中。

因此,残生细菌的健康风险不容小觑。不动杆菌同时存在于紫外线和臭氧消毒的残生细菌中,而假单胞菌对于三种常用消毒方式均有抗性。它们都属于 γ-变形杆菌类中的假单胞菌目,且有研究报道二者在纯菌消毒实验中具有较高抗性(Jung et al., 2015)。这两种细菌可以作为消毒残生细菌研究的模式菌。图 20.22 统计了典型残生细菌属的消毒后相对丰度上升率,部分残生细菌(如氯消毒中的鞘氨醇单胞菌)消毒后平均相对丰度上升率超过 200%,表现出相较于普通细菌更高的消毒抗性,成为该消毒方式的重点抗性细菌,应在研究中予以重点关注。

20.4.3　消毒抗性菌的评价方法

以氯抗性菌为例,其评价方法可以根据评价指标和参照对象进行分类,如表 20.7 所示。以评价指标为分类依据,评价方法可分为对数灭活率法、CT 值法、最

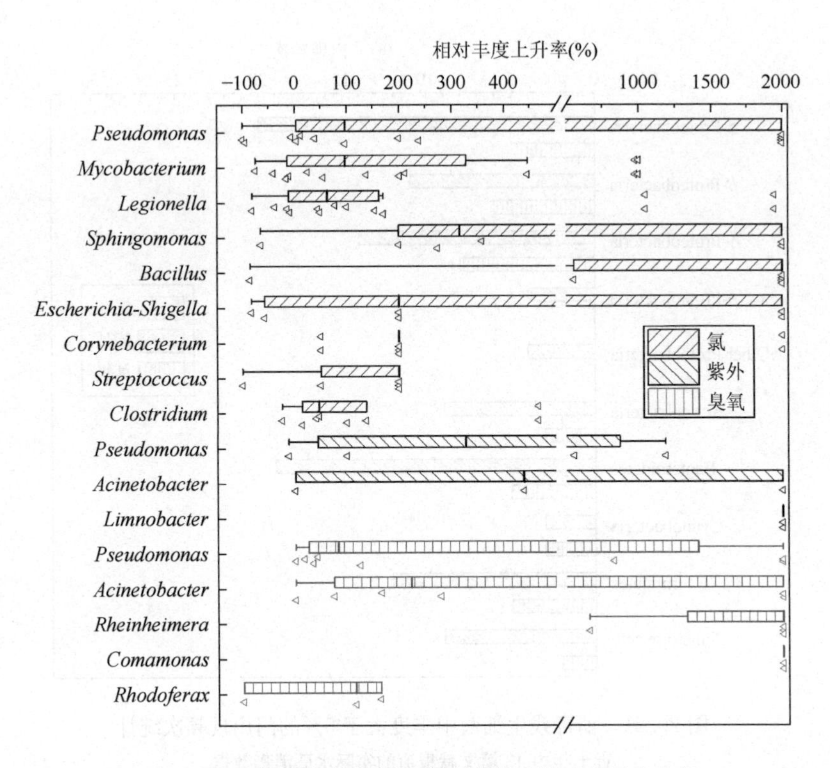

图 20.22 典型消毒残生细菌属消毒后相对丰度上升率

低抑菌浓度法、抑菌圈法和存活时间法。以参照对象为分类依据，评价方法可分为大肠杆菌参比法和互为参比法。

表 20.7 细菌氯抗性的评价方法

分类依据	评价方法	描述	参考文献
评价指标	对数灭活率法	以灭活率反映氯抗性	Zeng et al. ,2020
	CT 值法	以灭活率达到 99.9% 时的 CT 值($CT_{99.9\%}$)反映氯抗性	Zeng et al. ,2020
	最低抑菌浓度法(MIC)	以完全抑制培养基中细菌生长的最低消毒剂浓度反映氯抗性	Lee et al. ,2010
	抑菌圈法	以平板培养基上微生物抑制区的直径反映氯抗性	Garcia et al. ,2008
	存活时间法	以消毒中细菌的存活时间长短反映氯抗性	Khan et al. ,2016

续表

分类依据	评价方法	描述	参考文献
参照对象	大肠杆菌参比法	将待评价的微生物的氯抗性与标准 *E. coli* 菌株相比	WHO,2011
	互为参比法	将待评价的微生物的氯抗性相互比较并排序	Shekhawat et al. ,2020

氯抗性菌常见评价方法的示意图如图 20.23 所示。在多种氯抗性评价方法中，对数灭活率法操作较为简单，且便于不同研究间相互比较；CT 值(concentration-time value)法和最小抑菌浓度(minimal inhibit concentration, MIC)法操作较为复杂，不利于单批次大量菌株的氯抗性比较，但 CT 值和最小抑菌浓度可以很容易地在研究之间进行比较；抑菌圈法容易比较且结果直观，对于需要特殊营养条件或生长速度明显不一致的细菌，其测试结果往往不准确；存活时间法，对氯抗性的评价精度通常较低。

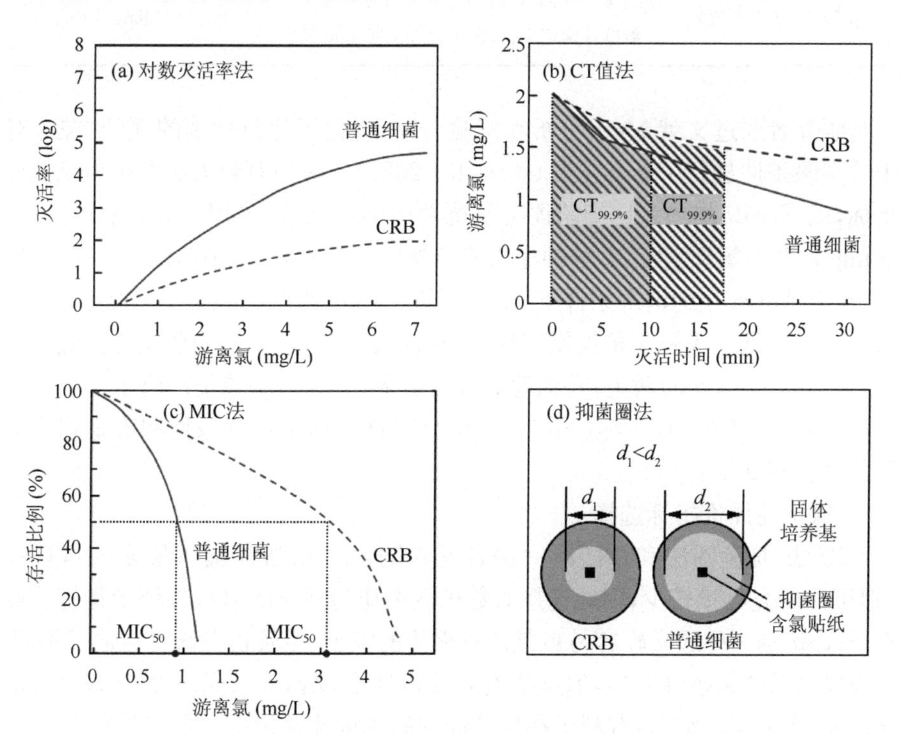

图 20.23　氯抗性菌常见评价方法示意图

早期研究中界定氯抗性菌的具体标准如表 20.8 所示。不同研究中使用的参比菌株、评价指标、消毒剂量、消毒时间等方面均存在诸多差异,导致氯抗性菌的界定标准之间也有极大差异。

表 20.8 现有研究中氯抗性菌的界定标准

所用方法	氯抗性菌界定标准	参考文献
对数灭活率法（大肠杆菌参比）	消毒条件:1 mg/L 游离氯(10 min) 氯抗性菌定义:灭活率较 *E. coli* 低 2 log	Zeng et al. ,2020
CT 值法(大肠杆菌参比)	氯抗性菌定义:$CT_{99.9\%}$较大 *E. coli* 高 600 倍	Leeet al. ,2010
CT 值法(互为参比)	氯抗性菌定义:$CT_{99.9\%}$值为 120 mg · min/L	Chen et al. ,2012
对数灭活率法(互为参比)	消毒条件:0.5 mg/L 游离氯(30 min) 氯抗性菌定义:对数灭活率较<1 log	Owoseni et al. ,2017a
MIC 法(互为参比)	氯抗性菌定义:MIC_{50}≥512 mg/L	Garcia et al. ,2008
抑菌圈法(互为参比)	消毒条件:NaClO(质量浓度 14.5%) 氯抗性菌定义:抑菌圈直径<20 mm	Khan et al. ,2016

有研究者通过文献 Meta 分析和实验研究,优化了氯抗性菌的评价方法,对文献中的实验条件进行了标准化(Luo et al. , 2021)。采用对数灭活率作为氯抗性评价指标,以 *E. coli* 作为参比细菌评价氯抗性菌的氯抗性,采用 0.5 mg/L、2 mg/L 和 5 mg/L 游离氯和消毒 30 分钟作为消毒条件,统一菌悬液细菌浓度为 10^7 CFU/mL。在上述标准化的消毒条件下,研究者提出氯抗性菌标准定义,将氯抗性菌根据氯抗性强弱划分为强氯抗性氯抗性菌(对数灭活率<1 log)和弱氯抗性氯抗性菌(对数灭活率 1~3 log)两类;若细菌对数灭活率>3 log,则该细菌属于非氯抗性菌(Luo et al. , 2021)。Luo 等(2021)选择评价指标、确定消毒条件和确定临界灭活率的具体依据如下:

1) 氯抗性评价指标选择

MIC 法、抑菌圈法和存活时间法各具缺陷,CT 值法能提供最多的氯抗性信息,但可比研究数量较少,因此选择对数灭活率作为标准的氯抗性评价指标。参比细菌 *E. coli* 是一种通常较容易被氯消毒灭活的细菌,尽管也有研究报道了不同 *E. coli* 菌株之间的氯抗性差异,但这些差异通常较小(Zyara et al. , 2016)。因此,选择 *E. coli* 作为参比细菌,有利于在氯抗性菌的氯抗性评价中进行实验质量控制。

2) 消毒时间选择

选择 30 min 作为氯抗性菌评价方法的标准消毒时间。污水处理设施中氯消毒处理池的水力停留时间通常在 0.5~1.0 h 之间,现有研究中氯抗性菌的评价方法常用的消毒时间也为 1～60 min（Scoaris et al.，2008；Roy et al.，2017；Shekhawat et al.，2020）。

3）消毒剂量选择

选择了 0.5 mg Cl_2/L、2 mg Cl_2/L 和 5 mg Cl_2/L 三个浓度，初始活细菌数浓度统一为 10^7 CFU/mL。0.5 mg Cl_2/L 是 WHO 推荐的用于评估致病菌氯抗性的消毒剂剂量（WHO，2011）。现有研究中常见的游离氯浓度范围为 0.5～2 mg Cl_2/L（Scoaris et al.，2008；Roy et al.，2017；Shekhawat et al.，2020）。但0.5～2 mg Cl_2/L 不足以评价具有超强抗性的氯抗性菌，有研究者报道了 *Mycobacterium*（分枝杆菌）的 $CT_{99.9\%}$ 值高达 135 mg min/L，远高于 2mg Cl_2/L 消毒 30 min 对应的 CT 值上限 60 mg min/L（Le Dantec et al.，2002）。因此，需要额外地采用 5 mg Cl_2/L 作为消毒条件。

4）临界灭活率的选择

选择 1 log（90％的细菌失活）和 3 log（99.9％的细菌失活）作为判断强氯抗性、弱氯抗性和无氯抗性的临界条件。

表 20.9　各种氯抗性评价方法的优缺点

分类依据	评价方法	优缺点	参考文献
评价指标	对数灭活率法	适用于研究间氯抗性比较，但现有研究消毒条件并不统一	Zeng et al.，2020
	CT 值法	CT 值是消毒剂杀灭细菌的本质推动力，但实验方法较为复杂	Zeng et al.，2020
	最低抑菌浓度法（MIC）	适用于菌株间氯抗性比较，但不能反映典型氯消毒浓度下灭活效果	Lee et al.，2010
	抑菌圈法	适用于大量菌株的氯抗性比较，但细菌生长速度会影响分析结果	Garcia et al.，2008
	存活时间法	分析精度通常较低	Khan et al.，2016
参照对象	大肠杆菌参比法	为研究间比较提供了统一的基准和质量控制指标	WHO，2011
	互为参比法	缺乏研究间比较的基准	Shekhawat，2020

基于上述氯抗性菌的评价方法，根据文献 Meta 分析发现，*Bacillus*（芽孢杆菌）、*Halomonas*（嗜盐单胞菌）、*Klebsiella*（克雷伯氏菌）、*Pseudomonas*（假单胞菌）、*Citrobacter*（柠檬酸杆菌）等细菌符合氯抗性菌标准（图 20.24）（Luo et al.，2021）。

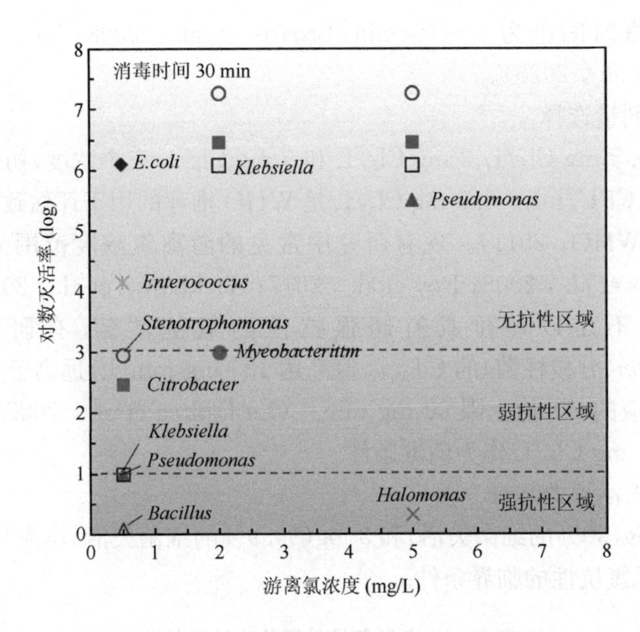

图 20.24 典型氯抗性菌及其氯抗性水平的对比

20.4.4 消毒抗性菌研究案例

1. 氯消毒对反渗透(RO)系统生物污堵的影响研究

Wang 等(2019)考察了氯消毒预处理对 RO 膜生物污堵的影响。研究发现，在运行前 10 天，不同加氯剂量的 RO 单元产水通量变化无显著差异；运行 10 天后，随着氯剂量的增加，RO 膜产水通量显著降低，表明氯消毒预处理在一定程度上加重了 RO 膜污堵。该现象表明，常用于控制生物风险的消毒预处理，某些情况下可能会导致更严重的问题(图 20.25)。

1) 污堵层结构研究

利用激光共聚焦显微镜成像技术，解析 RO 膜污堵层的三维结构如图 20.26 所示。发现随着加氯剂量升高，污堵层厚度显著增加，是导致膜面污堵情况更为严重的主要原因。加氯 5 mg Cl_2/L 和 15 mg Cl_2/L 消毒后，膜面污堵层中活细菌信号增强，表明膜表面形成了更为严重的生物污堵。

观察三维立体图像的侧剖面，可相对准确读取 Z 轴数值，以表征污堵层厚度(图 20.26)。在加氯剂量为 0 mg Cl_2/L、1 mg Cl_2/L、5 mg Cl_2/L 和 15 mg Cl_2/L 的实验组中，膜面污堵层厚度分别为(13±5) μm、(14±3) μm、(30±8) μm 和(53±13) μm。随着加氯剂量增加，膜面污堵层厚度逐渐增加，加氯剂量为 5 mg

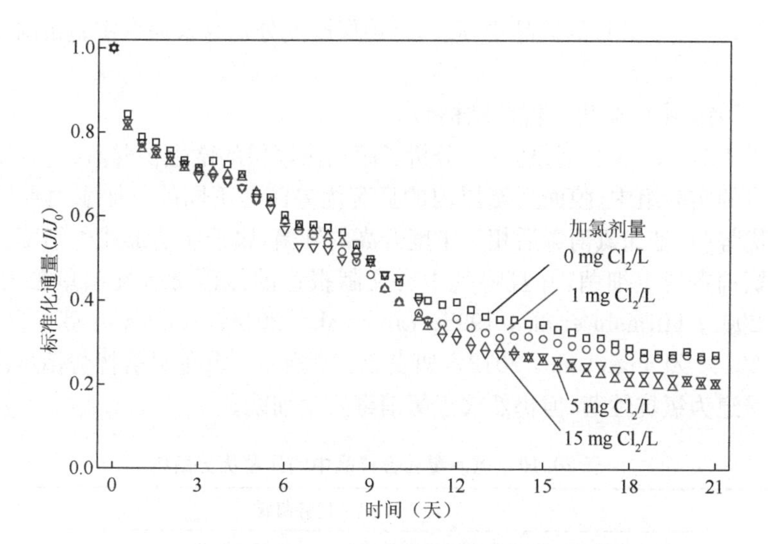

图 20.25　RO 系统产水通量随运行时间变化曲线

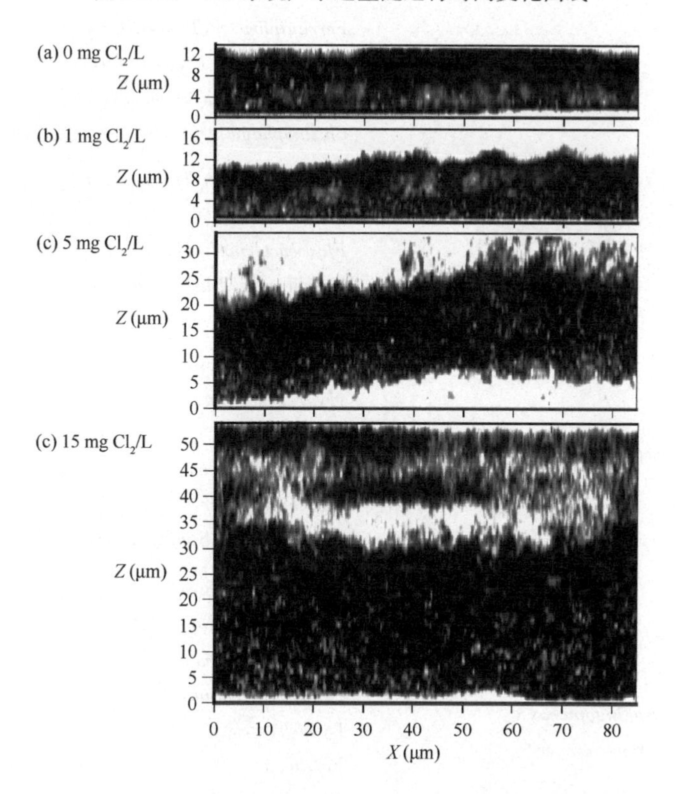

图 20.26　膜面污堵层厚度(LSCM 三维照片侧剖面)

Cl_2/L 和 15 mg Cl_2/L 的样品中，膜面污堵层厚度分别为未加氯实验组的 2.3 倍和 4.1 倍。

2）污堵层中的微生物群落结构研究

利用 16S rRNA 高通量测序，分析了膜面污堵层的微生物群落结构，发现不同加氯剂量的实验组中，膜面污堵层内的显著优势菌是不同的。加氯消毒后样品中的显著优势菌，是加氯消毒后相对丰度升高的细菌，属于氯消毒残生细菌。总结各样品内氯消毒残生细菌，并且将其中有文献报道的氯消毒抗性菌单独列出（Chu et al.，2003；Hiraishi et al.，1995；Lin et al.，2014；Simoes et al.，2013；Sun et al.，2013；Zhang et al.，2012），如表 20.10 所示。其他显著优势菌虽没有在文献中被报道为氯抗性菌，但仍然属于氯消毒残生细菌。

表 20.10　氯消毒后各样品中的显著优势菌属

加氯剂量	显著优势菌属			
(mg Cl_2/L)	氯抗性菌	氯抗性菌种类数	非氯抗性菌	非氯抗性菌种类数
0	—	0	*Ferruginibacter*, *Thiobacillus*, *Thermomonas*, *Prevotella* 9, *Terrimonas*, *Sulfurimonas*, *Chitinophaga*	7
1	—	0	*Ferruginibacter*, *Thiobacillus*, *Thermomonas*, *Flavobacterium*, *Thiovirga*, Peredibacter, *Methylotenera*, *Rheinheimera*	8
5	*Methylobacterium*[a]	1	*Luteimonas*, *Bosea*, *Ensifer*, *Hydrogenophaga*, *Comamonas*, *Pesudoxanthomonas*, *Flavihumibacter*, *Chitinophaga*, *Sphingopyxis*	9
15	*Methylobacterium* *Pseudomonas*[b] *Sphingomonas*[c] *Acinetobacter*[d]	4	*Luteimonas*, *Bosea*, *Sediminibacterium*, *Stenotrophomonas*, *Novosphingobium*, *Lysobacter*, *Ralstonia*, *Flectobacillus*	8

注：a、b、c 和 d 是论文中报道的氯抗性菌。a. Hiraishi et al.，1995；Simoes et al.，2013；b. Chu et al.，2003；c. Sun et al.，2013；Zhang et al.，2012；d. Lin et al.，2014

在未加氯和加氯剂量为1 mg Cl_2/L的实验组中,氯消毒残生细菌中没有发现氯抗性菌,而在加氯剂量为5 mg Cl_2/L的实验组中,发现了一种氯抗性菌甲基杆菌属(*Methylobacterium*),相对丰度为0.46%～0.54%,与未加氯实验组相比,相对丰度升高了3.6倍。

在加氯剂量为15 mg Cl_2/L的实验组中,则发现了四种氯抗性菌,分别为甲基杆菌属(*Methylobacterium*)、假单胞菌属(*Pseudomonas*)、鞘氨醇单胞菌属(*Sphingomonas*)和不动杆菌属(*Acinetobacter*),相对丰度分别为0.39%～0.54%、0.35%～0.37%、1.05%～1.42%和0.73%～1.13%,与未加氯实验组相比,这四种氯抗性菌的相对丰度分别升高了3.5倍、0.8倍和5.1倍和4.2倍。

以上结果说明,氯消毒预处理对氯抗性菌具有非常显著的筛选作用,加氯剂量越高,筛选性越强。氯消毒后,氯抗性菌更易存活,然后附着在膜表面上,成为相对优势的种群,发展成氯抗性菌相对丰度高的特殊的生物膜。

在RO系统的进水中加氯消毒后,大部分细菌被灭活,但仍有氯消毒残生细菌存活,残生细菌进入膜组件,仍能附着在膜表面,形成污堵层。因此,氯消毒预处理能够显著影响膜面污堵层中微生物的群落结构。

氯消毒预处理对氯抗性菌具有非常显著的筛选作用,加氯消毒后实验组中,尤其是高剂量氯消毒后实验组中,RO膜表面形成了氯抗性菌丰度较高的生物膜,这些生物膜具有更大的厚度,也更为密实,形成了更大的过水阻力,造成了更为严重的生物污堵。氯消毒预处理筛选出氯抗性菌成为膜面污堵层的优势物种,是导致更为严重的RO系统生物污堵的重要因素。

另外,氯消毒后,有机物组成的变化可能导致微生物对其利用能力发生变化,这也可能是氯消毒对微生物群落的影响方式之一。但进水中有机物浓度较低,仅3.1 mg/L,而氯本身具有很强的杀灭微生物的作用,与之相比,有机物组成变化对生物群落结构的影响十分有限。

3) 氯消毒残生菌的胞外多聚物研究

将不同加氯剂量消毒的残生细菌在R2A和葡萄糖培养基中进行培养,提取收获后细菌的EPS并测定浓度,以DOC表征,结果如图20.27所示。

随着加氯剂量升高,在R2A培养基中培养的氯消毒残生细菌,分泌EPS的浓度不断提高,未加氯实验组中,EPS浓度为(25.6±3.4) mg DOC/L,加氯剂量为1 mg Cl_2/L实验组中,EPS浓度为(40.6±13.1) mg DOC/L,升高了59%,而加氯剂量升高为5 mg Cl_2/L和15 mg Cl_2/L后,EPS浓度分别升高为(98.7±23.6) mg DOC/L和(124.4±6.9) mg DOC/L,分别升高了2.9倍和3.9倍。

与在R2A培养基中培养相比,在葡萄糖培养基中培养的细菌分泌EPS浓度水平大幅降低,仅为2～5 mg DOC/L,但加氯5 mg Cl_2/L后,细菌分泌的EPS浓度仍显著升高,为(4.6±1.3) mg DOC/L。该现象表明,氯消毒加重生物污堵的

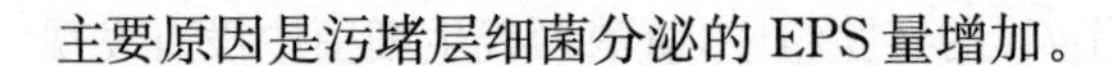
主要原因是污堵层细菌分泌的 EPS 量增加。

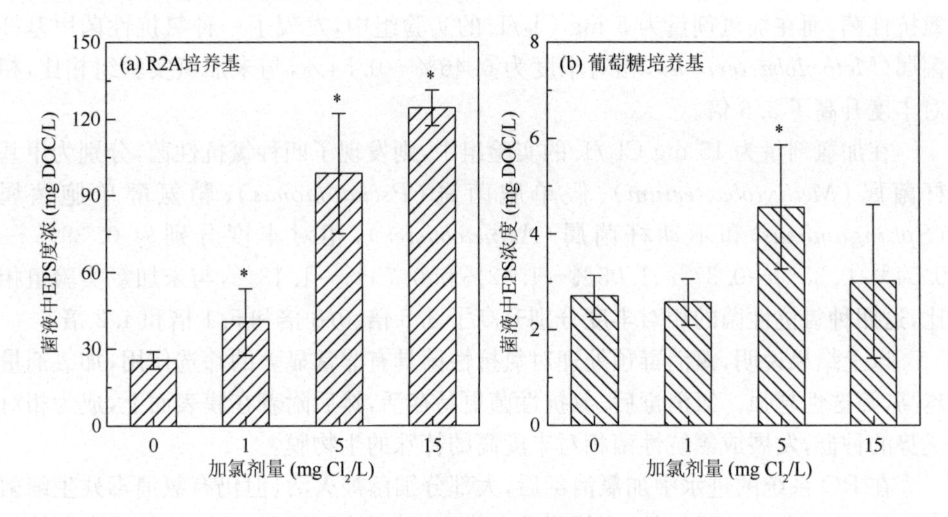

图 20.27　再生水中细菌分泌 EPS 浓度

* 代表与未加氯组有显著差别（T 检验，$p<0.05$）

2. 氯消毒抗性菌的生长、分泌与膜污堵特性研究

Luo 等(2022)从北京某污水处理厂和天津某反渗透中试系统的 RO 膜面污堵层中分离得到 5 株氯消毒抗性细菌，具体信息如表 20.11 所示。以这 5 株细菌和 3 株参考菌株（*Pseudomonas aeruginosa* PAO1、*Sphingopyxis soli* BM1-1、*Escherichia coli* CGMCC1.3373）为研究对象，考察了其胞外多聚物(EPS)分泌特性、氯抗性及 RO 膜污堵特性。

表 20.11　所筛选的 5 株耐氯菌株的基本信息

序号	菌株名称	所在属	最相似种名	最相似菌株	相似度
1	CR19	*Bacillus*	*Bacillus cereus*	ATCC 14579	99.25%
2	CR2	*Bacillus*	*Bacillus dafuensis*	FJAT－25496	99.13%
3	CR4	*Aeromonas*	*Aeromonas media*	CECT4232	99.34%
4	CR26	*Acinetobacter*	*Acinetobacter schindleri*	CIP 107287	99.13%
5	CR25	*Enterobacter*	*Enterobacter sp.*	630_ECLO	98.70%

1) 氯消毒抗性菌的 EPS 分泌能力研究

比较了 8 株试验菌株的 EPS 分泌能力，如图 20.28 所示。8 株试验菌株中，单位细胞数 EPS 分泌量最高的细菌是 CR19，EPS 分泌量达到 302.75 μg/10^9 CFU；

分泌量次高的细菌是 CR2，EPS 分泌量达到 100.94 μg/10^9 CFU；CR4、CR26、PAO1、BM1-1 的 EPS 分泌量在 10～35 μg/10^9 CFU 之间；EPS 分泌量最低的细菌是 CR25 和 *E. coli*，它们的 EPS 分泌量分别为 6.24 μg/10^9 CFU 和 4.29 μg/10^9 CFU。CR19 和 *E. coli* 的单位细胞 EPS 分泌量相差 70 倍。

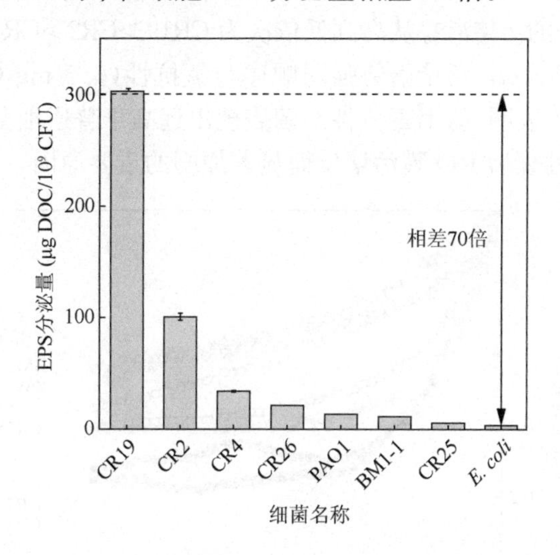

图 20.28　氯消毒抗性细菌和参考菌株的 EPS 分泌量

分析 8 株试验菌株的 EPS 分泌量和氯消毒抗性之间的相关性，结果如图 20.29 所示。对于 8 株试验菌株，菌株的 EPS 分泌量越高，氯抗性指数通常越高，EPS 分泌量与氯抗性具有正相关性。在 0.5 mg Cl_2/L 条件下，氯抗性指数随 EPS 分泌量增加单调递增。

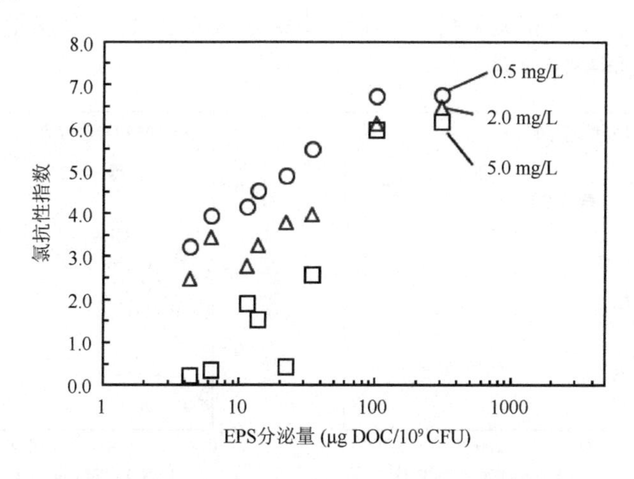

图 20.29　EPS 分泌量与氯抗性指数的相关关系

2）氯消毒抗性菌的 RO 膜污堵潜力研究

考察了 8 株试验菌株的悬浮液在 RO 膜过滤过程中的标准化通量下降曲线，如图 20.30 所示。8 株试验菌株的 RO 膜污堵潜势差异巨大。CR2 和 CR19 的 RO 膜通量下降速率显著快于其他细菌，*E. Coli* 的最终归一化通量下降程度最小。8 株试验菌株的污堵潜势从高到低依次为 CR19>CR2>CR4>CR26>PAO1>BM1-1>CR25>*E. coli*，污堵潜势强弱顺序与氯抗性(0.5 mg Cl_2/L)强弱顺序完全一致。上述结果表明，氯消毒抗性细菌表现出远高于普通细菌的膜污堵潜势，这可能是氯消毒预处理后 RO 膜污堵反而显著加剧的重要原因。

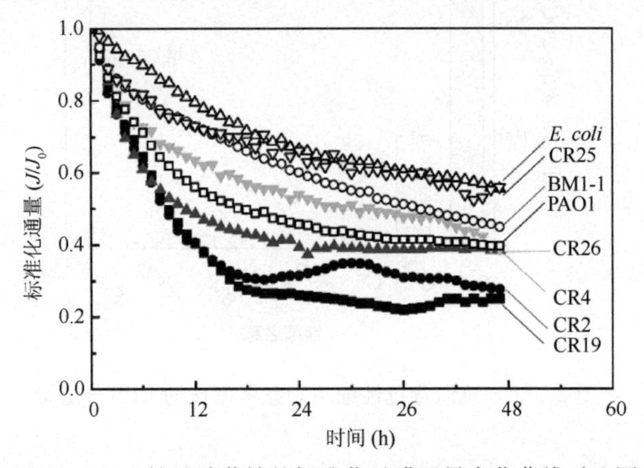

图 20.30　8 株试验菌株的标准化过膜通量变化曲线对比图

进一步分析了细菌细胞的 EPS 分泌量、氯抗性和膜污堵潜势三者的关系，如图 20.31 所示。细菌单位细胞的 EPS 分泌量与氯抗性呈正相关关系；EPS 分泌量与膜污堵潜势也呈正相关关系。上述结果表明，细胞的 EPS 分泌量是氯抗性和膜污堵潜势的共同决定因素。

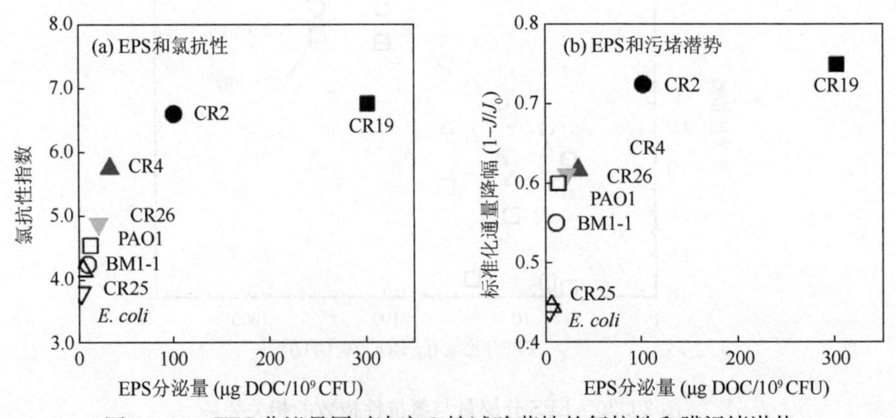

图 20.31　EPS 分泌量同时决定 8 株试验菌株的氯抗性和膜污堵潜势

20.5　新冠病毒与污水流行病学

20.5.1　新冠疫情及新冠病毒

2019 年底暴发的新冠疫情席卷全球，是近年来最严重的传染性疾病。WHO 报道，截至 2023 年 3 月 19 日全球有超过 7.6 亿个确诊病例和 680 万死亡案例。大部分感染者出现轻中度症状，如发烧、咳嗽、疲倦、失去味觉或嗅觉等，少数人也会有咽痛、头痛、关节疼痛、腹泻、皮疹、红眼等症状，严重者会出现呼吸困难或急促、丧失语言或行动能力、意识模糊、胸痛和死亡。

新冠病毒又名严重急性呼吸系统综合征冠状病毒 2(SARS-CoV-2)。这种病毒是被膜、正义、单链 RNA 病毒，形状不完全规则，大多呈球状，直径平均为 100 nm 左右。基因组长约 30 kb，编码四个结构蛋白，包括刺突蛋白(S)、包膜蛋白(E)、膜蛋白(M)、核衣壳蛋白(N)和十六个非结构蛋白(NSP 1～16)。主要通过呼吸道飞沫传播，可感染呼吸系统、消化系统，少数情况有神经系统感染。因此，病毒粒子常通过痰液、唾液、尿液和粪便排出。

20.5.2　污水流行病学

1. 污水流行病学的定义与发展

污水流行病学是一种新兴的以分析化学、环境化学、流行病学、药代动力学和公共卫生学等多学科交叉的技术方法为手段，通过定点、定时间段的生活污水分析，调查并获取一定区域内有关公共卫生安全(如病原体、药物、毒品等)的流行病学信息的科学(Mildred et al., 2022)。其调查方法可主要分为以下几个部分：生物标志的选择、污水处理厂基本信息的调查、污水样本的采集、样本的化学分析、反算估计。相较于传统的流行病学，污水流行病学在时效性、趋势性、快捷性方面有着明显的优势。

污水流行病学的雏形最早起源于 20 世纪 50 年代，人们首次对污水中的脊髓灰质炎病毒和肠道病毒进行了检测分析(Mildred et al., 2022)。2001 年，“污水流行病学”这一概念首次被 Daughton 等(2001)提出，他在文章中指出可以通过分析污水中的人体代谢分泌产物(即生物标记物，biomarker)，来追踪并反映一定区域内人群对特定药物的消费使用情况。

在污水流行病学的研究方法提出后，2003 年 Calamari 等(2003)将水环境中各种药物的水平与相应医院的处方数据进行比对和相关性分析，进一步证实了其可行性和有效性。在随后的十多年里污水流行病学稳步发展，期间有许多代表性的研究，诸如 2004 年在莫斯科开始的长达 14 年对污水中肠道病毒的监测，2011 年 H1N1 流感爆发的监控，以及分析人们对酒精（2011 年）、烟草（2014 年）、咖啡（2015 年）的消费情况。

2019 年，新冠疫情席卷全球，与此同时污水流行病学的相关研究得到了前所未有的快速发展。对相关研究文献的统计分析表明，2000～2013 年的文章发表数量大约为 20～30 篇/年，2014～2018 年则上升至 50 篇/年，而在 2019 年之后每年都会有数百篇（Gao et al.，2023）。相关的研究热点主要包括新冠病毒、肠道病毒、药物/违禁药物、代谢过程、生物标记物等。

2. 污水流行病学的应用领域

目前污水流行病学的应用领域包括评估生活相关物质（如酒精、违禁药品滥用）、评估人群健康情况、监测并分析农药和兽药残留、监测预警感染性疾病和预测分析人口规模及波动情况等。污水流行病学研究最关键的一部分是选取合适的生物标记物，根据监测方向可主要分为药物/违禁药物、个人护理产品、工业化学品、食品、生物相关制品（病原体、抗生素抗性）等（Choi et al.，2018）。

当前已发表的污水流行病学研究和应用可以大致分为两大类：定点和定时间段研究。对于定点研究而言，研究人员会选取典型的人群聚集地点，如学校和其他教育机构、监狱、机场、商场、健身房等；而对特定时间段而言，某些地区的音乐节、美食节，以及西方的圣诞节、中国的春节，还有一些特殊的时间段比如世界杯期间，这些往往被选作特别分析的对象（Verovšek et al.，2020）。

这些研究大多数是与酒精、药品和违禁药物（毒品）相关，而在 2014 年后人们对病原体和流行病传播有了更多的关注。对流行病的监测可以从以下几种生物标记物入手：抗微生物药物及其代谢产物、人体免疫应答的生化产物和基因表达、病原微生物 DNA、RNA 和培养等方式直接检测（Sims and Kasprzyk-Hordern，2020）。使用不同的生物标记物可以对肺炎、胃肠炎、结核病、流感、艾滋病等疾病进行有效的监测和预警。

20.5.3 新冠病毒污水流行病学检测

新冠病毒的污水流行病学检测流程与其他病原微生物基本相同（图 20.32）。来自社区的含新冠病毒污水经排水管道去污水处理厂，可根据管控需求确定监测范围和密度，在相应的管网节点处进行采样，然后进行样品前处理、核酸提取、病毒特征基因定量检测以及数据分析与模型预测。由于新冠病毒为 RNA 病毒，因此与其他病菌检测不同的是，在核酸提取后还需要做逆转录获得 cDNA。

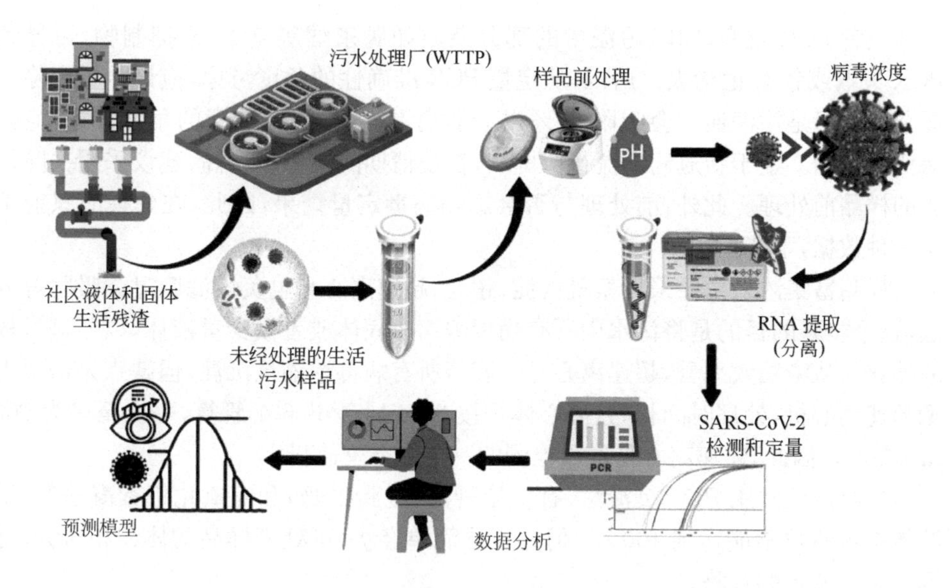

图 20.32　新冠病毒检测流程示意图(摘自 Ciannella et al，2023)

1. 样品前处理

关于新冠病毒的检测方法，特别是操作细节方面，全球仍没有形成统一方法，其主要差异在样品前处理和富集浓缩。

预处理步骤的主要目的是去除原污水中的大颗粒杂质，大部分研究者使用离心的方法，离心力从 3000 g 到 15000 g 不等。由于新冠病毒粒径在 100 nm 左右，因此常规高速离心都不会沉淀游离病毒。有些研究使用筛网或滤膜去除颗粒杂质，优点是低孔径滤膜可以将绝大部分游离细菌去除，减少了对后续分子生物学检测的干扰，但缺点是颗粒物会迅速堵膜，样品处理量很小，且滤膜或多或少会吸附游离病毒。

有些研究者为了防止病毒传播，在前处理中进行了病毒高温灭活，灭活温度大致在 60 ℃左右，少数使用 121 ℃。需要注意的是，高温可以使蛋白质等有机物变性，也能破坏胶体结构，使得颗粒物聚集，沉淀效果更显著，可能会损失部分游离病毒。而且，新冠病毒为被膜病毒，高温会破坏病毒结构，可能导致基因组 RNA 暴露而被降解。

样品前处理是一把双刃剑，既为后续分子生物学检测去除大部分杂质，又丢弃了吸附或结合在颗粒物中的病毒，而这部分病毒含量通常远高于游离病毒。因此，有部分研究者反对在核酸提取前将污泥去除。这需要对检测的利弊进行权衡。污泥中的核酸主要来自细菌，它们的存在会大大降低病毒核酸的丰度，影响 PCR 动力学或者 PCR 效率，同时污泥中的部分杂质如腐殖酸等是 PCR 抑制物，可导致 PCR 失败或者 C_t 值增大。所以，从定量 PCR 准确性的角度考虑，应该尽量去除污泥杂质。但是污泥通常会吸附 90％以上的病毒，从检测灵敏度的角度考虑，应该保留污泥相。鉴于新冠病毒流行范围广，在疫情期间病毒载量高，建议采用去除污泥的样品前处理。此外，前处理与否会影响病毒定量结果，因此，在建模时只能采用一种数据，不能混用。

样品富集浓缩主要采用絮凝沉淀、超滤、超速离心和电负性滤膜过滤吸附等方法，这个步骤的目的是将污水中所有病毒浓缩成固体或者极少量液体，以便进行核酸纯化。从浓缩效率看，超速离心几乎能将所有病毒浓缩至沉淀，但缺点是需要大型超速离心机，处理时间长，且离心体积按 35 mL/管共 6 个管算，一次至多为 200 mL 左右。因此，超速离心是样品检测的一个主要决速步。

絮凝沉淀常用 PEG 沉淀法、有机絮凝法（脱脂牛奶）和氢氧化铝絮凝法等，沉淀效率虽然也不能达到 100％，但是方法简单经济，可处理样品的体积相对大，受到很多研究者的青睐。

超滤也能截留所有病毒，但是前处理的好坏决定了能被超滤的样品体积，通常情况下一张滤膜只能处理几十毫升样品，也需要较多的时间。电负性滤膜通常是混合纤维素膜，因为病毒在中性条件下带负电，所以需要通过 Mg^{2+} 作为盐桥配合吸附病毒。滤膜的孔径一般为 0.22～0.45 μm，不能通过尺寸效应截留病毒，截留率也达不到 100％。膜过滤富集的另一个问题是核酸纯化时膜可能会吸附部分核酸，导致回收率降低。目前还没有针对滤膜样品的核酸提取试剂盒，建议通过传统酶裂解和醇沉淀方法（Shi et al.，2020）。

2. 病毒核酸定量

病毒核酸定量检测主要还是通过 qPCR 进行，该方法原理成熟，技术稳定，应用面广。但是受 PCR 抑制影响较大，如果每一批样品都要进行 PCR 抑制的筛查，会增加很多工作量。少数研究者开始使用最新的数字 PCR 定量技术，该技术通过物理分隔将原有的 PCR 反应体系分隔成 2 万个左右的小反应池或者微滴，根据核酸的随机分布原理以及阳性反应池数量，即可推导出核酸的绝对数量。物理分隔还可以降低 PCR 抑制效应，是目前检测低丰度病原微生物最精准的技术。但其缺点是成本较高，对引物和探针的设计要求高（Shi et al.，2021）。

关于检测目标基因片段问题，如果以确定人群感染量为主要目标，则应该选用不同种病毒间都保守的基因片段，如果以确定流行种为主要目标，则需要检测不同种病毒的特征性突变区域，同时检测工作量也会大大增加。大部分研究者主要选用基因为核衣壳蛋白基因 N，该基因相对保守，其他被检测的基因有包膜蛋白 E、RNA 依赖的 RNA 聚合酶基因 RdRp 以及 ORF1ab，少数研究者还选用了变异性比较大的刺突蛋白基因 S。

3. 取样体积

关于污水检测体积的问题，并不是体积大就一定是检测灵敏度高。污水中有大量杂质核酸，而在一个 PCR 反应中总核酸量是有上限的，一般不超过 500 ng。杂质核酸会影响 PCR 效率。因此，即使是获得了大量污水核酸，同样要稀释后才能进行定量 PCR 检测，选择性提升样品中待检测目标的丰度才是关键。

20.5.4　新冠病毒污水载量与临床病例的相关性及模型

污水中新冠病毒浓度与新冠病例数之间的相关性是应用污水流行病学来跟踪或预测新冠社区传播规模的主要挑战之一。主要有两种相关性分析，一种是评价两个正态分布变量之间线性相关的 Pearson 相关性分析（Forthofer et al.，2007），另一种是评价非正态分布变量之间的 Spearman 相关性分析（Schober et al.，2018）。很多研究都获得了较好的正相关结果，然而，也有些研究报道了弱负相关的结论（Li et al.，2023）。

理论上社区中感染者越多，向污水管网中排放的平均病毒量就应该越多，尤其是在疫情大规模流行时期。文献中产生的不相关或负相关的结果，主要可能有以下一些原因：

首先，一个感染者自感染开始，到粪便排出病毒，会有几天的滞后期。Wu 等（2022）认为这个迟滞期为 4 天，这与被感染到出现症状的 4～5 天潜伏期一致。然而，每个感染者被作为阳性病例报告的时间会有很大差异，有些没有症状时就会被被动筛查到，有些出现轻症就会接受检测，而有些感染者可能不到症状严重就不会主动接受检测，所以部分感染者甚至可能没有临床报告。不同的污水病毒载量和临床数据匹配方式，会影响相关性分析。

其次，感染者在康复后仍可能通过粪便持续排出病毒（McMahan et al.，2021），排毒期大概为 20～33 天（Gupta et al.，2020；Wu et al.，2020；Miura et al.，2021），而大部分轻症感染者在感染后 10～14 天都能基本消除主要症状。不同患者之间排毒量和时长的差异有多大，以及粪便中病毒浓度什么时候达到峰值也还未见报道。这些都是污水病毒检测滞后并影响相关性的另一个原因。

再次，有研究者认为应该对污水中的病毒浓度进行归一化，如降雨可稀释污水，不同社区、不同季节，污水中粪便的比例不同，污水从排泄流至检测点的时间不同。使用辣椒轻斑驳病毒（PMMoV）作为内参可以部分解决粪便比例和排泄时间问题，对于同一地区不同时段的分析会有很大帮助。但如果不同地区之间人群生活习惯差异大，粪便中辣椒轻斑驳病毒的含量本身就有很大差别，那么地区之间的模型还是不能混用。

污水流行病学建模目前也没有统一的方法(表 20.12，Ciannella et al.，2023)，其原因很可能是不同地区社区人群密度、排水管网状况、生活习惯和采样分析的差异。针对特定地区、特定病原体建立污水流行病学模型是较为可行和实用的方案。

表 20.12　新冠污水流行病学相关参数与模型

地区	液相病毒浓度	迟滞期	相关性分析	建模方法/算法
奥地利	—	2～7 d	—	线性、多项式、K-近邻算法(KNN)、多层感知器(MLP)、支持向量回归(SVR)、广义加性模型(GAM)、决策树模型(DT)、随机森林模型(RF)
伊朗	4～45000 gc/L	—	—	蒙特卡罗模拟疾病流行，线性回归(R^2=0.8)
美国	100～100000 gc/L	4～21 d	皮尔逊相关 斯皮尔曼相关	多项式模型、线性回归模型(R^2= 0.80)、广义加性模型(R^2= 0.86)、泊松模型(R^2= 0.84)、负二项模型(R^2= 0.15)
巴西	2.7～7.7 $\log_{10}$ gc/L	2 w	—	蒙特卡罗数据与模拟模型
苏格兰	—	—	斯皮尔曼相关 r=0.91	基本线性混合模型
希腊	—	5～9 d	皮尔逊相关 R=0.947	分布/固定式滞后模型、线性回归模型、人工神经网络(ANN)
意大利	—	—	—	对数回归模型
卢森堡	—	—	—	扩展卡尔曼滤波-SEIR 流行病学模型
西班牙	10000～150000 gc/mL	6 d	—	拟泊松模型、线性回归模型(R^2=0.8515)、三次回归样条的广义加性模型(R^2=0.8767)、线性本地散点平滑估计(R^2=0.8685)、二次本地散点平滑估计(R^2=0.8833)
匈牙利	5000～1000000 gc/L	—	—	线性回归模型(R^2=0.72)
日本	10^4～10^8 gc/L	—	—	线性模型(r=0.7803)、广义线性模型、人工神经网络、随机森林模型

20.5.5　污水新冠病毒检测方法标准

2022 年 3 月 24 日，中国国家卫生健康委员会发布了《污水中新型冠状病毒富集浓缩和核酸检测方法标准》(WS/T 799—2022)。该方法的污水处理量为 35 mL，预处理是通过低速离心去沉淀，富集浓缩推荐了 PEG 沉淀、氢氧化铝混凝沉淀和离心超滤(前处理离心力增大)。核酸检测通过 qPCR 定量 ORF1ab 和 N 两个基因。推荐的阳性质控有鼠肝炎病毒、牛冠状病毒、牛呼吸道合胞病毒、新冠病毒假颗粒等。该标准的富集浓缩部分提供了较详细的方法，但是检测部分仅具有指导意义。

参 考 文 献

国家药典委员会. 2005. 中华人民共和国药典第二部. 2005 年版. 北京:化学工业出版社:76～82.

黄璜，胡洪营，吴乾元. 2013. 水中内毒素的浓度水平及去除效果研究进展. 环境卫生学杂志，3(3)：273～277.

黄璜，胡洪营，杨扬，等. 2011. 二级出水内毒素活性及紫外线消毒对其的影响. 中国给水排水，27(7)：33～36.

黄璜. 2013. 再生水氯消毒氯代乙腈与氯代乙酰胺的生成特性研究. 北京：清华大学博士学位论文.

黄晶晶. 2012. 基于有害基因控制的再生水安全消毒研究. 北京：清华大学博士学位论文.

欧丹云，陈彬，陈灿祥，等. 2013. 九龙江下游河口水域抗生素及抗性细菌的分布. 中国环境科学，33(12)：2243～2250.

Anderson W B，Slawson R M，Mayfield C I. 2002. A review of drinking-water-associated endotoxin，including potential routes of human exposure. Canadian Journal of Microbiology，48(7)：567～587.

Auerbach E A，Seyfried E E，McMaho K D. 2007. Tetracycline resistance genes in activated sludge wastewater treatment plants. Water Research，41(5)：1143～1151.

Baquero F，Martinez J L，Canton R. 2008. Antibiotics and antibiotic resistance in water environments. Current Opinion in Biotechnology，19(3)：260～265.

Becerra-Castro C，Macedo G，Silva AMT，2016. Proteobacteria become predominant during regrowth after water disinfection. Sci. Total Environ.，573:313～323.

Best J H，Pflugmacher S，Wiegand C，et al. 2002. Effects of enteric bacterial and cyanobacterial lipopolysaccharides，and of microcystin-LR，on glutathione S-transferase activities in zebra fish (*Danio rerio*). Aquatic Toxicology，60(3-4)：223～231.

Bramdembirg K，Wiese A. 2004. Endotoxins：relationships between structure，function，and activity. Current Topics in Medicinal Chemistry，4(11)：1127～1146.

British Pharmacopeia Commission Secretariat of the Medicines and Healthcare products Regulatory Agency. 2011. British Pharmacopeia，Vol. Ⅲ. 2012 Ed. London:Stationary Office：3288.

Calamari D，Zuccato E，Castiglioni S. 2003. Strategic survey of therapeutic drugs in the rivers Po and Lambro in northern Italy. Environ. Sci. Technol,37:1241～1248.

Chapman J S. 2003. Disinfectant resistance mechanisms，cross-resistance，and co-resistance. International Biodeterioration Biodegradation，51(4)：271～276.

Chen Y Q，Chao C，Zhang X J. 2012. Inactivation of resistant Mycobacteria mucogenicum in water：Chlorine resistance and mechanism analysis. Biomedical and Environmental Sciences，25(2)：230～237.

Choi P M，Tscharke B J，Donner E,et al. 2018. Wastewater-based epidemiology biomarkers：Past，present and future. TrAC Trends in Analytical Chemistry,105:453～469.

Chu C W，Lu C Y，Lee C M. 2003. Effects of chlorine level on the growth of biofilm in water pipes. Journal of Environmental Science and Health Part a-Toxic/Hazardous Substances & Environmental Engineering，38(7):1377～1388.

Ciannella S, González-Fernández C, Gomez-Pastora J. 2023. Recent progress on wastewater-based epidemiology for COVID-19 surveillance: A systematic review of analytical procedures and epidemiological modeling. Science of Total Environment, 878:162953.

Clinical and Laboratory Standards Institute (CLSI). 2006. Performance standards for antimicrobial susceptibility testing: Sixteenth informational supplement, 26(3).

Cui Q, Liu H, Yang H W, et al. 2020. Bacterial removal performance and community changes during advanced treatment process: A case study at a full-scale water reclamation plant. Sci. Total Environ., 705:135811.

Daughton C G. 2001. Illicit drugs in municipal sewage: Proposed new non-intrusive tool to heighten public awareness of societal use of illicit/abused drugs and their potential for ecological consequences. American Chemical Society, Washington, DC.

DeLean A, Munson P J, Rodbard D. 1978. Simultaneous analysis of families of sigmoidal curves: application to bioassay, radioligand assay, and physiological dose-response curves. AJP: Gastrointestinal and Liver Physiology, 235 (2): 97～102.

Evans T M, Schillinger J E, Stuart D G. 1978. Rapid determination of bacteriological water quality by using Limulus Lysate. Applied and Environmental Microbiology, 35(2): 376～382.

Forthofer R N, Lee E S, Hernandez M. 2007. Biostatistics. Elsevier.

Gao Z, Gao M, Chen C H. 2023. Knowledge graph of wastewater-based epidemiology development: A data-driven analysis based on research topics and trends. Environ. Sci. Pollut. Res., 30:28373～28382.

Garcia M T, Pelaz C. Effectiveness of disinfectants used in cooling towers against Legionella pneumophila. Chemotherapy, 2008, 54(2): 107～116.

Gehr R, Uribe S P, Baptista I F D S, et al. 2008. Concentrations of endotoxins in waters around the island of Montreal, and treatment options. Water Quality Research Journal of Canada, 43(4): 291～303.

Gorbet M B, Sefton M V. 2005. Endotoxin: the uninvited guest. Biomaterials, 26(34): 6811～6817.

Goñi-Urriza M, Capdepuy M, Arpin C, et al. 2000. Impact of an urban effluent on antibiotic resistance of riverine enterobacteriaceae and aeromonas spp. Applied and Environmental Microbiology, 66 (1): 125～132.

Guo M T, Yuan Q B, Yang J. 2013. Microbial selectivity of UV treatment on antibiotic-resistant heterotrophic bacteria in secondary effluents of a municipal wastewater treatment plant. Water Res, 47 (16):6388～6394.

Gupta S, Parker J, Smits S, et al. 2020. Persistent viral shedding of SARS-CoV-2 in faeces: A rapid review. Color. Dis., 22:611～620.

Haas C N, Neyer M A, Paller M S, et al. 1983. The utility of endotoxins as a surrogate indicator in potable water microbiology. Water Research, 17(7): 803～807.

Hiraishi A, Furuhata K, Matsumoto A. 1995. Phenotypic and genetic diversity of chlorine-resistant methylobacterium strains isolated from various environments. Applied and Environmental Microbiology, 61(6): 2099～2107.

Huang H, Wu Q Y, Yang Y, et al. 2011. Effect of chlorination on endotoxin activities in secondary sewage effluent and typical Gram-negative bacteria. Water Research, 45(16): 4751～4757.

Huang J J, Hu H Y, Lu S Q, et al. 2012. Monitoring and evaluation of antibiotic-resistant bacteria at a municipal wastewater treatment plant in China. Environment International, 42: 31～36.

Jiménez-Rodríguez M G，Silva-Lance F，Parra-Arroyo L，et al. 2022. Biosensors for the detection of disease outbreaks through wastewater-based epidemiology. TrAC Trends in Analytical Chemistry，155：116585.

Jorgensen J H，Lee J C，Alexander G A，et al. 1979. Comparison of Limulus Assay，standard plate count，and total coliform count for microbiological assessment of renovated wastewater. Applied and Environmental Microbiology，37(5)：928～931.

Jung J，Park W. 2015. Acinetobacter species as model microorganisms in environmental microbiology：Current state and perspectives. Appl. Microbiol. Biotechnol.，99 (6)：2533～2548.

Khan S，Beattie T K，Knapp C W. 2016. Relationship between antibiotic-and disinfectant-resistance profiles in bacteria harvested from tap water. Chemosphere，152：132～141.

Le Dantec C，Duguet J P，Montiel A. 2002. Chlorine disinfection of atypical mycobacteria isolated from a water distribution system. Applied and environmental microbiology，68(3)：1025～1032.

Lee E S，Yoon T H，Lee M Y. 2010. Inactivation of environmental mycobacteria by free chlorine and UV. Water Research，44(5)：1329～1334.

Li X，Zhang S，Sherchan S，et al. 2023. Correlation between SARS-CoV-2 RNA concentration in wastewater and COVID-19 cases in community：A systematic review and metaanalysis. J. Hazard. Mater.，441：129848.

Liebers V，Raulf-heimsoth M，Bruning T. 2008. Health effects due to endotoxin inhalation (review). Archives of Toxicology，82(4)：203～210.

Lin W，Yu Z，Zhang H. 2014. Diversity and dynamics of microbial communities at each step of treatment plant for potable water generation. Water Research，52：218～230.

Luo L W，Wu Y H，Chen G Q. 2022. Chlorine-resistant bacteria (CRB) in the reverse osmosis system for wastewater reclamation：Isolation，identification and membrane fouling mechanisms. Water Research，209：117966.

Luo L W，Wu Y H，Yu T. 2021. Evaluating method and potential risks of chlorine-resistant bacteria (CRB)：A review. Water Research，188：116474.

McMahan C S，Self S，Rennert L，et al，2021. COVID-19 wastewater epidemiology：a model to estimate infected populations. Lancet Planet Health，5：e874～e881.

Miura F，Kitajima M，Omori R. 2021. Duration of SARS-CoV-2 viral shedding in faeces as a parameter for wastewater-based epidemiology：reanalysis of patient data using a shedding dynamics model. Sci. Total Environ.，769：144549.

Munir M，Wong K，Xagoraraki I. 2011. Release of antibiotic resistant bacteria and genes in the effluent and biosolids of five wastewater utilities in Michigan. Water Research，45(2)：681～693.

Narita H，Isshiki I，Funamizu N，et al. 2005. Organic matter released from activated sludge bacteria cells during their decay process. Environmental Technology，26(4)：433～440.

Owoseni M，Okoh A. 2017. Assessment of chlorine tolerance profile of Citrobacter species recovered from wastewater treatment plants in Eastern Cape，South Africa. Environmentalmonitoring and assessment，189：1～12.

Pang Y C，Xi J Y，Xu Y，et al. 2016. Shifts of live bacterial community in secondary effluent by chlorine disinfection revealed by Miseq high-throughput sequencing combined with propidium monoazide treatment. Appl. Microbiol. Biotechnol.，100 (14)：6435～6446.

Rapala J，Lahti K，Rasanen L A，et al. 2002. Endotoxins associated with cyanobacteria and their removal during drinking water treatment. Water Research, 36(10): 2627～2635.

Roth R A, Harkema J R, Pestka J P, et al. 1997. Is exposure to bacterial endotoxin a determinant of susceptibility to intoxication from xenobiotic agents? Toxicology and Applied Pharmacology, 147(2): 300～311.

Roy P K, Ghosh M. 2017. Chlorine resistant bacteria isolated from drinking water treatment plants in West Bengal. Desalination and Water Treatment, 79: 103～107.

Schlüter A, Krause L, Szczepanowski R, et al. 2008. Genetic diversity and composition of a plasmid metagenome from a wastewater treatment plant. Journal of Biotechnology, 136(1-2): 65～76.

Schober P, Boer C, Schwarte LA. 2018. Correlation coefficients: appropriate use and interpretation. Anesth. Analg, 126: 1763～1768.

Schwartz T, Kohnen W, Jansen B, et al. 2003. Detection of antibiotic-resistant bacteria and their resistance genes in wastewater, surface water, and drinking water biofilms. FEMS Micriobiology Ecology, 43(3): 325～335.

Scoaris D O, Colacite J, Nakamura C V. 2008. Virulence and antibiotic susceptibility of Aeromonas spp. isolated from drinking water. Antonie Van Leeuwenhoek, 93: 111～122.

Shekhawat S S, Kulshreshtha N M, Gupta A B. 2020. Investigation of chlorine tolerance profile of dominant gram negative bacteria recovered from secondary treated wastewater in Jaipur, India. Journal of environmental management, 255: 109827.

Shi X J, Liu G, et al. 2020. Membrane-sensitive bacterial DNA extractions and absolute quantitation of recovery efficiencies. Science of the Total Environment, 708: 135125.

Shi X, Liu G, Shi L, et al. 2021. The detection efficiency of digital PCR for the virulence genes of waterborne pathogenic bacteria. Water Supply, 21(5): 2285～2297.

Simoes L C, Simoes M. 2013. Biofilms in drinking water: Problems and solutions. RSC Advances, 3(8): 2520～2533.

Sims N, Kasprzyk-Hordern B. 2020. Future perspectives of wastewater-based epidemiology: Monitoring infectious disease spread and resistance to the community level. Environment International, 139: 105689.

Sun W, Liu W, Cui L. 2013. Characterization and identification of a chlorine-resistant bacterium, Sphingomonas TS001, from a model drinking water distribution system. Science of the Total Environment, 458: 169～175.

Szczepanowski R, Bekel T, Goesmann A, et al. 2008. Insight into the plasmid metagenome of wastewater treatment plant bacteria showing reduced susceptibility to antimicrobial drugs analysed by the 454-pyrosequencing technology. Journal of Biotechnology, 136(1-2): 54～64.

United States Pharmacopeial Convention. 2005. United States Pharmacopeia, Vol. 31(3). Pharmacopeial Forum Ed. Rand McNally: U. S. Pharmacopeia Convention Inc. : 803.

Verovšek T, Krizman-Matasic I, Heath D, et al. 2020. Site- and event-specific wastewater-based epidemiology: Current status and future perspectives. Trends in Environmental Analytical Chemistry, 28: e00105.

Wang H B, Wu Y H, Luo L W, et al. 2021. Risks, characteristics, and control strategies of disinfection-residual-bacteria (DRB) from the perspective of microbial community structure. Water Res, 204: 117606.

Wang Y H, Wu Y H, Tong X. 2019. Chlorine disinfection significantly aggravated the biofouling of reverse osmosis membrane used for municipal wastewater reclamation. Water Research, 154: 246～257.

Watkinson A J, Micalizzi G R, Bates J R, et al. 2007. Novel method for rapic assessment of antibiotic resistance in Escherichia coli isolates from envirionmental waters by use of a modified chromogenic agar. Applied and Environmental Microbiology，73(7)：2224～2229.

WHO (World Health Organization). 2007. The world health report：A safer future- global public health security in the 21st century.

Williams K L. 2007. Endotoxins：Pyrogens，LAL Testing and Depyrogenation. 3rd Edition. New York：Informa Healthcare USA Inc.

World Health Organization，WHO. 2011. Guidelines for drinking-water quality. World Health Organization.

Wu F，Xiao A，Zhang J，et al. 2022. SARS-CoV-2 RNA concentrations in wastewater foreshadow dynamics and clinical presentation of new COVID-19 cases. Sci. Total Environ.，805：150121.

Wu Y，Guo C，Tang L，et al. 2020. Prolonged presence of SARS-CoV-2 viral RNA in faecal samples. Lancet Gastroenterol. Hepatol. 5：434～435.

Yin Q，Yue D M，Peng Y K，et al. 2013. Occurrence and distribution of antibiotic-resistant bacteria and transfer of resistance genes in Lake Taihu. Microbes Environments，28(4)：479～486.

Zeng F，Cao S，Jin W. 2020. Inactivation of chlorine-resistant bacterial spores in drinking water using UV irradiation，UV/Hydrogen peroxide and UV/Peroxymonosulfate：Efficiency and mechanism. Journal of Cleaner Production，243：118666.

Zhang G，Li B，Liu J，et al. 2018. The bacterial community significantly promotes cast iron corrosion in reclaimed wastewater distribution systems. Microbiome，6：222.

Zhang M，Liu W，Nie X. 2012. Molecular analysis of bacterial communities in biofilms of a drinking water clearwell. Microbes and Environments，27(4)：443～448.

Zhang T，Zhang M，Zhang X X，et al. 2009. Tetracycline resistance genes and tetracycline resistant lactose-fermenting Enterobacteriaceae in activated sludge of sewage treatment plants. Environmental Science & Technology，43(10)：3455～3460.

Zyara A M，Torvinen E，Veijalainen A M. 2016. The effect of chlorine and combined chlorine/UV treatment on coliphages in drinking water disinfection. Journal of Water and Health，14(4)：640～649.

第 21 章　微生物浓度与群落结构及其研究方法

21.1　细 菌 浓 度

水中细菌浓度的测定方法主要为计数法和生长量测定法。计数法为测定一定体积水样中的细菌个数，而生长量测定法主要通过测定细菌的其他指标来反映水样中细菌的浓度(顾夏声 等，2006)。

21.1.1　计数法

1. 显微镜直接计数法

显微镜直接计数法又称全数法，是常用的微生物生长测定方法，其特点是测定过程快速，但不能区分微生物的死活。它又分成以下三种。

(1) 涂片染色法。将已知体积的待测样品，均匀地涂布在载玻片的已知面积内，经固定染色后计数。

(2) 计数器测定法。采用特殊的微生物或血球计数器进行测定。操作过程是取一定体积的待测微生物样品放于计数器的测定小室与载玻片之间，由于测定小室的体积是已知的，因此根据得到的计数值就可以计算出微生物的数量。

(3) 比例计数法。将待测样品溶液与等体积的血液混合，然后涂片，在显微镜下测定微生物与红细胞数的比例，因血液中的红细胞已知(男性 400 万～500 万个/mL，女性 350 万～450 万个/mL)，由此可以测得微生物数量。

2. 直接荧光法

直接荧光法是利用荧光光谱分析技术对细菌进行快速检测和分类的方法，其原理是细菌中某些生理活性物质和蛋白质，如烟酰胺腺嘌呤二核苷酸、黄素、色氨酸、酪氨酸等，具有特征荧光基团，当其被特定激发波长照射时，可发射出特定波长的荧光(Nakar，2019；Mao，2021)。由于各类细菌的结构和荧光物质含量均存在一定差异，不同细菌表现出独特的荧光光谱特性。

3. 荧光染色计数法

DAPI(4,6-diamidino-2-phenylindole；4,6-二脒基-2-苯基吲哚)、DTAF[5-(4,

6-dichloro-1,3,5-triazinyl)amino fluorescein；二氯三嗪基氨基荧光素]都是常用的无毒性荧光染料，能够与DNA双链强力结合并产生荧光。DAPI染色计数法是利用DAPI染料与微生物的DNA结合产生荧光，从而在荧光显微镜下进行微生物计数的方法。因为DAPI可以透过完整的细胞膜，所以它可以用于细胞的染色。

DAPI与双链DNA结合时，主要结合在DNA的A-T碱基区，产生的荧光基团的吸收峰是358 nm，紫外线激发时发射明亮的蓝色荧光，使得DAPI成为一种常用的荧光检测信号。DAPI也可以和RNA结合，但产生的荧光强度不及与DNA结合的结果，其发散的波长范围约在400 nm左右。

DAPI的发散光为蓝色，且DAPI和绿色荧光蛋白(green fluorescent protein，GFP)或Texas Red染剂(红色荧光染剂)的发射波长，仅有少部分重叠，因此可以利用这项特性在单一的样品上进行多重荧光染色。DAPI/DTAF染色计数法具有转移性强、灵敏度高、稳定性好、使用方便等特点。此外，荧光染色法还可以与流式细胞计数仪联合使用以便更快速、准确地处理大量的微生物样本，如细胞分类计数等。

4. 活菌计数法

活菌计数法又称间接计数法，是通过测定样品中活的微生物数量来间接地表示微生物的数量。因此，这种方法不含死的微生物细胞，而且测定所需的时间也较长。常用的有平板计数法、液体计数法和薄膜计数法。

1) 平板计数法

平板计数法是根据每个活的微生物能长出一个菌落的原理设计的。将待测微生物样品先作10倍梯度的稀释，然后取相应稀释度的样品涂布到平板中，或经融化的固体培养基混合、摇匀，培养一定时间后观察微生物菌落并计数，最终根据微生物的菌落数和取样量计数出微生物浓度。使用该法应注意：①一般选取菌落数在30～300的平板进行计数，过多或过少均不准确；②为了防止菌落蔓延，影响计数，可在培养基中加入0.001%的2,3,5-氯化三苯基四氮唑(TTC)；③本法限用于能够在培养基上形成菌落的微生物。

2) 液体计数法

液体计数法又称最可能数法或MPN法，是根据统计学原理设计的一种方法，主要用于不能在平板培养基上形成菌落的微生物(如硝化菌、反硝化菌、硫酸还原菌)。具体做法是：先将待测微生物样品作10倍梯度稀释，然后取相应稀释度的样品分别接种到3管或5管一组的数组液体培养基中，培养一段时间后，观察各管及各组中微生物是否生长，记录结果，再查已专门建立好的最可能数(most probable number，MPN)表，得出微生物的最终含量。

3）薄膜计数法

对于某些微生物含量较低的测定样品（如空气或饮用水）可用薄膜法。将待测样品通过带有许多小孔但又不让微生物流出的微孔滤膜。借助膜的作用将微生物截留和浓缩，再将膜放于固体培养基表面培养，然后同平板计数法计算结果。该方法要求样品中不得含有过多的悬浮性固体或小颗粒。

上述各种活菌计数法，除了已述及的特点外，还有一个共同的要求，即测定的样品中微生物必须呈均匀分散的悬浮状态。对于本身为絮体或颗粒状的微生物样品，如污水好氧生物处理中的活性污泥，在测定计数之前要采取预处理方法（如匀浆器捣碎等）进行强化分散。

4）特定微生物计数法

如果要测定环境样品中某种特定微生物的数量，可以采用荧光原位杂交技术（florescence *in-situ* hybridization，FISH）。FISH是一种用荧光染料或生物素标记的核酸探针在原位的条件下（在细胞内）检测（通过与互补序列杂交）含有特异DNA或RNA序列的微生物细胞的技术。其主要原理为：根据已知微生物不同分类级别上种群特异的DNA序列（一般为16S rRNA的碱基组成）设计特异性的寡核苷酸探针，并用荧光染料标记。原核细胞和真核细胞处理后对荧光标记的寡核苷酸具有渗透性，寡核苷酸探针通过固定在载玻片上的微生物样品的细胞膜与其16S rRNA靶序列杂交，将未杂交的荧光探针洗去后，杂交的细胞可以在荧光显微镜下观察和计数。

FISH技术在应用中具有快速、简便、安全的优点。以16S rRNA为靶序列的FISH检测技术是快速可靠的分子生物学工具，FISH技术可以应用于环境中特定微生物种群鉴定、种群数量分析及特异微生物跟踪检测，是目前在微生物分子生态学领域应用比较广泛的方法之一。

21.1.2　生长量测定法

1. 重量法

微生物细胞尽管很微小，但是仍然具有一定的体积和重量，因此借助群体生长后的细胞的重量，可以采用测定重量（如细胞干重）的方法直接来表示微生物生长的多少或快慢。

测定细胞干重可采用离心法或过滤法。取经过培养一段时间的待测微生物样品，用离心机收集生长后的微生物细胞，或用滤纸、滤膜过滤截取生长后的微生物细胞，然后在105～110℃下进行干燥，称取干燥后的重量，以此代表微生物生长量的多少。一般地，从微生物细胞的化学组分可知，干重约为湿重的10%～20%。原核微生物的细胞重量是10^{-15}～10^{-11} g/细胞，真核单细胞微生物重量为10^{-11}～

10^{-7} g/细胞。

水处理构筑物内微生物生长量通常采用这种细胞干重测定法。在活性污泥法中采用的指标是混合液悬浮固体(MLSS)。具体做法是:取一定体积的待测污泥样品,放于蒸发皿中干燥,然后称重。但是这种方法有个缺陷,即混合液中含有的无机悬浮物或颗粒也包含在测定的重量之中,因此这些重量并不能真正反映微生物的实际生长情况。

为了更确切地得到微生物生长量的结果,必须采用另外一个指标——挥发性悬浮固体(MLVSS)。其测定过程是:将已测得干重(W_0)的污泥样品,放于马弗炉内550℃下灼烧2 h,在这样的高温下微生物中含有的各种有机物就被分解变成CO_2和H_2O并蒸发掉。冷却后放入干燥器中保温至恒重并称量(W),污泥干重W_0减去最终重量W的差值就是挥发性悬浮固体重量。当然,受限于测定方法的精度这仅能粗略地表征微生物的数量。

2. 光密度法

光密度(optical density, OD)法是利用浊度测定悬浮细胞的快速方法。其原理是微生物细胞是不透光的,光束通过悬浮液时会引起光的散射或吸收,降低透光度,在一定范围内透光度与溶液的浊度即细胞浓度成正比,借此可以测定微生物浓度。

采用光密度法时,为了得到实际的细胞绝对含量,通常需将已知细胞浓度的样品按上述测定程序制成标准曲线,然后根据透光度或光密度值从标准曲线中直接查得微生物含量。

光密度测定中常用的波长为480 nm(蓝光)、540 nm(绿光)、600 nm(橙色)和660 nm(红光)。波长越短灵敏度越高,但在测定高密度细胞浓度条件下,波长越长测定越准确(Madigan et al., 2006)。

3. 元素法

氮、碳是微生物细胞的主要成分,含量较稳定,测定氮、碳的含量可以推知细胞的质量。

1) 测含氮量

大多数细菌的含氮量为其干重的12.5%,酵母为7.5%,霉菌为6.0%。将含氮量再乘以6.25,即可测得其粗蛋白的含量,反过来可以求出微生物生长量的多少。测定含氮量的方法很多,如用硫酸、过氯酸、碘酸或磷酸等消化法和Dumas测氮法。此法适用于细胞浓度较高的样品。

2) 测含碳量

将少量干重为0.2～2.0 mg的生物材料混入1 mL水或无机缓冲液中,用

2 mL 2%重铬酸钾在 100 ℃下加热 30 min,冷却后,加水稀释至 5 mL,然后在 580 nm波长下读取光密度值,即可推出生长量。需用试剂做空白对照,用标准样品做标准曲线。

4. 细胞物质含量法

1) 蛋白质、DNA

不同的微生物细胞的蛋白质或 DNA 含量是不同的,但同一种微生物的蛋白质或 DNA 含量却是基本一致的。利用这一特性,可以通过测定蛋白质或 DNA 的含量来表示微生物的生长量。

2) RNA

RNA 是由 DNA 所携带的遗传信息得以表达的重要中间环节。在一定条件下活细胞的 RNA 含量变化不大,而一旦细胞死亡,释放出的 RNA 可迅速得到分解,因此可以通过测定环境或细胞中 RNA 的含量来表示活性微生物的浓度。

3) 生物醌

微生物醌是能量代谢过程的电子传递体,分为呼吸型醌和光合型醌两类。呼吸型醌是呼吸链中的电子传递体,主要有泛醌(ubiquinone,UQ)即辅酶 Q 和甲基萘醌(menaquinone,MK)即维生素 K 两大类。光合型醌主要有质体醌(plastoquinone,PQ)和维生素 K_1(vitamin K_1,VK_1),它们是光反应电子传递链的电子传递体。由于在一定条件下活性污泥中的微生物醌的含量变化不大,1 g 细胞平均约含有 1 μmol 醌类,因此利用微生物醌可以粗略估算活性污泥的活性微生物的浓度。

5. 其他生理生化指标法

微生物的生命活动中,不可避免地要吸收和消耗一些物质,同时产生和分泌另一些物质。测定这些物质的变化就可以间接地表示微生物生长的情况。水处理中通常采用的生理生化指标有:营养物质(COD)的消耗,溶解氧的消耗(如好氧微生物的瓦呼仪测定法),有机酸的产生,H_2 和 CH_4 的产生(如厌氧微生物的生长及活性测定)。

21.1.3 细菌在线检测方法

细菌在线检测方法主要有三磷酸腺苷(ATP)生物发光法、生长曲线法、微流控芯片法和环介导等温扩增(LAMP)法等(Vandegrift ,2019; Jayan,2020)。

1. 三磷酸腺苷(ATP)生物发光法

三磷酸腺苷(ATP)生物发光法是利用生物发光反应检测细菌 ATP 含量和细

菌浓度的快速方法。其原理是利用活性细菌产生的 ATP 与荧光素酶发生生物发光反应，通过测定该反应的相对发光强度即可反映细菌的 ATP 含量。细菌 ATP 含量与细菌总数成正比，借此可以测定细菌浓度。

此法不需要培养过程，操作简便、灵敏度高，5～10 min 内即可完成检测。

2. 生长曲线法

生长曲线法是利用微生物培养过程细菌的生长曲线特征检测细菌浓度的快速方法。其原理是不同细菌在液体培养过程中表现出不同生长速率和生长特性，基于细菌在一定培养时间范围内不同稀释梯度下的生长曲线，通过测定细菌的吸光度值，即可反映细菌浓度。

3. 微流控芯片法

微流控芯片法是通过微量进样和在微米级通道内控制微量流体，对细菌进行快速检测和分类的方法。其原理是细菌悬液经负压吸引通过微流控芯片检测孔时，因细菌体积大小、形貌特征、表面性质等差异产生不同的脉冲信号，经放大分选后累加记录，进而可将脉冲信号转化为细菌浓度和种类等信息。

4. 环介导等温扩增(LAMP)法

环介导等温扩增(LAMP)法是一种在恒温条件下通过具有高度链置换活性的聚合酶进行核酸快速扩增的方法，目前该方法已被越来越多地用于细菌的快速检测。

此法具有灵敏度高、特异性强、反应快速、费用低廉、不依赖精密仪器等优点。

21.2 微藻浓度

微藻是一类光能自养型或兼性营养型微生物，能够通过光合作用吸收 CO_2，合成油脂、糖类、蛋白质等多种有机物，将光能转化为化学能储存于藻细胞中。微藻存在于目前已知的一切生态系统中，是最为常见的微生物之一(Mata et al., 2010)。水中的微藻浓度通常可用血球计数法进行测定，或通过测定水中的叶绿素浓度进行间接表征。

21.2.1 血球计数法测定微藻浓度

利用血球计数板在显微镜下直接计数，这是一种常用的微生物计数方法。此方法将藻类的悬浮液置于血球计数板与盖玻片之间的计数室中，在显微镜下进行计数。在盖上盖玻片后，载玻片上的计数室容积是一定的，所以可以根据在显微镜下观察到的微生物数目来计算单位体积内的微生物总数。

血球计数板是一块特制的厚玻片，其基本构造如图 21.1 所示。玻片上有四条槽构成三个平台，中间的平台又由一个短的横槽隔成两半，每个半边上面各刻有一个方格网。每个方格网共分九大格，其中间的一大格，称作计数室，被用作微生物计数。

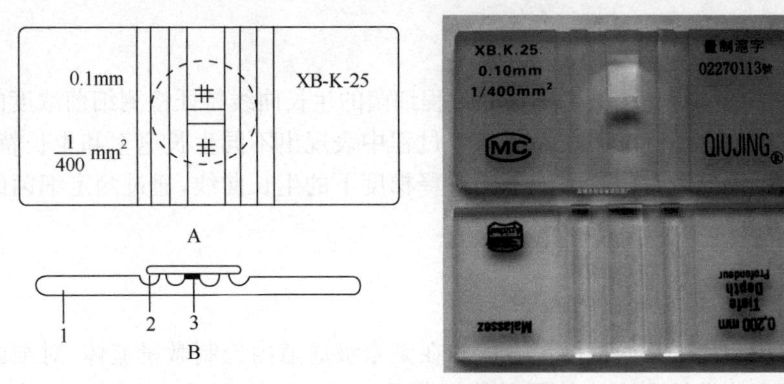

图 21.1　血球计数板的构造

A. 正面图；B. 纵剖面图

1. 血球计数板；2. 盖玻片；3. 计数室

计数室的刻度一般有两种：一种是一个大方格分为 16 个中方格，每个中方格分为 25 个小方格[图 21.2(a)]；另一种是一大格分为 25 个中方格，每个中方格分为 16 个小方格[图 21.2(b)]。不论哪种规格的计数室，每个大方格都由 400 个小方格(16×25＝400 或 25×16＝400)组成。

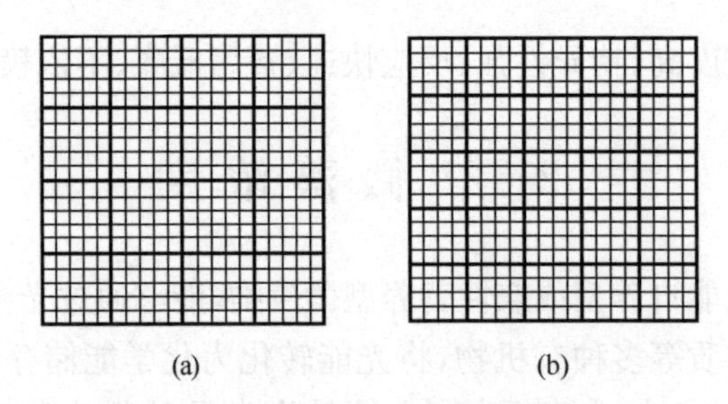

图 21.2　血球计数板的两种规格

每个大方格边长为 1 mm，其面积为 1 mm^2。盖上盖玻片后，载玻片和盖玻片之间的高度为 0.1 mm^2，因此，计数室的体积为 0.1 mm^3。

16×25 计数室测定的微藻浓度可由式(21.1)计算：

$$微藻浓度(个/mL)=\frac{A}{100}\times 400\times 10\times 1000\times 稀释倍数 \qquad (21.1)$$

式中，A 为 100 个小格内的微藻数量。

25×16 计数室测定的微藻浓度可由式(21.2)计算：

$$微藻浓度(个/mL)=\frac{A}{80}\times 400\times 10\times 1000\times 稀释倍数 \tag{21.2}$$

式中，A 为 80 个小格内的微藻数量。

血球计数法测定微藻浓度的步骤如下。

(1) 样品准备。取水样一管摇匀，如果微藻浓度过高，需要进行适当的稀释，稀释度要求每个小格内有 5～10 个藻细胞为宜；如果微藻浓度过低，则需要进行适当的离心浓缩。

(2) 用擦镜纸将计数板擦净，盖上盖玻片。

(3) 用小滴管取一滴摇匀的藻液，置于盖玻片的边缘，使藻液自行渗入，多余的藻液用吸水纸吸去。计数室内不得有气泡。静置约 5 min 后，先在低倍镜下找到小方格网后，再转换为高倍镜观察并计数。

(4) 计数。①若用 16×25 规格的计数室，按照对角线方位，取左上、左下、右上、右下四个中格(共 100 个小格)的藻细胞数。②若用 25×16 规格的计数室，则取左上、右上、左下、右下和中央 5 个中格(共 80 个小格)的藻细胞数。③计数时，对于压在格线上的藻细胞，只计此格的上方及左方线上的藻细胞。④每份样品需分 3 次取样计数，取平均值，然后按公式计算得到每毫升样品中所含的藻细胞数量。⑤计数完毕后，将计数板放在水龙头下冲洗，切勿用硬物洗刷，再用蒸馏水冲洗，洗完后晾干，镜检观察每个小格内是否残留藻细胞或其他杂物，若不干净则必须重复洗涤至干净为止。

21.2.2 叶绿素浓度测定方法

叶绿素是绿色植物、藻类等光能自养型生物进行光合作用的主要色素，其在光合作用的光吸收过程中起到核心作用。叶绿素能够吸收大部分的红光和紫光，并反射绿光，因此呈绿色。叶绿素是参与光合作用光吸收过程的一类色素的总称，包括叶绿素 a、b、c、d 等。这些色素均属于镁卟啉化合物，其性质不稳定，光照、酸碱、受热以及氧化剂都能够使其分解。在水质研究中，叶绿素通常用于表征水样中的藻类生物的生物量。

叶绿素的测定通常分两个步骤进行，其一是通过超声破碎及溶剂萃取，将藻细胞中的叶绿素提取至有机溶剂中；其二是测定提取液在特定波长下的吸光度值，再通过相应的公式计算得出叶绿素的含量。叶绿素测定步骤如下。

1) 试剂准备

80%(体积分数)丙酮 100 mL，PBS 溶液(50 mmol/L，pH 7.2)100 mL。

2) 提取

取适量藻液(40 mL)，1500 g 离心 10 min，弃上清，收集藻细胞。

将藻细胞用 PBS 溶液转移至 10 mL 离心管中，反复离心洗涤两次。

藻细胞沉淀重悬于 2 mL 冰丙酮中，置于 4℃黑暗条件下约 1 h，使丙酮充分溶解叶绿素。(注：栅藻应当在丙酮中浸泡 12 h 以上)

漩涡振荡 1 min 混匀。

3）超声破碎细胞

功率 200 W；超声时间：2 s；静息时间：8 s。破碎时间视具体情况而定，保证下一步使离心后上清无绿色即可。一般雨生红球藻需破碎 5 min，栅藻 LX1 则需 30 min。(注：超声时需冰浴，离心管底应紧靠盛冰的盒子底部，再调整载物台的位置，使得离心管处于超声破碎的最佳位置)

细胞匀浆液于 12 000 g、4℃离心 10 min，收集上清液。

将上清液用 80%丙酮定容至 4 mL。

4）测定与计算

测定样品在 645 nm 及 663 nm 处吸光度，计算叶绿素 a 的含量：

$$\text{Chla}(\mu g/L) = (12.7 \times \text{ABS663} - 2.69 \times \text{ABS645}) \times 4\ \text{mL}/\text{样品体积} \tag{21.3}$$

5）注意事项

由于不同藻种的细胞壁、细胞膜结构有较大的差异，所以不同藻种细胞对超声破碎及溶剂萃取的耐受能力有较大的不同。因此，在实际研究过程中，需要通过预实验以确定叶绿素提取的处理条件。通常，小球藻、雨生红球藻、莱茵衣藻等球状藻种对超声破碎的耐受能力较差，而栅藻的耐受能力较强。此外，由于叶绿素性质并不稳定，而超声破碎过程会产生大量的热，因此，在进行超声破碎时必须将盛放藻细胞的容器置于冰浴中，并且不能长时间连续超声，通常采用超声 2 s，静默 8 s 的设定。

21.3　醌　指　纹

21.3.1　微生物群落结构解析方法

微生物群落结构主要指群落中微生物的种类和相对丰度信息，在固体表面的微生物群落还存在不同物种的空间分布信息。群落结构与群落功能有着直接关联，同时还包含了不同种群之间的相互关系。微生物群落结构解析依赖于所有物种都具有的，且有种属特异性的信息，如核酸序列和醌等。常用的解析方法如下：

16S rDNA 分析：通过 16S rDNA 通用引物扩增细菌 16S rRNA 基因可变区，通过测序分群可获得细菌种群在属水平上的相对丰度。

宏基因组分析：通过样品全基因组测序分析，可以获得以 DNA 为遗传物质的微生物在种水平上的相对丰度。对于病毒群落分析，也可以先去除所有的细菌再提总核酸，再做核酸逆转录和宏基因组分析，能比较不同病毒之间丰度差异。

基因芯片分析：通过基因芯片上特异性探针，分析不同微生物特定功能基因在不同样品之间的丰度变化，注意单个样品内部各个基因之间的差异信息没有本质意义。基因芯片分析直接对应群落功能的变化，弱化了种属信息。

醌指纹分析：通过检测样品中所有醌分子的含量来反映细菌群落结构，它虽然不能精确对应种属，但它是类似与指纹的细菌群落特征，可有效区分和识别不同的群落。

本章节主要介绍醌指纹法，其他方法请参阅相关书籍或文献。

21.3.2　醌指纹及其意义

微生物醌是能量代谢过程的电子传递体，不同的微生物含有不同种类和分子结构的醌。因此，环境样品中微生物醌的组成，即醌指纹可在一定程度上反映微生物的群体结构。

从醌的化学结构式（表 21.1）可以看出，醌的核心结构主要有 3 类，分别为 1，4-萘醌，甲基取代的 1，4-苯醌和甲基或甲氧基取代的 1，4-苯醌，醌的支链结构主要有两类，分别为植基或派生植基基团和多异平基基团。

表 21.1　典型的带类异戊二烯支链生物醌的化学结构式

芳香环	支链	惯用名称	缩写
2-甲基-1，4-萘醌 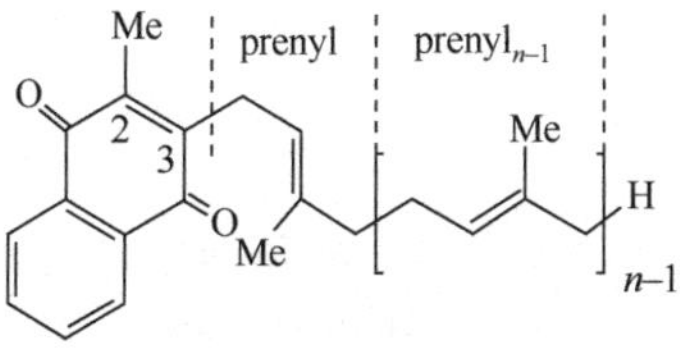	3-(prenyl)$_n$	甲基萘醌-*n*（menaquinone-*n*）	MK-*n*
2*H*-甲萘酚[1，2-*b*]吡喃-6-开环(2，5-取代) 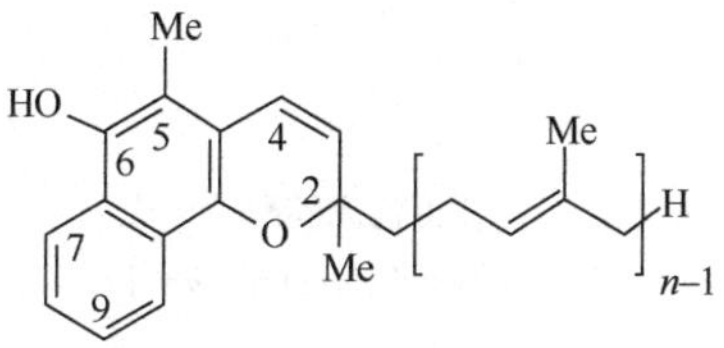	无	四烯甲萘醌-(*n*－1)（*menachromenol*-(*n*－1)）	MK-*n*-el

续表

芳香环	支链	惯用名称	缩写
2-甲基-1,4-萘醌	3-植基	维生素 K_1 (phylloquinone)	K
2*H*-甲萘酚[1,2-*b*]吡喃-6-开环(2-取代)	无	植色烯醇 (phyllochromenol)	K-el
2,3-二甲氧基-5-甲基 1,4-苯醌	6-(异戊二烯基)$_n$	泛醌-*n* (ubiquinone-*n*)	Q-*n*
7,8-二甲氧基-2*H*-色烯-6-开环(2,5-取代)	无	泛色烯醇-(*n*−1) (*ubichromenol*-(*n*−1))	Q-*n*-el
2,3,5-三甲基-1,4-苯醌	6-(异戊二烯基)$_n$	托可醌-*n* (tocoquinone-*n*)	—
2,5,7,8-四甲基-2*H*-色烯-6-开环		托可色原烷醇-(*n*−1) (tocochromanol-(*n*−1))	—

续表

芳香环	支链	惯用名称	缩写
2,3-二甲基-1,4-苯醌 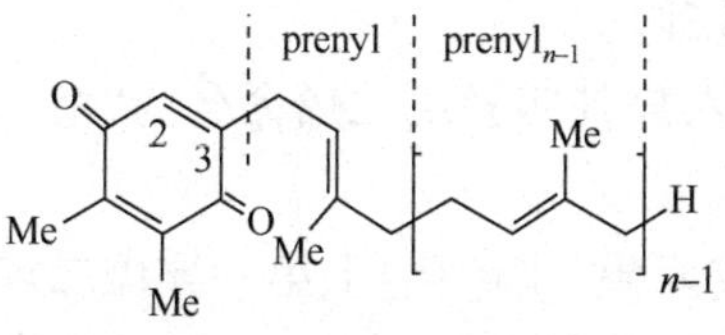	6-(异戊二烯基)$_n$	质体醌-*n* (plastoquinone-*n*)	PQ-*n*
2,7,8-三甲基-2*H*-色烯-6-开环 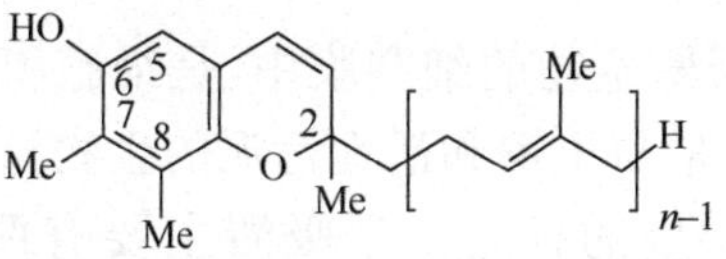		质体色原烷醇-(*n*−1) (plastochromanol-(*n*−1))	PQ-*n*-al
1,4-苯醌(2,3,5-取代) 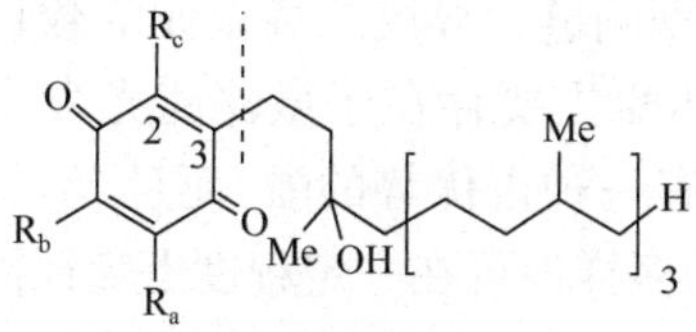	6-植基	*x*-生育酚苯醌(s) (*x*-tocopherolquinone(s))	*x*-TQ
色烯-6-开环(苯并吡喃-6-开环)(2,5,7,8-取代) 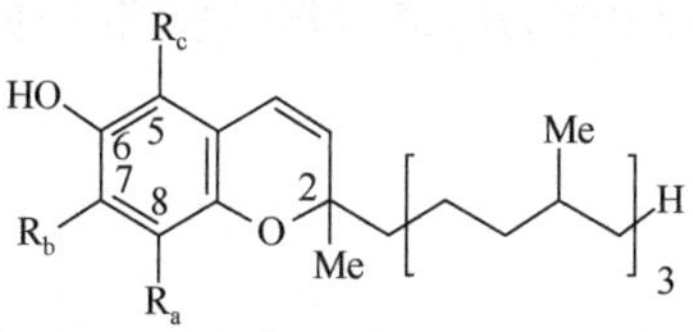	无	*x*-生育酚(s) (*x*-tocopherol(s))	*x*-T
1,4-苯醌(2,3,5-取代) 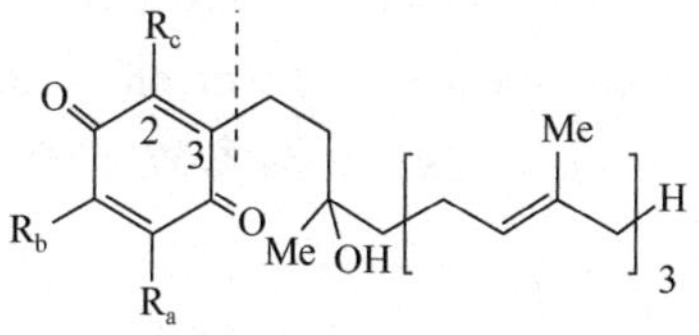	6-四异戊二烯基	*x*-三烯生育酚苯醌(s) (*x*-tocotrienolquinone(s))	*x*-T-3
色烯-6-开环(苯并吡喃-6-开环)(2,5,7,8-取代) 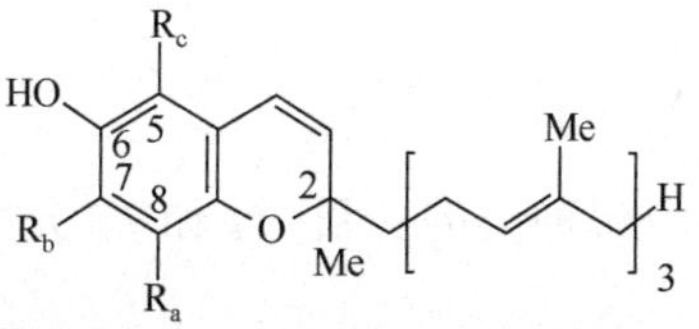	无	*x*-三烯生育酚(s) (*x*-tocotrienol(s))	*x*-T-3

醌的命名方式包括根据支链长度命名、惯用名分类命名和类别命名，其中惯用名分类命名是在类别命名的基础上进行细分，如表 21.1 中的惯用名称采用惯用名分类同时也是类别命名。支链长度命名的主要原则如下。

(1) 选取异戊二烯的数量作为支链基础。

(2) 异戊二烯命名为“异戊二烯基”，六羟基四异戊二烯命名为“植基”，其中异戊二烯基为 3-甲基-2-丁烯基。

(3) 当含氧色烯或色原烷醇取代醌或氢醌(非环化)上第一异戊二烯基中的其中 3 个碳原子，完整的异戊二烯基数量应在原有基础上减去 1 以反映实际的异戊二烯基留存数。

在多种醌类型中，呼吸醌广泛存在于微生物的细胞膜中，是细胞膜的组成成分，在电子传递链中起重要作用。醌的含量与土壤和活性污泥的生物量呈较好的线性关系。因此，醌含量可用作微生物量的标记。呼吸醌主要有两类：泛醌(ubiquinone，UQ)即辅酶 Q 和甲基萘醌(menaquinone，MK)即维生素 K。醌可以按分子结构在类(UQ 和 MK)的基础上依据侧链含异戊二烯单元的数目和侧链上使双键饱和的氢原子数进一步区分。质体醌主要存在于微藻能光合作用微生物中。一般情况下，每一种微生物一般都含有一种占优势的醌，而且，不同的微生物含有不同种类和分子结构的醌。因此，醌的多样性可在一定程度上表征微生物的多样性，醌谱图(即醌指纹)的变化可表征群落结构的变化(胡洪营和童中华，2002)。

可以用醌指纹法描述微生物群落的参数有：醌的类型和不同类型的醌的数目；占优势的醌及其摩尔分数；总的泛醌和总的甲基萘醌的摩尔分数之比；醌的多样性和均匀性；醌的总量等。

21.3.3 醌指纹研究设计与数据解析方法

为了反映和比较不同处理系统中微生物的群落结构，采用以下 3 个常用的参数：多样性指数 DQ(diversity of microbial quinone species)(Hu et al.，1999)、物种分布均匀性指数 EQ(equitability of quinone species)(Hu et al.，1999)和非类似度指数 D(dissimilarity index)(Hiraishi et al.，1991)。各参数计算方法为

$$\mathrm{DQ}=\left(\sum_{k=1}^{n}\sqrt{f_k}\right)^2 \tag{21.4}$$

$$\mathrm{EQ}=\frac{\mathrm{DQ}}{n} \tag{21.5}$$

$$D(i,j)=(1/2)\sum_{k=1}^{n}\mid f_{ki}-f_{kj}\mid \tag{21.6}$$

式中，f_k为第 k 种醌的摩尔分数；n 为样品中醌种类的数目；f_{ki}和 f_{kj}分别代表 i 和 j 水样中第 k 种醌类的摩尔分数。

根据微生物醌的摩尔组成可以计算出微生物的多样性(DQ)和微生物种的分布均匀性(EQ)。DQ 的数值越大表明微生物多样性越大。EQ 的最大值为 1,表示所有微生物的比例相同。EQ 的数值越小表明微生物种的分布越不均衡。另外,利用非相似性指数可以定量比较两个环境样品中的微生物群体组成差异的大小。D 的数值越大表明两者之间的差别越大,$D=0$ 表示两者完全相同。

21.3.4 醌指纹研究案例

1. 活性污泥醌指纹特征

对某一污水处理厂曝气池内活性污泥的微生物醌进行为期一年的定期分析(1996 年 10 月至 1997 年 9 月,每月一次)。图 21.3 是活性污泥中微生物醌的典型液相色谱图,微生物醌的组成列于表 21.2(胡洪营和童中华,2002)。

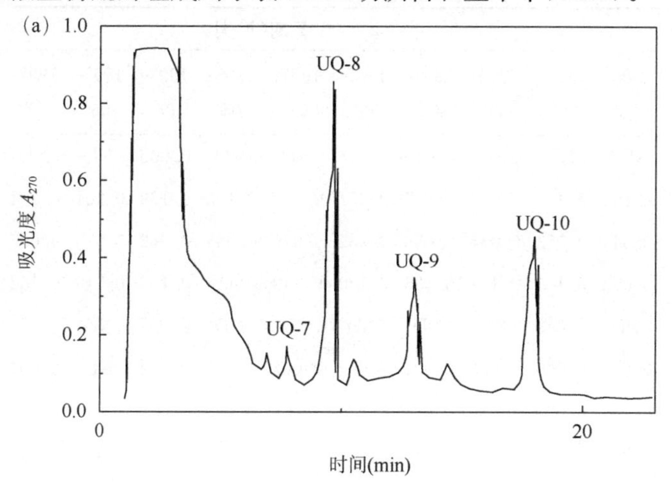

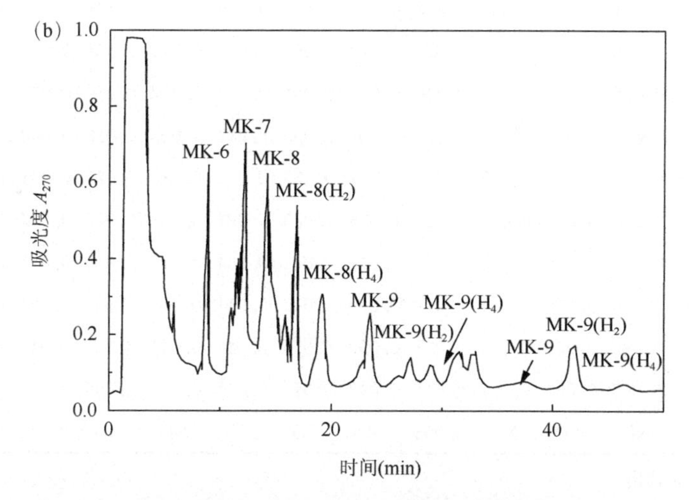

图 21.3　活性污泥中泛醌(a)和甲基萘醌(b)的高效液相色谱图

从图 21.3 和表 21.2 可以看出，所有的活性污泥都含有 UQ-8、UQ-9 和 UQ-10 这 3 种泛醌，只有少数活性污泥含有 UQ-7 和其他泛醌。同时活性污泥含有 MK-6、MK-7、MK-8、MK-8(H_2)、MK-10(H_4)、MK-9(H_2)、MK-9、MK-10、MK-8(H_4)、MK-10(H_2)、MK-11 等 10～12 种甲基萘醌。几乎所有的活性污泥中都含有维生素 K_1，但不含质体醌。微生物醌的摩尔比以 UQ-8 为最高，其次按 MK-7、UQ-10、MK-8、MK-6、UQ-9 和 MK-8(H_2)的顺序递减。含有 UQ-8 的细菌有 *Comamonas* sp. 和 *Psedomonas* sp. 等，含有 MK-7 的细菌有 *Flavobacterium* sp.、*Cytophaga* sp. 和 *Bacillus* sp.，含有 UQ-10 的细菌有 *Paracoccus* sp. 和 *Protomonas* sp. 等，含有 MK-6 或 MK-7 的细菌有 *Flavobacterium* sp. 和 *Cytophaga* sp. 等。因此，从微生物醌的组成可以推断以上所提到的细菌是活性污泥中的主要细菌。

表 21.2　活性污泥中醌的组成(摩尔分数)

醌	日期(年-月)											
	1996-10	1996-11	1996-12	1997-01	1997-02	1997-03	1997-04	1997-05	1997-06	1997-07	1997-08	1997-09
UQ-7	ND*	ND	0.010	0.010	0.013	ND	ND	0.002	ND	ND	ND	0.003
UQ-8	0.156	0.179	0.172	0.206	0.177	0.142	0.192	0.169	0.201	0.204	0.163	0.200
UQ-9	0.044	0.053	0.058	0.088	0.087	0.076	0.085	0.082	0.072	0.067	0.053	0.051
UQ-10	0.073	0.106	0.111	0.136	0.120	0.149	0.113	0.109	0.118	0.132	0.100	0.097
UQ-others	ND	0.019	ND	ND	ND	ND	ND	0.001	ND	ND	ND	ND
VK1	0.001	0.006	0.003	0.004	0.002	0.002	0.001	0.002	ND	0.001	0.002	0.003
MK-6	0.169	0.093	0.080	0.071	0.071	0.066	0.078	0.079	0.078	0.071	0.072	0.075
MK-7	0.218	0.168	0.177	0.132	0.124	0.118	0.142	0.135	0.135	0.122	0.131	0.155
MK-8	0.074	0.100	0.0102	0.080	0.091	0.097	0.096	0.109	0.107	0.077	0.070	0.051
MK-9	0.038	0.039	0.023	ND	0.049	0.042	0.044	0.043	0.042	0.019	0.035	0.035
MK-10	0.028	0.031	ND	0.046	0.039	0.031	0.030	0.032	0.029	0.038	0.037	0.028
MK-11	ND	0.005	ND	0.024	ND	0.008	0.009	0.009	0.012	0.008	0.011	0.004
MK-8(H_2)	0.053	0.063	0.079	0.067	0.074	0.086	0.081	0.086	0.073	0.031	0.062	0.046
MK-9(H_2)	0.020	0.017	0.050	0.027	0.028	0.029	0.024	0.021	0.017	0.017	0.017	0.015
MK-10(H_2)	0.005	0.006	0.018	0.025	0.011	0.011	0.004	0.011	0.013	0.017	0.016	0.009
MK-8(H_4)	0.019	0.018	0.021	0.019	0.013	0.017	0.011	0.012	ND	0.024	0.019	0.024
MK-9(H_4)	0.039	0.045	0.038	0.027	0.050	0.055	0.042	0.041	0.037	0.049	0.049	0.043
MK-10(H_4)	0.063	0.051	0.057	0.031	0.048	0.071	0.048	0.057	0.065	0.078	0.073	0.060
MK-others	ND	ND	ND	0.005	ND	ND	ND	ND	ND	0.044	0.089	0.099

注：ND 为未检出

单位活性污泥主要以粒状有机碳(particulate organic carbon,POC)计,所含的微生物醌量列于表21.3。泛醌的含量为0.36～0.94 μmol/g-POC,平均为0.56 μmol/g-POC。甲基萘醌的含量高于泛醌,为0.56～1.73 μmol/g-POC,平均为0.98 μmol/g-POC。泛醌与甲基萘醌的摩尔比UQ/MK=0.38～0.78,平均为0.59。这些数据表明活性污泥中革兰氏阳性细菌比阴性细菌的含量高。微生物醌的总含量(包括泛醌、甲基萘醌、维生素K_1)为0.93～2.68 μmol/g-POC,平均为1.55 μmol/g-POC。

表21.3　活性污泥中醌的含量　(单位:μmol/g-POC)

醌	日期(年-月)											
	1996-10	1996-11	1996-12	1997-01	1997-02	1997-03	1997-04	1997-05	1997-06	1997-07	1997-08	1997-09
MKs	1.34	1.12	1.73	1.05	0.69	1.00	0.85	1.09	0.59	0.56	0.77	1.02
UQs	0.50	0.62	0.94	0.82	0.45	0.58	0.55	0.62	0.38	0.38	0.36	0.55
总计*	1.85	1.75	2.68	1.88	1.14	1.59	1.40	1.71	0.97	0.93	1.133	1.57

* 包括VK1

2. 不同环境样品的醌组分特征

湖泊、池塘和河流等不同水体样品中醌组分特征如图21.4所示。由图21.4可以清楚地看出,环境水体样品的醌组分特征,即微生物群落结构特征与活性污泥和土壤有显著的不同。活性污泥和土壤中未检出质体醌(低于监测下限),甲基萘

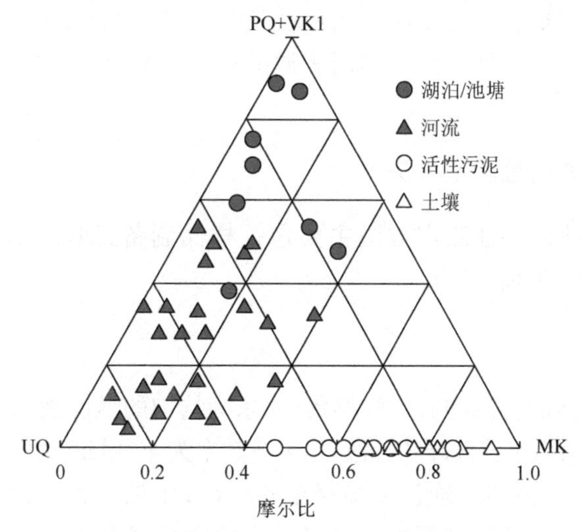

图21.4　不同环境样品的醌组分特征比较

PQ:质体醌;VK1:维生素K_1;UQ:泛醌;MK:甲基萘醌

醌的摩尔比大于泛醌；而湖泊、池塘和河流中均含质体醌，甲基萘醌的摩尔比小于泛醌。这说明活性污泥和土壤中基本不存在微藻或含量低于监测下限，而水环境样品中含有微藻。不同水体之间的醌组分特征也明显不同，湖泊/池塘中的质体醌比例明显高于河流，说明微藻在湖泊/池塘中的比例高于河流。

总之，利用醌指纹可以比较方便地表征水中微生物群落结构特征。

21.4　群落代谢特性

21.4.1　群落代谢特性及其意义

微生物群落的代谢特性可以在一定程度上反映微生物丰度或活性。将酶-底物这一代谢特性作为群落的生物标记分子，从而产生对基质利用的生理代谢指纹，这一方法称为群落水平生理学指纹方法(CLPP)(车玉伶 等，2005)。由 Biolog 公司开发的 Biolog 氧化还原技术，使得 CLPP 方法快速方便。

Garland 和 Mills(1991)最先将这种方法应用于微生物群落的研究。随后，Biolog方法被广泛应用于环境微生物群落比较、污染物对微生物群落影响评价以及环境修复效果评价等方面(Hackett and Griffiths，1997；Kaiser et al.，1998；De et al.，2001)。在 Biolog 平板上有 96 个微孔，除对照孔外每个孔内都含有一种有机物作为微生物的碳源，每个孔中的碳源种类各不相同。除了碳源外，所有的微孔中均含有相同含量的四唑盐染料。这种染料在微生物利用碳源过程中会发生还原显色反应，颜色的深浅反映了微生物对相应碳源的利用能力。微生物群落对不同碳源的利用情况形成了微生物群落的代谢特性指纹(metabolic fingerprint)，利用代谢特性指纹可以鉴别和区分不同来源的微生物群落，或者反映微生物群落的功能变化。

21.4.2　群落代谢特性测定方法

Biolog 群落代谢特性测定方法主要包括样品制备、加样、培养和测定 4 个步骤，具体操作如下(王灿，2009)。

1. 样品制备

取具有代表性的待测的微生物群落(要求为均匀的悬浊液，若为生物膜或悬浊液不均匀则需要用超声波破碎和分散，超声波频率为 40 kHz，功率为 100 W，15 s×4 次)。将微生物悬浊液用生理盐水稀释至 600 nm 下的吸光度为 0.05 cm^{-1}(微生物浓度为 10～15 mg/L)，然后加入 Biolog 平板进行测定。

2. 加样

取稀释后的微生物悬液加入 Biolog GN2 平板，每孔 150 μL 液体。

3. 培养

将微平板置于 30 ℃培养箱中培养，为防止悬浊液蒸发，应盖好平板盖子，并在培养箱中放一杯水。

4. 测定

一般 48～72 h 可完成显色过程，根据研究需要每隔一定时间（约 4 h）用酶标仪测定 96 个孔在 595 nm 下的吸光度，以监测显色反应的进程。

以 Biolog ECO 平板为例，该平板含有碳源 31 种，每种碳源分布在 3 个微孔，如图 21.5 所示。取稀释后的微生物悬浊液加入 Biolog ECO 平板，每孔 150 μL 微生物悬浊液。然后将平板置于 30 ℃培养箱中培养 48 h，每隔 4～8 h 用酶标仪（BIO-RAD Model 550）测定 96 个孔在 595 nm 下的吸光度，以监测显色反应的进程。

A1 水	A2 β-甲基-D-葡萄糖苷	A3 D-半乳糖酸γ-内酯	A4 L-精氨酸	A1 水	A2 β-甲基-D-葡萄糖苷	A3 D-半乳糖酸γ-内酯	A4 L-糖氨酸	A1 水	A2 β-甲基-D-葡萄糖苷	A3 D-半乳糖酸γ-内酯	A4 L-精氨酸
B1 丙酮酸甲酯	B2 D-木糖/戊醛糖	B3 D-半乳糖醛酸	B4 L-天门冬酰胺	B1 丙酮酸甲酯	B2 D-木糖/戊醛糖	B3 D-半乳糖醛酸	B4 L-天门冬酰胺	B1 丙酮酸甲酯	B2 D-木糖/戊醛糖	B3 D-半乳糖醛酸	B4 L-天门冬酰胺
C1 吐温40	C2 i-赤藓糖醇	C3 2-羟基苯甲酸	C4 L-苯丙氨酸	C1 吐温40	C2 i-赤藓糖醇	C3 2-羟基苯甲酸	C4 L-苯丙氨酸	C1 吐温40	C2 i-赤藓糖醇	C3 2-羟基苯甲酸	C4 L-苯丙氨酸
D1 吐温80	D2 D-甘露醇	D3 4-羟基苯甲酸	D4 L-丝氨酸	D1 吐温80	D2 D-甘露醇	D3 4-羟基苯甲酸	D4 L-丝氨酸	D1 吐温80	D2 D-甘露醇	D3 4-羟基苯甲酸	D4 L-丝氨酸
E1 α-环糊精	E2 *N*-乙酰-D-葡萄糖氨	E3 γ-羟丁酸	E4 L-苏氨酸	E1 α-环糊精	E2 *N*-乙酰-D-葡萄糖氨	E3 γ-羟丁酸	E4 L-苏氨酸	E1 α-环糊精	E2 *N*-乙酰-D-葡萄糖氨	E3 γ-羟丁酸	E4 L-苏氨酸
F1 肝糖	F2 D-葡萄胺酸	F3 衣康酸	F4 甘氨酰-L-谷氨酸	F1 肝糖	F2 D-葡萄胺酸	F3 衣康酸	F4 甘氨酰-L-谷氨酸	F1 肝糖	F2 D-葡萄胺酸	F3 衣康酸	F4 甘氨酰-L-谷氨酸
G1 D-纤维二糖	G2 1-磷酸葡萄糖	G3 α-丁酮酸	G4 苯乙胺	G1 D-纤维二糖	G2 1-磷酸葡萄糖	G3 α-丁酮酸	G4 苯乙胺	G1 D-纤维二糖	G2 1-磷酸葡萄糖	G3 α-丁酮酸	G4 苯乙胺
H1 α-D-乳糖	H2 D,L-α-磷酸甘油	H3 D-苹果酸	H4 腐胺	H1 α-D-乳糖	H2 D,L-α-磷酸甘油	H3 D-苹果酸	H4 腐胺	H1 α-D-乳糖	H2 D,L-α-磷酸甘油	H3 D-苹果酸	H4 腐胺

图 21.5　Biolog ECO 平板的碳源种类及其分布

21.4.3 群落代谢特性研究设计与数据解析方法

培养过程中不同时刻微生物对碳源代谢的总体情况用平均吸光度(average well color development，AWCD)表示。某时刻微孔内平均吸光度的计算公式为

$$\mathrm{AWCD}=\frac{\sum_{i=1}^{95}(R_i-R_0)}{95} \tag{21.7}$$

式中，R_i为除对照孔外的吸光度值；R_0为对照孔吸光度值。AWCD值反映了微生物对不同碳源代谢的总体情况，其变化速率反映了微生物的代谢活性。AWCD值增加越快，表明微生物的代谢活性越高。

为了分析微生物对不同种类碳源的代谢特性，将Biolog ECO平板的31种碳源分成七大类：醇类、胺类、氨基酸类、羧酸类、酯类、糖类、聚合物。微生物对各类碳源的代谢能力采用吸光度分率表示，其定义式为

$$f_i=\frac{R_i}{\sum_{n=1}^{31}R_i} \tag{21.8}$$

$$F_j=\frac{1}{n_j}\sum_{i=1}^{n_j}f_i \tag{21.9}$$

式中，f_i 为第 i 种碳源的吸光度分率，F_j 为第 j 类碳源的平均吸光度分率；n_j为第 j 类碳源的数目。

为了反映和比较不同系统中微生物的代谢特性，采用多样性指数(以DQ表示)(Hu et al.，1999)和非类似度指数 D(dissimilarity index)(Hiraishi et al.，1991)。具体解析方法详见本章醌指纹相关内容。

对微生物代谢指纹的分析采用多元统计方法中的主成分分析法(principal component analysis，PCA)。某个时刻95种碳源代谢的吸光度形成了描述微生物群落代谢特性的多元向量，通过PCA分析可以将碳源代谢的多元变量变换为互不相关的主元向量，并在降维后的主元向量空间中用点的位置直观反映不同微生物群落的代谢特性。由于微生物的代谢活性差异影响微生物群落代谢特性分析结果，因此一般采用标准化吸光度 Rs_i 进行统计分析。

$$Rs_i=\frac{R_i-R_0}{\mathrm{AWCD}} \quad (i=1,2,3,\cdots,95) \tag{21.10}$$

主成分分析可以用SPSS软件完成。

21.4.4 群落代谢特性研究案例

Choi和Dobbs(1999)采用Biolog法对六种水体微生物群落结构进行了监测，结果如图21.6和图21.7所示。

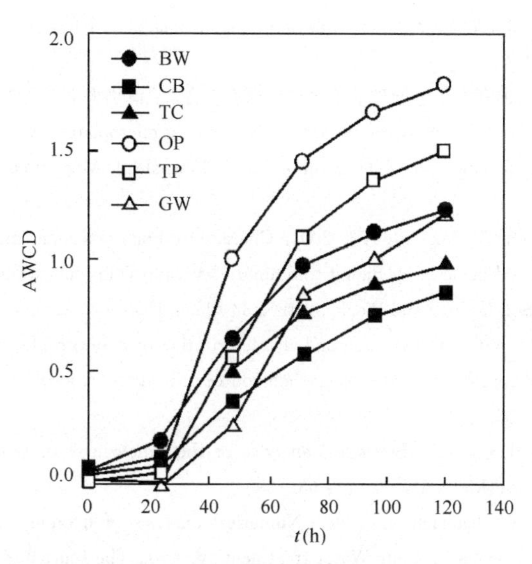

图 21.6　六种水体微生物群落 AWCD 值的时间变化(波长 590 nm,BW、CB、C 为三种不同海水样,OP、TP、GW 为三种不同淡水样)

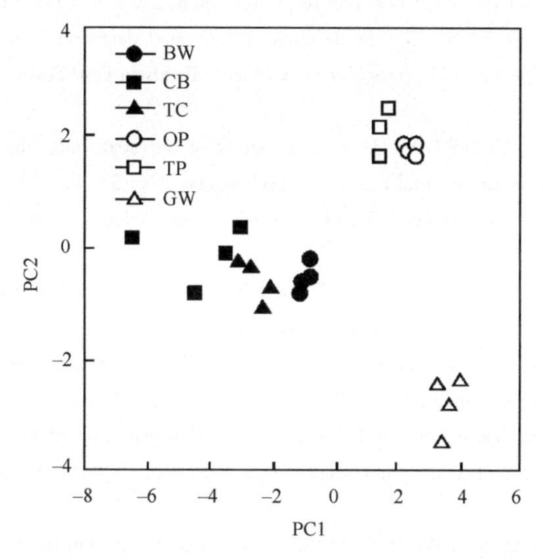

图 21.7　六种水体微生物群落 PCA 分析结果(图标含义同上图)

参 考 文 献

车玉伶，王慧，胡洪营，等. 2005. 微生物群落结构和多样性解析技术研究进展. 生态环境，14(1)：127～133.

顾夏声，胡洪营，文湘华，等. 2006. 水处理生物学. 第 4 版. 北京：中国工业建筑出版社.

胡洪营，童中华. 2002. 微生物醌指纹法在环境微生物群体组成研究中的应用. 微生物学通报，29(4)：95～98.

王灿. 2009. 紫外-生物过滤联合工艺处理氯苯气体的研究. 北京：清华大学博士学位论文.

Choi K H，Dobbs F C. 1999. Comparison of two kinds of biolog microplates (GN and ECO) in their ability to distinguish among aquatic microbial communities. Journal of Microbiological Methods，36 (3)：203～213.

De Fede K L，Panaccione D G，Sexstone A J. 2001. Characterization of dilution enrichment cultures obtained from size-fractionated soil bacteria by Biolog community-level physiological profiles and restriction analysis of 16S rRNA genes. Soil Biology and Biochemistry，33 (11)：1555～1562.

Garland J L，Mills A L. 1991. Classification and characterization of heterotrophic microbial communities on the basis of patterns of community-level sole-carbon-source utilization. Applied and Environmental Microbiology，57(8)：2351～2359.

Hackett C A，Griffiths B S. 1997. Statistical analysis of the time-course of Biolog substrate utilization. Journal of Microbiological Methods，30 (1)：63～69.

Hiraishi A，Morishima Y，Takeuchi J. 1991. Numerical analysis of lipoquinone patterns in monitoring bacterial community dynamics in waste-Water treatment systems. The Journal of General and Applied Microbiology ，37(1)：57～70.

Hu H Y，Fujie K，Nakagome K，et al. 1999. Quantitative analyses of the change in microbial diversity in a bioreactor for wastewater treatment based on respiratory quinones. Water Research，33(15)：3263～3270.

Jayan H，Pu H，Sun D W. 2020. Recent development in rapid detection techniques for microorganism activities in food matrices using bio-recognition：A review. Trends in Food Science & Technology，95：233～246.

Kaiser S K，Guckert J B，Gledhill D W. 1998. Comparison of activated sludge microbial communities using BIOLOG microplates. Environmental Science & Technology，37(4-5)：57～63.

Madigan M T，Martinko J M，Dunlap P V，et al. 2006. Brock Biology of Microorganisims. 12th Edition. Pearson Education，Inc.

Mao Y，Chen X W，Chen Z，et al. 2021. Characterization of bacterial fluorescence：insight into rapid detection of bacteria in water. Water Reuse，11(4)：621～631.

Mata T M，Martins A A，Caetano N S. 2010. Microalgae for biodiesel production and other applications：A review. Renewable and Sustainable Energy Reviews，14 (1)：217～232.

Nakar A，Schmilovitch Z，Vaizel-Ohayon D，et al. 2019. Quantification of bacteria in water using PLS analysis of emission spectra of fluorescence and excitation-emission matrices. Water Research，169：115197.

Vandegrift J，Hooper J，da Silva A，et al. 2019. Overview of monitoring techniques for evaluating water quality at potable reuse treatment facilities. American Water Works Association，111：12～23.

第 22 章　化学稳定性及其研究方法

22.1　化学稳定性及其意义

广义上讲,化学稳定的水是指既不沉淀结垢又没有溶解性和腐蚀性的水。在供水领域,饮用水和再生水的化学稳定性通常是指水经处理进入管网后或储存过程中,其自身各种组成之间继续发生反应的趋势(如碳酸钙的沉积析出、氯化消毒副产物的生成等)和水对所接触的管道或各种附属设施的侵蚀作用(如非金属管道材料表面有毒有害物质的溶出,金属管道材料表面的腐蚀等)(曲久辉,2007)。水的化学稳定性研究主要涉及管道在输送水的过程中结垢或腐蚀的倾向,化学稳定性好是指水在管道输送过程中既不结垢又不腐蚀管道,水质化学稳定性差则会导致输水管道内壁的结垢和腐蚀。

在水处理工业中,通常认为化学稳定的水中既不溶解又不沉积碳酸钙(方伟等,2006;Popek, 2003)。水中碳酸钙溶解平衡体系通常是指重碳酸钙、碳酸钙和二氧化碳之间的平衡,表征为碳酸钙的溶解和沉淀趋势。根据溶解和沉淀趋势的不同,水可分为结垢型水和腐蚀型水。

当水中的碳酸钙含量超过其饱和值时,就会出现碳酸钙沉淀(即结垢),这时的水称作结垢型水;当水中的碳酸钙含量低于其饱和值时,则已经沉淀的碳酸钙能够溶解于水中,对金属管壁产生腐蚀,这时的水称作腐蚀型水。

一般硬水(如井水、泉水)中溶解性总固体过多,一定条件下会沉淀出盐类物质,此时就表现为碳酸盐的沉积趋势,水具有结垢性;而一般软水(如江水、河水、淡水湖水、海水淡化水、纯净水以及低硬低碱水)中溶解性总固体比较少,缓冲能力差,根据平衡原理则会溶解更多的盐类物质,此时表现为碳酸钙的溶解趋势,即水具有腐蚀性(肖裕秀,2012)。结垢型和腐蚀型的水都是不稳定的水,只有经过稳定性调整,才能将具有结垢性或具有腐蚀性的水调整为稳定的水。

水质化学稳定是水处理(如饮用水处理、城市污水再生处理、工业用水预处理等)中非常重要的问题。在输水管网系统中,结垢型的水必然导致输水管道内壁结垢,从而降低管道的输送能力,增加管网输水能耗,极严重时甚至堵塞管道;腐蚀型的水会导致管壁被腐蚀,管壁上的物质被带到管网水中,会增加管网水的色度、嗅味和浊度等,严重时产生“红水”(原因是水中含有大量三价铁的悬浮颗粒物)(何文杰 等,2006;李奎白和张杰,2005),降低了水质。值得注意的是,对于不同的管材,其腐蚀性不同，不同的水应选择不同的管材。对饮用水系统来说，管网水化学不稳定直接威胁人的健康，危害更大。此外，腐蚀和结垢还会引起管道的维护、报废和水处理等直接费用和其他一些间接费用。因此，提高输水系统的水质化学稳定性，控制管网的腐蚀和结垢，具有经济和卫生双重作用，对保护管网和提高管网水质都具有至关重要的意义。

22.2　化学稳定性判别方法

化学稳定性的判别主要是基于溶解平衡计算，其判别指数分为两大类(图 22.1)：一类是基于碳酸钙沉积原理建立的，如 Langelier 饱和指数(Langelier saturation index，LSI)、Ryznar 稳定指数(Ryznar stability index，RSI)、Puckorius 结垢指数(Puckorius scaling index，PSI)、碳酸钙沉淀势(calcium carbonate precipitation potential，CCPP)等；另一类则是基于腐蚀与其他水化学参数的相关关系建立的，如 Larson 比率(Larson ratio，LR)(Nollet and De Gelder，2013；Tchobanoglous et al.，2002)。

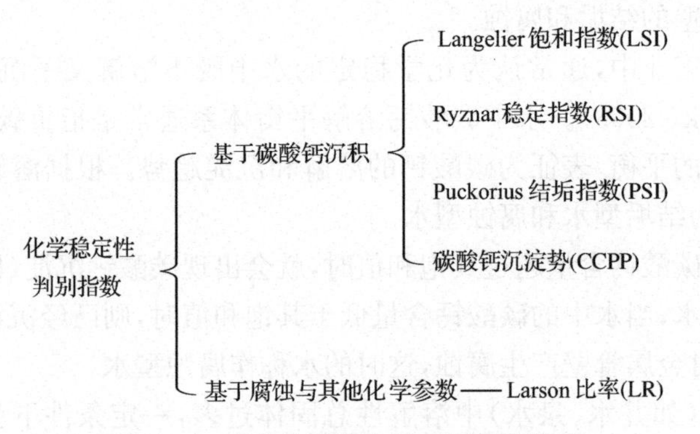

图 22.1　水的化学稳定性判别指数体系

对镁离子稳定性的判别是通过计算溶度积和饱和溶度积比较得出结论；对铝离子稳定性的判别首先是进行溶度积的比较，然后根据沉淀溶解平衡绘制 pC-pH 图，判断管网水中铝的存在形式以及稳定趋势；对铁离子稳定性的判别同样是根据溶液中的沉淀溶解平衡关系绘制 pC-pH 图进行分析判断。

22.2.1　Langelier 饱和指数(LSI)

1. pH_s

pH_s表示当水中 $CaCO_3$ 含量达到饱和状态时的 pH 值。pH_s是为评价水质是否稳定而提出的。水中所含的 $CaCO_3$ 量超过平衡时 $CaCO_3$ 量，或者达不到平衡

时所应有的含量时，均为化学不稳定的水。pH_s的计算公式为

$$pH_s = (9.3 + S + T) \cdot (H + A) \tag{22.1}$$

式中，S 为溶解性总固体系数，$S = (\lg[TDS] - 1)/10$；T 为温度系数，$T = -13.12\lg(℃ + 273) + 34.55$；$H$ 为钙硬度系数，$H = \lg[Ca^{2+}] - 0.4$；A 为总碱度系数，$A = \lg[Alk]$。Ca^{2+} 和 Alk 分别表示水样的钙硬度和总碱度，单位均为 mg-$CaCO_3$/L。

由于在推导 pH_s计算公式的过程中，没有考虑水-碳酸盐系统中存在的各种离子对的影响，因此该公式在理论上并不是很严格。

pH_s受很多因素的影响，除了主要与水的重碳酸盐碱度、钙离子浓度和水温有关外，还受水中含盐量、钙的缔合离子对及其他能形成碱度的成分等多种因素的影响。一般从简化计算的角度考虑，可将某些因素忽略进行近似计算。在有关手册、著作及文章中采用的 pH_s 近似计算方法各有差异，最常用的有两种方法。

一种是美国公共卫生协会（American Public Health Association，APHA）和美国自来水厂协会（American Water Works Association，AWWA）合编的 *Standard Methods for Examination of Water and Wastewater* 22 版中记载的 pH_s 计算方法：

$$pH_s = pK_2 - pK_s + p[Ca^{2+}] + p[HCO_3^-] + 5pfm \tag{22.2}$$

$$[Ca^{2+}] = [Ca^{2+}]_t - [Ca^{2+}]_{ip} \tag{22.3}$$

$$[HCO_3^-] = \frac{[Alk]_t - [Alk]_0 + 10^{(pfm-pH)} - 10^{(pfm+pH-pK_w)}}{1 + 0.5 \times 10^{(pH-pK_2)}} \tag{22.4}$$

$$pfm = A\left(\frac{\sqrt{I}}{1+\sqrt{I}} - 0.30I\right) \tag{22.5}$$

式中，pK_2 为碳酸的二级离解常数的负对数，与水温有关；pK_s为碳酸钙溶度积常数的负对数，与水温及碳酸钙晶型有关；pfm 为一价离子活度系数的负对数，与水温及含盐量有关；pK_w 为水的离解常数的负对数，与水温有关；$[Ca^{2+}]$为钙离子浓度（mol/L）；$[Ca^{2+}]_t$为钙离子各种形体的总浓度（mol/L）；$[Ca^{2+}]_{ip}$为钙的缔合离子对浓度（mol/L）；$[HCO_3^-]$为重碳酸盐离子浓度（mol/L）；$[Alk]_t$为总碱度（mol/L）；$[Alk]_0$为除 HCO_3^-、CO_3^{2-}、OH^- 外其他成分形成的碱度（mol/L）；A 为常数，与水温有关；I 为离子强度，与含盐量有关，I = TDS(mg/L)/40000 或 I = 电导率（μS/cm）$\times 1.6 \times 10^{-5}$。不同水温下的 pK 和 A 值见表 22.1。

表 22.1　pH_s 计算中不同水温下的 pK 和 A 值

水温(℃)	pK_s(方解石)	pK_2	pK_w	A
5	8.39	10.55	14.73	0.493
10	8.41	10.49	14.53	0.498
15	8.43	10.43	14.34	0.502
20	8.45	10.38	14.16	0.506
25	8.48	10.33	13.99	0.511
30	8.51	10.29	13.83	0.515
35	8.54	10.25	13.68	0.52
40	8.58	10.22	13.53	0.526
45	8.62	10.2	13.39	0.531
50	8.66	10.17	13.26	0.537
60	8.76	10.14	13.02	0.549
70	8.87	10.13		0.562
80	8.99	10.13		0.576
90	9.12	10.14		0.591

$[Ca^{2+}]_{ip}$和$[Alk]_0$若无计算机及相应计算程序是很难计算的,因其值一般较小,通常在手算时忽略不计。若水的 pH＝6.0～8.5,$[HCO_3^-]\approx[Alk]$;则式(22.2)可简化为

$$pH_s = pK_2 - pK_s + p[Ca^{2+}]_t + p[Alk]_t + 5pfm \tag{22.6}$$

另一种 pH_s计算的常用方法是查表法,根据水的总碱度、钙硬度、溶解性总固体和水温,查表 22.2 得到相应的常数,按下式计算:

$$pH_s = 9.3 + N_s + N_t - N_h - N_a \tag{22.7}$$

式中,N_s 为溶解固体常数;N_t 为温度常数;N_h 为钙硬度(以 $CaCO_3$ 计,mg/L)常数;N_a 为总碱度(以 $CaCO_3$ 计,mg/L)常数。

表 22.2　pH_s 计算的常数表

溶解性总固体(mg/L)	N_s	水温(℃)	N_t	钙硬度(以 $CaCO_3$ 计,mg/L)	N_h	钙硬度(以 $CaCO_3$ 计,mg/L)	N_a
50	0.07	0～2	2.6	10～11	0.6	10～11	1.0
75	0.08	2～6	2.5	12～13	0.7	12～13	1.1
100	0.10	6～9	2.4	14～17	0.8	14～17	1.2
200	0.13	9～14	2.3	18～22	0.9	18～22	1.3
300	0.14	14～17	2.2	23～27	1.0	23～27	1.4

续表

溶解性总固体(mg/L)	N_s	水温(℃)	N_t	钙硬度(以$CaCO_3$计,mg/L)	N_h	钙硬度(以$CaCO_3$计,mg/L)	N_a
400	0.16	17～22	2.1	28～34	1.1	28～34	1.5
600	0.18	22～27	2.0	35～43	1.2	35～43	1.6
800	0.19	27～32	1.9	44～55	1.3	44～55	1.7
1000	0.2	32～37	1.8	56～69	1.4	56～69	1.8
		37～44	1.7	70～87	1.5	70～87	1.9
		44～51	1.6	88～110	1.6	88～110	2.0
		51～55	1.5	111～138	1.7	111～138	2.1
		56～64	1.4	139～174	1.8	139～174	2.2
		64～72	1.3	175～220	1.9	175～220	2.3
		72～82	1.2	230～270	2	230～270	2.4
				280～340	2.1	280～340	2.5
				350～430	2.2	350～430	2.6
				440～550	2.3	440～550	2.7
				560～690	2.4	560～690	2.8
				700～870	2.5	700～870	2.9
				880～1000	2.6	880～1000	3.0

2. Langelier 饱和指数(LSI)

Langelier 饱和指数(LSI)是最早的也是应用最广泛的鉴别水质化学稳定性的指数,其定义为

$$LSI = pH - pH_s \tag{22.8}$$

式中,pH 为水的实际 pH 值;pH_s 为水中 $CaCO_3$ 饱和时的 pH 值。

Langelier 饱和指数从热力学平衡角度出发,认为在某一水温下,水中溶解的碳酸钙达到饱和状态时,存在一系列的动态平衡。以化学质量平衡为基础,此时水的 pH 值是个定值。表 22.3 给出 LSI 平衡趋势。

表 22.3　Langelier 饱和指数判别水质化学稳定性状态表

LSI	稳定性状态
>0	碳酸盐处于过饱和,有结垢倾向
=0	水质稳定
<0	碳酸盐未饱和,二氧化碳过量,有腐蚀的倾向

利用 LSI 值判别水的化学稳定性的 3 种情况是对水质的倾向性判断，并非绝对的结果，也不能反映其速率问题。由于 LSI 值的计算公式只涉及水中碳酸盐系统的平衡关系，不能反映其他水质因素对腐蚀和结垢产生的影响。饱和指数 LSI 的值只能作为一个相对的指导参数来应用，并不能把它的正、负作为鉴别结垢和腐蚀的绝对标准。

在实际工作中，Langelier 饱和指数可以作为水处理过程中一个相对性的指导参数，但并不能把 LSI 的正负值作为水是否结垢和腐蚀的绝对标准。pH_s计算公式中的热力学数据是在水质较简单的条件下得出的，与水处理中的实际情况显然有所差别。

Langelier 饱和指数有以下弊端，一是对两个同样的 LSI 值不能进行水质化学稳定性的比较。例如，pH 分别为 7.5 和 9.0 的两个水样，其 pH_s分别为 6.65 和 8.14，计算的 LSI 值分别为 0.85 和 0.86，就 LSI 而言两者都是结垢性的，但实际上第一个水样是结垢性的，而第二个水样是腐蚀性的。二是当 LSI 值在 0 附近时，容易得出与实际相反的结论。

22.2.2　Ryznar 稳定指数(RSI)

Ryznar 针对 Langelier 饱和指数在实际应用中存在的两个弊端，在大量实验的基础上，于 1944 年提出了半经验性的 Ryznar 稳定指数 I_R，又称 RSI。其定义为

$$\mathrm{RSI} = 2\mathrm{pH_s} - \mathrm{pH} \tag{22.9}$$

RSI 的生产实际情况如图 22.2 所示，Ryznar 稳定指数判断水质化学稳定性的情况见表 22.4。

饱和指数 LSI 与稳定指数 RSI 都是以碳酸钙溶解平衡作为判断的依据，一般情况下，利用这两种指数得出的结论基本一致。饱和指数 LSI 的理论性强，而稳定指数 RSI 则是根据试验资料和给水系统实际情况统计出来的经验公式，在一定程度上弥补了饱和指数 LSI 的不足，具有较强的实用性。用稳定指数 RSI 来判别水的化学稳定性，在某些情况下较饱和指数 LSI 更接近实际，但它仍然是以 pH_s为计算基础，因而也存在局限性。通常情况下是将饱和指数 LSI 和稳定指数 RSI 配合使用判断水质的化学稳定性。

22.2.3　Puckorius 结垢指数(PSI)

Puckorius 结垢指数 PSI 是基于被评价的水的总碱度修正的系统 pH 值。在运用 LSI 和 RSI 判断水的腐蚀与结垢倾向的实际工作中，往往结果不理想。根据碳酸钙垢的沉淀-溶解反应可知，生成碳酸钙垢需要水中含有 HCO_3^- 或 CO_3^{2-}，而不是 OH^- 或 H^+，由于缓冲作用，水的 pH 值往往不能与 HCO_3^- 水平存在正确的对应关系，因此用 RSI 判断为微结垢型或微腐蚀型的水，实际上却是一些腐蚀性很强的水。

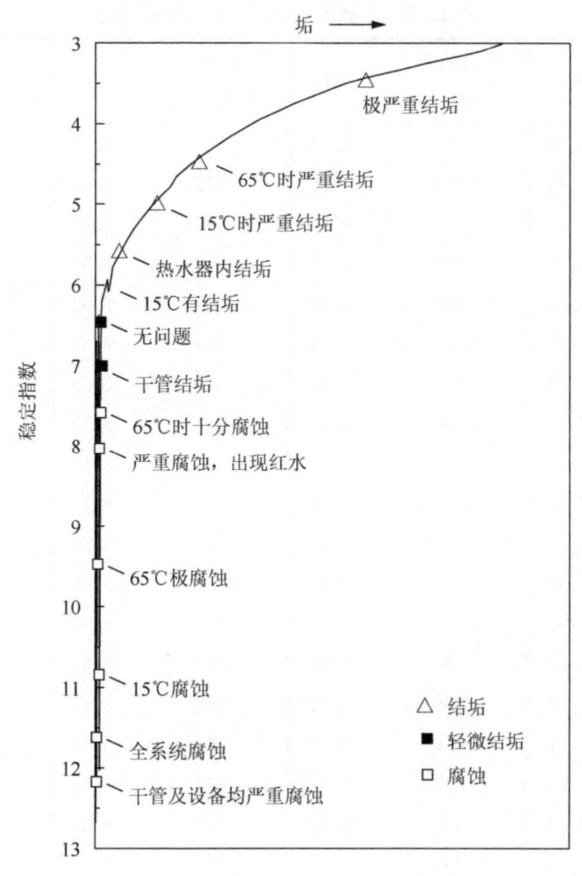

图 22.2　稳定指数 RSI 的生产实际情况(许保玖，2000)

表 22.4　Ryznar 稳定指数判别水质化学稳定性情况表

RSI	稳定性状态	RSI	稳定性状态
4.0～5.0	严重结垢	7.0～7.5	轻微腐蚀
5.0～6.0	轻度结垢	7.5～9.0	严重腐蚀
6.0～7.0	基本稳定	>9.0	极严重腐蚀

由于水的总碱度不易受到缓冲作用的影响，所以 PSI 更能准确地指示水的腐蚀与结垢倾向。1979 年，Puckorius 提出用平衡 pH 值(pH_{eq})代替 RSI 中的实际 pH 值，以修正 RSI，并通过总碱度来确定水的 pH_{eq}。PSI 属于纯经验指数，其定义为

$$PSI = 2pH_s - pH_{eq} \tag{22.10}$$

$$pH_{eq} = 1.465\lg Alk + 4.54 \tag{22.11}$$

式中，pH_s为饱和 pH 值；pH_{eq}为与水中总碱度有关的 pH 值，可从表 22.5 查得；Alk 为水的总碱度，单位为 mg-$CaCO_3$/L。

表 22.5 总碱度(Alk)与 pH_{eq} 的关系表

总碱度 ($CaCO_3$, mg/L)	pH_{eq}	总碱度 ($CaCO_3$, mg/L)	pH_{eq}	总碱度 ($CaCO_3$, mg/L)	pH_{eq}	总碱度 ($CaCO_3$, mg/L)	pH_{eq}
10	6.00	260	8.08	510	8.51	760	8.76
20	6.45	270	8.10	520	8.52	770	8.77
30	6.70	280	8.13	530	8.53	780	8.78
40	6.89	290	8.15	540	8.54	790	8.79
50	7.03	300	8.17	550	8.56	800	8.79
60	7.14	310	8.19	560	8.57	810	8.80
70	7.24	320	8.21	570	8.58	820	8.81
80	7.33	330	8.23	580	8.59	830	8.82
90	7.40	340	8.25	590	8.60	840	8.82
100	7.47	350	8.27	600	8.61	850	8.83
110	7.53	360	8.29	610	8.62	860	8.84
120	7.59	370	8.30	620	8.63	870	8.85
130	7.64	380	8.32	630	8.64	880	8.85
140	7.68	390	8.34	640	8.65	890	8.86
150	7.73	400	8.35	650	8.66	900	8.87
160	7.77	410	8.37	660	8.67	910	8.88
170	7.81	420	8.38	670	8.68	920	8.88
180	7.84	430	8.40	680	8.69	930	8.89
190	7.88	440	8.41	690	8.70	940	8.90
200	7.91	450	8.43	700	8.71	950	8.90
210	7.94	460	8.44	710	8.72	960	8.91
220	7.97	470	8.46	720	8.73	970	8.92
230	8.00	480	8.47	730	8.74	980	8.92
240	8.03	490	8.48	740	8.74	990	8.93
250	8.05	500	8.49	750	8.75	770	8.76

Puckorius 结垢指数判断水质化学稳定性的情况见表 22.6。

表 22.6 Puckorius 结垢指数(PSI)判别水质化学稳定性情况表

PSI	稳定性状态
<6	结垢
=6	稳定
>6	腐蚀

结垢指数PSI修正了pH值，在实际判断中更为准确，但也受条件限制。对于天然水(其碱度在1～10 mg-$CaCO_3$/L)，PSI的计算结果与RSI计算结果没有实质差别。对于其他水体，则需具体情况具体分析。

22.2.4　碳酸钙沉淀势(CCPP)

饱和指数LSI和稳定指数RSI只能给出有关化学稳定性的定性概念。但对于结垢性或者腐蚀性的水来说，究竟单位体积水中沉淀或溶解多少碳酸钙才能使水质达到化学稳定，饱和指数LSI和稳定指数RSI都是无能为力的。根据碳酸钙在水溶液中沉淀和溶解的量，Montgomery在1985年提出了碳酸钙沉淀势CCPP的概念，它能给出碳酸钙沉淀或溶解量的数值，其定义为

$$CCPP = 100([Ca^{2+}]_i - [Ca^{2+}]_{eq}) \tag{22.12}$$

式中，钙的单位为mol/L，其中$[Ca^{2+}]_i$和$[Ca^{2+}]_{eq}$分别代表水中原来的和碳酸钙平衡后的钙离子浓度值；CCPP的单位为mg-$CaCO_3$/L。

用碳酸钙沉淀势CCPP判断水质化学稳定性的情况见表22.7。

表22.7　CCPP判别水质化学稳定性情况表

CCPP	化学稳定性	CCPP	化学稳定性
0～4	基本不结垢或很轻微结垢	0～−5	轻微腐蚀
4～10	轻微结垢	−5～−10	中度腐蚀
10～15	较严重结垢	<−10	严重腐蚀
>15	严重结垢		

22.2.5　Larson比率(LR)

Larson等在分析大量铁制管道腐蚀速率数据的过程中，发现水体中碳酸氢根的存在对于缓解腐蚀起着重要的作用。他们认为水体的腐蚀性取决于水中腐蚀性组分与缓蚀性组分的比例，并提出了Lason比率的概念，其定义为

$$LR = ([Cl^-] + [SO_4^{2-}]) / [HCO_3^-] \tag{22.13}$$

上式中氯离子、硫酸根、碳酸氢根的单位都是mol/L。Lason比率考虑到了氯离子和硫酸根等无机阴离子对管道腐蚀的影响。氯离子和硫酸根等无机阴离子半径小，会提高水的电导率，氯离子可以取代钝化层金属离子内相互连接的氢键，引起局部腐蚀(孔蚀、点蚀)，破坏金属表面的钝化保护膜，加速了金属管道的腐蚀。

22.2.6　各判别指数适用范围

水质判别指数中饱和指标LSI、稳定指标RSI、结垢指标PSI和碳酸钙沉淀

势 CCPP 是基于碳酸钙溶解平衡的稳定性指数，CCPP 能定性和定量地判别水质的腐蚀或结垢趋势，而 LSI、RSI、PSI、LR 只能定性判断水质的腐蚀或结垢趋势（Lahav and Birnhack，2007）。Larson 比率 LR 是基于腐蚀与其他水质化学参数的稳定性指数，且 LR 考虑了水体中腐蚀性和缓蚀性成分的比例。

一般可以根据以上的水质判别指数来判断水质的腐蚀或结垢趋势，但由于水系统的复杂性和判别指数自身的局限性，各指数适用范围各不相同，在实际应用中要根据多个指数综合分析才能更准确地反映水质化学稳定性的实际情况。以上五种水质化学稳定性判别指数见表 22.8。

表 22.8 水质化学稳定性判别指数表

稳定性指数	含义	计算公式	稳定性指数值	稳定性状态
LSI	从热力学平衡的角度出发，一定水温下，水中溶解的碳酸钙的饱和程度	$LSI=pH-pH_s$	<0	腐蚀倾向
			=0	稳定
			>0	结垢倾向
RSI	基于 LSI 提出的半经验性指数	$RSI=2pH_s-pH$	4～5	严重结垢
			5～6	轻微结垢
			6～7	基本稳定
			7～7.5	轻微腐蚀
			7.5～9	严重腐蚀
			>9	极严重腐蚀
PSI	以 pH_{eq} 代替实际 pH 值，修正了 RSI	$PSI=2pH_s-pH_{eq}$	<6	结垢倾向
			=6	稳定
			>6	腐蚀倾向
CCPP	定量表示碳酸钙沉淀或溶解的趋势	$CCPP=100([Ca^{2+}]_i-[Ca^{2+}]_{eq})$	<−10	严重腐蚀
			−10～−5	中度腐蚀
			−5～0	轻微腐蚀
			0～4	基本不结垢或很轻微结垢
			4～10	轻微结垢
			10～15	较严重结垢
			>15	严重结垢
LR	水体腐蚀性成分与缓蚀性组分的比例	$LR=([Cl^-]+[SO_4^{2-}])/[HCO_3^-]$	<0.2	极低腐蚀性
			<0.5	可接受

1. LSI、RSI和PSI指数适用范围

表22.9给出了饱和指标LSI、稳定指标RSI、结垢指数PSI判断水质的稳定性的程度。应用这三种判别指数对循环冷却水的化学稳定性进行判断，冷却水水质特征分析见表22.10，水质判断结果见表22.11。

表22.9　LSI、RSI和PSI判别水质化学稳定性对比

LSI	RSI	PSI	稳定性状态
3.0	3.0	3.0	极严重结垢
2.0	4.0	4.0	严重结垢
1.0	5.0	5.0	较严重结垢
0.5	5.5	5.5	中度结垢
0.2	5.8	5.8	轻微结垢
0.0	6.0	6.0	稳定
−0.2	6.5	6.5	轻微腐蚀
−0.5	7.0	7.0	中度腐蚀
−1.0	8.0	8.0	较严重腐蚀
−2.0	9.0	9.0	严重腐蚀
−3.0	10.0	10.0	极严重腐蚀

表22.10　循环冷却水的水质特征分析

水质指标	水样					
	1	2	3	4	5	6
温度(℃)	43	43	49	43	43	49
溶解性总固体(mg/L)	1000	1000	1000	1000	1500	1000
硬度(以$CaCO_3$,mg/L计)	500	800	500	100	250	200
总碱度(以$CaCO_3$,mg/L计)	50	50	100	200	100	50
pH	7.5	7.8	8.2	8.8	8.9	9.5
pH_s	7.15	6.90	6.77	7.25	7.16	7.47
pH_{eq}	7.03	7.14	7.47	7.91	7.47	7.03

资料来源：http://www.waterworld.com/articles/iww/print/volume-12/issue-6/feature-editorial/examining-scaling-indices-what-are-they.html

表 22.11　LSI、RSI、PSI 判断结果

判别指数	水样					
	1	2	3	4	5	6
LSI	0.35 中度结垢	0.90 中度结垢	1.43 较严重结垢	1.55 较严重结垢	1.74 较严重结垢	2.03 严重结垢
RSI	6.80 轻微腐蚀	6.00 稳定	5.34 中度结垢	5.70 轻微结垢	5.42 中度结垢	5.44 中度结垢
PSI	7.27 轻微腐蚀	6.66 轻微腐蚀	6.07 基本稳定	6.59 轻微腐蚀	6.85 轻微腐蚀	7.91 中度腐蚀
实际情况	水样均不结垢					

资料来源：http://www.waterworld.com/articles/iww/print/volume-12/issue-6/feature-editorial/examining-scaling-indices-what-are-they.html

由表 22.11 可以看出，对于水样 1，LSI 判断结果是结垢型水，RSI 和 PSI 判断水质并不结垢，而是有溶垢倾向的轻微腐蚀型水。

水样 2 的硬度为 800 mg/L，碱度为 50 mg/L，是一种高硬度、低碱度的水。LSI 判断结果是中度结垢的结垢型水，RSI 判断水质稳定，是既不结垢也不腐蚀。PSI 判断是有溶垢倾向的轻微腐蚀型水。

对于水样 3、4 和 5，LSI 和 RSI 判断水质是较严重结垢和中度结垢或轻微结垢的结垢型水，而 PSI 判断结果是水质基本稳定或轻微腐蚀型水，LSI、RSI 和 PSI 的判断结果差别较大。

水样 6 的碱度为 50 mg/L，pH 值为 9.5，LSI 和 RSI 判断水质是严重结垢和中度结垢的结垢型水，而 PSI 判断水质是中度腐蚀的腐蚀型水。

三种判别指数的判断结果和实际运行中水质稳定性比较，实际运行中 6 种水质均为能使碳酸垢溶解的腐蚀型水。由此可知，PSI 判断结果与实际水质最为接近。对于水样 6，其 pH 值很高，但碱度低(50 mg/L)，因此 pH 值很高的水质不一定有结垢倾向。在循环冷却水 pH＞8 时，用 Puckorius 结垢指数 PSI 判断冷却水的结垢与腐蚀倾向是非常适宜的。

2. CCPP 和 LR 指数适用范围

碳酸钙沉淀势 CCPP 能给出碳酸钙沉淀或溶解量，即可定量分析水质的化学稳定性。应用 CCPP 判断水质的腐蚀或结垢趋势时，如果 CCPP 过小，说明水质处于碳酸钙溶解状态，极易发生腐蚀；如果 CCPP 过大，就容易发生管道堵塞。美国一般建议水质调整后的 CCPP 以 4～10 mg/L 为宜(Lahav and Birnhack, 2007)，这时水质属于轻微结垢型水，可使管道内壁形成一薄层 $CaCO_3$ 沉淀，从而防止管道被腐蚀。

对于水泥管、石棉管及水泥砂浆衬里的金属管材，Lason 比率(LR)能够评价氯离子、硫酸根离子等无机阴离子对水质化学稳定性的影响。

因此对于无内防腐的金属管，可用 CCPP 和 LR 来判断水质化学稳定性；对于水泥管、石棉管及水泥砂浆衬里的金属管材，可用 LR 来判断水质化学稳定性。

22.3 化学稳定性水质标准和水质要求

22.3.1 化学稳定性水质标准

国外净水厂控制出水的水质化学稳定性指标情况见表 22.12(AWWARF，1996)。

表 22.12 国外净水厂出水的水质化学稳定性指标控制情况

项目	挪威	芬兰	瑞典	荷兰	美国	德国
pH 值	7.5～8.5	7～9	7.5～9	7.8～8.3	6.5～8.5	6.5～9.5
碱度(mg/L)	60～100	>60	>100	>100	—	—
硬度(mg/L)	15～25	20～30	20～60	—	—	—
氯化物(mg/L)	<100	<100	<100	—	<250	<250
硫酸盐(mg/L)	<100	—	<100	—	<250	<240
饱和指数 LSI	—	—	—	0.2～0.3	—	—

注：表中“—”表示空白

22.3.2 水系统对化学稳定性的要求

输配水管网是一个非常庞大复杂的系统，在输配过程中，水与管道内壁和附属设备内表面接触，会发生许多复杂的物理、化学和生物反应，从而不可避免地导致水质发生不同程度的变化。如果管网供水能力与实际输送水量状况矛盾，则有些管道内水流速度过快，对管壁造成严重水力侵蚀，而有些管道内水流速度缓慢，延长了水在管网内的停留时间，使水质恶化的可能性加大。由于管网水所含化学成分非常复杂，管网水化学稳定性涉及很多方面，其中有代表性的包括碳酸钙沉积、铝沉积和铁超标等问题。

管材不同的管网对水质的要求也不同，表 22.13 列出了相关水质要求(AWWARF，1996)。

表 22.13　不同材质的管网对水质化学稳定性要求

材料	pH 值	碱度($mgCaCO_3/L$)	钙离子(mg/L)	DO(mg/L)	有机物
铸铁管	7～8.5	10～25	存在	>2	少量
水泥压力管	7～8.5	>15	>10	—	—
水泥砂浆衬里的金属管	7～8.5	>15	>10	—	—
其他	8～8.5	33～82	>10	—	少量

注：表中“—”表示空白

22.3.3　化学稳定性与其他水质指标的关系

在水处理、管道输送及储存过程中，管网水质的化学稳定性与管道材质、管网水质及水力特性密切相关。水质影响因素包括 pH 值、碱度、缓冲强度、溶解氧(DO)、余氯、有机物和水温等。水力影响因素包括水流流速及方向的变化。通过调节这些水质参数可以控制水的化学稳定性，其中 pH 值和总碱度是影响水质化学稳定性的两个关键因素。下面着重介绍 pH 值和碱度对水质化学稳定性判别指数的影响。

1. pH 值

pH 值是影响管网水质稳定性的最主要和最直接的因素。在管道内，pH 值直接影响腐蚀电位和腐蚀的形式(析氢腐蚀、吸氧腐蚀)。pH 值的变化会影响金属氧化物的溶解度，在无溶解氧的水中，pH 值决定金属腐蚀速率，高 pH 值时的腐蚀速率较低。即 pH 值越高，管壁沉积物表面越易生成致密的氧化膜，越能抑制管道的腐蚀。低 pH 值将会使覆盖在管壁表面的沉积物的结构呈疏松多孔状，间接增大了管道的腐蚀。

在实际生产运行中，$4.3<pH<9.0$ 时，腐蚀速率变化很小；$pH<4.3$ 时，由于发生酸性腐蚀，金属腐蚀加快；$pH>9.0$ 时，在金属表面形成钝化膜，阻止了金属腐蚀，腐蚀速率减小。目前，我国饮用水标准中规定 pH 值在 6.5～8.5 之间，在我国水厂水处理工艺中一般不会对出厂水 pH 值进行调节；而美国等发达国家一般会对出厂水的 pH 值进行调节，使出厂水质满足化学稳定性的要求。

表 22.14 给出了济南市某水厂出水水质特征，根据相关数据对 LSI、RSI、CCPP 等水质稳定指数进行了计算(徐菲菲，2013)，分析了不同 pH 值对水质稳定指数的影响。结果如图 22.3 所示。

表 22.14 济南市某自来水厂水质特征分析

pH 值	温度(℃)	总碱度($mgCaCO_3$/L)	总硬度($mgCaCO_3$/L)	钙离子(mg/L)	TDS(mg/L)
7～9	12	130	234	45	606

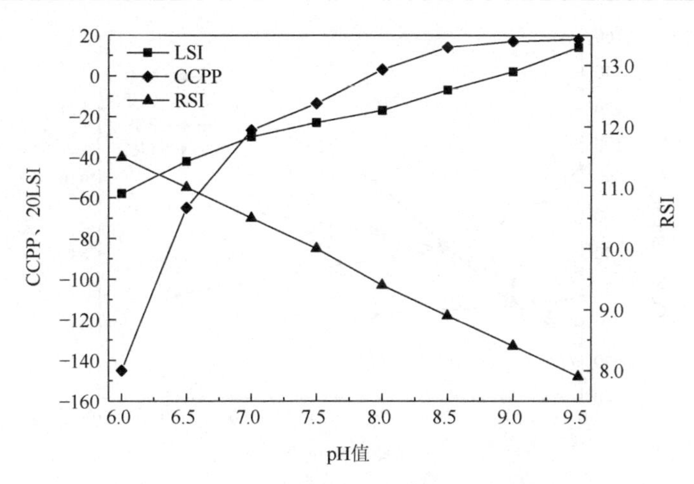

图 22.3 不同 pH 值对水质稳定判别指数的影响

从图 22.3 可以看出，随着 pH 值的升高，判别指数 LSI 和 CCPP 均呈上升趋势，而 RSI 则呈下降趋势。其中 CCPP 在 pH 6.0～7.5 的范围内增幅较大，随后增幅变缓。结果表明，水质的腐蚀性和结垢性随 pH 值的升高而降低，即水质化学稳定性趋向稳定。当 pH>8.0 时，LSI、CCPP、RSI 均在可接受范围内。因此，调控 pH 值是控制水质化学稳定性的有效措施之一。

2. *碱度和缓冲强度*

碱度是对水中和酸能力的一种衡量，一般以强碱弱酸盐作为缓冲体系，当水中加入酸时，碱度可以阻止 pH 值下降。在 pH 值保持不变的情况下，铁腐蚀速率一般随总碱度的升高而降低，增加碱度相应地提高了水的缓冲能力，同时降低了二价铁离子和钙离子的溶解度。在碱度一定的条件下，当 pH 值在 6.0～9.0 之间变化时，增加水的缓冲强度可以有效降低低碳钢管的腐蚀速率。

表 22.15 给出了深圳某水厂出水水质特征，根据相关数据对 LSI、RSI、CCPP、LR 等水质稳定指数进行了计算(方伟，2007)。碱剂的种类及其投加量的不同对碱度的调整会产生不同的效果，$Ca(OH)_2$ 和 NaOH 是改善水质化学稳定性的有效碱剂，且 $Ca(OH)_2$ 比 NaOH 提高水质碱度的程度略高，下面以投加 $Ca(OH)_2$ 为例，分析不同投加量对水质稳定指数的影响。结果如图 22.4 所示。

表 22.15 深圳市某自来水厂水质特征分析

pH值	温度(℃)	总碱度($mgCaCO_3/L$)	总硬度($mgCaCO_3/L$)	钙离子(mg/L)	TDS(mg/L)
6～9	25	30	50	15	90

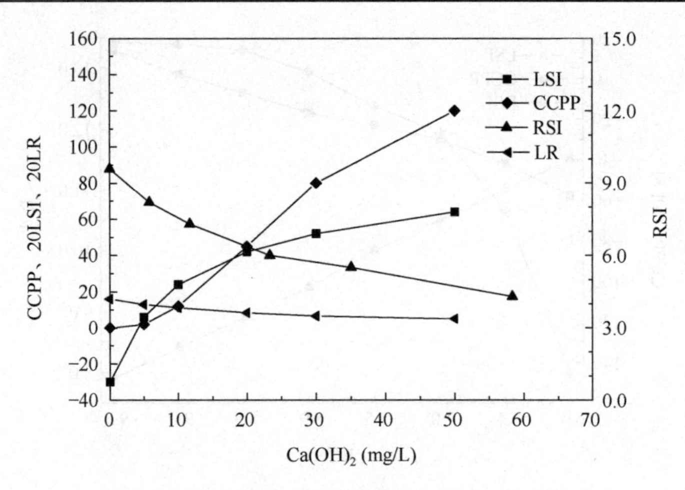

图 22.4 不同投加量对水质稳定判别指数的影响

从图 22.4 中可以看出,随着 $Ca(OH)_2$ 投加量的增大,LSI 和 CCPP 不断上升,而 RSI 和 LR 不断下降。结果表明,随着碱剂投加量的增大,水体的腐蚀性、结垢性和阴离子穿透性都不断降低,水质的化学稳定性提高。

3. 氨氮的影响

氨氮是引起管网腐蚀的重要因素之一。氨氮是多种金属的强络合剂,可通过络合作用腐蚀金属。铜的腐蚀反应式如下:

$$Cu + 4NH_3 \longrightarrow [Cu(NH_3)_4]^{2+} + 2e^-$$

此外,氨氮可被系统中的亚硝化菌和硝化菌转化为 NO_2^-、NO_3^- 并产生 H^+,影响 pH 值和碱度,进而对水质化学稳定性产生影响。工业循环冷却水处理设计规范(GB/T 50050—2017)规定,间冷开式系统循环冷却水氨氮浓度不得超过 10.0 mg/L,若使用铜合金设备,则不得超过 1.0 mg/L。

22.4 化学稳定性相关研究方向与研究案例

22.4.1 化学稳定性相关的研究方向

与化学稳定性相关的研究方向主要包括:化学稳定性评价与关键组分识别、特征化合物对化学稳定性的影响、输配管材及其对水质的要求、不同水质条件下各种管材的溶解特性及其控制、化学稳定性控制理论与技术、化学稳定性标准与水质目标等。

22.4.2 供水系统的水质化学稳定性

在给水管网输配过程中，改善管网水的化学稳定性的关键是控制水厂出水的化学稳定性。结合供水水质稳定性现状调查，采用稳定指数对不同城市水厂出水的化学稳定性进行判断。

1. 深圳供水系统

深圳市某水厂出水水质检测数据见表22.16(赵伟，2012)。

表22.16　夏季和冬季水厂出水水质特征分析

时间	pH值	温度(℃)	TDS(mg/L)	总碱度($mgCaCO_3/L$)	总硬度($mgCaCO_3/L$)
夏季	7.1～7.3	22～31	110～148	31.4～35.0	46.0～58.0
冬季	7.1～7.3	16～25	110～138	30.3～34.8	44.9～58.3

注：夏季时间为2011年6～10月，冬季时间为2011年11月至2012年1月

由表22.16可知，在夏季和冬季两个季节，出水温度变化较大，夏季平均水温约为29℃，冬季平均水温为20℃。其他水质指标随季节变化无明显差异。

根据水质参数的平均值计算出水质化学稳定性指数，结果见表22.17。

表22.17　夏季和冬季水厂出水化学稳定性指数计算结果

水质	CCPP	LR
夏季出厂水	−8.18	0.69
冬季出厂水	−9.25	0.71

由表可见，不管是夏季还是冬季的出厂水，传统的稳定指数认为其水质化学稳定性离实际稳定状态尚有一定的差距，具有较强的侵蚀性。

由表22.17可知，根据CCPP判别结果显示水质具有中度腐蚀性。

2. 济南供水系统

济南市某水厂出水水质检测数据见表22.18(徐菲菲，2013)。

表22.18　济南市某水厂出水水质特征分析

pH值	温度(℃)	TDS(mg/L)	总碱度($mgCaCO_3/L$)	总硬度($mgCaCO_3/L$)	硫酸盐(mg/L)	氯化物(mg/L)
8.2	16	606	130	234	157	95

注：取样时间为2011年

针对供水系统管网水质化学稳定性的研究，在供水范围内，选取 3 个管网点进行取样分析，并计算判别水质的化学稳定性。水质化学稳定性数据见表 22.19。

由表 22.19 可以看出，出水 pH_s 平均值为 8.44。饱和指数 LSI 均小于 0，说明管网水具有腐蚀性。稳定指数 RSI 均大于 8.0，说明腐蚀较严重，其中有 55.5%的 RSI 在 8.0～9.0 之间，具有较严重腐蚀，44.4%的 RSI>9.0，具有严重腐蚀性。出水的碳酸钙沉淀势 CCPP 均小于 0，其中 5.5%的 CCPP 在 0～－5 之间，具有轻微腐蚀性；有 30.5%的 CCPP 在－5～－10，具有中度腐蚀性；有 64%的 CCPP<－10，具有严重的腐蚀性。

表 22.19　水厂出水化学稳定性数据

取样点		pH_s	LSI	RSI	CCPP ($mgCaCO_3/L$)	LR
	最大值	8.61	－0.28	9.23	－3.96	1.66
1	最小值	8.23	－0.66	8.67	－11.80	1.41
	平均值	8.42	－0.47	8.92	－7.87	1.57
	最大值	8.88	－0.28	9.59	－4.34	1.77
2	最小值	8.34	－0.82	8.65	－13.65	1.57
	平均值	8.61	－0.55	9.07	－7.56	1.68
	最大值	8.54	－0.25	9.34	－3.40	1.69
3	最小值	8.05	－0.74	8.32	－13.06	1.50
	平均值	8.29	－0.49	8.8	－7.63	1.61
总平均值		8.44	－0.50	8.95	－8.14	1.61

各水厂出厂水的 Larson 数值有 83.3%大于 1，有 16.7%的数值在 0.5～1 之间，均存在着阴离子穿透管道内壁腐蚀产物，导致“黄水”发生的风险。

综上所述，济南市水厂出厂水常年具有不同程度的腐蚀性；出厂水对石棉水泥管和内衬为水泥砂浆的金属管具有中度腐蚀性；存在于水中的氯离子、硫酸根等离子穿透管道内壁腐蚀产物造成铁的释放，引发“黄水”的风险。

22.4.3　循环冷却水系统的水质化学稳定性

循环冷却水的化学稳定性是影响循环冷却系统腐蚀、结垢和微生物生长的直接因素。冷却水的重复利用，导致水质化学稳定性不断变差，严重时直接影响生产装置的正常运行，造成经济损失和水资源浪费。随着水资源的日益紧张，为提高工业冷却水的用水效率，有效降低水资源需求、缓解水资源压力，再生水作为水源已广泛应用于工业循环冷却水。由于再生水中的无机盐、氨氮等可导致冷却系统腐蚀和结垢，威胁着冷却系统的安全运行。因此，判断冷却水的化学稳定性是控制循环冷却水稳定性的首要工作。

Choudhury等研究了城市污水处理厂三级出水（处理工艺：①硝化—过滤；②硝化—过滤—活性炭吸附）作为电厂循环冷却水补水对冷却系统的腐蚀作用（Choudhury et al.，2012）。三级出水水质特征见表22.20。

表22.20　出水水质特征分析

类别	pH值	TDS(mg/L)	TOC(mg/L)	总碱度($mgCaCO_3/L$)	硫酸盐(mg/L)	氯化物(mg/L)
A	7.16	644	26.5	123	67.0	199
B	6.65	362	9.84	25.1	57.8	212
C	7.94	439	3.21	44.2	59.5	162

注：A：二级出水；B：经硝化—过滤处理的三级出水；C：经硝化—过滤—活性炭吸附处理的三级出水；TOC：总有机碳

采用上述三级出水作为循环冷却水补水，循环冷却水浓缩倍数为4，其水质饱和指数LSI分别为-0.55 ± 0.48和0.68 ± 0.39，经硝化—过滤处理的三级出水饱和指数LSI<0，表明碳酸盐未饱和，没有结垢倾向，但有腐蚀倾向。经硝化—过滤—活性炭吸附处理的三级出水饱和指数$0<$LSI<1，表明碳酸盐过饱和，有结垢倾向，为中度结垢。

22.4.4　海水淡化水系统的水质化学稳定性

随着海水淡化技术的飞速发展，生产工艺的日益成熟，制水成本的不断降低，海水淡化作为淡水水源的重要补充，已成为解决水资源紧缺的重要途径。海水淡化水通常为高纯度、高品质水，其硬度、碱度、pH值均较低。淡化水基本不具有缓冲能力，进入管网后易改变管网的化学平衡，加速管道内水垢的溶解，管道腐蚀和腐蚀产物向水中释放，直接导致管网水的浊度、色度增加，还会使一些金属元素的浓度增加，造成“红水”现象。因此，研究海水淡化水在输配系统中的化学稳定性，有利于控制管网的化学平衡，保障用户终端水质的安全性。

Birnhack和Lahav对海水淡化系统中Ca^{2+}、Mg^{2+}、SO_4^{2-}和碱度控制进行了研究，并建议海水淡化水质指标满足碱度大于80 mg/L（以$CaCO_3$计），Ca^{2+}浓度为80～120 mg/L（以$CaCO_3$计），CCPP为3～10 mg/L（以$CaCO_3$计），pH<8.5（Birnhack and Lahav，2007；Lahav and Birnhack，2007）。

海水淡化的方法主要包括海水冻结法、电渗析法、蒸馏法、反渗透法。下面以某海水淡化厂为例，分析判断淡化水的化学稳定性。该海水淡化厂以渤海海水为原水，采用多级闪蒸工艺进行海水淡化，淡化水水质特征见表22.21（李振中，2009）。

表 22.21 海水淡化水水质特征

数据	温度(℃)	浊度(NTU)	pH 值	TDS(mg/L)	总碱度 ($mgCaCO_3/L$)	总硬度 ($mgCaCO_3/L$)	总铁 (mg/L)
最大值	18.7	0.76	8.09	8.00	11.59	5.14	<0.05
最小值	14.8	0.38	7.01	3.00	2.60	2.11	未检出
平均值	16.9	0.62	7.48	3.83	6.01	3.39	未检出

从表 22.21 可以看出,海水淡化水的各项水质指标均较稳定,其中 TDS、总碱度、总硬度等远远小于饮用水中的相应指标。由于采用多级闪蒸工艺进行海水淡化,制水原理是蒸馏,不存在使用铁盐混凝的水处理工艺,所以淡化水呈现出硬度低、碱度低和铁含量低的水质特征。

根据相关水质参数,采用饱和指数 LSI、稳定指数 RSI 和碳酸钙沉淀势 CCPP 对海水淡化水的化学稳定性进行判别分析,判别结果见表 22.22。

表 22.22 海水淡化水水质特征

数据	pH_s	LSI	RSI	CCPP($mgCaCO_3/L$)
最大值	11.12	−2.34	14.99	−9.85
最小值	10.39	−3.99	12.73	−11.99
平均值	10.73	−3.24	13.97	−10.92

由表 22.22 结果可知,淡化水的 pH_s 均大于 10.00,平均值为 10.73。饱和指数 LSI 均小于 0,最小值为 −3.99,平均值为 −3.24。可见,淡化水具有腐蚀性。稳定指数 RSI 均大于 9.00,最大值是 14.99,均值是 13.97,表明淡化水具有极严重腐蚀性。碳酸钙沉淀势 CCPP 均小于 0,最大值是 −9.85 $mgCaCO_3/L$,均值是 −10.92 $mgCaCO_3/L$。判断结果为淡化水严重腐蚀。

综合 LSI、RSI 和 CCPP 三种判别指数分析结果,淡化水具有严重腐蚀性,有溶解管垢的倾向。

参 考 文 献

方伟. 2007. 城市供水系统水质化学稳定性及其控制方法研究. 长沙:湖南大学硕士学位论文.
方伟,许仕荣,徐洪福,等. 2006. 城市供水管网水质化学稳定性研究进展. 中国给水排水,22(14):10~13.
何文杰,李伟光,张晓健,等. 2006. 安全饮用水保障技术. 北京:中国建筑工业出版社.
李奎白,张杰. 2005. 水质工程学. 北京:中国建筑工业出版社.
李振中. 2009. 海水淡化水在输配系统中化学稳定性研究. 天津:天津大学硕士学位论文.
曲久辉. 2007. 饮用水安全保障技术原理. 北京:科学出版社.

肖裕秀. 2012. 二氧化碳连用石灰石接触池工艺改善水质稳定性研究. 长沙:湖南大学硕士学位论文.

徐菲菲. 2013. 济南市给水系统水质化学稳定性研究. 济南：山东建筑大学硕士学位论文.

许保玖. 2000. 给水处理理论. 北京：中国建筑工业出版社.

张利平. 2019. 再生水中氨氮在循环冷却系统内迁移转化研究. 北京：华北电力大学博士学位论文.

赵伟. 2012. 低硬低碱条件下水质化学稳定性评价体系的构建. 长沙：湖南大学硕士学位论文.

AWWARF. 1996. Internal corrosion of water distribution systems. American Water Works Association Research Foundation，Denver.

Birnhack L，Lahav O. 2007. A new post-treatment process for attaining Ca^{2+}，Mg^{2+}，SO_4^{2-} and alkalinity criteria in desalinated water. Water Research，41(17)：3989～3997.

Choudhury M R，Hsieh M K，Vidic R D，et al. 2012. Corrosion management in power plant cooling systems using tertiary-treatedmunicipal wastewater as makeup water. Corrosion Science，61：31～241.

Lahav O，Birnhack L. 2007. Quality criteria for desalinated water following post-treatment. Desalination，207(1-3)：286～303.

Nollet L M L，De Gelder L S P. 2013. Handbook of Water Analysis. 3rd Edition. Boca Raton:CRC Press.

Popek E P. 2003. Sampling and Analysis of Environmental Chemical Pollutants：A complete Guide. Amsterdam：Academic Press.

Tchobanoglous G，Burton F L，Stensel H D. 2002. Wastewater Engineering Treatment and Reuse. 4th Edition. Wakefield，MA:Metcalf & Eddy，Inc.

第 23 章　生物稳定性及其研究方法

广义上讲,水的生物稳定性是指水中的营养物质(包括有机物和无机物)所能支持微生物生长的综合潜力,包括支持细菌和微藻的生长能力。生物稳定性高,表明水中的微生物生长所需的营养物质浓度低,微生物不容易在其中生长;反之,生物稳定性越低,则说明微生物在该水质条件下越容易生长。

由于生物稳定性的概念最早是于 20 世纪 80 年代在饮用水研究领域中提出的,其主要关注的研究对象是水中的异养微生物(如大肠杆菌等),故从狭义上理解,水的生物稳定性往往是指水中的营养物质所能支持异养微生物(主要是异养细菌)生长的最大可能性,即水中异养细菌的最大生长潜力(王占生和刘文君,1999),不包括藻类等自养微生物的生长。在本章中将重点讨论水中异养微生物的生长潜能,在第 25 章中将对水中的藻类生长潜能进行分析和讨论。

23.1　生物稳定性及其意义

在各种供水处理系统(如饮用水处理系统、城市污水再生处理系统、工业用水预处理系统)中,经过一系列工艺处理过后的水质往往较好,能满足使用要求。然而,在水被用户使用前,常常要经过储存、管道输配等过程,某些利用过程本身也会经历较长的时间(如电厂循环冷却水)。在这些环节中,水中的微生物可能会利用水中的营养物质进行生长。

微生物的生长不仅会在有人体暴露(如饮用、呼吸吸入)的使用途径中产生健康风险,同时微生物的大量生长会导致水的浊度升高,生成致色致嗅的代谢产物,直接致使水质劣化。在输水管网系统中,微生物附着在管壁逐渐形成生物膜,也可导致生物腐蚀、管道堵塞等严重问题。因此,如何控制储存、输配、利用过程水中微生物的生长一直是水研究领域的重要问题之一。

向水中投加消毒剂或抑菌剂一直是控制水中微生物生长的重要手段。但是,水的消毒也存在诸多问题。一方面,越来越多的研究发现,对于不同的消毒方式,都存在某些微生物对其具有抗性。另一方面,在水中营养物质浓度较高时,即使增大消毒剂的剂量,也无法有效控制微生物的生长。可见,单纯依靠消毒并不能保证水质的生物安全。

此外,氯等消毒剂的投加会带来嗅味等物理感官问题,消毒剂与水中有机物反应生成具有生物毒性的消毒副产物,产生健康和生态风险。原水水质的差异导致对消毒剂种类的选择和投加量的要求也存在差异，如果单独依赖消毒来控制水中微生物的生长，不仅无法有效地保障水质生物安全，还会造成消毒成本的升高。

合理评价水的生物稳定性，有针对性地去除水中支持生物生长的关键营养物质，对降低消毒剂需求量、保障水利用过程中的生物安全具有非常重要的意义。

23.2　生物稳定性的评价方法

23.2.1　生物稳定性评价方法概述

几十年来，研究者们对水的生物稳定性测定方法进行了大量研究工作。用于表征水的生物稳定性的水质指标很多，主要包括基于有机碳含量分析的可同化有机碳（assimilable organic carbon，AOC）和生物可降解溶解性有机碳(biodegradable dissolved organic carbon，BDOC)、基于磷浓度分析的可生物利用磷(microbially available phosphorus，MAP)、基于微生物生长分析的细菌生长潜力(bacterial growth potential，BGP)和生物膜生成速率(biofilm formation rate，BFR)这三大类(图 23.1)。

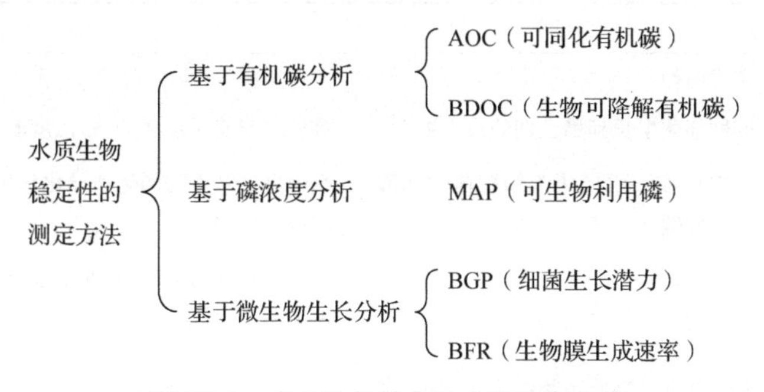

图 23.1　水的生物稳定性主要测定方法

1. 基于有机碳含量分析的指标

多数水质条件下水中限制异养微生物生长的关键营养物质是有机碳(Funamizu et al.，1998)。因此，目前在研究中最常被用来表征水的生物稳定性指标是基于有机碳浓度分析的 BDOC 和 AOC。

BDOC 表征的是水中容易被异养微生物利用的溶解性有机碳，包括微生物同化作用合成细胞体和异化作用转化为二氧化碳这两部分共同消耗的有机碳。

AOC 表征的是水中容易被异养细菌用于合成细胞体，进行自身繁殖生长的有机物，是 BDOC 的一部分(图 23.2)。需要强调的是，AOC 表征的是水样中微生物的最大生长潜力，反映水中有机物对微生物生长综合影响的结果，不能简单地理解为代表了水中某一类或某一部分的有机物。这是因为水中有机物对微生物生长的影响比较复杂,除可以支持微生物生长外,还可能会抑制微生物的生长(Chudoba,1985; Ross et al.,1998; Ichihashi et al.,2006)。

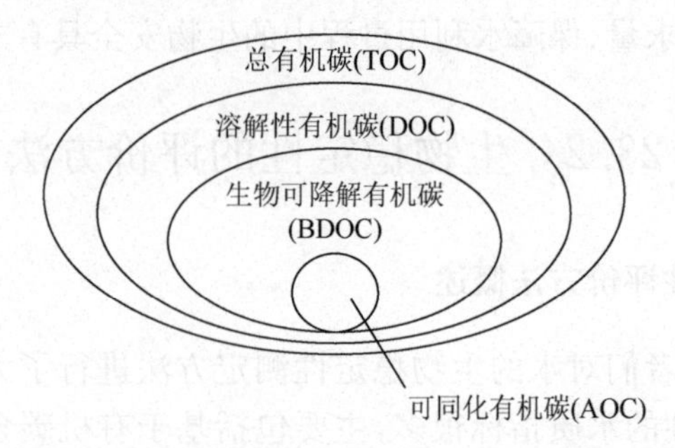

图 23.2　各有机碳指标之间的关系(刘文君,1999)

相对于 BDOC,对 AOC 有贡献的往往是分子量更小的有机物,它们更容易被微生物降解利用。关于 AOC 和 BDOC 两个指标的比较见表 23.1。

表 23.1　AOC 和 BDOC 指标的比较

项目	AOC	BDOC
接种菌种	模式菌种	土著菌种
测定方法	接种细菌生长到稳定期的最大浓度	接种培养前后水样 DOC 浓度的变化量
表征含义	水中可被细菌同化为细胞体的那部分有机碳	水中可被微生物同化和异化作用共同消耗的那部分有机碳
检测限	约 10 μg/L	约 0.1 mg/L,与 DOC 测定仪器的检测限相关
分析时间	5～9 d	大于 7 d
优点	能较好地反映微生物的生长情况,准确地评价水的生物稳定性	测试技术成熟,操作简单
不足	对操作(和仪器)要求较高,工作量较大	分析灵敏度不高,与微生物生长的相关性不好
适用范围	可用于评价各种水质的生物稳定性	饮用水中多用于判断消毒副产物的生产潜能

2. 基于磷含量分析的指标

在饮用水的研究中,芬兰的研究者发现芬兰饮用水中限制微生物生长的关键因子是磷(Miettinen et al.,1996)。后来,研究者基于 AOC 测定方法提出了 MAP 的测定方法(Lehtola et al.,1999)。此方法适用于表征水中有机物含量较高而磷对微生物生长起到限制作用时的生物稳定性。

3. 基于微生物生长分析的指标

除了通过测定水中限制微生物生长的化学元素以外，也有研究者采用直接测定水中微生物生长情况的方法来表征水的生物稳定性。

BGP 的测定是通过向待测水样中接种同源细菌，在一定条件下进行培养，以水中的细菌浓度来表示在该水样水质条件下支持细菌生长的潜力。这种方法操作简单，由于接种的是同源混合微生物，包含了营养物质及种群间的作用等多方面因素的影响，可更真实地反映水的生物稳定性状况。但是，由于 BGP 对不同水源或同一水源不同时期的水样测定时使用的接种细菌都不相同，不同水样之间的结果可比性较差，对水质在时间和空间变化上生物稳定性的研究缺乏连续性。

BFR 是使待测水样持续流过一圆柱形玻璃管，通过测定玻璃（或其他材料）表面生物膜的生产速率来表示（van der Kooij et al.，1995）（图 23.3）。该方法操作起来较复杂，但适用于测定营养物质浓度较低，甚至 AOC 不容易被检出的水样的生物稳定性。

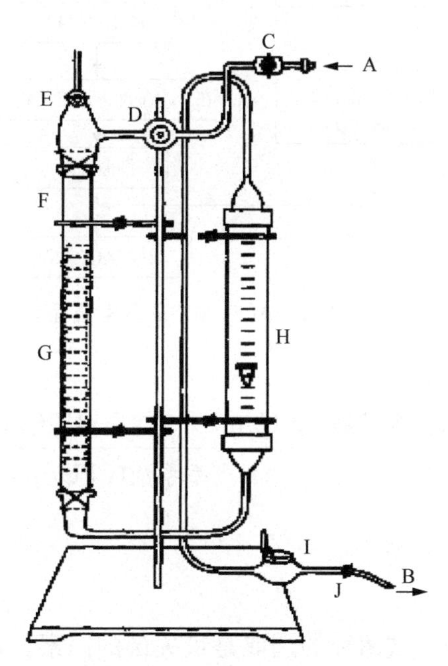

图 23.3　BFR 测定装置示意图（van der Kooij et al.，1995）

A：进水；B：出水；C：阀门；D：减压阀；E：阀门；F：玻璃柱；G：圆柱挂片；H：流量计；I：水表；J：阀门

以上简要概述了目前用来表征水的生物稳定性的主要指标。AOC 是第一个被提出的指标，也是迄今为止世界范围内应用最广泛的测定方法。AOC 的水平高低与微生物在水中的生长繁殖密切相关，决定着水样中微生物生长的潜力（van der Kooij, 1992；李爽 等，2003）。由于操作简单，BDOC 也是最常被采用的指标之一，下面将对这两个指标的测定方法进行详细介绍。

23.2.2 饮用水可同化有机碳（AOC）的测定方法

1. 基本原理

AOC 的测定方法最早是于 1982 年由荷兰的 van der Kooij 教授提出的（van der Kooij et al.，1982）。AOC 测定方法的基本流程如图 23.4 所示。方法的基本原理是将模式细菌接种于待测水样中，在适宜的环境条件下进行培养，然后测定细菌生长到稳定期时的最大细胞浓度，利用标准物质得到细胞产率系数，将生物量转化为标准物质的当量浓度，进而得到待测水样中的 AOC 浓度值。

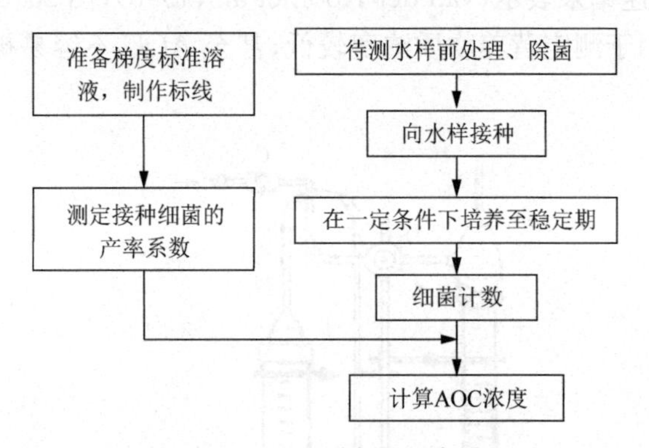

图 23.4 AOC 测定的基本流程

AOC 的计算公式为

$$\text{AOC}(\mu\text{g-C/L}) = \frac{[\text{水样细菌数}(\text{CFU/mL}) - \text{空白对照细菌数}(\text{CFU/mL})] \times 1000}{\text{产率系数}(\text{CFU/}\ \mu\text{g-C})} \tag{23.1}$$

2. 测试菌种

AOC 测定方法中测试菌种的选取是最关键的因素。van der Kooij 等（1982）在最早提出的方法中采用了在饮用水和天然水体环境中普遍存在的荧光假单胞菌的一个菌株 *Pseudomonas fluorescens* P17（ATCC 49642）（以下简称 P17）。在后续的研究中，研究者发现 P17 对臭氧处理后大量存在的乙二酸类、醛类等有机物利用效果不好，不能准确反映这类水质的生物稳定性，故又补充了一株螺旋菌 *Spirillum* sp. NOX（ATCC 49643）（以下简称 NOX）作为饮用水 AOC 的测试菌种（van der Kooij，1990）。虽然其他研究者也曾选用其他的测试菌种来测定饮用水的 AOC(表 23.4),但都没有被广泛采用,P17 和 NOX 迄今为止仍是 AOC 测定中最被广泛应用的模式菌种。

在海水等含盐量较高的水质条件下,有研究者采用从海水中得到的哈维氏弧菌 *Vibrio harveyi* 作为测试菌种(Weinrich et al. ,2011)。

3. 产率系数

在产率系数的确定中,目前最普遍的是采用乙酸钠作为标准物质。配制一定浓度的乙酸钠溶液后,测定测试菌种在该标准溶液中的最大生长浓度,然后根据式(23.2)计算产率系数。对于 *Spirillum* sp. NOX 的产率系数,也有研究者选用乙二酸钠作为标准物质进行测定,其 AOC 测定结果以草酸碳当量浓度计算。

$$\text{产率系数(CFU/μg-C)} = \frac{[\text{标准溶液细菌数(CFU/mL)} - \text{空白对照细菌数(CFU/mL)}] \times 1000}{\text{标准溶液浓度(μg-C/L)}} \tag{23.2}$$

此外,除了通过配制单一浓度标准物质溶液来确定产率系数,也可以通过配制一系列不同浓度的标准物质溶液,来制作测试菌种的最大生长浓度与有机碳浓度的标准曲线,计算标准曲线的斜率,即得到该测试菌种的产率系数(图 23.5)。

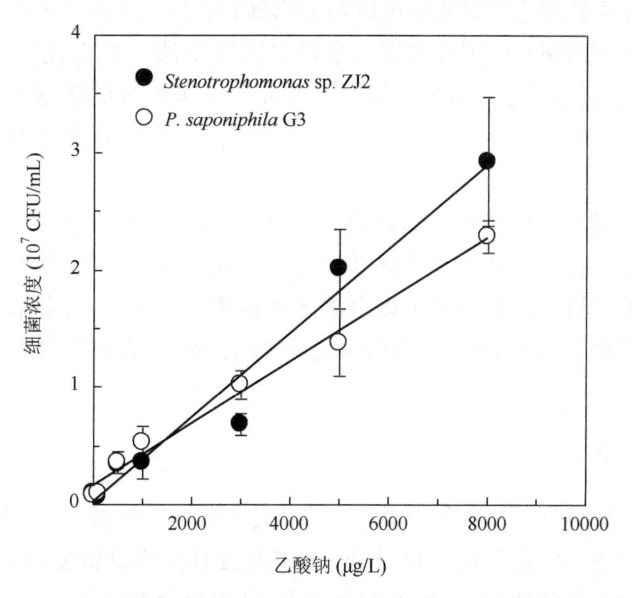

图 23.5　利用标准曲线确定测试细菌的产率系数

在 van der Kooij 等(1982)提出的 AOC 测定方法中,以乙酸钠作为标准物质,P17

和 NOX 的产率系数分别被测定为 4.1×10^6 CFU/μg-C 和 1.2×10^7 CFU/μg-C。这一产率系数也常在其他研究者的研究中被采用。

4. 灭菌方式

灭菌方式也是 AOC 测定中关键的环节之一。常用的几种灭菌方式及其可能对 AOC 测定结果产生的影响列于表 23.2 中。

表 23.2　AOC 测定中灭菌方式的比较

灭菌方式	操作方法	对 AOC 测定结果的影响
巴氏灭菌法	60～70 ℃下水浴 30 min	灭菌时微生物细胞破裂，释放出胞内的溶解性有机物，可能导致 AOC 浓度升高
高温湿热灭菌法	121 ℃下 20～30 min	微生物细胞的释放，有机物被氧化分解，导致水样的 AOC 浓度明显升高
膜过滤除菌法	0.45 μm 或 0.2 μm 孔径滤膜过滤	过滤时膜材料上的有机物可能会溶解到滤液中，造成污染，对 AOC 结果产生影响

实验室中常采用的高温湿热灭菌法一般不适合用于 AOC 测定方法中，该灭菌方法可明显改变水样中有机物的物质组成，从而导致水样 AOC 浓度明显升高。然而，有的研究者为了研究水样中的有机物可能成为 AOC 的最大潜力，会采用高压湿热灭菌的方法处理水样（Ohkouchi et al.，2013）。

在饮用水领域的研究中，多数人采用巴氏灭菌法。在巴氏灭菌过程中，细菌的死亡可能会导致细胞内物质的溶出，从而对水样本身的溶解性有机物造成影响，也会升高水样的 AOC 测定结果，但对于细菌浓度较低的水样这种影响可能会较小。

膜过滤除菌法对水样中有机物的影响最小。但有研究结果表明，0.2 μm 的膜过滤并不能完全去除实际水样中的微生物（Hahn，2004）。此外需要注意的是，由于在过滤时膜材料上的有机物可能会溶入滤液中，对 AOC 测定结果造成影响，过滤前需用高纯水对膜进行多次滤洗，直至滤后溶液的有机物浓度没有明显增加为止。

5. 细菌计数

细菌计数是 AOC 测定中的重要环节，关乎测定的效率以及测定结果的准确性。传统的方法一般是采用平板计数法，该方法对仪器设备要求较低，容易推广，适用于多数的实验条件，但工作量相对较大，且实验效率较低。

随着生物实验技术的不断发展，研究者们也开始采用其他方法对水样中测试菌种的浓度进行计数，如对测试菌种进行基因工程改造，使其可产生生物荧光，通过测定荧光强度来换算生物量(Haddix et al.,2004;Weinrich et al.,2009);通过测定水样中的ATP含量来判断细菌细胞的数量(LeChevallier et al.,1993);利用流式细胞技术对细菌生物量进行计数(Hammes and Egli,2005)。

不同方法的优缺点比较总结于表23.3。采用这些方法主要是为了实验操作上的简便高效,降低实验者的劳动强度,此外有的方法也可以同时计数水样中活细胞和死细胞的数量,为研究分析提供更多的参考。但这些方法往往对仪器设备有一定的要求,并且在计数前需要先考察合适的测定条件,建立待测细菌的测定方法,判断计数结果的精确度。

表23.3　不同细菌计数方法的比较

计数方法	优点	缺点
平板计数法	可较准确地测定活细菌的数量,对仪器设备要求较低	对实验者的操作水平有一定要求,工作量较大,实验时间长
荧光计数法	操作相对简便,实验效率较高	需要事先获取基因工程菌,建立荧光强度与细菌浓度的关系,计数结果有一定误差
ATP计数法	可快速检测细菌的浓度,实验效率较高	对实验者的操作水平和仪器设备有一定要求,计数结果有一定误差
流式细胞技术	操作简便,实验效率高,可以同时测定活菌与死菌的数量	需要事先建立合适的实验条件,对仪器设备要求较高

6.测试菌种接种方式

饮用水的AOC测定普遍采用P17和NOX两株细菌,测试菌种的接种方式也是影响测定结果的重要因素。这两株菌的接种方式主要有分别接种法、同时接种法和先后接种法3种。

分别接种法是在两份相同的水样中分别接种P17和NOX,最终水样的AOC值为二者测定结果之和。由于水样中的部分有机物可以同时被P17和NOX利用,因此该方法的结果往往会高估待测水样的AOC水平。此外,由于不同水样中P17和NOX两株菌均可利用的有机物的含量不同,使得不同水样之间AOC测定结果的可比性较差(刘文君 等,2000)。

同时接种法是在水样中同时接种P17和NOX两株测试菌种,然后在细菌计数中分别数出两株菌的浓度,最后将二者的AOC结果相加得到水样的AOC值。该接种方式避免了分别接种法中对水样AOC水平的高估,且实验工作量相对较小。但这种方法的难点在于计数过程中对P17和NOX两株细菌的区分,这决定了测定结果的准确性。目前外国研究者多采用同时接种法来测定饮用水的 AOC。

先后接种法是在水样中先接种测试菌种 P17，培养至稳定期测得 P17 的最大生长浓度后，通过膜过滤或巴氏灭菌除去水中的 P17，然后再接种测试菌种 NOX，最后同样是将二者的 AOC 结果进行相加(刘文君，1999)。该接种方式的思路符合两株测试菌种被提出的过程，即用 NOX 补充测定水样中 P17 所不能利用的有机物。然而该方法也存在不足，在 P17 的灭菌过程中，可能会释放出有机物到水样中，从而导致 NOX 的测定结果偏高。同时，该方法所需的测定时间也最长，工作量较大。

7. AOC 测定方法的改进

自从 AOC 的测定方法提出之后，很多研究者从测试菌种、所需水样体积、初始接种浓度、培养温度、细菌计数技术、灭菌方式等方面对方法进行了优化和改进，目的是提高 AOC 测定的效率和准确性(表 23.4)。

表 23.4　AOC 测定方法的改进

改进目的	改进手段	参考文献
提高实验效率	同时接种 4 种测试菌种	Kemmy et al.，1989
	以一株快速生长的 *Acinetobacter* 作为测试菌种	Kang et al.，1997
	同时接种 P17 和 NOX	van der Kooij，1990
	提高初始接种浓度	Frias et al.，1994
	提高培养温度	LeChevallier et al.，1993
	采用 ATP 计数	LeChevallier et al.，1993
	采用流式细胞技术计数	Hammes and Egli，2005
降低潜在的污染	用 40 mL 样品瓶代替 1 L 锥形瓶	Kaplan et al.，1993
提高灵敏度	用土著混合细菌接种	Hammes and Egli，2005
减少灭菌对有机物的影响	水样加热至 72℃然后用冰冷却，采用膜过滤除菌	Escobar and Randall，2000 Yoro et al.，1999

资料来源：引自 Prevost et al.，2005

其中，美国的 LeChevallier 和 Kaplan 等人于 1993 年所提出的改进方法得到了最为广泛的应用(Kaplan et al.，1993；LeChevallier et al.，1993)。该改进方法减小了待测水样所需的体积，并通过提高初始接种浓度和培养温度，缩短了 AOC 测定所需的时间，有效提高了 AOC 测定的实验效率(表 23.5)。该方法后来也被收入美国的 *Standard Methods for the Examination of Water and Wastewater* 中(APHA，2012)。

表 23.5　AOC 改进方法与传统方法的比较

项目	van der Kooij 的方法①	改进方法②
所需水样体积	600 mL	40 mL
灭菌	60 ℃下 30 min	70 ℃下 30 min
初始接种浓度	500 CFU/mL	10^3～10^4 CFU/mL
培养温度	15 ℃	22～25 ℃
测定所需时间	9～15 d	7 d 或 2～4 d③
计数方法	平板计数	平板计数或 ATP 计数法
培养基	R2A 琼脂	Lab-Lemco 琼脂

①(van der Kooij et al., 1982);②(Kaplan et al., 1993 ; LeChevallier et al., 1993);③采用 ATP 计数法

23.2.3　再生水可同化有机碳(AOC)的测定方法

1. 再生水 AOC 测试菌种

由于污水或再生水与饮用水的水质存在显著差异,其溶解性有机物的物质组成和浓度水平都很不一样,测定 AOC 浓度时选取的适宜测试菌种也应当有所不同。赵欣等针对再生水水质条件的特点,从再生水环境中筛选出 3 株新的测试菌种 *Stenotrophomonas* sp. ZJ2(CGMCC 5813)、*Pseudomonas saponiphila* G3(CGMCC 5814)和 *Enterobacter* sp. G6(CGMCC 5926)来测定再生水水样的 AOC 水平(图 23.6)(Zhao et al.,2013)。

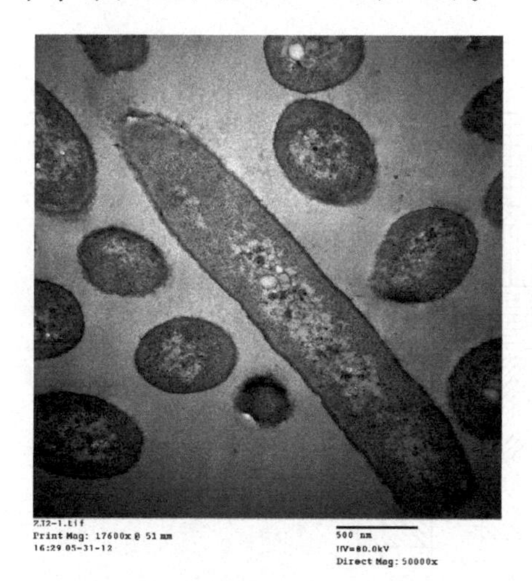

(a) *Stenotrophomonas* sp. ZJ2

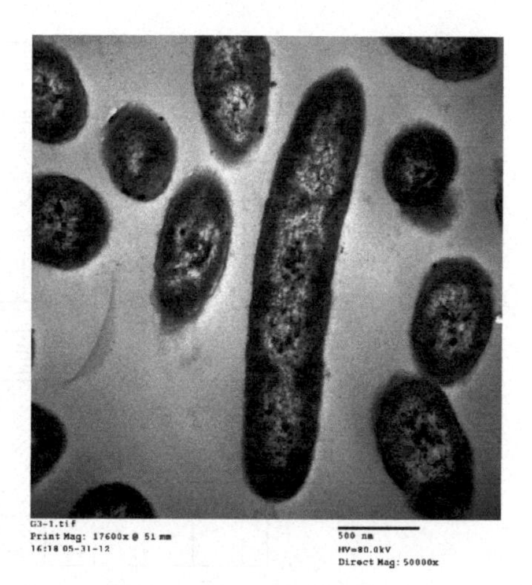

(b) *Pseudomonas saponiphila* G3

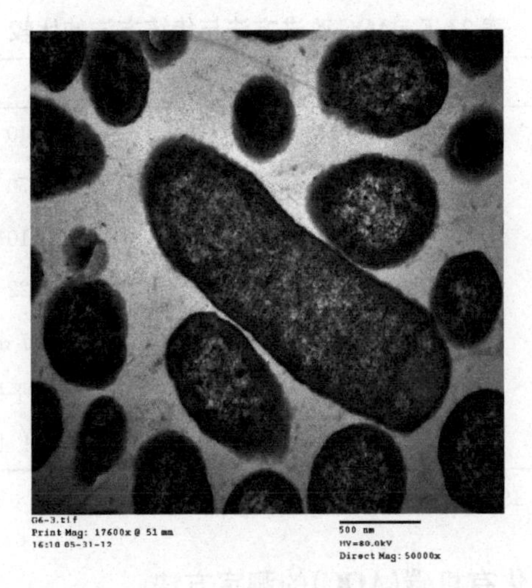

(c) *Enterobacter* sp. G6

图 23.6　再生水 AOC 测试菌种的电镜照片

采用 Biolog 微孔板对再生水测试菌种以及 P17 和 NOX 对不同种类有机物的代谢特性进行分析(图 23.7)。再生水测试菌种与 P17、NOX 对不同种类有机物的代谢情况存在差异。相比于 P17 和 NOX,ZJ2 和 G3 可以更好地利用聚合物和糖类有机物,G6 可以更好地利用胺类和糖类有机物。而 P17 和 NOX 对酯类和羧酸类有机物的利用情况更好。5 个菌种对醇类和氨基酸类物质的利用情况比较接近。

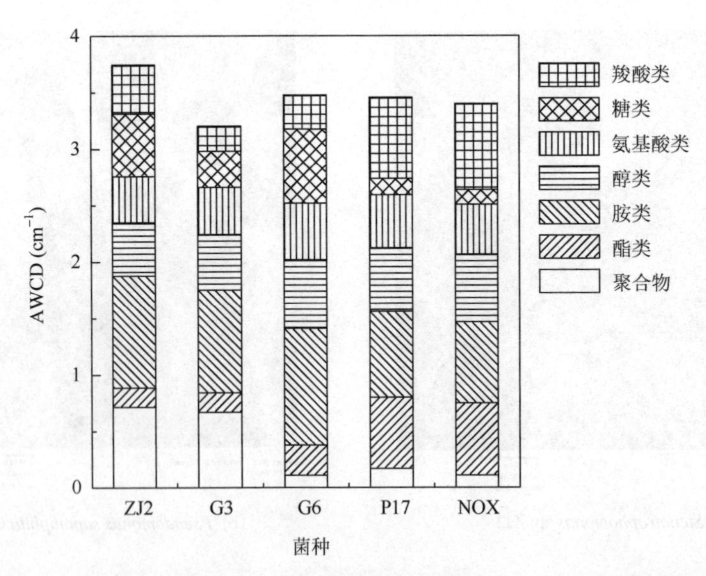

图 23.7　不同测试菌种对各种有机碳源的代谢特性(Biolog 板培养 72 h)

2. 再生水 AOC 测定条件和步骤

再生水 AOC 测定的基本原理和流程与饮用水相同，其测定条件和步骤如图 23.8 所示。

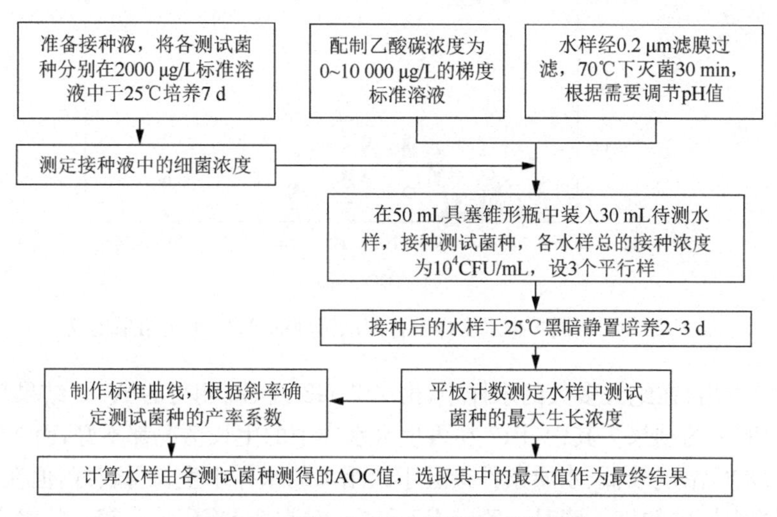

图 23.8　再生水 AOC 测定方法流程图

测定时，测试菌种的初始接种浓度为 10^4 CFU/mL，培养温度为 25 ℃，培养时间为 3 d。

测试菌种 ZJ2、G3 和 G6 的产率系数分别为 1.91×10^6 CFU/μg、2.29×10^6 CFU/μg、2.11×10^6 CFU/μg。由于细菌在保存过程中其活性状态会有所波动，不同实验室之间的培养环境和操作条件也存在差异，为保证不同实验结果之间的可比性，最好在每次准备新的测试菌种的接种液时，重新确定其产率系数的大小。

测试菌种 ZJ2、G3 和 G6 的接种方式可以采用分别接种法或同时接种法。采用分别接种法时，测定结果取 3 株测试菌种测得的 AOC 值的最大值；采用同时接种法时，取 3 株测试菌种产率系数的平均值，然后计算得出待测水样的 AOC 测定结果。

3. 不同方法测定结果的比较

分别采用再生水 AOC 测定方法（测试菌种为 ZJ2、G3 和 G6）和饮用水 AOC 测定方法（测试菌种为 P17 和 NOX）对再生水水样的 AOC 水平进行测定，测定结果的比较如图 23.9 所示。

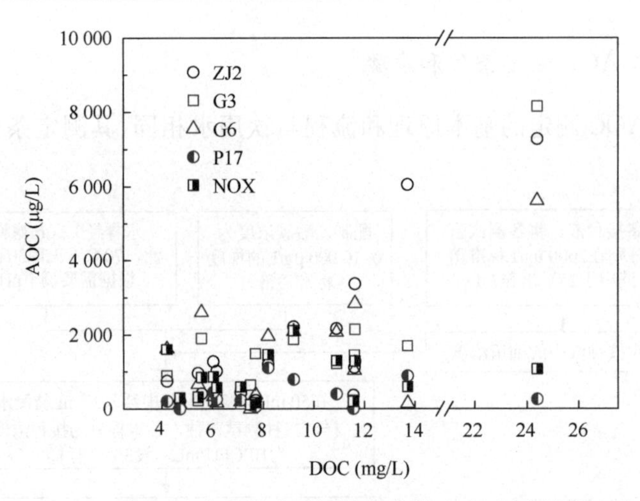

图 23.9　不同再生水水样中各测试菌种的 AOC 测定结果比较

可以看出，在绝大多数的水样中，由 ZJ2、G3 或 G6 测得的 AOC 结果都要大于 P17 和 NOX 的结果。其中，P17 在再生水水样中的生长情况都不好，而 NOX 可以在一些 DOC 浓度较低、水质条件接近于饮用水的水样中生长得较好，但在 DOC 浓度较高的水样中的生长情况一般。ZJ2 和 G3 常常在 DOC 浓度较高的水样中生长好于其他菌种，而 G6 更适合在 DOC 浓度小于 10 mg/L 的水样中生长。总的来说，P17 和 NOX 在多数情况下都不适用于测定再生水水样的 AOC 水平，尤其是对于有机物浓度较高的水样。

23.2.4　生物可降解溶解性有机碳(BDOC)的测定方法

BDOC 的测定方法最早是于 1987 年由比利时的 Servais 等(1987)建立的。方法的基本原理是向待测水样中接种同源的土著微生物，并在一定条件下进行培养，直至培养到水样中的溶解性有机碳(dissolved organic carbon, DOC)浓度不再降低为止，测定培养前后水样中的 DOC 浓度，这两个 DOC 之间的差值即为 BDOC 的值。BDOC 测定方法的基本步骤流程如图 23.10 所示。

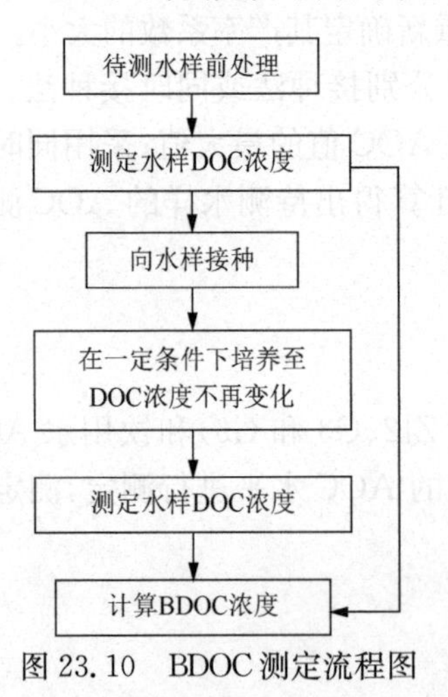

图 23.10　BDOC 测定流程图

该方法最初是以悬浮的形式对接种的微生物进行培养，但 BDOC 测定需要的时间较长，一般需要 28 d 以上。为了提高微生物的接种量，后来又有研究者采用附着生物膜的石英砂作为接种物，可缩短 BDOC 测定的时间为 7～10 d。

相对于以上所述的静态培养法，也有研究者采用动态流动的生物反应器来测定 BDOC，将水样通过装有生物载体的反应器，如封闭循环的生物膜反应器(Frias et al.，1992)。这种方式可进一步加快微生物对水中有机物的利用速率，将测定时间缩短为 2～3 d，甚至几个小时。动态培养法还可用来判断该水质条件下是否适合采用生物处理工艺，但其缺点是不适于对大批量的水样同时进行测定。

23.3　生物稳定性控制目标

几十年来，在饮用水领域，研究者对水输配系统中生物稳定性指标(AOC 和 BDOC)与微生物生长的关系做了大量的调查和研究工作。表 23.6 列出了不同研究者在研究中得出的保障饮用水生物稳定时的生物可降解有机物(biodegradable organic matter，BOM)限值。

表 23.6　水质生物稳定时的 BOM 浓度值

评价标准	评价指标	限值	参考文献
大肠菌不生长	AOC	<50 μg/L	LeChevallier et al.，1991
	BDOC	≤0.15 mg/L	Volk et al.，2000
总异养菌不生长	AOC	<10 μg/L	van der Kooij，1990
E. coli 不生长	AOC	<100 μg/L	LeChevallier et al.，1996
V. cholerae 不生长	AOC	<50 μg/L	Vital et al.，2007
BDOC 不增加	BDOC	≤0.15 mg/L(20 ℃时)	Volk et al.，1994
	BDOC	≤0.30 mg/L(15 ℃时)	Volk et al.，1994
	BDOC	≤0.15 mg/L	Servais et al.，1995
	BDOC	≤0.25 mg/L	Niquette et al.，2001
	BDOC	≤0.15 mg/L	Laurent et al.，1999
电阻率不增加	AOC	<10 μg/L	Hijnen et al.，1992

资料来源：Prevost et al.，2005

由于微生物生长的影响因素很多，除了水中的有机营养物质外，水温、pH、水力条件、颗粒物、管道材料、停留时间、余氯浓度等多方面因素都对微生物的生长具有影响，微生物生长的规律较为复杂。不同研究者选取的研究对象不同，可能会导致其所得结果存在差异。

目前，饮用水中普遍被接受的水质生物稳定时的 AOC 水平为：在不投加任何消毒剂的水中，当 AOC 浓度低于 10 μg/L 时，异养细菌几乎不能生长，可以确保水质生物稳定(van der Kooij，1990)；当水中保持有余氯时(自由氯浓度大于 0.5 mg/L

或氯胺浓度大于 1.0 mg/L)，AOC 浓度低于 50～100 μg/L 时，水的生物稳定较好(LeChevallier et al.,1996)。

此外，也有研究者利用微生物生长的 Monod 方程和消毒模型中的 Chick-Watson 方程绘制出保障水质生物稳定的曲线，从而确定不同余氯条件下所需的 AOC 控制目标(Srinivasan and Harrington,2007)。

在实际水处理工艺中，要想将 AOC 浓度控制在 50 μg/L 以下并不是一件容易的事。在美国的饮用水厂中，95%的地表水源水厂和 50%的地下水源水厂的处理出水都无法达到 AOC 浓度小于 50 μg/L 的水平(Kaplan et al.,1994)。关于典型水质条件下的生物稳定性状况将在 23.4 节中具体说明。

23.4 典型条件下水的生物稳定性

23.4.1 饮用水的水质生物稳定性水平

在水质生物稳定性的概念和 AOC 指标提出以后，众多研究者对饮用水中的 AOC 水平进行了大量的调查和研究。图 23.11～图 23.14 所示是饮用水水源水(包括地表水、地下水)、饮用水出厂水、饮用水管网水的 AOC、BDOC 浓度分布情况。

可以看出，在天然水体中，除少数水样的 AOC 水平较高外，超过 80%水样的 AOC 水平在 500 μg/L 以内，约一半的水样 AOC 水平低于 200 μg/L(图 23.11)。

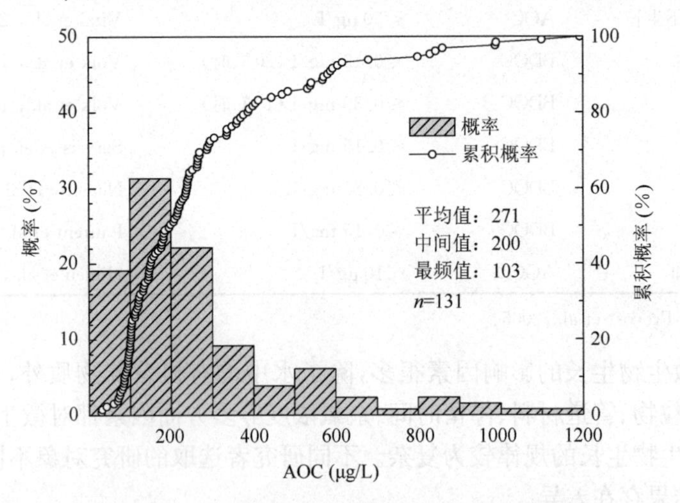

图 23.11 饮用水水源水中的 AOC 浓度分布情况

经过饮用水厂处理之后，出厂水中的整体AOC水平有所降低。几乎所有水样的AOC水平都小于500 μg/L，而AOC水平小于200 μg/L的水样的比例也达到了80%(图23.12)。可见，饮用水厂的水处理工艺对饮用水中的AOC具有一定的去除效果。

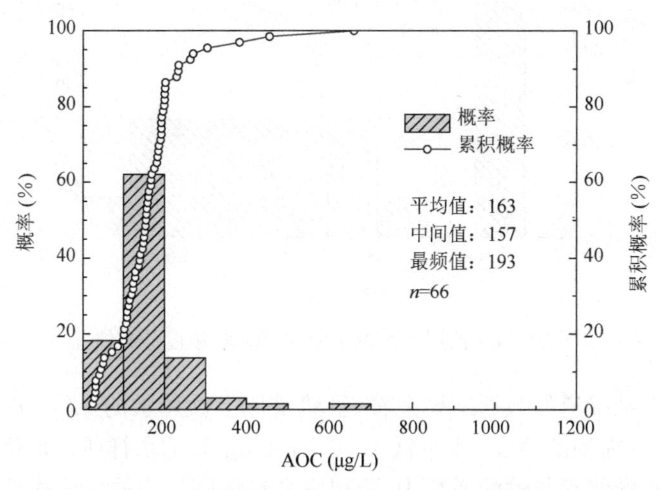

图23.12 饮用水出厂水中的AOC浓度分布情况

在经过了一定距离的管网输送后，管网中饮用水的AOC水平又略微有所降低，有大约90%的水样的AOC水平都低于300 μg/L(图23.13)。这主要是因为在管网输配过程中，饮用水中的微生物利用有机物进行生长，从而导致了水中AOC水平的下降(Liu et al.,2002)。

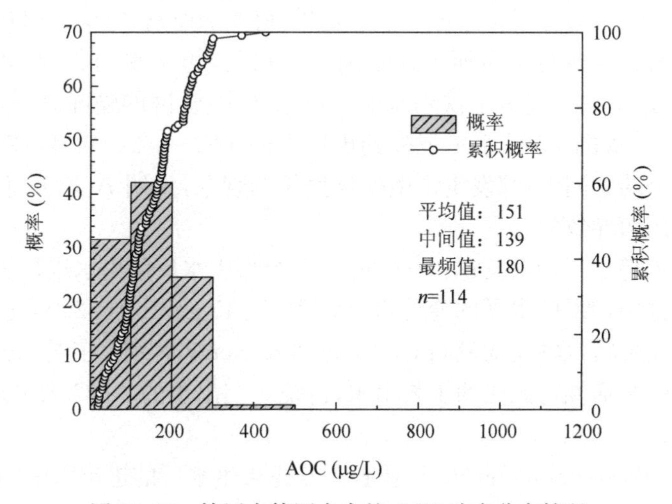

图23.13 饮用水管网水中的AOC浓度分布情况

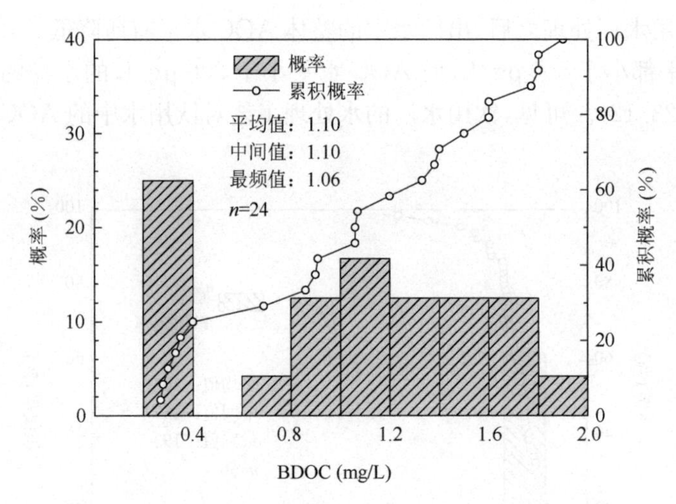

图 23.14　饮用水水源水中的 BDOC 浓度分布情况

从上述文献报道的数据结果来看，虽然整体上饮用水的 AOC 水平并不高，但满足 23.3 节中提到的 AOC 水平低于 50～100 μg/L 的水样所占比例却很低，说明在实际饮用水的储存与输配系统中，要想完全控制微生物的生长并不容易。

23.4.2　再生水的生物稳定性水平

关于再生水生物稳定性的研究近几年才刚刚起步，已有的文献报道还非常有限。仅美国、日本和中国的研究者对实际再生水厂及其输配管网中再生水的水质生物稳定性进行过一些调研。

Ryu 等(2005)对位于美国加利福尼亚州、得克萨斯州、内华达州和亚利桑那州的 7 个再生水管网进行了调研。在管网的入口处，再生水的 AOC 水平为 460～1230 μg/L。这个水平远高于饮用水的 AOC。经过管网的输配之后，在管网末梢的出水中，再生水的 AOC 水平下降到出厂水的 1/3～1/2。同时，在再生水 AOC 水平明显下降的管网中，都发生了微生物生长的现象，说明 AOC 的下降是由于微生物生长利用而导致的。

Weinrich 等(2010)对美国 12 个州的 21 个再生水厂的出水进行了调研。在所有采集的水样中，AOC 水平的变化范围很大，从 45 μg/L 到 3200 μg/L，中间值为 450 μg/L。其中膜生物反应器(membrane bioreactor，MBR)工艺出水的 AOC 水平明显低于传统活性污泥法的工艺出水，传统工艺出水的 AOC 水平是 MBR 出水的 3～10 倍。

在日本，Thayanukul 等(2013)调查了 6 座再生水厂的进出水中的 AOC 水平。在二级出水(即再生水厂进水)中，水样的 AOC 水平为 66～138 μg/L。经过深度处理后，再生水厂出水的 AOC 水平达到了 36～446 μg/L，其中设有臭氧氧化工艺的水厂出水的AOC水平为342～446 μg/L，是二级出水的2～5倍。可以看出，深度处理出水的AOC水平可能高于二级出水，这一点与饮用水有所不同。

23.5　生物稳定性相关研究方向与研究案例

23.5.1　生物稳定性相关的研究方向

与生物稳定性相关的研究方向主要包括：生物稳定性评价指标与方法、生物稳定性评价与关键组分识别、水处理过程中生物稳定性的变化规律、生物稳定性控制理论与技术、生物稳定性与微生物生长潜能的关系、生物稳定性标准与水质控制目标确定方法等。

23.5.2　生物稳定性研究案例

赵欣等(2012)以北京市某实际运行的再生水厂为研究对象，考察了该再生水厂各处理工艺流程中AOC水平的变化情况，同时研究分析了各水样AOC的分子量分布特性，以解析AOC变化的内在原因。

该再生水厂以城市污水处理厂的二级处理出水为进水，采用超滤膜过滤和臭氧氧化的处理工艺，日处理能力为8万 m^3/d。其中，超滤膜采用“由外至内”的流动方式，经由孔径为0.02 μm的中空纤维膜进行过滤；臭氧投加量为3～5 mg/L，停留时间为15 min。

研究者首先沿处理流程分别采集了再生水厂的进水、超滤膜出水和臭氧氧化出水。结果表明，超滤对有机物具有一定的去除能力，去除率约为40%；臭氧氧化后有机物浓度变化不大，去除率小于10%，但臭氧对 UV_{254} 和色度的去除效果较好。而对于AOC，如表23.7所示，超滤对AOC的去除效果明显，甚至好于对总体有机物的去除效果；但臭氧氧化后，水中的AOC水平及其占总有机碳的比例均有所上升，说明臭氧氧化作用可使得再生水中一些原本不容易被微生物利用的有机物转化为容易被微生物生长利用的物质，从而降低了水质的生物稳定性。

表23.7　超滤-臭氧氧化工艺对再生水有机物的去除

水样	DOC(mg/L)	DOC去除率(%)	AOC(μg/L)	AOC去除率(%)	AOC/DOC
二级出水	15.1	—	1750±20	—	0.116
超滤出水	8.9	41	460±80	73	0.051
臭氧氧化出水	8.2	8	680±130	−48	0.082

在上述研究结果基础上，研究者采用膜分离的方法进一步将每个水样按分子量大小进行了组分分离，以分析导致超滤-臭氧氧化过程中再生水AOC水平变化

的原因。

结果表明，二级出水中小分子量(＜1 kDa)的有机物所占的比例最高。超滤过程可明显去除大分子量有机物(＞10 kDa)。而臭氧虽具有强氧化性，可导致水中的大分子有机物发生断链、开环等，使得整体有机物的分子量有所减小，但由于超滤膜组分分离的方法很难表征细微的分子量变化，此研究中臭氧氧化后的水样分子量没有发生太明显的变化。

超滤-臭氧氧化过程中再生水 AOC 分子量组成特性的变化情况如图 23.15 所示。可以看出，在该再生水厂的进水(二级出水)中，大分子有机物(＞10 kDa)对 AOC 的贡献最大，这与饮用水水源水的特点不同。经超滤后，由于大分子量的有机物被大量去除，AOC 水平也得到了显著的去除。经臭氧氧化处理后，大分子量(＞10 kDa)和中等分子量(1～10 kDa)的 AOC 均有所降低，小分子量(＜1 kDa)的 AOC 则明显升高，这一规律与饮用水中的相关研究结果一致。

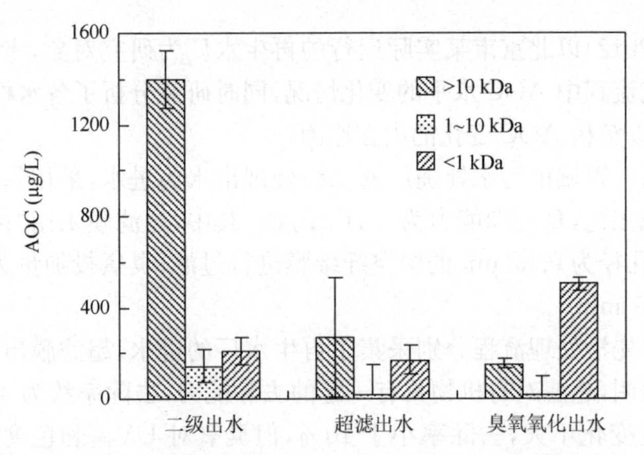

图 23.15 超滤-臭氧氧化处理过程中再生水 AOC 分子量分布的变化

对该再生水厂实际处理工艺流程中水样 AOC 变化的研究结果说明，超滤膜过滤工艺可以在一定程度上提高再生水的水质生物稳定性，而臭氧氧化则会导致水质生物稳定性变差。如果再生水处理工艺中选取了臭氧氧化技术，则臭氧氧化后还需结合其他处理工艺针对 AOC 进行去除，以保障再生水的生物稳定性，防止再生水输配与利用过程中的水质劣化。

参考文献

李爽，张晓建，范晓军，等. 2003. 以 AOC 评价管网水中异养菌的生长潜力. 中国给水排水，19(1)：46～49.

刘文君. 1999. 饮用水中可生物降解有机物和消毒副产物特性研究. 北京：清华大学博士学位论文.

刘文君，王亚娟，张丽萍，等. 2000. 饮用水中可同化有机碳(AOC)的测定方法研究. 给水排水，26(11)：1～5.

王占生，刘文君. 1999. 微污染水源饮用水处理. 北京：中国建筑工业出版社.

赵欣，蒋丰，李明堂，等. 2012. 超滤/臭氧氧化工艺对再生水中AOC的去除效果. 中国给水排水，28(23)：18～21.

APHA. 2005. Standard Methods for the Examination of Water and Wastewater. 21st Edition. Washington DC: American Public Health Association.

Chudoba J. 1985. Inhibitory effect of refractory organic compounds produced by activated sludge microorganisms on microbial activity and flocculation. Water Research, 19(2): 197～200.

Escobar I C, Randall A A. 2000. Sample storage impact on the assimilable organic carbon (AOC) bioassay. Water Research, 34(5): 1680～1686.

Frias J, Ribas F, Lucena F. 1992. A method for the measurement of biodegradable organic carbon in waters. Water Research, 26(2): 255～258.

Frias J, Ribas F, Lucena F. 1994. Substrate affinity from bacterial strains and distribution water biofilms. Journal of Applied Bacteriology, 76(2): 182～189.

Funamizu N, Kanno M, Takakuwa T. 1998. Measurement of bacterial growth potential in a reclaimed water. *In*: Chorus I et al. Water, Sanitation and Health: Resolving Conflicts between Drinking Water Demands and Pressures from Society's Waste. Bad Elster, Germany.

Haddix P L, Shaw N J, LeChevallier M W. 2004. Characterization of bioluminescent derivatives of assimilable organic carbon test bacteria. Applied and Environmental Microbiology, 70(2): 850～854.

Hahn M W. 2004. Broad diversity of viable bacteria in 'sterile' (0.2 μm) filtered water. Research in Microbiology, 155(8): 688～691.

Hammes F A, Egli T. 2005. New method for assimilable organic carbon determination using flow-cytometric enumeration and a natural microbial consortium as inoculum. Environmental Science and Technology, 39(9): 3289～3294.

Ichihashi O, Satoh H, Mino T. 2006. Effect of soluble microbial products on microbial metabolisms related to nutrient removal. Water Research, 40(8): 1627～1633.

Kang J W, Kim J B, Koga M. 1997. Determination of assimilable organic carbon (AOC) in ozonated water with Acinetobacter calcoaceticus. Ozone-Science & Engineering, 18(6): 521～534.

Kaplan L A, Bott T L, Reasoner D J. 1993. Evaluation and simplification of the assimilable organic carbon nutrient bioassay for bacterial growth in drinking water. Applied and Environmental Microbiology, 59(5): 1532～1539.

Kaplan L A, Reasoner D J, Rice E W. 1994. A survey of BOM in US drinking waters. American Water Works Association Journal, 86(2): 121～132.

Kemmy F A, Fry J C, Breach R A. 1989. Development and operational implementation of a modified and simplified method for determination of assimilable organic carbon (AOC) in drinking water. Water Science and Technology, 21(3): 155～159.

Laurent P, Prevost M, Cigana J, et al. 1999. Biodegradable organic matter removal in biological filters: Evaluation of the CHABROL model. Water Research, 33(6): 1387～1398.

LeChevallier M W, Schulz W, Lee R G. 1991. Bacterial nutrients in drinking water. Applied and Environmental Microbiology, 57(3): 857～862.

LeChevallier M W, Shaw N E, Kaplan L A, et al. 1993. Development of a rapid assimilable organic carbon method for water. Applied and Environmental Microbiology, 59(5): 1526～1531.

LeChevallier M W, Welch N J, Smith D B. 1996. Full-scale studies of factors related to coliform regrowth in drinking water. Applied and Environmental Microbiology, 62(7): 2201～2211.

Lehtola, Miettinen I T, Vartiainen T, et al. 1999. A new sensitive bioassay for determination of microbially available phosphorus in water. Applied and Environmental Microbiology, 65(5): 2032～2034.

Liu W, Wu H, Wang Z, et al. 2002. Investigation of assimilable organic carbon (AOC) and bacterial regrowth in drinking water distribution system. Water Research, 36(4): 891～898.

Miettinen I T, Vartiainen T, Martikainen P J. 1996. Contamination of drinking water. Nature, 381: 654～655.

Niquette P, Servais P, Savoir R. 2001. Bacterial dynamics in a drinking water distribution system in Brussels. Water Research, 35(3): 675～682.

Ohkouchi Y, Ly B T, Ishikawa S, et al. 2013. Determination of an acceptable assimilable organic carbon (AOC) level for biological stability in water distribution systems with minimized chlorine residual. Environmental Monitoring and Assessment, 185 (2): 1427～1436.

Prevost M, Laurent P, Servais P, et al. 2005. Biodegradable organic matter in drinking water treatment and distribution. American Water Works Association, Denver, USA.

Ross N, Deschenes L, Bureau J, et al. 1998. Ecotoxicological assessment and effects of physicochemical factors on biofilm development in groundwater conditions. Environmental Science & Technology, 32(8): 1105～1111.

Ryu H, Alum A, Abbaszadegan M. 2005. Microbial characterization and population changes in nonpotable reclaimed water distribution systems. Environmental Science & Technology, 39(22): 8600～8605.

Servais P, Billen G, Hascoet M C, et al. 1987. Determination of the biodegradable fraction of dissolved organic matter in waters. Water Research, 21(4): 445～450.

Servais P, Laurent P, Billen G, et al. 1995. Characterisation of dissolved organic matter biodegradability in waters: Impact of water treatment and bacterial regrowth in distribution systems. *In*: Proceedings of the AWWA Water Quality Technology Conference. Denver, USA.

Srinivasan S, Harrington G W. 2007. Biostability analysis for drinking water distribution systems. Water Research, 41(10): 2127～2138.

Thayanukul P, Kurisu F, Kasuga I, et al. 2013. Evaluation of microbial regrowth potential by assimilable organic carbon in various reclaimed water and distribution systems. Water Research, 47(1): 225～232.

van der Kooij D. 1990. Assimilable organic carbon (AOC) in drinking water. *In*: McFeters G A. Drinking Water Microbiology. New York: Springer-Verlag.

van der Kooij D. 1992. Assimilable organic carbon as an indicator of bacterial regrowth. American Water Works Association Journal, 84(2): 57～65.

van der Kooij D, Veenendaal H R, Baars-Lorist C, et al. 1995. Biofilm formation on surfaces of glass and teflon exposed to treated water. Water Research, 29(7): 1655～1662.

van der Kooij D, Visser A, Hijnen W A M. 1982. Determining the concentration of easily assimilable organic carbon in drinking water. American Water Works Association Journal, 74(10): 540～545.

Vital M, Fuchslin H P, Hammes F A, et al. 2007. Growth of Vibrio cholerae O1 Ogawa Eltor in freshwater. Microbiology, 153(Pt 7): 1993～2001.

Volk C, Renner C, Joret J C. 1994. Comparison of two techniques for measuring the biodegradable organic carbon in water. Environmental Technology, 15(6): 545～556.

Volk C J, LeChevallier M W. 2000. Assessing biodegradable organic matter. Journal / the American Water

Works Association, 92(5): 64～76.

Weinrich L A, Giraldo E, LeChevallier M W. 2009. Development and application of a bioluminescence-based test for assimilable organic carbon in reclaimed waters. Applied and Environmental Microbiology, 75(23): 7385～7390.

Weinrich L A, Jjemba P K, Giraldo E, et al. 2010. Implications of organic carbon in the deterioration of water quality in reclaimed water distribution systems. Water Research, 44(18): 5367～5375.

Weinrich L A, Schneider O D, LeChevallier M W. 2011. Bioluminescence-based method for measuring assimilable organic carbon in pretreatment water for reverse osmosis membrane desalination. Applied and Environmental Microbiology, 77(3): 1148～1150.

Yoro S C, Panagiotopoulos C, Sempere R. 1999. Dissolved organic carbon contamination induced by filters and storage bottles. Water Research, 33(8): 1956～1959.

Zhao X, Hu H Y, Liu S M, et al. 2013. Improvement of the assimilable organic carbon (AOC) analytical method for reclaimed water. Frontiers of Environmental Science and Engineering, 7(4): 483～491.

第 24 章　余氯衰减特性及其研究方法

常规水处理工艺通常不能去除水中的全部微生物及营养物质，在储存和管网输配过程中，微生物的复活和再生长是导致水质生物风险的重要因素。同时，随着微生物的生长，水的嗅味、浊度、色度等感官指标也会上升，导致水质劣化。因此，为保证消毒效果，防止残余微生物在配水管网系统中的再生长，管网水中必须保持一定的余氯浓度。

然而，余氯可与水中的有机物、还原性无机离子、管壁上的生物膜、腐蚀产物等反应，造成余氯浓度的持续衰减，这对保障管网水质安全带来了重大挑战。因此，掌握配水管网中余氯的衰减规律、有效预测管网中的余氯浓度，既是重要的科学问题，又是重要的实践课题。余氯的测定方法参见第 4 章。

24.1　余氯衰减特性研究方法

余氯在配水管网中持续衰减，对保障管网水质安全提出了挑战。通过研究输配系统中余氯的衰减特性，并利用数学工具建立余氯衰减模型，有效预测余氯浓度，对控制管网水质生物风险具有重要意义。

24.1.1　余氯衰减特性及影响因素

通常将管网中的余氯衰减分为两个部分：与主体水中有机物及一些还原性离子反应引起的主体水衰减(bulk decay)，以及与管壁生物膜、腐蚀产物或管材本身反应引起的管壁衰减(wall decay)。

管网中影响主体水衰减的因素主要包括有机物和还原性无机物浓度、初始氯浓度、温度、氨氮、pH 值和重复加氯频率等。影响管壁衰减的主要因素包括初始氯浓度、水力因素、生物膜、管材、管径、管道敷设年代和 pH 值等。饮用水领域中，各因素对管网余氯衰减的影响见表 24.1。再生水领域中，相关的定性和定量研究尚处在起步阶段。

24.1.2　研究设计与数据处理方法概述

现有的余氯衰减特性研究通常将主体水衰减和管壁衰减分开考察。主体水的研究主要通过实验室烧杯试验完成，管壁部分的研究则需根据实验目的通过搭建管壁模拟系统实现，或在现场实际管段完成。研究过程中应制定合理的余氯测定间隔时间，并选择合适的模型对数据进行处理。

表 24.1　饮用水管网余氯衰减影响因素及影响规律

对象	影响因素	影响规律
主体水衰减	有机物	衰减速率与有机物浓度呈正相关，可能存在截距
	还原性无机物	NO_2^-、Br^- 等加快衰减速率
	初始氯浓度	衰减速率与初始氯浓度呈负相关或无显著关系
	温度	温度越高，衰减速率越快
	氨氮	影响余氯形式和衰减速率
	pH 值	pH 值升高，衰减速率降低
	重复加氯次数	加氯次数越多，衰减速率越慢
管壁衰减	初始氯浓度	衰减速率与初始氯浓度呈正相关或无显著关系
	水力因素	流速增大，衰减速率加快
	生物膜	生物膜发育良好的管段，衰减速率较快
	管材	有重要影响
	管径	管径越小，衰减速率越快
	管道敷设年代	针对不同管材，影响存在差异
	pH 值	pH 值升高，衰减速率降低

此外，余氯的衰减伴随着水中微生物和有机物的变化，其三者的相互作用对配水管网水的安全性和稳定性具有十分重要的影响。微生物与有机物的变化特性研究，可通过特定的生物学分析方法和化学分析方法进行。必要时，分析前还需选择合适的脱氯剂终止余氯与微生物和有机物的反应。

24.1.3　主体水衰减特性研究方法

1. 主体水衰减测定方法

主体水余氯衰减特性研究主要通过实验室烧杯实验完成。实验前应使用含有较高氯浓度的去离子水充分浸泡实验瓶，以去除实验仪器中的耗氯物质。余氯见光分解，因此实验应在避光条件下进行。为得到可信的数据处理(模型拟合)结果，测定余氯消耗曲线时，应制定合理的时间间隔，相邻两次测定的余氯浓度以相差不超过 10%为宜。主体水余氯衰减曲线获取过程如图 24.1 所示。

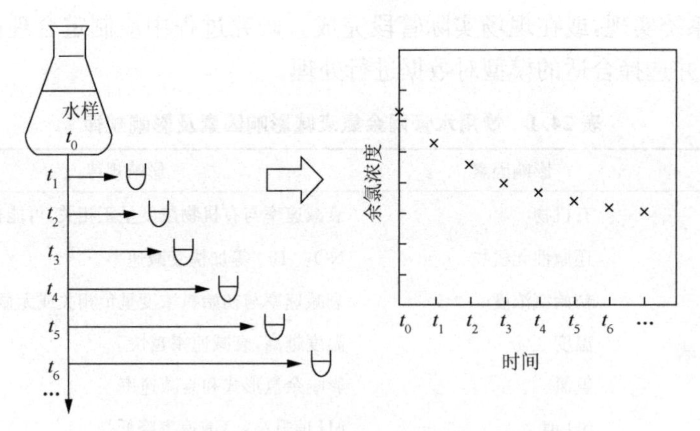

图 24.1　主体水余氯衰减曲线获得示意图

2. 余氯衰减动力学模型

余氯衰减曲线的处理和解析需要使用数学工具。一般先采用余氯衰减模型对衰减曲线进行拟合，再考察余氯衰减系数的影响因素及影响规律。余氯衰减模型总体上分为两大类：基于耗氯量的经验模型（White，2010；Taras，1950）和基于不同化学反应假设的动力学模型。常用的动力学模型包括：伪一级模型、混合级数模型、限制性一级模型、平行一级模型、二级模型、分段模型等。几种常用模型的化学假设、方程式、适用性和局限性对比总结见表 24.2。

表 24.2　模拟主体水余氯衰减的常用动力学模型

模型	化学假设	动力学方程	适用性	局限性	参考文献
伪一级模型	与氯反应的物质过量	$\frac{dC_t}{dt}=-k_bC_t$	应用广泛	不适于模拟初始阶段余氯的快速消耗	AWWARF，1996 Haas and Karra，1984 Hallam et al.，2002 Metcalf et al.，2004 Powell et al.，2000a Vasconcelos and Boulos，1996
混合级数模型	与氯反应的物质过量	$\frac{dC_t}{dt}=-k_bC_t^n$	适于模拟新鲜氯化水样的快速消耗	未考虑反应物浓度的限制作用	Chi et al.，2011 Haas and Karra，1984 Powell et al.，2000b
限制性一级模型	反应达到平衡时，余氯维持在一定浓度	$\frac{dC_t}{dt}=-k_b(C_t-C^*)$	可用于反应物浓度较低的水样	对余氯初始阶段消耗的模拟不够精确	Haas and Karra，1984 Powell et al.，2000b

续表

模型	化学假设	动力学方程	适用性	局限性	参考文献
平行一级模型	同时存在快反应物质和慢反应物质，且反应物过量	$\frac{dC_t}{dt}=-k_{bfast}C_{fast}-k_{bslow}C_{slow}$	可模拟初始阶段的快速消耗	将余氯分为两部分考察，与反应动力学原理不符	Haas and Karra，1984 Powell et al.，2000b
二级模型	一种假定反应物与氯反应	$\frac{dC_t}{dt}=-k_bC_RC_t$	适用于反应物浓度限制的水样	水样的初始反应物浓度和化学计量系数不可直接得到	Boccelli et al.，2003 Powell et al.，2000b
两种反应物的二级模型	快反应物质和慢反应物质同时与氯反应	$\frac{dC_{fast}}{dt}=-k_{bfast}C_tC_{Rfast}$ $\frac{dC_{slow}}{dt}=-k_{bslow}C_tC_{Rslow}$ $\frac{dC_t}{dt}=\frac{dC_{fast}}{dt}+\frac{dC_{slow}}{dt}$	适用于反应物浓度限制的水样；可用于对预测精度要求较高的水样	水样的初始反应物浓度和化学计量系数不可直接得到	Fisher et al.，2011 Fisher et al.，2012
多种反应物的二级模型	多种反应物同时与氯反应	$\frac{dC_t}{dt}=-\sum_{i=1}^{n}k_{bi}C_{Ri,t}C_t$	适用于反应物浓度限制的水样；可用于对预测精度要求较高的水样	计算复杂，应用受限	Jonkergouw et al.，2008

注：C_t：水中的余氯浓度；k_b：主体水余氯衰减速率常数；n：反应级数；C^*：剩余余氯浓度；k_{bfast}：快反应速率常数；k_{bslow}：慢反应速率常数；C_{fast}：参与快反应的余氯浓度；C_{slow}：参与慢反应的余氯浓度；C_R：反应物浓度；C_{Rfast}：参与快反应的反应物浓度；C_{Rslow}：参与慢反应的反应物浓度；k_{bi}：第 i 种反应的反应速率常数；C_{Ri}：第 i 种反应物浓度

24.1.4　管壁衰减特性研究方法

管壁衰减特性的研究主要通过搭建管壁模拟系统实现，或在现场实际管段完成。现场试验的工作量大，水力模型需事先校正，结果的稳定性较差。目前，管壁衰减特性的相关机理研究主要通过实验室模拟系统进行。实验室管壁模拟系统主要包括管道模拟系统以及反应器模拟系统。前者按照系统的闭合与否，又可分为循环和非循环设计系统，如图 24.2 所示；常用模拟反应器包括环形反应器(annular reactors)和管段反应器(pipe section reactor)，如图 24.3 和图 24.4 所示。

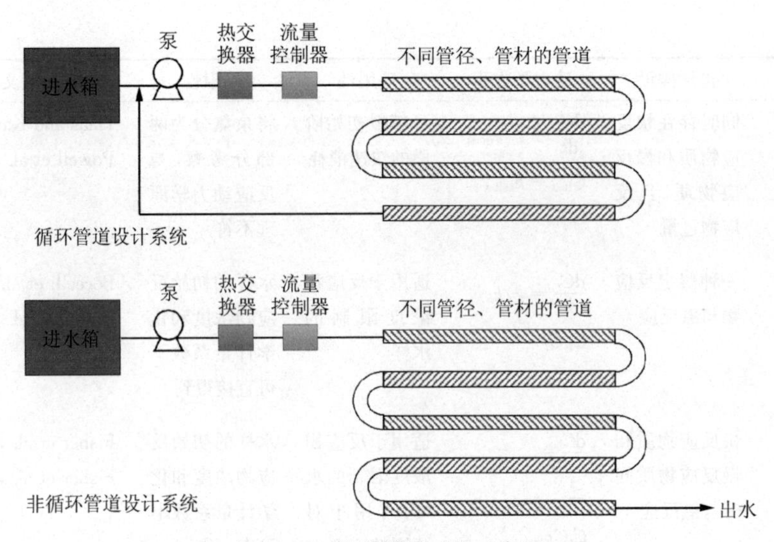

图 24.2　管道模拟系统示意图

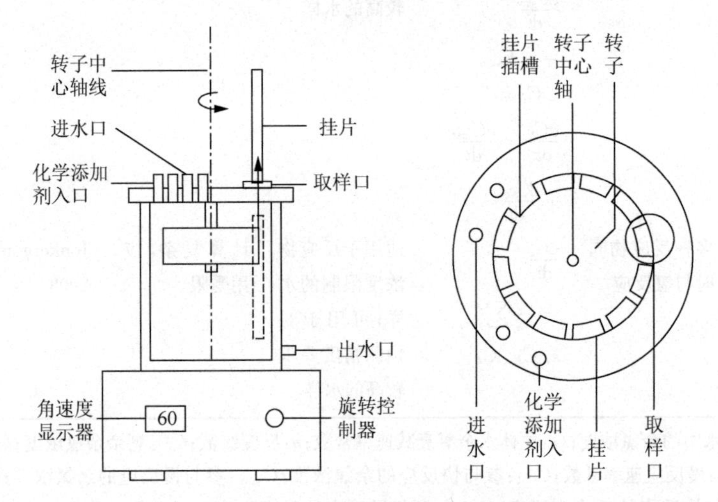

图 24.3　环形反应器示意图

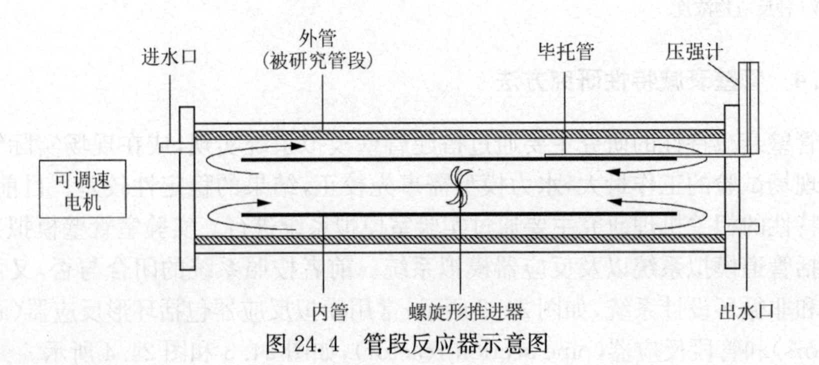

图 24.4　管段反应器示意图

测定管壁余氯衰减数据之后，也需采用动力学模型对其进行拟合，再考察余氯衰减系数的影响因素及影响规律。常用的动力学模型包括伪一级模型、混合级数模型等。

24.1.5　管网余氯衰减模拟方法

在实际管网的水质管理系统中，结合余氯衰减模型进行水力计算，可以确定管网中余氯偏低的最不利地区，进一步选定二次补氯或加氯站的地址。基于余氯衰减特性的研究结果，EPANET、EPANET-MSX 等软件编辑程序均可以模拟不同余氯浓度情况下管网水质的变化情况，从而实现对管网水质的科学、安全管理。

24.1.6　脱氯方法

余氯的衰减伴随着水中微生物和有机物的变化。考察微生物和有机物在余氯衰减过程中的变化特性，一方面有助于理解和掌握余氯的衰减规律，另一方面其本身也是重要的科学问题，对保障管网水质安全至关重要。研究时，通常需要先使用脱氯剂终止微生物、有机物与余氯的反应。实验室常用的脱氯剂包括亚硫酸钠、硫代硫酸钠、亚硫酸氢钠等。实验中应根据不同研究目的，加入适量或过量脱氯剂。典型的脱氯反应表示如下：

$$Na_2SO_3 + Cl_2 + H_2O \longequal Na_2SO_4 + 2HCl$$

$$NaHSO_3 + Cl_2 + H_2O \longequal NaHSO_4 + 2HCl$$

$$2Na_2S_2O_3 + Cl_2 \longequal Na_2S_4O_6 + 2NaCl$$

24.1.7　微生物变化特性研究方法

配水管网中的微生物主要以两种形态存在：主体水中的游离微生物以及管壁上附着的生物膜。现有研究在考察管网中微生物的变化特性时，通常对两种存在形式的微生物分别进行研究。

1. *游离微生物*

管网水到达用户端时，主体水中的游离微生物可与人类及其他生物直接接触，相较于管壁上的生物膜，具有更大的生物风险。目前，对游离微生物的研究主要针对微生物的灭活特性、抗氯特性，以及与可同化有机碳（AOC）的协同变化特性等。研究方法则包括微生物的计数、分离鉴定、生理生化特性考察等。

2. 生物膜

管网生物膜变化特性的研究主要在环形反应器或管段反应器中模拟进行，其优点是占地小，挂片材料易更换。生物膜对余氯的消耗由反应器内的总消耗和主体水消耗、管壁腐蚀消耗（若管壁采用不耗氯材料，可不考虑腐蚀消耗）相减而得。主要研究内容包括生物膜的菌量、生长特性、群落变化，以及在生物膜影响下余氯的消耗规律等。

24.1.8 有机物变化特性研究方法

有机物是主体水中导致余氯消耗的主要反应物，有机物的组成与浓度对余氯衰减速率影响显著。此外，有机物与余氯反应会产生具有生物毒性的消毒副产物。因此，考察有机物的组成和浓度、余氯衰减过程中有机物的变化特性以及消毒副产物的生成特性对余氯衰减的影响规律具有重要意义。

有机物变化特性的分析手段主要包括：质谱、紫外-可见光谱、红外光谱、荧光光谱、核磁共振、分子量分析、亲疏水性分析等。各种分析方法的特点及应用总结见表 24.3。

表 24.3 有机物分析方法的特点及应用

分析方法	特点	应用
质谱	可进行有机物的定性定量分析	研究余氯衰减过程中，消毒副产物的生成特性
紫外-可见光谱	研究对象主要是具有共轭双键结构的分子，是与余氯反应的主要物质	相较 DOC、TOC 等指标，更能表征具有氯反应活性的有机物
红外光谱	可进行有机物的结构鉴定	考察余氯衰减过程中有机物的结构变化
荧光光谱	研究对象主要是具有共轭稳定性的芳香族化合物，是与余氯反应的主要物质，且灵敏度高、信息量大	表征具有氯反应活性的有机物
核磁共振	可进行有机物的结构鉴定	考察余氯衰减过程中有机物的结构变化
分子量分析	可根据分子量大小对有机物进行分离鉴定	考察不同分子量有机物对余氯衰减的贡献
亲疏水性分析	可根据酸碱性、亲疏水性不同对有机物进行分离	考察不同酸碱性、亲疏水性有机物对余氯衰减的贡献

24.2　再生水中的余氯衰减特点与预测模型

24.2.1　再生水中的余氯衰减特点

掌握再生水中的余氯衰减特点，建立再生水余氯衰减模型，实现对余氯浓度的预测，对于再生水水厂氯消毒优化投氯量和多次加氯操作具有重要意义。

再生水中有机物组成复杂多样，既包括能与氯发生反应的物质，即氯活性物质，也包括难与氯反应的物质。此外，氯活性物质的反应活性也不相同：反应活性强的物质与氯反应速率快，短时间内即反应完全；反应活性弱的物质与氯反应速率慢，能够持续消耗余氯。因此，余氯衰减过程可分为瞬时反应阶段和持续反应阶段。余氯衰减过程示意图如图 24.5 所示。

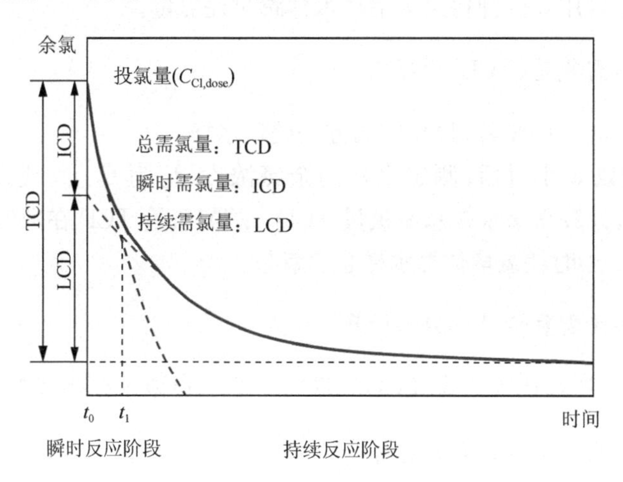

图 24.5　余氯衰减过程示意图

与余氯及其衰减相关的重要概念及其定义如下：

(1) 需氯量：在一定条件下，氯活性物质能消耗氯的量。需氯量能够表征水样中氯活性物质的含量。

(2) 总需氯量(total chlorine demand，TCD)：余氯衰减过程中氯活性物质消耗氯的总量，单位为 mg Cl/L。

(3) 持续需氯量(lasting chlorine demand，LCD)：余氯衰减过程中持续反应阶段氯活性物质消耗氯的总量，单位为 mg Cl/L。主要为反应活性较弱，参加持续反应的持续氯活性物质消耗氯的量。

(4) 瞬时需氯量(instantaneous chlorine demand，ICD)：余氯衰减过程中瞬时反应时阶段氯活性物质消耗氯的总量，单位为 mg Cl/L。主要为反应活性较强，不参加持续反应的瞬时氯活性物质消耗氯的量。

24.2.2 再生水中的余氯衰减预测模型

再生水余氯衰减预测模型的构建方法如图 24.6 所示(Wang et al.,2019)。根据图 24.6,预测步骤如下：

1. 瞬时需氯量(ICD)的测定

(1) 在水样中加入次氯酸钠储备液,控制初始氯浓度,记为 $C_{Cl,dose}$,控制反应温度恒定。

(2) 投加氯 5 分钟后,测定水样的余氯浓度,记为 $C_{Cl,5min}$,代入公式:ICD=$C_{Cl,dose}$—$C_{Cl,5min}$,计算得到该水样瞬时需氯量 ICD。瞬时需氯量 ICD 在数值上接近 5 分钟耗氯量,可用 5 分钟耗氯量估算水样瞬时耗氯量。

2. 水样总需氯量(TCD)的测定

(1) 采用与 1. 中步骤(1)相同的方法处理水样。

(2) 投加氯 8 小时后,测定水样的余氯浓度,记为 $C_{Cl,8h}$,代入公式:TCD=$C_{Cl,dose}$—$C_{Cl,8h}$,计算得该水样总需氯量 TCD。总需氯量 TCD 在数值上接近 8 小时耗氯量,可用 8 小时耗氯量估算水样总需氯量。

3. 水样持续需氯量(LCD)的计算

将 TCD 和 ICD 代入公式:LCD=TCD－ICD,得该水样持续需氯量 LCD。

4. 水样反应速率常数 k 的计算

对于水样的反应速率常数 k,可采用紫外分光光度计测定水样 254 nm 处紫外吸光度,代入经验公式:$k=31.3\times UV_{254}-2.83\pm 1.25$,通过估算得该水样反应速率常数 k。

5. 余氯衰减模型

在得到瞬时需氯量(ICD)、持续需氯量(LCD)、总需氯量(TCD)和反应速率常数 k 后,可根据下式计算得到该水样中余氯的衰减规律。

$$C_{Cl}=\frac{C_{Cl,dose}-TCD}{1-\dfrac{LCD}{C_{Cl,dose}-ICD}\cdot \exp\left(-\left(C_{Cl,dose}-TCD\right)\cdot k\cdot t\right)} \tag{24.1}$$

式中,C_{Cl} 为 t 时刻的余氯浓度(mg/L);t 为氯投加后的反应时间(h);$C_{Cl,dose}$ 为氯投加量(mg/L);TCD 为再生水的总需氯量(mg Cl/L),代表再生水中耗氯物质的总量，即总需氯量；ICD 为再生水的瞬时需氯量（mg Cl/L），代表再生水中能与氯发生快速反应的物质总量，即快速氯反应物的总量；LCD 为再生水的持续需氯量（mg Cl/L），代表再生水中与氯持续发生反应的物质总量，即慢速氯反应物的总量；k 为化学反应速率常数[L/(mg · h)]。

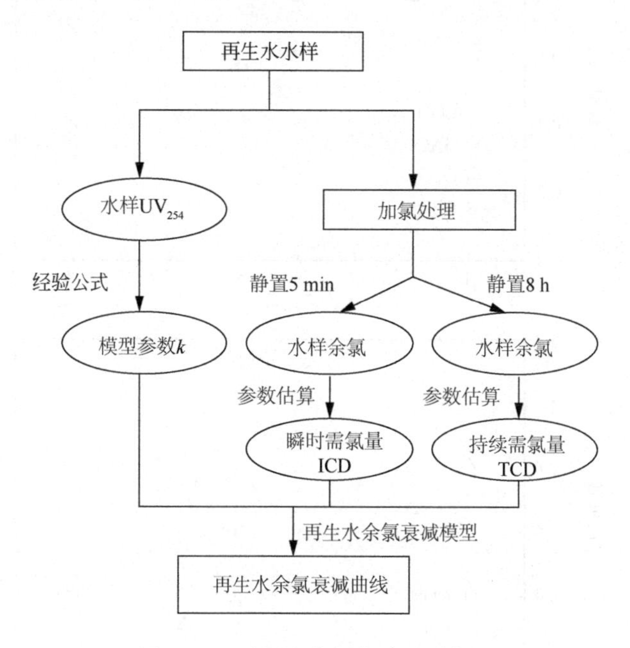

图 24.6　再生水余氯衰减预测方法

24.3　余氯相关研究案例

24.3.1　管网中的余氯衰减特性研究

Rossman(2006)通过建立循环管道系统，模拟了湍流状态下存在腐蚀和结节的金属管网，研究了饮用水不同深度处理工艺对管网余氯衰减的影响。结果表明：主体水余氯衰减和管壁衰减均符合伪一级动力学模型，其中管壁衰减占主导。余氯的形式为游离氯时，高投加量下，经过臭氧或活性炭吸附处理出水的余氯衰减速率大于反渗透出水的余氯衰减速率，低投加量下，臭氧出水的余氯衰减速率最高(图 24.7)；余氯的形式为结合氯时，不同处理工艺出水的余氯衰减速率差别不大，但整体低于游离氯的衰减速率(图 24.8)。

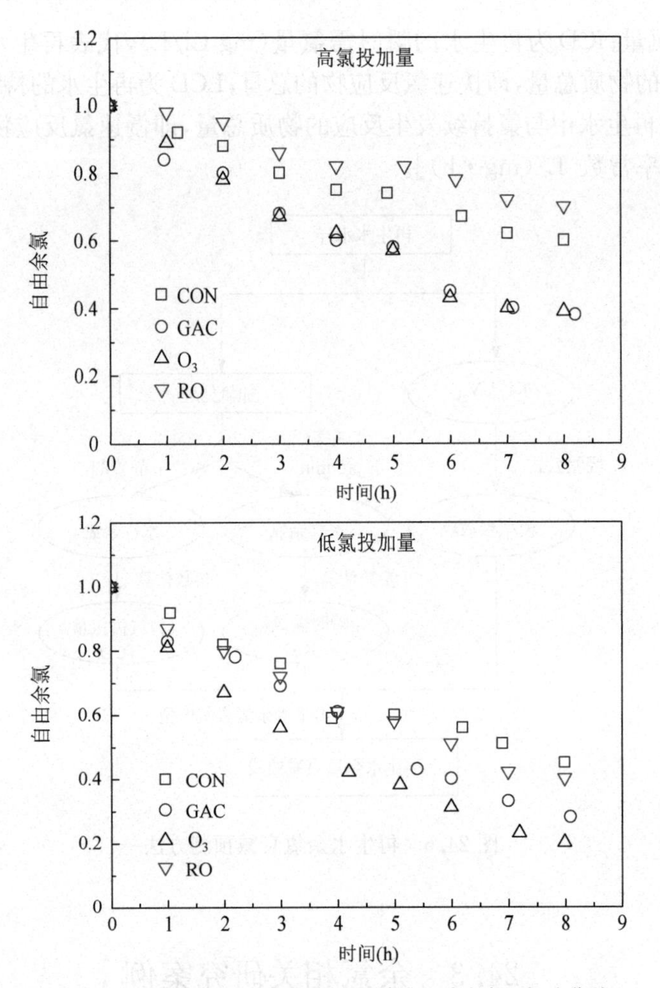

图 24.7　不同处理工艺出水管壁余氯(游离氯)衰减曲线

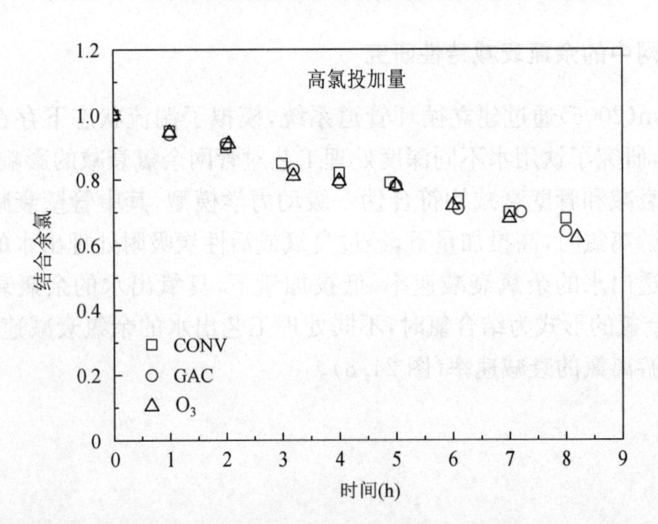

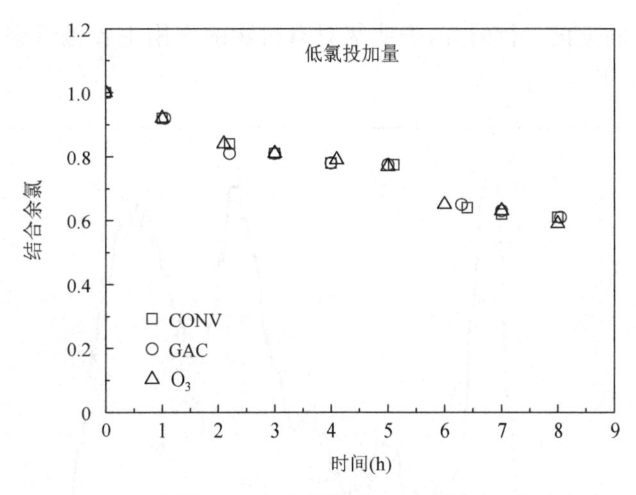

图 24.8　不同处理工艺出水管壁余氯(结合氯)衰减曲线

24.3.2　自然水体中的余氯衰减特性研究

Westerhoff 等(2004)考察了自配水及自然水体中余氯的衰减特性及有机物的变化特性。采用 DPD 方法测定余氯衰减曲线,结果表明:余氯的衰减符合伪一级动力学模型,衰减速率与 DOC、SUVA 具有良好的相关性。此外,通过测定三卤甲烷浓度,考察了模式有机物生成消毒副产物的特性;通过测定紫外-可见光谱,发现加氯后 NOM 在 250～280 nm 波长的吸光度发生了显著变化(图 24.9);通过核磁

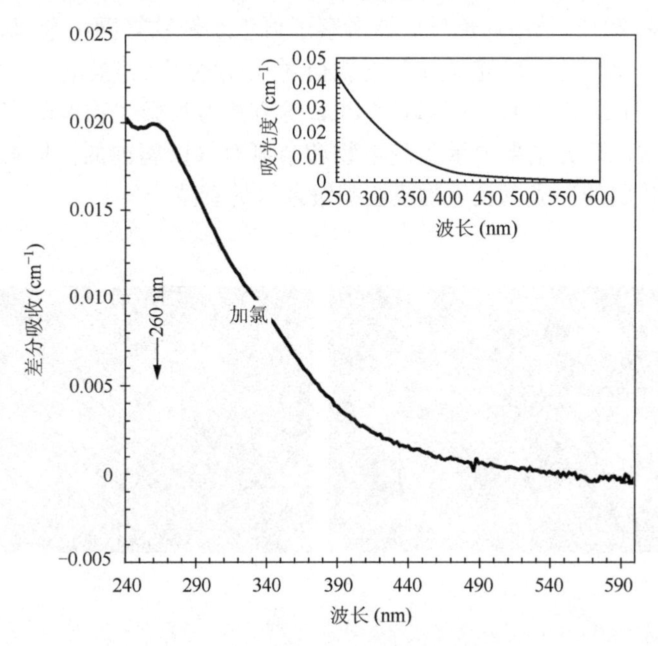

图 24.9　加氯后水样的紫外-可见光谱

共振对 NOM 的碳谱进行研究，表明氯对有机物的作用主要是芳香类和酮类物质的氧化(图 24.10)。

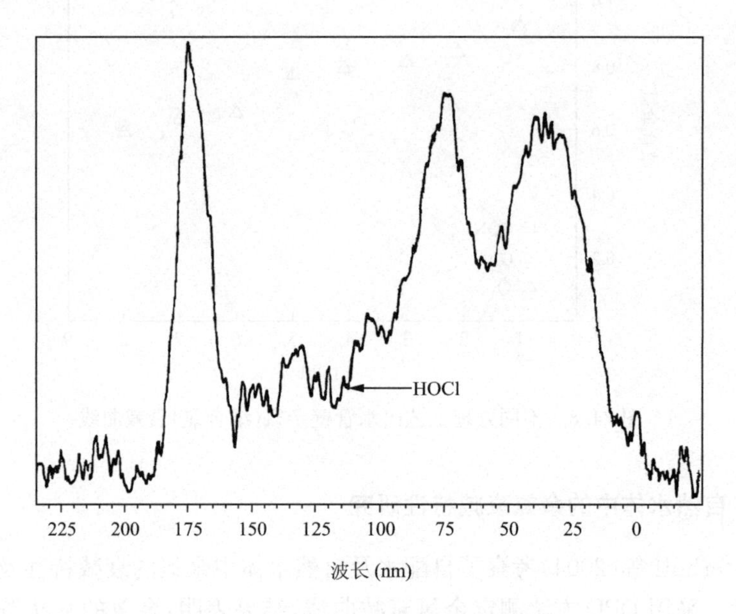

图 24.10　加氯后水样的核磁共振碳谱

24.3.3　再生水中的余氯衰减特性研究

Wang 等(2012)采用环形反应器考察了再生水铸铁管网中余氯、微生物群落、铁腐蚀物的变化特性。研究通过 X 射线衍射、能谱分析、扫描电子显微镜方法考察管壁腐蚀物(图 24.11)，DNA 提取和 PCR 等方法考察微生物群落变化，DPD 方法测定余氯衰减。研究结果揭示了微生物和余氯对管壁腐蚀的协同影响规律，同时指出致密氧化层的形成以及生物膜会减缓余氯的衰减。

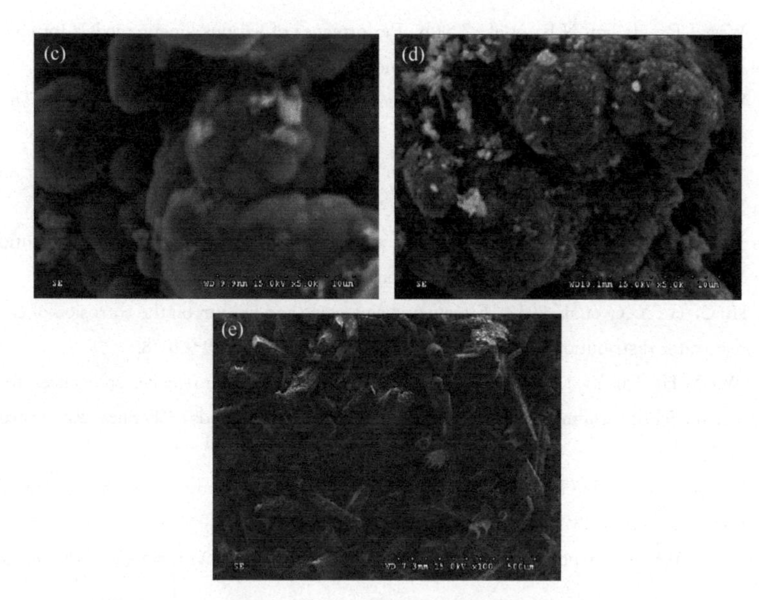

图 24.11　铸铁挂片上腐蚀物及生物膜的扫描电子显微图

(a)不加氯 37 d;(b)不加氯 70 d;(c)加游离氯 37 d;(d)加游离氯 70 d;(e)加游离氯 97 d 后再加结合氯 37 d

参 考 文 献

AWWARF. 1996. Characterisation and modeling of chlorine decay in distribution systems. AWWA, USA.

Boccelli D L, Tryby M E, Uber J G, et al. 2003. A reactive species model for chlorine decay and THM formation under rechlorination conditions. Water Research, 37(11): 2654～2666.

Chi H Y, Zhao X H, Yin Y. 2011. Research on residual chlorine decay model of reclaimed water network. Electronics, Communications and Control (ICECC), 2011 International Conference on. IEEE: 3899～3902.

Fisher I, Kastl G, Sathasivan A. 2012. A suitable model of combined effects of temperature and initial condition on chlorine bulk decay in water distribution systems. Water Research, 46(10): 3293～3303.

Fisher I, Kastl G, Sathasivan A. 2011. Evaluation of suitable chlorine bulk～decay models for water distribution systems. Water Research, 45(16): 4896～4908.

Haas C N, Karra S B. 1984. Kinetics of wastewater chlorine demand exertion. Journal (Water Pollution Control Federation), 56(2): 170～173.

Hallam N B, Hua F, West J R, et al. 2002. Bulk decay of chlorine in water distribution systems. Journal of Water Resources Planning and Management, 129(1): 78～81.

Jonkergouw P M R, Khu S T, Savic D A, et al. 2008. A variable rate coefficient chlorine decay model. Environmental Science and Technology, 43(2): 408～414.

Metcalf L, Eddy H P, Tchobanoglous G. 2004. Wastewater Engineering: Treatment, Disposal, Reuse. 4th Edition. New York: McGraw-Hill.

Powell J C, Hallam N B, West J R, et al. 2000a. Factors which control bulk chlorine decay rates. Water Research, 34(1): 117～126.

Powell J C, West J R, Hallam N B, et al. 2000b. Performance of various kinetic models for chlorine decay. Journal of Water Resources Planning and Management, 126(1): 13～20.

Rossman L A. 2006. The effect of advanced treatment on chlorine decay in metallic pipes. Water Research, 40(13): 2493～2502.

Taras M J. 1950. Preliminary studies on the chlorine demand of specific chemical compounds. Journal of the American Water Works Association, 42(5): 462～468.

Vasconcelos J J, Boulos P F. 1996. Characterization and modeling of chlorine decay in distribution systems. American Water Works Association Research Foundation, Denver.

Wang H B, Hu C, Hu X X, et al. 2012. Effects of disinfectant and biofilm on the corrosion of cast iron pipes in a reclaimed water distribution system. Water Research, 46(4): 1070～1078.

Wang Y H, Wu Y H, Du Y, Li Q, et al. 2019. Quantifying chlorine-reactive substances to establish a chlorine decay model of reclaimed water using chemical chlorine demands, Chemical Engineering Journal, 356, 791～798.

Westerhoff P, Chao P, Mash H. 2004. Reactivity of natural organic matter with aqueous chlorine and bromine. Water Research, 38(6): 1502～1513.

White G C. 2010. White's Handbook of Chlorination and Alternative Disinfectants. 5th Edition. Clifford: Wiley.

第 25 章　藻类生长潜势及其研究方法

25.1　藻类生长潜势及其控制要求

25.1.1　藻类生长潜势的定义及其意义

藻类生长潜势(algal growth potential,AGP),又被称作藻类生产力(algal productivity)或初级生产力(primary productivity)(APHA, 2005),是指某一特定水体或水样所能承载的最大藻类生物量。测定时,向水样中接种特定藻种,置于一定光照和温度条件下培养,使藻类生长达到稳定期,最终测定 1 L 培养液中藻类生物质的干重(或以藻密度计量),即为该水样的藻类生长潜势。这一指标表征了该水体或水样中藻类生物量可能达到的最大值,对于评价水体的水华暴发风险具有重要的指导意义。

表 25.1 给出了一些典型条件下的藻类生长潜势水平。一般而言,贫营养湖泊的藻类生长潜势在 1 mg/L 以下,中营养湖泊为 1～10 mg/L,富营养湖泊为 5～50 mg/L(李建政和任南琪,2004)。污水处理厂二级出水的藻类生长潜势一般为 150～300 mg/L。

表 25.1　典型条件下的藻类生长潜势

典型环境	藻类生长潜势(mg/L)
贫营养湖泊	<1
中营养湖泊	1～10
富营养湖泊	5～50
污水处理厂二级出水	150～300

藻类生长潜势可用藻类生物质干重或藻密度计量。一般情况下,单个藻细胞的重量变化不大,藻类生物质干重与藻密度呈线性相关,并且可通过一定的计算公式加以转化(Li et al., 2010)。然而,在特殊的培养条件下,单个藻细胞的重量将发生显著变化,藻类生物质干重与藻密度间的转化关系将不再成立。巫寅虎等(2014)在其研究中发现,在外源磷耗尽后,藻细胞仍然可以利用储存的内源磷维持一定时间的生长。在该生长过程中,单个藻细胞的尺寸、形态以及重量都将发生显著改变,而在藻密度进入稳定期后,藻类生物质的干重仍然将在一定时间内显著增

长。以栅藻 LX1 为例，在外源氮磷初始浓度分别为 30 mg/L 和 0.2 mg/L 的条件下培养 30 d，其藻密度、生物质干重以及单个细胞的重量随培养时间的变化规律如图 25.1 所示。

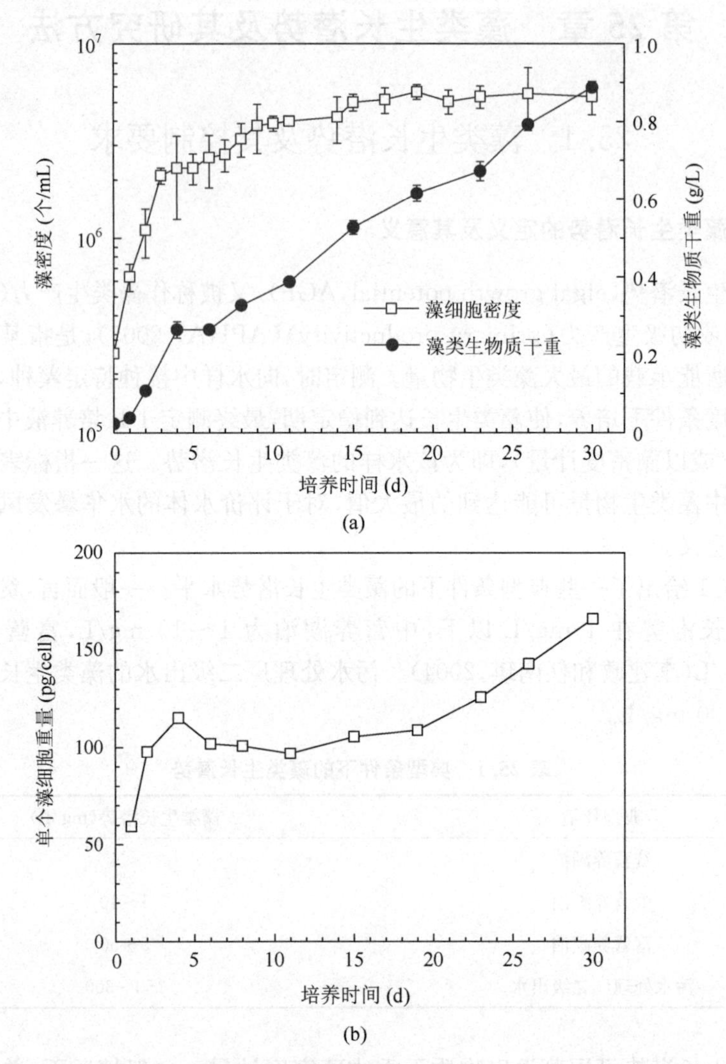

图 25.1 栅藻 LX1 利用内源磷生长过程中藻密度、干重(a)以及单细胞重量(b)的变化

培养 15 d 后，栅藻 LX1 的藻密度逐渐进入稳定期，而其生物质的干重则仍然维持着较高的增长速率。同时，栅藻 LX1 单个藻细胞的重量也由 59.2 pg/cell 显著升高至 165.9 pg/cell。

25.1.2　藻类生长潜势水质标准和控制要求

虽然藻类生长潜势是表征水华暴发风险大小的重要指标，但是目前我国的污染物排放标准及地表水环境质量标准并未对其限值作出规定。实际上，一些污水处理工艺并不能有效削减污水的藻类生长潜势。杨佳等考察了北京市某污水再生处理厂四种污水处理工艺出水的铜绿微囊藻生长潜势，结果如图 25.2 所示（杨佳等，2010）。

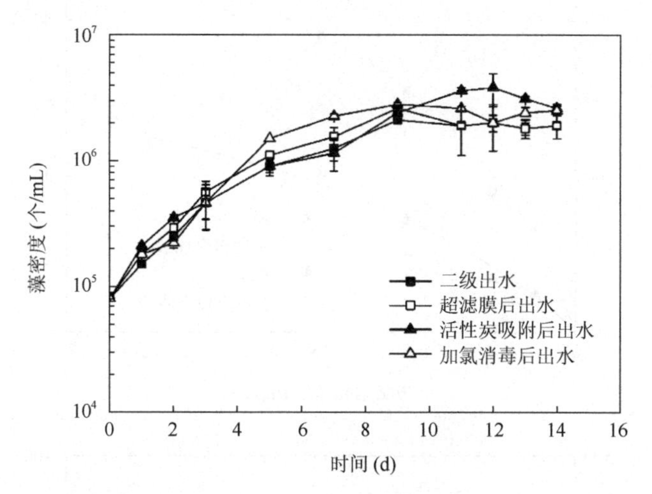

图 25.2　铜绿微囊藻在北京市某污水再生处理厂不同工艺出水中的生长潜势

该研究结果表明，污水处理厂二级出水经超滤膜过滤、活性炭吸附及加氯消毒 3 个深度处理环节后，铜绿微囊藻的生长潜势未受显著影响，培养 10 d 后最大藻密度仍然能够达到 2×10^6 个/mL 左右，具有较高的藻类生长潜势。这样的污水大量排放到天然水体中，将导致水体的水华暴发风险显著增加。因此，基于 AGP 控制的污水排放标准有待进一步研究。

25.1.3　藻类生长潜势与水质的关系

藻类生长潜势实质上是表征水体支持藻类生长能力的水质指标，因此能够影响藻类生长的因素都能够显著影响水体的藻类生长潜势，如水体的氮磷浓度以及一些金属元素的浓度。

1. 藻类生长潜势与氮磷浓度的关系

氮和磷是藻细胞生长所必需的重要元素，二者是水体中藻类生长的重要限制因子。一般而言随水体总氮总磷浓度的上升，其藻类生长潜势也呈明显的上升趋势。例如，在小球藻 YJ1 生长特性的研究中，杨佳等发现其最大生物量随培养液初始总氮总磷浓度的上升而显著升高(图 25.3)，并且这一变化规律符合 Monod 模型(Yang et al.，2011)。在总氮总磷浓度较低时，小球藻的最大生物量随总氮总磷浓度的增大而显著增大；而随着总氮总磷浓度逐渐升高，这一变化趋势则越来越不明显。

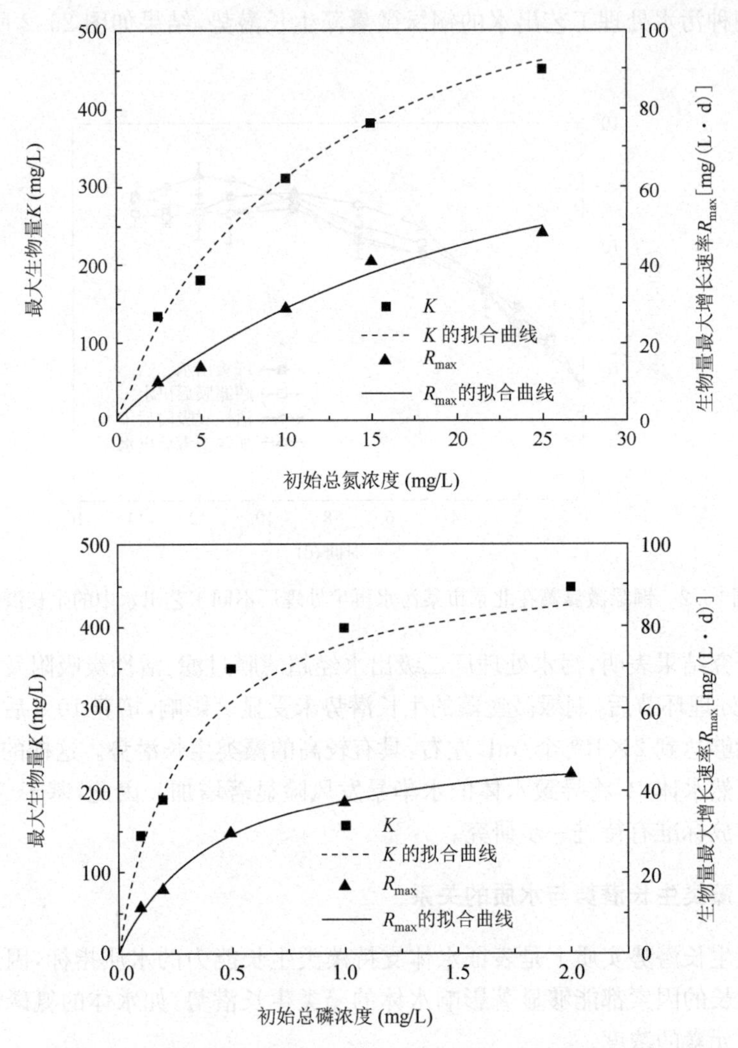

图 25.3 小球藻 YJ1 的最大生物量随培养液初始氮磷浓度的变化

藻类能够利用的氮源形态多种多样，包括氨氮、硝酸氮、亚硝酸氮和尿素，但是，藻细胞对于不同形态氮的利用能力并不相同。氨氮在高浓度下甚至能够抑制藻类的生长。对于磷而言，溶解态的正磷酸盐最易被藻类利用，水体中其他形态的磷在经过各种生化反应转化为正磷酸盐后，同样能够被藻类利用。

藻细胞对磷的吸收利用过程如图 25.4 所示。外源磷酸盐可通过自由扩散或主动运输穿过细胞膜，进入藻细胞(Borchard J and Azad, 1968)，再与二磷酸腺苷(ADP)反应生成三磷酸腺苷(ATP)，参与到各种新陈代谢反应中。进入藻细胞的磷有两个主要的去向：其一是合成 DNA、RNA、蛋白质和磷脂等各种新陈代谢所必需的细胞物质；其二则是合成多聚磷酸盐，储存于藻细胞中。当外源磷酸盐耗尽后，藻细胞内的多聚磷酸盐将分解产生 ATP，从而支撑藻细胞的进一步生长(Kulaev et al., 1999; Powell et al., 2009; Rao et al., 2009)。

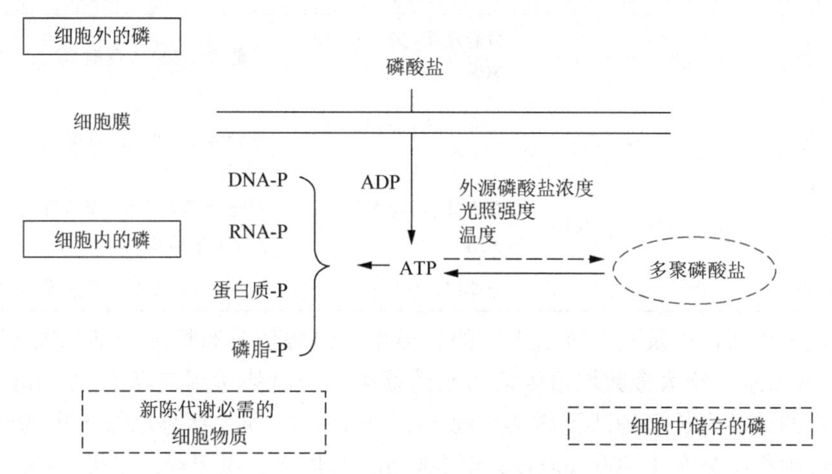

图 25.4　藻细胞对磷的吸收及利用过程

2. 藻类生长潜势与其他水质指标的关系

除氮磷外，藻类的生长还需要一些金属元素，其中最重要的是铁。铁元素是合成叶绿素的必需物质，水体中铁的含量能够显著影响藻类的最大生物量、藻细胞的叶绿素含量以及光合作用活性(Liu et al., 2008; Yeesang and Cheirsilp, 2011; 刘志媛和王广策，2008)。一些研究者甚至提出向海洋中投加铁以促进海洋藻类的生长，大量吸收二氧化碳，从而降低大气中的二氧化碳浓度(Buesseler et al., 2004)。

除铁之外，藻类的生长还需要钼、铜、锌、锰等微量金属元素。这些金属元素与藻类生长的关系与氨氮类似，即低浓度下能够显著促进藻类的生长，而高浓度下则表现出毒性。较为典型的是铜元素：微量的硫酸铜是藻类培养基 BG11 的必需成分，然而一定剂量的硫酸铜又可以作为抑藻剂使用。

氮、磷和部分金属元素是藻类合成细胞物质所必需的元素，能够直接影响水体的藻类生长潜势。而除上述水质指标外，水体的浊度、色度等指标能够显著影响光源在水体中的透射程度，从而对水体的藻类生长潜势造成间接影响。

3. 典型条件下藻类生长潜势

由于在各类天然水体及各种污水中氮磷等水质指标存在显著的差异，因此这些水体或水样的藻类生长潜势也不同。我国部分典型湖泊的藻类生长潜势值见表25.2。湖泊的藻类生长潜势受季节、气候的影响较大，同一湖泊在不同时间下的藻类生长潜势差距可达3个数量级以上。

表 25.2 我国典型湖泊的藻类生长潜势

湖泊名称	藻类生长潜势（个/mL）	主要优势藻种	参考文献
滇池	$4.5\times10^5\sim4\times10^8$	微囊藻属，束丝属，颤藻属	万能 等，2008；魏徵 等，2010
太湖	$5\times10^5\sim9\times10^7$	微囊藻属，小球藻属，硅藻门	蔡琳琳 等，2012；许海 等，2012
巢湖	$4.9\times10^5\sim7.7\times10^7$	微囊藻属，绿藻门，硅藻门	贾晓会 等，2011；李坤阳 等，2009；朱利 等，2013
西湖	$3.2\times10^5\sim8.6\times10^5$	蓝藻门，绿藻门	裴洪平 等，2000；吴洁 等，2001

城市生活污水及其二级出水中的藻类生长潜势值分布情况分别如图25.5和图25.6所示。绝大多数城市生活污水的藻类生长潜势达到或高于500 mg/L，部分水样的藻类生长潜势甚至高达3000～3500 mg/L；而大部分二级出水的藻类生长潜势则集中分布于500 mg/L甚至200 mg/L以下。由于经过二级处理之后，污水中的氮磷得到了一定程度的去除，因此城市生活污水的藻类生长潜势普遍高于其二级出水的生长潜势。

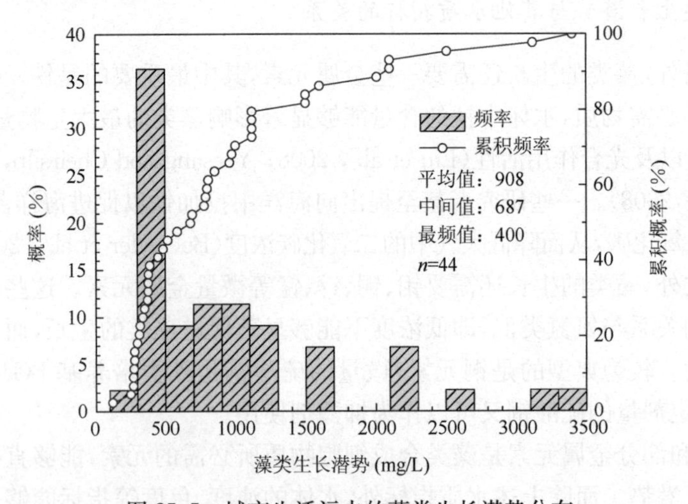

图 25.5 城市生活污水的藻类生长潜势分布

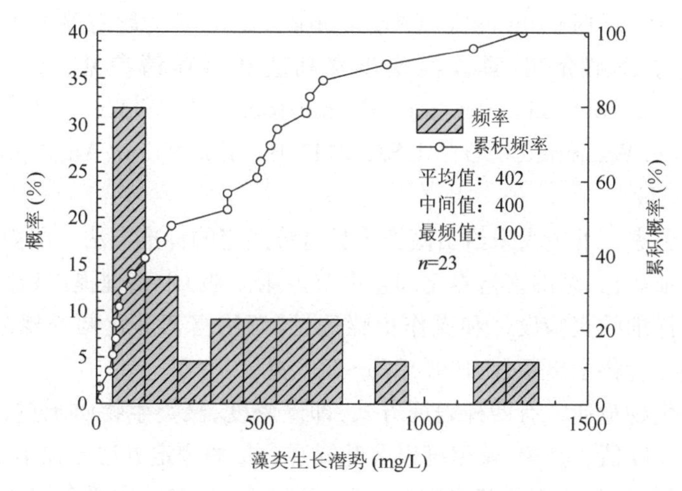

图 25.6　城市生活污水二级出水的藻类生长潜势分布

25.2　藻类生长潜势的测定方法

藻类生长潜势测试(algal growth potential test，AGP 测试)，又被称作藻类测试(algal assay procedure，AAP，出自 Miller et al.，1978)或生物刺激试验(biostimulation，出自 APHA，2005)，是专门为研究富营养化问题而制定的一种生物测试方法。水样或水体的藻类生长潜势，是 AGP 测试的结果之一。目前，国际上 AGP 测试的标准方法仍然仅限于摇瓶试验(bottle test)，其他连续流恒化培养试验法虽然在相关研究中有应用，但尚未形成标准方法。

根据 Liebig 提出的“最低因子定律”(Liebig's “Law of Minimum”)，植物的生长需要多种物质，其中存在量最低的物质是植物生长的限制因素。而能够促进植物的生长或生长潜势的物质，则被称作生长刺激因子或生长刺激物质(biostimulants)(APHA，2005)。

藻类在水体中的生长服从“最低因子定律”，藻类生长潜势测试正是根据这一定律设计的。试验时，先将待测水样进行预处理，处理方式包括稀释或加入不同剂量的营养物质(氮、磷、铁或污水等)，再接种特定藻种，在实验室控制条件下进行培养，然后比较对照组(不加营养物的待测水样作为空白对照，人工培养基作为完全营养对照)以及各个不同试验组中藻类的生长情况，通过计算和分析，最终确定限制或刺激藻类生长的营养物质。

美国公共卫生协会(American Public Health Association，APHA)在其编写的《水和废水标准检测方法》(*Standard Methods for the Examination of Water and*

Wastewater)中以“Biostimulation(Algal productivity)”为题对藻类生长潜势测试的方法进行了详细介绍,具体实验步骤和注意事项请参见 APHA,AWWA,WEF. Standard Methods for the Examination of Water and Wastewater, 2012. 22nd Ed. Washington,D C,USA[8111 Biostimulation(Algal productivity), 8111A～8111H]。

我国的国家标准中尚未给出藻类生长潜势测定的标准方法。国内可供参考的方法由金相灿等在《湖泊富营养化调查规范》(第二版)中整理提出(金相灿和屠清瑛,1990)。详细的实验设计和操作步骤请见《湖泊富营养化调查规范》(第二版)(北京:中国环境科学出版社,1990)275～285 页。

藻类的生物量通常有四种表征方式,即藻密度、藻类生物质干重、叶绿素含量和水样的吸光度值。其中,藻密度以及叶绿素含量的测定方法已在本书的第 21 章“微生物浓度与群落结构及其研究方法”中详细介绍,在此主要介绍通过生物质干重及水样的吸光度值表征藻类生物量的方法。

1. 藻类生物质干重的测定

测定方法同悬浮物(suspended solids,SS)的测定方法,采用 105 ℃烘干法。取 40 mL 藻液(根据藻密度不同选取适量体积藻液)以事先 105 ℃烘 12 h 并称量的 0.45 μm 滤膜过滤,并将滤膜于 105 ℃烘 24 h 后称量,根据前后两次称量滤膜重量的差值计算获得藻类生物质干重。

注意事项:由于需要根据滤膜重量的差值计算获得实验结果,因此,用于测定的样品藻密度不宜过低,否则将造成较大的误差。

2. 水样吸光度值表征藻类生物量

随着水中藻密度的升高,水样的吸光度值也将逐渐增大。在一定的生长时期内,藻密度以及干重与水样的吸光度值呈线性相关关系。因此,在获得藻密度或藻类生物质干重与吸光度值的关系式后,可以通过测定水样的吸光度值计算得到水样的藻密度或藻类生物质干重(李鑫, 2011)。

注意事项:

(1) 由于水中的悬浮物将影响水样吸光度值的测定结果,因此,该方法仅适用于测定悬浮物浓度较低的水样中的藻类生物量。

(2) 在特殊的培养条件下,或较长的培养时间后,藻细胞的形态、大小以及叶绿素含量都将发生显著改变,藻密度或藻类生物质干重与水样吸光度值的线性关系将不再成立。在这种情况下,水样的吸光度值将无法准确表征藻类的生物量。

25.3　藻类生长潜势研究设计与数据解析方法

25.3.1　藻类生长潜势研究设计方法

藻类生长潜势的测定主要有两个方面的应用：其一是直接用于表征某一特定水体的水华暴发风险；其二是采用藻类生长潜势测定的方法体系，甄别特定水体中藻类生长的限制因子，给出限制因子的控制阈值。

1. 基于藻类生长潜势的水华暴发风险评价

采样；显微镜观察，判定水体中的优势藻种；从水样中分离获得优势藻种或从藻种库购买纯种藻种，作为藻类生长潜势测定的受试藻种；按照标准方法进行藻类生长潜势测定试验；根据所得结果评价考察水体的水华暴发风险。

2. 基于藻类生长潜势的藻类生长控制因子甄别

采样；测定氮磷等基本水质指标；从水样中分离或从藻种库购买受试藻种；以考察水体中的氮磷浓度作为对照，向水样中分别投加或同时投加氮磷作为试验组，对比试验组和对照组中藻细胞的生长；根据所得结果分析判断藻类生长的限制因子，给出限制因子的控制阈值。

25.3.2　藻类生长潜势数据解析和表征方法

在对特定水样进行藻类生长潜势测定的相关试验后，可以得到该水样所能承载的最大藻类生物量以及藻类生物量随时间变化的生长曲线，通过对生长曲线的动力学解析能够进一步获得与该藻种生长能力相关的多个动力学参数。通常采用的数据解析和表征方法详述如下。

1. 生长曲线及最大藻类生物量

生长曲线是藻类相关实验的最基础数据，表征了藻类生物质干重或藻密度随时间变化的基本规律。典型的藻类生长曲线如图 25.7 所示。在得到藻类生长曲线后，可以通过三种数据处理方法得到最大藻类生物量(付必谦 等，2006)。

(1) 目测法。直接根据生长曲线目测藻密度或藻细胞干重所能达到的最大值，即为最大藻类生物量。这种方法简单直接，具有一定的可靠性，较为常用。

(2) 均值法。在藻类生长进入稳定期后，取此后数个藻密度或藻细胞干重观测值的均值作为最大藻类生物量。

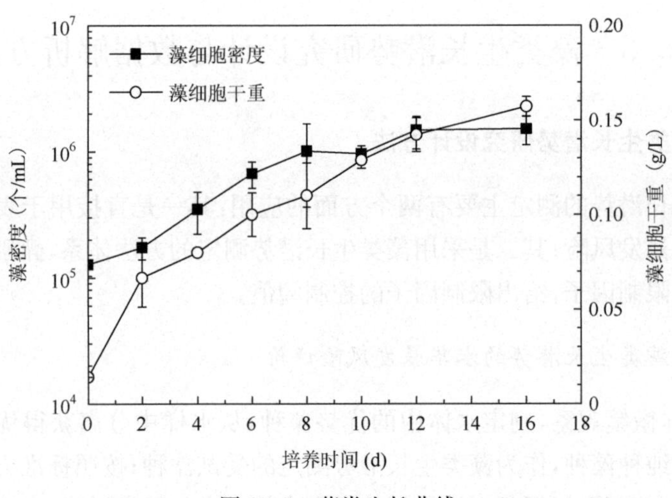

图 25.7 藻类生长曲线

(3) 等差三点法。得到生长曲线后，可通过如下计算公式求出最大藻类生物量：

$$K=\frac{2N_1N_2N_3-N_2^2(N_1+N_3)}{N_1N_3-N_2^2} \tag{25.1}$$

式中，K(个/mL 或 mg/L)为最大藻类生物量；N_1，N_2，N_3(个/mL 或 mg/L)分别表示生长曲线上横坐标等距离(即时间间隔相等)的三点所对应的纵坐标数值。

通过上述方法所得的最大藻类生物量即该水样的藻类生长潜势值。

2. 生长曲线的 Logistic 模型解析

基于种群生长的 Logistic 模型是描述有限环境下种群生物量随时间增长规律的经典模型，适于描述间歇培养的藻细胞种群生长规律(李鑫，2011)。Logistic 模型的基本表达式为

$$N=\frac{K}{1+\exp(a-rt)} \tag{25.2}$$

$$\frac{dN}{dt}=rN\cdot\frac{K-N}{K} \tag{25.3}$$

式中，N 为 t 时刻的种群密度(个/mL)；t 为培养时间(d)；K 为最大种群密度(个/mL)；a 为解微分方程时引入的常数；r 为种群的内禀增长速率(d^{-1})，指单个个体潜在的最大增长速率；dN/dt 为种群生物量增长速率[个/(mL·d)]。

式(25.2)表示种群生物量随时间变化的生长曲线，具“S”形特征。式(25.3)表示生物量增长速率随密度变化的规律，当密度为最大种群密度的一半时，种群生物

量增长速率(dN/dt)最大,为 $R_{max}=rK/4$(最大种群生物量增长速率)。

式(25.2)经过变换可得到

$$\ln\left(\frac{K}{N}-1\right)=a-rt \tag{25.4}$$

通过藻类生长潜势测定实验,获得藻类生物量(N)随培养时间(t)的变化规律后,即可根据 Logistic 模型的方程式对其进行曲线拟合。根据前一节所述的方法获得最大藻类生物量 K,计算不同培养时间(t)对应 $\ln(K/N-1)$ 的数值,再以 $\ln(K/N-1)$ 为纵坐标以培养时间 t 为横坐标作图,将数据点进行线性拟合,最终所得直线斜率的绝对值即模型参数 r,而直线的截距即模型参数 a。具体示例见表 25.3和图 25.8。

表 25.3　藻类生长的基础实验数据

培养时间(d)	藻类生物量 N(cells/mL)	$\ln(K/N-1)$
0	127 743	2.43
2	173 333	2.09
4	348 333	1.26
6	670 000	0.31
8	1 010 000	−0.57
10	963 333	−0.45
12	1 473 333	−2.63
16	1 515 000	−3.15

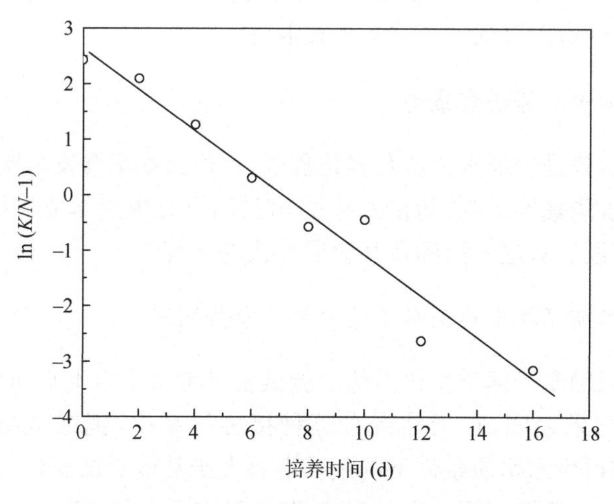

图 25.8　通过线性回归求解 Logistic 模型参数

内禀增长速率 r 是 Logistic 模型最重要的参数，表征了种群在不受环境条件限制下的最大增长速率。“不受环境条件限制”指排除一切不利因素，提供理想的食物条件，给予最大的空间，排除捕食者和疾病的威胁等。因此内禀增长速率也叫生物潜能，表示种群固有的增殖潜势(李博，2000)。

3. 氮磷浓度对藻类生长潜势的影响及其 Monod 模型解析

在藻类生长潜势实验中所得的最大藻类生物量 K 即水样的藻类生长潜势值，由前文可知，水样的初始总氮总磷将显著影响其藻类生长潜势。一些研究者发现特定水样所能承载的最大藻类生物量与水样初始总磷总氮之间的关系符合 Monod 模型(李鑫，2011；杨佳，2009)。Monod 模型的基本表达式为

$$K=K_{max}\cdot\frac{S_N}{K_{S,N}+S_N}\cdot\frac{S_P}{K_{S,P}+S_P} \tag{25.5}$$

式中，K 为最大种群密度(个/mL)；K_{max}为饱和氮磷浓度下种群密度能够达到的极限值；S_N为水样中氮的初始浓度(mg/L)；S_P为水样中磷的初始浓度(mg/L)；$K_{S,N}$为藻细胞利用氮生长的半饱和常数(mg/L)；$K_{S,P}$为藻细胞利用磷生长的半饱和常数(mg/L)。半饱和常数的物理意义是指当水样所能承载的最大藻类生物量 K 达到其极限值一半时，水样的初始氮磷浓度。

在利用藻类生长潜势实验的方法甄别藻类生长的控制因子时，可以采用类似的数据处理方法。

通过实验获得不同初始氮磷浓度下的最大藻类生物量 K 后，即可利用数据处理软件将实验数据与式(25.2)进行拟合，得出 Monod 模型的参数，从而获得描述水样的藻类生长潜势随其初始氮磷浓度变化的数学模型。以此为依据，根据水样的氮磷等水质指标，即可预测其藻类生长潜势。

25.3.3 藻类生长潜势研究案例

藻类生长潜势是表征水体富营养化程度、评价其水华暴发风险的重要指标，被广泛用于探索水华暴发机制、防治水华的相关的研究中。本节将给出两个典型研究案例，以加深读者对这一指标及其应用方式的理解。

1. 再生水水质环境中典型水华藻的生长潜势测定

杨佳等(2010)基于藻类生长潜势的测试实验考察了再生水回用于景观水体时的水华风险。结果表明，在天然混合藻种接种体系中，铜绿微囊藻(*Microcystis aeruginosa*)在再生水水质条件下的生长潜势大于其他受试藻种，其在 3 种二级出水(A^2O、氧化沟和活性污泥)中的最大藻密度均可大于 10^6 个/mL，比生长速率 $>0.39\ d^{-1}$。A^2O—超滤膜过滤—活性炭吸附—氯消毒深度处理工艺未有效降低

铜绿微囊藻的生长潜势，难以减小水华风险。再生水中的总磷浓度能够明显影响铜绿微囊藻的最大密度（K_{max}）和最大种群增长速率（R_{max}），且其影响规律符合Monod方程。

2. 滇池藻类生长的控制因子研究

魏徽等(2010)采用滇池不同湖区的湖水进行藻类生长潜势实验(AGP实验)，研究了稳定环境下，氮、磷两种可控的水华诱导因素对滇池铜绿微囊藻生长潜势的影响。结果表明，滇池各个湖区藻类生长的主要控制因子并不一致：北部与西部湖区，磷是两湖区藻类生长的主要限制性营养物质；湖心与南部湖区，磷和氮都是蓝藻生长的主要控制因子，但它们单独作用都不能有效促进铜绿微囊藻的生长。实验N/P(质量比)在4～20之间，这一范围内N/P对滇池铜绿微囊藻生长没有显著影响。

参考文献

蔡琳琳，朱广伟，朱梦圆，等. 2012. 太湖梅梁湾湖岸带浮游植物群落演替及其与水华形成的关系. 生态科学，31(04)：345～351.

付必谦，张峰，高瑞如. 2006. 生态学实验原理与方法. 北京：科学出版社.

贾晓会，施定基，史绵红，等. 2011. 巢湖蓝藻水华形成原因探索及“优势种光合假说”. 生态学报，31(11)：2968～2977.

金相灿，屠清瑛. 1990. 湖泊富营养化调查规范. 第2版. 北京：中国环境科学出版社.

李博. 2000. 生态学. 北京：高等教育出版社.

李建政，任南琪. 2004. 环境工程微生物学. 北京：化学工业出版社.

李坤阳，储昭升，金相灿，等. 2009. 巢湖水体藻类生长潜力研究. 农业环境科学学报，28(10)：2124～2131.

李鑫. 2011. 污水深度脱氮除磷与微藻生物能源生产耦合技术研究. 北京：清华大学博士学位论文.

刘志媛，王广策. 2008. 铁促进海水小球藻油脂积累的动态过程. 海洋科学，32 (11)：56～60.

裴洪平，马建义，周宏，等. 2000. 杭州西湖藻类动态模型研究. 水生生物学报，24(02)：143～149.

万能，宋立荣，王若南，等. 2008. 滇池藻类生物量时空分布及其影响因子. 水生生物学报，32(02)：184～188.

魏微，郑朔方，储昭升，等. 2010. 应用藻类生长潜力试验的方法研究滇池藻类生长的控制因子. 环境科学学报，30(07)：1472～1478.

巫寅虎. 2014. 能源微藻利用内源磷的生长及油脂积累特性研究. 北京：清华大学博士学位论文.

吴洁，钱天鸣，虞左明. 2001. 西湖叶绿素a周年动态变化及藻类增长潜力试验. 湖泊科学，13(02)：143～148.

许海，秦伯强，朱广伟. 2012. 太湖不同湖区夏季蓝藻生长的营养盐限制研究. 中国环境科学，32(12)：2230～2236.

杨佳. 2009. 高油脂微藻的筛选及其在再生水中的产油特性研究. 北京：清华大学硕士学位论文.

杨佳，胡洪营，李鑫. 2010. 再生水水质环境中典型水华藻的生长特性. 环境科学，13 (1)：76～81.

朱利，王桥，吴传庆，等. 2013. 巢湖水华遥感监测与年度统计分析研究. 中国环境监测，29(02)：162～166.

APHA. 2005. Standard Methods for the Examination of Water and Wastewater. 21th Edition. Washington, D. C.: American Public Health Association.

Borchard J, Azad H S. 1968. Biological extraction of nutrients. Journal Water Pollution Control Federation, 40 (10): 1739～1754.

Buesseler K O, Andrews J E, Pike S M, et al. 2004. The effects of iron fertilization on carbon sequestration in the Southern Ocean. Science, 304 (5669): 414～417.

Kulaev I, Vagabov V, Kulakovskaya T. 1999. New aspects of inorganic polyphosphate metabolism and function. Journal of Bioscience and Bioengineering, 88 (2): 111～129.

Li X, Hu H Y, Yang J. 2010. Lipid accumulation and nutrient removal properties of a newly isolated freshwater microalga, Scenedesmus sp LX1, growing in secondary effluent. New Biotechnology, 27 (1): 59～63.

Liu Z Y, Wang G C, Zhou B C. 2008. Effect of iron on growth and lipid accumulation in Chlorella vulgaris. Bioresource Technology, 99 (11): 4717～4722.

Miller W E, Greene J C, Shiroyarna T. 1978. The Selenastrum capricornutum printz algal assay bottle test and data interpretation protocol. U S EPA, Technology Report. EPA-600/9-78-018. USEPA, Covallis, OR.

Powell N, Shilton A, Chisti Y, et al. 2009. Towards a luxury uptake process via microalgae - Defining the polyphosphate dynamics. Water Research, 43 (17): 4207～4213.

Rao N, Gomez-Garcia M, Komberg A. 2009. Inorganic polyphosphate: essential for growth and survival. Annual Review of Biochemistry, 78: 605～647.

Yang J, Li X, Hu H Y, et al. 2011. Growth and lipid accumulation properties of a freshwater microalga, Chlorella ellipsoidea YJ1, in domestic secondary effluents. Applied Energy, 88 (10): 3295～3299.

Yeesang C, Cheirsilp B. 2011. Effect of nitrogen, salt, and iron content in the growth medium and light intensity on lipid production by microalgae isolated from freshwater sources in Thailand. Bioresource Technology, 102 (3): 3034～3040.

第 26 章　有毒有害化合物生成潜能及其研究方法

26.1　有毒有害化合物生成潜能的概念及其研究意义

水处理过程中，伴随着氧化剂、还原剂等化学药剂的加入，水中的污染物会和其发生反应，引起水中物质组成的变化。这种现象在消毒过程中尤其突出。常见的化学消毒剂氯、氯胺和臭氧等，会与水中的有机物、溴、碘等发生反应生成副产物，即“消毒副产物(disinfection byproducts，DBPs)”；与消毒剂反应生成消毒副产物的物质称为“消毒副产物前体物”，常简称为“前体物(precursors)”。

生成潜能可定义为在一定条件下生成特定物质或生物毒性的最大潜在能力(formation potential，FP)。本章主要介绍消毒副产物及其毒性生成潜能研究方法。

26.1.1　常见的消毒副产物

氯是最常用的消毒剂，应用时间最久，范围最广泛。氯通常以次氯酸(HOCl)或次氯酸盐(OCl^-)的形式存在，当水中有溴离子时，可以氧化溴离子为次溴酸(HOBr)或次溴酸根(OBr^-)，次氯酸和次溴酸均可以与水中有机物作用产生DBPs，包括三卤甲烷(THMs)、卤乙酸(HAAs)、卤乙腈(HANs)、致诱变化合物(MX)、亚硝胺(NMs)、卤代硝基甲烷(HNMs)等，其中 THMs、HAAs、HANs 为常见的副产物。

氯胺作为第二大消毒剂，与氯相比可以明显降低上述 DBPs 的生成，但是会导致氯化氰(CNCl)和卤乙酰胺的生成(表 26.1)。

表 26.1　不同消毒方法产生的副产物类型(Sadiq and Rodriguez，2004)

副产物类型	代表性副产物	氯	氯胺
三卤甲烷(THMs)	三氯甲烷	+[a]	+
其他卤代烷		+	
卤代烯烃		+	
卤乙酸(HAAs)	氯乙酸	+	+
卤代芳香酸		+	
其他卤代一元羧酸		+	+

续表

副产物类型	代表性副产物	氯	氯胺
不饱和卤代羧酸		+	+
卤代二元羧酸		+	+
卤代三元羧酸		+	
MX[b] 及其相似物		+	+
其他卤代呋喃酮		+	
卤酮		+	
卤乙腈(HAN)	氯乙腈	+	
其他卤代腈	氯化氰	+	+
卤代醛	水合三氯乙醛	+	+
卤代醇		+	+
卤代酚	2-氯酚	+	
卤代硝基甲烷	三氯硝基甲烷	+	
脂肪醛	甲醛	+	
其他醛类		+	
酮(脂肪酮及芳香酮)	丙酮	+	
羧酸	乙酸	+	
芳香酸	苯甲酸	+	
羟酸		+	
其他		+	+

a：一般指氯代和溴代的 4 种 THMs，如果碘代 THMs 也包括在内，则共有 9 种 THMs；b：3-氯-4 二氯甲基-5-羟基-2(5 氢)-呋喃酮

二氧化氯不直接产生有机卤代 DBPs，主要的 DBPs 为其自身的分解产物亚氯酸盐(ClO_2^-)和氯酸盐(ClO_3^-)。

臭氧具有极强的氧化性，在水处理过程中可起到杀菌、氧化无机物(包括铁、镁、重金属物质、氰化物、亚硝酸盐、砷)、氧化有机物(色、嗅、味的去除)、控制藻类、助凝、控制氯化消毒副产物等作用，同时臭氧可氧化有机物为生物易降解的有机物。

许多研究表明，水中腐殖酸为代表的天然有机物(natural organic matter，NOM)一般不能被臭氧彻底矿化，而主要是在臭氧作用下发生改变，如大分子量有机物在某些结合部位断裂，成为分子量较小的有机物；含氧量少的有机官能团氧化成含氧量多的官能团；非饱和键转化为饱和键从而使有机物的生物降解性提高等。

臭氧分子主要攻击 NOM 分子的三个部分：碳碳双键、芳环结构以及络合金属

离子的部位，使得 NOM 反应后生成的物质分子量降低，含有更多氧，主要包括羰基化合物（醛类、酮类）、含氧羧酸类和羧酸类等（表 26.2），并伴有过氧化氢和二氧化碳的生成。虽然臭氧能有效去除氯化消毒副产物，但有时也会导致某些卤化消毒副产物的产生。当水中含溴离子（Br^-）时，臭氧可氧化溴离子为亚溴酸根、溴酸根、溴仿、二溴乙腈、溴化氰以及一些尚未确定的溴化有机物副产物（表 26.3）。

表 26.2　NOM 由来的主要臭氧化副产物

前体物类型	副产物种类		代表性副产物
羰基化合物	醛类	脂肪族	甲醛、乙醛、丙醛～十五醛
		芳香族	苯甲醛
	二醛类	脂肪族	乙二醛、甲基乙二醛、马来醛
	酮类		丙酮
含氧羧酸类			水合乙醛酸、丙酮醛、酮丙二酸
羧酸类	一元羧酸		甲酸、乙酸～$C_{29}H_{59}COOH$
	二元羧酸		丙二酸、马来酸、黏康酸、富马酸
	芳香族羧酸		安息香酸、丙二甲酸
二氧化合物	二氧化合物		对苯二酚、邻苯二酸
其他	其他		庚烷、辛烷、甲苯

表 26.3　溴离子由来的主要臭氧化副产物

前体物类型	副产物种类	代表性副产物
溴离子由来的副产物	溴仿	$CHBr_3$
	溴乙酸	一溴乙酸、二溴乙酸、三溴乙酸
	溴醇	溴甲基丁醇
	溴代丙酮	一溴丙酮、二溴丙酮
	次溴酸、次溴酸根	BrO^-、BrO_3^-
	溴酸、溴酸根	$HBrO_3$、$MeBrO_3$
溴离子、氨氮共存条件下副产物	硝化溴仿	CBr_3NO_2
	溴化乙腈	$CHBr_2CN$
	溴化氰	BrCN
	溴胺	NH_2Br、$NHBr_3$、NBr_3

26.1.2　消毒副产物的危害性

消毒副产物往往具有生物毒性，对生态系统和人体健康具有很大的风险。以下介绍目前最为关注的几种消毒副产物及其生物毒性。

1. 三卤甲烷(THMs)

某些动物实验表明,一定剂量的 THMs 可以诱导肝、肾细胞毒性。尽管 THMs 的生殖和发育毒性很小,但是一溴二氯甲烷(BDCM)却可以降低精子的自动力。有关 THMs 与癌症的研究发现,如果动物长期暴露于高剂量三氯甲烷(TCM)或一溴二氯甲烷,可以导致肝癌和肾癌;此外三溴甲烷(TBM)和一溴二氯甲烷还可以诱发动物大肠肿瘤的发生,其中一溴二氯甲烷致肿瘤的剂量要低于其他 THMs 的剂量。在 1994 年 WHO 环境卫生基准的专刊中曾报道,三氯甲烷不直接引起 DNA 的损伤,而溴代 THMs 却显示出弱的致突变性。

2. 卤乙酸(HAAs)

动物实验发现,HAAs 具有致癌、生殖和发育毒性;高剂量的二氯乙酸(DCAA)有明显的神经毒性,当二氯乙酸和三氯乙酸(TCAA)的剂量增高时,可以引起心脏畸形。大量的实验表明,二氯乙酸和三氯乙酸的致癌作用主要发生在细胞增殖和死亡的过程。

3. 亚氯酸盐(ClO_2^-)

亚氯酸盐的毒性要比氯酸盐的毒性大,其毒性主要表现在对红细胞的氧化作用方面,此外,动物实验表明亚氯酸盐对神经行为可以产生一定的影响。但也有人认为亚氯酸盐没有遗传毒性,长期暴露的动物并未发现肿瘤的增加,因此,有关它的毒性还有待进一步的研究。

4. 含氮消毒副产物(N-DBPs)

常见含氮消毒副产物的研究主要集中在卤代乙腈(HANs)、亚硝胺(其代表为亚硝基二甲胺,简称 NDMA)和卤代硝基甲烷(HNMs)三类物质上。HANs 的细胞毒性远大于 THMs 和 HAAs,同时体内致畸实验研究表明 HANs 具有胚胎毒性,并使产期仔鼠存活率下降以及生长发育缓慢。Fu 等的研究中应用水螅预筛检实验证明二氯乙腈(DCAN)和三氯乙腈(TCAN)具有潜在的致畸危害(Fu et al., 1990)。

NDMA 在亚硝胺类消毒副产物中发现最早,产生浓度高,相关研究也比较集中。NDMA 可以导致人体和动物体发生癌变、突变和畸变(Mitch et al., 2003)。美国环境保护总局(US EPA)已将其确定为致癌高风险物质,并给定终生饮用含有 0.7ng/L NDMA 的饮用水(按每人平均体重 70 kg,每人每天饮 2L 水)所产生的癌症发病率为 10^{-6}。HNMs 的生物毒性研究表明,其动物细胞遗传毒性甚至超过了卤化呋喃酮 MX,对动物细胞中的 DNA 造成严重的破坏,具有强烈的致突变性(楚文海 等,2009)。

5. 溴代/碘代消毒副产物(Br-/I-DBPs)

溴酸盐消毒副产物具有遗传毒性,可以引起动物肾小管损伤。另外,长期暴露小鼠的肾、腹膜、甲状腺部位可以诱发肿瘤。

碘仿对细菌具有诱变作用,且对哺乳动物细胞具有较高的细胞毒性,但不具有遗传毒性,而碘代三卤甲烷中的一氯二碘甲烷则具有细胞遗传毒性。与溴代三卤甲烷对 CHO 细胞(中国地鼠卵巢细胞,Chinese hamster ovary cell)的慢性细胞毒性相比,碘代三卤甲烷的细胞毒性更强。此外,在碘酸中,碘乙酸是一种强效的沙门氏菌 TA100 的诱变剂,在预诱导条件下碘乙酸比溴乙酸或氯乙酸对 TA100 的致突变能力更强。哺乳动物细胞的细胞毒性和遗传毒性的研究表明,碘乙酸对 CHO 细胞的细胞毒性分别是溴乙酸和氯乙酸的 3 倍和 523 倍,且碘乙酸的遗传毒性高出溴乙酸 2 倍同时高出氯乙酸 47 倍以上(Plewa et al.,2004)。研究证实,较低剂量水平的碘乙酸就可以影响小鼠胚胎的发育(Hunter and Tugman,1995)。

已被确认的碘酸中除(Z)-3-溴-3-碘丙烯酸不具有哺乳动物细胞遗传毒性外,其他碘酸对哺乳动物细胞均具有慢性的细胞毒性和遗传毒性。碘乙腈可以诱导哺乳动物细胞 DNA 损伤,其细胞毒性潜能与溴乙腈相当,仅低于二溴乙腈,但高于其他所有氯代乙腈的毒性潜能。碘乙腈在染色体水平的 DNA 损伤能力是所有卤乙腈中最强的。小鼠皮下试验结果表明,碘乙酰胺具有致癌作用,并且可以诱导小鼠肿瘤的生成。

典型消毒副产物的生物毒性见表 26.4。

表 26.4　典型消毒副产物的生物毒性(Sadiq and Rodriguez,2004)

副产物类型	代表物质	毒性等级[a]	危害
三卤甲烷	三氯甲烷	B2	致癌,损伤肝肾,影响生殖
(THMs)	二溴一氯甲烷	C	损伤神经系统、肝肾,影响生殖
	一溴二氯甲烷	B2	致癌,损伤肝肾,影响生殖
	三溴甲烷	B2	致癌,损伤神经系统、肝肾
卤乙腈 (HAN)	三氯乙腈	C	致癌,致突变
卤代醛和卤代酮	甲醛	B1	致突变[b]
卤代酚	2-氯酚	D	致癌,促进肿瘤生长
卤乙酸 (HAAs)	二氯乙酸	B2	致癌,影响生殖和发育
	三氯乙酸	C	损伤肝肾脾,影响发育

a. A:对人类致癌;B1:对人类很可能致癌(有一定的流行病学证据);B2:对人类很可能致癌(充足的实验室数据证明);C:对人类可能致癌;D:未分类

b. 吸入暴露

此外,卤乙酰胺的哺乳动物细胞毒性试验还表明,碘代乙酰胺副产物具有较强的细胞毒性和染色体水平上的DNA损伤能力(魏源源 等, 2010)。

26.1.3 消毒副产物及其生物毒性生成潜能的研究意义

现有研究充分表明,消毒副产物具有很强的毒性效应,大部分DBPs具有较强的致癌效应。通过系统研究消毒过程中毒性消毒物质及其生物毒性的生成潜能,能够更好地控制毒性物质的产生,降低其毒性效应,保证水质的安全性。

消毒副产物和生物毒性生成潜能研究旨在掌握消毒过程中特定消毒副产物(通常为毒性物质)和综合生物毒性的最大生成水平,识别前体物的种类和浓度水平,以指导消毒技术的选择以及预处理工艺对前体物的去除。

不同的消毒剂其消毒副产物和生物毒性生成潜能有很大差别,如氯消毒和氯胺消毒。对于THMs和HAAs常规消毒副产物,氯胺消毒生成潜能普遍低于氯消毒,然而碘代消毒副产物和NDMA类物质会在氯胺消毒过程中优先生成,引起相对较高的生成潜能。

消毒的前处理工艺不同,对消毒副产物前体物去除效果也不同,对后续的消毒过程中消毒副产物和生物毒性生成潜能也会产生影响。表26.5中列举了几种常见的前处理工艺对典型消毒副产物前体物的影响。其中混凝沉淀过程可以较好地去除消毒副产物的前体物,生物过滤对前体物的影响较小。

表26.5 水处理工艺对消毒副产物前体物的影响

DBPs	臭氧	混凝	生物过滤
三卤甲烷THMs	破坏某些前体物	去除前体物	影响较小
卤乙腈HANs	破坏某些前体物	去除前体物	影响较小
三氯硝基甲烷TCNM	增加前体物	去除前体物	可能减少前体物
三卤乙醛THAs	增加前体物	去除前体物	可能减少前体物
碘代消毒副产物I-DBPs	氧化I^-成为IO_3^-	去除前体物	影响较小
亚硝基二甲胺NDMA	破坏前体物	确定的高分子聚合物会增加生成潜能	不确定

消毒副产物种类复杂,典型消毒副产物的浓度与消毒后水样综合生物毒性之间常常不存在必然的联系。仅仅测定几种典型消毒副产物的生成潜能,往往不能反映消毒后水质的安全性。因此,测定消毒后水样综合生物毒性,对于评价和保障水质安全具有重要的意义,同时生物毒性生成潜能可以弥补消毒副产物生成潜能的不足。

26.2　氯消毒副产物生成潜能

氯(包括次氯酸钠和氯气等)是常见的消毒剂,可有效灭活许多病原微生物,成本低,使用较为方便。氯消毒还可使再生水管网中保持一定浓度的余氯,控制管网微生物的生长。因此,氯消毒在水处理工艺中应用广泛。

由于氯及其化合物是一类具有多攻击位点的化学消毒剂,作用机理相对复杂,所以在去除病原微生物的同时可以和水中的污染物反应,生成多种多样有毒有害副产物。研究这类消毒副产物的生成潜能,要首先确定其测定的条件,明确其可能存在的影响因素,进而建立一套适用于不同消毒副产物的研究方法。

三卤甲烷生成潜能(THMFP)和卤乙酸生成潜能(HAAFP)是目前研究最多的 2 种生成潜能。

26.2.1　消毒副产物生成潜能测定条件的确定

消毒副产物生成潜能测定的关键是确定实验条件,投氯量、反应时间、反应温度是主要影响条件。

1. 投氯量的确定

由于不同水中的溶解性有机物种类、浓度存在很大差异,其中能与氯反应的物质种类多样,结构和活性存在差异。氯的投加量会影响其与水中前体物的反应程度,活性高的前体物将优先发生反应,活性相对较弱的前体物的反应程度取决于可与之反应的消毒剂的量。随着投氯量的增加,这些前体物的副产物生成潜能逐渐表现出来,导致消毒副产物的生成量增加。

生成潜能的研究关注氯消毒过程中毒性物质的最大生成量,以掌握其最大风险。因此在确定投氯量时,预实验一般选择从低到高进行梯度分布,同时参考文献的投加剂量,确定某毒性副产物物质生成量最高的投加剂量作为该物质生成潜能的实验条件。

图 26.1 为二级处理出水经不同氯投加量消毒后,三卤甲烷和卤乙酸的生成情况。由图可知,三卤甲烷和卤乙酸的生成量随氯投加量的增加而增加(Sun et al., 2009)。除了三卤甲烷、卤乙酸以外,投氯量增加也可导致 *N*-二甲基亚硝胺(NDMA)、溶解性有机卤化物(DOX)、可吸附有机卤化物(AOX)等的生成量的增加(Rebhun et al., 1997, Schulz and Hahn, 1998, 张丽萍 等, 2001, Choi and Valentine, 2002)。

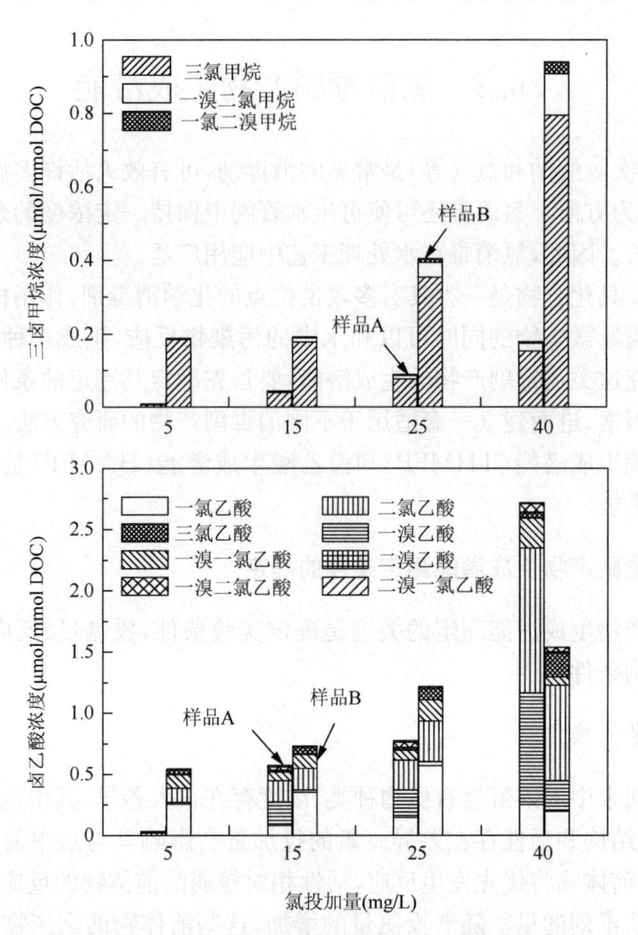

图 26.1　氯投加量对二级处理出水三卤甲烷和卤乙酸生成量的影响(Sun et al.，2009)
温度＝(14±1)℃，接触时间＝0.5 h，pH＝7.0

2.反应时间的确定

反应时间对消毒副产物生成的影响较为复杂。以卤乙酸为例，其生成机制中存在多个限速步骤，需要一定时间才能完成从中间产物到终产物的转化。在反应初始阶段，高活性前体物与相对足量的次氯酸钠迅速反应，之后由于次氯酸钠被大量消耗，副产物的生成速率减缓。同时，生成的副产物可能因与污水中的其他成分作用或自身分解而损失，导致副产物的生成量趋于稳定甚至减少。在生成潜能研究中，多选择大于 24 h 的长接触时间，以完成消毒副产物的稳定生成。

3.反应温度

反应温度对消毒副产物生成的影响较大。饮用水消毒副产物的研究表明，反应温度升高有利于三卤甲烷和卤乙酸的生成，速率常数与反应温度的关系遵循 Arrhenius 公式。但再生水消毒副产物的研究表明，温度（4～30 ℃）对三卤甲烷的生成量几乎无显著影响，而卤乙酸的生成量则随温度的升高而呈显著下降趋势（图 26.2）。这说明再生水消毒副产物的生成规律比饮用水更加复杂。

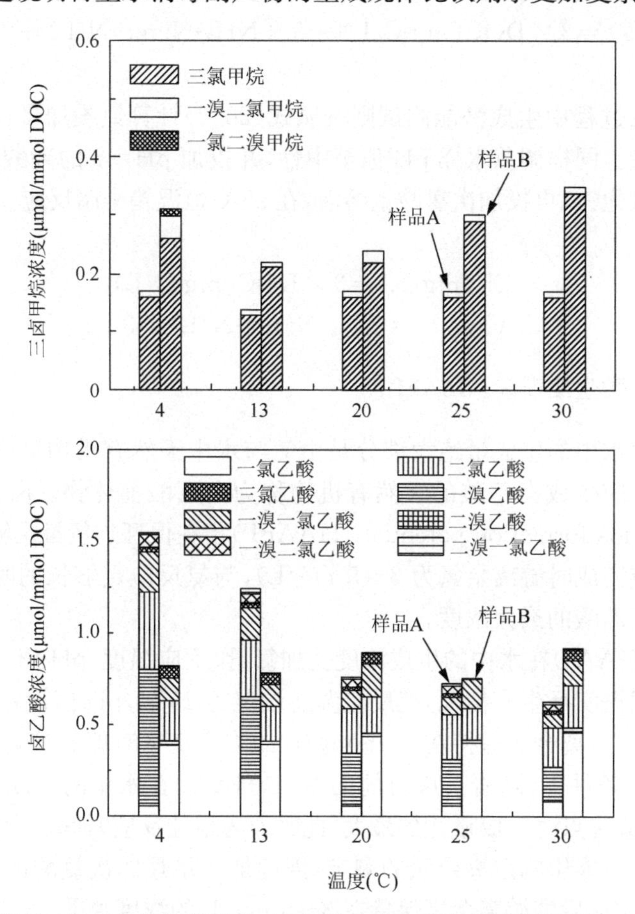

图 26.2　温度对二级出水氯消毒后的三卤甲烷和卤乙酸生成量的影响（Sun et al.，2009）

26.2.2　三卤甲烷生成潜能（THMFP）

三卤甲烷是典型的氯消毒副产物，其生成潜能测试常采用高消毒剂投加量与长时间接触的条件。

Krasner 等建立的三卤甲烷生成潜能（trihalomethane formation potential，THMFP）测定方法（Krasner et al.，2004；2007；Dotson et al.，2009；Chu et al.，2010）被广泛使用。该方法在保证余氯存在的情况下，选取在特定消毒剂投加量、接触时间、pH 值与温度条件下 DBPs 的生成量来表征前体物的浓度水平，其中消毒剂投加量根据水样的 DOC 与氨氮浓度计算。

氯消毒过程中生成潜能测试采用式(26.1)计算氯投加量。调节水样 pH 值至中性,并投加 pH=7 的磷酸缓冲液以保证整个消毒过程在中性条件下进行,随后根据计算投加次氯酸钠,在 25 ℃恒温箱中暗反应 24 h 后用抗坏血酸终止反应。

$$Cl_2(mg/L)=3\times DOC(mg\text{-}C/L)+8\times NH_3\text{-}N(mg\text{-}N/L)+10(mg/L) \tag{26.1}$$

氯胺消毒过程中生成潜能测试则按照式(26.2)计算氯投加量、按式(26.3)计算氨氮投加量。同样调节水样 pH 值至中性,并投加 pH=7 的磷酸缓冲液。根据计算先投加氯化铵,再投加次氯酸钠溶液,在 25 ℃恒温箱中暗反应 3 d 后用抗坏血酸终止反应。

$$Cl_2(mg/L)=3\times DOC(mg\text{-}C/L) \tag{26.2}$$

$$Cl_2(mg/L):NH_3\text{-}N(mg\text{-}N/L)=3:1 \tag{26.3}$$

26.2.3 卤乙酸生成潜能(HAAFP)

卤乙酸在水中的生成量绝大部分是由氯与水中天然有机物反应生成的,所以水中能与氯反应生成卤乙酸的天然有机物称为卤乙酸前体物。卤乙酸生成潜能(haloacetic acids formation potential, HAAFP)指在保证加氯量足够的条件下(一般控制在反应完成时游离余氯为 3～5 mg/L),与氯反应足够长的时间后,水样中所能产生的卤乙酸的最大浓度。

卤乙酸(HAAs)在水中的生成浓度受加氯量、反应温度、pH 值、反应时间的影响比较大。根据实际生产情况,把反应温度设定为 25 ℃,pH 值设定为 7.0±0.2。在反应终点时,游离余氯保持在 3～5 mg/L 的浓度水平时即能够满足完全反应的要求。在一定条件下,随着反应时间的增长,HAAs 在水中的生成浓度也不断增加,当达到反应终点时生成量达到最大,此时即为最佳反应时间。含氮有机物和其他还原性物质可能影响游离余氯的测定,因此加入足量的次氯酸钠溶液氧化耗氯物质,让反应完成后的游离余氯保持在 3～5 mg/L 的浓度水平。

现有研究通常采用与 THMFP 相同的反应条件进行 HAAFP 的测定。但是投氯量和反应时间并没有统一的标准,一般会进行前期的短时间投氯梯度实验,以确定最大生成量所对应的投氯量,反应时间一般为 24 小时以上。

26.2.4 消毒副产物前体物的识别案例分析

在考察再生水中氯代乙腈与氯代乙酰胺前体物组成的研究中,将再生水中有机物按照极性与酸碱性进行组分分离,并以 Krasner 的生成潜能测定方法(Krasner et al.,2004;2007)考察各组分在氯消毒与氯胺消毒中的二氯乙腈(DCAN)、二氯乙酰胺(DCAcAm)和三氯乙酰胺(TCAcAm)的生成潜能(以体积为单位),结果如

图 26.3 所示(黄璜,2013)。

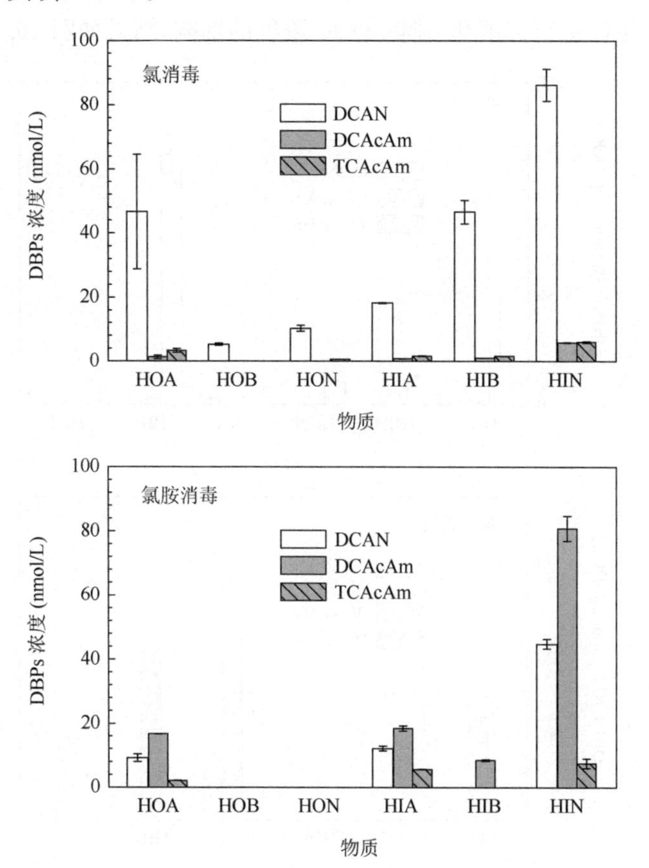

图 26.3　再生水树脂层析分离组分的 DBPs 生成潜能(黄璜,2013)

HOA:疏水酸性物质,HOB:疏水碱性物质,HON:疏水中性物质,
HIA:亲水酸性物质,HIB:亲水碱性物质,HIN:亲水中性物质

无论在氯消毒还是氯胺消毒过程中,亲水中性物质(HIN)组分的 DCAN、DCAcAm 与 TCAcAm 生成潜能均为各组分中的最大值,疏水酸性物质(HOA)、亲水酸性物质(HIA)与亲水碱性物质(HIB)组分的次之,疏水碱性物质(HOB)与疏水中性物质(HON)组分的最低甚至未测出。结合各组分的水质特性分析可知,HIN 组分的高 N-DBPs 生成潜能与其所含 DOC 与 DON 浓度高度相关,即 HIN 组分中有机物含量高,所含前体物浓度也高。

虽然 HIA、HIB 组分中有机物浓度处于最低的水平,但前体物浓度却在各组分中处于较高的水平。这表明不同组分的 DBPs 生成潜能不仅与 DOC 浓度相关,也与物质类型相关。

为了表征不同组分所包含的不同类型有机物在氯消毒与氯胺消毒过程中

DCAN、DCAcAm 与 TCAcAm 的生成能力，将测定得到的各组分 DBPs 体积浓度除以其 DOC 浓度进行标准化，排除 DOC 浓度的影响，结果如图 26.4 所示。

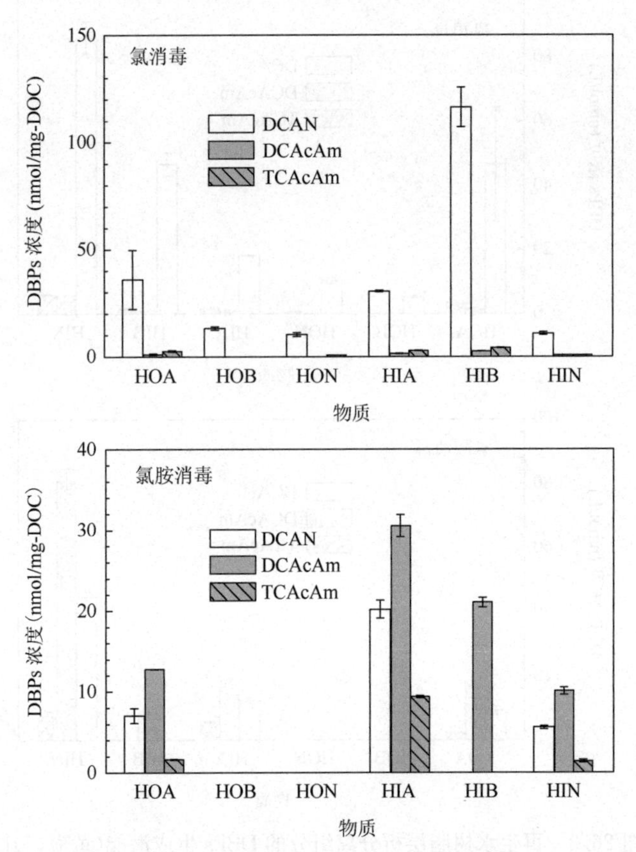

图 26.4　再生水树脂层析分离组分的 DBPs 生成潜能(黄璜，2013)

各组分三种 N-DBPs 的单位 DOC 生成量(产率)基本一致。在氯消毒过程中，DCAN、DCAcAm 与 TCAcAm 产率均在 HIB 组分中达到最大，在 HIA 与 HOA 组分中次之，在 HIN、HON 与 HOB 三个组分中最小。在氯胺消毒过程中，HIA 的 DCAN、DCAcAm 与 TCAcAm 产率最大，HIB、HOA 与 HIN 的次之(除 DCAcAm与 TCAcAm 未在 HIB 组分中测出)，HOB 与 HON 组分的最小。

HIA 与 HIB 组分的高 N-DBPs 产率可能由其有机物的高含氮量及高比例芳香族蛋白质所导致。酪氨酸、色氨酸和苯丙氨酸 3 种芳香族氨基酸均为 DCAN、DCAcAm 前体物(王超 等，2006；Chu et al.，2010)。而 HOA 组分较高的 N-DBPs产率，可能与腐殖酸、溶解性微生物代谢产物类物质的贡献相关，由于 HOA 组分中单位有机物的腐殖酸与溶解性微生物代谢产物类物质含量在各组分中均最高。结合褐煤腐殖酸等多种腐殖酸的生成潜能测试发现，腐殖酸不仅是

DCAN 前体物，也是 DCAcAm 前体物（Huang et al.，2012）。

HOB 与 HON 组分的有机物浓度低，有机物的含氮率低，且芳香族蛋白质、腐殖酸等荧光物质含量也较低，所以组分中所含 N-DBPs 的前体物浓度也低，造成 N-DBPs 产率低。

26.3　氯消毒生物毒性生成潜能

生物毒性可以评价水中有毒有害物质的综合效应，同时更好地反映其对生态安全和人体健康的影响，因此考察毒性物质本身的生成潜能的同时，关注消毒过程中生物毒性的生成潜能十分必要。目前常用的生物毒性评价方法主要包括急性毒性、慢性毒性、遗传毒性和内分泌干扰性等。以下以遗传毒性和抗雌激素活性生成潜能为例，阐述生物毒性生成潜能研究方法。

26.3.1　氯消毒遗传毒性生成潜能

遗传毒性生成潜能作为一种水质指标，可以评价氯消毒过程中污染物可能产生遗传毒性的能力。在此过程中，需要确定遗传毒性前体物与氯消毒反应的最佳条件（Takanashi et al.，2001）。

1. 氯投加量的影响

不同水样（表 26.6）24 h 氯消毒实验结果基本一致。所有原水样的遗传毒性都低于检测水平，氯（以活性氯表示）投加量增加至 0.5 mg-Cl/mg-C 或更高后，可以检测到水样中的遗传毒性。同时在 0.5～10 mg-Cl/mg-C 的剂量范围内，反应 24 h 后检测遗传毒性没有明显变化（图 26.5）。这一现象与三氯甲烷等副产物生成潜能的研究结果类似。

表 26.6　水样的基本特征

水样	水样来源	TOC(mg/L)	NH_4^+-N(mg/L)
R1	河水	5.48	1.0
L1	垃圾渗滤液(已处理)	36.5	8.2
W1	二级出水(未处理)	300	18
W2	二级出水(已处理)	27.9	1.1
S5	污水(已处理)	10.9	14
M1	浓缩处理出水	96.7	0.30

为了避免细菌滋生，保证系统中余氯的含量大于 0.1 mg/L，通过投氯量和余氯量两方面确定一个适合的投加量是毒性生成潜能研究的关键。因为不同水样对

氯的消耗不同，所以相同投氯量条件下，余氯量也不尽相同。然而，如图 26.6，在 Cl/TOC＝3～4 mg-Cl/mg-C条件下，既能够满足余氯量，又能实现氯的最小消耗量，因此确定 Cl/TOC＝3～4 mg-Cl/mg-C 的投加剂量作为遗传毒性生成潜能的反应条件。

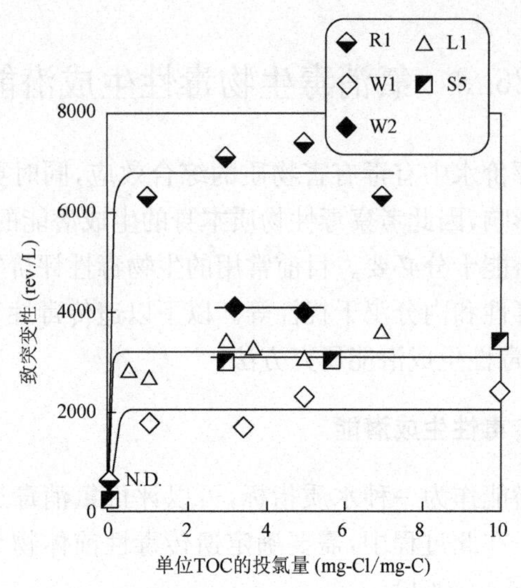

图 26.5　氯投加量对遗传毒性的影响(Takanashi et al.，2001)

TOC＝1.8～4.1 mg/L，NH_4^+-N ＜ 2.0 mg/L，反应时间为 24 h

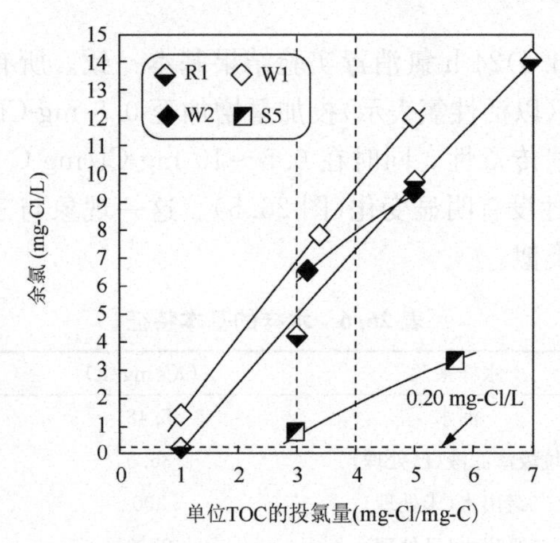

图 26.6　氯投加量的确定(Takanashi et al.，2001)

TOC＝1.8～3.1 mg/L，NH_4^+-N ＜ 2.0 mg/L，反应时间为 24 h

2. TOC 的影响

选取不同 TOC 浓度的水样进行稀释检测不同 TOC 条件下遗传毒性生成潜

能，结果发现 TOC 浓度对遗传毒性生成潜能没有影响(图 26.7)。但是在污水、垃圾渗滤液等高 TOC 水样中，由于氯消毒消耗差别较大所以很难保证达到预计的余氯量。因此本实验需先将水样均稀释至 3～4 mg/L 再进行遗传毒性的测定。

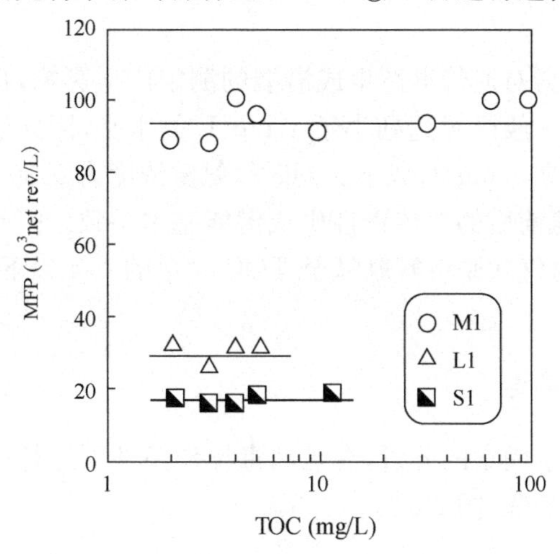

图 26.7　TOC 对遗传毒性的影响(Takanashi et al., 2001)

Cl/TOC=2.9～7.5 mg-Cl/mg-C，NH_4^+-N < 0.1 mg/L，反应时间为 24 h

3. 氨氮的影响

水样中的氨氮含量会改变消毒的反应过程，对不同水样添加不同浓度的氨氮进行 24 h 氯消毒实验，考察遗传毒性生成潜能的变化规律，结果如图 26.8 所示。

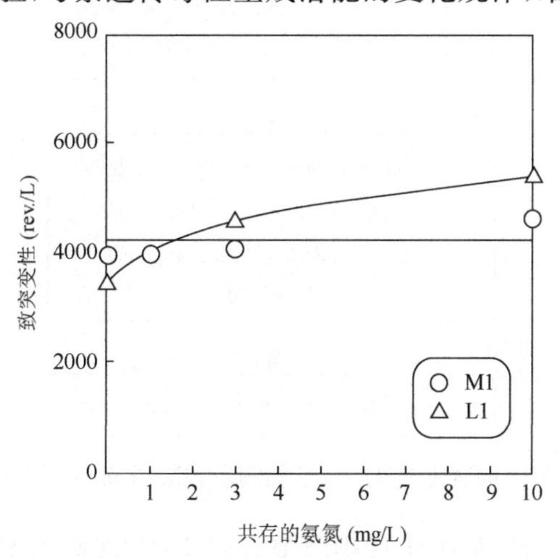

图 26.8　氨氮对遗传毒性的影响(Takanashi et al., 2001)

TOC=4.0 mg/L，Cl/TOC=3.7～3.8 mg-Cl/mg-C，反应时间为 24 h

水样 M1 在氨氮浓度 0～10 mg/L 条件下，遗传毒性生成潜能没有明显差异。此外，水样 L1 在 10 mg/L 氨氮的反应条件下，遗传毒性生成潜能是无氨氮条件下的 1.5 倍，这种现象也可能来自于氮的化学结构变化引起的遗传毒性上升(Nojima et al.，1994)。

由于氨氮条件会对遗传毒性生成潜能的测定产生影响，且在饮用水消毒工艺中水样的氨氮含量一般已经达到小于 1 mg/L 的水平，因此遗传毒性生成潜能研究将氨氮条件控制在 1 mg/L 以下。同时以氨氮浓度为 0.30 mg/L 的水样 M1 为例，发现其氮气脱氨前后的遗传毒性生成潜能基本一致。因此可首先调整水样中的氨氮含量，通过氮气吹脱将氨氮降至 TOC 含量的 1/4 以下，再进行后续的稀释和氯消毒过程。

4. 实验条件的确定

基于对以上影响因素的分析，在氯消毒操作条件下进行遗传毒性生成潜能的研究可以遵循以下步骤(图 26.9)。

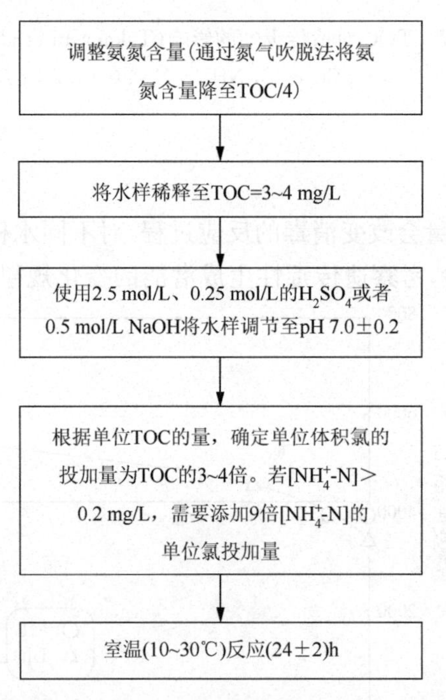

图 26.9　氯消毒遗传毒性生成潜能测定方法(Takanashi et al.，2001)

首先调整氨氮含量，如果水样中氨氮含量大于 TOC 含量的 1/4，可通过氮气吹脱法将氨氮含量降至[TOC]/4 以下(将水样 pH 值调整至 11)。然后调整 TOC，将水样稀释至 TOC 达到 3～4 mg/L，并使用 2.5 mol/L、0.25 mol/L 的

H_2SO_4 或者 0.5 mol/L NaOH 将水样调节至 pH 7.0±0.2。同时通过式(26.4)和式(26.5)，确定不同条件下氯投加剂量 A(mg)。最后在室温(10～30 ℃)下反应(24±2)h后测定其遗传毒性活性。

$$A = V \times [\mathrm{TOC}] \times (3 \sim 4) \qquad [\mathrm{NH_4^+\text{-}N}] \leqslant 0.2\ \mathrm{mg/L} \tag{26.4}$$

$$A = V \times \{[\mathrm{TOC}] \times (3 \sim 4) + ([\mathrm{NH_4^+\text{-}N}] - 0.2) \times 9\} \quad [\mathrm{NH_4^+\text{-}N}] > 0.2\ \mathrm{mg/L} \tag{26.5}$$

26.3.2　氯消毒抗雌激素活性生成潜能

与消毒副产物类似，抗雌激素活性也会随着氯投加量的增加而升高(Wu et al.，2009)。参照 THMs 和 HAAs 等消毒副产物生成潜能的测定条件，确定抗雌激素活性生成潜能的最适条件，包括氯投加量(图 26.10)、反应时间和温度等(Tang et al.，2014)。

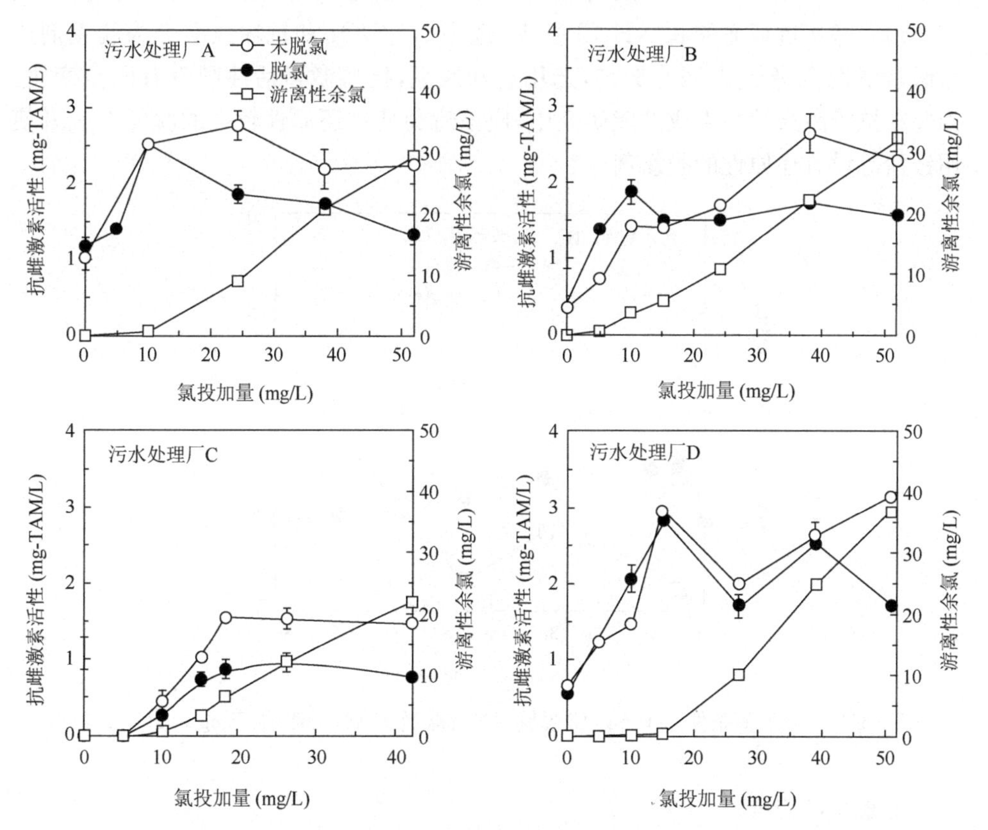

图 26.10　氯投加量对抗雌激素活性的影响(Tang et al.，2014)

NH_3 < 0.5 mg/L，NO_2^- < 0.1 mg/L

1. 氯投加量的影响

不同二级出水 24 h 氯消毒实验结果表明，未进行脱氯情况下，抗雌激素活性随着投加量的增加而显著升高，最高可以达到原水样的 2 倍以上。氯投加量从 0 增加到 20 mg/L 时，抗雌激素活性迅速增长，此后投加量的增加并不会引起抗雌激素活性的进一步上升。这种现象与消毒副产物生成潜能的研究结果类似。因此确定一个适合的投加量是抗雌激素生成潜能研究的关键。

2. 脱氯剂的影响

Na_2SO_3、$Na_2S_2O_3$ 和抗坏血酸是常用的脱氯剂。在氯消毒过程中，使用 $Na_2S_2O_3$ 作为脱氯剂，结果发现加入 $Na_2S_2O_3$ 后抗雌激素活性明显降低。此外，在高氨氮(6.0 mg/L)的二级出水水样中，加入脱氯剂抗雌激素活性也明显降低(图 26.11)。考察抗坏血酸和 NH_4Cl 发现，选用 $Na_2S_2O_3$ 和抗坏血酸作为脱氯剂抗雌激素活性会降低 37%～61%，选用铵盐脱氯，抗雌激素活性则没有明显变化。因此在抗雌激素活性生成潜能研究中，应该避免使用还原性较强的脱氯剂或者使用铵盐等没有还原性的脱氯剂。

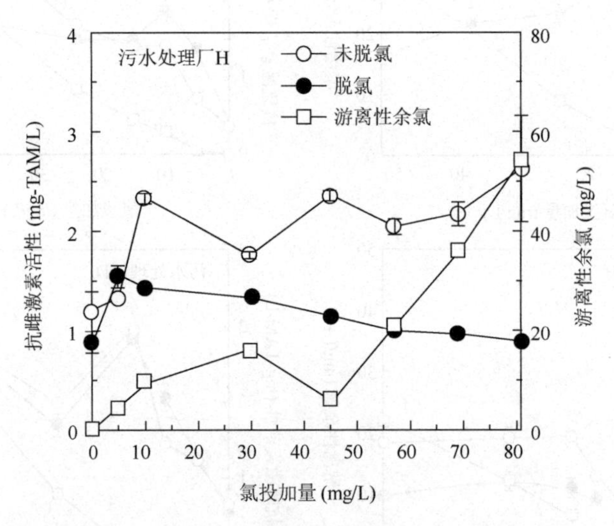

图 26.11 高氨氮条件(6.0 mg/L)脱氯剂对抗雌激素活性的影响(Tang et al., 2014)

3. 氨氮的影响

高氨氮条件下，氯消毒过程可能会变成氯胺消毒。因此氨氮对氯消毒过程抗雌激素活性的影响也需要考虑。对低浓度氨氮的二级出水投加高浓度的氨氮

(20 mg/L)进行 24 h 的氯消毒实验，可以认为由于原水中氨氮含量较低 (0.17 mg/L 和 0.10 mg/L)，主要进行的是氯消毒，而投加氨氮后主要进行的是氯胺消毒。结果如图 26.12 所示。同样的氯投加量下，氯消毒抗雌激素活性明显高于氯胺消毒，高 3～8 倍。这一现象也和其他生物毒性及消毒副产物的研究类似 (Wang et al.,2007a,Krasner et al.,2007)。因此在进行氯消毒的抗雌激素活性生成潜能的研究过程中，可以通过过量投加氯来避免氨氮对其的影响。

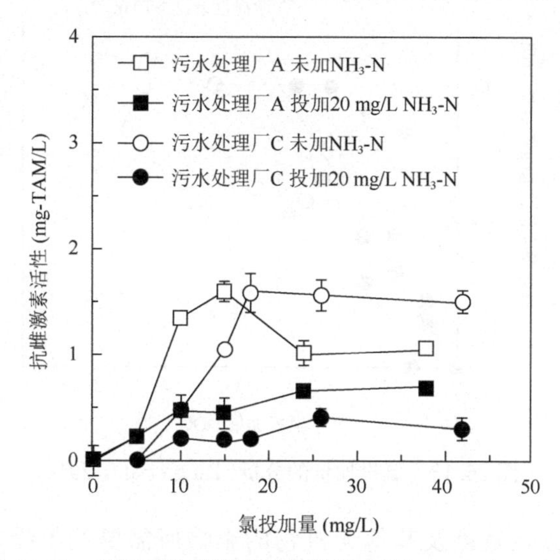

图 26.12　氨氮对抗雌激素活性的影响(Tang et al., 2014)

4. 实验条件的确定

基于对以上影响因素的分析，在常规氯消毒操作条件下进行抗雌激素的活性研究需要注意以下几点：

(1) 24 h 氯消毒，不进行脱氯或者使用无还原性脱氯剂(如铵盐)；

(2) 氯投加量要保证前体物的充分反应；

(3) 氯投加量要保证避免氨氮和其他无机物的消耗。

总氯投加量可以从两部分来考虑。

第一步确定达到最大抗雌激素活性所需要的氯投加量，这部分可以通过低氨氮条件下氯消毒抗雌激素活性的生成规律中获得。如图 26.13 所示，首先计算随着投加量增加抗雌激素活性的变化并对每个样品的结果进行归一化处理，即考察不同实验组中每个实验点对应的抗雌激素活性生成量与该实验组中最大的抗雌激素活性生成量的比值(数值在 0～1 之间)，其次将原始氯投加转换为单位 DOC 下的氯投加量，即考察原始投氯量与 DOC 的比值。通过观察发现，可以以 10 mg/L

余氯为标准将数据点分为显著上升和缓慢上升两个部分。这样就产生了如图 26.13 所示的线性拟合结果，当氯投加量为 2.4 倍 DOC(mg/L)时，大部分标准化抗雌激素活性比值接近 1，即接近最大抗雌激素生成量，因此实验操作过程中可以选择 3 × DOC(mg/L)为确定氯投加量。

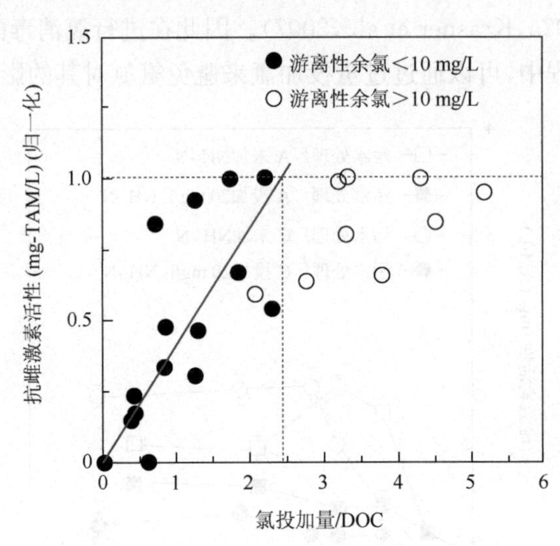

图 26.13　氯投加量的分析(Tang et al.，2014)

第二步确定去除氨氮及其他无机物的影响所需要的氯投加量。Krasner 等(2004)曾提出 8 × 氨氮(mg/L)可以保证对氯胺消毒的掩蔽作用，当亚硝酸盐含量高于 2 mg/L，需要 5× 亚硝酸盐(mg/L)去除其影响。

最后得到了氯消毒过程抗雌激素活性生成潜能研究的关键条件：

(1) 24 h 氯消毒，不进行脱氯或者使用无还原性脱氯剂(如铵盐)；

(2) 总氯投加量计算公式(24 h 后余氯量大于 10 mg/L)：

$$Cl_2 = 3 \times DOC + 8 \times \text{氨氮} + 5 \times \text{亚硝酸盐} (mg/L) \tag{26.6}$$

26.3.3　氯消毒生物毒性生成潜能研究案例

1. 氯消毒遗传毒性前体物的识别

水中有机物的组成会影响其生物毒性的生成，如亲水性物质和疏水酸性物质是影响遗传毒性变化的重要物质。图 26.14 为二级处理出水及其各组分氯消毒遗传毒性的变化。在氨氮含量较低条件下，亲水性物质氯消毒后遗传毒性显著降低，是导致二级处理出水氯消毒后遗传毒性降低的主要组分。而在氨氮含量较高条件下，疏水酸性物质氯消毒后遗传毒性显著上升，是导致氨氮较高时污水氯消毒后遗传毒性升高的主要组分。

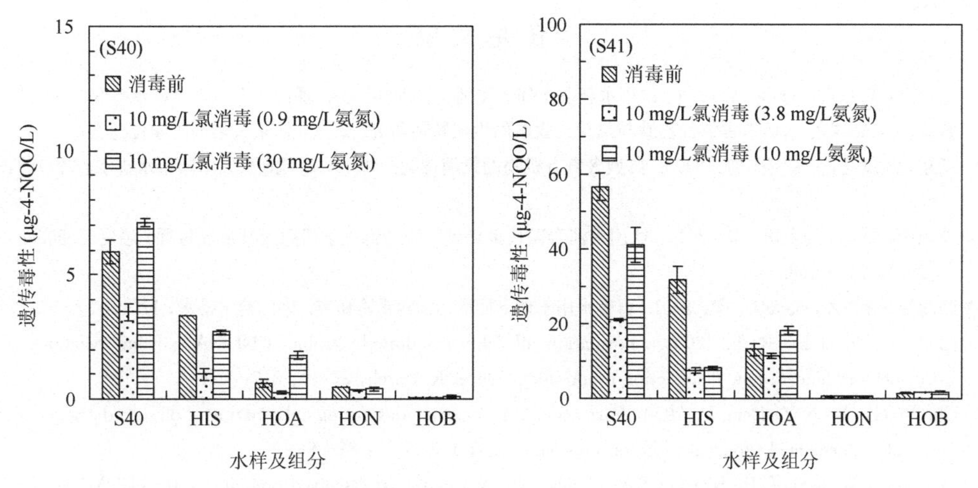

图 26.14　二级处理出水(水样 S40 和 S41)及其各组分氯消毒遗传毒性的变化
(Wang et al., 2007a)

2. 氨氮对遗传毒性生成的影响

氨氮在影响再生水消毒副产物生成的同时,也对再生水的急性毒性、遗传毒性等产生较大影响。如图 26.15 所示,再生水氯消毒后急性毒性显著增加,而氨氮可抑制急性毒性的增加。氨氮对再生水遗传毒性的影响规律则与急性毒性相反。当氨氮浓度较小时,氯消毒导致再生水遗传毒性降低,当氨氮浓度较大时,氯消毒导致再生水遗传毒性升高。这表明氨氮在再生水氯消毒过程可能引起新的风险。

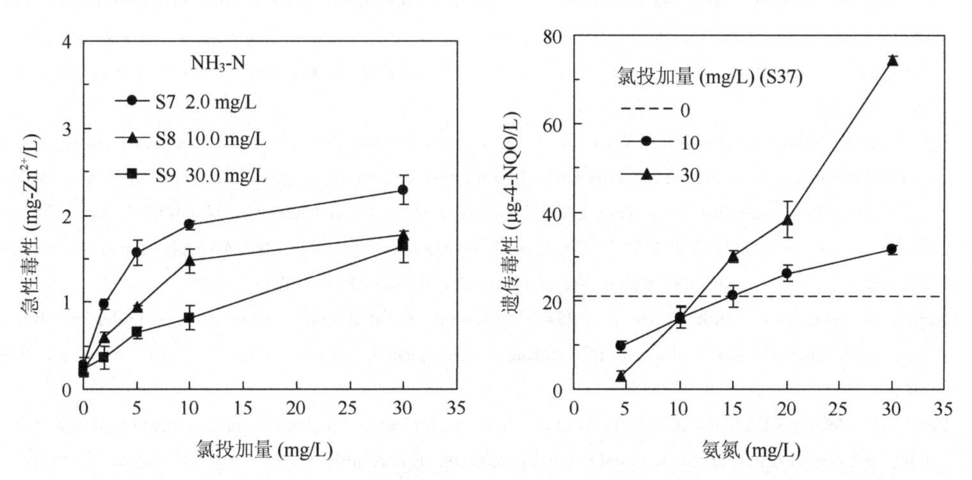

图 26.15　氨氮对二级处理出水水样 S7、S8、S9 和 S37 氯消毒后的急性毒性和遗传毒性的影响
(Wang et al., 2007a;2007b)

参考文献

楚文海，高乃云，Yang D. 2009. 饮用水新 N-DBPs 类别及毒理学评价. 现代化工，29(2)：86～89.

黄璜. 2013. 再生水氯消毒氯代乙腈与氯代乙酰胺的生成特性研究. 北京：清华大学博士学位论文.

王超，胡洪营，王丽莎，等. 2006. 典型含氮有机物的氯消毒副产物生成潜能研究. 中国给水排水，22(15)：9～12.

魏源源，刘燕，刘东银，等. 2010. 饮用水消毒碘代消毒副产物的毒理学研究及其形成过程. 癌变畸变突变，22(5)：404～408.

张丽萍，叶裕才，吴天宝，等. 2001. 再生水用于地下回灌的加氯消毒研究. 中国给水排水，17(4)：12～15.

Choi J，Valentine R L. 2002. Formation of N-nitrosodimethylamine (NDMA) from reaction of monochloramine：a new disinfection by-product. Water Research，36(4)：817～824.

Chu W H，Gao N Y，Deng Y. 2010. Formation of haloacetamides during chlorination of dissolved organic nitrogen aspartic acid. Journal of Hazardous Materials，173 (1-3)：82～86.

Dotson A，Westerhoff P，Krasner S W. 2009. Nitrogen enriched dissolved organic matter (DOM) isolates and their affinity to form emerging disinfection by-products. Water Science and Technology，60 (1)：135～143.

Fu L，Johnson E M，Newman L M. 1990. Prediction of the developmental toxicity hazard potential of halogenated drinking water disinfection by-products tested by the in vitro hydra assay. Regulatory Toxicology and Pharmacology，11(3)：213～219.

Huang H，Wu Q Y，Hu H Y，et al. 2012. Dichloroacetonitrile and dichloroacetamide can form independently during chlorination and chloramination of drinking waters，model organic matters and wastewater effluents. Environmental Science and Technology，46(19)：10624～10631.

Hunter E S，Tugman J A. 1995. Inhibitors of glycolytic metabolism affect neurulation- staged mouse conceptuses in vitro. Teratology，52(6)：317～323.

Krasner S W，Sclimenti M J，Guo Y C，et al. 2004. Development of DBP and Nitrosamine formation potential tests for treated wastewater，reclaimed water，and drinking water. *In*：Proceedings of the American Water Works Association Water Quality Technology Conference，November 14 ～ 18，San Antonio，TX.

Krasner S W，Sclimenti M J，Mitch W，et al. 2007. Using formation potential tests to elucidate the reactivity of DBP precursors with chlorine versus with chloramines. *In*：Proceedings of the American Water Works Association Water Quality Technology Conference，November 4～8，Charlotte，North Carolina，US.

Mitch W A，Gerecke A C，Sedlak D L. 2003. A *N*-nitrosodimethylamine (NDMA) precursor analysis for chlorination of water and wastewater. Water Research，37(15)：3733～3741.

Nojima K，Isogami C，Itoh Y，et al. 1994. Formation of chloroamines from styrene under conditions minicking those of water "chlorination" treatment. Biological & Pharmaceutical Bulletin，17(6)：819～822.

Plewa M J，Wagner E D，Richardson S D，et al. 2004. Chemical and biological characterization of newly discovered iodoacid drinking water disinfection byproducts. Environmental Science & Technology，38(18)：62～68.

Rebhun M，Heller-Grossman L，Manka J. 1997. Formation of disinfection byproducts during chlorination of secondary effluent and renovated water. Water Environmental Research，69(6)：1154～1162.

Sadiq R，Rodriguez M J. 2004. Disinfection by-products (DBPs) in drinking water and predictive models for their occurrence：a review. Science of the Total Environment，321(1-3)：21～46.

Schulz S，Hahn H H. 1998. Generation of halogenated organic compounds in municipal wastewater. Water Science and Technology，37 (1)：303～309.

Sun Y X，Wu Q Y，Hu H Y，et al. 2009. Effects of operating conditions on THMs and HAAs formation during wastewater chlorination，Journal of Hazardous Materials，168(2-3)：1290～1295.

Takanashi H，Urano K，Hirata M，et al. 2001. Method for measuring mutagen formation potential (MFP) on chlorination as a new water quality index. Water Research，35(7)：1627～1634.

Tang X，Wu Q Y，Du Y，et al. 2014. Anti-estrogenic activity formation potential assessment and precursor analysis in reclaimed water during chlorination. Water Research，48：490～497.

Wang L S，Hu H Y，Wang C. 2007a. Effect of ammonia nitrogen and dissolved organic matter fractions on the genotoxicity of wastewater effluent during chlorine disinfection. Environmental Science & Technology，41(1)：160～165.

Wang L S，Wei D B，Wei J，et al. 2007b. Screening and estimating of toxicity formation with photobacterium bioassay during chlorine disinfection of wastewater. Journal of Hazardous Materials，141 (1)：289～294.

Wu Q Y，Hu H Y，Zhao X，et al. 2009. Effect of chlorination on the estrogenic/antiestrogenic activities of biologically treated wastewater. Environmental Science and Technology，43(13)：4940～4945.

第 27 章 化学污染物处理特性及其研究方法

27.1 处理特性的定义及其意义

(污)水中化学污染物的处理特性是指利用物理、化学和生物方法能够从水中将其去除的潜力，是选择处理技术和组合工艺的重要依据，因此也是水质评价的重要内容。

(污)水中化学污染物的处理特性研究常用的方法主要有：特征污染物识别与评价法、污染组分特征分析法、类比法、处理实验法、现有污水处理系统诊断与评价法等(图 27.1)。

处理特性研究方法
- 特征污染物识别与评价法
- 污染组分特征分析法
- 类比法
- 处理实验法
- 现有污水处理系统诊断与评价法

图 27.1 水中化学污染物处理特性研究常用方法

1. 特征污染物识别与评价法

该方法主要是通过识别(污)水中的主要特征污染物，根据污染物的分子结构、分子量、亲疏水性和生物降解性等，预测(评价)该污染物和污水的处理特性。

2. 污染组分特征分析法

污水中的化学污染物组分特征(如有机污染物组分的分子量分布、亲疏水性和酸碱性等)和浓度水平决定其处理特性，因此掌握其组分特征是研究污水处理特性的重要环节。水中有机污染物的组分特征研究方法，在本书第 10 章和第 11 章中有较系统的阐述。

3. 类比法

同类和类似的污水具有相近的污染物组成，根据同类或相近污水的处理实践，判断拟研究污水的处理特性。

4. 处理实验法

利用实验室小试或现场中试实验，评价常用物理、化学和生物方法及其组合工艺对污水的处理效果，通过处理效果评价污水的可处理性。这种方法是污水处理研究和实践中最常用的方法。

通过实验，利用适宜处理工艺对水样进行处理，对比处理前后污水水质的变化，同时根据处理出水的水质目标确定工艺。

综上，污水处理特性评价流程如图 27.2 所示。

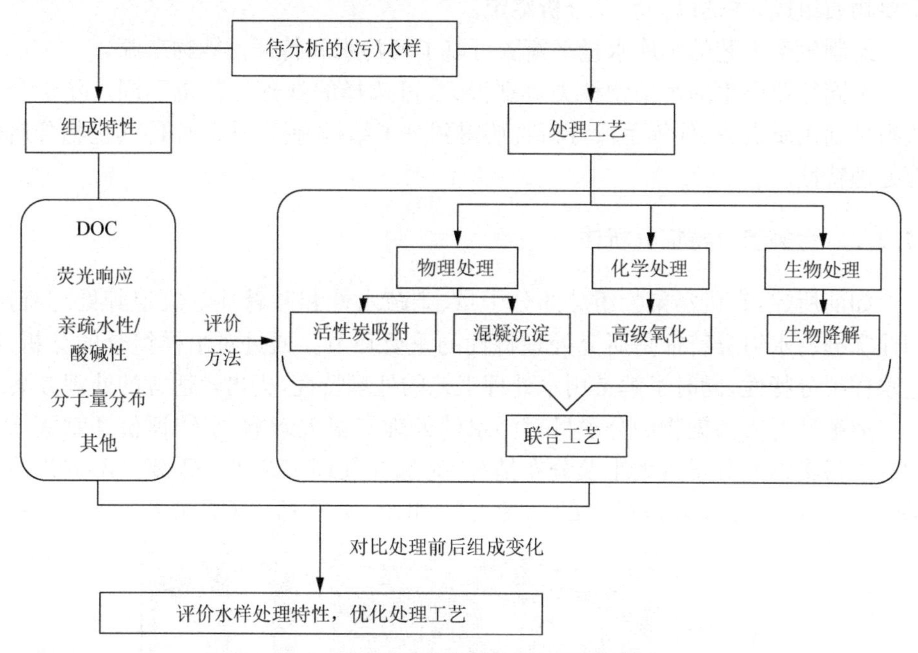

图 27.2　污水中化学污染物的处理特性研究方法

5. 现有处理系统诊断与评价法

对现有处理系统进行评价，了解各类污染物的处理效果，识别处理工艺出水中的特征污染物和组分特征，从而评价污水本身的处理特性以及处理工艺的适用性。

现有处理系统评价对诊断处理系统存在的问题、提出工艺优化和升级改造方案以及深度处理方案等有重要的意义。

27.2 特征污染物(组分)识别与评价方法

27.2.1 特征污染物识别方法

识别(污)水中主要污染物的方法主要有两种,即溯源法和化学分析法。溯源法是追溯水中污染物的源头,根据生产工艺中使用的化学物质、原料物质、产品以及生产过程中的化学和生物反应,推断进入污水中的污染物种类。例如,对于某造纸污水,可分析该厂造纸工艺的流程及污水储存、运输等过程,得到造纸污水中的主要物质组成,并辅以实验室分析鉴定。

绘制生产工艺的水质水量平衡图可以了解污水和特征污染物来源。

不同行业产生的污染物种类差别很大,可选择的处理工艺也不同。化学分析法则是利用质谱、红外等手段分析直接得到分子结构特征,从而评价其生物降解性等处理特性。

27.2.2 污染组分特征分析法

如前所述,有机污染物组分的分子量、亲疏水性和酸碱性等决定其处理特性,因此掌握污水组分特征是研究处理特性的重要环节。通过对水样组分的分析,确定水样组分特性,同时了解常用水处理工艺的处理特性,提出较适宜的处理方案。

溶解性有机污染物的分子量对污水的处理有很大影响,系统评价和掌握污水中有机污染物的分子量大小及分布情况,对选择处理工艺十分重要。不同生物降解性和分子量的污染物适宜的处理方法如图 27.3 所示(胡洪营 等,2010;Hu

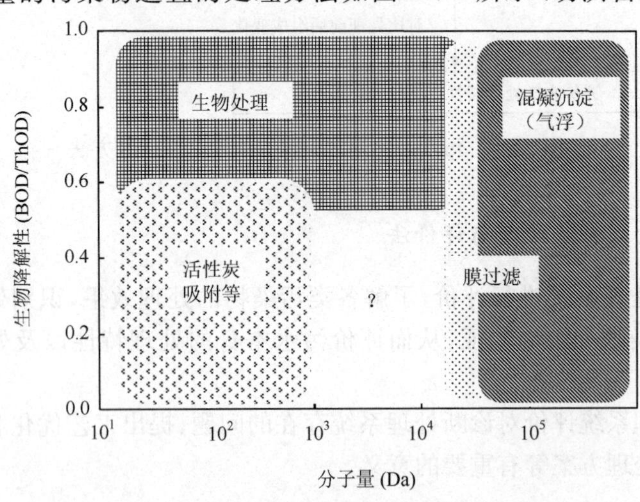

图 27.3 基于分子量和生物降解性的处理工艺选择方法

et al.，1999；Fujie and Hu，1997）。由图 27.3 可以看出，分子量大于 30 000 Da 的污染物可以利用混凝法去除，小于 1000 Da 的生物难降解污染物可以利用活性炭吸附去除。分子量为 1000～10 000 Da 的难生物降解污染物不易被活性炭吸附，也不易絮凝处理，膜过滤去除性能也不理想，是污水处理的难点。如何有效去除该部分污染物，是技术研发需要关注的重点之一。

27.2.3　污水处理系统诊断与难处理污染物(组分)识别

对现有处理系统的运行状况进行全面评价，客观掌握其存在的问题，识别问题产生的原因，对制定科学、可行的改善措施，提高污水处理效果有重要作用。在污水处理系统运行性能诊断中，识别难处理组分及其产生原因是关键环节。

图 27.4 给出了污水中难处理组分的识别与鉴别方法。首先根据分子量分布、极性、酸碱性等对处理出水中的有机物组分进行分离，评价和表征处理水中的溶解性组分特性，识别在处理水中残留的、难处理的组分特征（Imai et al.，2002）。与此同时，调研和评价生产工艺中使用的水溶性原料的主要组分，通过与处理出水中

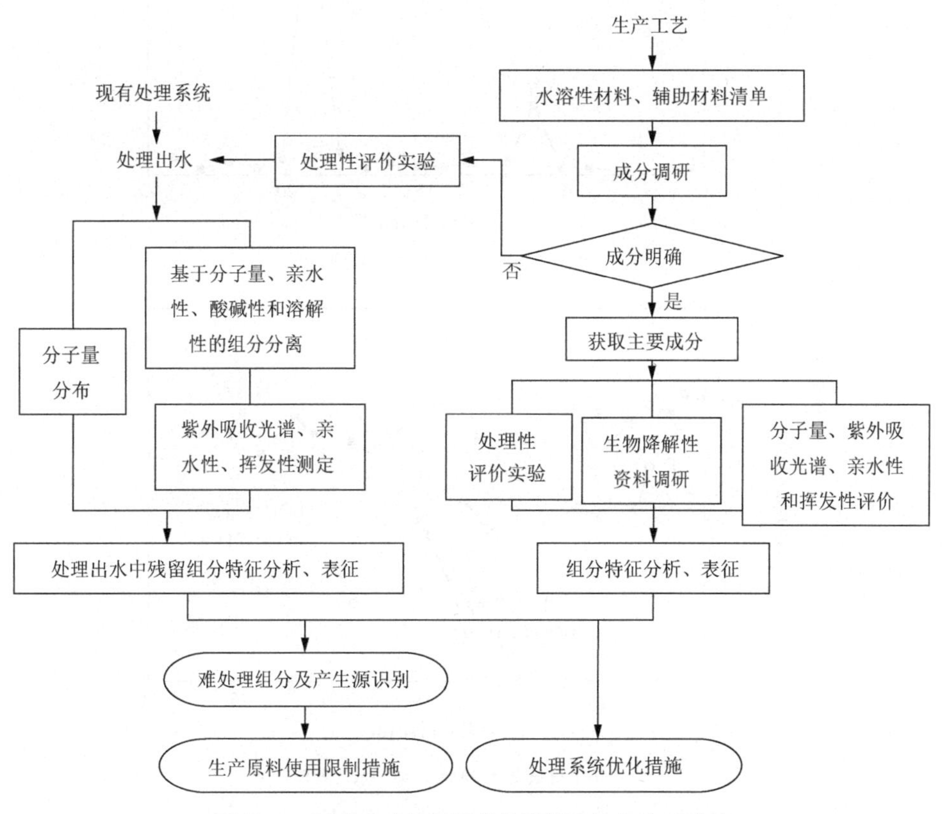

图 27.4　污水中难处理组分的识别方法与应对措施

的残留组分比较，追溯难处理组分的产生原因。在此基础上，提出工艺和操作优化措施以及在生产工艺中的应用限制。对于现有的处理技术难以去除的污染物，要优先考虑替代产品的使用。

27.2.4 污染物特征组分识别与污水处理性评价案例

利用凝胶色谱测定某污水样品的分子量分布情况，结果如图 27.5(a)所示（胡洪营 等，1994）。凝胶色谱上出现 2 个峰，其时间分别是 11 min 和 19 min。根据标样分子量可计算出这 2 个峰对应的分子量分别约为 6000 Da（定义为大分子组分）和 200 Da（小分子组分）。

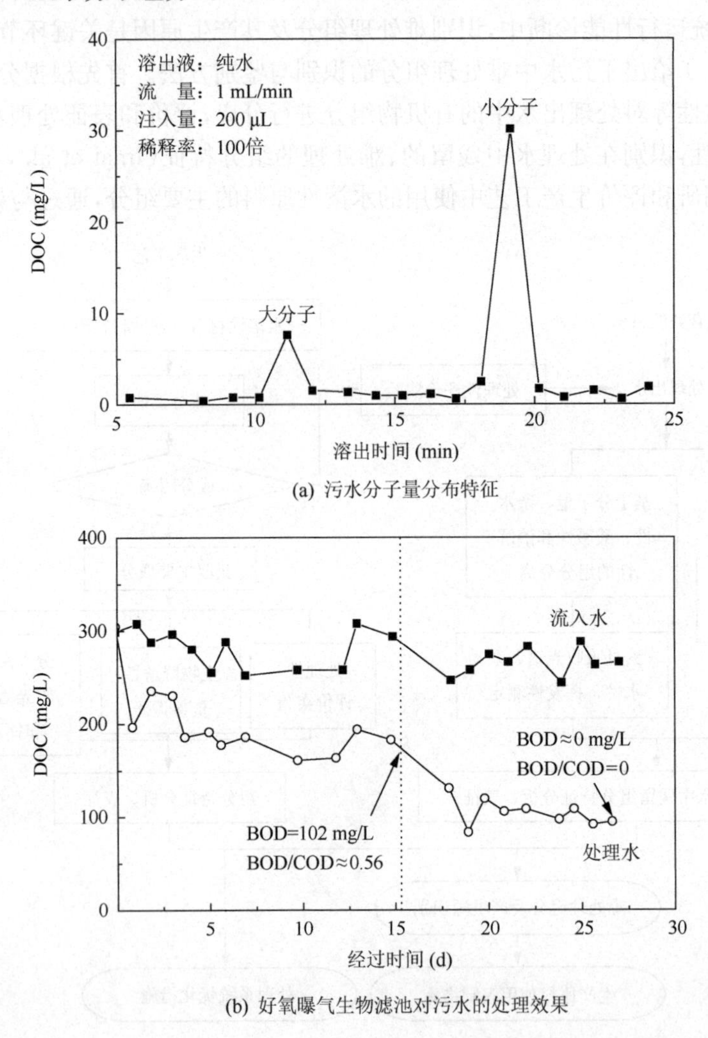

(a) 污水分子量分布特征

(b) 好氧曝气生物滤池对污水的处理效果

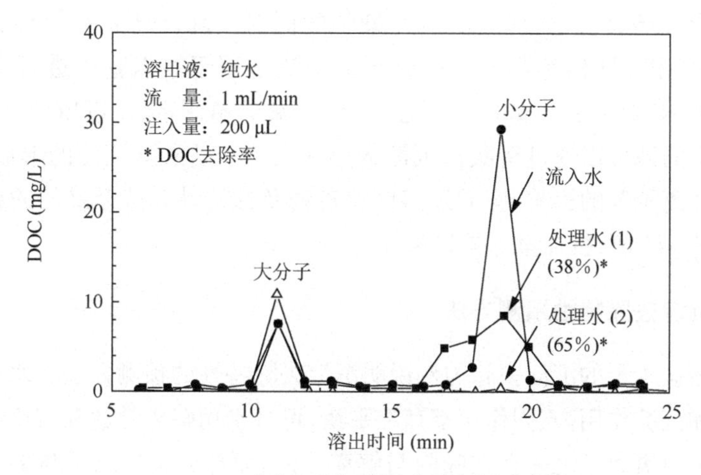

(c) 生物处理前后污水分子量分布的变化

图 27.5　污水中污染物特征组分识别与处理性评价示例

利用曝气生物滤池实验室小试装置对污水进行处理，结果如图 27.5(b)所示。随着生物处理时间的增加，水样的 DOC 逐步降低至 100 mg/L。DOC 的降低主要是水中可生物降解组分(BOD)的降解导致的，最后残余的部分即不可生物降解部分。计算 BOD 占 DOC 比例可知，该比例也呈逐步降低之势，最后接近于 0。

为识别可生物降解和不可生物降解组分，再次利用凝胶色谱对生物处理前后水样进行分子量分布的测定，结果如图 27.5(c)所示。随着处理程度的增加，大分子组分的 DOC 含量并无明显变化，而小分子组分的峰值呈下降之势。因此，可识别出生物处理可去除的物质主要集中在小分子量组分，而不可生物降解的组分主要为大分子组分(胡洪营 等，1994)。

27.3　无机污染物的沉淀去除特性

27.3.1　沉淀法可去除的污染物

在理论上，污水中的无机污染物包括氮、磷、重金属等均可以利用沉淀法去除。

重金属在水中的存在形式随水质条件不同而改变。不同 pH 值、不同温度下，重金属离子的存在形式都不同，多数重金属在适宜的碱性条件下可生成沉淀。现有处理工艺中，常通过添加碱石灰调节 pH 值来去除重金属。

针对污水中高浓度的氮、磷元素，可采用鸟粪石沉淀法进行去除(李金页和郑平，2004)。鸟粪石的分子式为 $MgNH_4PO_4 \cdot 6H_2O$，是一种难溶于水的白色晶体，常温下，在水中的溶度积为 2.5×10^{-13}。通过投加化学试剂，可使污水中的氨和磷酸盐形成鸟粪石，实现对氮磷污染物的同时去除。鸟粪石的形成受离子浓度，反应时间和 pH 值等影响。鸟粪石沉淀法适用于难以直接进行生物处理的含有高浓度氨氮的污水，如电镀工业污水、畜禽养殖污水、垃圾填埋场渗滤液等。

污水中的磷可以通过磷酸盐沉淀的形式去除。磷酸盐沉淀的形成受 pH 值、其他竞争性离子等的影响，应通过溶度积查询及理论计算选择最佳的金属沉淀剂以及最佳的 pH 值、投加量等操作条件。

27.3.2 沉淀去除特性预测方法

以磷酸盐离子的沉淀去除为例说明沉淀去除特性的预测方法。水中离子存在解离作用和沉淀作用，不同作用都存在平衡，可分别用解离常数和溶度积表示。弱酸盐阴离子与氢离子之间存在吸附与解离作用，而部分金属离子与部分弱酸盐阴离子、OH^-之间存在沉淀作用。

不同 pH 值条件下，水中的 H^+ 和 OH^- 浓度不同，而 H^+ 能够和 PO_4^{3-} 结合，OH^- 能和金属离子(Fe^{3+}、Al^{3+}等)结合。在不同 pH 值条件下，$FePO_4$($AlPO_4$)沉淀的形成，与 H^+ 和 OH^- 均存在竞争关系。pH 值很低的条件下，H^+ 浓度很高，能够和 PO_4^{3-} 结合形成磷酸氢根或者磷酸，抑制了 PO_4^{3-} 与金属离子之间形成沉淀的过程，随着 pH 值升高，也就是 H^+ 浓度的降低，该抑制作用减弱，PO_4^{3-} 形成沉淀增加，溶液中残存的 PO_4^{3-} 浓度降低。

然而，当 pH 值进一步升高，OH^- 浓度升高，OH^- 与金属离子间可形成沉淀，只有部分金属离子能够与 PO_4^{3-} 间形成沉淀，随着 pH 值升高，OH^- 的竞争更为明显，导致溶液中 PO_4^{3-} 的浓度有所升高。可见随着 pH 值的升高，H^+ 与 OH^- 的综合作用表现结果为水中的 PO_4^{3-} 浓度呈现先降低后升高的趋势。

根据酸的解离常数及沉淀溶度积常数等进行理论计算，得到溶液中 PO_4^{3-} 浓度随 pH 值变化的曲线，如图 27.6 所示(和田洋六，1992)。可根据该图选择最适宜的金属及最佳 pH 值条件。

27.3.3 沉淀去除特性评价方法

1. 沉淀剂的选择

沉淀剂的选择应遵循以下原则：经济性好，操作容易；不会引入杂质；生成的沉淀易于过滤，即不要生成难过滤胶体状物质以及不会除去溶液中其他有用的离子。常用的沉淀剂有碱、铁盐和铝盐，如聚合氯化铝、聚合氯化铝铁、聚合硫酸铁、硫酸铝，有机聚合物和特种黏土也可用于化学沉淀处理。

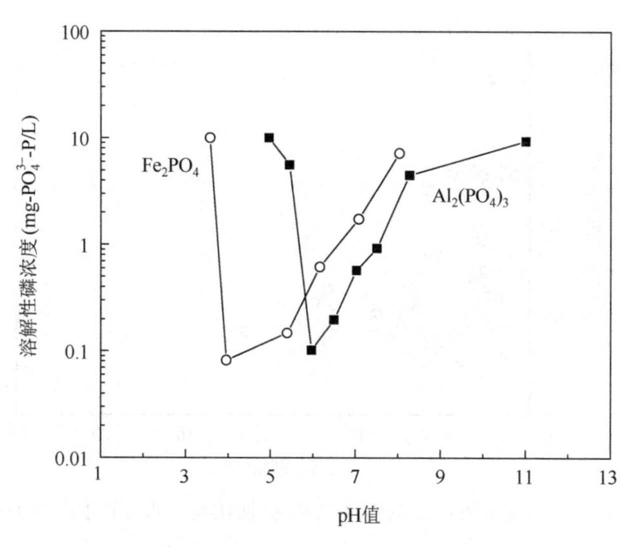

图 27.6　磷酸盐去除水平随 pH 值的变化

2. 操作条件的选择

如 27.3.2 节所述，对溶液中的磷酸盐进行去除过程中，溶液中残存的磷酸盐浓度会随着 pH 值的升高呈先降低后升高的趋势，即存在最佳的 pH 值使得沉淀去除磷酸盐的效果最佳。而该计算是在理论计算的基础上得到的，实际水样具有成分复杂的特性，因此理论计算得到的 pH 值可能并不能完全与实际相符合。因此，要在理论计算的基础上进行实验验证，找到最佳的实验条件。

一般来讲，为较彻底地去除水中的某种离子，需投加过量的沉淀剂。在磷酸盐去除实验中，投加比 β(金属元素的投加量与进水中总磷的摩尔比)一般取 1.2～1.4 为宜，此时可尽量满足处理效果好及处理经济性强的要求。

27.3.4　二级出水中磷去除特性研究案例

考察出水 TP 浓度与 PAC 投加比 β 之间的关系，结果如图 27.7 所示(王众众等，2013)。从图中可以看出，随着投加比的增大，出水 TP 浓度呈降低趋势。当投加比为 1～4 之间时，出水 TP 浓度为 0.1～0.7 mg/L；且相同 PAC 投加比下出水 TP 浓度波动较大，进水 TP 浓度不同可能是其波动的主要原因之一。当投加比超过 4 时，出水浓度低于 0.5 mg/L。

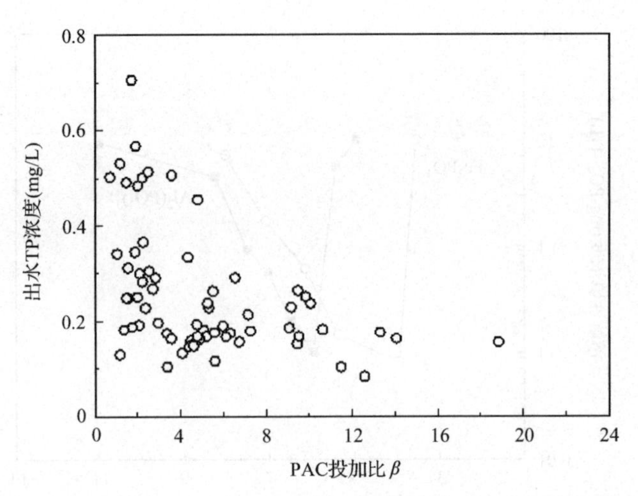

图 27.7　城市污水二级出水 PAC 投加比与出水 TP 浓度的关系

27.4　有机污染物的混凝去除特性

27.4.1　混凝沉淀可去除的污染物

混凝沉淀，又称“凝聚沉淀”，是用混凝剂净化水质的一种措施。投加带正电荷的胶体（氢氧化铝、氢氧化铁等），与水中胶体颗粒（带负电荷）互相凝聚产生絮状物而沉淀，常用于自来水及污水处理（《中国百科大辞典》编委会，1990）。

混凝沉淀主要用于去除水中的悬浮不溶物和大分子物质。对于胶体及细小的悬浮物，如黏土（50 nm～4 μm）、细菌（0.2～80 μm）、病毒（10～300 nm）、蛋白质（1～50 nm）、腐殖酸等有去除效果，但对于溶解性有机物的去除效果不佳。

27.4.2　混凝沉淀处理特性预测方法

在评价水样是否适用于混凝处理前，最好事先进行水中物质组成的测定，如胶体物质含量、分子量分布及组分极性特性等的测定，如果该水样中目标去除物主要为大分子、极性组分，则说明该水样适用于混凝处理（参见图 27.3）。

27.4.3　混凝沉淀处理特性评价方法

混凝沉淀处理特性评价的目的是，通过实验掌握混凝处理的污染物去除潜力、优选混凝剂的种类和确定其最佳投加量、明确最佳操作条件等。为测定混凝处理对该水样的处理潜力，应选择适宜的混凝剂种类，在最有利条件（如温度、混凝速度梯度、混凝时间等）下，以较大混凝剂投加量进行混凝实验。将目标物质的去除效果最佳时的处理能力称为该水样的混凝处理潜力。

1. 混凝剂的选择

混凝剂是具有促使水中胶体微粒凝聚与絮凝作用，加速形成粗颗粒，从而使其快速沉降或更易过滤的一种化学药剂(《环境科学大辞典》编辑委员会，1991)。混凝剂按化学成分可分为两类：无机混凝剂和有机混凝剂。常用的无机混凝剂有硫酸铝、明矾等铝系混凝剂和氯化铁等铁系混凝剂，在水处理中应用最多；有机混凝剂主要是高分子物质，品种很多，但在水处理中应用较少，各种混凝剂的优缺点见表27.1(严煦世和范瑾初，1999)。

表27.1　各种混凝剂的优缺点

混凝剂	优点	缺点
硫酸铝	运输、使用方便	水温低时，溶解较困难，形成的絮体较松散
聚合氯化铝	效能优于硫酸铝；对pH值变化适应性更强	制作过程更为复杂
氯化铁	适用pH值范围较宽，形成絮体比铝盐更密实，适于处理低温低浊水	腐蚀性强，固体产品易潮解，不易保存
聚合铁	具有优良混凝效果，腐蚀性低于氯化铁	部分采用工业废酸生产得到，应用于饮用水处理需经无毒检验
有机高分子	阳离子型高分子混凝效果优良	PAM水解度影响混凝效果，存在毒性问题；价格昂贵

2. 速度梯度的选择

根据混凝原理，将混凝实验中的搅拌速度分为三个阶段，依次为快速搅拌、慢速搅拌和静置沉降。在快速搅拌阶段，混凝剂、絮凝剂迅速分散并与水样中的胶粒接触，胶粒开始凝聚产生微絮体。此时的搅拌速度为120 r/min，速度梯度为不高于1000 s^{-1}。在慢速搅拌阶段，微絮体进一步互相接触长成较大的颗粒。此时的搅拌速度为20～40 r/min，速度梯度为10～150 s^{-1}。静置沉降阶段，形成的胶粒聚集体依靠重力沉降至容器底部。

3. 混凝剂投加量

混凝剂的投加量确定是关系到处理水质优劣及处理经济性的重要指标。混凝剂的最佳投加量是指到达既定水质目标的最小混凝剂投量。投加量过少，处理水质较差；投加量过多，可能形成“胶体保护”作用，影响处理出水水质，并造成混凝剂的浪费。

混凝剂投加比 β(金属元素的投加量与进水中总磷的摩尔比，即 $\beta = M_{dose}/P_i$，mol/mol)常用来表征深度处理工艺单位进水 TP 负荷混凝药剂投加量。一般投加比应大于 1，以保证较好的出水效果。图 27.8 表征了 TP 去除率的剂量-效应曲线。可见，随着混凝剂投加剂量的增加，出水水质明显改善。

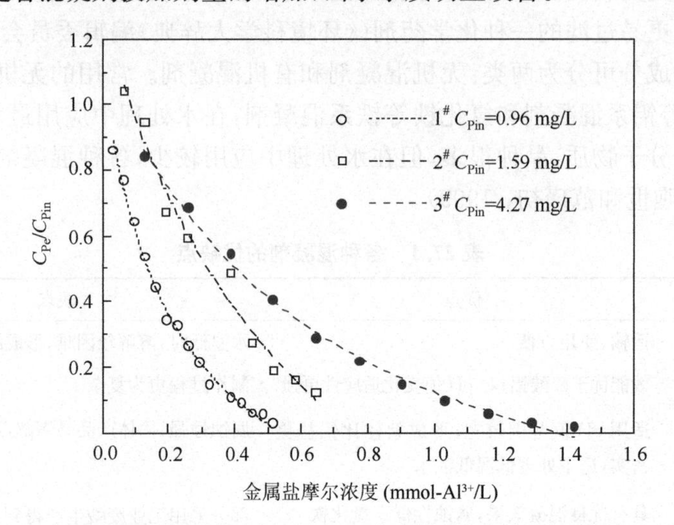

图 27.8 城市污水处理厂二级出水混凝处理 TP 去除效果与投加剂量的关系(混凝剂：PAC)

由于影响混凝效果的因素较复杂，且在水厂运行过程中，水质、水量不断变化，故需要对混凝剂的投加量进行及时调节、准确投加。对于混凝剂投加量的确定，可根据实验室混凝搅拌实验确定，即通过确定不同混凝剂投加量下的水质优劣变化，做出剂量-效应曲线，得到最佳投加量，但该法具有延迟性。

4. 混凝条件的确定

混凝的影响因素包括水温、pH 值和碱度、水中悬浮物浓度等。在水处理过程中，主要控制的是 pH 值和碱度。pH 值影响混凝剂的存在形式，进而影响处理效果。有资料表明，在相同处理效果下，原水 pH＝7 时的硫酸铝投加量约为 pH＝5 时的投加量的一倍。水处理中，常用生石灰来调节碱度。混凝条件的确定也可通过类似剂量-效应曲线的方式来确定，如通过不同 pH 值下混凝实验的效果好坏比较来确定最佳 pH 值(严煦世和范瑾初，1999)。

27.4.4 混凝沉淀处理特性研究案例

Zhao 等(2014a)对某些二级出水水样进行了混凝实验，测定了混凝前后水样有机物的分子量分布情况，如图 27.9 所示。可见，大分子物质被去除，而小分子物质基本没有变化。

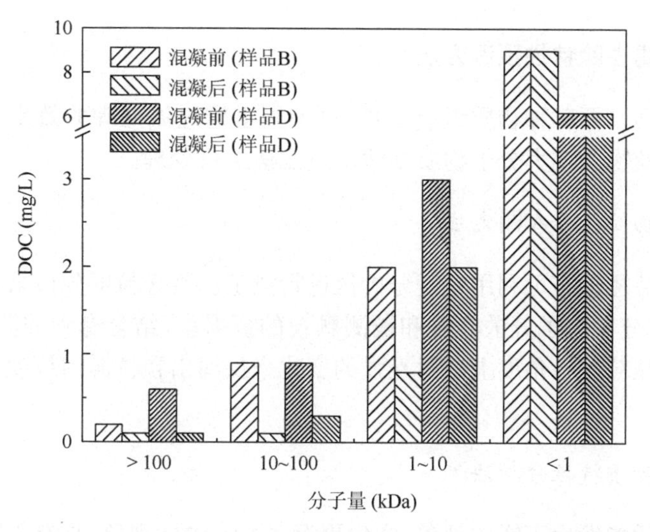

图 27.9　城市污水二级出水混凝前后有机物分子量分布的变化

27.5　污染物的过滤去除特性

27.5.1　过滤可去除的污染物

根据过滤介质种类和微孔大小及过滤压力的不同，过滤方式分为常规过滤、微滤、超滤、纳滤和反渗透等。不同过滤方式去除的物质大小如图 27.10 所示。

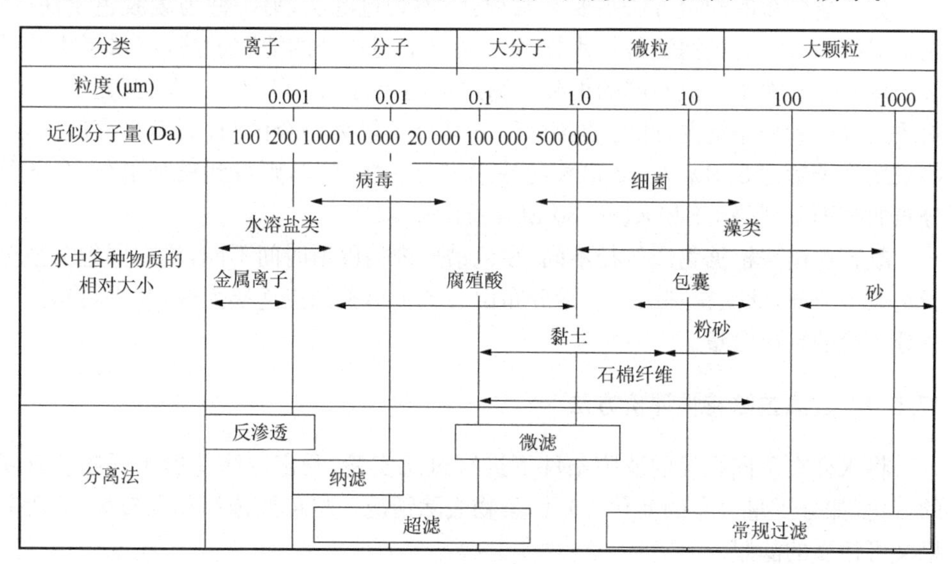

图 27.10　不同污染物的适用过滤方法

27.5.2 过滤去除特性预测方法

分析得到以下三种物质组成信息，可预测水样过滤处理的效果。若水中污染物集中于颗粒物质或大分子物质则适用过滤法进行处理。

1. 悬浮物粒径分布测定法

悬浮物粒径分布可利用粒度分析仪进行测定。激光粒度分析采用全量程米氏散射理论，充分考虑了分散介质和被测颗粒的折射率，结合专利的测量装置，根据大小不同的颗粒在各角度上散射光强的变化来反演出颗粒群的粒度大小和粒度分布规律。

2. 胶体物质特性分析法

胶体物质能发生丁铎尔现象，产生聚沉、盐析、电泳现象，具有吸附性和渗析作用等。一般来说，金属氢氧化物、金属氧化物的胶粒吸附阳离子，胶粒带正电，非金属氧化物、金属硫化物的胶粒吸引阴离子，胶粒带负电。胶粒带有相同的电荷，互相排斥，所以胶粒不容易聚集，这是胶体保持稳定的重要原因。

由于胶粒带有电荷，所以在外加电场的作用下，胶粒就会向某一极（阴极或阳极）做定向移动，这种运动现象叫电泳。因此，可通过电泳法测定胶体的带电量等性质。

3. 分子量分布测定法

分子量分布的测定方法主要有两种：一种为过滤法，另一种为凝胶色谱法（详见本书第 10 章）。过滤法是将水样依次通过不同孔径的滤膜过滤，将水样中物质按粒径或分子大小分成不同的组分。测定不同组分的 DOC（或 UV、荧光等）计算物质的分子量分布情况，此时的各个组分其分子量为一个区间，而不是离散的点。如采用分子量为 3 kDa 及 30 kDa 的滤膜进行一次过滤，则得到三个组分，分子量分布的范围分别是＜3 kDa、3～30 kDa 及＞30 kDa。

凝胶色谱法根据物质粒径不同，在色谱柱内的停留时间不同，将不同组分按分子量大小分开，此法得到的分子量分布由一个个单独的点连接而成，几乎可得到任意分子量的物质含量。

27.5.3 过滤去除特性评价方法

将水样在不同孔径的滤膜条件下进行过滤实验，测定过滤前后水样物质含量的变化（如分子量分布的变化等）、污染物去除情况。尽可能选择孔径较大、处理效果又可接受的滤膜。

持续过滤水样可造成膜污染的产生和加剧，导致跨膜压力增加。测定跨膜压力随时间的变化，可以得到膜污堵的程度。平衡过滤动力和膜通量之间的关系，得到最优的运行条件。

27.6　污染物的生物处理特性

生物处理是污水处理中应用最为广泛的技术，系统掌握和评价污水的生物处理特性，是选择和优化污水处理工艺的重要依据。下面介绍几种生物降解处理特性的研究方法。

27.6.1　生物处理特性预测方法

在实践中，常利用 BOD/COD_{Cr} 值来粗略预测污水的生物处理难易程度。在污水处理工艺选择中，往往简单利用污水的生物降解性指标，即 BOD_5 和其他有机污染物综合指标的比值来判断，如 BOD_5/COD_{Cr}、BOD_5/TOD、BOD_5/DOC 等（表 27.2）。但是，这种判断方式在很多情况下并不能对污水的生物处理特性进行科学、客观的评价，不能很好地指导污水处理工艺的确定和运行优化。

表 27.2　污水生物处理特性简易判断指标

指标	数值	生物处理性
BOD_5/COD_{Cr}	0.4～0.6	适于生物处理
BOD_5/DOC	>1.2	适于生物处理
BOD_5/COD_{Cr}	0.2～0.4	污水中存在难生物降解性污染物
BOD_5/COD_{Cr}	<0.1	不适于生物处理

由于污水中存在多种多样的有机污染物，BOD_5/DOC 的总体指标 $(BOD_5/DOC)_{总}$ 是各污染物的 BOD_5/DOC 之和，即使 BOD_5/DOC 的总体指标大于 1.2，也会存在 BOD_5/DOC 小于 1.2 的污染物，即存在不适宜于生物处理的污染物。这些难生物处理的污染物，又往往是造成处理效果不理想和水质不达标的重要原因。

图 27.11 为各种焦化污水和金属加工业污水在 BOD_5 测定过程中，培养 5 d 后的 DOC 去除率（胡洪营，1994）。该去除率在一定程度上反映了生物处理系统中的 DOC 去除潜力。BOD_5/DOC 数值相同的污水，在 BOD_5 测定过程中 DOC 去除率差别很大。例如，BOD_5/DOC 为 1.2 的污水，DOC 去除率在 30%～80%间变化。

27.6.2　生物处理特性评价方法

1. BOD 测定中 COD、DOC 去除率法

BOD 的测定过程就是生物对有机物的降解过程。通过测定处理前后 DOC 或

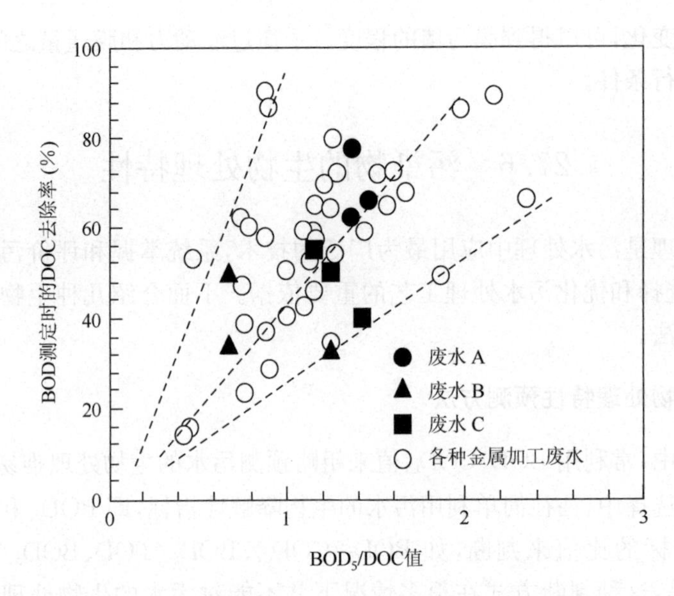

图 27.11　几种工业污水的生物处理特性评价(示例)

者 COD 的变化,可以预测水样的生物处理性能。

BOD 的测定方法很多,详见本书第 8 章。这些方法均可以用来测定并评价水样的生物降解处理特性。

2. 间歇活性污泥法

生物对有机物的降解效果与生物的种类息息相关。污水处理厂的活性污泥在长期的自然和人工选择的过程中积累了大量的优势菌种和原生动物等,对于生活污水的处理效果很好。因此,在评价水样的处理效果时,可以将污水处理厂的活性污泥作为接种微生物加入到水样当中,在实验室中进行间歇实验。经过一段时间后,利用水样中有机物质的变化来评价该水样的生物降解效果。

3. 生物处理连续实验法

构建反应器,加入驯化微生物或者直接接种优势微生物对污水进行处理,通过连续进水和出水来模拟污水处理厂。反应器连续运行一段时间后,微生物得到驯化,进、出水水质达到稳定状态,此时可以通过进出水水质的变化估算出水样的生物降解性能。

4. 间歇-连续处理实验 DOC 去除率图法

Hu 等提出了间歇-连续处理实验 DOC 去除率图法,能更加系统、客观地评价污水生物处理的特性(Hu et al., 1995)。该方法的原理如图 27.12 所示。

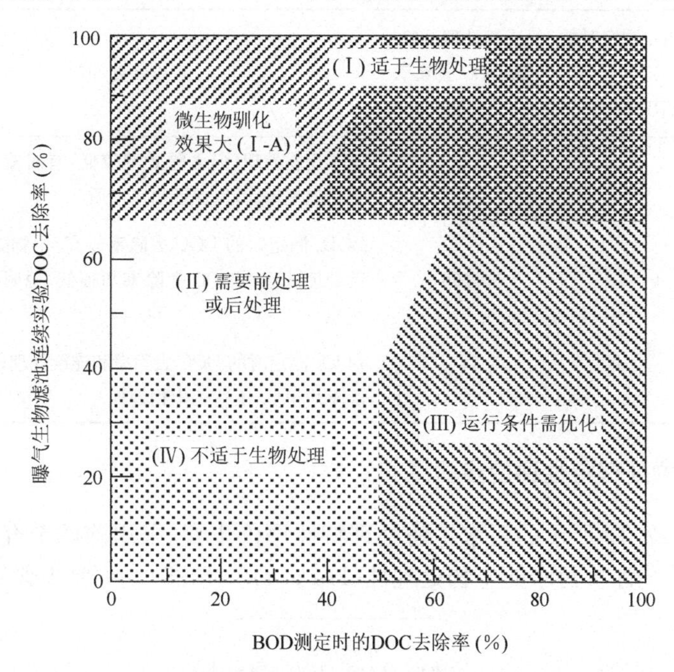

图 27.12　用于污水生物处理特性评价的“DOC 去除效率图”

图 27.12 的横坐标是 BOD_5 测定时的 DOC 去除率，可以理解为利用间歇生物降解实验测得的 5 d 的 DOC 去除率。在 BOD_5 测定时，测定实验前后的 DOC 浓度即可简单地获得该去除率。纵坐标是利用实验室小型曝气生物滤池连续处理实验，在一定操作条件下(如 DOC 负荷、水力停留时间等)测得的 DOC 去除率。

根据图 27.12 可以比较全面地评价污水的生物处理性，包括生物处理可达到的处理效果、是否需要预处理或后处理、如何优化生物处理工艺操作等(表 27.3)。

表 27.3　基于“DOC 去除效率图”的污水生物处理特性评价

区域	BOD_5 测定时的 DOC 去除率 (RE_b)(%)	连续处理试验的 DOC 去除率 (RE_c)(%)	生物处理性
Ⅰ		>65～70	连续处理试验的 DOC 去除率高，适于生物处理 I-A 区：BOD_5 测定时的 DOC 去除率很低，但连续处理试验的 DOC 去除率很高，说明生物驯化的效果大，在实际运行，特别是在启动阶段应注意驯化操作

续表

区域	BOD_5 测定时的 DOC 去除率 (RE_b)(%)	连续处理试验的 DOC 去除率 (RE_c)(%)	生物处理性
Ⅱ	<50	40～65	适于生物处理，但去除效率较低，有时需要增设前处理或后处理单元，以保证出水水质
Ⅲ	>50	<65	BOD_5 测定时的 DOC 去除率较高，生物降解性好，但连续处理试验的 DOC 去除率却很低，说明操作条件有待优化
Ⅳ	<50	<40	BOD_5 测定时的 DOC 去除率和连续处理试验的 DOC 去除率均很低，不适于生物处理

27.6.3 生物处理特性评价步骤

根据图 27.13 所示的污水生物处理特性评价步骤，采用前两节介绍的评价方法，就可以系统评价污水的生物处理性(Hu et al.，1995)。主要步骤如下。

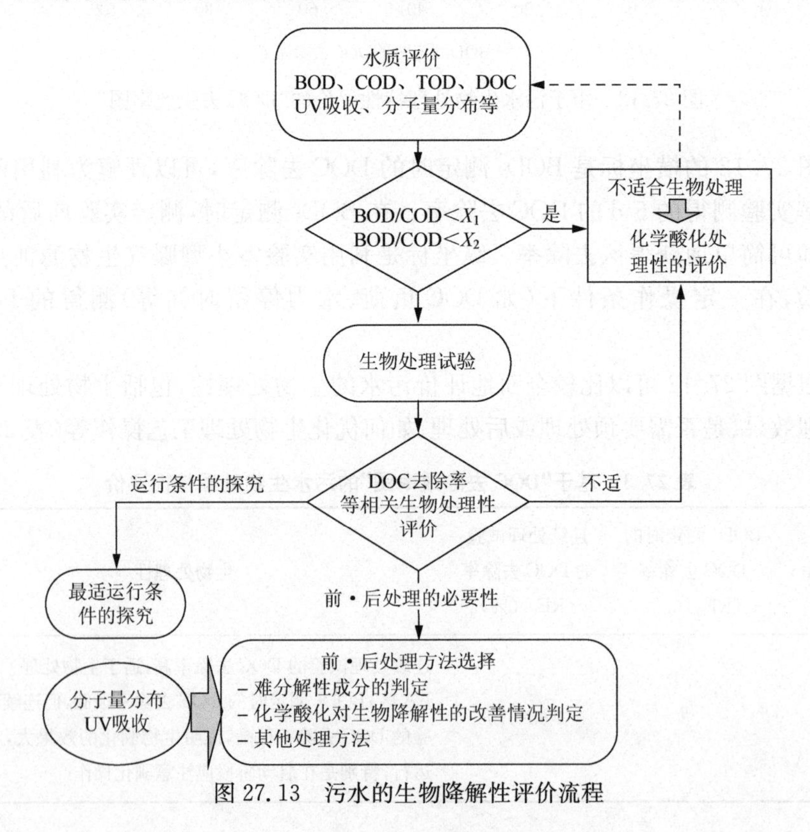

图 27.13 污水的生物降解性评价流程

(1) 测定污水的BOD、COD、DOC、TOD以及紫外吸收光谱和分子量分布。在BOD测定时，测定水样的DOC和COD的变化，得出DOC或COD去除率。

(2) 计算BOD/COD或BOD/DOC值，如果该比值小于某一个限制(X_1或X_2，如BOD/DOC<0.6)，说明该污水不适于生物处理。建议下一步进行化学氧化处理特性评价，明确化学氧化处理提高污水生物处理性的可能性。

(3) 如果BOD/COD或BOD/DOC值大于某一个限制，如BOD/DOC>0.6时，进行连续生物处理实验(建议采用小型的曝气生物滤池)从而获得生物处理连续实验过程中COD和DOC去除率。

(4) 根据生物连续实验的去除率和BOD测定实验时DOC去除率，利用图27.12“DOC去除效率图”，判断污水的生物可处理性。

对于判断为适于生物处理和生物处理条件需要优化的污水，下一步可进行系统的生物处理实验，确定最佳操作条件。对于需要预处理和后处理的污水，根据其生物处理后的污水的分子量分布和紫外吸收等特征，确定适宜的化学氧化或其他预处理或后处理方法。对于不适于生物处理的污水，下一步进行化学氧化处理或混凝、吸附特性的评价。

27.7　污染物的吸附去除特性

27.7.1　吸附法可去除的污染物

吸附剂是能有效地从气体或液体混合物中吸附其中某些组分的多孔性固体物质。按其表面性质通常分为极性吸附剂和非极性吸附剂两类。极性吸附剂是亲水性的，主要有非金属和金属氧化物，能有效吸附无机物质。非极性吸附剂是疏水性的，主要是以炭为主体的各种吸附剂，适用于对有机化合物的吸附。

常用的吸附剂有活性炭、天然黏土、沸石和合成树脂，其中活性炭最为常用。研究者首先应当了解水样中有机物的亲疏水性分布，选择适当的吸附剂。

活性炭吸附潜力的测定是在适宜条件下以较大投加量进行试验，以期得到最好的目标去除物去除效果。

27.7.2　吸附处理特性预测方法

1. 有机物吸附特性与结构的关系

活性炭的强吸附性能除与它的孔隙结构和巨大的比表面积有关外(其比表面积可达500～1700 m^2/g)，还与细孔的形状和分布以及表面化学性质有关。活性炭的细孔一般为1～10 nm，其中半径在2 nm以下的微孔占95%以上，对吸附量影响最大;过渡孔半径一般为 10～100 nm,占 5%以下,它为吸附物质提供扩散通道,影响扩散速度;半径大于 100 nm、所占比例不足 1%的大孔也可提供扩散通道。

活性炭的吸附通道决定吸附分子的大小,这是因为孔道大小影响吸附的动力学过程。有报道认为,吸附通道直径是吸附分子直径的 1.7～21 倍,最佳范围是 1.7～6 倍,一般认为孔道直径应为吸附分子直径的 3 倍。

2.极性、分子量分布测定

活性炭在制造过程中处于微晶体边缘的碳原子共价键不饱和而易与其他元素(如 H、O)结合成各种含氧官能团,如羟基、羧基、羰基等,以致活性炭又具有微弱的极性,并具有一定的化学和物理吸附能力。这些官能团在水中发生离解,使活性炭表面具有某些阴离子特性,极性增强。为此,活性炭不仅可以去除水中的非极性物质,还可吸附极性物质,优先吸附水中极性小的有机物,含碳越高范德华力越大,溶解度越小的脂肪酸越易吸附,甚至微量的金属离子及其化合物也可被活性炭吸附。

活性炭对有机物的去除受有机物溶解特性的影响,主要是有机物的极性和分子大小的影响。由于活性炭表面性质基本上是非极性的,故对分子量同样大小的有机物,溶解度越大、亲水性越强,活性炭对其吸附性越差,反之对溶解度小、亲水性差、极性弱的有机物(如苯类化合物、酚类化合物、石油和石油产品等)具有较强的吸附能力。

对于分子量大的有机物,由于其疏水性强、体积大,又由于内扩散控制吸附速度,因而吸附速度很慢。可预先测定水样的极性及分子量分布情况,预测吸附处理的效果。

27.7.3 吸附处理特性评价方法

吸附处理特性评价的目的是选择适宜的吸附剂、掌握吸附剂的吸附容量和吸附速率。

1.吸附剂的选择

吸附剂种类繁多(表 27.4),其中活性炭应用最为广泛。活性炭的吸附性能主要由其孔隙结构和表面官能团决定,尤其是孔隙结构对活性炭的性能有时甚至有决定性的影响。在吸附过程中,吸附剂的孔径与吸附质分子或离子的几何尺寸需要有一定的匹配。研究表明,对吸附剂利用率最高的孔径与吸附质分子直径的比值是 1.7～3.0。因此,在选择吸附剂的时候应更多地考虑孔径分布特性。影响活性炭吸附性能的另一个主要因素是表面化学结构,如表面官能团的种类及数量等。

表 27.4　吸附剂的种类与特点

种类	特点
活性炭	吸附容量大，热稳定性高，化学稳定性好，解吸容易
沸石	含移动性较大的氧离子和水分子，可用于阳离子交换并吸附有机物
树脂	根据离子交换原理用于硬水软化和制取去离子水，树脂可再生
黏土	多孔，比表面积大，化学稳定性强

资料来源：胡洪营 等，2005

一般认为当活性炭表面的官能团为碱性时，容易吸附酸性化合物；反之，容易吸附碱性化合物；但是它与吸附性能的关系比较复杂，尚有待深入了解。表面化学结构改性主要是改变活性炭的表面酸、碱性，引入或除去某些表面官能团，使其具有某种特殊的吸附性能。（刘晓敏 等，2010）

2. 吸附影响因素研究

水质特性对吸附剂的选择有影响。吸附质的极性对活性炭的吸附程度影响颇大。此外，吸附质（污染物）的分子量、沸点、比蒸发速率、熵变等因素也会影响吸附量的大小。当用同一种活性炭作吸附剂时，对于结构类似的有机物，其相对分子质量越大、沸点越高，则被吸附得越多。对结构和分子量都相近的有机物，饱和性越大，则越易被吸附。多组分吸附时，除了各组分间固有的吸附外，由于吸附能力的差异，各组分间还会发生竞争吸附，使得吸附过程更加复杂。选择吸附剂和实验条件前应对水样特性有所了解。

同一种吸附剂对不同物质具有不同的吸附容量。对于吸附塔来讲，吸附质的入口浓度对活性炭吸附有极大影响。吸附质入口浓度越大，达到吸附饱和的时间越短，同时活性炭越容易失活。因此在实际应用中，应根据吸附质的种类和具体的吸附要求综合考虑，谨慎控制入口浓度。

同一种吸附剂对不同物质也具有不同的吸附速率。对于吸附塔来讲，流量、吸附柱填充密度、溶解度等对活性炭的吸附也有影响。流量加大会较快到达穿透点和吸附饱和点，使穿透曲线发生左移，曲线斜率不变；填充密度对穿透时间与饱和时间都有影响，密度大有利于吸附（刘晓敏 等，2010）。

27.8　污染物的氧化分解特性

27.8.1　化学氧化处理的适用范围

化学氧化（包括臭氧氧化、芬顿氧化和湿式氧化等）是工业污水预处理和深度处理常用的技术，特别是在难生物降解污水的处理中发挥着重要作用（李勇 等，

2010;秦伟伟 等,2010;乔世俊 等,2005;张丽 等,2009;Somensi et al., 2010)。

近年来,高级氧化技术(advanced oxidation process,AOPs)备受关注。AOPs又称作深度氧化技术,以产生具有强氧化能力的羟基自由基(·OH)为特点,在高温高压、电、声、光辐照、催化剂等反应条件下,使大分子难降解有机物氧化成低毒或无毒的小分子物质。根据产生自由基的方式和反应条件的不同,可将其分为光化学氧化、催化湿式氧化、声化学氧化、臭氧氧化、电化学氧化、芬顿氧化等。

化学氧化法,主要针对可生化性差、分子量从几千到几万的物质进行处理,可将其直接矿化或通过氧化提高污染物的可生化性,同时还在环境类激素等微量有害化学物质的处理方面具有很大的优势,能够使绝大部分有机物完全矿化或分解,具有很好的应用前景。

27.8.2 化学氧化处理特性评价方法

在化学氧化处理工程中,处理对象污染物的氧化程度与反应时间密切相关。一般情况下,有机污染物很难(在短时间内)被彻底矿化,往往被转化其他中间产物,因此去除对象有机污染物、COD和TOC的变化趋势、去除率等会呈现不同的变化趋势(图27.14)。一些情况下,中间产物的生物毒性会更大。因此,在开展化学氧化处理研究时,应避免仅仅关注处理对象污染物本身的浓度变化,需要同时测定TOC、COD、中间产物和生物毒性等的变化。

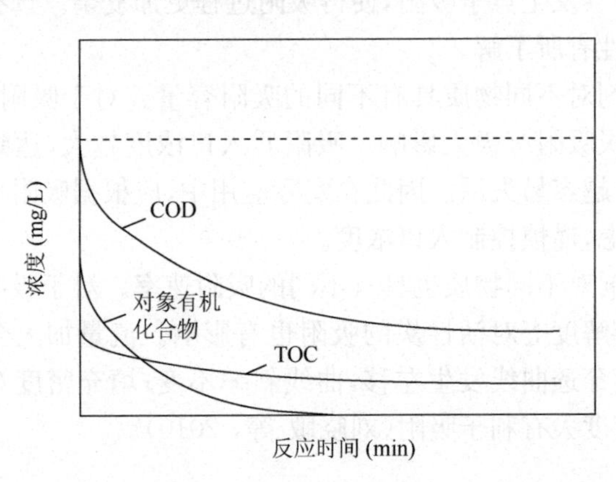

图27.14 有机污染物化学氧化过程中水质指标的变化示意图

化学氧化处理的目的不同,其评价指标也不尽相同(表27.5)(Hu et al., 1995)。

表 27.5　污水化学氧化处理特性评价指标

化学氧化处理的目的	污水化学氧化处理特性评价指标
生物处理工艺的预处理	(1) 生物降解性变化 Δ(BOD/DOC)
	(2) 生物可降解性有机碳转化率(R_b)＝ΔBOC/DOC_0
	(3) 有机物去除率(R_m)＝ΔDOC/DOC_0或 ΔCOD/COD_0
	(4) 生物降解性改善潜力(BIP)：单位氧化剂添加量所获得的 BOD 增加量
	(5) 中间产物对微生物的抑制性
深度处理	(1) 有机物去除率(R_m)＝ΔDOC/DOC_0或 ΔCOD/COD_0
	(2) 副产物的生物毒性

注：BOC 为可降解性有机碳；DOC_0 为初始 DOC

对于作为生物处理预处理的情况，污水化学氧化处理特性的评价，不仅要关注污水生物处理性指标的改善，如 BOD_5/DOC 值的改善，还需要重点评价生物可降解性有机碳(biodegradable organic carbon，BOC)的转化率(R_b)。R_b值越高，化学氧化预处理的技术可行性就越大。生物降解性改善潜力(biodegradability improvement potential，BIP)是优化化学氧化预处理单元工艺设计及评价其经济性的重要指标。芬顿氧化预处理的 BIP 可以根据下式计算：

$$\text{BIP}=\frac{\Delta\,\text{BOD}}{W_o-\Delta\,\text{DOC}\,\dfrac{\text{ThOD}}{\text{DOC}}\,\dfrac{34}{16}} \tag{27.1}$$

式中，W_o为 H_2O_2 投加量(mg/L)；ThOD(theoretical oxygen demands)为理论需氧量。

对于作为深度处理的情况，除了有机物去除率外，还应关注化学氧化处理后污水生物毒性的变化(图 27.15)，因为在一些情况下，化学氧化处理后，有机物浓度虽然降低，但常出现生物毒性升高的现象(Stalter et al. ，2010；王小任等，2003)，因此需要关注和评价处理水生物毒性的变化。

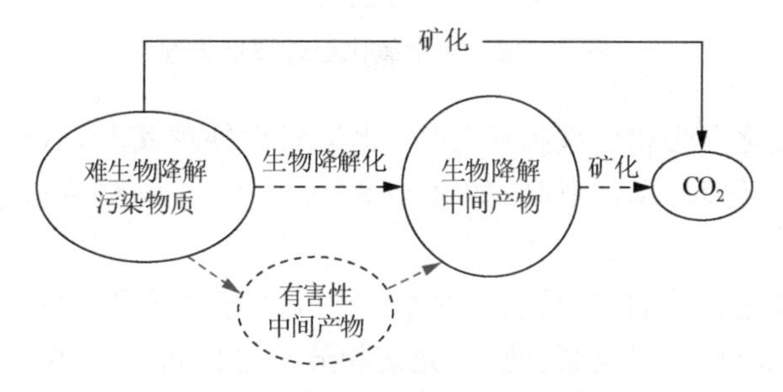

图 27.15　化学氧化过程难分解物质的变化

27.8.3 化学氧化处理特性评价步骤

根据图 27.16 所示的污水化学氧化处理特性评价步骤，采用上节介绍的评价方法，就可以系统评价污水的化学氧化处理特性(Hu et al.，1995)。主要步骤如下。

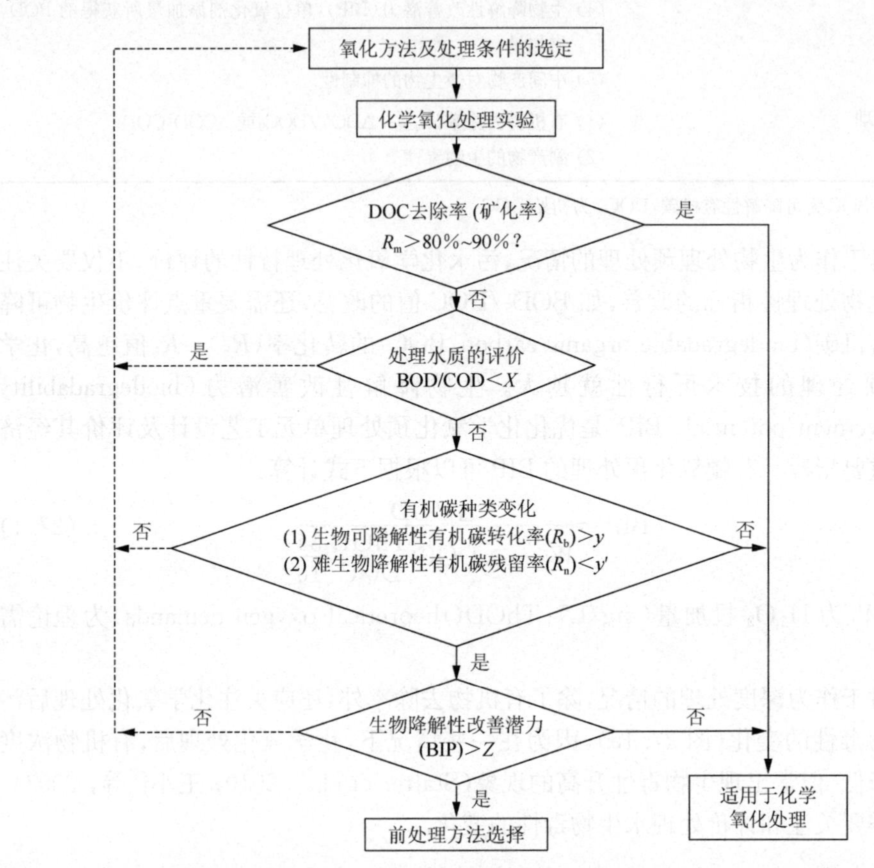

图 27.16 化学氧化处理评价流程

(1) 确定氧化方法和处理条件，进行化学氧化处理实验，获得 DOC 去除率即矿化率。如果矿化率(R_m)很高，如大于 80%～90%，说明该污水适于化学氧化处理。

(2) 化学氧化实验的 DOC 去除率较低时，针对化学氧化处理后的污水，测定其 BOD、COD 和 DOC 以及紫外吸收光谱和分子量分布等。如果氧化处理后的污水的 BOD/COD 或 BOD/DOC 值小于某一个限值，如 BOD/DOC＜0.6，说明氧化处理后的污水不适于生物处理。

(3) 如果化学氧化处理后的污水的 BOD/COD 或 BOD/DOC 值大于某一个限

值，如 BOD/DOC＞0.6 时，计算化学氧化处理过程中的有机碳种类变化，获得生物可降解性有机碳转化率(R_b)和难生物降解性有机碳残留率(R_n)。如果 R_b 足够大且 R_n 足够小的话，说明化学氧化预处理在技术上是可行的。最后一步就是计算生物降解性改善潜力(BIP)，评价化学氧化预处理的经济可行性。如果 BIP 较大的话，说明化学氧化预处理是可行的。

(4) 对于不适于化学预氧化的污水，建议进一步优选氧化方法和优化氧化条件，以提高化学氧化处理后污水的生物可处理性，以便进行生物处理。

(5) 对于不宜进行化学预氧化处理的污水，可以考虑评价其化学完全氧化处理的可行性。

(6) 对于化学完全氧化处理不可行或技术上可行，但经济上不可行的污水，建议对难处理污染物进行识别，在生产工艺过程中避免其混入污水或更换含该物质的生产原材料。

27.8.4　化学氧化处理特性评价案例

利用芬顿氧化，以不同投加量的过氧化氢氧化某机械加工污水，测定处理前后水中有机物分子量分布、DOC 及 BOD 的变化，如图 27.17 和图 27.18 所示。氧化

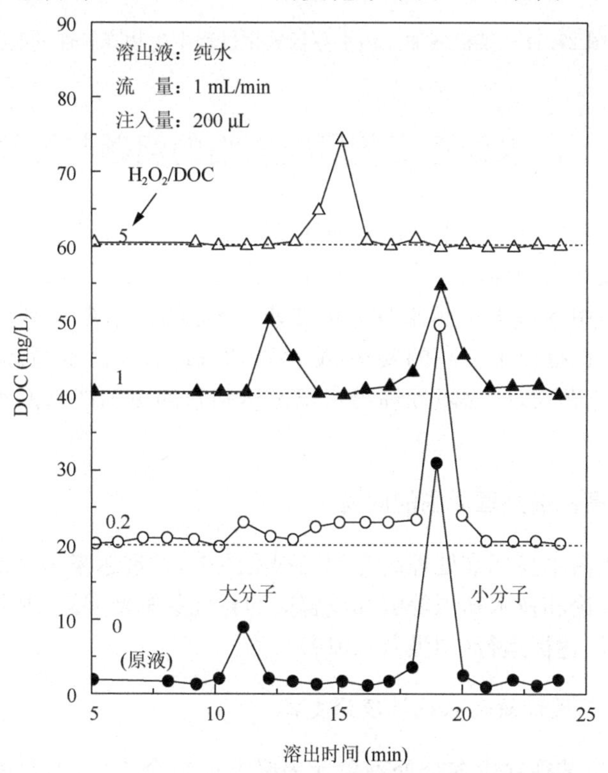

图 27.17　某机械加工污水芬顿氧化过程中的分子量变化

前后的分子量分布明显不同，且较高剂量的过氧化氢可将大分子有机物氧化成小分子物质。随着双氧水剂量的增加，DOC 含量降低，而 BOD 及 BOD/DOC 呈增加趋势，说明氧化处理能够增加水中有机物的生物降解性，可作为污水生物处理的前处理技术(胡洪营等，1994)。

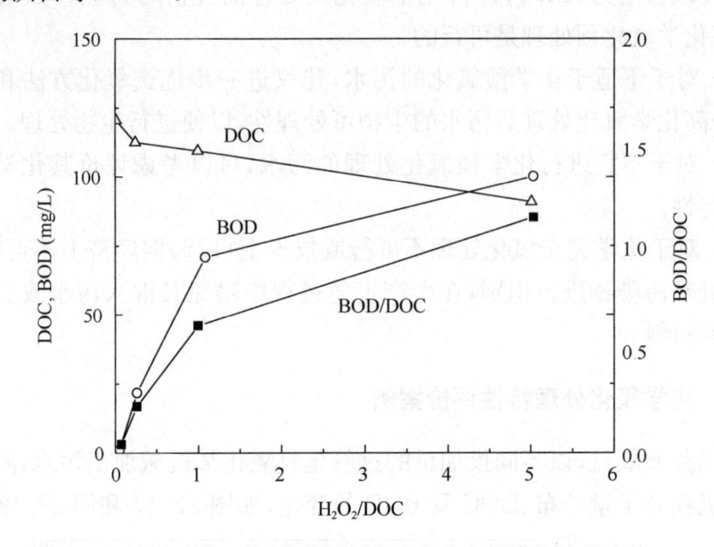

图 27.18　某机械加工污水芬顿氧化过程中生物降解性的改善

27.9　污水处理工艺研究面临的问题与发展方向

目前，我国已经进入污水高标准处理新阶段，对处理水质要求将越来越高。一方面，污水排放标准和环境执法监管越来越严；另一方面，国家高度重视污水再生利用，对污水回用率提出了越来越高的要求，企业的污水循环利用需求也越来越大，对处理标准也提出了更高的要求(胡洪营，2021)。在污水高标准处理背景下，优化污水处理工艺设计，保障处理出水稳定达到新的更加严格的水质标准成为重要课题。

27.9.1　污水高标准处理面临的问题

近年来，在污水高标准处理研究和工程实践中，发现越来越多的难以用经典水质指标、工艺理论和技术知识等解释或解决的新现象和新问题，制约了处理工艺优化设计和污水厂达标运行(胡洪营，2019)。

1. 处理工艺设计缺乏系统性理论支撑

污水处理工艺往往由多个处理单元串联形成组合工艺，但目前组合工艺设计缺乏系统性理论指导，往往根据 COD、BOD、TN 和 TP 等污染物综合指标浓度，参照类似的污水处理工程进行工艺设计，具有很大的盲目性。事实上，仅仅从 COD、TN 等污染物浓度难以得到污水处理特性的信息。污水中的污染物浓度，只是表明污染程度，与处理特性没有直接关系。

另外，在污水处理技术和工艺研究中，由于其研究领域的局限性，研究者和技术人员往往追求单一单元的最优化，对前后单元间的相互关系往往关注不够，导致工艺设计不合理、效率低。事实上，在很多情况下，单元最优往往不是整体最优(邱勇，2011)。

2. 工艺运行诊断缺乏系统性理论和方法支撑

在高标准处理条件下，不达标或难以稳定达标成为困扰污水处理厂的普遍问题。但如何识别不达标的原因，如为什么 COD 不达标？哪些组分不能去除？如何进行优化运行等，尚没有系统性的理论和方法支撑，从而导致工艺改造的针对性不强，盲目性大，难以达到优化目的。

在污水处理厂，特别是工业废水处理厂，COD 难达标问题十分普遍，但其原因不是 COD 本身，而是由于污水中存在某些难以去除的组分。只有识别出导致 COD 去除不达标的特定的污染物组分，才能给出有针对性的解决方案。因此，急需水质精细化解析方法，为开发针对性技术、构建适宜性组合工艺等提供有效支撑。

3. 对处理过程中的质变现象和伴生风险关注不够

由于污水中污染物组分的复杂性，再加上任何一种处理技术都有其能够去除和不能或难以去除的组分，在处理过程中各种污染物组分并不是等比例去除，所以导致组分构成发生很大变化，即量变始终伴随着质变。生物处理后的出水中残留的是难生物降解组分和微生物分泌产物，其组分构成与进水有显著的差别(Imai，2002)。氧化处理后的出水中，残留组分是难分解组分和氧化中间产物，其构成也会发生显著变化(Imai，2002；Galapate，2001；Hubner，2015)。

污水处理厂运行的目标是满足既定的水质标准(如排放标准或再生水标准)，很少关注水质标准之外的指标。但是，事实上，在一些处理过程中，常规指标的降低，往往产生伴生风险，并不意味着水质变好，有时反而导致毒害性升高。研究表明，在城市污水二级出水混凝处理过程中，生物可同化有机碳(AOC)浓度水平升高，生物稳定性降低(Zhao，2014a)；在臭氧处理过程中，存在 AOC 和毒性升高现象(Zhao，2014b)；氯消毒会导致水质生物毒性的升高和再生水反渗透系统膜污堵更严重等(Wu，2009；Wang et al.，2019)。

污水处理领域具有很强的线性思维惯性，认为常规水质指标控制得越严，水质越好,对环境越有益。这种认识在以污染物减排为主要目的的污染控制阶段是成立的,但在以水环境质量改善和环境风险控制为目标的新阶段,随着处理标准的提高,“量少值低即质好”的线性思维惯式受到挑战。

综上所述,污水是一个复杂体系,污水处理是一个量变过程也是一个质变过程。在污水高标准处理新阶段,需要以复杂系统视野和非线性思维研究污水特质,从水质研究拓展、深化到水征研究,逐步建立污水处理工艺优化设计理论和方法体系。

27.9.2 污水处理工艺诊断与难处理污染物(组分)识别

对现有处理工艺的运行状况进行全面评价,客观掌握其存在的问题,识别问题产生的原因,对制定科学、可行的改善措施,提高污水处理效果具有重要作用。在污水处理工艺运行性能诊断中,识别难处理组分及其产生原因是关键环节(胡洪营,2019)。

图 27.19 给出了污水中难处理组分的识别与鉴别方法。首先根据分子量分布、极性、酸碱性等对处理出水中的有机物组分进行分离,评价和表征处理水中的溶解性组分特性,识别在处理水中残留的、难处理的组分。与此同时,调研和评价生产工艺中使用的水溶性原料的主要组分,通过与处理出水中的残留组分比较,追溯难处理组分的产生原因。在此基础上,提出工艺和操作优化措施以及在生产工艺中的应用限制。

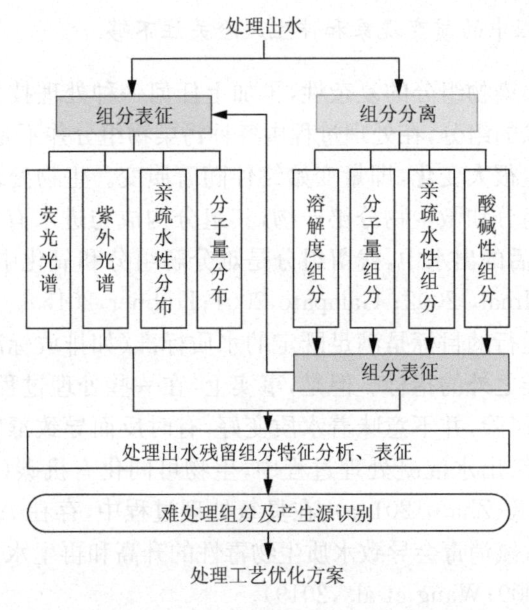

图 27.19 污水中难处理组分识别方法

27.9.3　污水处理工艺诊断与优化研究案例

山东某制浆造纸厂采用“生物处理- Fenton 氧化-混凝沉淀”工艺对污水进行处理，出水 COD 可以稳定达到 80 mg/L 的排放标准，但是无法满足 60 mg/L 的新排放标准。为优化处理工艺，对该污水二级出水水征进行了分析，发现以下主要现象：①与城市污水二级出水相比，其二级出水中的疏水性大分子(>5000 Da)占很大的比例(图 27.20)；②二级出水中的疏水性大分子，其混凝沉淀去除效果显著高于亲水性小分子(Shi，2016)(图 27.21)。

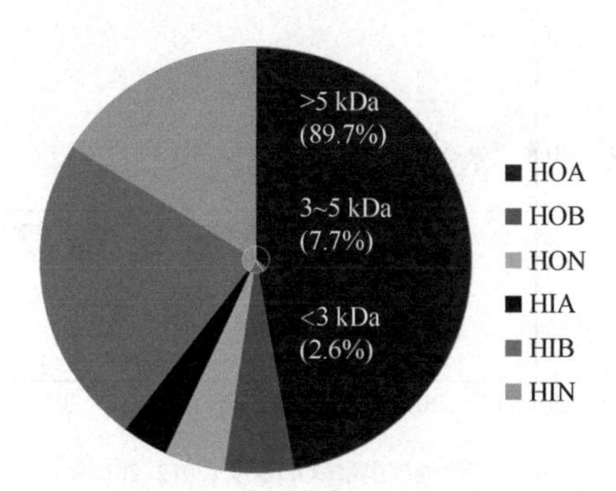

图 27.20　某造纸厂污水二级处理出水的有机组分特征

HOA：疏水酸性物质、HOB：疏水碱性物质、HON：疏水中性物质、HIA：亲水酸性物质、HIB：亲水碱性物质、HIN 亲水中性物质

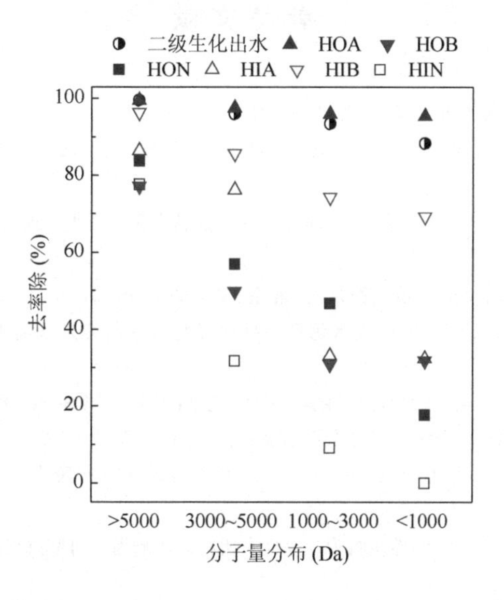

图 27.21　某造纸厂污水二级处理出水中的有机组分的混凝去除特性

根据以上分析结果，将原来工艺的混凝处理单元调整到芬顿氧化处理之前，提出了“生物处理-混凝- Fenton/强化复合混凝”处理工艺，通过强化混凝沉淀去除二级生物出水中的高分子疏水组分，以满足后续 Fenton/强化复合混凝高标准处理。

该工艺实施后，处理出水 COD 稳定达到 60 mg/L 的同时(图 27.22)，降低了处理费用。处理费用从原有深度处理工艺的 1.92 元/m^3(6.86 元/kg COD)降低到 1.64 元/m^3(4.70 元/kg COD)，经济社会和环境效益显著。

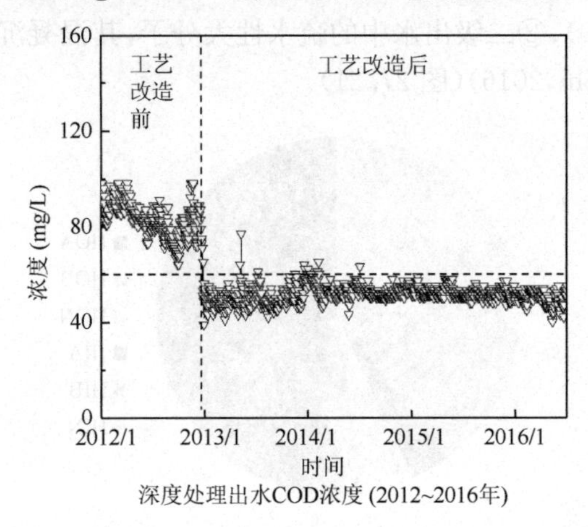

图 27.22　某造纸厂污水深度处理工艺改造前后出水水质变化

参 考 文 献

和田洋六. 1992. 水のリサイクル(応用編). 土人書館(東京)：18.

胡洪营. 2021. 中国城镇污水处理与再生利用发展报告(1978－2020). 北京：中国建筑工业出版社.

胡洪营，藤江 幸一，浦野 紘平，等. 1994. 難燃性作動油含有排水の処理特性評価(日语). 安全工学，33(5)：2～8.

胡洪营，吴乾元，吴光学，等. 2019. 污水特质(水征)评价及其在污水再生处理工艺研究中的应用. 环境科学研究，32(5)：725～733.

胡洪营，张旭，黄霞，等. 2005. 环境工程原理. 北京：高等教育出版社.

胡洪营，赵文玉，吴乾元. 2010. 工业废水污染治理途径与技术研究发展需求. 环境科学研究，23(7)：861～868.

《环境科学大辞典》编辑委员会. 1991. 环境科学大辞典. 北京：中国环境科学出版社.

李金页，郑平. 2004. 鸟粪石沉淀法在废水除磷脱氮中的应用. 中国沼气，22(1)：7～10.

李勇，蒋进元，周岳溪，等. 2010. Fenton 法处理腈纶聚合单元生产废水实验研究. 黑龙江科技信息，(3)：029.

刘晓敏，邓先伦，朱光真. 2010. 活性炭吸附挥发性有机物的影响因素研究进展. 生物质化学工程，44(6)：52～58.

乔世俊，赵爱平，徐小莲，等. 2005. 高级催化氧化法降解有机工业废水的研究. 环境科学研究，18(5)：104～107.

秦伟伟，肖书虎，宋永会，等. 2010. O_3/UV 协同氧化处理黄连素制药废水. 环境科学研究，23(7)：877～881.

邱勇，施汉昌，曾思育 等. 2011. 污水处理厂自动控制系统的全流程策略与方法. 中国给水排水，27(2)：16～19.

王小㑇，黄霞，左晨燕，等. 2003. O_3/UV 降解喹啉过程中的毒性变化. 环境化学，22(4)：324～328.

王众众，吴光学，孙迎雪，等. 2013. 污水深度处理微絮凝-V 型滤池工艺运行性能分析. 给水排水，39(9)：52～56.

严煦世，范瑾初. 1999. 给水工程. 北京：中国建筑工业出版社.

张丽，朱晓东，张燕峰，等. 2009. 微波强化 Fenton 氧化处理邻氨基苯甲酸废水. 环境科学研究，22(5)：516～520.

《中国百科大辞典》编委会. 1990. 中国百科大辞典. 袁世全，冯涛主编. 北京：华夏出版社：1066.

Fujie K, Hu H Y. 1997. Pollutants discharge analysis and control with pre-evaluation systems of raw materials and wastewaters for zero-emission production process. *In*: Proceeding of IAWQ Specialized Conference on Chemical Process Industries and Environmental Management. South Africa: Paper No. 1. 3.

Galapate R P, Baes A U, Okada M. 2001. Transformation of dissolved organic matter during ozonation: Effects on trihalomethane formation potential. Water Research, 35(9): 2201～2206.

Hu H Y, Goto N, Fujie K. 1999. Concepts and methodologies to minimize pollutant discharge for zero-emission production. Water Science and Technology, 39(10/11): 9～16.

Hu H Y, Huang X, Fujie K. 1995. Optimal treatment process of refractory industrial wastewaters. *In*: Proceedings of'95 International Symposium On Water Treatment Technology: 71～77. (October, 17～20, 1995, Beijing, China)

Hubner U, Von G U, Jekel M. 2015. Evaluation of the persistence of transformation products from ozonation of trace organic compounds - A critical review. Water Research, 68(150～170).

Imai A, Fukushima T, Matsushige K, et al. 2002. Characterization of dissolved organic matter in effluents from wastewater treatment plants. Water Research, 36(4): 859～870.

Shi X, Xu C, Hu H-Y, et al. 2016. Characterization of dissolved organic matter in the secondary effluent of pulp and paper mill wastewater before and after coagulation treatment. Water Science and Technology, 74(6): 1346～1353.

Somensi C A, Simionatto E L, Bertoli S L, et al. 2010. Use of ozone in a pilot-scale plant for textile wastewater pre-treatment: Physico-chemical efficiency, degradation by-products identification and environmental toxicity of treated wastewater. Journal of Hazardous Material, 175(1-3): 235～240.

Stalter D, Magdeburg A, Weil M, et al. 2010. Toxication or detoxication *in* vivo toxicity assessment of ozonation as advanced wastewater treatment with the rainbow trout. Water Research, 44(2): 439～448.

Wang Y-H, Wu Y-H, Tong X, et al. 2019. Chlorine disinfection significantly aggravated the biofouling of reverse osmosis membrane used for municipal wastewater reclamation. Water Research, 154(246～257).

Wu Q-Y, Hu H-Y, Zhao X, et al. 2009. Effect of chlorination on the estrogenic/antiestrogenic activities of biologically treated wastewater. Environmental Science & Technology, 43(13): 4940～4945.

Zhao X, Huang H, Hu H-Y, et al. 2014a. Increase of microbial growth potential in municipal secondary effluent by coagulation. Chemosphere, 109(14～19).

Zhao X, Hu H-Y, Yu T, et al. 2014b. Effect of different molecular weight organic components on the increase of microbial growth potential of secondary effluent by ozonation. Journal of Environmental Sciences, 26(11): 2190～2197.

第 28 章　膜污堵潜力及其评价方法

28.1　膜污堵潜力评价及其意义

28.1.1　膜过滤与膜污堵

随着水源污染的加重及水质高要求用户对再生水需求的不断增加，膜过滤技术在饮用水处理和污水再生处理领域中的应用越来越受到关注。膜过滤技术是以压力为推动力去除水中污染物的物理分离过程，主要包括微滤(microfiltration，MF)、超滤(ultrafiltration，UF)、纳滤(nanofiltration，NF)和反渗透(reverse osmosis，RO)等技术(表 28.1)。

表 28.1　膜过滤技术种类及主要参数

过滤技术	膜驱动力	分离机制	孔径	典型膜孔径	操作压力	去除物质	回收率(%)
MF	静水压力差或浸没式负压	筛分	大孔(>50 nm)	0.08～0.2 μm	0.7～2.1 bar*	颗粒物、细菌、原生动物包囊	99.7
UF	静水压力差或浸没式负压	筛分	中孔(2～50 nm)	0.005～0.2 μm	0.7～3.5 bar	颗粒物、细菌、原生动物、病毒、大于截留分子量的有机物	85
NF	静水压力差	筛分、溶解/扩散+排斥	微孔(<2 nm)	1～10 nm	3.5～10.3 bar	溶解性有机物	60～95
RO	静水压力差	溶解/扩散+排斥	密(<2 nm)	0.1～1 nm	6～80 bar	95%～99.7%无机盐	35～90

* 1 bar=10^5 Pa

资料来源：Wachinski，2012；Greenlee et al.，2009

膜过滤技术具有污染物去除率高、产水水质稳定、自动化程度高、占地面积小等特点(汤芳 等，2013)。典型的 MF 膜孔径范围为 0.08～0.2 μm，UF 膜孔径范围为 0.005～0.2 μm，可用于去除水中的悬浮物、胶体和病原菌，也是常用的反渗透工艺预处理方法。RO 技术是以压力为推动力，利用 RO 膜的选择透过性来净化水质的物理分离过程。反渗透膜孔径范围一般为 0.1～1 nm，可去除离子和小分子有机物(汤芳 等,2012)。

各种膜过滤技术对污染物的去除比较见表 28.2。

表 28.2　膜过滤对污染物的去除

过滤技术	悬浮性固体	溶解性固体	细菌和孢子	病毒	溶解性有机物	铁和锰	硬度
MF	是	否	是	否	否**	若氧化态,是	否
UF	是	否	是	是	否**	若氧化态,是	否
NF	是*	部分	是	是	部分	是	是
RO	是*	是	是	是	是	是	是

* 高含量会造成膜污堵; ** 若有合适的预处理可以部分去除污染物

资料来源:Wachinski,2012

膜污堵是影响膜过滤技术,尤其是 RO 膜过滤技术广泛应用的重要问题之一。膜污堵会导致膜通量下降、产水水质下降、能耗增加从而成本升高等问题。

膜过滤特性与膜进水水质密切相关。原水中可能的污染物包括颗粒物和胶体(滤饼层的形成,cake layer formation)、溶解性无机盐(浓差极化,concentration polarization)、溶解性有机物(DOM,静电力和/或疏水相互作用,electrostatic repulsion and/or hydrophobic interactions)和微生物(附着和生长)等,进而造成 RO 膜的颗粒物和胶体污堵、无机结垢、有机污堵和生物污堵 (Chon et al.,2012)。因此,原水需要经过预处理,达到 RO 膜进水标准后才能够进入 RO 系统。

28.1.2　膜污堵预测指标

针对 RO 膜污堵的水质评价和污染预测指标如图 28.1 所示。

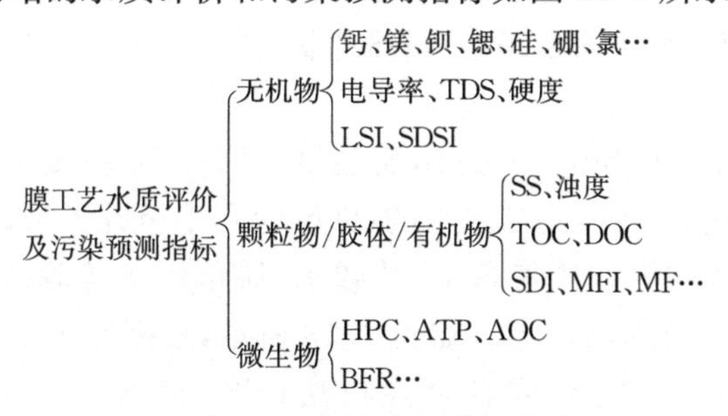

图 28.1　膜污堵预测指标体系

无机结垢主要考察钙、镁、钡、锶、硅、硼、氯等无机元素含量,电导率、TDS、硬度等无机综合指标,以及 Langelier 饱和指数(Langelier saturation index,LSI)和 Stiff-Davis 饱和常数(Stiff-Davis saturation index,SDSI)等预测指标。

因为在水质评价和污染预测过程中,较难明确区分出颗粒物、胶体和有机物对膜面污堵的影响程度，故将颗粒物、胶体和有机污堵统称为有机物物理性污堵。综合评价指标包括SS、浊度、TOC、DOC等，污堵预测指标包括污染指数(SDI)、修正污染指数(MFI)和膜过滤时间(MF)等。

针对生物污染的水质评价及预测指标包括总异养菌群(HPC)、三磷酸腺苷(ATP)浓度、可同化有机碳(AOC)、生物膜生成速率(BFR)等，目前在工程实践中还未得到普遍认可和广泛应用。

28.2 膜结垢潜力预测方法

28.2.1 电导率和TDS

电导率用于表征水传输电子的能力，是检测水中离子含量的传统方法，但无法表征离子种类，其大小主要由水中离子浓度所决定，可通过电导率仪进行测定。在RO系统中，进水和出水的电导率常采用在线监测。

溶解性总固体(total dissolved solids，TDS)表示在1升水中溶有多少毫克溶解性固体。总溶解性固体指水中全部溶质的总量，包括无机物和有机物两者的含量。

水处理RO工艺设计中，TDS主要按照水的电导率进行转换，按照经验法则，1 mg/L TDS约等于2 μS/cm电导率。电导率仪可以用于TDS的测定。

UF和RO膜进水中的TDS和一些特定的元素需要严格控制。硅、铁、钙、钡、锶等，易在膜表面沉积，进而引起结垢和膜通量的快速下降。水中TDS也会影响系统运行。为了维持一定的膜通量，进水驱动力需根据系统的渗透压进行调整，而系统的渗透压与TDS直接成比例，因此TDS升高，进水压力随之升高。

MF和UF膜一般不需要考虑TDS指标，因为MF和UF工艺不去除溶解性固体。

海水的TDS约为35 000 mg/L，若达到TDS＜500 mg/L的饮用水标准，其脱盐率则需要高达98.5%。苦咸水的TDS为几千至几万mg/L，有时甚至与海水接近。利用反渗透等方式将海水、苦咸水、城市污水等脱盐利用，需要根据其TDS含量进行处理技术的选定。如表28.3所示，根据原水中TDS浓度，可以选择高压、中压、低压反渗透，或者电渗析法(ED)和离子交换法(IX)。若达到TDS＜500 mg/L的饮用水标准，RO、ED等处理方式即可。若达到2～5 mg/L的处理出水要求，则需要RO或ED与IX相结合才可以达到。在RO系统的工程设计中，可以根据经验公式进行推算，1000ppm的TDS相当于11psi(0.76bar)的渗透压力，因此可以根据进水TDS含量计算RO系统需要的进水压力(Wachinski，2012)。

表 28.3　原水中 TDS 浓度对膜处理法选定的影响

原水中 TDS 浓度	膜处理法
10 000 mg/L 以上	高压 RO(42 kg/cm^2 以上)
5000～10 000	中压 RO(25～42 kg/cm^2 以上)、电渗析法
500～5000	低压 RO(25 kg/cm^2 以下) 电渗析法
200～500	低压 RO、电渗析法、离子交换
200 mg/L 以下	低压 RO、离子交换

资料来源:化学工学会膜分離技術ワーキンググループ,1996

28.2.2　硬度

按水的硬度将水分为四类(以 $CaCO_3$ 计):0～75 mg/L(软水)、75～150 mg/L(中度硬水)、150～300 mg/L(硬水)、300 mg/L 以上(高度硬水)。

硬度高的水会在多方面影响膜过滤操作。硬度高的水,尤其是碳酸钙含量高的水,易形成无机垢。如果碳酸钙在 MF/UF 膜表面沉积,会阻塞水通道,降低流量。另外,硬度高的水不能用于膜的水清洗或作为化学清洗时所用的溶剂,以防止造成严重的膜结垢。很多膜清洗液采用加热方法去除硬度(Wachinski,2012)。

28.2.3　Langelier 饱和常数及其意义

Langelier 饱和常数(Langelier saturation index,LSI)是基于碳酸钙饱和度来定性预测水中碳酸钙沉淀或溶解的倾向性。计算方法是以水的实际 pH 值减去其在碳酸钙处于平衡条件下理论计算的 pH 值之差来表示,计算公式如下:

$$LSI = pH - pH_s$$

式中,pH 为实际测量的 pH 值;pH_s 为碳酸钙与水平衡时的 pH 值。当 LSI<0,碳酸钙与水未达到饱和程度,倾向腐蚀;当 LSI=0,碳酸钙与水为平衡程度;当 LSI>0,碳酸钙与水达到过饱和程度,倾向结垢。

LSI 是预测以低 TDS(TDS<10 000 mg/L)的苦咸水或市政污水作为 RO 系统进水的碳酸钙结垢潜力的重要方法之一。向 RO 进水中加酸可以降低 pH 值,降低 LSI 值,从而降低结垢潜力。RO 浓水的 LSI 目标值为−0.2,即浓水比碳酸钙饱和溶液的 pH 值低 0.2。阻垢剂可以有效防止碳酸钙沉淀,一些聚合阻垢剂供应商表示他们的产品可以使 RO 浓水的 LSI 值达到+2.5,尽管最保守的 LSI 设计值为+1.8。

28.2.4 Stiff-Davis 饱和常数及其意义

Stiff-Davis 饱和常数(Stiff-Davis saturation index,SDSI)与 LSI 类似,是预测高 TDS(>10 000 mg/L)的海水的结垢或腐蚀潜力的方法。基于更高的离子含量会干扰微溶盐的形成/沉积的理论,微溶盐的可溶性会随着 TDS 和离子强度的增加而增加,SDSI 将 LSI 的饱和溶液的 pH 值(pH_s)转化为 Stiff-Davis 指数进行计算。在测定高 TDS 海水时,SDSI 比 LSI 更能准确地预测结垢或腐蚀潜力(Prisyazhniuk,2007)。

28.3 有机物物理性污堵预测方法

28.3.1 SS、浊度

SS 可以表征水中的颗粒物和胶体含量,但经过预处理后的 RO 进水水质显著提高,SS 含量明显降低,往往低于检测下限,难以测定。因此,常用浊度间接表征水体中的颗粒物和胶体含量,用于多种膜过滤系统的水质检测。浊度高的水普遍具有较高浓度的悬浮性固体,因此易造成膜污堵,进而增加反冲洗和化学清洗的频率。

蒋延梅长期监测了某污水再生处理 UF-RO 工艺的进出水浊度,如图 28.2 所示。UF 进水浊度在 0.5～9.7NTU,平均值为 2.5NTU,主要分布在 1.0～5.0NTU 之间。UF 出水浊度在 0.02～0.23NTU,平均为 0.10NTU,平均去除率达到 94%,可见超滤工艺对浊度的去除效果好,可达到该工艺对反渗透进水浊度要求(<1.0 NTU),有利于反渗透系统的稳定运行。经过 RO 系统后,产水浊度已经低于检测限(蒋延梅,2013)。

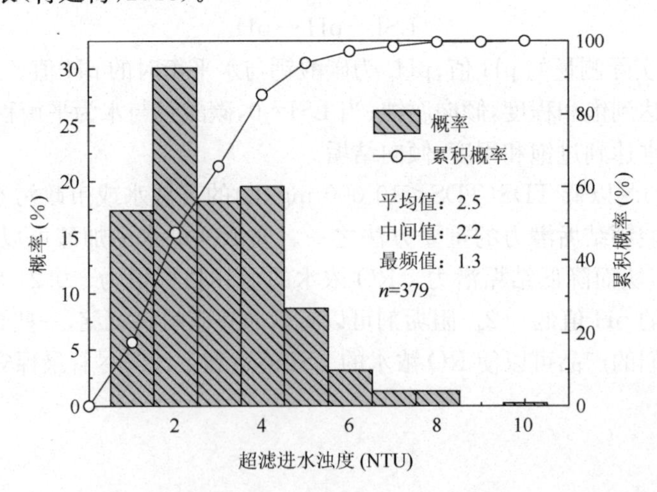

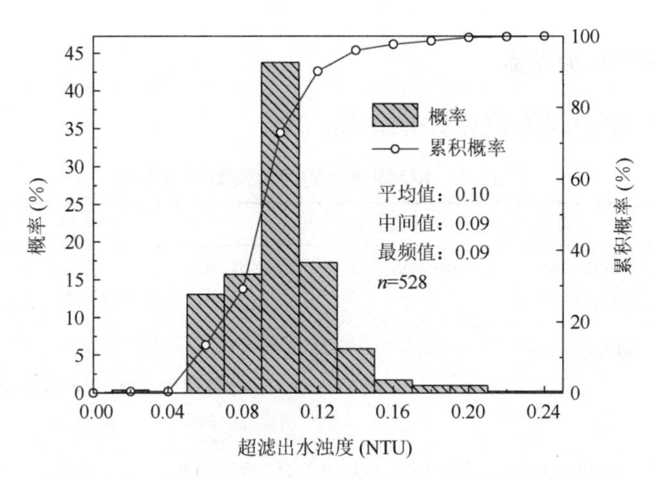

图 28.2　某污水再生处理厂超滤进出水浊度分布情况

28.3.2　TOC、DOC

总有机碳（total organic carbon，TOC）和溶解性有机碳（dissolved organic carbon，DOC）是直接影响膜污堵的重要指标。进水中的颗粒性或溶解性有机碳会阻塞或吸附在膜材料表面，从而造成膜污堵。因此，如果进水含有高浓度有机碳，膜过滤通量应设置较低。

地表水、二级出水中含有大量的溶解性有机物（dissolved organic matter，DOM）。DOM 含有带有负电荷的胶体、悬浮性固体，包括木质素、水溶性腐殖酸、富里酸等。DOM 是重要的膜面污染物来源，尤其是负电性复合聚酰胺类。中性 RO 膜（如中性复合聚酰胺类或乙酸纤维素类）对有机物污染具有一定的抗性。RO 膜能去除有机物，一般来讲，分子量大于 200 Da 的有机物的去除率可达 99%以上。分子量小于 200 Da 的有机物的去除率会因分子量、形状和离子电荷而有所区别。按照工程实践经验，RO 进水 TOC 应小于 3 mg/L，以控制其有机污染潜力。表 28.4 给出了二级出水和 MF 出水的 TOC 值。TOC 可以通过混凝、MF/UF 去除，以达到 RO 进水水质标准。

表 28.4　MF 对二级出水的处理效果　　（单位：mg/L）

指标	二级出水	MF 出水（设计目标）
BOD_5	20	<5
COD	37（最大 42）	<10
TOC	12	<4
SS	<10	<0.1
TP	<3（最大 10）	<0.1
浊度	<10	<0.1

资料来源：Wachinski，2012

28.3.3　膜污堵预测指标

RO 膜进水的污堵预测评价指标见表 28.5。

表 28.5　RO 膜进水的污堵预测评价指标

指标	英文	计算公式	操作方法
膜过滤时间(MF)	membrane filtration time	$MF=(\mu_{25}/\mu)t$	ΔP=51 kPa T 为过滤 500 mL 水样所需要的时间(s)
淤积指数(SI)	silting index	$SI=(t_3-2t_2)/t_1$	ΔP=34 kPa t_1,t_2,t_3 分别为过滤 10 mL,50 mL,100 mL 水样所需要的时间(s)
堵塞指数(PI)	plugging index	$PI=(1-t_1/t_r)\times 100\%$	ΔP=210 kPa t_1为过滤 500 mL 水样所需要的时间(s) t_r为经过 15 min 后再过滤 500 mL 水样所需要的时间(s)
污染指数(淤泥密度系数)(FI/SDI)	fouling index (silt density index)	$FI(SDI)=PI/T$	ΔP=210 kPa T 以 15 min 为标准 当 PI>15 时,T 可以调整为 10 min 或 5 min
修正污染指数(MFI)	modified fouling index	$MFI=(\mu_{20}/\mu)\cdot(\Delta P/210)\tan\alpha$	ΔP=210 kPa $\tan\alpha$ 为过滤时间 t 与过滤量 V 的比值 t/V 对 V 的曲线斜率
堵塞数(PN)	plugging number	$PN=QD_f/P_f$	ΔP=3.0 kg/cm^2 Q 为膜阻塞前的过水量(L) P_f为压力修正系数,D_f为膜直径修正系数(膜直径为 13 mm 时 D_f=5.5)

资料来源:化学工学会膜分離技術ワーキンググループ,1996

1. *反渗透膜污染指数(SDI)*

反渗透膜污染指数(silting density index,SDI),也称为 FI(fouling index)值,用来判断反渗透水处理系统中进水颗粒物和胶体的污染程度。该方法比浊度测定更能反映水质情况,目前已经被反渗透行业普遍采用,是反渗透预处理系统中必须检测的重要指标。

SDI 的测定方法参照 ASTM4189—95 和 ASTM4189—07 标准。在 Φ47 mm 的 0.45 μm 的微孔滤膜上连续加入一定压力(30psi,相当于 2.1bar)的被测定水样,记录滤得 500 mL 水所需的时间 t_1(s)和 15 min 后再次滤得 500 mL 水所需的时间 t_r(s),按下式求得反渗透膜污染指数 SDI:

$$SDI=[(1-t_1/t_r)\times 100]/T \tag{28.1}$$

式中，$T=15$ min。当水中的污染物质浓度较高时，T 可改为 10 min 或 5 min。

微滤膜受水样污染时，水样的流速会随着时间的增加不断衰减。当微滤膜污堵越严重时，水样流速衰减越快，微滤膜被堵塞的时间越短，采集 500 mL 水样所需时间越长（t_r 的值越大），SDI 值也就越大；当微滤膜污堵越不严重时，水样流速衰减得越慢，微滤膜被堵塞的时间越长，采集 500 mL 水样所需时间越短（T_2 的值越小），SDI 值也就越小（解利昕 等，2013）。

根据原水的 SDI 值选择合适的脱盐方法，见表 28.6。一般 SDI 在 3～4 以下时，可以选用中空纤维 RO 膜组件，若 SDI 在 4～5 以下时，可以选用卷式 RO 膜组件。换言之，SDI 值亦可以用于判断进水水质是否能够满足反渗透系统进水标准。中空纤维膜组件的 RO 进水要求 SDI 在 3～4 以下，若进水水质无法达到，需要增加相应的预处理措施，如通过混凝沉淀、混凝过滤、砂滤、MF/UF 等预处理，去除原水的 SS 等，使 SDI 值达到进水标准，再进入 RO 系统，以保证 RO 系统的正常运行。卷式膜亦然。

表 28.6　原水 SDI 值对脱盐方法选择的影响

原水 SDI 值	二级出水
4～6 以下	电渗析法
4～5 以下	卷式 RO 膜
3～4 以下	中空纤维 RO 膜

资料来源：化学工学会膜分離技術ワーキンググループ，1996

2. 修正污染指数(MFI)

在 SDI 测试方法的基础上，J. C. Schippers 和 J. Verdouw 提出了基于饼层过滤机制的修正污染指数（modified fouling index，MFI），以期更好地预测 RO 膜的污堵（Schippers and Verdouw，1980）。MFI 测试方法也是将待测水样采用死端过滤方式，在压力为 207 kPa 的条件下通过直径为 47 mm、膜孔径为 0.45 μm 的微滤膜。记录过滤 V(L) 体积水所需时间 t(s)，作出对应的 t/V 和 V 的关系曲线（图 28.3），该曲线所对应的斜率即为 MFI 值。当 MFI<2 时，可以满足反渗透进水水质要求；当 MFI<10 时，可以满足纳滤进水水质要求。

$$\frac{t}{V}=\frac{\mu R_m}{\Delta PA}+\frac{\mu I}{2\Delta PA^2}V \tag{28.2}$$

式中，R_m 为膜本身的膜阻力（m^{-1}）；ΔP 为跨膜压差（Pa）；t 为过滤时间（s）；V 为过滤体积（m^3）；μ 为水样黏度（Pa・s）；A 为滤膜面积（m^2）；I 为污染潜力（m^{-2}）。标准 MFI 测试是在跨膜压差 ΔP 为 0.21 MPa，温度为 20℃条件下，采用死端过滤方式通过膜孔径为 0.45 μm、面积为 13.8×10^{-5} m^2 的微滤膜。

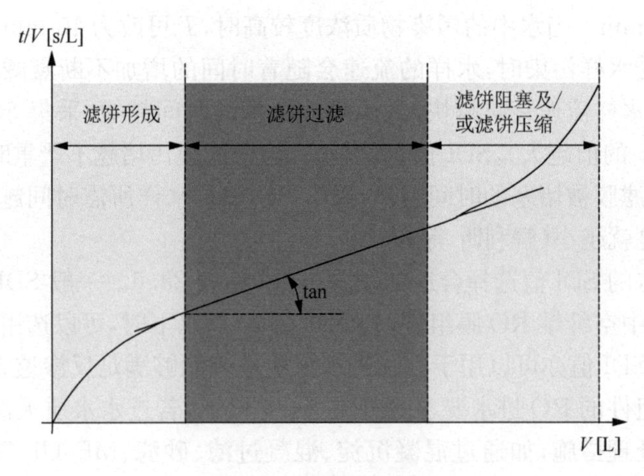

图 28.3　MFI 测定曲线示意图

28.4　膜生物污堵预测方法

28.4.1　总异养菌群(HPC)、三磷酸腺苷(ATP)浓度

目前,生物污堵控制技术主要是利用次氯酸钠、臭氧、溴、二氧化氯和紫外线等进行消毒,灭活进入 RO 系统的微生物,从而避免微生物在膜表面附着和生长。通过监测进水中的总异养菌群数(HPC)或用于表征生物活性的 ATP 浓度,可以反映对 RO 进水的消毒效果。有人认为只要把膜系统中的所有构成生物膜的微生物杀死,生物污染问题就可以解决,这是目前普遍存在的误解。RO 进水中微生物不可能被全部灭活,若有存活下来的微生物在膜表面附着,即可利用进水中的营养物进行繁殖,形成生物膜。另外,杀菌剂的使用仍有许多问题需要解决,如环境污染、成本高等。

28.4.2　可同化有机碳(AOC)

对于生物污堵来讲,细菌生长和繁殖不仅需要温度和 pH 值等达到最适条件,丰富的食物来源也是重要的。进水中营养物质越丰富,膜面微生物生长越迅速,相反则越缓慢。因此,膜系统进水的生物污堵潜力可以利用营养物浓度指标(如 AOC 等)进行评价(参见第 23 章)。进水中的 AOC 通过生物膜吸附,进而被膜面微生物同化,AOC 含量丰富,微生物则易于生长,相反则生长缓慢。

因此,普遍认为,其他类型的膜污堵可以通过化学或物理预处理进行控制,但生物污堵不易控制。经常遇到氯消毒后仍有严重的生物污堵发生的情况,这主要是由于氯消毒氧化后产生了悬浮的死生物体,释放了大量的 AOC。这表明,生物污堵不能简单地通过杀死微生物解决,AOC 不降低仍是生物污堵的隐患(Hu et al.,2005)。

28.4.3　生物膜生成速率(BFR)

生物膜生成速率(BFR)可以更好地模拟生物膜的形成，通过检测膜面 HPC 或 ATP 浓度，表征生物污染的程度，目前已开始用于海水淡化和污水再生处理领域的生物膜污染预测。但由于监测周期长，一般 2～3 个月，该方法在工程实践中的广泛使用受到了限制(van der Kooij et al.，1995)。BFR 的测定方法参见第 23 章。

28.5　RO 膜污堵评价实验方法

RO 膜污堵可以通过小型实验装置进行模拟和评价。RO 平膜型过滤实验装置的示意图和实物图如图 28.4 和图 28.5 所示。对于死端过滤装置，原液装在过

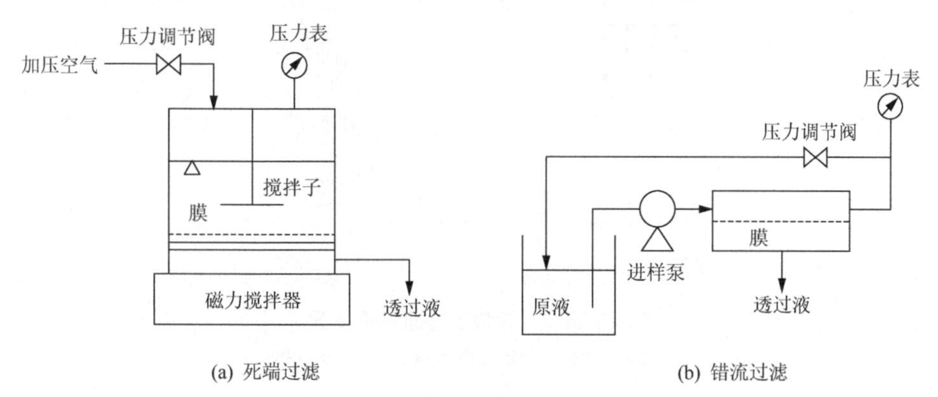

图 28.4　RO 平膜型过滤实验装置示意图
化学工学会膜分離技術ワーキンググループ，1996

(a) 死端过滤　　(b) 错流过滤

图 28.5　RO 平膜型过滤实验装置实物图

滤器内，通过加压空气和压力调节阀来调整进水压力。错流过滤装置则通过进样泵将原液输送到过滤器中，利用压力调节阀来调节过滤压力，浓水回流到原液。实验装置需使用耐化学腐蚀的材料，并清洗干净，防止污染。实验条件（如压力等）、膜的种类、原液温度、过滤压力、进样量、过滤水量等参数均可以进行调节，以进行全面评价。

管状膜过滤实验装置如图 28.6 所示。保持原液浓度一定，膜透过液和浓缩液可循环回流至原液，测定膜过滤速率和回收率等。做浓缩实验时，调节泵的压力或分流阀均可以调节流量，两个压力表的平均压力为操作压力。

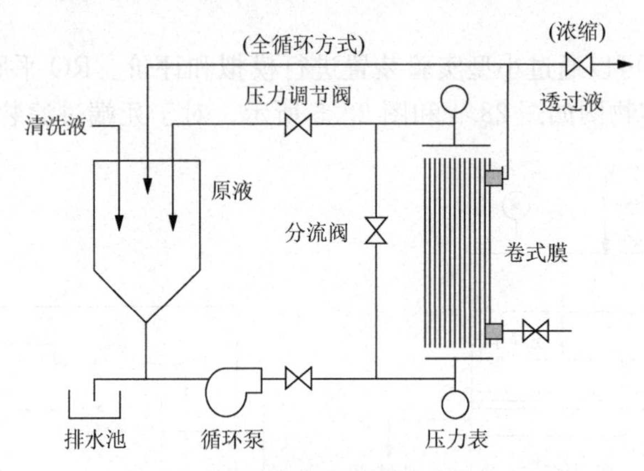

图 28.6　管状膜过滤实验装置

化学工学会膜分離技術ワーキンググループ，1996

28.6　膜解剖方法

膜解剖可以增进对膜污堵的理解，与预处理工艺处理效率、水质和操作条件结合进行分析，对实际工程具有指导意义。目前研究主要集中在对海水、苦咸水膜过滤工艺的解剖，随着 RO 工艺在污水再生处理方面的应用，膜解剖相关的研究不断拓展和深入。

膜解剖分析方法如图 28.7 所示。将膜组件打开，制作膜片样品，分析内容主要包括膜表面特性（表面形状结构、Zeta 电位、接触角、粗糙度等）、无机元素、有机物特性（DOC、紫外光谱、三维荧光光谱、分子量分布、亲疏水性、酸碱性、傅里叶红外光谱等）和生物膜特性（磷脂含量、微生物特性、群落结构等）。

在通过膜解剖研究膜面污染特性的同时，与进水水质相结合进行对比分析，有助于识别污染组分。进水中有些成分可经过预处理去除，或者不易沉积在膜表面，不是主要的膜面污染物质。而有些成分虽然在进水中含量较低，但易沉积在膜表面，成为主要的膜面污染物质，在分析时需要重点考虑。针对易污染成分，需要采

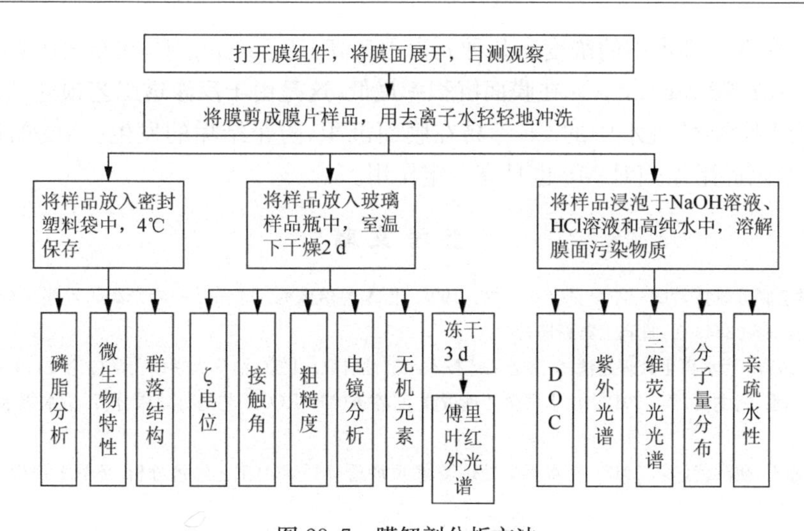

图 28.7　膜解剖分析方法

(Xu et al. ,2010;Chon et al. ,2012;Tang et al. ,2014)

取或加强相应的预处理措施进行去除，以降低该物质对膜面的污染。

Tang 等对用于污水再生处理的反渗透膜进行解剖，测定了典型无机元素 Fe、Ca、Mn、Si 和 Al 在膜面污染物质中的含量和 RO 进水中的浓度，如图 28.8 所示(Tang et al. ,2014)。Fe 在 RO 进水中的浓度为 0.03～0.06 mg/L，与其他几种元素相比浓度较低，但在膜面污染物质中 Fe 的含量高达 349.18 mg/m^2，说明铁最易在 RO 膜表面沉积。目前针对 Fe 污染并没有有效的预处理方式，因此需要控制工艺上游含 Fe 废水的排入，从而降低进水中的 Fe 浓度，降低 Fe 污染。

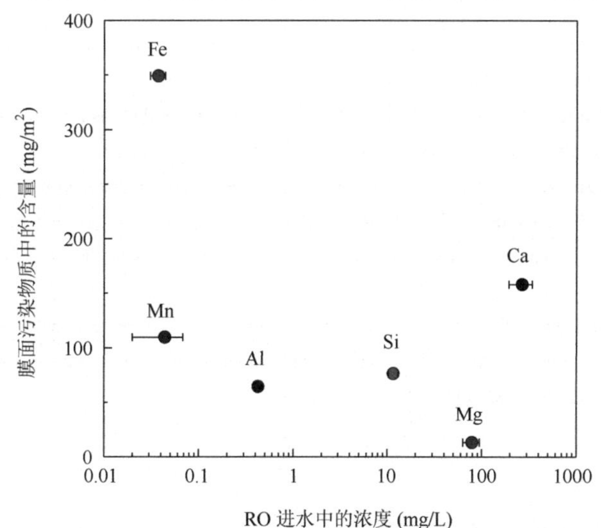

图 28.8　典型无机元素在 RO 进水中的浓度及在膜面污染物质中的含量

Ca在RO进水中的浓度在几种元素中最高，达266 mg/L，在膜面污染物质中含量为157.78 mg/m^2，Ca在膜面沉积率最低，这是由于反渗透工艺预处理过程中添加了阻垢剂，使进水中的Ca不易在膜面沉积，防止结垢的发生。Mg的情况与Ca类似，因此阻垢剂对Mg也具有一定作用。

参考文献

化学工学会膜分離技術ワーキンググループ. 1996. 松本幹治監修. ユーザーのための実用膜分離技術. ISBN:4-526-03849-0. 日刊工業新聞社.

蒋延梅. 2013. 污水再生处理超滤-反渗透工艺技术经济性研究. 北京:清华大学硕士学位论文:16～18.

汤芳,孙迎雪,胡洪营,等. 2012. 污水再生处理微滤-反渗透(MF-RO)工艺运行效果分析. 给水排水,38(6):38～42.

汤芳,孙迎雪,胡洪营,等. 2013. 污水再生处理微滤-反渗透(MF-RO)工艺经济分析. 环境工程学报,7(2):277～282.

解利昕,王小磊,王世昌. 2013. 污染密度指数影响因素评测. 化学工业与工程,30(4):42～47.

ASTM,D4189-07,Standard Test Method for Silt Density Index (SDI) of Water.

ASTM,D4189-95,Standard Test Method for Silt Density Index (SDI) of Water.

Chon K,Kim S J,Moon J,et al. 2012. Combined coagulation-disk filtration process as a pretreatment of ultrafiltration and reverse osmosis membrane for wastewater reclamation: An autopsy study of a pilot plant, Water Research,46(6):1803～1816.

Greenlee L F, Lawler D F, Freeman B D, et al. 2009. Reverse osmosis desalination: water sources, technology,and today's challenges. Water Research,43(9):2317～2348.

Hu J Y,Song L F,Ong S L,et al. 2005. Biofiltration pretreatment for reverse osmosis (RO) membrane in a water reclamation system. Chemosphere,59(1):127～133.

Prisyazhniuk V A. 2007. Prognosticating scale～forming properties of water. Applied Thermal Engineering, 27(8～9):1637～1641.

Schippers J C, Verdouw J. 1980. The modified fouling index, a method of determining the fouling characteristics of water. Desalination,32:137～148.

Tang F,Hu H Y,Sun L J,et al. 2014. Fouling of reverse osmosis membranes for municipal wastewater reclamation: autopsy results from a full-scale plant. Desalination,in press.

van der Kooij D,Veenendaal H R,Baars-Lorist C,et al. 1995. Biofilm formation on surfaces of glass and teflon exposed to treated water. Water Research,29(7):1655～1662.

Wachinski M. 2012. Membrane Processes for Water Reuse. ISBN: 078-0-07-174895-4. McGraw-Hill Companies,Inc.

Xu P, Bellona C, Drewes J E. 2010. Fouling of nanofiltration and reverse osmosis membranes during municipal wastewater reclamation: Membrane autopsy results from pilot-scale investigations. Journal of Membrane Science,353(1～2):111～121.

第29章　水质研究实验设计与数据解析表征

29.1　水质研究实验设计

水质研究的实验设计应坚持“目的可达性原则”，围绕研究目的制订科学、合理的实验方案。明确研究目的是制订实验方案的前提。如第1章所述，水质研究的目的可以分为掌握浓度水平、解析组分特征、评价水质安全和预测变化潜能四大类。但是这些只是工作层面上的“表面目的”，往往并不是最终目的。在实际研究中，要善于思考和明确研究的最终目的和产出是什么？挖掘“表面目的”背后的深层目的，即要明确“目的”的“目的”是什么。

例如，在很多情况下，掌握污染浓度水平并不是最终目的，其最终目的往往是为了根据污染现状的调查，查明污染产生的原因，制定污染防控措施。在这种情况下，检测指标的选取、采样点和采样频率的确定等均应围绕能够查明污染原因来确定。这样的话，仅仅测定常规污染指标，往往不能达到目的，还应测定能反映污染源的特定指标，如特征污染物、光谱特征分析等。

29.1.1　水质指标选择

水中的污染物种类多、浓度分布范围广，水质指标繁多。在水质研究中，首先需要遴选和确定检测指标。

根据不同的研究目的，除了相关水质标准中规定的水质指标之外，还应注意水质特征指标、安全性指标等。值得注意的是，对于从事水质前瞻性研究的研究者来说，及时跟踪水质研究前沿，将最新的研究方法和检测指标纳入水质研究中，是水质研究创新的重要措施。新指标的检测，会发现新的现象、新的规律和新的问题。

水质指标的选择一般应遵循以下3个原则。

1. 根据研究目的，确定重点水质指标

根据研究目的和研究对象的特点，选择需要重点关注的指标。例如，研究再生水景观利用的生态风险时，应重点关注总氮、总磷、色度、病原微生物和微量有毒有害污染物等。

对于污染状况调研工作，除了调查目标污染物之外，还应调查水中的主要成分，以便掌握水样的水质状况。例如，调查铬污染时，除了调查铬之外，还要调查主

要阴离子，以便对水质有全面的了解。

2. 测定水质基本指标，掌握水质基本状况

除了重点关注的水质指标之外，水温、pH值、电导率、浊度和色度等反映水质基本状况的指标也应尽可能测定。水的基本性状总体上是由水中的主要组分决定的，因此，还应关注水中的主要组分，如常见的阳离子和阴离子等。

另外，反映水质一般污染情况的水质指标COD、BOD、TOC和DO等也应同时进行检测。

3. 多多益善，测定尽可能多的指标

在条件、财力和人力允许的前提下，测定尽可能多的指标（日本分析化学学会北海道支部，1993；半谷高久和小仓纪雄，1985），主要有以下4个理由：

(1) 仅仅靠有限的水质指标，往往不能对水质进行综合考察，难以判别污染产生的原因。水质信息越多，对水质认识就会越客观、越深入，越有利于进行水质综合评价。

(2) 各水质指标之间相互关联并存在一定的相关关系，测定更多的指标，对互相印证测定结果的可靠性将有重要的帮助。

(3) 增加检测指标，可以大幅度提高水质信息的丰富度。例如，仅测定COD只能了解有机物污染水平，如果再检测TOC，就可以了解有机物的平均氧化状态（见第8章）。在以上基础上，如果再增加UV_{254}的测定，就可以得到SUVA值来判断有机污染物的芳香性、预测氯消毒副产物生成潜能以及抗雌激素活性生成潜能等（见第1章，替代指标部分）。

(4) 有利于掌握污染物的迁移转化机理。水中有机污染物的生物降解和化学氧化还原分解特性是水质研究的重要内容。在这些研究中，不但需要了解该污染物能否降解和分解，还要了解能否被矿化，中间产物是什么，等等。因此在水质分析指标选择时应能够回答以上问题，要根据质量平衡原理，对目标化学物质中所有的元素进行分析。

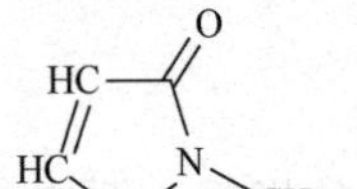

例如，在反渗透系统中常用的非氧化性抑菌剂甲基异噻唑啉酮（methylisothiazolinone，C_4H_5NOS）（图29.1）中含有C、N、S等元素。在研究其在臭氧氧化过程中的去除特性时，除了测定该化合物本身的浓度外，还应该测定DOC、总氮、氨氮、硝酸氮、有机氮、硫酸盐以及紫外吸收光谱等，以便掌握其分解中间产物。

图29.1　甲基异噻唑啉酮的分子结构

29.1.2　水样采集和水样的代表性

无论是污水及其处理出水还是自来水，其水质随时间时刻发生变化；河水、湖水等的水质除随时间变化之外，还随空间和水深发生变化。因此，在取样过程中，需特别注意监测频率和采样点的分布。

所取水样必须具有代表性和一定的覆盖面，包括时间上的代表性、地点和空间上的代表性、量上的代表性等。不同情景和不同研究目的的取样规则详见相关标准[如我国标准《水质　河流采样技术指导》(HJ/T 52—1999)]、日本的专著(半谷高久和小仓纪雄，1985)等，这里不再赘述。

研究水质随时间的变化，要根据测定对象、水质指标等确定适宜的采样频率，日变化的取样间隔 2 h 以内、月变化的时间间隔 3 d 以内、年度变化的时间间隔 2 周以内为宜。我国《城镇污水处理厂污染物排放标准》(GB 18918—2002)中规定，污水处理厂出水水质取样频率为至少每 2 h 一次。

29.1.3　水质测定和研究方法选择

测定和研究方法的选取主要根据待测对象的浓度范围，各种测定方法的定量范围、灵敏度、干扰物的影响、预处理方法以及简便性来确定。

在能满足要求的前提下，应选择简便、经济和环境友好的分析方法，尽可能少地消耗化学药剂，特别是有毒有害重金属、有机溶剂等。

29.2　数据的可靠性和合理性

29.2.1　水质数据可靠性保证

获得可靠的水质数据是水质研究的前提。对于从文献、资料中收集的数据，要确认数据的出处，了解数据提供单位或个人的可靠性以及数据的代表性等。对于自己实测的数据须保证取样、保存、预处理、分析等环节的规范性。在研究过程中，需确保平行实验和重复实验的落实。

(1) 水样采集的可靠性。首先要保证水样采集的合理性，严格按照规范进行采样。对于一些需要在现场采样后立即进行样品预处理的情况，要按照要求，在现场及时对样品进行预处理。

(2) 水样运输与保存的可靠性。水样在运输和保存过程中，需要采取有效措施，如冷藏、酸化等，防止水质发生变化，同时要合理控制运输和保存时间。

(3) 水样预处理的可靠性。浓缩和纯化是常用的水质预处理方法，要注意预处理方法选择的合理性和操作规范性。对于预处理过程的回收率要有客观的掌握。

(4) 水质分析的可靠性。对不同分析方法的适用性进行分析，选择适合待测水样特点和浓度水平的、可靠的方法。保证分析测定过程规范，同时务必进行平行实验和/或重复实验。

29.2.2 水质数据异常值判定

对于获得的水质数据，可采取以下方法，及时、尽早判定其是否是异常值。对于判定不合理的检测结果，应及时进行原因分析和重复实验。常用的方法主要有文献值比较法、质量守恒法、摩尔关系法、比例关系法和平衡关系法等(图 29.2)。

水质数据异常值判定方法
- 文献值比较法
- 质量守恒法
- 摩尔关系法
- 比例关系法
- 平衡关系法

图 29.2 水质数据异常值判定方法

1. 文献值比较法

对于特定的水样，污染物往往有一定的常见浓度范围。如果检测值与常见的浓度范围差别较大，则其合理性值得关注。本书的许多章节中，给出了典型条件下的水质数据，可以作为判定数据是否异常的依据之一。

2. 质量守恒法

质量守恒法也可以用于判定测定数据是否异常。例如，氨氮、硝酸盐氮和有机氮的浓度，其单一浓度及其总和均不应高于 TN 值，如果出现某一浓度或它们的和大于 TN，则说明测定数据存在问题。

另外，TDS 是各指标的加和，如果 TDS 低于某一指标或各指标之和，说明出现异常。

3. 摩尔关系法

水一般呈电中性，其中的阴离子和阳离子的电荷之和应该相等。根据测得的阴离子和阳离子的浓度，可以判断是否满足电荷中性的条件。

4. 比例关系法

对于同类水样，某些污染物间的比例或大小关系往往较为稳定。例如，城市污水中 N∶P 一般在 7∶1 左右。如果测得的总氮和总磷浓度之间的比值显著偏离该比值，说明出现异常。

COD 和 BOD 之间、COD 和 TOC 之间也有一定的大小关系，如 COD_{Cr}一般大于 BOD，COD/TOC 值取值范围为 1.33～5.33 等。这些比例和大小关系都可以用于数据是否异常的判断依据。

电导率和 TDS 之间存在一定的比例关系，如果实际测定值明显偏离该比例关系，说明数据异常。

5. 平衡关系法

溶解性组分的平衡浓度与 pH 值等水质条件有关，如铁盐和铝盐的溶解度与 pH 值密切相关，如果测得的铁离子浓度大于溶解度的话，说明其结果出现异常。

29.3　水质数据解析与表征

29.3.1　水质数据类型

水质数据可分为定性数据和定量数据(图 29.3)。在水质研究中，大部分水质数据属于定量数据，少数水质数据属于定性数据，如水的色度、嗅味强度等。定量数据又可根据数据的性质分为离散型数据和连续型数据，大部分水质定量数据属于连续型定量数据，少部分水质定量数据属于离散型数据，如判定水有无毒性时，该数据属于离散型定量数据。

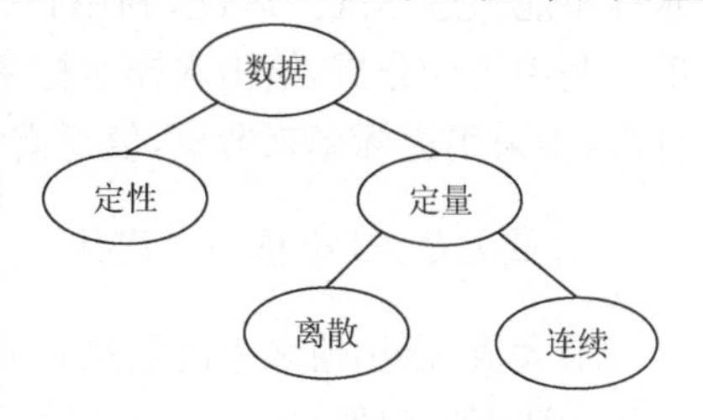

图 29.3　水质数据的类型

数据的类型直接决定了该数据的解析方法和表征手段。一般定性数据大多采用描述性语言或图表来表征，而定量数据的表征手段更丰富，可采用表格、饼图、柱状图、折线图等表示。由于定量数据表征手段的多样化，合适的数据解析和表征能够在不同层面、不同深度揭示数据说明的内在问题，因此，数据的解析和表征对于定量数据来说更为重要。

29.3.2　水质数据的数学表述

1. 瞬时浓度和平均浓度

污染物浓度分为瞬时浓度和平均浓度，平均浓度又分为日平均浓度、月平均浓度和年平均浓度等。

瞬时浓度是指某一时间采取到的水样的浓度，该浓度具有随机性，一般不能代表污染的整体水平。但是，具有一定时间跨度或空间覆盖面的若干个水样的瞬时浓度，可以在一定程度上表征污染的趋势或状况。

日平均浓度是指按照一定的时间间隔，一天内采取的若干个样品的平均浓度。取样次数根据需要和目的确定。采取水样后，将每个水样逐一测定，之后计算其平均值，有时也将采集的水样等比例混合后进行测定。前者能掌握水质的时间变化特征，而后者只能得到一个日平均值。我国《城镇污水处理厂污染物排放标准》(GB 18918—2002)中规定，污水处理厂出水水质取样频率为至少每 2h 一次，取 24h 混合样，以日均值计。

月平均浓度是指按照一定的时间间隔，一个月内采取的若干个样品的平均浓度。取样次数根据调查和研究目的来确定。月平均值是将每个水样逐一测定，之后计算其平均值。

年平均浓度是指按照一定的时间间隔，一年内采取的若干个样品的平均浓度。由于季节性变化等原因，水质的年平均值一般没有太大的意义，仅用于分析水质的长年变化。

值得注意的是，平均浓度掩盖了很多信息，甚至有价值的信息。例如，污水处理厂出水日平均浓度达标，并不意味着出水浓度在所有的时间内达标，某些时间的水样可能超过标准。因此，利用日平均值或月平均值不能客观、全面反映水质情况。利用统计分析，给出水样达标率更能客观反映水质情况。美国等国家的排放标准，多采用达标率来考核，值得借鉴。

2. 最大值、最小值和中间值

最大值、最小值和中间值是水质数据分析中常用的统计量。最大值是指在一组测定数据中数值最大的，最小值是指在一组测定数据中数值最小的，中间值是指将测定的若干数值以递增(或递减)的测序依次排列，若数值的数目是奇数，中间的数值为中间值；若数值的数目是偶数，中间两个数值的平均值则为中间值。

当样本数量较大，且个别数据有很大变动或离群偏远时，选择中间值能够更加清楚地表示此样本数据的集中趋势，用来反映样本数据的中等水平。

3. 最频值

最频值是指在一组数据中出现次数最多的数值，即(数值分布曲线中)出现频率最高的值，在统计意义上最常出现，具有一定的代表性，但当各个数据重复出现大致相同时，最频值没有特殊意义。

最频值不受极端数据的影响，且算法简便，但其可靠性较差，通常用来反映样本数据的多数水平。

29.3.3　水质数据的图表表达

利用图表对水质数据进行整理、分析与概括能有效反映数据的总体特征。通常用于展示数据的图包括散点图、折线图、柱形图、直方图、饼图、箱形图。

散点图是用点的分布反映变量之间的相关情况。折线图是用折线描述变化趋势或多个变量之间的相互依存关系。柱形图用于显示一段时间内的数据变化或显示各项之间的比较情况，通常用来描述分布情况。直方图是柱形图的一种，表示频数分布特征，通常柱形间无间隔。饼图表示部分对总体的比例关系。箱形图又称为箱线图、盒式图或盒须图，采用分位数、极值表示数据分布特征。

在水质数据分析中使用散点图可以直观表达两个变量关系。散点的相对疏离程度主要反映在相关系数上，其趋势状况由回归系数或斜率来表达。散点的分布信息包括线性和非线性，可通过线性拟合或非线性拟合进一步表达数据所提供的信息。图 29.4 为北京市污水处理厂进水 BOD_5 与 COD_{Cr}的相关性分析，使用散点图可以直观反映两个变量的相关情况，COD_{Cr}越高，BOD_5 越高。同时对两个变量进行线性拟合，结果表明 BOD_5 与 COD_{Cr}存在显著的一元线性相关性。因此，可根据测定的 COD_{Cr}对 BOD_5 进行预测。

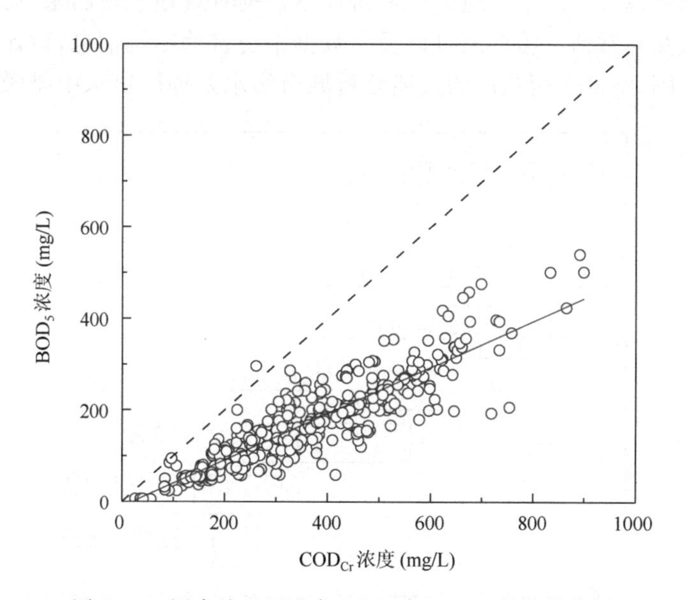

图 29.4　污水处理厂进水 BOD_5 与 COD_{Cr}相关性分析

图 29.5 采用直方图和折线图对天津市 24 座污水处理厂进水 BOD_5 浓度的概率及累积概率分布进行了综合描述。采用直方图对污水 BOD_5 浓度概率分布进行了分析，因直方图各条形宽相同，可根据每个条形高度判断概率的大小，能够较直

观地分析出污水 BOD_5 浓度概率分布的规则性，有利于从总体分布上判断污水 BOD_5 浓度分布特征。同时采用折线图分析污水 BOD_5 浓度累积概率的分布情况，便于观察其累积概率的变化趋势和变化幅度。

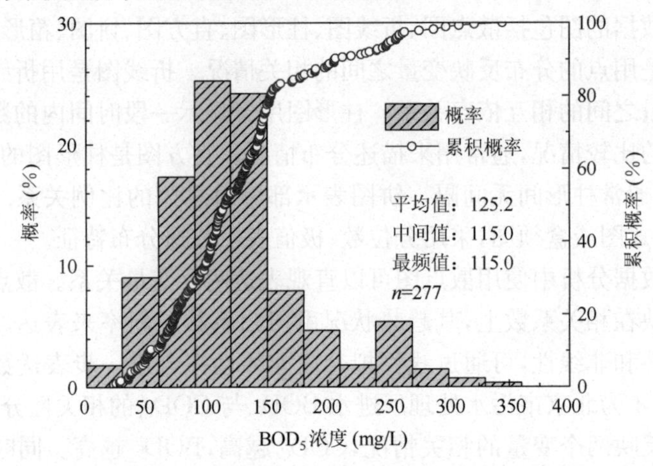

图 29.5 天津市污水处理厂进水 BOD_5 概率分布（孙艳 等，2014a）

箱形图能以一个简单的组合图形将样本数据直观地表现出来，易于识别数据中各分位数和异常值。箱形图可以显示数据中隐含的结构信息，对比分析数据的分布水平。图 29.6 采用箱形图描述分析城市污水处理厂出水中雌激素活性物质

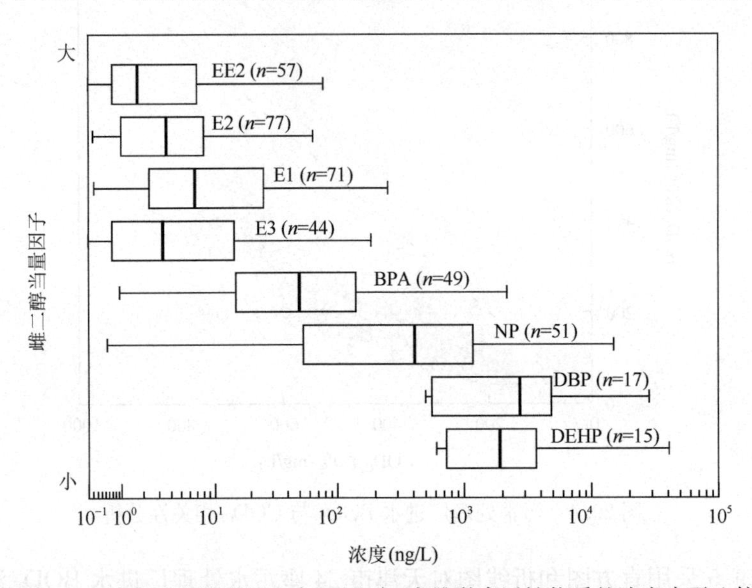

图 29.6 城市污水处理厂出水（再生水）中雌激素活性物质的浓度水平比较

图中“箱”两端边的位置分别对应数据批的上下四分位数（Q1 和 Q3），在“箱”内部一条线段的位置对应中间值。箱形两端的“须”一般为最大值与最小值，若最大值＞Q3＋1.5IQR（四分位距）或最小值＜Q1－1.5IQR，则两端的“须”为 Q3＋1.5IQR 或 Q1－1.5IQR 的极值

(estrogenic EDCs,e-EDCs)浓度分布情况,纵坐标依据雌二醇当量因子大小进行排序(孙艳 等,2010)。图中“箱”内部的线段代表 e-EDCs 浓度的中间值,“箱”两端边的位置分别对应 e-EDCs 浓度的上下四分位数(25%浓度值和 75%浓度值),箱形两端的“须”为 e-EDCs 浓度的最大值与最小值。采用箱形图对比分析 8 种 e-EDCs 浓度中间值和极值的位置,判断各物质浓度的四分位距的大小,观察各“箱”形和“须”的长短,便于判断各物质浓度分布特征。

29.3.4　数据分布检验

数据分布类型分为离散分布和连续分布。二项分布、泊松分布和超几何分布是三种常见且重要的离散分布类型。正态分布是重要的连续分布类型。

一般来说,在自然界中观察所得的大量随机变量的概率分布近似于正态概率分布,曲线近似于丘形曲线。

数据分布类型的检验和确定是进行数据统计分析的前提。正态分布检验包括参数检验和非参数检验。参数检验是在总体分布形式已知条件下(一般要求总体服从正态分布),对总体分布的主要参数如均值、百分数、方差、相关系数等进行的检验。非参数检验是针对总体的某些一般性假设(如总体分布的位置是否相同,总体分布是否正态)进行检验,不考虑总体分布是否已知,即在总体方差未知或知道甚少的情况下,利用样本数据对总体分布形态等进行推断的方法。

针对正态分布的拟合优度检验方法包括 Pearson-χ^2 检验、Kolmogorov-Smirnov 检验;针对正态分布的分布检验方法包括图检验(如 p-p 图、q-q 图)、偏峰度检验、Shapiro-Wilk 检验等(赵宇 等,2009)。

Pearson-χ^2 检验主要是比较两个及两个以上样本率(构成比)以及两个分类变量的关联性分析,其核心是比较理论频数和实际频数的吻合程度或拟合优度。Pearson-χ^2 检验是一种用途很广的计数资料的假设检验方法。

Kolmogorov-Smirnov 检验是基于累积分布函数,用以检验一个经验分布是否符合某种理论分布或比较两个经验分布是否有显著性差异的检验方法。

图检验(如 p-p 图、q-q 图)是在正态概率纸上画出观测值的累积分布函数。对于正态分布,其变量观测值的累积分布函数近似为一条直线。

偏峰度检验:正态分布的偏度为 0,峰度为 3,可通过样本偏度和峰度是否接近 0 和 3 来判断数据是否服从正态分布。

Shapiro-Wilk 检验:用于验证一个随机样本数据的分布是否符合正态分布拟合优度检验,该方法适用于 $3 \leqslant n \leqslant 50$ 的完全样本。

样本数据的正态分布通常可以使用统计分析软件进行检验。表 29.1 列出了采用 SPSS20.0 软件对 2012 年北京市 36 座污水处理厂进水主要水质指标的统计分析和正态性检验结果(孙艳 等,2014b)。同时给出了 Kolmogorov-Smirnov 统计量和 Shapiro-Wilk 统计量,各水质指标正态性检验结果中显著性水平 Sig. 均小于 0.05,表明各项指标不服从正态分布。另外,根据偏峰度检验,由于各项污水水质指标的偏度系数均大于 0,表明水质指标呈现出右偏态分布,也称为正向偏置,由此可判断北京市污水各水质指标数据分布均呈正偏态分布。

表 29.1 北京市污水水质统计分析和正态性检验

项目	*N*	均值 (mg/L)	中间值 (mg/L)	标准偏差 (mg/L)	偏度	峰度	Kolmogorov-Smirnov* Sig.	Shapiro-Wilk Sig.
BOD_5	424	171.1	160.0	93.9	0.696	0.877	0.011	0.000
COD_{Cr}	424	359.3	347.4	165.3	0.342	0.054	0.061	0.001
SS	430	186.7	169.2	117.7	1.212	3.432	0.000	0.000
NH_3-N	424	38.1	36.7	32.5	13.723	246.9	0.000	0.000
TN	363	48.8	49.2	18.2	0.218	0.035	0.015	0.001
TP	409	5.2	5.0	3.1	2.019	8.587	0.000	0.000

29.3.5 相关关系分析

相关分析(correlation analysis)是研究现象之间是否存在某种依存关系,并对具体有依存关系的现象探讨其相关方向以及相关程度,是研究随机变量之间的相关关系的一种统计方法。相关关系分析主要包括线性相关分析、偏相关分析和距离分析。其中线性相关分析用于研究两个变量间的线性相关的程度,用相关系数 r 来描述。线性相关系数的计算主要有 Pearson 系数法、Spearman 系数法和 Kendall 系数法。Pearson 系数法是对定距连续变量的数据进行计算,而 Spearman 和 Kendall 系数法主要针对分类变量或变量值分布明显非正态或分布不明数据(如离散数据)。

对北京市某污水处理厂二级出水中总异养菌群(HPC)及青霉素抗性菌(PEN)、氨苄青霉素抗性菌(AMP)、先锋霉素抗性菌(CEP)、氯霉素抗性菌(CHL)、四环素抗性菌(TET)、利福平抗性菌(RIF)的一级处理去除率进行数据分布检验,根据样本量($n>100$)选用 Kolmogorov-Smirnov 检验法,结果表明去除率均基本符合正态分布。因此,采用 Pearson 系数法对上述去除率进行相关性分析,结果见表 29.2 所示。

表 29.2　总异养菌群和抗生素抗性菌的一级处理去除率之间的相关关系

		HPC	PEN	AMP	CEP	CHL	TET
PEN	R	0.8417					
	P	<0.01					
AMP	R	0.7893	0.7632				
	P	<0.01	<0.01				
CEP	R	0.772	0.770	0.552			
	P	<0.01	<0.01	0.06			
CHL	R	0.750	0.731	0.836	0.686		
	P	<0.01	<0.01	<0.01	0.01		
TET	R	0.491	0.480	0.589	0.518	0.823	
	P	0.10	0.11	0.04	0.084	<0.01	
RIF	R	0.794	0.676	0.541	0.779	0.706	0.447
	P	<0.01	0.02	0.069	<0.01	0.01	0.14

注：R：Pearson 相关关系系数；P：统计分析的显著性，$P<0.05$ 则表明去除率显著相关

由表 29.2 可知一级处理对四环素抗性菌的去除与对总异养菌群、青霉素抗性菌、先锋霉素抗性菌、利福平抗性菌的去除无显著相关性；对氨苄青霉素抗性菌的去除与先锋霉素抗性菌、利福平抗性菌的去除无显著相关性。而一级处理对青霉素抗性菌、氨苄青霉素抗性菌、先锋霉素抗性菌、氯霉素抗性菌和利福平抗性菌的去除与总异养菌群的去除具有显著的相关性。

29.3.6　回归分析

回归分析(regression analysis)是统计学方法中考察变量之间相关关系的重要手段。回归分析是对大量的试验数据和统计结果中的规律性进行探索的过程。通过对归纳获得的统计学规律进行认知和解析，进一步对问题的变化趋势进行预测(张菁 等，2008)。该项分析手段已广泛应用于水、大气和固体废物等多项环境问题的预测和监控。回归分析主要包括一元线性回归分析和多元回归分析。

1. 一元线性回归分析

一元线性回归是研究环境问题的过程中最常规的手段。当两个环境变量之间存在线性关系时，可通过一元线性回归对变量进行定量分析。两变量中自变量 X 的统计值为 $X_1, X_2, \cdots, X_n$，因变量 Y 的统计值为 $Y_1, Y_2, \cdots, Y_n$。通过在二维坐标体系下绘制(X_i, Y_i)对应的散点图，对两变量相关关系进行初步判定。当散点分布符合线性分布时，通过建立线性函数[式(29.1)]，对变量间的线性关系进行回归。

$$Y = aX + b \tag{29.1}$$

式中,a、b 为线性回归系数。

图 29.7 为北京 n 座污水处理厂 2013 年进水 COD_{Cr} 与 BOD_5 的散点分布图。由散点图可知,在统计数据范围内,COD_{Cr} 与 BOD_5 变化规律呈线性关系。

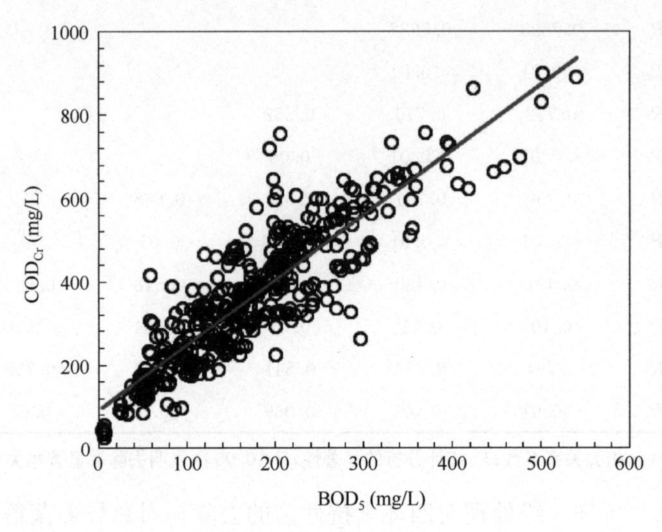

图 29.7 北京市 n 座污水处理厂进水 COD_{Cr} 与 BOD_5 线性回归结果

因此,利用式(29.1)对图 29.7 中 COD_{Cr} 与 BOD_5 两变量进行线性回归,回归得到拟合优度的判定系数 $R^2=0.79$,表明回归的直线模型对 COD_{Cr} 与 BOD_5 的统计值拟合度较好,散点主要集中于该直线模型上。

通过拟合获得直线模型后,还应对该回归模型的统计学意义进行检验,一般采用方差检验(ANOVA)。利用 SPSS 对一元线性回归模型进行方差检验,获得 Sig.(significant)≤0.05。Sig. 是 COD_{Cr} 与 BOD_5 线性回归关系的显著性系数,Sig.≤0.05,说明回归关系具有统计学意义,该线性模型可用于描述变量关系,进一步确定了 COD_{Cr} 与 BOD_5 符合线性关系。而当 Sig.>0.05 时,说明当前模型对变量之间关系的描述不具有统计学意义,模型不可用于回归该变量的相关关系。

在确定变量符合直线模型后,应进一步对模型中的系数的统计学意义进行检验。系数检验一般采用 t 检验。表 29.3 给出了包括常数在内的系数检验结果。Sig.≤0.05,表明常数和线性回归系数均具有统计学意义。

表 29.3 回归模型的系数 t 检验

模型	回归值	标准误差	Sig.
回归系数	91.78	7.63	0.001
常数	1.56	0.04	0.001

由此得到COD_{Cr}与BOD_5的一元线性回归模型为

$$COD_{Cr}=1.56\cdot BOD_5+91.78 \tag{29.2}$$

该一元线性回归模型中的1.56为常数项,91.78为回归系数,它表示BOD_5每改变一个单位,COD_{Cr}平均改变1.56个单位。

2. 多元线性回归分析

通过上一节的讨论可知,一元线性回归可通过变量之间存在的线性关系,利用一个环境变量预测或估计另一个环境变量。但在实际环境问题中,往往存在多种对环境产生影响的因素。因此,在对此类环境问题进行统计学分析时,需要建立多个自变量与因变量之间的线性回归模型,即多元线性回归分析。

多元线性回归问题的分析原理和方法与一元线性回归基本一致,但是自变量X的统计值由一组数据$\{x\}$转变为多组数据$\{x_1,x_2,x_3,\cdots,x_m\}$。在对自变量$X$和因变量$Y$进行$n$次试验后,可观察得到对应关系,见表29.4。

表29.4　多元线性回归模型变量对应关系

y	$x_1,x_2,x_3,\cdots,x_m$
y_1	$x_{11},x_{12},x_{13},\cdots,x_{1m}$
y_2	$x_{21},x_{22},x_{23},\cdots,x_{2m}$
y_3	$x_{31},x_{32},x_{33},\cdots,x_{3m}$
$\vdots$	$\vdots$
y_n	$x_{n1},x_{n2},x_{n3},\cdots,x_{nm}$

分别对自变量$\{x_1,x_2,x_3,\cdots,x_m\}$与因变量$Y$进行相关关系分析,若分析结果呈现显著性相关,则可假设因变量Y与$x_1,x_2,x_3,\cdots,x_m$符合多元线性模型(29.3),其中$a_0,a_1,a_2,a_3,\cdots,a_m$为多元线性回归系数。

$$y=a_0+a_2x_2+a_3x_3+\cdots+a_mx_m \tag{29.3}$$

多元线性回归模型系数的理论计算一般采用最小二乘法(《环境数据统计分析基础》),在实际拟合中可利用SPSS、DataFit等统计软件进行分析。

表29.5中列出了北京9座再生水厂出水溶解性有机物浓度(DOM)、254 nm处紫外吸光度(UV_{254})、色度(CO)、氨氮浓度(NH_3-N)、硝酸盐浓度(NO_3^-)、碳酸盐浓度(CO_3^{2-})、总氮浓度(TN)、三维荧光强度(EEM)以及再生水中枯草芽孢臭氧消毒的滞后期臭氧传输量(disinfection lag of transferred ozone dose,TOD_{lag}),即枯草芽孢在该再生水样品中出现臭氧灭活效果时的臭氧传输量。

表 29.5　北京 9 座再生水厂出水水质指标

水样编号	DOC (mg/L)	UV_{254} (cm^{-1})	CO	NH_3-N (mg/L)	CO_3^{2-} (mg/L)	NO_3^- (mg/L)	TN (mg/L)	EEM (10^8 AU nm^2)	TOD_{lag} (mg/L)
B-1	7.1	0.171	18.1	0.20	257	3.0	7.1	2.75	4.8
B-2	7.1	0.173	18.1	0.15	257	3.0	7.2	2.68	4.9
Q-1	5.7	0.126	15.1	0.45	272	19.6	20.8	1.77	3.6
Q-2	6.2	0.163	26.0	16.5	387	3.0	23.5	1.38	8.2
Q-3	5.2	0.198	22.0	0.30	263	6.6	9.3	2.25	7.6
X-1	5.2	0.103	16.0	0.16	244	20.8	24.7	1.44	2.5
X-2	5.1	0.120	14.8	0.07	236	19.2	21.7	1.58	2.9
X-3	4.7	0.123	22.1	0.30	304	13.6	13.3	0.98	4.1
X-4	8.2	0.119	21.1	0.20	295	11.7	15.5	1.70	3.0

初步绘制 9 座污水处理厂出水 TOD_{lag} 与各项水质指标的散点分布图，如图 29.8 所示。

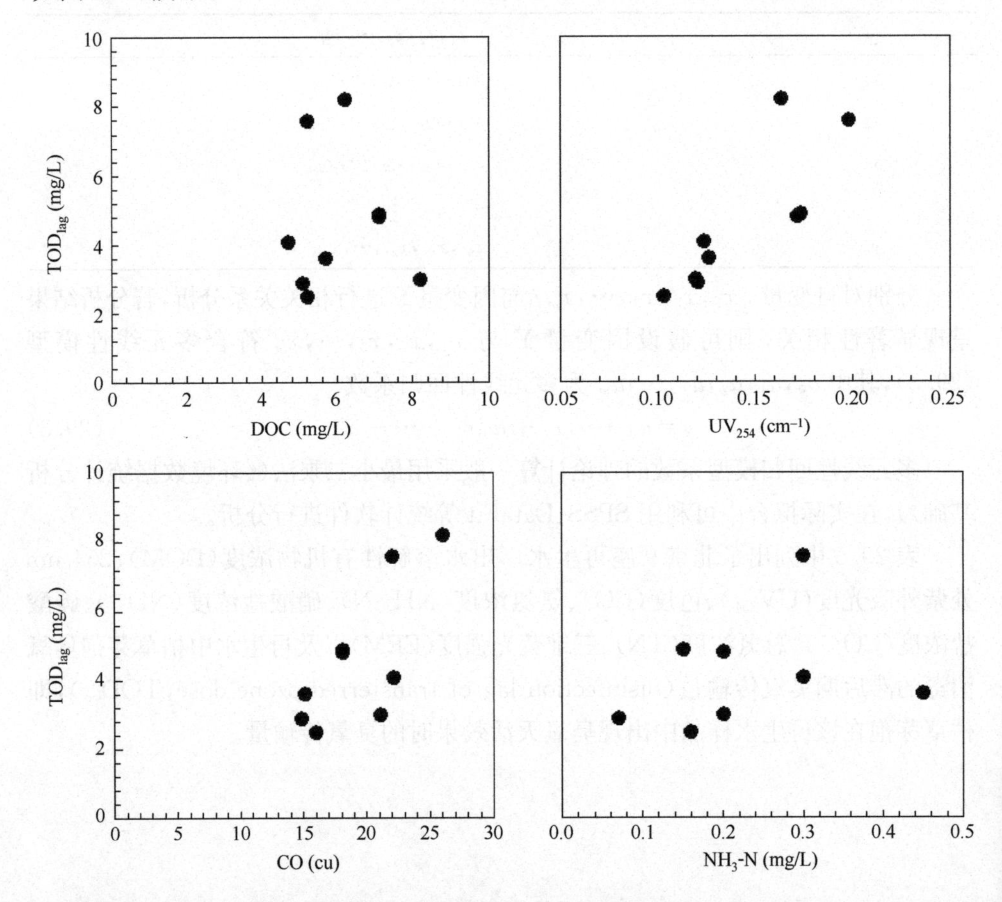

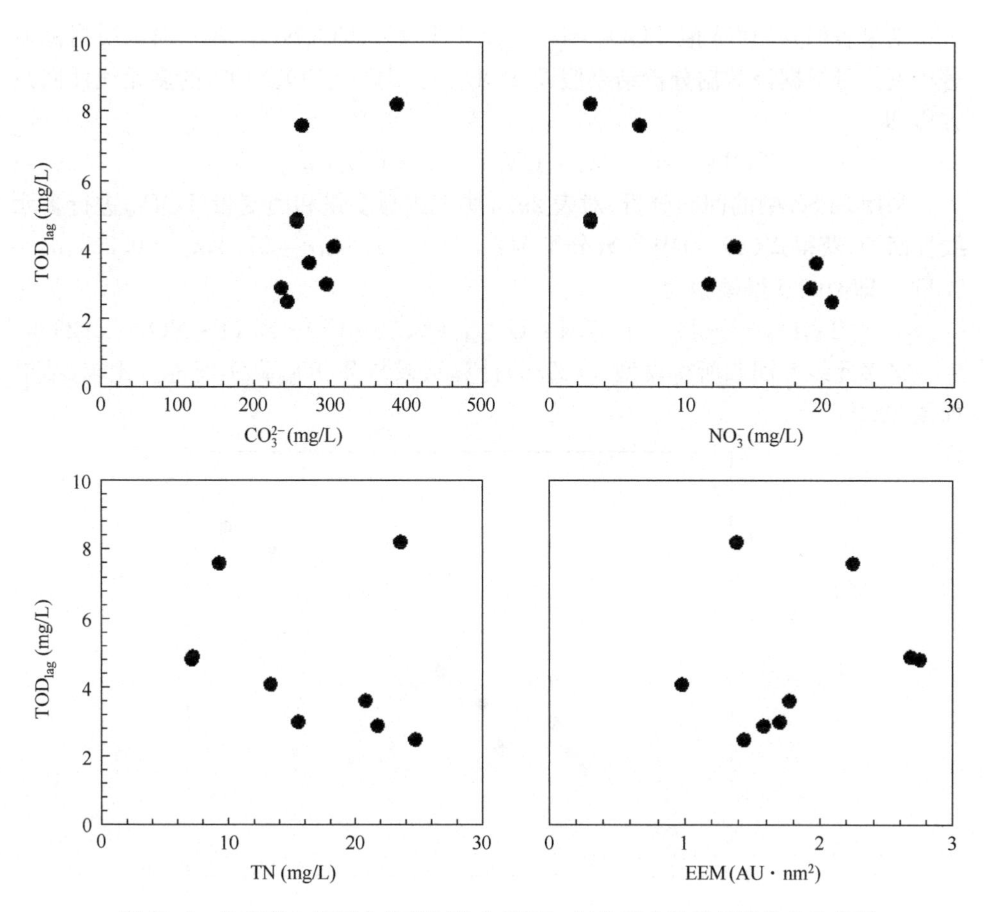

图 29.8　北京市 9 座污水处理厂出水 TOD_{lag}与各项水质指标的散点分布图

从图 29.8 可知，在统计数据范围内，TOD_{lag}随各项水质指标的变化规律难以通过散点图直观判断，部分指标数据分布离散，因此需进一步开展相关关系分析，确定 TOD_{lag}与水质指标是否显著相关。

利用 Shapiro-Wilk($n<50$)进行检验可知，各项水质指标符合正偏态分布。因此，采用 Spearman 系数法对各项水质指标(表 29.6)及 TOD_{lag}进行相关性分析(表 29.6)。

表 29.6　各项再生水水质指标与 TOD_{lag}的相关性分析

项目	DOC	UV_{254}	CO	NH_3-N	CO_3^{2-}	NO_3^-	TN	EEM
相关系数	0.24	0.87**	0.70*	0.54	0.51	−0.83**	−0.45	0.23
显著性(双侧)	0.54	0.002	0.04	0.14	0.16	0.01	0.22	0.55

* 置信水平为 0.05 时，相关性是显著的；** 置信水平为 0.01 时，相关性是显著的

结果表明，枯草芽孢 TOD_{lag} 与再生水中 UV_{254}、CO、NO_3^- 等三项水质指标显著相关。可根据该数据分析结果假设 TOD_{lag} 与 UV_{254}、CO、NO_3^- 的多元线性回归方程，即

$$TOD_{lag}=a_0+a_1\cdot UV_{254}+a_2\cdot CO+a_3\cdot NO_3^- \tag{29.4}$$

利用 SPSS 中的回归分析，对表 29.5 中三组自变量和因变量 TOD_{lag} 进行多元线性回归，获得式(29.4)中参数分别为：$a_0=-11.3$，$a_1=57.4$，$a_2=0.331$，$a_3=0.113$，即回归获得模型为

$$TOD_{lag}=-11.3+57.4\cdot UV_{254}+0.33\cdot CO+0.11\cdot NO_3^- \tag{29.5}$$

将多元线性回归所得模型式(29.5)计算结果与 TOD_{lag} 真实值进行比较，结果如图 29.9 所示。

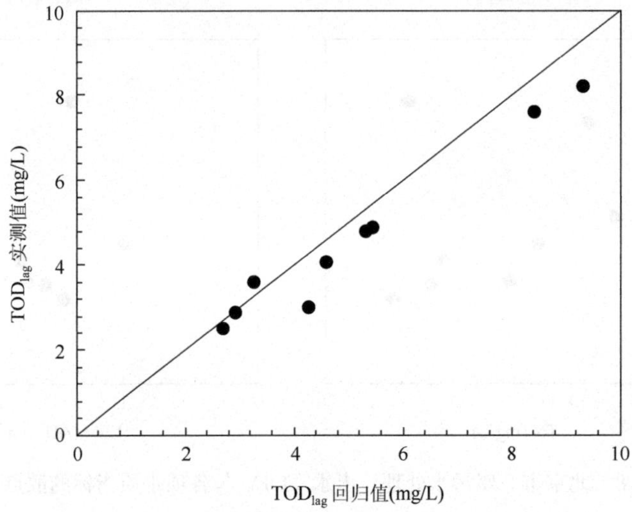

图 29.9 多元线性回归模型对 TOD_{lag} 的回归结果

多元线性回归也应对模型的统计学意义进行检验，采用方差检验(ANOVA)，Sig. ≤0.05，说明回归关系具有统计学意义，该线性模型可用于描述多个变量的相关关系。

进一步针对模型中的系数进行 t 检验，见表 29.7，Sig. ≤0.05，表明常数和多元线性回归系数均具有统计学意义。

表 29.7 多元线性回归模型的系数 t 检验

模型参数	回归值	标准误差	Sig.
a_0	−11.3	4.12	0.04
a_1	57.4	16.15	0.02
a_2	0.33	0.10	0.02
a_3	0.11	0.08	0.02

参考文献

半谷高久,小仓纪雄. 1985. 水质调查方法(第 2 版). 京都:丸善株式会.

日本分析化学学会北海道支部. 1993. 水的分析(第 4 版). 东京:化学同人出版社.

孙艳,黄璜,胡洪营,等. 2010. 污水处理厂出水中雌激素活性物质浓度与生态风险水平. 环境科学研究,23(12):1488～1493.

孙艳,张逢,胡洪营,等. 2014a. 天津市污水处理厂进水水质特征的统计学分析. 环境工程技术学报,4(3):173～180.

孙艳,张逢,胡洪营,等. 2014b. 北京市污水处理厂进水水质特征分析. 给水排水,50(S1):177～181.

张菁,马民涛,王江萍. 2008. 回归分析方法在环境领域中的应用评述. 环境科学,21(02):40～43.

赵宇,杨军,马小兵. 2009. 可靠性数据分析教程. 北京:北京航空航天大学出版社.

中华人民共和国国家环境保护总局/国家技术监督局标准. 2003. 城镇污水处理厂污染物排放标准. GB 18918—2002. 北京:中国环境科学出版社.

中华人民共和国国家环境保护总局. 1999. 水质 河流采样技术指导. HJ/T 52—1999. 北京:中国环境科学出版社.

主要缩略词

2,4-DCP	2,4-二氯酚	2,4-dichlorophenol	第14章
4-NP	壬基酚	4-nonylphenol	第14章
4-NQO	4-硝基喹啉-*N*-氧化物	4-nitroquinoline *N*-oxide	第16章
AAP	藻类测试	algal assay procedure	第25章
ADP	二磷酸腺苷	adenosine diphosphate	第6,25章
AEAFP	抗雌激素活性生成潜能	anti-estrogen activity formation potential	第1章
AGP	藻类生长潜力	algae growth potential	第1,25章
AMP	一磷酸腺苷	adenosine monophosphate	第6章
AOC	可同化有机碳	assimilable organic carbon	第1,10,23,24,28章
AOPs	高级氧化技术	advanced oxidation process	第27章
AOX	可吸附有机卤化物	adsorbable organic halides	第8,26章
APCI	大气压化学离子源	atmospheric pressure chemical ionization	第13,14章
APHA	美国公共卫生协会	American Public Health Association	第22,25章
APPI	大气压光电离离子源	atmospheric pressure photoionization	第14章
ARI	抗生素抗性指数	antibiotic resistance index	第20章
ATP	三磷酸腺苷	adenosine triphosphate	第6,16,25,28章
AWCD	平均吸光度	average well color development	第21章
AWWA	美国自来水厂协会	American Water Works Association	第22章
AWWARF	美国水工业研究基金会	American Water Works Association Research Foundation	第31章
BAP	生物可利用磷或生物有效磷	bioavailable phosphorus	第6章
BAP	微生物相关产物	biomass-associated products	第10章
BAPP	可被生物利用的颗粒态磷	bioavailable particle phosphorus	第6章
BBP	邻苯二甲酸丁基苄酯	butylbenzyl phthalate	第14章
BCAA	溴氯乙酸	bromodi chloroacetic acid	第15章
BCOD	可生物降解化学需氧量	biodegradable chemical oxygen demand	第8章
BDCAA	一溴二氯乙酸	bromodichloroacetic acid	第15章
BDCM	一溴二氯甲烷	bromodicloromethane	第26章
BDOC	可生物降解有机碳	biodegradable organic carbon	第10章
BDOC	生物可降解溶解性有机碳	biodegradable dissolved organic carbon	第23章
BFR	生物膜生成速率	biofilm formation rate	第23,28章
BGP	细菌生长潜力	bacterial growth potential	第23章
BIP	生物降解性改善潜力	biodegradability improvement potential	第27章

BOC	生物可降解性有机碳	biodegradable organic carbon	第 27 章
BOD	生化需氧量	biochemical oxygen demand	第 1,2,8 章
BOM	可生物降解有机物	biodegradable organic matter	第 10 章
BPA	双酚 A	bisphenol A	第 14 章
CBT	血清瓶测试	closed bottle test	第 14 章
CCPP	碳酸钙沉淀势	calcium carbonate precipitation potential	第 22 章
CDBAA	一氯二溴乙酸	chlorodibromoacetic acid	第 15 章
CFU	菌落形成单位	colony-forming units	第 20 章
CHO	中国仓鼠卵巢	Chinese hamster ovary	第 15 章
CI	化学电离源	chemical ionization source	第 13 章
CLPP	群落水平生理学指纹方法	community level physiological profiling	第 21 章
CLSA	闭环捕捉分析法	closed-loop stripping analysis	第 12 章
CLSI	美国临床与实验室标准协会	Clinical and Laboratory Standards Institute	第 20 章
COD	化学需氧量	chemical oxygen demand	第 1,8 章
CPE	致细胞病变效应	cytopathogenic effect	第 18 章
D	非类似度指数	dissimilarity index	第 21 章
DAPI	4,6-二脒基-2-苯基吲哚	4,6-diamidino-2-phenylindole	第 21 章
DBAA	二溴乙酸	dibromoacetic acid	第 15 章
DBP	邻苯二甲酸二丁酯	di-*n*-butyl phthalate	第 14 章
DBPFPs	消毒副产物前体物	disinfection by-products formation precursors	第 26 章
DBPs	消毒副产物	disinfection byproducts	第 26 章
DCAA	二氯乙酸	dichloroacetic acid	第 15 章
DCAcAm	二氯乙酰胺	dichloro acetamide	第 15,26 章
DCAN	二氯乙腈	dichloroacetonitrile	第 15,26 章
DDT	滴滴涕	dichlorodiphenyltrichloroethane	第 14 章
DEHP	邻苯二甲酸二(2-乙基己基)酯	di-2-ethylhexyl phthalate	第 14 章
DEP	邻苯二甲酸二乙酯	diethyl phthalate	第 14 章
DF	非平行性因子	divergence factor	第 31 章
DIP	溶解性无机磷	dissolved inorganic phosphorus	第 6 章
DL	检出限	detection limit	第 13 章
DMP	邻苯二甲酸二甲酯	dimethyl phthalate	第 14 章
DMPO	D-甘露糖醇	5,5-dimethyl-1-pyroroline-*N*-oxide	第 30 章
DN	溶解性氮	dissolved nitrogen	第 5 章
DNA	脱氧核糖核酸	deoxyribonucleic acid	第 6,16,24,25 章
DO	溶解氧	dissolved oxygen	第 3 章
DOC	溶解性有机碳	dissolved organic carbon	第 1,8,9,11,24,28 章
DOM	溶解性有机物	dissolved organic matter	第 1,9,10,11,28 章
DOP	溶解性有机磷	dissolved organic phosphorus	第 6 章

DOP	邻苯二甲酸二辛酯	di-*n*-octyl phthalate	第 14 章
DOX	溶解性有机卤化物	dissolved organic halides	第 26 章
DPD	*N*,*N*-二乙基-1,4 苯二胺	*N*,*N*-diethyl-1,4-phenylenediamine	第 24 章
DQ	多样性指数	diversity of microbial quinone species	第 21 章
DTAF	二氯三嗪基氨基荧光素	5-(4,6-dichloro-1,3,5-triazinyl) amino fluorescein	第 21 章
DTP	溶解性总磷	dissolved total phosphorus	第 6 章
E1	雌酮	estrone	第 14 章
E2	雌二醇	17β-estradiol	第 14 章
E3	雌三醇	estriol	第 14 章
EAEC	肠黏附性大肠杆菌	*enteroadhesive E. coli*	第 19 章
EC_{50}	半效应浓度	median effective concentration	第 7,16 章
EC-MUG	4-甲基伞形酮-*β*-D-葡萄糖醛酸苷	4-methylumbelliferyl-*β*-D-glucopyranoside	第 19 章
ED	电渗析	electrodialysis	第 28 章
EDCs	内分泌干扰物	endocrine disrupting chemicals	第 1,10,14 章
EDTA	乙二胺四乙酸	ethylene diamine tetraacetic acid	第 3,17 章
EE2	乙炔雌二醇	17α-ethinylestradiol	第 14 章
e-EDCs	雌激素活性物质	estrogenic EDCs	第 14 章
EEM	激发-发射矩阵	excitation-emission matrix	第 1 章
EEQ	雌二醇当量	estradiol equivalency	第 14 章
EfOM	出水有机物	effluent organic matter	第 10 章
EHEC	肠出血性大肠杆菌	*enterohemorrhagic E. coli*	第 19 章
EI	电子电离源	electron ionization source	第 13 章
EIEC	肠侵袭性大肠杆菌	*enteroinvasive E. coli*	第 19 章
EPEC	致病性大肠杆菌	*enteropathogenic E. coli*	第 19 章
EQ	物种分布均匀性指数	equitability of quinone species	第 21 章
EQS	环境质量标准	environmental quality standard	第 14 章
ESI	电喷雾离子源	electrospray ionization	第 13,14 章
ETEC	肠产毒性大肠杆菌	*enterotoxigenic E. coli*	第 19 章
FD	荧光检测器	fluorescence detector	第 14 章
FISH	荧光原位杂交技术	fluorescence *in-situ* hybridization	第 21 章
FIV	荧光强度值	fluorescence intensity volume	第 1,11 章
FPA	嗅味层次分析法	flavor profile analysis	第 12 章
FRA	嗅味等级描述法	flavor rating assessment	第 12 章
F-RNA	F-RNA 噬菌体	F-specific bacteriophages	第 19 章
GC	气相色谱	gas chromatography	第 13 章
GC/ECD	气相色谱/电子捕获检测法	gas chromatography/electron capture detector	第 13,14,15 章
GC/MS	气相色谱-质谱	gas chromatograph-mass spectrometry	第 12,13,14 章

GFP	绿色荧光蛋白	green fluorescent protein	第 21 章
HAAFP	卤乙酸生成潜能	haloacetic acids formation potential	第 26 章
HAAs	卤乙酸类	haloacetic acids	第 9,15,26 章
HAcAms	卤乙酰胺	haloacetamides	第 15 章
HANs	卤乙腈	haloacetonitriles	第 15,26 章
HCB	六氯苯	hexachlorobenzene	第 14 章
Head Space-GC/MS	顶空-气相色谱/质谱	headspace gas chromatography-mass spectrometry	第 15 章
HUS	溶血性尿毒综合征	hemolytic-uremic syndrome	第 19 章
HIA	亲水酸性组分	hydrophilic acids	第 11 章
HIB	亲水碱性组分	hydrophilic bases	第 10,11 章
HIN	亲水中性组分	hydrophilic neutrals	第 10,11 章
HIS	亲水性物质	hydrophilic substances	第 10 章
HNMs	卤代硝基甲烷	halonitromethanes	第 15,26 章
HOA	疏水酸性组分	hydrophobic acids	第 10,11 章
HOB	疏水碱性组分	hydrophobic bases	第 10,11 章
HON	疏水中性组分	hydrophobic neutrals	第 10,11 章
HPC	异养菌平板计数	heterotrophic plate counts	第 28 章
HPLC	高效液相色谱	high performance liquid chromatography	第 10 章
HPLC-MS	液相色谱-质谱	high performance liquid chromatography-mass spectrometry	第 13 章
HPLC-UV/Fl	液相色谱-紫外吸收/荧光检测法	high performance liquid chromatography-ultraviolet/fluorescence detection	第 13 章
IARC	国际癌症研究机构	International Agency for Research on Cancer	第 14 章
ICC-(RT) PCR	单细胞 PCR	intergrated cell culture pcr	第 18 章
ICD	瞬时需氯量	instantaneous chlorine demand	第 24 章
ICP	电感耦合等离子体	inductively coupled plasma	第 12 章
ICP-AES	电感耦合等离子体原子发射光谱法	inductively coupled plasma-atomic emission spectrometry	第 7 章
ICP-MS	电感耦合等离子体质谱	inductively coupled plasma mass spectrometry	第 7 章
IMS	免疫磁力分离	immunomagnetic separation	第 18 章
IR	红外光谱	infrared	第 9 章
ISO	国际标准化组织	International Organization for Standardization	第 16 章
K	维生素 K_1	phylloquinone	第 21 章
K-el	植色烯醇	phyllochromenol	第 21 章

LC/MSMS	液相色谱-质谱联用	liquid chromatography-tandem mass spectrometry	第14章
LC_{50}	半致死浓度	median lethal concentration	第16章
LCD	持续需氯量	lasting chlorine demand	第24章
LD_{50}	半数致死剂量	median lethal dose	第16章
LLE	液液萃取	liquid liquid extraction	第12,13,15章
LLE-GC/ECD	液液萃取-气相色谱/电子捕获检测法	liquid-liquid extraction-gas chromatography/electron capture detector	第15章
LLE-GC/MS	液液萃取-气相色谱/质谱法	liquid-liquid extraction-gas chromatography/mass spectrometry	第15章
LOEC	最低可观察效应浓度	low observed effect concentration	第18章
LPS	脂多糖	lipopolysaccharide	第16章
LR	Larson 比率	Larson ratio	第20章
LSI	Langelier 饱和指数	Langelier saturation index	第22章
LumP	2,4-二氧四氢蝶啶蛋白	lumazine protein	第22章
MAP	微生物可利用磷	microbially available phosphorus	第16章
MAP	可生物利用磷	microbially available phosphorus	第6,23章
MBAA	一溴乙酸	monobromoacetic acid	第15章
MBR	膜生物反应器	membrane bioreactor	第23章
MCAA	一氯乙酸	monochloroacetic acid	第15章
MCLG	污染物最高浓度目标	maximum contaminant level goal	第18章
MDL	方法检出限	method detection limit	第13章
MF	膜过滤时间	membrane filtration time	第28章
MF	微滤	microfiltration	第28章
MFI	修正污染指数	modified fouling index	第28章
MH	MH 肉汤培养基	mueller-hinton broth	第20章
MK	甲基萘醌	menaquinone	第21章
MK-*n*	甲基萘醌-*n*	menaquinone-*n*	第21章
MK-*n*-el	四烯甲萘醌-(*n*－1)	*menachromenol*-(*n*－1)	第21章
MLSS	混合液悬浮固体	mixed liquor suspended solids	第6,21章
MLVSS	混合液挥发性悬浮固体	mixed liquor volatile suspended solids	第21章
MPN	最可能数	most probable number	第21章
MS2	MS2 噬菌体	male-specific-2 bacteriaophage	第19章
MW	分子量	molecular weight	第10章
MX	致诱变化合物	mutagen X	第26章
NBOM	难生物降解有机物	nonbiodegradable organic matter	第10章
N-DBPs	含氮消毒副产物	nitrogenous disinfection byproducts	第15章
NDMA	二甲基亚硝胺	nitrosodimethylamine	第15章
NDMA	亚硝胺	nitrosoamines	第26章

NDMA	*N*-亚硝基二甲胺	*N*-methyl-n-nitrosomethanamine	第 29 章
NF	纳滤	nanofiltration	第 28 章
NMs	亚硝胺	nitrosoamines	第 26 章
NOEC	无观察效应浓度	no observed effect concentration	第 16 章
NOM	天然有机物	natural organic matters	第 10,24 章
NOX	螺旋菌	*spirillum* sp. nox	第 23 章
NVSS	非挥发性悬浮固体	non-volatile suspended solid	第 2 章
OD	光密度	optical density	第 21 章
OD	臭氧投加量	ozone dose	第 30 章
OD_{600}	光密度	optical density	第 20 章
OECD	经济合作与发展组织	Organization for Economic Co-operation and Development	第 16 章
OLSA	开环捕捉分析法	open-loop stripping analysis	第 12 章
OX	平均氧化状态	oxidation state	第 8 章
P&T	吹扫捕集法	purge and trap	第 12,13 章
PAC	聚合氯化铝	polyaluminium chloride	第 27 章
PAEs	邻苯二甲酸酯	phthalie acid esters	第 14 章
PAHs	多环芳烃	polycyclic aromatic hydrocarbons	第 14 章
PBS	磷酸缓冲盐溶液	phosphate buffered saline	第 20 章
PCA	主成分分析法	principal component analysis	第 21 章
PCBs	多氯联苯	polychlorinated biphenyls	第 14 章
PCDD/Fs	二噁英和苯并呋喃	polychlorinated dibenzodioxins & polychlormated dibenzofuran	第 14 章
PCR	聚合酶链反应	polymerase chain reaction	第 18,24 章
PF	光强分布因子	petri factor	第 31 章
PFU	噬菌斑形成单位	plaque forming units per milliliter	第 19 章
pH	酸碱值	pondus hydrogenii(拉丁文)	第 3 章
PI	堵塞指数	plugging index	第 28 章
PN	颗粒态氮	particulate nitrogen	第 5 章
PN	堵塞数	plugging number	第 28 章
POC	颗粒性有机碳	particulate organic carbon	第 8,21 章
POPs	持久性有机污染物	persistent organic pollutants	第 10,14 章
PPCPs	药品和个人护理品	pharmaceutical and personal care products	第 10,14 章
PQ	质体醌	plastoquinone	第 21 章
PQ-*n*	质体醌-*n*	plastoquinone-*n*	第 21 章
PQ-*n*-al	质体色原烷醇-(*n*—1)	plastochromanol-(*n*—1)	第 21 章
PSI	Puckorius 结垢指数	Puckorius scaling index	第 22 章
Purge&Trape-GC/MS	吹扫捕集-气相色谱/质谱法	purge and trape gas chromatograph-mass spectrometry	第 15 章

Q-*n*	泛醌-*n*	ubiquinone-*n*	第 21 章
Q-*n*-el	泛色烯醇-(*n*−1)	ubichromenol-(*n*−1)	第 21 章
RBCOD	快速易降解基质	readily biodegradable chemical oxygen demand	第 8 章
RNA	核糖核酸	ribonucleic acid	第 6,25 章
RO	反渗透	reverse osmosis	第 28 章
RSI	Ryznar 稳定指数	Ryznar stability index	第 22 章
SAX	强阴离子交换	strong anion exchange	第 13 章
SBCOD	慢速降解基质	slowly biodegradable chemical oxygen demand	第 8 章
SC	SC 噬菌体	somatic coliphages	第 19 章
SCX	强阳离子交换	strong cation exchange	第 13 章
SDI	污染指数	silt density index	第 28 章
SDSI	Stiff-Davis 饱和常数	Stiff-Davis saturation index	第 28 章
SEC	空间排阻色谱	size exclusion chromatography	第 10 章
sensory GC-MS	感官气相色谱质谱仪	sensory GC-MS	第 12 章
SI	淤积指数	silting index	第 28 章
SIM	选择离子扫描	selective ion monitoring	第 13,14 章
SMP	溶解性微生物代谢产物	soluble microbial product	第 10 章
SPE	固相萃取	solid phase extraction	第 12,13 章
SPME	固相微萃取	solid phase microextraction	第 12 章
SRP	溶解性活性磷酸盐	soluble reactive phosphate	第 6 章
SS	悬浮固体	suspended solids	第 1,2 章
SUVA	比紫外吸收值	specific UV absorbance	第 1,9,11,24 章
TAE	Tris-乙酸-EDTA 缓冲液	tris-acetate-EDTA	第 6 章
TBAA	三溴乙酸	tribromoacetic acid	第 15 章
TBM	三溴甲烷	tribromomethane	第 26 章
TCA	三氯乙酸	trichloroacetic acid	第 6 章
TCAA	三氯乙酸	trichloroacetic acid	第 15 章
TCAcAm	三氯乙酰胺	trichloroacetamide	第 26 章
TCAN	三氯乙腈	trichloroacetonitrile	第 26 章
TCD	总需氯量	total chlorine demand	第 24 章
TCM	三氯甲烷	trichloromethane	第 26 章
TCNM	三氯硝基甲烷	trichloronitromethane	第 26 章
TDS	溶解性总固体	total dissolved solid	第 1,2,3,28 章

THAs	三卤乙醛	trihaloacetaldehydes	第 26 章
THMFP	三卤甲烷生成潜能	trihalomethanes formation potential	第 26 章
THMs	三卤甲烷	trihalomethanes	第 9,15,26 章
ThOD	理论需氧量	theoretical oxygen demand	第 8,27 章
TIE	毒性识别评价法	toxicity identification evaluation	第 17 章
TN	总氮	total nitrogen	第 5 章
TOC	总有机碳	total organic carbon	第 1,8,28 章
TOD	总需氧量	total oxygen demand	第 8 章
TON	总有机氮	total organic nitrogen	第 1,8 章
TON	嗅阈值法	threshold odor number	第 12 章
TOS	总有机硫	total organic sulphur	第 8 章
TOX	总有机卤化物	total organic halides	第 8 章
TP	总磷	total phosphorus	第 6 章
TRIS	TRIS 缓冲液	tris (hydroxymethyl)aminomethane	第 6 章
TS	总固体	total solid	第 2 章
TSS	总悬浮物	total suspended solid	第 31 章
TTP	栓塞型原发性血小板减少症	thrombotic thrombocytopenic purpura	第 19 章
UAP	基质利用相关产物	utilization-associated product	第 10 章
UBCOD	不可降解基质	unbiodegradable chemical oxygen demand	第 8 章
UF	超滤	ultrafiltration	第 28 章
UPLC/MSMS	超高效液相色谱-串联质谱	ultra performance liquid chromatography-tandem mass spectrometry	第 14 章
UQ	泛醌	ubiquinone	第 21 章
US EPA	美国环境保护局	United States Environmental Protection Agency	第 14,16 章
UV	紫外线	ultraviolet	第 1,10,11 章
UVD	紫外检测器	ultraviolet detector	第 14 章
VK_1	维生素 K_1	vitamin K_1	第 21 章
VSS	挥发性悬浮固体	volatile suspended solid	第 2 章
WCX	弱阳离子交换	weak cation exchange	第 13 章
WF	水样的影响因子	water factor	第 31 章
WWTP	污水处理厂	wastewater treatment plant	第 20 章
x-T	x-生育酚(s)	x-tocopherol(s)	第 21 章
x-T-3	x-三烯生育酚苯醌(s)	x-tocotrienolquinone(s)	第 21 章
x-T-3	x-三烯生育酚 (s)	x-tocotrienol(s)	第 21 章
x-TQ	x-生育酚苯醌(s)	x-tocopherolquinone(s)	第 21 章